Peter R. Gerke

Digitale Kommunikationsnetze
Prinzipien, Einrichtungen, Systeme

Mit 256 Abbildungen

Springer-Verlag
Berlin Heidelberg New York London
Paris Tokyo Hong Kong Barcelona

Dipl.-Ing. **Peter R. Gerke**
Siemens Aktiengesellschaft, Bereich Öffentliche Kommunikationsnetze
Zentrallaboratorium, München
Honorarprofessor an der Universität Karlsruhe

Völlige Neubearbeitung und Erweiterung des 1982
unter dem Titel „Neue Kommunikationsnetze"
erschienenen Werkes.

ISBN-13:978-3-642-93459-9   e-ISBN-13:978-3-642-93458-2
DOI: 10.1007/978-3-642-93458-2

CIP-Kurztitelaufnahme der Deutschen Bibliothek
Gerke, Peter R.:
Digitale Kommunikationsnetze : Prinzipien, Einrichtungen, Systeme / Peter R. Gerke. —
Berlin ; Heidelberg ; New York ; London ; Paris ; Tokyo ; Hong Kong ; Barcelona : Springer 1991
WG: 28   DBN 90.132091.9   90.09.18
8065   man
ISBN-13:978-3-642-93459-9

Dieses Werk ist urheberrechtlich geschützt. Die dadurch begründeten Rechte, insbesondere die der Übersetzung, des Nachdrucks, des Vortrags, der Entnahme von Abbildungen und Tabellen, der Funksendung, der Mikroverfilmung oder der Vervielfältigung auf anderen Wegen und der Speicherung in Datenverarbeitungsanlagen, bleiben, auch bei nur auszugsweiser Verwertung, vorbehalten. Eine Vervielfältigung dieses Werkes oder von Teilen dieses Werkes ist auch im Einzelfall nur in den Grenzen der gesetzlichen Bestimmungen des Urheberrechtsgesetzes der Bundesrepublik Deutschland vom 9. September 1965 in der jeweils geltenden Fassung zulässig. Sie ist grundsätzlich vergütungspflichtig. Zuwiderhandlungen unterliegen den Strafbestimmungen des Urheberrechtsgesetzes.

© Springer-Verlag Berlin, Heidelberg 1991
Softcover reprint of the hardcover 1st edition 1991

Die Wiedergabe von Gebrauchsnamen, Handelsnamen, Warenzeichen usw. in diesem Buch berechtigt auch ohne besondere Kennzeichnung nicht zu der Annahme, daß solche Namen im Sinne der Warenzeichen- und Markenschutzgesetzgebung als frei zu betrachten wären und daher von jedermann benutzt werden dürften.

2362/3020-543210 — Gedruckt auf säurefreiem Papier

Vorwort

Wenn man nahe dem Ende eines fast 40jährigen Berufslebens es noch einmal versucht, wenigstens bruchstückhaft den heutigen Stand und die Erwartungen der Telekommunikationstechnik darzustellen, so geschieht das einerseits „der Abrundung eigener Erfahrung halber", andererseits aus einem beunruhigenden Gefühl der Verwirrung heraus. Die Verwirrung resultiert aus der eigentlich nicht neuen Erkenntnis, daß Technik nicht kulminiert, sondern explodiert.

Ich erlaube mir einen Rückblick: Die kommunikationstechnische Welt, die ich begleiten durfte, läßt sich für mich grob in vier Dekaden einteilen.

Von 1952 bis 1962 gab es den Versuch, damalige elektromechanische Problemlösungen auf elektronische Problemlösungen abzubilden. Warum eigentlich? Man erwartete wirtschaftliche Vorteile, die seinerzeit ausblieben.

Von 1962 bis 1972 währte die Zeit, in der sich die Telekommunikationstechnik in das (damals noch nicht als solches erkannte) Abenteuer „Software" einzulassen begann: Es kamen „Rechnergesteuerte Vermittlungssysteme" auf, um neue und auf große Speicherkapazitäten angewiesene Leistungsmerkmale der Telekommunikation realisieren zu können. Dieser Trend wäre wegen Unwirtschaftlichkeit zusammengebrochen, wenn nicht begleitend der Weg vom magnetischen Ringkernspeicher zum Halbleiterspeicher geführt hätte. Den damaligen Stand der Technik versuchte ich 1972 in einem Buch „Rechnergesteuerte Vermittlungssysteme" zu erläutern.

Den Zeitraum 1972 bis 1982 (grob) messe ich dem Bemühen zu, vom vorherrschenden Prinzip der „Analogübermittlung" im Fernsprechnetz zur „Digitalübermittlung" überzugehen. Dahinter stand als Motor ein tatsächlich eklatanter wirtschaftlicher Vorteil! Zugleich eröffnete sich der Weg zu einem universellen „Schmalbandnetz", dem 64-kbit/s-Integrated Services Digital Network (ISDN). Wieder habe ich ‚mir erlaubt, den Stand der Technik 1982 in einem Buch „Neue Kommunikationsnetze" einigermaßen exemplarisch einzufangen.

Es folgt der Zeitraum 1982 bis 1992. Was hier geschieht, ist Gegenstand der vorliegenden Abhandlung. Nun haben die Ingenieure der Telekommunikationstechnik gleichzeitig *zwei* schwierige technische Gebiete aufgegriffen: Auf der Hardware-Seite sind die anspruchsvollen Anforderungen der „Breitbandkommunikation" zu realisieren, auf der Software-Seite stehen uns außerordentlich komplexe Wunsch-Leistungen für die „Netzintelligenz" ins Haus. Welche technischen Probleme ergeben sich daraus? Wie packen die Techniker diese Probleme an? Was hat schließlich der eigentliche Benutzer davon?

Im hier vorgelegten Buch sollen keine Patentantworten auf diese Fragen gegeben werden. Vielmehr wird versucht, Verständnis für *einige* der aufgegriffenen oder anstehenden technischen Aufgaben nicht etwa beim Spezialisten, sondern beim

Manager und Entscheider, beim breit interessierten technischen Sachbearbeiter, beim technischen Anfänger zu wecken. Entsprechend unvollkommen sind die sachlichen Details. Aber eine einigermaßen umfassende und zugleich tiefschürfende Darstellung der Telekommunikationstechnik ist heute nicht mehr möglich!

Das Anliegen eines in der Telekommunikation ergrauten Technikers schimmert vielleicht hier und dort durch: Muß das wirklich alles so kompliziert werden? Das internationale Standardisierungsgremium der Telekommunikation CCITT (Comité Consultatif International Télégraphique et Téléphonique) versucht, die ungeheure Vielfalt der Möglichkeiten normend einzufangen. Aber es läßt sich auch von der ungeheuren Vielfalt der Möglichkeiten hinreißen! Es ist faszinierend, alles, was einmal als Bedarf aufkommen könnte, bereits vorzudenken. Aber soll dies alles Wirklichkeit werden? 1977 genügten etwa 4000 DIN-A4-Seiten, um das niederzulegen, was in der internationalen Telekommunikation normierungsbedürftig erschien. 1989 — mit dem sog. Blue Book — sind es bereits 19 000 DIN-A4-Seiten! Der Trend setzt sich ungebrochen fort.

Es mag sein, daß der adressierte Leserkreis das eine oder andere vorgetragene Faktum auch ziemlich kompliziert findet. Darum wird einleitend an einem einfachen Beispiel erläutert, worauf es eigentlich ankommt. Und wie geht es weiter? Darauf ist heute weniger als je zuvor eine endgültige Antwort zu finden. Das hiermit vorgelegte Buch ist deshalb eine „Momentaufnahme" nach dem Stand vom Herbst 1989 mit einigen begleitenden Grundsatzerläuterungen, die hoffentlich die nächsten 5 bis 10 Jahre überdauern werden. Eines aber dürfte sicher sein: Die Zukunft gehört den digitalen Kommunikationsnetzen! Diese stehen deshalb im Vordergrund der Ausführungen.

Ich bedanke mich bei meinen Kollegen in der Siemens AG für wichtige Hilfen und Beratung. Ich bedanke mich beim Springer-Verlag für die geduldige und hilfreiche Unterstützung dieses Buchprojekts. Ich bedanke mich bei Frau Rückert für das Schreiben und Korrigieren des Manuskripts. Ich bedanke mich bei meiner Frau Gerda für ihre abermals ungeheure Geduld gegenüber einem — das letzte Mal — beflissenen technischen Feierabends- und Urlaubsautor.

Gräfelfing, im Sommer 1990 P. R. Gerke

Inhaltsverzeichnis

1 Einführung 1

    1.1 Historisches 1
    1.2 Klassische Vermittlungen und Netze am Beispiel des Fernsprechnetzes . . . 3
        1.2.1 Die Sicht des Benutzers 4
        1.2.2 Die Sicht der Vermittlungsstelle 5
        1.2.3 Direktwahl- und Indirektwahlsystem 7
        1.2.4 Verbindungsaufbau im Direktwahlsystem 12
        1.2.5 Das Ortsnetz 14
        1.2.6 Landesfernwahl 18
    1.3 Folgerungen für neue Kommunikationsnetze 21

2 Technische Grundlagen neuer Netze 24

    2.1 Übersicht 24
    2.2 Eigenschaften von Netzknoten 28
        2.2.1 Kommunikationseigenschaften 28
        2.2.2 Verkehrsverteilung im Netzknoten 29
        2.2.3 Leitungsvermittlung und Paketvermittlung 35
        2.2.4 Zentrale und dezentrale Vermittlung 39
    2.3 Eigenschaften von Übertragungsanordnungen 41
        2.3.1 Übertragungsmedien 41
        2.3.2 Nutzungskonzepte 51
        2.3.3 Signalaufbereitung 60
    2.4 Eigenschaften von Netzen 73
        2.4.1 Die ordnungspolitische Neuorientierung 73
        2.4.2 Synchroner und asynchroner Transfermodus 75
        2.4.3 Netzarchitektur 79

3 Prinzipien digitaler Koppelnetze 82

    3.1 Vermittlungsmodul und elementares Koppelnetz 83
    3.2 Koppelnetze für die Leitungsvermittlung 87
        3.2.1 Koppelnetz-Konfigurationen 87
        3.2.2 Wegsuche in leitungsvermittelnden Koppelnetzen 97
        3.2.3 Leitungsvermittelnde Koppelnetze im Zeitmultiplex 100

3.3 Koppelnetze für die Paket- bzw. Zellenvermittlung 111
    3.3.1 Koppelnetze mit einbezogenen Benutzern 112
    3.3.2 Koppelnetze mit angeschlossenen Benutzern 117
3.4 Zusammenfassende Bewertung der Koppelprinzipien 133
3.5 Ausblick auf künftige Technologien 135

4 Vermittlungssysteme 143

4.1 Das System 5ESS 143
    4.1.1 Systemarchitektur 144
    4.1.2 Softwarearchitektur und -technologie 153
    4.1.3 Verbindungsaufbau 155
    4.1.4 Vergleich mit dem Direktwahlsystem 156

4.2 Das System 12 157
    4.2.1 Systemarchitektur 158
    4.2.2 Softwarearchitektur und -technologie 164
    4.2.3 Verbindungsaufbau 168
    4.2.4 Koppelnetz und Wegsuche 173

4.3 Das System EWSD 177
    4.3.1 Der Anschlußbereich 178
    4.3.2 Das Koppelnetz 183
    4.3.3 Der Koordinationsprozessor 185
    4.3.4 Verbindungsaufbau 187

4.4 Gesichtspunkte zum Breitband-EWSD 190
    4.4.1 Überblick über EWSD-B 191
    4.4.2 Das Koppelnetz 192
    4.4.3 Anschlußschaltungen 196
    4.4.4 Steuerungsstruktur 198

4.5 Gesichtspunkte zum System EWSP 198
4.6 Schlußbemerkung 202

5 Datenkommunikation und Signalisierung 204

5.1 Das Architekturmodell der Telekommunikation 204
5.2 Die Schnittstelle nach CCITT-Empfehlung X.21 210
5.3 Die Schnittstelle nach CCITT-Empfehlung X.25 214
    5.3.1 Schicht 1 215
    5.3.2 Schicht 2 215
    5.3.3 Schicht 3 220

5.4 Das Message Handling System (MHS) 224
5.5 Teilnehmersignalisierung im ISDN 228
    5.5.1 Die Schicht 2 im Signalisierungskanal D des ISDN 229
    5.5.2 Die Schicht 3 im Signalisierungskanal D des ISDN 230

5.6 Das Signalisierungssystem Nr. 7 233
    5.6.1 Der Nachrichtenübertragungsteil MTP 234
    5.6.2 Der Fernsprech-Benutzerteil TUP 236
    5.6.3 Der ISDN-Benutzerteil ISDN-UP (ISUP) 237
    5.6.4 Die Signalisierungsverbindungs-Steuerung SCCP ... 239
    5.6.5 Transaction Capabilities TC 240

6 Digitale Kommunikationsnetze 242

6.1 Allgemeine Gesichtspunkte und Einflußgrößen 242
6.2 Das integrierte Text- und Datennetz (IDN) der Deutschen Bundespost TELEKOM 245
    6.2.1 Das leitungsvermittelnde Datex-L-Netz 246
    6.2.2 Das paketvermittelnde Datex-P-Netz 246
6.3 Local und Metropolitan Area Networks 250
    6.3.1 Zugriffsverfahren 251
    6.3.2 Ethernet 253
    6.3.3 Fiber Distributed Data Interface 254
    6.3.4 Distributed Queue Dual Bus 257
6.4 ISDN — das Integrated Services Digital Network 262
    6.4.1 Die „physikalische Schicht" des ISDN-Basisanschlusses 265
    6.4.2 Die Architektur des Basisanschlusses 270
    6.4.3 Die Einführung des ISDN 272
6.5 Breitband-ISDN 277
    6.5.1 Das Lichtwellenleiter-Teilnehmeranschlußnetz 280
    6.5.2 ATM-Zellenstruktur und Schnittstellen 287
    6.5.3 Evolution des ATM-Netzes 292
6.6 Satellitennetze 295
    6.6.1 Zugriffsverfahren 296
    6.6.2 Anwendungen von Satelliten 302
6.7 Terrestrischer Mobilfunk 307
    6.7.1 Benachrichtigungssysteme 307
    6.7.2 Mobile Dialogsysteme 308
    6.7.3 Übertragungsverfahren 312
    6.7.4 Steuerungsfunktionen 315
6.8 Intelligente Netze 319
6.9 Telekommunikations-Management 325

7 Nutzung der Telekommunikation 329

7.1 Definition und Übersicht 329
7.2 Dienste im intelligenten Netz, offene Netzarchitekturen 335
7.3 Nutzungsszenarien 340
    7.3.1 Heim 340

      7.3.2 Büro 343
      7.3.3 Kommunikationssicherheit 346
7.4 Herausforderung Software 349
      7.4.1 Ein Rückblick 349
      7.4.2 Die „psychologischen Tricks" 352
      7.4.3 Ein Entwurfsbeispiel 354
      7.4.4 Wohin soll der Weg gehen? 367

8 Schlußbemerkung 368

9 Literaturverzeichnis 369

10 Sachverzeichnis 379

1 Einführung

1.1 Historisches

Digitale Kommunikation stand am Anfang der elektrischen Nachrichtennetze. In den 30er Jahren des 19. Jahrhunderts fehlte es nicht an verschiedenen Versuchen, den elektrischen Strom für die Nachrichtenübermittlung zu nutzen. Allgemein versteht man den berühmten Übertragungsversuch von C. F. Gauß und W. E. Weber vom „physikalischen Kabinett" zur Sternwarte in Göttingen (Distanz ca. 1 km) als Beginn der Telegraphie. Die Nachrichtenübermittlung erfolgte seriell über eine Doppelader. 1843 richtete F. B. Morse eine Telegraphen-Teststrecke entlang der Bahnlinie Washington–Baltimore ein. W. Siemens und J. G. Halske bauten 1848 die erste deutsche Telegraphenlinie zwischen Berlin und Frankfurt am Main. Mit ihrer Telegraphenbauanstalt erstellten sie später u. a. die Indo-Europäische Telegraphenlinie zwischen London und Kalkutta (1867) [1.1]. Bereits im Jahre 1875 wurden in Deutschland etwa 14 Millionen Telegramme über ein Leitungsnetz von 170 000 km Länge befördert.

Grundlage der telegraphischen Übermittlung war das Morse-Alphabet, welches die „Zeitachse" — nämlich die seriellen Variationsmöglichkeiten der Nachrichtenübermittlung — ausnützte, um Leitungsaufwand zu sparen. Dieses Prinzip wird uns als „Zeitmultiplex" später noch in anderer Form begegnen. Nicht verschwiegen sei, daß F. C. Gerke als Inspektor der „Electromagnetischen Telegraphenkompagnie" (nach einer etwas abenteuerlichen Vergangenheit als Soldat, Musiker und Journalist in britischen Kolonien [1.2]) wesentlich zur praktischen Verwendbarkeit des Morse-Alphabets beitrug [1.3].

Eine längerdauernde, aber sehr wichtige Unterbrechung auf dem Weg zur digitalen Universalkommunikation (auf dem wir uns derzeit befinden!) wurde durch die Erfindungen des „analogen Telephons" (1861 durch P. Reis und 1876 durch A. G. Bell und E. Gray — nur durch 2 Stunden bei der Patentanmeldung am 14. Februar getrennt [1.4]) eingeleitet. Der gewaltige Vorteil lag darin, daß sich nunmehr eine bequeme Telekommunikation „von Privat zu Privat" anbahnte ohne den Zwang zur gedanklichen und manuellen Beherrschung des Morse-Alphabets. Sehr bald stellte sich heraus, daß telephonische Telekommunikation nicht nur zwischen zwei festen Partnern, sondern in weitem gesellschaftlichen Umkreis interessiert. So wurde der erste „intelligente Netzknoten" 1878 in New Haven (Connecticut USA) in Betrieb genommen, in dem Telephonbedienstete mit „Hirn und Hand" Verbindungen zwischen Kommunikationsinteressenten über Verbindungsschnüre steckten [1.1]. In Deutschland las Generalpostmeister H. v. Stephan 1877 in der damals schon berühmten Zeitschrift „Scientific American" über das Telephon und ließ sich einige Exemplare aus London kommen. Er gewann die Unterstützung des Reichskanzlers und

Kabinettschefs O. v. Bismarck. Nach Versuchen wurde 1881 das erste öffentliche deutsche Telephonnetz in Berlin mit einem von „Hirn und Hand" bedienten Netzknoten in Betrieb genommen, an den zunächst 48, kurze Zeit später 94 Telephonteilnehmer angeschlossen waren. Bankhäuser, Ministerien, das Polizeipräsidium, ein Bahnhof, Hofkonditor Kranzler und Maurermeister Bethge waren die ersten Interessenten [1.4].

Es folgten noch im selben Jahr Handvermittlungen in Mülhausen (Elsaß), Hamburg, Frankfurt am Main, Breslau, Köln und Mannheim. Die Bayern betraten erst zwei Jahre später mit 145 Teilnehmern in München das Zeitalter der Telekommunikation. Der Stadtmagistrat im Rathaus kam mit drei Anschlüssen aus, einer für den Portier und zwei für die beiden Bürgermeister. Der „Märchenkönig" Ludwig II. aber hielt es mehr mit R. Wagner als mit der Telekommunikation.

Ärger blieb nicht aus. Das traf insbesondere in USA für A. B. Strowger zu, der sich über „schnippische Antworten, Vernachlässigungen und Unterbrechungen" der Telephonistinnen in der Handvermittlung zu beklagen hatte [1.5]. Weniger genauen Überlieferungen zufolge war er ein Begräbnisunternehmer, der es offenbar dank eines „nervösen und empfindlichen" Naturells nicht verstand, sich mit den Telephonistinnen zu arrangieren. Das war insofern bedauerlich, als damals Telephonistinnen in Personalunion so etwas wie ein allgemeines soziales Auskunftsbüro vertraten. In den unvermeidlichen Trauerfällen verwiesen sie also die Ratsuchenden an die freundlichere Konkurrenz. Deshalb erfand Strowger den nach ihm benannten „Strowger Wähler", mit dessen Hilfe eine Automatisierung und Entpersonalisierung der Telephonvermittlung möglich wurde. Wir werden in Abschnitt 1.2 ein „Derivat" dieses Wählers kennenlernen (Bild 1.4). In Konsequenz wurde die erste automatische „Selbstwähl"-Vermittlung 1892 in La Porte (Indiana, USA) in Betrieb genommen. Die uns zur Selbstwahl geläufige Wählscheibe entstand allerdings erst 1896 in den USA [1.1].

In Deutschland verlief die Entwicklung etwas martialischer. „Ihre Kaiserliche Hoheit Augusta Viktoria, Gemahlin Kaiser Wilhelms II., besuchte um die Jahrhundertwende ein Berliner Fernsprechamt und entsetzte sich über die ‚Sklavenarbeit der Frau' an den Vermittlungsschränken. Sie bat ihren Begleiter, den Staatssekretär von Podbielski, um Abhilfe besorgt zu sein. Ein kaiserlicher Wunsch war damals Befehl, weshalb die Postverwaltung unverzüglich ein Musteramt in Amerika bestellte, das bereits 1900 in Berlin aufgestellt und im Dienstverkehr erprobt wurde; es war ein System mit Strowger-Wählern" [1.6].

1908 wurde in Hildesheim die erste *öffentliche* Selbstwählvermittlung Deutschlands in Betrieb genommen, begleitet (wie üblich) von dramatischen und überraschenden Schwierigkeiten sowie von Mannesmut: „... und das Fernsprechamt war entschlossen, in der kommenden Nacht zum manuellen Betrieb zurückzuschalten, da es die Verantwortung nicht weiter tragen wolle. In dieser verzweifelten Situation wurde Kriegsrat gehalten, wobei Herr Kruckow (Anm.: der verantwortliche Postbeamte und späterer Staatssekretär) energisch den Standpunkt vertrat: Ein Zurückschalten gibt es nicht, da dann die Selbstanschlußsache (Anm.: die Automation) einen gewaltigen Rückschlag erhalte. Also durchhalten, koste es, was es wolle, war die Parole, und damit ein Rückschalten unmöglich sei, wurden nachts die Verbindungskabel abgeschnitten" [1.4].

1.2 Klassische Vermittlungen und Netze am Beispiel des Fernsprechnetzes

Natürlich wurden damals die Schwierigkeiten behoben, auch später dadurch, daß sich die Mathematiker der *Verkehrstheorie* annahmen (Abschnitt 2.2.2). Im Endeffekt genießen wir heute ein aufgrund 100jähriger Erfahrung gereiftes, weltweites Fernsprechnetz mit nur gelegentlichem Ärger. Auf diesem langen Weg wären zahllose weitere Histörchen zu berichten, allerdings gibt es einerseits einen Mangel an Aufzeichnungen authentischer Zeitgenossen, andererseits auch an verfügbarem Platz in diesem wesentlich der Zukunft und der sich der Zukunft zuwendenden Gegenwart gewidmeten Buch. Deshalb mag nachfolgend ein kurzer Abriß genügen.

1923: Diesmal sind die Bayern vorn! In den Bereichen von Weilheim und Schaftlach wird das erste Mal im über den eigenen Ortsbereich hinausgehenden Verkehr zu benachbarten Ortsnetzen automatisch gewählt. Ein wesentliches Problem dabei: die Gebührenerfassung!

1933: Diesmal sind die Deutschen vorn! Ein öffentlicher Telex-(Fernschreib)-Selbstwähldienst beginnt seinen Betrieb zwischen Berlin und Hamburg. Telex (Telegrammdienst) ist nicht mehr allein eine Sache der Postbehörde. Vielmehr können zwischen Privatleuten (Firmen, Verwaltungen) Selbstwählverbindungen zur Übermittlung von Texten (allerdings mit eingeschränktem Zeichenvolumen: nur Kleinschreibung usw.) aufgebaut werden. Inzwischen hat sich das Telexnetz zum zweitgrößten Netz für Individualkommunikation gemausert, woran Deutschland wesentlichen Anteil hat. (Um der Bescheidenheit die Ehre zu geben: das Telexnetz ist um zwei bis drei Größenordnungen weniger verbreitet als das Telephonnetz).

1965: Auf der Verkehrsausstellung in München (!) werden erstmals von Teilnehmern selbstgewählte Verbindungen nach Nordamerika hergestellt.

1984: Die Deutsche Bundespost führt digitale, rechnergesteuerte Vermittlungssysteme ein. Damit beginnt in Deutschland — etwa im Gleichklang mit der übrigen Welt — das Zeitalter der allein digitalen Kommunikationsnetze. Das analoge Telephonnetz — ein lästiges, aber erfolgreiches und wirtschaftliches „Übergangssystem" — sieht sein Ende kommen, allerdings erst irgendwann im 21. Jahrhundert.

1987: In der Bundesrepublik Deutschland (und in Teilen der ganzen Welt) beginnt das digitale, universelle Schmalbandnetz „ISDN" den Pilotbetrieb, der 1989 in den Serienbetrieb übergeht. Wir sind in der Gegenwart, aber noch lange nicht am Ende der telekommunikativen Entwicklung.

1.2 Klassische Vermittlungen und Netze am Beispiel des Fernsprechnetzes

Ziel dieser kurzgefaßten Abhandlung des heute (1989/90) noch weltweit zu schätzungsweise 80 % [1.7] Fernsprechkommunikation tragenden *analogen* Netzes ist eine Einführung in die Aufgaben „schlichter" Telekommunikation. Im englischen Sprachraum nennt man den zugehörigen einfachen Fernsprechdienst „Plain Old Telephone Service" (POTS). Die damit verbundenen technischen Anforderungen sind mit dem Übergang zur Digitaltechnik zumeist nicht gegenstandslos geworden. Ihr Verständnis erleichtert das Verständnis für komplexe Problemlösungen, die später besprochen werden.

1.2.1 Die Sicht des Benutzers

Der Benutzer (Teilnehmer) sieht und handhabt seinen Fernsprechapparat. Wenn er telefonieren will, hebt er den *Handapparat* (Fernhörer) ab und *signalisiert* damit der Fernsprechvermittlungsstelle (VSt), daß er eine Fernsprechverbindung herzustellen wünscht. Die VSt sendet darauf den Wählton und signalisiert damit zurück, daß sie bereit zur Aufnahme der Wahlinformation ist. Nun beginnt der Teilnehmer mit der Wahl, entweder mit der Nummernscheibe oder mit einer Zifferntastatur. Wiederum handelt es sich dabei um einen Vorgang der *Signalisierung* oder *Zeichengabe*. Der VSt wird der gewünschte Partner mitgeteilt. Nach Wahlende setzt sich der Signalisierungsdialog fort: Die VSt sendet Rufton (Freizeichen) oder Besetztton und informiert damit den „rufenden Teilnehmer" (A) über den Erfolg seiner Bemühungen. Zugleich aber verständigt sie im Erfolgsfall den „gerufenen Teilnehmer" (B) von dem Anruf, indem sie ihn mit Rufstrom versorgt. Der B-Teilnehmer hört den Wecker seines Telefons klingeln und hebt den Handapparat ab, um sich zu melden. Augenblicklich verstummt der Weckruf, die Verbindung ist hergestellt, der Austausch von „Nutzinformation" der Partner beginnt. Falls Teilnehmer A einen Gebührenzähler an seinem Telefon hat, setzt sich die Signalisierung durch Meldung der Gebühreneinheiten von der VSt fort. Die Zeichengabe endet mit dem „Einhängen" des A- und des B-Teilnehmers, wodurch der VSt auch das Ende des Kommunikationsvorgangs gemeldet wird.

In Bild 1.1 wird das zugehörige elektrische Geschehen im Fernsprechapparat im Prinzip dargestellt. Links im Bild ist über Adern a und b die Teilnehmeranschlußleitung hin zur Vermittlungsstelle (VSt) zu denken. Ständig (neuerdings nur im Ruhezustand) empfangsbereit liegt der Wecker zwischen a- und b-Ader. Da der Wecker mit einem 25-Hz-Wechselstrom (Rufstrom) betrieben wird, kann man durch Abriegelung mit einem Kondensator davon unabhängig einen Gleichstrom für Signalisierungszwecke nützen. Der Gabelumschaltekontakt g schließt beim Aushängen des Handapparates diesen Gleichstromkreis, der — von der VSt gespeist — dort das „Aushängen" signalisiert.

Bei einem Fernsprechapparat mit Nummernscheibe dient der Nummernscheibenimpulskontakt nsi der Übermittlung der Wählinformation. Er ist im Ruhezustand

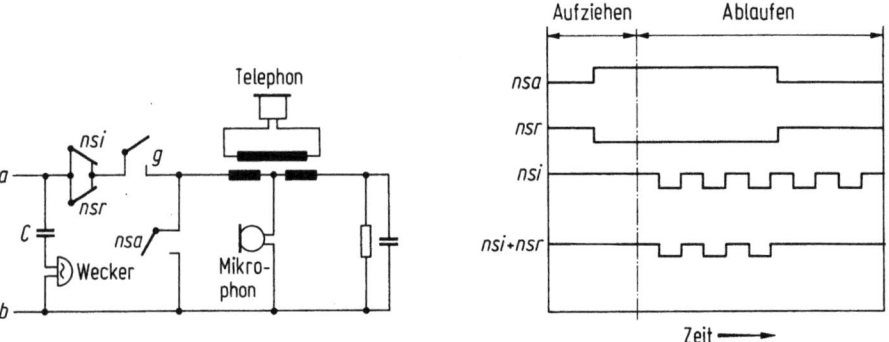

Bild 1.1. Vereinfachte Schaltung eines Fernsprechers, Diagramm für die Betätigung der Kontakte bei Wahl der Ziffer „drei"

geschlossen, wird aber bei Ablauf der Nummernscheibe impulsweise geöffnet, so daß er kurzzeitige, ca. 60 ms dauernde Schleifenunterbrechungen zur VSt meldet (Bild 1.1 rechts). Die Zahl der Unterbrechungen ist um 2 größer als die jeweils gewählte Ziffer, im Bild wurde eine „3" gewählt. Parallel zum nsi-Kontakt liegt der Nummernscheibenruhekontakt nsr, der die letzten beiden Unterbrechungen im Ablauf des nsi wieder kurzschließt. Damit entspricht die Zahl der zur VSt signalisierten Unterbrechungen genau der gewählten Ziffer. Diese etwas merkwürdige Mimik dient der „Überlistung" des Teilnehmers, indem sie nämlich den Ablauf der Nummernscheibe künstlich verlängert (Spatium), um der VSt bis zur Wahl der nächsten Ziffer etwas mehr Zeit für die in der „Zwischenwahlzeit" durchzuführenden Schaltvorgänge zu lassen. Schließlich ist noch der Nummernscheibenarbeitskontakt nsa zu erwähnen: er schließt während des Ablaufs der Nummernscheibe den Sprech-/Hörstromkreis kurz, so daß der Teilnehmer mit dem Handapparat am Ohr nicht durch die Wahlimpulsserien akustisch belästigt wird.

Mit dem Hör-/Sprechstromkreis ist eine *Gabel*schaltung verbunden. Durch Widerstand und Kondensator (rechts) wird der Leitungswiderstand zu VSt annähernd *nachgebildet*. Auf diese Weise verzweigt sich der eigene Mikrophonstrom über die beiden Wicklungen des Differentialübertragers etwa gleich, so daß der A-Teilnehmer die von ihm gesprochenen Worte nur stark abgeschwächt im eigenen Telephon hört.

In modernen Fernsprechapparaten läßt sich der „Nummernschalter" unter bestimmten Umständen durch einen „Tastwahlblock" ersetzen. Der Teilnehmer hat dann auf der Tastatur nicht nur die Ziffern 1 bis 0, sondern zusätzlich die Tasten „Stern" und „Raute" zur Verfügung. Er kann damit — sofern die VSt dafür eingerichtet ist — zusätzliche Zeichen an die Vermittlungsstelle weiterleiten. Realisiert wird die Tastenwahl durch ein *Mehrfrequenzverfahren* (MFV). Vom Fernsprechapparat aus werden je Taste unterschiedliche Tonkombinationen gesendet, welche die VSt empfängt und decodiert.

Dem Fernsprechteilnehmer stehen also nur verhältnismäßig wenige Zeichen (meist „Gleichstromzeichen") zur Verfügung, mit denen er dem „klassischen Fernsprechnetz" seine Wünsche mitteilen kann. Umgekehrt besitzt aber die VSt im Prinzip ein unvergleichlich größeres Mitteilungsreservoire, wenn man die vielen möglichen *Ansagen* mit einbezieht. In der Übermittlungsrichtung zum Teilnehmer zeigt sich damit einmal mehr die Überlegenheit des Menschen gegenüber der Maschine: Der Mensch „decodiert" mühelos die Bedeutungen der von der VSt gesendeten Ansage-Signale! Demgegenüber braucht die VSt elektrisch auswertbare Signale, deren Bedeutung zuvor verabredet wurde.

1.2.2 Die Sicht der Vermittlungsstelle

Die zuvor erläuterte „technische Unterhaltung" (Signalisierung) zwischen Teilnehmer und Vermittlungsstelle erfordert natürlich auch in der VSt entsprechende technische Einrichtungen zum Aufnehmen und Senden der Signale. Hier sind Wirtschaftlichkeitsüberlegungen durchzuführen: Da nicht alle Teilnehmer gleichzeitig telefonieren, braucht man offenbar die entsprechenden Sende- und Empfangseinrichtungen nicht für jeden Teilnehmer ständig bereitzuhalten. Man kann Einrichtungen mehr oder weniger zentralisieren, je nach deren Benutzungsdauer und Benutzungshäufigkeit. Aber die Kosten der Sende- und Empfangseinrichtungen sind zu berücksichtigen und gegen den Schalt- und Steuerungsaufwand abzuwägen, den letzten Endes die Zentralisierung kostet. Aus diesen Überlegungen heraus haben sich typische Vermittlungssystem-Konfigurationen entwickelt.

Hier ist eine englischsprachige Abkürzung zu erwähnen, die erst im Zusammenhang mit elektronischen (digitalen) Vermittlungssystemen kritische Bedeutung erlangt hat: BORSCHT. B (Battery) sagt aus: Die Fernsprechstation muß (sollte) von der VSt „gespeist" werden. Dabei geht es um den erwähnten Gleichstromkreis, der einerseits der Signalisierung dient, andererseits den Sprechkreis mit Mikrophonstrom versorgt. O (Overvoltage) weist darauf hin, daß auf der Teilnehmeranschlußleitung durch Starkstrombeeinflussung oder Blitzschläge Überspannungen entstehen können, die in der VSt keine Schalteinrichtungen zerstören und im allgemeinen auch keine Fehlfunktion hervorrufen dürfen. R (Ringing) spricht den 25-Hz-Rufwechselstrom an, der immerhin mit einer Spannung von 60 V_{eff} von der VSt angelegt wird. S (Signalling) meint die zuvor besprochenen Signalisierungsfunktionen. C (Coding) hat im Zusammenhang mit digitalen Netzen Bedeutung und kennzeichnet die dort notwendige Analog/Digitalwandlung der Sprachsignale. H (Hybrid) ist ein Hinweis auf die Gabelfunktionen, die zur doppelt gerichteten Signalübertragung auf nur zwei Adern notwendig sind. T (Testing) schließlich macht darauf aufmerksam, daß die Funktionsfähigkeit der Teilnehmeranschlußleitungen fernprüfbar sein muß.

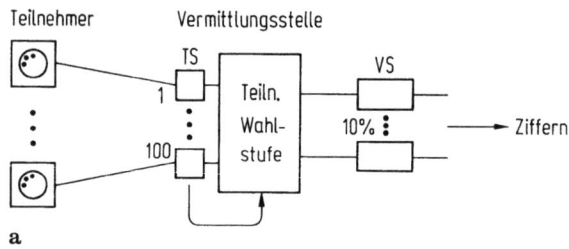

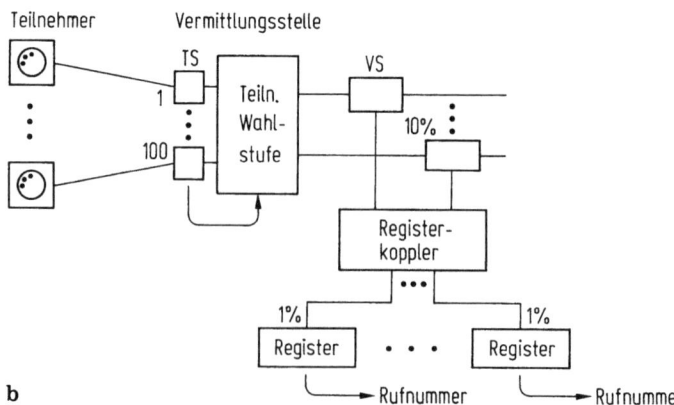

Bild 1.2a, b. Verteilung der BORSCHT-Funktionen in klassischen Vermittlungssystemen. TS Teilnehmersatz, VS Verbindungssatz

1.2 Klassische Vermittlungen und Netze am Beispiel des Fernsprechnetzes

Die Realisierung der BORSCHT-Funktionen bedeutet Aufwand, der in der klassischen Vermittlungstechnik mehr oder weniger zentralisierbar ist. Das liegt daran, daß über relativ billige metallische Kontakte eine Konzentration von Funktionen vorgenommen werden *kann*, welche relativ hohe Spannungen und Ströme bzw. sehr niedrige Durchlaß- und sehr hohe Sperrwiderstände erfordern. Diese Funktionskonzentration läßt sich in unterschiedlicher, die Vermittlungssysteme charakterisierender Form vornehmen.

Bild 1.2 a und b zeigt einen gemeinsamen Ansatz: Jedem Teilnehmer individuell zugeordnet ist in der Vermittlungsstelle ein *Teilnehmersatz* TS. Da er in großer Stückzahl (in der Zahl der Teilnehmer) vorkommt, entlastet man ihn von möglichst vielen BORSCHT-Funktionen, um ihn besonders wirtschaftlich zu realisieren. Der TS hat deshalb lediglich die Aufgabe, den Verbindungswunsch des Teilnehmers (also das Aushängen des Handapparates) festzustellen und einer konzentrierenden *Teilnehmerwahlstufe* zu melden. Die Teilnehmerwahlstufe verbindet über Kontakte aus einem Kollektiv von z. B. 100 die fallweise telefonierenden Teilnehmer (maximal z. B. 10) mit z. B. bis zu 10 *Verbindungssätzen* VS. Damit wird berücksichtigt, daß mit hoher Wahrscheinlichkeit nicht mehr als entsprechend viele Teilnehmer gleichzeitig telefonieren wollen.

In Bild 1.2 a übernimmt der VS die meisten BORSCHT-Funktionen (soweit im Analognetz relevant). Er sendet u. a. Wählton für den rufenden oder Rufstrom für den gerufenen Teilnehmer aus. Die vom Teilnehmer gewählten Ziffern gibt er an nachfolgende *Wahlstufen* weiter (Bild 1.3). Im Unterschied dazu erfolgt in Bild 1.2 b eine weitere Zentralisierung der Wahlziffernaufnahme. Die Verbindungssätze VS erreichen über einen konzentrierenden Registerkoppler sog. *Register,* die nur für die Dauer des Verbindungs*aufbaus* dem Teilnehmer zugeschaltet werden und in entsprechend geringerer Zahl (z. B. 1 % der Teilnehmer) vorhanden sind. Einerseits lassen sich durch diese weitere Konzentration z. B. aufwendigere Wahlempfänger für Tastenwahl einführen, andererseits werden einige oder alle Ziffern der gewählten Rufnummer gespeichert — eine Voraussetzung für anspruchsvolle Leistungsmerkmale der Vermittlungssysteme. Man spricht in diesem Fall von „Registersystemen" oder „Indirektwahlsystemen". Die später zu besprechenden digitalen, rechnergesteuerten Vermittlungssysteme sind im Prinzip Registersysteme.

Anzumerken ist, daß eine „hochstrom-" und „hochspannungsfeste" Teilnehmerwahlstufe in voll-elektronischen Systemen im allgemeinen nicht realisiert wird. Deshalb lassen sich die entsprechenden Hochstrom- und Hochspannungsfunktionen nicht mehr konzentrieren, der zugehörige Schaltungsaufwand muß dezentral im Teilnehmersatz aufgebracht werden — ein nicht unerheblicher Kostenfaktor! Unter Hochspannung werden hier einige 100 V, unter Hochstrom einige 100 mA verstanden!

1.2.3 Direktwahl- und Indirektwahlsystem

Die bereits angesprochenen Kategorien der Direktwahl- und Indirektwahlsysteme sollen nun präzisiert werden. Der Unterschied manifestiert sich in der an die konzentrierende Teilnehmerwahlstufe anschließenden Koppelanordnung (Bild 1.3). Im Direktwahlsystem (Bild 1.3 a) folgen eine Anzahl eigenständiger Wahlstufen. Am Eingang jeder Wahlstufe gibt es Ziffernempfänger Z, welche die für die Durchschal-

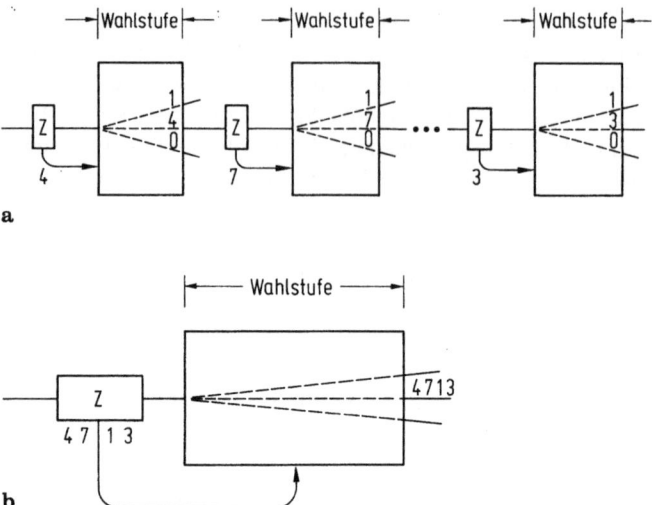

Bild 1.3 a, b. Vermittlungstechnische Wahlsysteme. **a** Direktwahlsystem; **b** Indirektwahlsystem

tung in der betreffenden Wahlstufe benötigten gewählten Ziffern aufnehmen. Die Durchschaltung erfolgt *schritthaltend* mit der Wählfolge des Teilnehmers, sie geschieht so schnell, daß die jeweils nächste Ziffer bereits in der nächsten Wahlstufe empfangen wird. Im allgemeinen genügt eine einzige Ziffer für die Bestimmung des Weges durch eine Wahlstufe.

Im Indirektwahlsystem werden die Wählziffern — wie bereits erwähnt — zunächst in einem Register Z gespeichert (Bild 1.3 b). Für die Durchschaltung durch eine Wahlstufe werden mehrere Ziffern gemeinsam ausgewertet. Die Schnelligkeit der Durchschaltung ist ohne Bedeutung für die Wahlaufnahme — im Gegensatz zum Direktwahlsystem. Deshalb können auch sehr schnell aufeinanderfolgende Wählziffern, wie sie etwa bei Tastenwahl gesendet werden, ohne Verlust von Ziffern aufgenommen werden.

Die in Bild 1.3 vorgestellten Systemprinzipien zeigen sich in der Praxis in mannigfachen Varianten, auf die einzugehen hier nicht das Thema ist. In den später folgenden Erläuterungen zu digitalen Kommunikationsnetzen wird stets von Indirektwahlprinzipien ausgegangen. Ergänzend gilt deshalb die Betrachtung an dieser Stelle lediglich dem Direktwahlprinzip. Hierzu ist als erstes ein kurzer Blick auf das Durchschaltelement der Wahlstufen, den *Wähler* nötig. Dabei werden die in zahlreichen ingeniösen Ausführungsformen entstandenen konstruktiven Details außer acht gelassen. In Bild 1.4 ist der Wähler auf sein „Koppelschema" reduziert.

Von einem Eingang aus lassen sich über einen „Dreharm" insgesamt 100 Ausgänge einer „Kontaktbank" erreichen. Die Ausgänge sind in 10 Dekaden zu je 10 Ausgängen angeordnet. Eine Wahlstufe besteht aus zahlreichen derartigen Wählern. Bild 1.5 zeigt die Zusammenschaltung von z. B. 24 Wählern einer Wahlstufe in einem „Gestell". Alle gleichnamigen Ausgänge der einzelnen Kontaktbänke sind zu einem „Ausgangsvielfach" parallel geschaltet, so daß 24 Eingänge gemeinsam 100 Ausgänge

1.2 Klassische Vermittlungen und Netze am Beispiel des Fernsprechnetzes

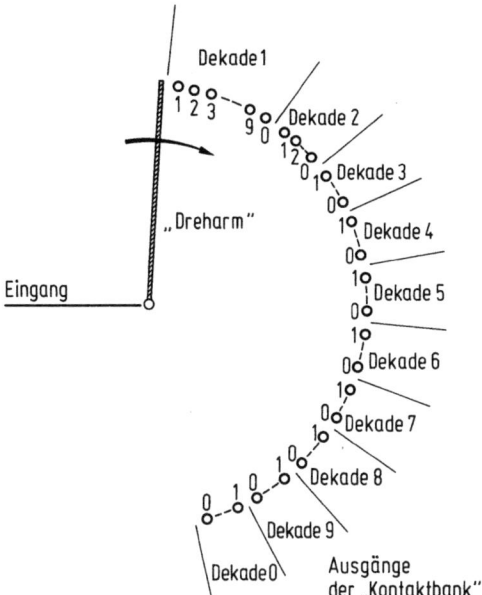

Bild 1.4. Koppelschema des Wählers

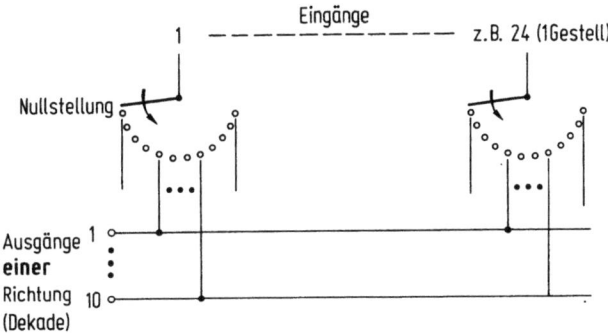

Bild 1.5. Zusammenschaltung der Wählerausgänge in einem Wählergestell

erreichen. Damit gibt es also etwa 4mal mehr Ausgänge als Eingänge. Ein derart hoher Ausgangsüberschuß ist nicht gerechtfertigt, so daß von Gestell zu Gestell eine weitere Parallelschaltung stattfindet. Derartige Parallelschaltungen werden „Mischungen" genannt, sie führen je nach Verkehrsbedarf in einer Wahlstufe zu unterschiedlichen Verhältniszahlen von Ausgängen zu Eingängen, z. B. 2:1.

In Bild 1.6 ist angedeutet, wie von einem Teilnehmer A mit Rufnummer xxxx ein bestimmter von (theoretisch) 9999 Teilnehmern B im Direktwahlsystem erreicht wird. Über eine konzentrierende Wahlstufe (s. Bild 1.2) wird der A-Teilnehmer mit einem I. Gruppenwähler (I. GW) im xx. Teilnehmerhundert verbunden. Der I. GW übernimmt auch die Funktionen des Verbindungssatzes VS. Der Teilnehmer wählt als erste Ziffer z. B. eine „9". Damit wird der Dreharm des I. GW in „Dekadenwahl" (vgl. Bild 1.4) auf den Beginn der Ausgangsdekade „9" eingestellt. Der I. GW muß

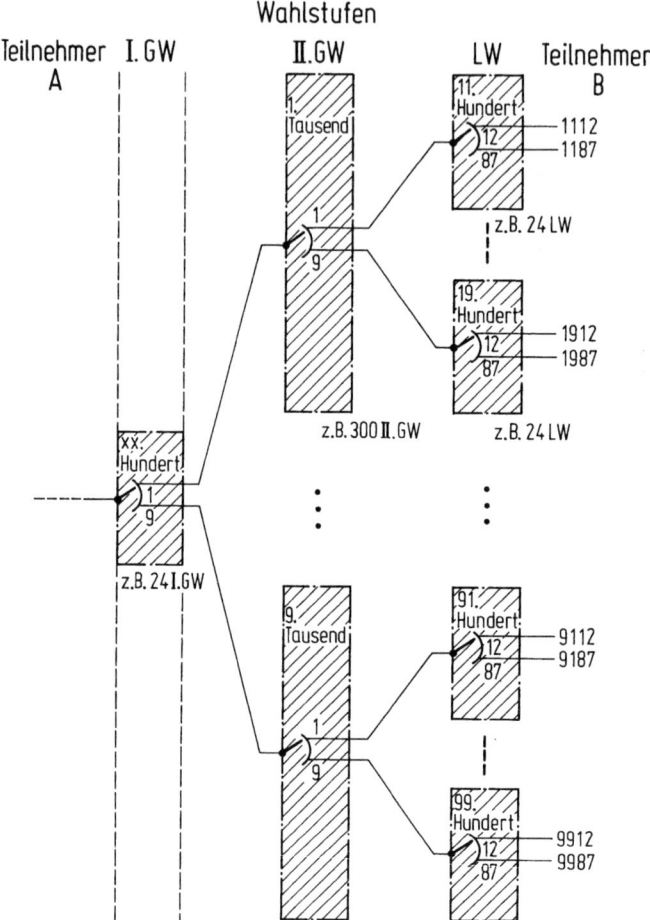

Bild 1.6. Dekadische 10000er Vermittlung

nun einen Weg zu einem II. GW durchschalten, von dem aus alle Teilnehmer zu erreichen sind, deren Rufnummern mit „9" beginnen (9. Tausend). Da ihm nicht individuell ein solcher GW zugeordnet ist, sondern — wie in Bild 1.5 erläutert — z. B. 24 I. GW gemeinsam nur 10 II. GW der Dekade „9" erreichen können, muß er in einem „Prüfvorgang" *einen* der noch nicht durch andere Verbindungen belegten II. GW auswählen (Freiwahl).

Der II. GW wertet die zweite vom A-Teilnehmer gewählte Ziffer — z. B. eine „1" — aus und belegt sinngemäß wie zuvor geschildert einen Wähler des 91. Hundert, zu dem der gewünschte B-Teilnehmer gehört. Diese Wähler werden nun nicht mehr „Gruppenwähler", sondern „Leitungswähler" (LW) genannt, denn sie haben (im allgemeinen) die Aufgabe, einen ganz bestimmten Ausgang anzusteuern, an dem der angewählte B-Teilnehmer angeschlossen ist. Da ein LW 100 Ausgänge hat, können auch 100 Teilnehmer angeschlossen werden, die durch „Dekadenziffer" und „Einer-

1.2 Klassische Vermittlungen und Netze am Beispiel des Fernsprechnetzes

ziffer" bestimmt sind (vgl. Bild 1.4). Um sich auf einen derart bezeichneten Ausgang einzustellen, benötigt der LW Dekadenziffer *und* Einerziffer der Rufnummer. Hier findet also keine „Freiwahl" mehr statt, sondern die Durchschaltung erfolgt durch zweifach „erzwungene Wahl". Im Beispiel: Wählt der A-Teilnehmer „1" als vorletzte Ziffer und „2" als letzte Ziffer der B-Rufnummer, so wird der Teilnehmer 9912 erreicht. Die LW-Wahlstufe ist im Direktwahlsystem die einzige, welche 2 Ziffern der Rufnummer auswertet. Das Direktwahlsystem ist *dekadisch* strukturiert, die Rufnummern der Teilnehmer sind durch ihren Anschluß am Leitungswähler vorgegeben.

Die Anschlüsse werden in Hundertergruppen geordnet, die Anzahl der je Hundertergruppe benötigen I. GW oder LW hängt von der Stärke des Verkehrs in der betreffenden Hundertergruppe ab (Vielsprecher, Wenigsprecher). Die in der Zeichnung (aus didaktischen Gründen) mit 24 angegebene Zahl der I. GW und LW entspricht einem sehr hohen Verkehr (maximal 50% der Teilnehmer können gleichzeitig kommunizieren!). Verkehrswertabhängig ist natürlich auch die Zahl der je Tausendergruppe vorzusehenden II. GW, wobei sich in der Tendenz die Verkehrswerte der einzelnen LW-Hundertergruppen ausmitteln.

Eine interessante Einzelheit: Wie gelingt es dem Gruppenwähler, in Freiwahl einen nachfolgenden Wähler auszuwählen und zu belegen? Der Vorgang der Auswahl eines Verbindungsweges durch die Wahlstufen einer Vermittlung wird allgemein „Wegsuche" genannt. Im Direktwahlsystem spricht man von „stufenweiser Wegsuche", im Indirektwahlsystem dagegen von „weitspannender Wegsuche", da sich diese über die ganze Koppelanordnung erstrecken kann. Auf die weitspannende Wegsuche wird in Kapitel 3 näher eingegangen.

Bei stufenweiser Wegsuche bestimmt man einen Weg zu einem freien Wähler der nächsten Wahlstufe, ohne zu berücksichtigen, ob der ausgewählte Wähler auch in der darauffolgenden Wahlstufe noch einen freien Wähler findet. Die Auswahl eines II. GW im 9. Tausend im obigen Beispiel kann nicht im voraus die Verfügbarkeit eines von ihm erreichbaren LW im 91. Hundert mit einbeziehen, da der A-Teilnehmer die folgende „1" ja noch gar nicht gewählt hat! Den Auswahlvorgang übernimmt ein *Prüfstromkreis* zwischen vorhergehendem und nachfolgendem Wähler (Bild 1.7).

Zu ergänzen ist, daß im Koppelschema des Wählers in Bild 1.4 der Eingang mit jedem Ausgang nicht nur einadrig, sondern drei- oder vieradrig verbunden wird. Dementsprechend gibt es also auch drei oder vier starr gekoppelte Dreharme, von

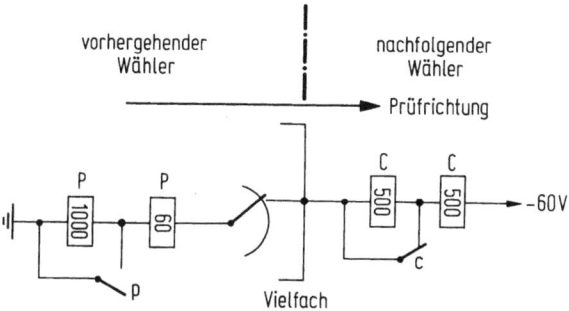

Bild 1.7. Prüfstromkreis im Direktwahlsystem

denen einer für den Prüfstromkreis (die sog. c-Ader) vorgesehen ist. Dreharm und zugehörige Kontaktbank des wegsuchenden Wählers sind links im Bild, einer der abzuprüfenden Wählereingänge der folgenden Wahlstufe rechts im Bild gezeigt. Die kleinen Rechtecke repräsentieren Relaiswicklungen mit eingetragenen Wicklungswiderständen (in Ω), die zu den Relais (große Buchstaben) gehörenden Kontakte sind durch kleine Buchstaben gekennzeichnet. Der wegsuchende Wähler links hat ein Prüfrelais P mit zwei Wicklungen und einem Kontakt p im Prüfstromkreis, der folgende Wähler ein Belegungsrelais C mit ebenfalls zwei Wicklungen und einem Kontakt c. In der Mitte ist mit dem „Vielfach" die Parallelschaltung der Wählerausgänge der vorhergehenden Wahlstufe gezeigt (vgl. Bild 1.5).

Der Einstellmechanismus des Wählers bewirkt, daß der Dreharm (Bild 1.4) mit der vom Teilnehmer gewählten Ziffer *vor* die gewünschte Dekade (z. B. vor den Beginn der Dekade „9") gestellt wird. In der Zwischenwahlzeit — also in der zwangsläufig eingeschobenen Pause durch das Neu-Aufziehen der Wählscheibe — überstreicht der c-Dreharm in Freiwahl die Ausgangslamellen der Kontaktbank in Dekade „9". Erreicht der Dreharm eine Position, die der in Bild 1.7 gezeigten entspricht, so fließt ein Strom von „Erde" über P- und C-Relais gegen „minus 60 V". Beide Relais sprechen an und betätigen ihre Kontakte. Ein (hier nicht gezeigter) p-Kontakt bewirkt das „Stillsetzen" des Wählers, d. h. der Wähler bleibt auf der Lamelle stehen und hat damit einen Weg zu einem Wähler der nachfolgenden Wahlstufe gefunden. Ein zweiter p-Kontakt schließt — wie im Bild zu erkennen — eine hochohmige Wicklung des P-Relais kurz. Das C-Relais veranlaßt mit seinen (nicht gezeigten) Kontakten die Funktionsbereitschaft des nachfolgenden Wählers für die Aufnahme der nächsten Wählziffer, außerdem wird das C-Relais hochohmig geschaltet (in erster Linie, um in der bestehenden Verbindung Strom zu sparen). Damit hat sich im Prüfstromkreis eine Potentialverteilung eingestellt, bei der am von vielen Wähler der vorhergehenden Wahlstufe abgeprüften „Vielfach" nahezu Erdpotential anliegt. Wenn einer dieser Wähler mit seinem Dreharm prüfend die Lamelle überstreicht, kann sein hochohmiges P-Relais nicht ansprechen.

In der klassischen Vermittlungstechnik kennzeichnet man dieses pfiffig einfache Wegsuchverfahren durch die Phasen: *Prüfen* auf einen freien Wähler der folgenden Wahlstufe, *Belegen* dieses Wählers für die aufzubauende Verbindung und *Sperren* dieses Wählers gegen die Belegung durch andere Verbindungen.

1.2.4 Verbindungsaufbau im Direktwahlsystem

Beschrieben wird der Verbindungsaufbau im Ortsverkehr nach dem Prinzip des sog. Wählsystems 55 v (Bild 1.8). Links im Bild ist der rufende (A-)Teilnehmer, rechts der gerufene (B-)Teilnehmer dargestellt. (Natürlich kann auch der Teilnehmer links angerufen werden und der Teilnehmer rechts Rufender sein. Dies ist durch die Pfeile vom LW und zum TS angedeutet). Wenn der A-Teilnehmer den Handapparat aushängt, schließt sich ein vom *Teilnehmersatz* TS ausgehender Stromkreis. Damit wird dem Wählsystem der Verbindungswunsch von A signalisiert. Der Teilnehmersatz meldet das Aushängen weiter an seinen zuständigen *Anrufordner* AO. Der AO verwaltet die (z. B. 8) *Anrufsucher* AS der Hundertergruppe des A-Teilnehmers. Er beauftragt einen freien Anrufsucher, sich auf den A-Teilnehmer einzustellen.

1.2 Klassische Vermittlungen und Netze am Beispiel des Fernsprechnetzes 13

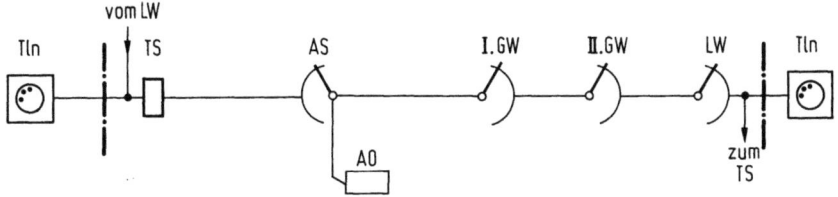

Bild 1.8. Übersichtsplan des Direktwahlsystems.
Tln Teilnehmer, TS Teilnehmersatz, AS Anrufsucher, GW Gruppenwähler, LW Leitungswähler

Die Anrufsucher bilden die konzentrierende Teilnehmerwahlstufe (vgl. Bild 1.2). Funktional sind sie Wähler wie in Bild 1.4 mit Umkehrung von Eingang und Ausgang. An den Eingängen der Kontaktbank sind die TS der Hundertergruppe angeschlossen, jeweils einer von diesen kann mit dem Ausgang des AS verbunden werden. Hierzu führt der AS einen Suchlauf aus und prüft nach etwa gleichem Prinzip wie in Bild 1.7 auf den TS des A-Teilnehmers auf. Die Kontaktbänke von z. B. 8 AS sind parallelgeschaltet, damit können in dieser Hundertergruppe maximal 8 Teilnehmer gleichzeitig abgehend telefonieren — eine für „Wenigsprecher" ausreichend starke Verkehrskonzentration.

Unmittelbar mit dem AS verbunden ist ein I. GW, von dem nun der über den Fernsprechapparat geführte Stromkreis — die *Teilnehmerschleife* — übernommen wird. Der I. GW legt den Wählton an und signalisiert damit die Bereitschaft des Systems zur Aufnahme der Wahlinformation. Wenn A die erste Ziffer wählt, wird der Wählton abgeschaltet, der I. GW stellt sich in „erzwungener Wahl" auf die gewünschte Ausgangsdekade ein und sucht in der folgenden Zwischenwahlzeit in „Freiwahl" einen Ausgang zu einem freien II. GW. Der I. GW schaltet daraufhin den Verbindungsweg durch, so daß die nächste gewählte Ziffer bereits vom II. GW verarbeitet wird. Dort wiederholt sich der Vorgang, er endet mit der Durchschaltung zum LW. Im LW führt nun die Wahl der vorletzten Ziffer zur Einstellung des Wählers auf die gewünschte Dekade, ohne daß eine Freiwahl folgt. Statt dessen wird der Dreharm des LW mit der letzten Ziffer in erzwungener Wahl auf die Ausgangslamelle der Kontaktbank eingestellt, an die der B-Teilnehmer angeschlossen ist.

Der LW führt nun eine Freiprüfung des Teilnehmeranschlusses durch, vergewissert sich im Erfolgsfall, daß A die Verbindung weiterhin aufrechterhält und legt Rufstrom zum B-Teilnehmer an. Gleichzeitig sendet er A das Freizeichen. Wenn B aushängt, schaltet der LW Rufstrom und Freizeichen ab und die Verbindung durch. Der LW meldet den erfolgreichen Gesprächsbeginn an den I. GW zurück, damit dieser mit der Gebührenzählung beginnen kann. Das Ende des Gesprächs wird dem System durch „Einhängen" von A oder B gemeldet. Die Verbindung wird vom I. GW ausgehend ausgelöst, und zwar nach „Einhängen A" sofort, nach „Einhängen B" verzögert.

Wie wird innerhalb des Systems signalisiert? Ein interessanter Gesichtspunkt, denn das Direktwahlsystem kennt keine zentralen Signalisierungswege — im Gegensatz zu den später zu besprechenden digitalen Vermittlungen. Bild 1.9 zeigt die wichtigsten Signalstromkreise. Verwendet werden einfach auswertbare Gleichstrom-

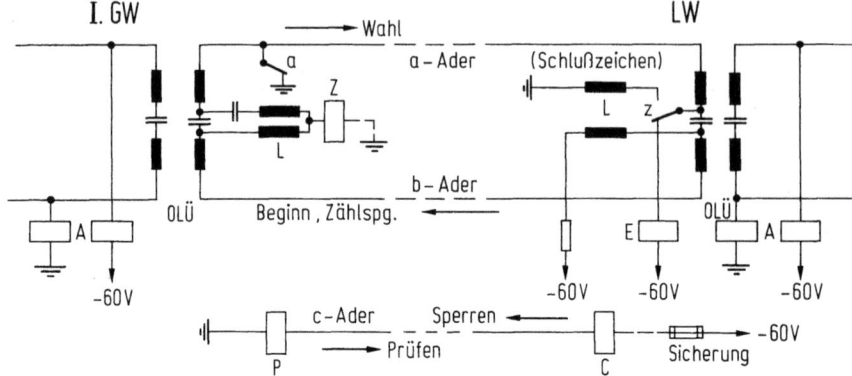

Bild 1.9. Prinzip der Gleichstromzeichengabe (Ortsverkehr).
A, P, Z, E Relaisbezeichnungen (Wicklungen), a, z Relaiskontakte, L Induktivitäten, OLÜ-Ortsleitungsübertrager, GW Gruppenwähler, LW Leitungswähler

signale (abgesehen von den für den Menschen bestimmten Hörzeichen und Ansagen). Im Bild dargestellt ist auszugsweise eine Verbindung zwischen I. GW und LW, die dazwischenliegenden GW treten nur mit Durchschaltekontakten in Erscheinung, die hier fortgelassen sind. Hervorzuheben ist die im I. GW und LW durch die Ortsleitungsübertrager (OLÜ) vorgenommene Trennung der Teilnehmerschleifen A und B von der „Inneramtsschleife". Damit steht die Inneramtsschleife unabhängig von der „Teilnehmerspeisung" (Mikrophonspeisung, Schleifenüberwachung) für die „Inneramtssignalisierung" zur Verfügung.

Die in der Teilnehmerschleife liegenden A-Relais stellen Schleifenunterbrechungen und damit Aktionen der Teilnehmer fest. So meldet der I. GW mit a-Kontakt die Nummernscheibenimpulse als Erdimpulse auf der a-Ader an nachfolgende Wähler weiter. Wenn der gerufene Teilnehmer B aushängt, legt der LW auf der b-Ader Minuspotential als „Beginnzeichen" für den I. GW an. Auch das Einhängen des B-Teilnehmers muß (neuerdings) an den I. GW rückgemeldet werden. Dies geschieht durch impulsweises Anlegen von Erde an die a-Ader im LW (Flackerschlußzeichen). Alle diese Zeichen werden praktisch verzögerungsfrei zwischen Ursprung und Ziel über den durchgeschalteten Sprechweg übertragen. Dieser Weg steht nicht nur innerhalb der eigenen Vermittlung (Inneramt — —), sondern im allgemeinen innerhalb des Ortsnetzes zur Verfügung. Dasselbe gilt für den bereits früher besprochenen Prüfkreis über die c-Ader.

1.2.5 Das Ortsnetz

Die Teilnehmeranschlußleitungen gehören zu den teuersten Investitionen in einem Fernsprechnetz. Sie sind in großer Zahl vorhanden, sind schlecht ausgenutzt und arbeitsintensiv im Verlegen. Deshalb ist man bestrebt, das Gros der Teilnehmer über relativ kurze Anschlußleitungen anzuschließen. In Deutschland z. B. sind über 50 % aller Anschlußleitungen kürzer als 1½ Kilometer. Wenn man in großen, ausgedehnten Ortsnetzen die Strategie der kurzen Anschlußleitungen beibehalten will, muß

1.2 Klassische Vermittlungen und Netze am Beispiel des Fernsprechnetzes

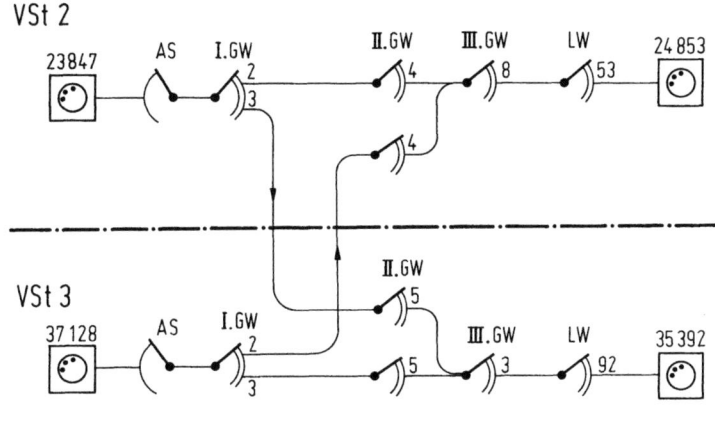

Bild 1.10. Ortsnetz für (theoretisch) 90 000 Teilnehmer.
VSt Vermittlungsstelle, AS Anrufsucher, GW Gruppenwähler, LW Leitungswähler

man also „mit dem Berg zum Propheten kommen" und die Vermittlungen in Teilnehmernähe rücken. Mit anderen Worten: in großen Ortsnetzen gibt es mehr oder weniger zahlreiche Vermittlungsstellen, die natürlich nicht als Inseln bestehen können, sondern untereinander in Beziehung treten müssen. Dabei steht das Direktwahlsystem unter dem Diktat seiner dekadischen Struktur.

Erfahrungsgemäß wirtschaftlich und durch jenes Diktat bedingt, ist es im allgemeinen vernünftig, bis zu (theoretisch) 9000 Teilnehmer an *eine* Vermittlungsstelle anzuschließen (die Dekade „0" ist bekanntlich für den Zugang zur Fernebene reserviert). Bild 1.10 zeigt die einfache Konfiguration eines 100 000er-Verbandes für (theoretisch) 90 000 Teilnehmer. Die Vermittlungsstellen VSt sind hinter den I. Gruppenwählern (I. GW) untereinander voll vermascht. Im Bild ist eine Verbindung von einem Teilnehmer der VSt 2 zu einem Teilnehmer der VSt 3 angenommen. Vom I. GW der VSt 2 wird der II. GW der VSt 3 erreicht. Vom II. GW aus müssen die (theoretisch) 9000 Teilnehmer der VSt 3 angewählt werden können. Hierzu ist die Einführung eines weiteren Gruppenwählers, des III. GW, notwendig.

Etwas komplizierter wird die Netzstruktur im Millionenverband. Eine direkte Vermaschung aller (theoretisch) 90 Vermittlungsstellen ist aus Aufwandsgründen nicht sinnvoll. Statt dessen führt man für (theoretisch maximal) 90 000 Teilnehmer zuständige *Gruppenvermittlungsstellen* GVSt ein (Bild 1.11). Der Externverkehr irgendeiner (sog. Voll-)VSt, wie z. B. VSt 23, wird abgehend über deren I. GW zunächst zur Ziel-GVSt (z. B. GVSt 3) geleitet. Von dort erfolgt über den in der GVSt vorhandenen II. GW die Verteilung auf die zugehörigen Voll-VSt (z. B. VSt 38). Um innerhalb dieser VSt *einen* von (theoretisch) 9000 Teilnehmern erreichen zu können, muß dort ein IV. GW eingeführt werden. Die zugehörige Wählerkonfiguration zeigt Bild 1.12.

Besondere Beachtung verdient das kostenintensive Teilnehmeranschlußnetz. Bild 1.13 erläutert den prinzipiellen Aufbau des Anschlußnetzes. Zwischen der beim Teilnehmer gelegenen „Anschlußdose" und dem „Anschluß des Teilnehmersatzes

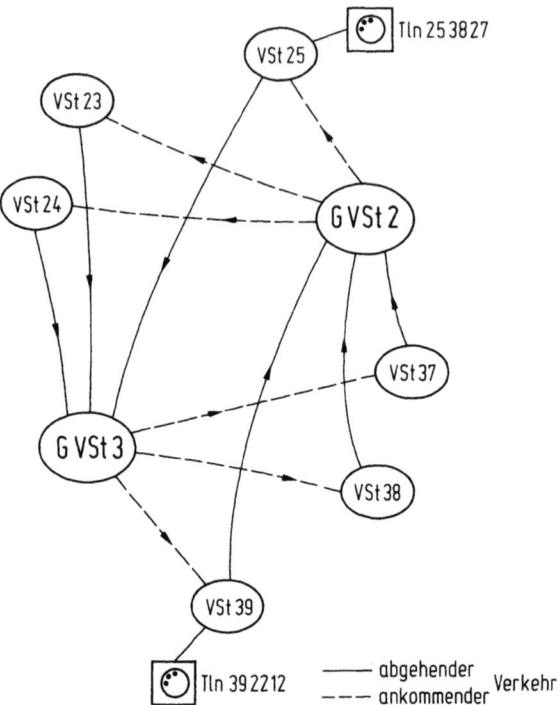

Bild 1.11. Verkehrsbeziehungen im Millionen-Verband.
VSt Vollvermittlungsstelle, GVSt Gruppenvermittlungsstelle, Tln Teilnehmer

TS" in der Vermittlungsstelle gibt es einige „Rangierstellen", in denen man Leitungen eines Abschnitts denen eines anderen Abschnitts flexibel zuordnen kann. Die bedeutendste Rangierstelle ist der Hauptverteiler HVt. Dort können den herangeführten Teilnehmeranschlüssen über „Rangierdrähte" beliebige Teilnehmersätze TS (und damit „Rufnummern") zugeordnet werden. Damit verbunden sind Überspannungsschutz und bestimmte Eingriffsmöglichkeiten, die manuelle Tätigkeit erfordern (vgl. Abschnitt 1.3).

Über Innenkabel — ausgehend vom HVt — werden in der Kabelaufteilung K die äußeren *Hauptkabel* erreicht, in denen einige hundert bis tausend zweiadrige Leitungen für einen örtlich zusammenhängenden Anschlußbereich zusammengefaßt sind. Über Hauptkabel werden Teilnehmer angeschlossen, die weiter als wenige 100 m von der Vermittlung entfernt sind. Die Hauptkabel enthalten eine Anschlußreserve und enden in *Kabelverzweigern* KVZ. Hier ist eine zweite Rangierstelle notwendig, um die herangeführten Anschlußleitungen bedarfsgerecht Teilnehmeranschlüssen zuzuschalten. Vom KVZ aus verteilen sich die Verzweigungskabel mit den aktuell beschalteten Teilnehmern in der Stärke von einigen 5 Doppeladern zu Endverzweigern, diese sind wenige 100 m vom KVZ entfernt. Die Endverzweiger EVZ können außerhalb oder innerhalb von Gebäuden eingerichtet werden, von ihnen aus werden über Endstellenleitungen die einzelnen Teilnehmeranschlüsse erreicht. Es gibt nun verschiedene Möglichkeiten, über sog. Vorfeldeinrichtungen Leitungsaufwand im

1.2 Klassische Vermittlungen und Netze am Beispiel des Fernsprechnetzes

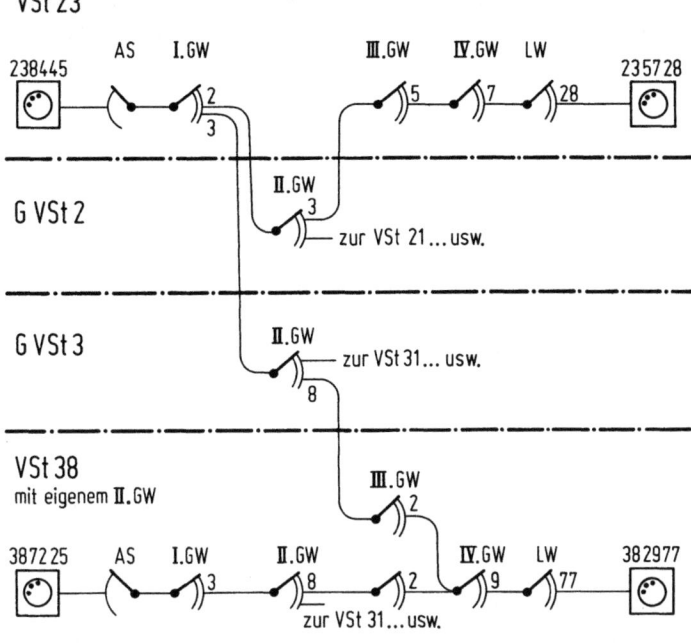

Bild 1.12. Ortsnetz für (theoretisch) 900 000 Teilnehmer.
VSt Vollvermittlungsstelle, GVSt Gruppenvermittlungsstelle, AS Anrufsucher, GW Gruppenwähler, LW Leitungswähler

Teilnehmeranschlußnetz einzusparen. Etwa kann man in Wenigsprecher-Gebieten verkehrskonzentrierende Einrichtungen in KVZ-Nähe bringen, die z. B. 20 Teilnehmeranschlüsse auf wahlweise eine von vier Hauptleitungen schalten können (Wählsternschalter oder Konzentratoren). Eine andere Möglichkeit besteht darin, mehrere Anschlußkanäle auf einem gemeinsamen Übertragungsmedium zu „multiplexen". Hierauf wird später eingegangen.

In Bild 1.13 ist noch auf eine wichtige Hauptverteiler-Funktion hinzuweisen. Anschlußleitungen für Teilnehmer oder konzentrierten Verkehr sind nicht nur der

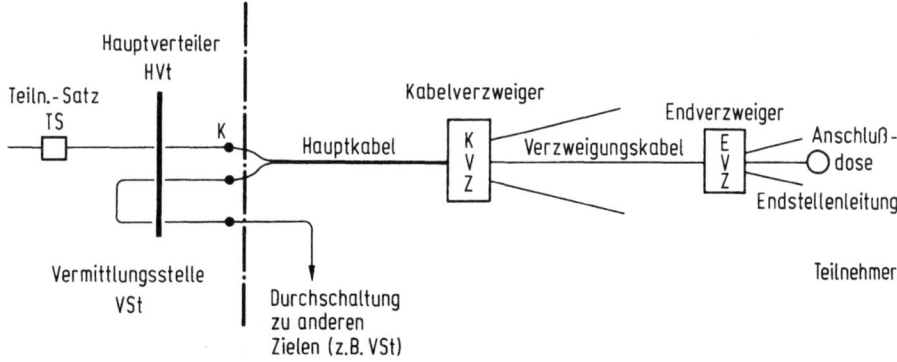

Bild 1.13. Prinzip des Teilnehmer-Anschlußnetzes. K Kabelaufteilung

dahinterliegenden Vermittlungsstelle zuzuführen, sondern sie können auch unmittelbar zu anderen Zielen durchgeschaltet werden, z. B. zu einer Vermittlungsstelle eines anderen (z. B. Daten-)Netzes (Abschnitt 2.2.2).

1.2.6 Landesfernwahl

Die Zeiten sind vorbei, da man nur mit Hilfe menschlicher Intelligenz (mit dem „Fräulein vom Amt") über die Grenzen des eigenen Ortsnetzes hinaus telefonieren konnte. Ein wesentliches Problem bei der Automatisierung dieses Fernverkehrs war die Sicherstellung einer leistungsgerechten Gebührenerfassung. Dies mutet im Zeitalter elektronischer Mikrocomputer merkwürdig an, war jedoch in der Vergangenheit der elektromechanischen Bauteile ein großes Problem. Ein zweiter Gesichtspunkt ergibt sich aus dem Aufwand der für den Fernverkehr nötigen, teuren Einrichtungen. Um möglichst wenige dieser Einrichtungen für ein Ferngespräch in Gebrauch zu nehmen, war es notwendig, die einfache Technik des Direktwahlsystems zumindest teilweise zugunsten eines Registersystems (Indirektwahlsystem) zu verlassen.

Wie bereits bei der Besprechung des Ortsnetzes verdeutlicht, ist es notwendig, zunächst ein „Numerierungsschema" aufzustellen, mit dem z. B. in der Bundesrepublik die etwa 3800 verschiedenen Ortsnetze individuell ansprechbar sind. Es ist naheliegend und übrigens auch technisch sinnvoll, dies nicht willkürlich, sondern in hierarchischer Ordnung auszuführen. So hat man 8 Zentralbereiche definiert, zu denen z. B. die Bereiche „7" mit einem Großteil von Baden-Württemberg und „8" mit im wesentlichen Oberbayern gehören. Die Zentralbereiche unterteilen sich in je etwa 8 Hauptbereiche, die Hauptbereiche in etwa je 8 Knotenbereiche und die Knotenbereiche in etwa je 8 Endbereiche. Jeder dieser Bereiche enthält einen bereichseigenen Netzknoten, der Vermittlungsaufgaben für den betreffenden Bereich übernimmt. Mit einer vierstelligen Kennzahl lassen sich die Endbereiche ansteuern, in denen die Ortsteilnehmer angeschlossen sind. Die hierarchisch gegliederten Netzknoten heißen Zentralvermittlungsstelle ZVSt, Hauptvermittlungsstelle HVSt, Knotenvermittlungsstelle KVSt und Endvermittlungsstelle EVSt.

Bild 1.14 zeigt einen Ausschnitt aus dem deutschen Fernwahlnetz mit der hierarchischen Eingliederung der Ortsnetze Berchtesgaden und Giengen. Die dargestellte Verbindung verläuft über den sog. *Kennzahlenweg,* sie folgt in Direktwahl den einzelnen Stellen der Ortskennzahl wie entsprechend im Ortsnetz den Stellen der Teilnehmerrufnummer.

Wollte man Landesfernwahl allein nach dem Direktwahlprinzip betreiben, so müßte jede Verbindung zunächst vom Ortsnetz bis hinauf zur Zentralvermittlungsstelle geschaltet werden, um dann absteigend mit der ersten Ziffer über den ZVSt-Gruppenwähler (ZGW) die zuständige ZVSt, mit der zweiten Ziffer über den HVSt-Gruppenwähler (HGW) die zuständige HVSt, mit der dritten Ziffer über den KVSt-Gruppenwähler (KGW) die zuständige KVSt und schließlich mit der vierten Ziffer über den EVSt-Gruppenwähler (EGW) die gewünschte EVSt zu erreichen. Besonders ärgerlich wäre ein solcher Auf- und Abstieg natürlich, wenn es sich um eine Verbindung zu einer EVSt im eigenen KVSt-Bereich handeln würde. Dann wäre der lange und teure Hin- und Rückweg unsinnigerweise für eine nahezu lokale Verbindung belegt worden.

1.2 Klassische Vermittlungen und Netze am Beispiel des Fernsprechnetzes 19

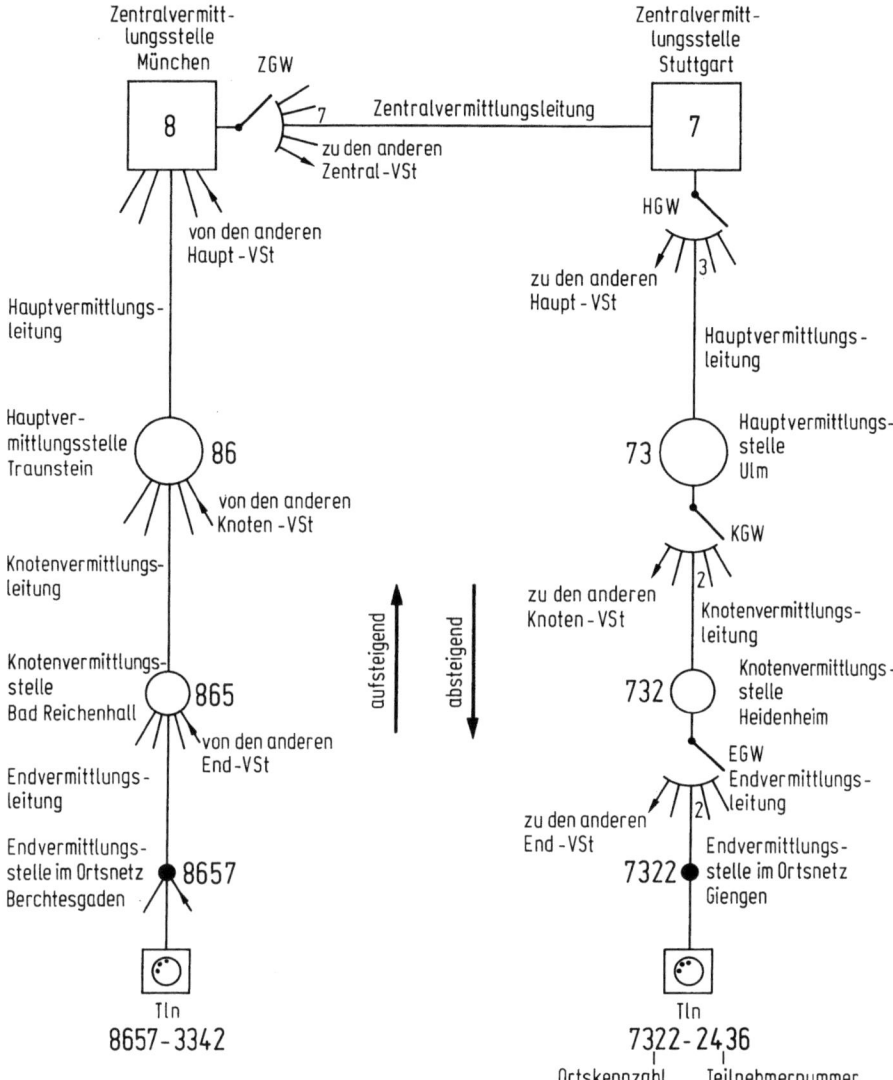

Bild 1.14. Hierarchische Gliederung des Fernwahlnetzes in der Bundesrepublik Deutschland (Ausschnitt).
Tln Teilnehmer, VSt Vermittlungsstelle, ZGW Zentral-VSt-Gruppenwähler, HGW Haupt-VSt-Gruppenwähler, KGW Knoten-VSt-Gruppenwähler, EGW End-VSt-Gruppenwähler

Wie wird das Problem gelöst? Man geht zu einer Art „Indirektwahl" über, indem man die Rufnummer zunächst speichert, um daraus über den einzuschlagenden Weg zu befinden (Bild 1.15). Die zugehörigen Register werden allein im Fernverkehr gebraucht und deshalb in der übergeordneten Knotenvermittlung konzentriert. Da ein Register nur beim Verbindungs*aufbau* benötigt wird, ist es entsprechend Bild 1.2 über einen (nicht dargestellten) Registerkoppler zentralisiert. *Während* der Verbin-

20 1 Einführung

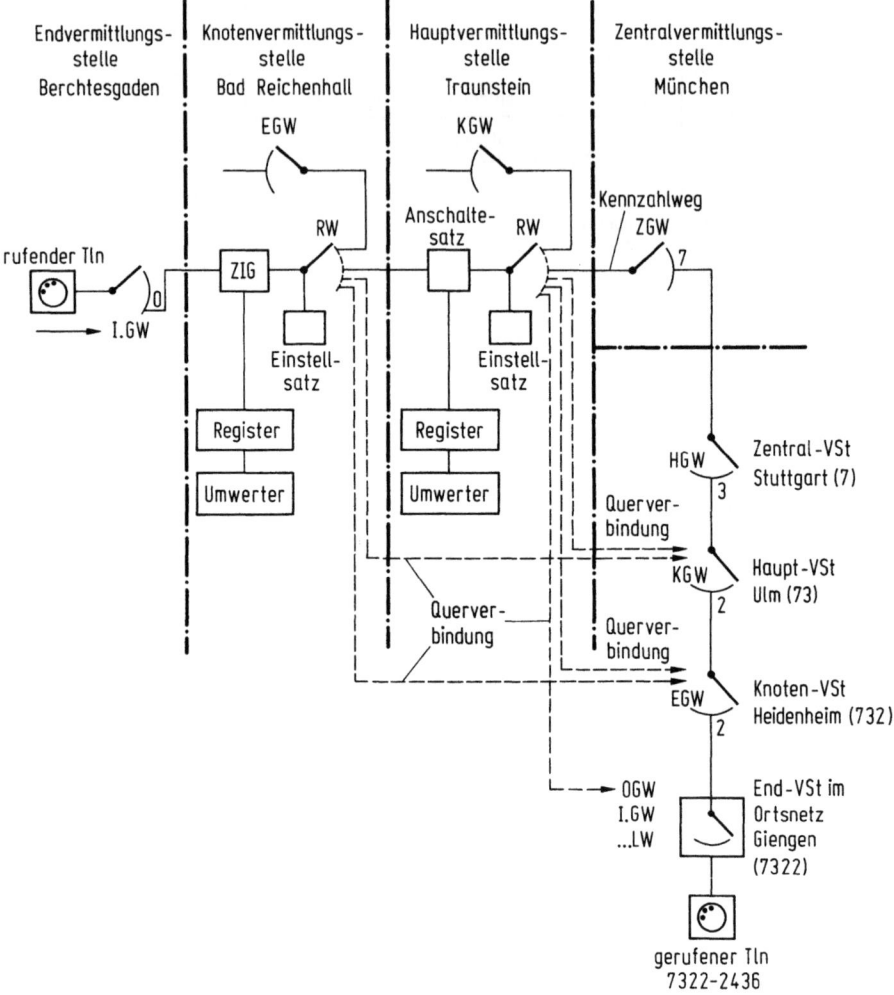

Bild 1.15. Verbindungsaufbau in der Landesfernwahl.
Tln Teilnehmer, VSt Vermittlungsstelle, RW Richtungswähler, ZIG Zählimpulsgeber,
VSt Vermittlungsstelle, EGW End-VSt-Gruppenwähler, ZGW Zentral-VSt-Gruppenwähler,
HGW Haupt-VSt-Gruppenwähler, KGW Knoten-VSt-Gruppenwähler, OGW Orts-Gruppenwähler

dung bleibt lediglich der Zählimpulsgeber ZIG in der Leitung, welcher die zur Gebührenerfassung dienenden Zählimpulse rückwärts zum Gebührenzähler des rufenden A-Teilnehmers meldet. Über den einzuschlagenden Weg und den im ZIG aufgrund Tarif und Entfernung anzulegenden Zähltakt weiß allerdings das Register nicht Bescheid, er holt sich diese Auskünfte beim noch stärker zentralisierten *Umwerter.*

Der einzuschlagende Weg wird vom Register aus dem Richtungswähler RW und seinem Einstellsatz mitgeteilt. Im zuvor genannten Beispiel braucht nun nicht der

Verbindungsweg bis zur ZVSt und zurück aufgebaut zu werden, sondern der vom RW erreichte EGW leitet auf kurzem Weg die Verbindung in den eigenen KVSt-Bereich zurück. Allerdings gibt es nicht nur diese Möglichkeit zum Einschlagen eines Kurzweges, sondern abhängig von den Verkehrsinteressen können *Querverbindungen* zu HVSt und KVSt anderer ZVSt-Bereiche geschaltet sein. Auch über derartige Querwege weiß der Umwerter Bescheid und veranlaßt über das Register den Richtungswähler zum Absuchen und ggf. Einschlagen eines solchen Querweges. Sollte keine Querverbindung geschaltet sein oder kein *freier* Querweg gefunden werden, so wird die Rufnummer über einen *Anschaltesatz* in das Register der übergeordneten Hauptvermittlungsstelle HVSt übertragen. Dort wiederholt sich der Versuch, einen geeigneten Querweg zu finden. Erst wenn auch dieser Versuch fehlschlägt, wird die Verbindung zur eigenen Zentralvermittlungsstelle ZVSt vermittelt und verläuft dann auf dem Kennzahlweg „fremde ZVSt − HVSt − KVSt − EVSt". In der Ziel-EVSt endet der Fernwahlweg auf dem Orts-Gruppenwähler (OGW), der hierarchisch parallel zum I. GW angeordnet ist. Damit sind über den OGW, II. GW usw. alle Teilnehmer des Ziel-Ortsnetzes erreichbar.

Die Möglichkeit, alternativ über Querverbindungen das Ziel zu erreichen, nennt man *Leitweglenkung*. Der große Vorteil besteht darin, daß die Querwege am Hauptverteiler einer Vermittlungsstelle in Richtung zur nächsten Vermittlungsstelle durchgeschaltet werden können, ohne teure Wähler der betreffenden Vermittlungsstelle zu belegen. Es geht hierbei also im allgemeinen nicht darum, einen Weg geringerer kilometrischer Entfernung einzuschlagen! Querwege können sehr hoch ausgelastet werden, da im „Besetzfall" immer noch der Kennzahlweg als letztmöglicher Weg („Letztweg") zur Verfügung steht. Die Belastung des Teilnehmers mit Gebühren ist übrigens unabhängig davon, ob die Fernverbindung über Querwege oder Kennzahlweg hergestellt wurde.

Bekanntlich ist in der Bundesrepublik nicht nur die Landesfernwahl, sondern weitestgehend auch die internationale Wahl automatisiert. Im weltweiten automatisierten Fernsprechnetz sind allerdings eine Reihe weiterer übertragungstechnischer und vermittlungstechnischer Probleme zu lösen, auf die hier nicht eingegangen werden soll. Zu den wichtigsten Aufgaben gehörte auch hier die Festlegung eines Weltnumerierungsplans und einer Vermittlungshierarchie. Darüber hinaus mußten die Regeln der Zeichengabe zwischen den Vermittlungssystemen der verschiedenen Länder festgelegt werden. Dies war nur möglich mit Hilfe eines internationalen Standardisierungsgremiums, des Comité Consultatif International Télégraphique et Téléphonique (CCITT). Einige wenige der zahlreichen vom CCITT herausgegebenen *Empfehlungen* werden uns später noch zu beschäftigen haben.

Für das eingehende Studium der klassischen Fernsprechtechnik s. [1.8]. Mit didaktischem Geschick ist [1.9] geschrieben, aus dem hier einige Bilder übernommen wurden.

1.3   Folgerungen für neue Kommunikationsnetze

Wir können im allgemeinen klaglos telefonieren, also das Fernsprechnetz nutzen. Manchmal ärgern wir uns, wenn wir unseren Partner immer wieder „besetzt" vorfinden oder wenn er sich nicht meldet oder wenn wir in verkehrsstarken Zeiten schon „unterwegs" — also noch während der Wahl — den Besetztton hören („gassenbesetzt", z. B. hat der I. GW keinen freien II. GW mehr gefunden). Warum also „neue Netze", warum „digitale Netze"?

Ursprünglich waren es nicht so sehr die Teilnehmer, sondern die Verwaltungen — die Träger der Netze —, welche sich gewisse Rationalisierungsmaßnahmen wünschten. Dabei ging es in erster Linie um den *Hauptverteiler* (HVt, Bild 1.13), an dem nicht nur Leitungen rangiert werden, sondern auch bestimmte Verwaltungsmaßnahmen auszuführen sind. Am Hauptverteiler können z. B. Teilnehmer auf „Fernsprechauftragsdienst" geschaltet oder vom Netz getrennt (gesperrt) werden. Alles dies erfordert manuelle Tätigkeit und ist entsprechend schwerfällig. Wenn man diese „Teilnehmermerkmale" (*Berechtigungen*) in einen elektronischen Speicher einschreibt und jenen vor dem Verbindungsaufbau vom Vermittlungssystem auslesen läßt, kann das System den Verbindungsweg modifizieren. Es kann die Verbindung z. B. zu einem angegebenen dritten Anschluß herstellen (*Anrufumlenkung*).

Es ist zwar nicht zwingend notwendig, doch immerhin sinnvoll, für die Einführung derartiger *Leistungsmerkmale* in der Vermittlungstechnik auf das Indirektwahlprinzip überzugehen, in dem gewählte Rufnummern als ganzes oder zu großen Teilen vom System gespeichert werden. Als nächstes ist die Steuerung des Speichers zu betrachten: Wie wird er eingeschrieben und ausgelesen? Wie werden die ausgelesenen Informationen weiterverarbeitet und modifiziert? Schon zu Beginn der 60er Jahre setzte sich hierfür der programmgesteuerte Rechner (nach einigen alternativen Übergangssystemen) als damals *zentrales* Steuerungsorgan durch. Das bedeutete einen gewaltigen Schritt für die damalige Generation der Vermittlungstechniker: den Übergang vom „verdrahteten" zum „gespeicherten" Programm. An die Stelle ausgeklügelter elektromechanischer Schaltungen, bei denen es auf den sparsamen Einsatz von Relais und Kontakten ankam, traten in Form von „Lines of Code" serialisierte Funktionsabläufe, die im Speicher abgelegt wurden. Auch hier herrschte lange Zeit das Sparsamkeitsprinzip, welches in kunstvoll ineinander verflochtenen Programmschlangen zwar „Lines of Code" einsparte, jedoch wesentlich zur Unüberschaubarkeit der Systemfunktionen beitrug. Die damit verbundenen Phänomene und Gegenmaßnahmen brauchen hier nicht erörtert zu werden, da sie die gesamte Welt der Datenverarbeitung gleichermaßen betrafen und betreffen. Hervorzuheben ist allerdings die notwendige einschneidende Umstellung des technischen Denkens für Entwicklungs- und Wartungspersonal der Telekommunikation.

Damit hatte die Zeit der SPC (stored program controlled) Vermittlungen begonnen, welche den Weg zur freizügigen und flexiblen Handhabung der Systemfunktionen eröffnete. Im Prinzip sind kaum Grenzen der technischen Möglichkeiten zu erkennen. Während einerseits mit dem Siegeszug der Mikroprozessoren sich wieder eine Dezentralisierung lokaler Systemfunktionen — wie zu Zeiten der Relaisschaltungstechnik — einführte, geht andererseits ein starker Trend zu zentralen Datenbanken, die u. a. Teilnehmermerkmale (z. B. Rufnummern und zugehörige Anschlußorte) über den Einzugsbereich einer Vermittlung hinaus abfragbar machen. So möchte man gewohnte Leistungen wie einheitlicher Notruf (110) oder Feueralarm (112) auf breitere Teilnehmerkreise ausdehnen: Eine Firma oder Behörde ist mit ihren Filialen oder Zweigstellen in jedem Ort unter gleicher Rufnummer zu erreichen

1.3 Folgerungen für neue Kommunikationsnetze

(Dienst „130", in USA „800"), Dies allerdings ist erst ein Beginn! Auch der „mobile Mensch" will in zunehmenden Maße unabhängig von seinem jeweiligen Aufenthaltsort unter einheitlicher Rufnummer anzurufen sein. Im Mobilfunknetz wird dies heute schon realisiert, eine Ausdehnung auf das gesamte Netz ist denkbar.

Werden damit „intelligente Leistungen" des Netzes auch über den lokalen Bereich einer Vermittlungsstelle hinaus notwendig, so ist die damit verbundene Komplizierung der Wartungs- und Verwaltungsarbeit nicht zu unterschätzen. Hier wird erneut die Hilfe des Computers in dafür geeigneten „Management-Systemen" notwendig. Auf einfache Formel gebracht: Komplexität erzeugt weitere Komplexität!

Diese Beispiele verdeutlichen den evolutionären bis revolutionären Weg zu höherer „Netzintelligenz", der sich in einem dramatischen Anstieg der Softwareleistungen für neue Netze niederschlägt. Auf der anderen Seite ergibt sich ein ebenso dramatischer Wandel zu neuen Übermittlungsprinzipien, nämlich zu universellen digitalen Netzen. Schon lange gibt es digitale Netze für die Text- und Datenübertragung. Die Fortschritte der Mikroelektronik aber bewirken, daß ebenfalls seit langem bekannte Prinzipien der Analog-/Digitalwandlung angewendet werden, um das traditionell analoge Fernsprechnetz zu digitalisieren. Digitalisierung ist Voraussetzung für den Einsatz höchstintegrierter und damit sehr wirtschaftlicher Halbleiterschaltkreise. Eine durchgehende Digitalisierung sowohl der Übertragungstechnik auf den Verbindungsleitungen als auch der Vermittlungstechnik in den Netzknoten spart teure Signalumsetzungen und Schnittstellen ein und verstärkt den Wirtschaftlichkeitseffekt. Die Charakteristika unterschiedlicher Kommunikationsformen vereinheitlichen sich im Digitalnetz, einziges Unterscheidungsmerkmal wird die Kanalbitrate. Damit öffnet sich der evolutionäre Weg zu einem universellen Digitalnetz für alle Bitraten.

Was heißt „alle Bitraten"? Das bedeutet insbesondere den Übergang zur *digitalen* Breitbandkommunikation. Der Teilnehmer verlangt — zunächst in relativ geringer Zahl für den Datenverkehr, später in größerer Verbreitung für die Bewegtbildkommunikation — nach höherer Kommunikationsqualität! Die Technik ist dabei, die wirtschaftlichen Voraussetzungen dafür zu schaffen, die Träger der Kommunikationsnetze sind um die bedarfsgerechte Einführung bemüht. Das ist die Zukunft, in die wir heute (1989/90) eintreten.

In den folgenden Kapiteln dieses Buches werden wir uns mit dieser Zukunft und mit der Gegenwart beschäftigen, soweit sie Träger dieser Zukunft ist. Mit anderen Worten: Wir werden weiterhin nicht mehr auf „klassische" analoge Netze eingehen, wenn wir uns auch bewußt sind, daß diese Netze weltweit heute und sicher auch bis in das zweite Jahrtausend hinein noch ihre (allmählich schwindende) Bedeutung haben. Zu den Netzen treten die Dienste und damit die Frage: Was eigentlich hat der Benutzer von den neuen digitalen Telekommunikationsnetzen? Antworten sollen hier nur angedeutet werden.

2 Technische Grundlagen neuer Netze

2.1 Übersicht

Heute ist es oft üblich, die Vielfalt der Telekommunikationswelt in geschichteten Darstellungen zu ordnen und übersichtlich zu machen, verbunden allerdings mit dem Nachteil starker Abstraktion. Ein solcher Abstraktionsversuch wird mit Bild 2.1 unternommen, um die Strukturen der Kommunikationsnetze unter Oberbegriffe zu fassen. Jeder der Ringe bezeichnet eine Kategorie von Einrichtungen innerhalb des Netzes, außerhalb des Netzes steht der eigentliche Nutznießer der Telekommunikation, der *Benutzer*. Die Grenzen der Ringe bezeichnen etwas sehr Wichtiges, nämlich das Vorhandensein von (möglichst) standardisierten *Schnittstellen*.

Endeinrichtungen EE in Ring 1 haben also zwei Schnittstellen, eine in Richtung zum Benutzer, die der Benutzer „versteht", und eine in das Netzinnere gerichtet, die das Netz „versteht". (Natürlich sind im allgemeinen auch die jeweils entgegengesetzten Richtungen des Verständnisses notwendig!) Benutzer können Menschen sein, aber auch Maschinen. Demzufolge sind typische Endeinrichtungen das Telefon, die Fernschreibmaschine, der Fernseher, die Datenübertragungseinrichtung DÜE, an welche z. B. eine Datenverarbeitungsanlage DVA angeschlossen ist.

Gern wird von *Teilnehmern* am Netz gesprochen, dann wird meist der physikalische Anschluß am Netz mit dahinterstehender Endeinrichtung und Benutzerintelli-

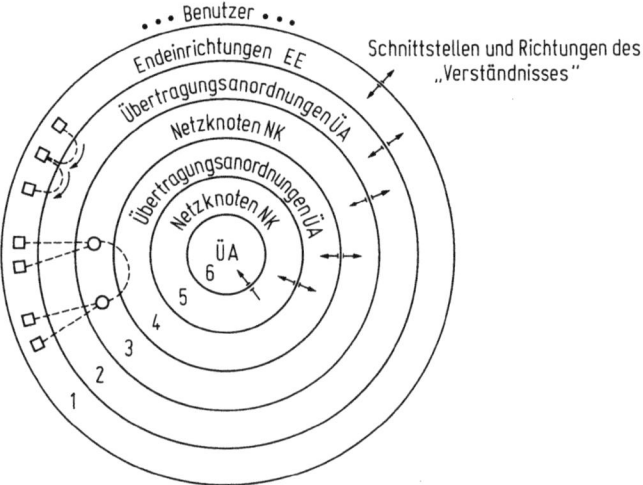

Bild 2.1. Telekommunikationsnetze: Abstraktion in Schichtungen

2.1 Übersicht

genz gemeint. Offizielle Bezeichnungen sind *Anschlußeinheiten* AE und *Beschaltungseinheiten* BE, womit die potentiell möglichen bzw. die aktuell mit Teilnehmern beschalteten Anschlüsse des Netzes gemeint sind.

Im nächstfolgenden Ring 2 sind *Übertragungsanordnungen* ÜA beheimatet. Sie sorgen neben den erwähnten Schnittstellenfunktionen für die möglichst störungsfreie Übermittlung der vom Benutzer ausgesendeten oder zu empfangenden *Nachrichten*, und zwar entweder über Kabel bzw. Leitungen oder über Funk. Man spricht auch vom *Teilnehmeranschlußnetz* oder *Teilnehmerliniennetz*, speziell von *Teilnehmeranschlußleitungen*, wobei es sich im allgemeinen um einen außerordentlich kostenträchtigen Teil des Gesamtnetzes handelt.

Die Teilnehmer werden über dieses Anschlußnetz im allgemeinen mit *Netzknoten* NK verbunden, denen unterschiedliche Aufgaben zufallen. Eine dieser Aufgaben kann sein, für den Weitertransport der Nachrichten zum gewünschten Ziel zu sorgen. Es gibt jedoch Fälle, in denen Teilnehmer unmittelbar über Ring 2 miteinander in Verbindung treten, u. U. sogar indem sie Nachrichten von Teilnehmer zu Teilnehmer bis zum gewünschten Ziel weitergeben (Beispiel Bild 2.1). Dann sind also die Teilnehmer mit ihrer Intelligenz in hohem Maße in die Netzfunktionen einbezogen, mit anderen Worten, sie übernehmen Netzknoten-Funktionen.

Die Netzknoten in Ring 3 sind im allgemeinen teilnehmernahe und in ihren Funktionen teilnehmerorientiert. Sie müssen für die Nachrichtenübermittlung zu Teilnehmern an anderen Netzknoten über Übertragungsanordnungen des Ringes 4 miteinander in Verbindung treten. Das gelingt natürlich nur innerhalb der durch Ring 4 umfaßten Region. (Ein Beispiel ist in Bild 2.1 eingetragen.) Um Ziele außerhalb dieser Region zu erreichen, müssen über Netzknoten des Ringes 5 weitere, Regionen verbindende Übertragungsanordnungen (Kreis 6) vorgesehen werden. Bild 2.2 macht das an einer Kegeldarstellung deutlich, bei der die Ringe auf den Kegelmantel projiziert sind. Das Prinzip läßt sich durch weitere Ringe zu einem hierarchisch strukturierten weltweiten Netz fortsetzen. In der Praxis werden die Hierarchien nicht so streng eingehalten wie hier dargestellt.

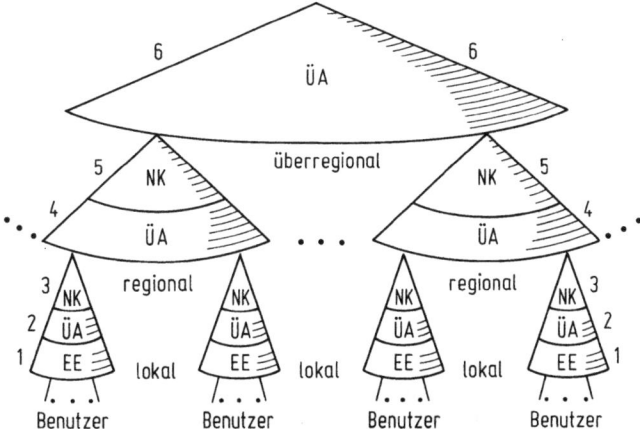

Bild 2.2. Hierarchisches Netz in Kegeldarstellung

Charakteristisch und die Netzstruktur bestimmend sind weitere Eigenschaften der Netze. Es kann sich um bewegliche (mobile) oder ortsfeste Netze handeln. Die pro Kommunikationsvorgang benötigte Kanalkapazität (Bandbreite) mag hoch oder gering sein. Die Kommunikation wendet sich von einer Nachrichtenquelle aus an viele (Breitenkommunikation, Massenkommunikation) oder an einzelne (Individualkommunikation) Nachrichtensenken, sie kann wechselseitig oder einseitig betrieben werden. Die Information selbst kann aus analogen (natürliche Sprache) oder digitalen (Daten) Signalen bestehen. Schließlich wird die Netztopologie (also die Realisierung der Ringe in den Bildern 2.1 und 2.2) sehr stark durch die jeweilige Anwendung bestimmt; es gibt Sternnetze, Maschennetze, Gitternetze, Busnetze, Ringnetze, Baumnetze u. a. m.

Derjenige, für den die Netze bestimmt sind, nämlich der *Benutzer,* kümmert sich jedoch nicht um die zahlreichen technischen Details und Varianten. Für ihn ist wichtig, daß das Angebot der *Dienste* vom oder über das Netz seinen Anforderungen möglichst optimal entspricht. So ist z. B. ein sehr bekannter Dienst das „Fernsprechen", für das ein eigenes weltweites Netz errichtet wurde. Im Sinne der vorerwähnten Eigenschaften handelt es sich um ein ortsfestes Netz mittlerer Bandbreite (ca. 4000 Hz) für wechselseitige Individualkommunikation und − aus Sicht von Quelle und Senke − für die Übermittlung *analoger* Signale. Topologisch ist es ein kombiniertes Stern-/Maschennetz mit im Prinzip hierarchischer Struktur, die aber durch zahlreiche hierarchieübergreifende Übertragungsanordnungen aufgelockert wird (vgl. Kapitel 1).

Tabelle 2.1. Einige wichtige Netzparameter

Bandbreite ↓		Kommunikationsart			
		Individualkommunikaton		Breitenkommunikation	
		Kommunikationsrichtung			
		wechselseitig	einseitig	wechselseitig	einseitig
Ortsfest	breit	Bild fernsprechen			Rundfunk
	mittel	Fernsprechen	Weckdienst	Autobahn-notruf	Fernsprech-ansagen
	schmal	Fernschreiben (Telex)			
Mobil	breit				Rundfunk
	mittel	öffentlicher beweglicher Landfunk			
	schmal		Europäischer Funkrufdienst (Eurocall)		

2.1 Übersicht

Für einen anderen Dienst — den „Telefax"-Dienst zur Übertragung von bildhafter Information — wird jedoch (zumindest in der Bundesrepublik Deutschland) kein eigenes Netz vorgesehen, sondern das Fernsprechnetz mitbenutzt. Natürlich ist es vorteilhaft, bei Einführung eines neuen Dienstes ein *vorhandenes*, weit verbreitetes Netz mitzubenutzen, weil die Vorleistungen für die Einführung eines neuen Netzes entfallen. Auf der anderen Seite aber muß man in Kauf nehmen, daß die Eigenschaften des vorhandenen Netzes nicht für den neuen Dienst optimiert sind. Im Fall des Telefax-Dienstes ist es z. B. notwendig, die ursprünglich *digitalen* Signale von Quelle und Senke über „Modems" an den analogen Übertragungsmodus des Fernsprechnetzes anzupassen.

Andere Dienste erfordern jedoch eigene Netze, weil ihre Charakteristika zu stark von denen des Fernsprechens abweichen. Ein extremes Beispiel hierfür ist der weitest verbreitete Dienst, nämlich das „Fernsehen" (wenn die Bezeichnung „Dienst" hierfür auch nicht sehr geläufig ist!). Topologisch handelt es sich heute schwerpunktmäßig um ein auf einseitig gerichtete Massenkommunikation zugeschnittenes Verteilnetz in sog. Baumstruktur (bei Verkabelung). Die erforderliche Bandbreite ist mit etwa 5 MHz vergleichsweise hoch.

In Tabelle 2.1 sind weitere Dienste mit einigen zugehörigen Eigenschaften angegeben, auf die in Abschnitt 2.4 näher eingegangen wird. Es zeigt sich jedoch, daß zu den wichtigsten aufwandbestimmenden Dienst- und Netzmerkmalen die für die Kommunikation bereitzustellende *Bandbreite* gehört. Tabelle 2.2 gibt einen Überblick über das ausgedehnte Spektrum notwendiger Bandbreiten und parallel dazu der

Tabelle 2.2. Bandbreiten und Bitraten

	Bandbreite	Bitrate
Telex	120 Hz	< 50 bit/s
Daten, Text, Festbild	3400 Hz	(9600) bit/s
⋮		⋮
		48 kbit/s
Fernsprechen	3400 Hz	64 kbit/s
Daten, Festbild ⋮		
HiFi-Ton	2 × 16 kHz	2 × ca. 400 kbit/s
Daten ⋮		
Bewegtbild (Fernsehen)	5 MHz	ca. 70 Mbit/s
Daten, Bild ⋮		

zugehörigen Bitraten bei Übertragung digitaler Signale. Der Bereich erstreckt sich über mehr als sechs Größenordnungen —, es leuchtet ein, daß sich dies in Aufwandunterschieden niederschlägt.

2.2 Eigenschaften von Netzknoten

Im mathematischen Sinne hat ein *Knoten* die Eigenschaft, daß mehrere *Kanten* in ihn einmünden oder von ihm ausgehen. Diese Eigenschaft trifft auch für den Netzknoten zu als Sammel- bzw. Verteilpunkt von Übertragungswegen. In dieser Position ist er hervorragend geeignet oder sogar notwendigerweise befähigt, Intelligenzfunktionen im Netz zu übernehmen. Die Art und Weise, wie dies geschieht, hat starken Einfluß auf Netzstruktur und Netzeigenschaften, ist aber ihrerseits wieder abhängig von der Charakteristik der abzuwickelnden Dienste. Es sei angemerkt, daß es außer den Netzknoten einen weiteren Kandidaten für die Übernahme von Intelligenzfunktionen gibt: die Endeinrichtung. (Sie kann — wie in Bild 2.1 gezeigt — als Sammelpunkt mehrerer Kanten durchaus auch Knotenfunktionen übernehmen.)

2.2.1 Kommunikationseigenschaften

Wie kommuniziert ein Mensch oder eine Maschine über das Netz? Zunächst einmal ist notwendig, dem Netz den Kommunikationswunsch mitzuteilen und vom Netz über dessen Ausführung informiert zu werden. Diesen Vorgang nennt man *Signalisierung*. Der eigentliche Kommunikationsvorgang selbst kann dann allerdings unterschiedlich lange dauern, er kann auch von Pausen durchsetzt sein. Die Frage ist, ob man für jede Pause die beanspruchte Kapazität im Netz belegt hält oder freigibt, was für die Fortsetzung der Kommunikation im allgemeinen einen erneuten Auftrag an das Netz erfordern würde. Hierbei spielt auch — wie sich gleich zeigen wird — die Empfindlichkeit der Kommunikation gegenüber Verzögerungen eine Rolle (Zeittransparenz).

Als erstes seien die Möglichkeiten der Signalisierung betrachtet. Bild 2.3 zeigt hierfür typische Nachrichtenstrukturen. Vom Fernsprechen her sind wir gewöhnt, mit der Wahl der Rufnummer einen „Steuerungskopf" (hier mit *Header* H bezeichnet) vor unser eigentliches Ferngespräch zu setzen, den das Netz in seinen Knoten verarbeitet (Bild 2.3 a). Da wir unterschiedlich lange kommunizieren wollen, muß dem Netz mit einem Endekennzeichen E auch mitgeteilt werden, wann unser

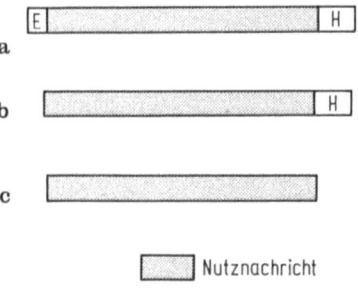

Bild 2.3 a–c. Nachrichtentypen. **a** Nachricht mit Steuerungskopf H (Header) und Endekennzeichen E; **b** Nachricht mit Steuerungskopf H, ohne Endekennzeichen; **c** Nachricht ohne Steuerungskopf und ohne Endekennzeichen

2.2 Eigenschaften von Netzknoten

Nachrichtenaustausch beendet ist. (Beim Fernsprechen legen wir den Fernhörer wieder auf.) Dieses Kennzeichen kann jedoch entfallen, wenn z. B. im Header bereits angegeben wird, wie lang die Nachricht ist, oder wenn alle Nachrichten generell gleich lang sind (Bild 2.3 b). Jede Signalisierungsinformation mit der Nachricht selbst ist jedoch unnötig, wenn die entsprechenden Steuerungshinweise von woanders herkommen (Bild 2.3 c).

· Neben diesen hinsichtlich der Signalisierung verschiedenen Nachrichtentypen sind die unterschiedlichen Nachrichtendauern für das Netz von Bedeutung. (Unter Nachrichtendauer wird hier die Zeit verstanden, für die der Kommunikationsvorgang Übermittlungswege im Netz belegt.) Beim Fernsprechen gibt es hier einen breiten Spielraum, im Mittel bewegt sich ein Ferngespräch im Bereich mehrerer Minuten. Die Kommunikation erfolgt wechselseitig, aber gewöhnlich natürlich abwechselnd, so daß jeweils einer der beiden zugeordneten gerichteten Übertragungswege ungenutzt bleibt. Es gibt technische Lösungen, die insbesondere teure Übertragungswege in der Pause eines Gesprächs durch die aktiven Phasen anderer Gespräche nutzen (sog. Time Assignment Speech Interpolation TASI). Allerdings tritt dann das Problem auf, am Ende der Gesprächspause den Übertragungsweg wieder rechtzeitig zur Verfügung zu stellen. Als Kriterium für das Ende der Gesprächspause wird der Wiederbeginn des Gesprächs genützt, was im Grunde genommen zu spät ist, weil der Beginn der ersten Silbe abgeschnitten wird (Clipping).

Wesentlich stärker als im Fernsprechverkehr streuen die Nachrichtendauern in der Text- und Datenkommunikation. Das Diagramm von Bild 2.4 gibt auf der Ordinate an, in welchen Bereichen sich die Nachrichtendauern für typische Kommunikationsformen bewegen. Im Stapelbetrieb (File Transfer) können Zeiten im Stundenbereich auftreten; das gleiche gilt, wenn der Übermittlungsweg für die Dauer einer „Session" belegt bleibt. Im „klassischen" Fernschreibbetrieb (Telex) entsprechen die Nachrichtendauern etwa denen des Fernsprechens. Wesentlich kürzer währen die Nachrichtendauern, wenn innerhalb einer Session nur für jede Transaktion die Übermittlungsfunktionen des Netzes beansprucht werden, also in der Zeit für Anfrage *und* Antwort. Für noch kürzere Zeiten — um die Sekundendauer herum — wird Netzkapazität belegt, wenn Anfrage und Antwort einer Transaktion jeweils als eigener „Ruf" im Netz behandelt werden.

Über diese „makroskopische" Sicht hinaus gibt es in der mikroskopischen Struktur der *Zeitmultiplexbildung* unterschiedliche „Nachrichtendauern", worauf noch eingegangen wird.

2.2.2 Verkehrsverteilung im Netzknoten

Als Sammel- und Verteilpunkt von Übertragungswegen lassen sich zwei unterschiedliche Betriebsweisen in einem Netzknoten unterscheiden, die entweder in getrennten Einrichtungen oder einer gemeinsamen Einrichtung abgewickelt werden. Entsprechend Bild 2.5 können im Knoten ankommende Übertragungswege 1, 2, 3 nach einem vorgegebenen Schema mit weiterführenden Übertragungswegen 4, 5, 6 fest verbunden werden (Bild 2.5a), oder aber es bestehen fallweise Kopplungsmöglichkeiten zwischen diesen über sog. *Koppelpunkte*, die elektrisch oder elektronisch gesteuert Verbindungen für die jeweilige Dauer der Nachricht zusammenschalten

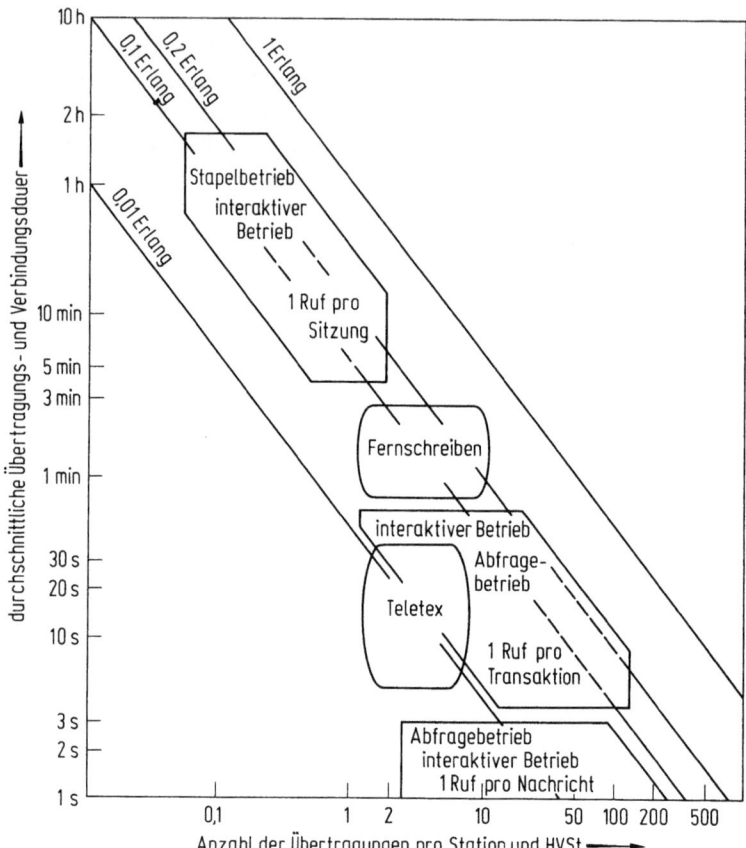

Bild 2.4. Verkehrsdiagramm für Text- und Datenverkehr. HVSt Hauptverkehrsstunde

(Bild 2.5 b). Im ersten Fall wird die Schaltfunktion — häufig manuell — in sog. *Verteilern* ausgeführt; in fernsteuerbaren elektronischen Einrichtungen hierfür spricht man häufig vom *Cross Connect*. Im zweiten Fall übernehmen *Vermittlungen* die

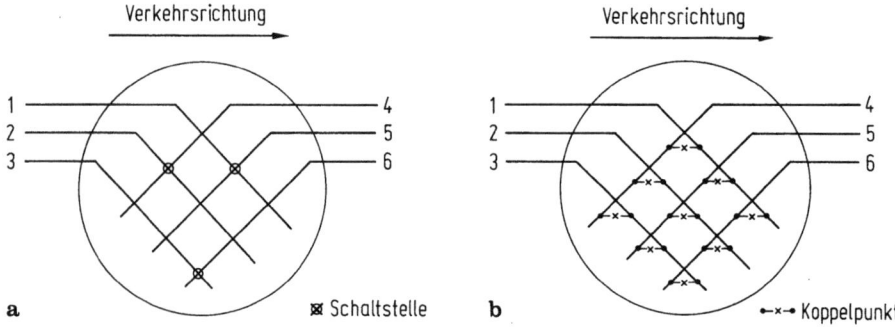

Bild 2.5 a, b. Verteilungsfunktionen im Netzknoten. **a** Festverbindungen, **b** vermittelte Verbindungen

2.2 Eigenschaften von Netzknoten

Steuerung der Koppelpunkte z. B. aufgrund der Angaben im Nachrichtenheader (Bild 2.3). Da das Vermitteln die weitergehende der beiden genannten Funktionen ist, kann die Vermittlung im Prinzip auch die Verteil- bzw. Cross-Connect-Funktion durch Schalten von Dauerverbindungen realisieren. Im allgemeinen aber werden beide Funktionen aus Aufwandsgründen durch für ihre Aufgabe optimierte getrennte Einrichtungen ausgeführt.

Die schwierigeren Aufgaben muß wegen des fluktuierenden Verkehrs die Vermittlung übernehmen, indem sie — ggf. nach einer Verkehrskonzentration — die Nachrichten aus den ankommenden Kommunikationsströmen entsprechend den momentanen Bedürfnissen auf weiterführende Ströme umverteilt. Es gibt viele Parallelen vom Kommunikationsverkehr zum Straßenverkehr! So kann man sich vermittelnde Netzknoten sinngemäß wie Ortschaften vorstellen, die im Netz der Autobahnen und Landstraßen ebenfalls eine Umverteilung der Verkehrsströme ermöglichen. Es gibt auch Stausituationen, die wie im Straßenverkehr so auch im Kommunikationsverkehr vermieden werden sollten.

In Bild 2.6 sind exemplarisch für zahlreiche Verkehrsströme ein *Zubringer*-Strom und zwei *Abnehmer*-Ströme in verschiedene Richtungen gezeigt. Der auf dem Zubringer „angebotene" Verkehr wird entsprechend den einzelnen Verkehrswünschen auf die Abnehmer verteilt und erzeugt dort eine *Belastung* der Verkehrswege, die ein bestimmtes Maß nicht überschreiten darf, wenn ein Stau vermieden werden soll. So wie im Straßenverkehr auf stark belasteten Richtungen der Verkehr mehrspurig abgewickelt wird, so sieht man in der Regel für den Kommunikationsverkehr mehrere Übertragungswege (ein *Bündel* von *Kanälen*) je Richtung vor.

Die Dichte des Verkehrs ist, über die 24 Stunden eines Tages gesehen, sehr unterschiedlich. In den Vormittagsstunden ist der Verkehr sehr stark, in den frühen Morgenstunden gering. Man muß das Netz nun so dimensionieren, daß auch in den Zeiten starken Verkehrs — in der *Hauptverkehrsstunde* — kein Stau bzw. lediglich ein „erträglicher Stau" entsteht. Die Hauptverkehrsstunde ist durch die vier aufeinanderfolgenden verkehrsreichsten Viertelstunden definiert, gemittelt über mehrere Werktage. Sie ist die Bezugsgröße, auf welche die Parameter der Netzdimensionierung ausgerichtet sind.

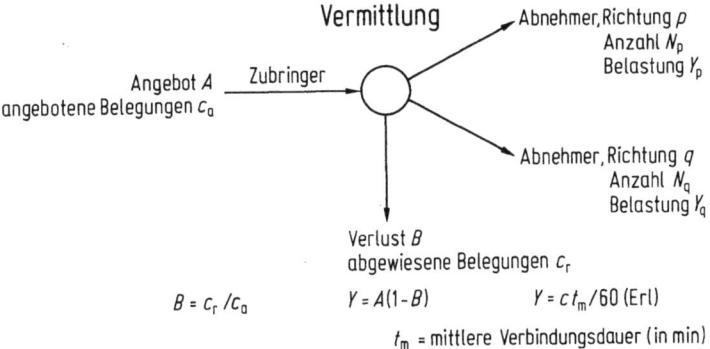

Bild 2.6. Funktionen der Vermittlung im Netz

Wenn eine Nachricht übermittelt werden soll, so wird durch sie ein Übertragungskanal *belegt* und für die weitere Benutzung gesperrt. Entsprechend der Nachrichtendauer währt auch die *Belegungsdauer* des Kanals, sie kann also von Nachricht zu Nachricht schwanken oder aber konstant sein. Betrachten wir als Beispiel den Fernsprechverkehr. Fernsprechverbindungen dauern unterschiedlich lang; man kann diese Zeiten messen und findet eine gewisse Verteilung. Damit läßt sich die *mittlere Belegungsdauer* der Übertragungskanäle aus dem arithmetischen Mittel der Verbindungszeiten bestimmen.

Die *Belastung Y* eines Abnehmerkanals kann man nun in einen einfachen mathematischen Zusammenhang bringen. Sie bestimmt sich aus der Anzahl der Belegungen c und deren Belegungsdauern t in der Hauptverkehrsstunde. Da man die Belegungsdauern im Einzelfall nicht sehr einfach messen kann und andererseits Verallgemeinerungen für quantitative Betrachtungen braucht, rechnet man hier mit der mittleren Belegungsdauer t_m, im allgemeinen in Minuten angegeben. In diesem Fall ergibt sich folgender Ausdruck:

$$Y = \frac{c \cdot t_m}{60} \text{ Erl.} \tag{2.1}$$

Diese dimensionslose Größe gibt die Belastung oder den *Verkehrswert* des betrachteten Abnehmerkanals an. Man bezeichnet den Verkehrswert zu Ehren des Pioniers der Verkehrstheorie mit *Erlang* (Erl) — der Däne A. K. Erlang lebte von 1878 bis 1929. Ein Verkehrswert von 0,6 Erl bedeutet, daß der betrachtete Kanal 36 Minuten lang in der Hauptverkehrsstunde belegt ist. Oder aber: mit 60 % Wahrscheinlichkeit wird man den betreffenden Kanal in der Hauptverkehrsstunde belegt vorfinden. Verkehrswerte größer als 1 erhält man, wenn man ein ganzes Bündel oder einen ganzen Netzknoten betrachtet. Wird z. B. ein Bündel aus 100 Kanälen mit 80 Erl belastet, so bedeutet dies, daß im Mittel 80 der 100 Kanäle belegt sind oder daß jeder der Kanäle im Mittel zu 80 % ausgelastet ist. Da es sich bei diesen Betrachtungen jedoch nur um Mittelwerte handelt, die durch Spitzen innerhalb der Hauptverkehrsstunde überschritten werden können, darf man ein solches Bündel nicht mit 100 Erl belasten. Ein so hoher Wert würde unerträglichen Stau verursachen!

Als Stausituationen unterscheidet man den *Verlust*fall und den *Warte*fall. Der Verlustfall ist uns aus unserer Fernsprecherfahrung geläufig: Das Besetztzeichen signalisiert, daß entweder unser Kommunikationspartner belegt ist (meistens) oder daß kein freier Weg bis zu ihm durch das Netz gefunden werden konnte. Für den letztgenannten Fall gilt: Der Verlust *B* ist der Quotient aus nicht abzufertigenden Belegungen c_r zu angebotenen Belegungen c_a (Bild 2.6)

$$B = c_r/c_a. \tag{2.2}$$

Eine Belegung wird im Verlustfall also abgewiesen und geht verloren, weil der Teilnehmer aufgrund des Besetztzeichens die Verbindung auslöst. In der Praxis geschieht das — von Ausnahmesituationen abgesehen — relativ selten, denn die Planwerte für Verluste dieser Art liegen meist im Bereich weniger Prozente. Zu

2.2 Eigenschaften von Netzknoten

unterscheiden ist dieses „Gassenbesetzt" jedoch von dem allerdings wesentlich häufigeren „Teilnehmerbesetzt".

Auch der zweiten Stausituation, dem Wartefall, können wir im Fernsprechnetz begegnen, wenn wir z. B. den Auskunftsplatz anrufen. Hört man dort die Ansage „bitte warten", löst man die Verbindung nicht aus, sondern faßt sich in Geduld, bis man mit der Abfertigung an die Reihe kommt. Auch für diesen Fall gibt es unter gewissen Voraussetzungen einen einfachen Zusammenhang.

$$\frac{t_w}{t_m} = \frac{1}{N - A} \ . \tag{2.3}$$

Dabei ist t_w die mittlere Wartezeit *der Wartenden,* die auf die mittlere Verbindungsdauer t_m bezogen wird. A ist das Verkehrsangebot (vgl. Bild 2.6), während N die Zahl der Abnehmerkanäle (oder in diesem Beispiel: die Zahl der Auskunftsplätze) bezeichnet. Natürlich sind mittlere Wartezeiten nicht sehr aussagekräftig, denn im *Einzelfall* interessiert die Wartezeit, die mit einer gewissen Wahrscheinlichkeit nicht überschritten wird. Auf diesen wesentlich komplizierteren Zusammenhang soll hier nicht eingegangen werden.

Wie kann man nun zu quantitativen Schlüssen kommen, um z. B. eine vorgegebene Verkehrsgüte zu erreichen, ausgedrückt durch zulässige Verluste oder Wartezeiten? — Beim Fernsprechverkehr geht man hierbei von seinem offensichtlichen und durch Messungen recht gut bestätigten Zufallscharakter aus. Zufallsereignisse gehorchen im allgemeinen einer negativ exponentiellen Verteilung. Ein Beispiel hierfür ist die Verteilung der Belegungsdauern (Bild 2.7).

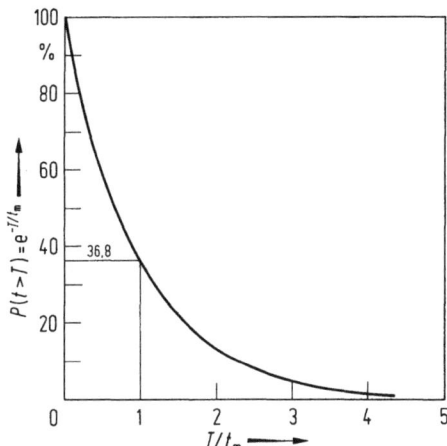

Bild 2.7. Wahrscheinlichkeit P dafür, daß eine Belegungszeit t länger als ein Zeitraum T dauert. t_m mittlere Belegungsdauer

Für die Wahrscheinlichkeit P, daß eine Belegungszeit t größer ist als eine vorgegebene Zeit T, gilt (mit der mittleren Belegungsdauer t_m)

$$P(t > T) = e^{-T/t_m}. \tag{2.4}$$

Sinngemäß gilt ein solcher Zusammenhang auch für die Einfallabstände von Belegun-

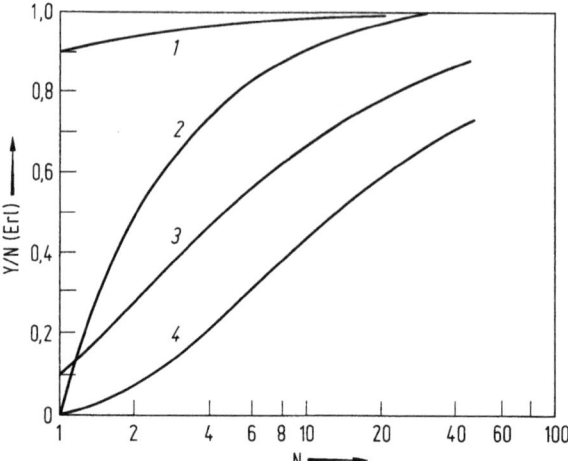

Bild 2.8. Einfluß von Wartebetrieb und Verlustbetrieb auf die mögliche Belastung einer Abnehmerleitung. *1* $t_w/t_m = 10$, *2* $t_w/t_m = 1$, *3* $B = 10\%$, *4* $B = 1\%$. t_w mittlere Wartedauer der Wartenden, t_m mittlere Belegungsdauer (bei exponentiell verteilten Belegungsdauern), B Verlust, N Anzahl der Abnehmer, Y mögliche Belastung des Abnehmerbündels, $k = N$ volle Erreichbarkeit, unendlich viele Verkehrsquellen

gen. Daraus lassen sich analytisch Schlußfolgerungen ziehen [2.1], die sich in Form von Tabellen auswerten lassen [2.2]. Eine solche Auswertung zeigt Bild 2.8. Dargestellt ist die erlaubte Belastung von Abnehmerkanälen Y/N in Abhängigkeit von ihrer Anzahl N in einem Bündel. Als Parameter sind verschiedene Staufälle zugrunde gelegt, nämlich Verlustbetrieb mit einem zulässigen Verlust von $B = 1\%$ bzw. $B = 10\%$ und Wartebetrieb mit einer zulässigen mittleren Wartezeit von $t_w/t_m = 1$ bzw. $t_w/t_m = 10$. Die mögliche Auslastung von Abnehmerkanälen ist — wie man sieht — bei Wartebetrieb merklich größer als bei Verlustbetrieb, obgleich bei starken Bündeln ($N \geq 40$) sich die Unterschiede verringern. Hohe Auslastbarkeit der Bündel ist ein wichtiger Beitrag zur Wirtschaftlichkeit des Netzes. Demnach sollte man alle Netze im Wartesystem betreiben! Würde man allerdings das Fernsprechnetz als Wartesystem einrichten, so müßte man erheblichen Steuerungsaufwand treiben, und wir müßten unsere Telekommunikationsgewohnheiten ändern. Deshalb wird das Fernsprechnetz auch in Zukunft ein Verlustsystem bleiben, zumindest „makroskopisch" aus der Sicht des Benutzers gesehen.

Alle analytischen Verkehrsbetrachtungen sind bisher von einer einheitlichen Nutzung des Netzes ausgegangen. Es gibt das Fernsprechnetz mit für das Fernsprechen typischen Werten z. B. für mittlere Belegungsdauern oder Einfallabstände. Es gibt ein Fernschreibnetz mit entsprechenden Werten, es gibt Datennetze u. a. m. mit jeweils anderen Merkmalen. Der Trend geht in künftigen digitalen Netzen jedoch zur *Dienstintegration*, d. h. die verschiedenen Kommunikationsformen werden in einem einzigen Netz betrieben. (Dies wird noch ausführlich besprochen.) Dort mischen sich nun die verschiedenen Verkehre mit ganz unterschiedlichen statistischen Eigenschaften, unterschiedlichen mittleren Belegungsdauern, unterschiedlichen mittleren Einfallabständen usw. Die Verkehrstheorie wird durch derart gemischt betriebene Netze vor ganz neue und nicht einfache Aufgaben gestellt!

2.2.3 Leitungsvermittlung und Paketvermittlung

Mit welchen Vermittlungsfunktionen kann ein Netzknoten auf die in den vorhergehenden Abschnitten erläuterten Fakten reagieren? Vom Standpunkt der optimalen Netzausnützung aus gesehen sollten Stausituationen durch *Wartebetrieb* abgefangen werden. Aber natürlich muß dabei auch das Interesse des Netzbenutzers berücksichtigt werden, dem eine annehmbare *Dienstgüte* angeboten werden soll.

Angenommen, man wollte den Fernsprechverkehr im Wartebetrieb abwickeln und interessiert sich nun für die damit erreichbare Auslastung eines Abnehmerkanals. Da das gesamte Angebot A verarbeitet wird, ist die mittlere Abnehmerlast gleich A/N, und mit (2.3) wird

$$\frac{A}{N} = 1 - \frac{1}{N} \frac{t_m}{t_w} \ . \tag{2.5}$$

Mutet man dem Benutzer im Wartefall eine *mittlere* Wartezeit $t_w = 10$ s bei einer mittleren Belegungsdauer von $t_m = 90$ s zu, so erkennt man, daß das kleinstmögliche Bündel aus 10 Kanälen bestehen muß mit einer mittleren Kanalauslastung von 0,1 Erl. Will man eine Auslastung von 0,9 Erl je Abnehmerkanal erreichen, so darf man keine Bündelstärken unter 90 Kanälen zulassen. Dabei ist noch nicht berücksichtigt, daß natürlich im Einzelfall wesentlich höhere Wartezeiten als die mittlere auftreten können. Darüber hinaus erfordert der Wartebetrieb erheblich mehr Aufwand, der zumindest in der über 90jährigen Geschichte der *elektromechanischen* Vermittlungstechnik nicht tragbar war. Heute, im beginnenden Zeitalter der computergesteuerten elektronischen Vermittlungstechnik könnte das allerdings anders aussehen.

Die diskutierten unangenehmen Konsequenzen aus Formel (2.5) resultieren aus dem ungünstigen Verhältnis von Wartezeit zu mittlerer Belegungszeit. Wenn man die mittlere Belegungszeit kleiner machen würde, könnte das Verhältnis bei gleicher Wartezeit günstiger werden. Wie aber läßt sich die Belegungszeit ohne Druck auf die Benutzungsgewohnheiten des Menschen verringern? — Man könnte z. B. sprecherabhängig nur die Sprachphasen für eine Verbindung nützen und in den Sprachpausen die Verbindung wieder auslösen, wie es bereits im erwähnten TASI-Verfahren für einzelne teure Übertragungswege gehandhabt wird. Damit ließe sich die mittlere Belegungszeit merklich verkürzen. Aber natürlich müßten Hand in Hand auch die Wartezeiten verkürzt werden, damit überhaupt ein *Dialog* zustande kommt. Wenn — über das ganze Netz gesehen — ein Gesprächspartner länger als eine halbe Sekunde auf den Beginn der Antwort warten muß, bricht der Dialog erfahrungsgemäß zusammen! Daraus ist zu schließen: Für den normalen Fernsprechverkehr ist der Wartebetrieb ungeeignet. Fernsprechverkehr ist hierfür zu *zeitkritisch*. So kommt es also zum uns bekannten *Verlustbetrieb:* Verbindungen werden vor dem Kommunikationsbeginn aufgebaut, solange noch ein freier Weg durch das Netz vorhanden ist, und nach Kommunikationsende wieder abgebaut. Für die ganze Zeit der Verbindung bleibt der Weg über das Netz belegt und damit für andere Verbindungen nicht nutzbar. Es gelten die in Bild 2.3 a gezeigte Nachrichtenstruktur und Nachrichtendauern im Minutenbereich. Für die mögliche Kanalauslastung trifft Bild 2.8 zu mit z. B. Kurve 4. Im Vergleich mit dem Wartebetriebsfall (0,9 Erl) ergibt sich bei einem Bündel mit $N = 90$ Kanälen (im Bild nicht mehr dargestellt) je Kanal eine Auslastung von 0,82 Erl, also keine dramatische Verschlechterung gegenüber Wartebetrieb bei im übrigen wesentlichen Vorteilen!

Das geschilderte Netz-Verhalten wird durch das Prinzip der sog. *Leitungsvermittlung* abgedeckt. Leitungsvermittelnde (circuit switching) Netze sind also dem Fernsprechverkehr „auf den Leib geschrieben". Allerdings gibt es inzwischen Tendenzen, das Prinzip zumindest partiell für den Fernsprechverkehr zu verlassen. Darüber wird noch mehrfach zu sprechen sein.

Wie sieht es beim Text- und Datenverkehr aus? Ein wichtiger Unterschied läßt sich vorab für die meisten Anwendungsfälle festhalten: Wartezeiten sind zwar ebenfalls unerwünscht, jedoch nur mehr oder weniger lästig, ohne daß es wie beim Fernsprechverkehr zum Zusammenbruch der Kommunikation kommt. Kurze Wartezeiten werden verkraftet. Somit ergibt sich auch von vornherein eine gewisse Affinität zum *Wartebetrieb*. Weitere Gesichtspunkte kommen hinzu: Im Text- und Datenverkehr werden a priori *digitale* Signale ausgetauscht. Digitale Nachrichten lassen sich leichter „stückeln" als analoge Nachrichten wie etwa Sprache, weil nämlich „Information" von „Nicht-Information" einfacher zu unterscheiden ist. Wenn man Nachrichten stückeln und außerdem kurze Wartezeiten zwischen den einzelnen Nachrichtenstücken zulassen kann, ist jede dieser Teilnachrichten als selbständige Verbindung zu betrachten, die die Übertragungswege entsprechend kurz belegt. Nehmen wir als Beispiel im Mittel eine Teilnachricht der Länge von 2000 Bit an, so belegt diese einen Übertragungsweg der Bitrate 2 Mbit/s nur für die Dauer einer Millisekunde. Läßt man im Mittel eine Wartezeit von 10 ms zu, so wird der Übertragungsweg mit 0,9 Erl ausgelastet (Kurve 1 in Bild 2.8. Streng genommen gilt die Kurve für exponentiell verteilte Belegungsdauern nach Bild 2.7, sie ist deshalb für Datenverkehr nur als Näherung zu betrachten. Für konstante Belegungsdauern beträgt die mögliche Belastung unter gleichen Bedingungen 0,95 Erl).

Es ist üblich, die erwähnten Nachrichtenstücke als *Pakete* zu bezeichnen. Die Vorteile des Wartebetriebs werden für den Datenverkehr tatsächlich in paketvermittelnden (packet switching) Netzen genutzt, wofür spezielle *Paketvermittlungen* eingesetzt werden. Wichtiger noch als die Nutzung des Wartezeiteffektes ist aber die gute Eignung paketvermittelnder Netze für die Datenverarbeitung.

Um dies zu verdeutlichen, betrachten wir nochmals das Diagramm von Bild 2.4, in dem uns die Begriffe Hauptverkehrsstunde (HVSt) und Erlang nun nicht mehr fremd sind. Wir sehen die Dauer einer Sitzung (Session) im Bereich vieler Minuten bis Stunden. In dieser Zeit wickelt der Sachbearbeiter am Terminal Transaktionen (also Aufträge oder Anfragen zum Host-Rechner) ab, die immer wieder durch mehr oder weniger lange Überlegungs- und Arbeitspausen unterbrochen werden. Würde nun eine Verbindung im leitungsvermittelnden Netz für die ganze Dauer der Session aufgebaut bleiben, so hätte zwar der Benutzer den Vorteil kurzer Transaktionszeiten über eine bestehende Verbindung, jedoch wäre das Netz in den Nachdenkpausen überflüssigerweise belegt, was sich in den Nutzungsgebühren niederschlägt.

2.2 Eigenschaften von Netzknoten

Eine deutliche Einsparung ist dagegen möglich, wenn das Netz nur während der Dauer einer Transaktion oder gar nur eines Rufes beansprucht wird, nämlich fallweise für die Zeit von Sekunden oder Sekundenbruchteilen. Unangenehm ist allerdings, daß für jeden dieser Vorgänge eine Verbindung wieder neu aufgebaut werden muß.

Um diesem Nachteil abzuhelfen, wurde die *virtuelle Verbindung* erfunden, welche den Pakettransport über das Netz erleichtert und damit beschleunigt. Zur Erläuterung: An einem großen Netz sind sehr viele Teilnehmer angeschlossen, die in unterschiedlichen Regionen angesiedelt sind und über viele dazwischenliegende Netzknoten erreicht werden. Beim Verbindungsaufbau muß in jedem Netzknoten erneut die gewählte Rufnummer (im Steuerungskopf H des Bildes 2.3 a der Nachricht mitgegeben) ausgewertet, daraus das gewünschte Ziel erkannt und ein möglicher Weg dorthin bestimmt werden. Das ist arbeitsaufwendig und zeitraubend!

Bei einer virtuellen Verbindung wird der Weg zum Ziel nur einmal am Beginn der Session auf diese Weise festgelegt. Die Paketvermittlungen geben diesem Weg eine jeweils zwischen zwei benachbarten Netzknoten gültige Kennzahl und ordnen diese der Verbindung zu. Die Kennzahl wird auch jeweils im Header H der Pakete vermerkt. Die Paketvermittlungen brauchen dann bei Eintreffen eines Paketes dieser Verbindung nicht mehr den Zielweg neu zu erarbeiten, sondern sie betrachten lediglich die Kennzahl und wissen damit unmittelbar das anzusteuernde Ziel. Am Ende der Session muß die virtuelle Verbindung wieder abgebaut werden; dazu werden die vergebenen Kennzahlen in den Knoten gelöscht. Diese Zusammenhänge werden später noch deutlicher werden. Es gibt übrigens im Gegensatz zu den virtuellen Verbindungen auch einen *Datagramm-Dienst,* bei dem im Paket-Header tatsächlich die vollständige Zieladresse steht. Die zugehörigen Pakete müssen also jedes einzeln der weiter oben beschriebenen komplizierten Zielfindungsprozedur unterworfen werden. Hier existiert somit weder eine virtuelle noch eine reale Verbindung, der Datagramm-Dienst ist „verbindungslos" (connectionless).

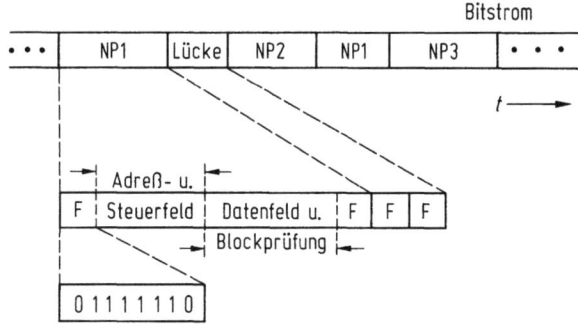

Bild 2.9. Paketmultiplex für digitale Signale. NP Nachrichtenpaket, F Flag zur Trennung der Pakete

Die Pakete in paketvermittelnden Netzen entsprechen den Nachrichtentypen b) und a) in Bild 2.3. Das Ende des Pakets wird z.B. im Steuerungskopf durch „Längenangabe" implizit angegeben, oder aber die Pakete haben konstante Länge. Bild 2.9 zeigt ein etwas ausführlicheres Beispiel mit einer Art Endekennzeichen.

Jedes Paket enthält als Header ein Adreß- und Steuerfeld, dem u. a. eine Zielangabe zu entnehmen ist. An die Nutzinformation (Datenfeld) schließt häufig eine Prüfinformation an, die Übertragungsfehler erkennen läßt. Hier jedoch interessiert insbesondere die „Flag" (F), die die einzelnen Pakete trennt und damit gewissermaßen dem Packpapier der Postpakete entspricht. Dabei handelt es sich um ein bestimmtes Bitmuster (01111110), welches allein für diese Trennfunktion (Endekennzeichen) reserviert ist. Natürlich wäre es unvertretbar, wenn man dieses Muster für die innere Paketinformation verbieten müßte. Man hilft sich, indem man die Paketinformation vor der Aussendung untersucht und generell nach fünf aufeinanderfolgenden Einsen eine Null in den Bitstrom einfügt. Dann können auf der Übertragungsstrecke aus der Paketinformation keine „sechs Einsen hintereinander" auftreten. Auf der Empfangsseite wird die Prozedur umgekehrt: Jede auf fünf Einsen folgende Null wird entfernt. Damit ist die ursprüngliche Bitfolge der Paketinformation wieder hergestellt.

Wie unterscheiden sich nun Leitungsvermittlung und Paketvermittlung? Dies wird später ausführlich behandelt. Ein erster Unterschied liegt in der Natur der Pakete: Paketvermittlungen sind nur für digitale Signale geeignet, während das Leitungsvermittlungsprinzip sowohl für digitale als auch für analoge Signale anwendbar ist. Einen weiteren Hinweis gibt Bild 2.10. Von außen sind Übertragungswege an die Vermittlung herangeführt und durch Eingangs- bzw. Ausgangskreise E/A an der Vermittlung abgeschlossen. Von dort werden im Fall der Leitungsvermittlung (Bild 2.10a) die Nachrichtenheader abgezweigt und der Steuerung übergeben, die sie auswertet und ggf. verändert auf der Ausgangsseite wieder abgibt. Aufgrund der Header-Information wird die Steuerung tätig und schaltet im Koppelnetz einen Übertragungsweg für die Nutznachricht durch, der für die ganze Dauer der Verbindung bestehenbleibt. Während dieser Zeit braucht sich die Steuerung nicht mehr um die Übertragung der Nutznachrichten zu kümmern, sie steht für andere Verbindungsaufbauten (und am Ende der Verbindung entsprechend -Abbauten) zur Verfügung. Das Koppelnetz ist etwa einem Weichensystem zu vergleichen, über das gleichzeitig viele Nachrichtenzüge geleitet werden, ohne zu kollidieren. Die Steuerung entspricht in diesem Vergleich dem Stellwerk. Ein wichtiges Kennzeichen ist die notwendige Leistungsfähigkeit der Steuerung, die durch die auf- und abzubauenden Verbindungen belastet wird. Ein Maß hierfür ist die Zahl der in der Hauptverkehrsstunde zu bearbeitenden Verbindungen bzw. Verbindungsversuche (Busy Hour Call Attempts BHCA). Diese Zahl kann in großen Vermittlungsstellen Werte von vielen hunderttausend bis zu Millionen erreichen.

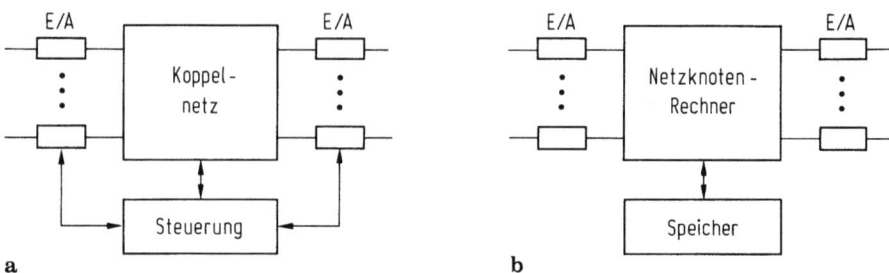

Bild 2.10 a, b. Vermittlungsprinzipien (1). **a** Leitungsvermittlung, **b** Paketvermittlung; E/A Ein/Ausgangskreis

2.2 Eigenschaften von Netzknoten   39

Bei dem Blockbild der Paketvermittlung (Bild 2.10 b) fällt auf, daß es offensichtlich kein Koppelnetz gibt. Das kommt daher, daß die Nachrichten in zahlreiche relativ kleine Pakete gestückelt sind, von denen jedes einzelne die Aufmerksamkeit und die Tätigkeit der Steuerung erfordert. Der Nachrichtentransport kann also nicht an ein vergleichsweise passives Koppelnetz delegiert werden. Im Eisenbahnvergleich wird jeder Wagen der eintreffenden Züge getrennt behandelt und durch den Bahnhof rangiert. Es liegt auf der Hand, daß die Steuerung — im Bild 2.10 b der Netzknotenrechner — für jede (virtuelle) Verbindung wesentlich häufiger tätig werden muß als die Steuerung der Leitungsvermittlung in Bild 2.10 a. Deshalb wird die Leistungsfähigkeit der Paketvermittlung auch nicht an der Anzahl der pro *Stunde* zu vermittelnden *Verbindungen*, sondern an der Zahl der je *Sekunde* zu vermittelnden *Pakete* gemessen. In der gezeigten Blockkonfiguration ist es möglich, einige tausend Pakete je Sekunde zu vermitteln, darüber hinaus wird die Leistungsfähigkeit eines vom Aufwand her vertretbaren Netzknotenrechners überschritten. Der genannte Paketdurchsatz war jedoch in der Anfangszeit der paketvermittelnden Netze ausreichend. Mittlerweile aber besteht Bedarf nach Vermittlungsleistungen von vielen zehntausend Paketen je Sekunde, in der Zukunft müssen sogar Leistungen von Millionen Paketen je Sekunde möglich sein. Da Supercomputer für den Einsatz in Paketvermittlungen zu teuer sind, müssen andere Strukturen als in Bild 2.10 b gefunden werden. Diese Aufgabe ist unter der Überschrift "Fast Packet Switching" (FPS) bekannt geworden, worauf noch eingegangen wird.

Ein bedeutender Unterschied zwischen Leitungs- und Paketvermittlung ergibt sich aus dem Unterschied zwischen Verlust- und Wartebetrieb. Wenn im leitungsvermittelnden Netz eine Verbindung hergestellt worden ist, bleibt die Signallaufzeit zwischen den Kommunikationspartnern praktisch konstant. Die Verbindung ist „zeittransparent". Im paketvermittelnden Netz können für die einzelnen Pakete einer Verbindung in den Netzknoten unterschiedliche Wartezeiten auftreten, die Verbindung ist „nicht zeittransparent". Dies kann z. B. bei der paketweisen Übertragung von Sprache stören: In die Lautfolgen werden Pausen eingefügt, verlängert oder verkürzt.

Wichtig ist der Hinweis auf den Speicher in Bild 2.10 b. Damit wird angedeutet, daß es in zusätzlichen Diensten (Value-Added-Services VAS) durchaus üblich ist, komplette (also nicht gestückelte) Nachrichten auf Wunsch für begrenzte Zeit zwischenzuspeichern oder auf andere Weise in die Nachricht einzugreifen. Dafür ist die Paketvermittlung insofern prädestiniert, als sie ohnehin in ihrer Vermittlungsfunktion „Stück für Stück" jede Nachricht „ansieht" und damit auch in der Lage ist, auf Wunsch gewisse Veränderungen einer Nachricht vorzunehmen. Auf VAS wird noch ausführlicher eingegangen —, dieser Begriff möge jedoch vorerst ausreichen, um ganz allgemein auf die über das reine Vermitteln hinausgehenden „Intelligenzfunktionen" moderner Netze hinzuweisen.

2.2.4 Zentrale und dezentrale Vermittlung

Wie bereits in Abschnitt 2.1 angedeutet, können Endeinrichtungen auch Netzknotenfunktionen übernehmen. Dabei kann es sich um Intelligenzfunktionen im Rahmen von VAS handeln — hierauf wird später eingegangen — oder aber um Vermittlungs-

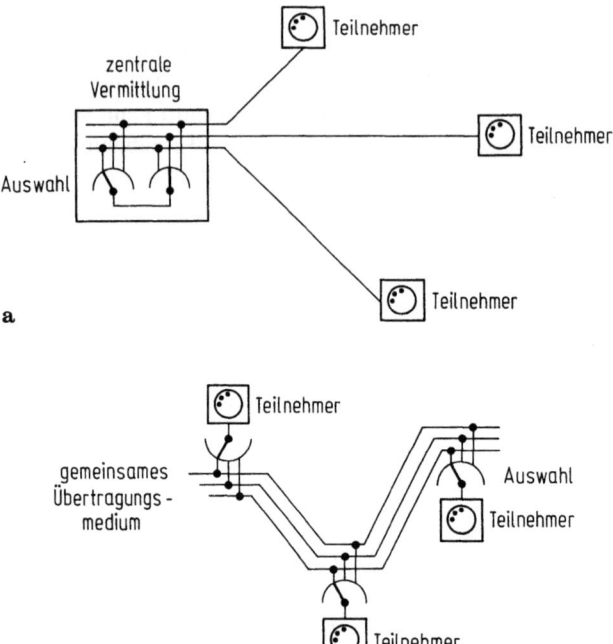

Bild 2.11 a, b. Vermittlungsprinzipien (2). **a** zentrale Vermittlung; **b** dezentrale Vermittlung

funktionen, was an dieser Stelle behandelt werden soll. Bild 2.11 verdeutlicht das Prinzip einer dezentralen Vermittlung im Vergleich mit einer zentralen Vermittlung.

In Bild 2.11 a sind die Teilnehmer sternförmig an einen Netzknoten mit zentraler Vermittlung angeschlossen. Jede Anschlußleitung „gehört" jedem Teilnehmer ganz allein, sie ist damit aber im allgemeinen auch recht schlecht ausgenutzt, z. B. nur mit 0,1 Erl. Das ist übrigens auch der Grund für die hohe Kostenwirksamkeit des Teilnehmeranschlußnetzes: Wenig genutzte Übertragungswege verursachen höhere Kosten als hoch ausgelastete und damit auch gut bezahlte.

In Bild 2.11 b wird *ein* leistungsfähigeres Übertragungsmedium (hier durch 3 parallel geführte Leitungen charakterisiert) an *allen* Teilnehmern vorbeigeführt, die es *gemeinsam* und *gleichzeitig* nutzen können. Ein Teilnehmer, der zu kommunizieren wünscht, greift auf das Übertragungsmedium zu und setzt seiner Nachricht die gewünschte Zieladresse voran (Nachrichtentyp a oder b in Bild 2.3). Alle Teilnehmer „beobachten" das Medium ständig. Der gewünschte Partner erkennt sich an der Adresse als Ziel und nimmt die Information vom Übertragungsmedium ab. — Die eigentliche Schwierigkeit bei diesem Verfahren liegt im zwischen den Teilnehmern nicht koordinierten *Zugriff* auf das Medium. Es müssen also dezentral wirksame Steuerungsmechanismen dafür sorgen, daß dabei kein Doppelzugriff entsteht. Mögliche Konzepte hierfür werden später beschrieben.

In Form von *Local Area Networks* (LAN) haben derartige Prinzipien einer „verteilten Vermittlung" eine gewisse Verbreitung in der „In-House"-Text- und Datenkommunikation gefunden. LAN sind im allgemeinen den paketvermittelnden

2.3 Eigenschaften von Übertragungsanordnungen

Netzen zuzurechnen, wobei das Übertragungsmedium (z. B. Koax-Kabel, Lichtwellenleiter) mit digitalen Signalen hoher Bitrate (z. B. 10 Mbit/s) belegt wird. Das hat den Vorteil, daß dem Kommunizierenden nach erfolgreichem Zugriff das Medium kurzzeitig ganz allein zur Verfügung steht, er kann also sein Paket sehr schnell zum Ziel durchbringen. Im allgemeinen werden LAN „connectionless" betrieben. Virtuelle Verbindungen lohnen sich nicht, da die Zielbestimmung bei weitem nicht so komplex ist wie in ausgedehnten Netzen und deshalb einfach und schnell durch dezentrale Einrichtungen vorgenommen werden kann.

2.3 Eigenschaften von Übertragungsanordnungen

Im mathematischen Sinne werden mit den Übertragungsanordnungen nun die *Kanten* eines Netzes näher betrachtet. Zur Signalübertragung bedarf es erstens eines Mediums, zweitens eines wirtschaftlichen Nutzungskonzeptes und drittens einer Nachrichten- und Signalaufbereitung. Darüber hinaus verfügen Übertragungsanordnungen in dem Maß über „Intelligenz", wie es zur möglichst störungsfreien Nachrichtenübermittlung erforderlich ist. Im weiteren Sinne gehören auch Maßnahmen des sog. *Network Management* zu den übertragungsbezogenen Intelligenzfunktionen, über die später berichtet wird.

2.3.1 Übertragungsmedien

Nachrichtensignale werden praktisch ausnahmslos mit Hilfe der elektromagnetischen Welle, terrestrisch oder über Satelliten, leitergebunden oder über Funk bzw. Richtfunk übertragen. Die Übertragungsmedien unterscheiden sich in der übertragbaren Frequenzbandbreite. Es ist nützlich, sich die vorkommenden Frequenzbänder und die zugehörigen, über die Lichtgeschwindigkeit mit diesen verknüpften Wellenbereiche in einer Tabelle (Tabelle 2.3) vergleichend zu verdeutlichen.

Tabelle 2.3. Frequenzbänder und Wellenbereiche. (Zum Vergleich: sichtbares Licht ca. 400...800 nm)

Frequenzband	Wellenbereich	Bezeichnung
0,3... 3 kHz	1000...100 km	NF
30... 300 kHz	10... 1 km	Kilometerwellen (Langwellen)
300...3000 kHz	1000...100 m	Hektometerwellen (Mittelwellen)
3... 30 MHz	100... 10 m	Dekameterwellen (Kurzwellen)
30... 300 MHz	10... 1 m	VHF
300...3000 MHz	1... 0,1 m	UHF
3... 30 GHz	10... 1 cm	Zentimeterwellen
30... 300 GHz	10... 1 mm	Millimeterwellen
30... 300 THz	10... 1 μm	Infrarotwellen
300...3000 THz	1000...100 nm	sichtbare u. UV-Wellen

Das einfachste und billigste Übertragungsmedium ist nach wie vor die Kupfer- (oder Bronze-)Doppelader [2.3], entweder als Freileitung oder im Kabel geführt. Es gibt niederpaarige Kabel mit z. B. 50 Paaren und hochpaarige Kabel mit z. B. 2000 Paaren. Je nach zu überbrückender Entfernung wird der Aderndurchmesser gewählt; üblich sind Kupferleiter-Durchmesser zwischen 0,4 und 1,4 mm. Im Ortsnetz werden Durchmesser bis 1,2 mm verwendet, im anschließenden regionalen Fernnetz solche von 0,9 bis 1,4 mm.

Mittels einer systematischen *Verseilung* im Kabel wird für Gleichheit der Kopplungen zwischen den Paaren und Symmetrie der Paare gegen Erde gesorgt *(symmetrisches Kabel)*. Bild 2.12 zeigt als Beispiel die sog. Sternviererverseilung für zwei Paare I und II. Eingesetzt werden symmetrische Kabel hauptsächlich für Niederfrequenz (NF)-Übertragung, aber auch für Trägerfrequenz- und Digitalsysteme. Je nach Kabelaufbau reicht der Betriebsfrequenzbereich bis ca. 1 MHz.

Eine weitere Kategorie terrestrischer Übertragungsmedien sind die *Koaxialkabel* (Koax-Kabel), bei denen ein Außenleiter einen Innenleiter umschließt. Damit schirmen diese Kabel sich selbst ab, insbesondere bei höheren Frequenzen. Außerhalb des Außenleiters gibt es kein magnetisches Feld und damit auch keine Nebensprechkopplung zu benachbarten Koax-Kabeln. Geeignet sind diese Kabel für hohe Frequenzen und breite Frequenzbänder. Die Innenleiter- und Außenleiterdurchmesser werden je nach Anwendungsfall dimensioniert, wobei höhere Frequenzen größere Durchmesser erfordern. Bild 2.12 b zeigt die sog. 2,6/9,5-mm-CCITT-Tube. Koax-Kabel werden bis in einen Frequenzbereich von ca. 450 MHz betrieben, in diesem Fall für die Kabelfernsehverteilung. Um die Leitungsdämpfung auszugleichen, müssen in verhältnismäßig kurzen Abständen (z. B. 1,55 km) Verstärker oder Regeneratoren eingesetzt werden (vgl. Abschnitt 2.3.2).

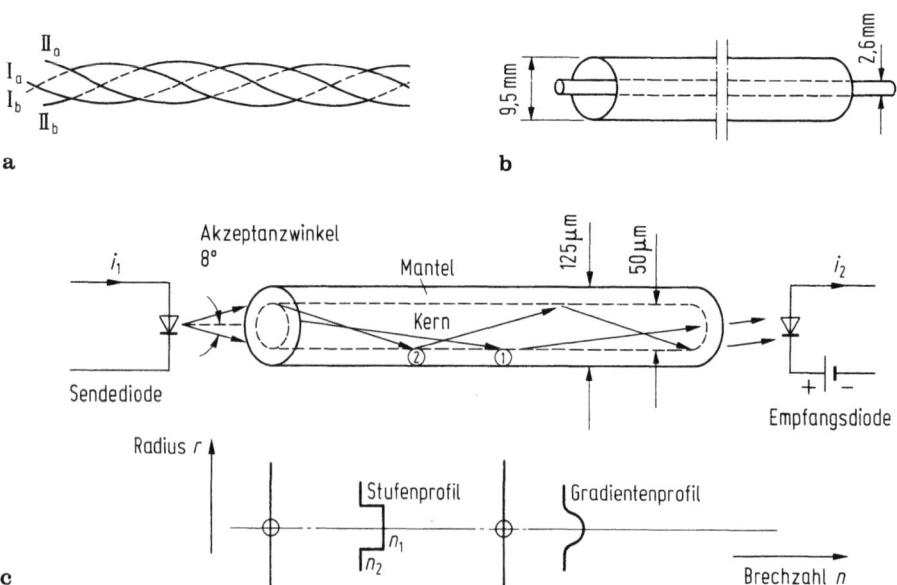

Bild 2.12 a–c. Medien für leitergebundene Übertragung. **a** symmetrische Doppeladern in „Sternviererverseilung"; **b** Koaxialkabel nach CCITT; **c** Beispiel für Lichtwellenleiter

2.3 Eigenschaften von Übertragungsanordnungen

Ein vergleichsweise „junges" leitergebundenes Übertragungsmedium ist der *Lichtwellenleiter* (LWL), der seit 1970 zunehmend dort eingesetzt wird, wo hohe Bandbreiten bei geringer Dämpfung gewünscht sind. Damit ist er als „Übertragungsmedium der Zukunft" prädestiniert für das kommende Zeitalter der Breitbandkommunikation [2.4], wobei die technologischen Möglichkeiten heute durchaus noch nicht ausgeschöpft sind. Wegen seiner Bedeutung wird ausführlicher auf ihn eingegangen. Das Prinzip beruht auf dem Effekt der Totalreflexion. Tritt ein Lichtstrahl unter dem Einfallswinkel α schräg von einem optisch dichteren Medium mit der Brechzahl n_1 (z. B. Glas) in ein optisch dünneres Medium mit der Brechzahl n_2 (z. B. Luft), so wird er von der Richtung des Einfallslots mit dem Winkel β abgeknickt. Es gilt das Gesetz von *Snellius*:

$$\frac{\sin \alpha}{\sin \beta} = \frac{n_2}{n_1}. \tag{2.6}$$

Bei einem genügend flachen (also großen) Einfallswinkel α_0 läßt sich erreichen, daß β_0 gleich 90° wird, der Lichtstrahl somit an der Grenzfläche der beiden Medien entlangläuft (Bild 2.13). Der Winkel α_0 ist der *Grenzwinkel* der beiden Medien:

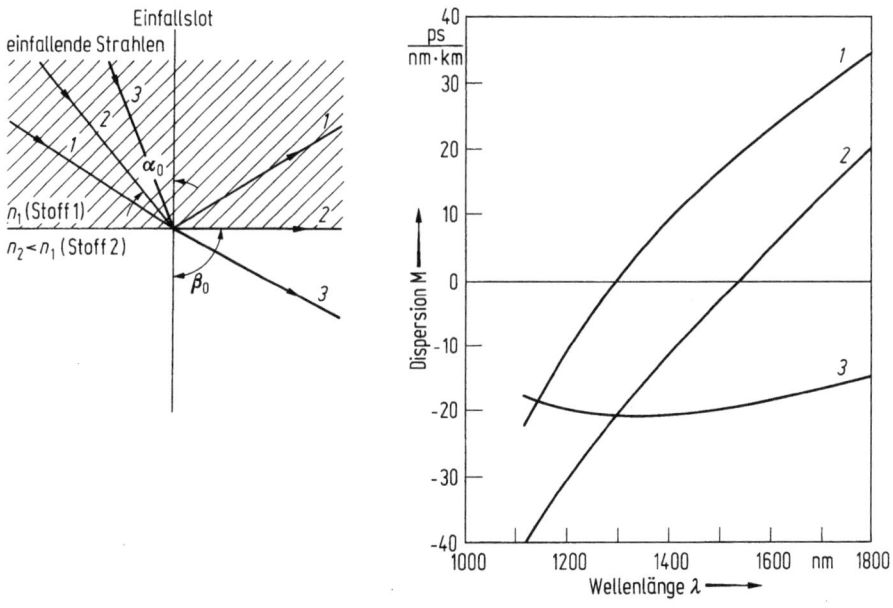

Bild 2.13.   **Bild 2.14.**

Bild 2.13. Totalreflexion des Lichts. *1* Total reflektierter Strahl; *2* gebrochener Strahl mit Brechungswinkel $\beta_0 = 90°$; *3* gebrochener Strahl

Bild 2.14. Dispersionskurven eines Einmoden-Lichtwellenleiters. *1* Materialdispersion; *2* resultierende chromatische Dispersion; *3* Wellenleiterdispersion

$$\sin \alpha_0 = \frac{n_2}{n_1}. \qquad (2.7)$$

Alle Lichtstrahlen mit einem Einfallswinkel α größer als der Grenzwinkel α_0 treten nicht mehr in das optisch dünnere Medium über und werden *total reflektiert*. So ist z. B. für den Übergang von Glas ($n_1 = 1,5$) in Luft ($n_2 = 1$) der Winkel α_0 etwa gleich 42°. Lichtstrahlen lassen sich also innerhalb des Glases „leiten", wenn sie weniger steil die Grenzfläche berühren. Aus Gründen, die mit der wünschenswerten Lichtführung im Lichtwellenleiter zusammenhängen (schwache Führung entlang der LWL-Achse, d. h. α_0 nahe 90°), sollten sich aber die Brechzahlen der optischen Medien nur geringfügig unterscheiden. Deshalb umhüllt man einen Glas*kern* der Brechzahl n_1 mit einem Glas*mantel* der etwas geringeren Brechzahl n_2. Bild 2.12c vermittelt einen Gesamteindruck. Eine Sendediode führt eine elektrisch-optische Wandlung durch und koppelt die erzeugten Lichtstrahlen in den Lichtwellenleiter ein. Dabei werden von diesem nur Lichtstrahlen „akzeptiert" und weitergeleitet, die den *Akzeptanzwinkel* nicht überschreiten. Für den Sinus des Akzeptanzwinkels Θ, die *numerische Apertur* des Lichtwellenleiters, gilt [2.5]:

$$\sin \Theta = \sqrt{n_1^2 - n_2^2}. \qquad (2.8)$$

Eine Empfangsdiode auf der Gegenseite nimmt die Lichtsignale auf und wandelt sie wieder in elektrische Signale zurück.

Wenn man einen Licht-Rechteckimpuls im Lichtwellenleiter überträgt, so wirken zwei Einflüsse auf ihn ein: Erstens wird er durch Energieverluste im Leiter *gedämpft* und zweitens verflachen und verbreitern sich die Flanken des Impulses durch *Dispersion*. Der zweite Effekt führt also schließlich dazu, daß aufeinanderfolgende Impulse am Empfangsort nicht mehr getrennt werden können (entspricht einem „Tiefpaßverhalten"), während der erste Effekt letztlich das Unterschreiten des erforderlichen Empfangspegels verursacht.

Die Dispersion wird durch verschiedene Einflüsse hervorgerufen. Hierzu sei auf Bild 2.12c verwiesen. Wie dort angedeutet, werden die einzelnen Lichtstrahlen mehr oder weniger häufiger reflektiert, — d. h. die Ausbreitung der Lichtwellen erfolgt in unterschiedlichen *Moden,* die auch zu unterschiedlichen Laufzeiten im Kern führen. Dies gilt insbesondere für den Lichtwellenleiter mit *Stufenprofil*, bei dem der Kern durchweg die Brechzahl n_1 und der Mantel die Brechzahl n_2 hat. Die größte Laufzeit verhält sich dabei zur kleinsten etwa wie das Verhältnis der Brechzahlen von Mantelglas zu Kernglas, die relative Laufzeitdifferenz bewegt sich damit im Bereich von 1%. Bei einer Laufzeit von 5 μs in einer 1 km langen Stufenprofilfaser sind dies immerhin 50 ns! Man nennt diese Laufzeitverzerrung *Modendispersion*. Die zuvor erwähnte schwache Führung verhindert in diesem Fall eine noch stärkere Laufzeitverzerrung. Die Modendispersion läßt sich ausschalten, wenn man den Durchmesser des Kernglases auf wenige Mikrometer verringert, weil sich dann nur noch *ein* Modus ausbreiten kann. Man nennt einen solchen, aufwendiger herstellbaren Lichtwellenleiter *Einmodenfaser* (Single Mode Fiber).

Eine weitere Dispersionsart, die *chromatische Dispersion,* entsteht deshalb, weil eine Lichtquelle nicht nur Licht einer einzigen Wellenlänge λ, sondern solches mit der

2.3 Eigenschaften von Übertragungsanordnungen

spektralen Breite $\Delta\lambda$, verteilt um λ, aussendet. Die einzelnen Lichtanteile innerhalb $\Delta\lambda$ breiten sich verschieden schnell aus, so daß es auch hier zu Laufzeitunterschieden und damit zu einer Impulsverbreiterung kommt. Hierbei unterscheidet man als Einflußgrößen *Materialdispersion* und *Wellenleiterdispersion*. Die Materialdispersion beruht darauf, daß die Brechzahl nicht nur materialabhängig, sondern auch abhängig von der Wellenlänge des übertragenen Lichts ist. In Quarzglas hat diese Abhängigkeit ein Minimum bei einer Wellenlänge von etwa 1300 nm, so daß die Materialdispersion als Ableitung dieser Funktion dort durch den Wert Null geht. Durch geeignete Dotierung des Glases läßt sich das Minimum in bestimmten Grenzen verschieben, man kann sogar zwei Minima erreichen (Dispersion Flattened Single Mode DFSM) [2.5a]. — Bei niedrigerer Brechzahl breitet sich das Licht schneller aus.

Die Wellenleiterdispersion ist besonders bei der Einmodenfaser von Bedeutung, bei der sich die Lichtenergie wellenlängenabhängig auch in den Glasmantel verteilt: je größer die Wellenlänge ist, desto mehr weitet sich der Ausbreitungsmodus in den Mantel aus, wo er — dank der niedrigeren Brechzahl — schneller als im Kern geführt wird. Dadurch entsteht eine zusätzliche Laufzeitverzerrung. Die resultierende chromatische Dispersion (2) einer Einmodenfaser zeigt Bild 2.14: Auf der Abszisse ist die mittlere Wellenlänge des übertragenen Lichts aufgetragen, während die Ordinate die Impulsverbreiterung pro Nanometer der Senderbandbreite und Kilometer der Faserlänge angibt. Man erkennt eine Superposition mit einem Nulldurchgang (in diesem Fall) bei einer mittleren Wellenlänge von ca. 1500 nm.

Materialeigenschaften lassen sich allerdings auch für eine Kompensation der Modendispersion ausnützen. In Bild 2.12c ist neben dem Stufenprofil ein *Gradientenprofil* gezeigt, in dem sich die Brechzahl in Abhängigkeit vom Radius *kontinuierlich* ändert, vorzugsweise einer Parabelfunktion folgend. Lichtstrahlen, die sich stärker von der Lichtwellenleiterachse entfernen, gelangen kontinuierlich in Bereiche niedrigerer Brechzahl und werden dort schneller geführt, so daß der längere Weg durch höhere Geschwindigkeit ausgeglichen wird.

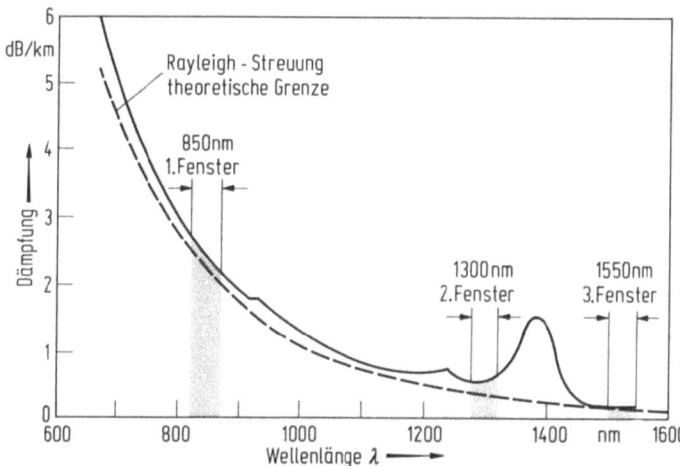

Bild 2.15. Dämpfungsverlauf eines Lichtwellenleiters abhängig von der Wellenlänge

Trotz erhöhter Anforderungen der Einmodenfaser — dies betrifft z. B. die elektrooptischen Wandler (Laser-Diode statt Light Emitting Diode LED) und betriebliche Maßnahmen (Spleiße) — setzt sich jene wegen der günstigeren Übertragungseigenschaften gegenüber den Fasern mit anderen Profilen immer mehr durch. Dies gilt auch in Hinblick auf die Lichtwellendämpfung, die nun zu betrachten ist. Mit Hilfe von immer reineren und homogeneren Gläsern ist es gelungen, die Dämpfungswerte in die Nähe der theoretischen Grenze zu bringen. Bild 2.15 zeigt den Dämpfungsverlauf eines Lichtwellenleiters in Abhängigkeit von der Lichtwellenlänge (oberhalb 800 nm als infrarotes Licht, also nicht mehr sichtbar).

Die Abhängigkeit der Dämpfung von der Wellenlänge wird durch zwei Einflüsse verursacht: durch Absorption und durch Streuung. Während Absorption nur in bestimmten Absorptionsbanden auftritt — z. B. bei 1390 nm durch Wasser (OH-Ionen) — ist der Lichtverlust durch Streuung über alle Wellenlängen vorhanden. Die Streuung wird durch Dichtestörungen im Glas verursacht —, Inhomogenitäten mit Abmessungen meist kleiner als die jeweilige Wellenlänge. Deshalb kann man mit guter Näherung das Rayleigh-Streuungsgesetz zur Erklärung dieses Vorgangs heranziehen; es besagt, daß der Streuverlust a mit der 4. Potenz der Wellenlänge λ abnimmt:

$$a \sim 1/\lambda^4 \qquad (2.9)\,[2.5]$$

Bild 2.15 gibt drei „Fenster" mit übertragungstechnisch geeigneten Lichtwellenlängen an. Im ersten Fenster ist zwar die Dämpfung noch recht hoch, doch gibt es für diesen Bereich billige optoelektrische Wandler (LED), die in Verbindung mit billigen Fasern (Stufen- oder Gradientenprofil) für weniger anspruchsvolle Anwendungen zu sehr wirtschaftlichen Lösungen führen. Die beiden anderen Fenster — getrennt durch den mehr oder weniger ausgeprägten OH-„Buckel" — sind oder werden erschlossen Hand in Hand mit der Verfügbarkeit wirtschaftlicher und stabiler optoelektronischer Wandler.

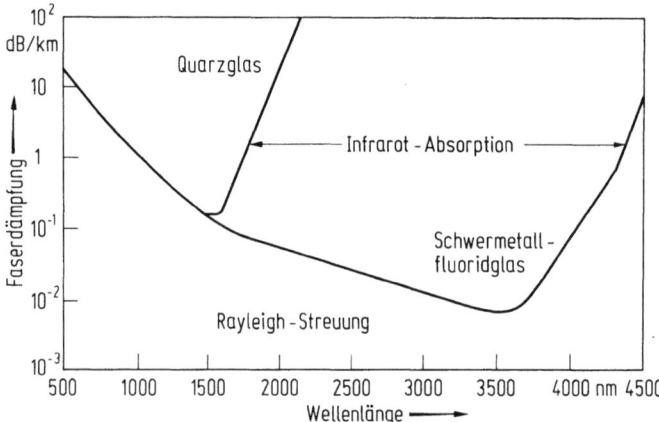

Bild 2.16. Zu erwartender Dämpfungsverlauf für neue Wellenleitermaterialien

2.3 Eigenschaften von Übertragungsanordnungen

Gibt es nun in Richtung größerer Wellenlängen weitere Fenster, wie Bild 2.15 vermuten lassen könnte? Das ist für Lichtwellenleiter aus Quarzglas nicht der Fall —, wir wissen aus persönlicher täglicher Erfahrung, daß Glas ein schlechter Wärmeleiter ist. Bild 2.16 zeigt die nach dem 3. Fenster rasch einsetzende Infrarot-Absorption im Quarzglas. Ersetzt man das Quarzglas durch „Gläser" aus z. B. Schwermetallfluoriden, so können wegen der mit der 4. Potenz abnehmenden Rayleigh-Streuung noch um mehr als eine Größenordnung günstigere Dämpfungswerte bei größeren Wellenlängen erreicht werden, bis auch bei diesen Gläsern die Infrarot-Absorption einsetzt. Gläser dieser Art dürften allerdings erst in den späten 90er Jahren einsatzreif sein [2.6].

Um Information über einen Lichtwellenleiter übertragen zu können, muß der Sender moduliert werden. Das kann z. B. durch Ein- und Ausschalten des Senders geschehen (Aussenden von „Lichtimpulsen", also *Binär*signalen in digitalen Nachrichtennetzen) oder durch analoge Beeinflussung des Trägers, z. B. durch Frequenzmodulation. In jedem Fall wird durch die Modulation eine gewisse Lichtwellenbandbreite beansprucht, die natürlich um so größer ist, je größer die Bandbreite der modulierenden Information wird. Durch den Tiefpaßcharakter des Lichtwellenleiters (infolge der Dispersion) wird jedoch die Lichtwellenbandbreite begrenzt, innerhalb der das Nutzsignal verzerrungsfrei bzw. mit korrigierbarer Verzerrung übertragen werden kann. Bild 2.17 gibt die Auswirkung auf *elektrische* Signale verschiedener Bandbreite an, die nach elektrooptischer Wandlung bzw. Rückwandlung über Lichtwellenleiterstrecken verschiedenen Typs übertragen werden. Man erkennt eine in weiten Bandbreitebereichen konstante kilometrische Dämpfung, die zumeist erheblich unter derjenigen von Kupferkabeln liegt. Abhängig vom Lichtwellenleitertyp wird die Bandbreitenbegrenzung durch im wesentlichen Modendispersion (Stufenindex- und Gradientenfaser) bzw. chromatische Dispersion (Einmodenfaser) verursacht. Besonders beeindruckend ist das Verhalten der Einmodenfaser mit Bandbreiten weit über 10 GHz hinaus. Bevorzugt kann man diese Bandbreiten durch digitale

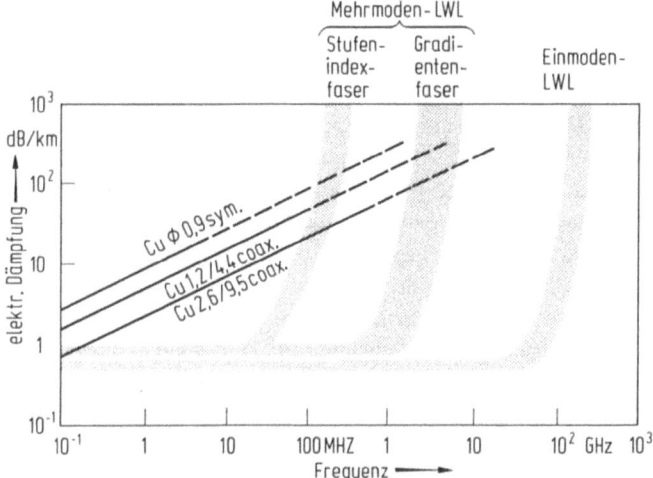

Bild 2.17. Elektrisch wirksame Dämpfung von Lichtwellenleitern
Bild 2.17. Elektrisch wirksame Dämpfung von Lichtwellenleitern

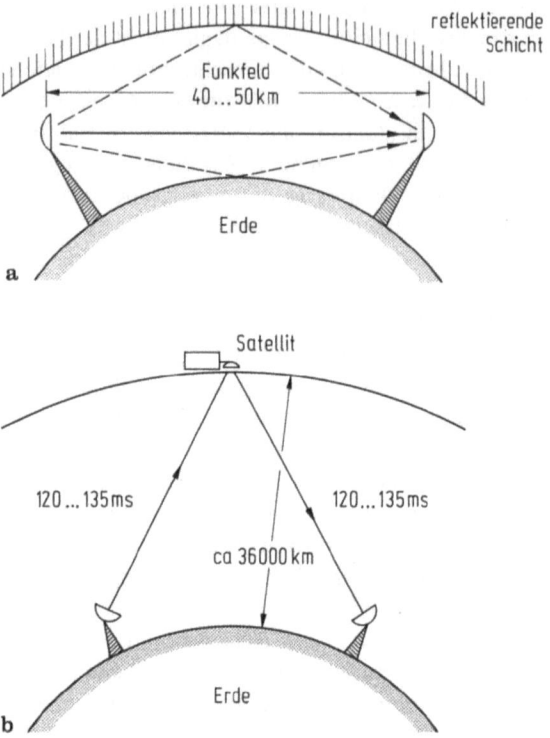

Bild 2.18 a, b. Funkübertragung. **a** Prinzip des Richtfunks; **b** Satellitenübertragung

Signale nutzen, die relativ unempfindlich gegen nichtlineare Verzerrungen sind. Durch geeignete Maßnahmen lassen sich möglicherweise Übertragungsraten von Hunderten von Gbit/s erreichen [2.5 b].

Damit zu den wichtigsten Vorteilen des Lichtwellenleiters: Er ist außerordentlich breitbandig und dämpfungsarm, dabei im Vergleich zu anderne Breitbandmedien wirtschaftlicher. Die geringe Dämpfung führt dazu, daß man die Verstärker- bzw. Regeneratorabstände so weit erhöhen kann, daß im allgemeinen „Unterflur-Verstärker" mit Fernspeisung auf dem freien Land vermieden werden: Lichtwellenleitersysteme beginnen und enden ohne Zwischenverstärkung in Gebäuden. Experimentelle Systeme überbrücken bereits verstärkungsfrei mehr als 100 km im Gbit/s-Bereich. Mit den zuvor erwähnten Schwermetallfluoriden oder vielleicht noch günstigeren Materialien erwartet man die Überbrückung von etwa 3600 km ohne dazwischenliegende Verstärker oder Regeneratoren, eine Einsatzmöglichkeit für Tiefseekabel [2.6]. Aber auch für kurze und kürzeste Entfernungen bringt das Lichtwellenleiterkabel einen wichtigen Vorteil: Es wird durch äußere elektromagnetische Felder nicht beeinflußt! Damit können empfindliche elektronische Geräte auch in elektromagnetisch „verseuchter" Umgebung störungsfrei gekoppelt werden. Alles in allem also ein vielversprechendes Medium für die heutigen und vor allem auch die anspruchsvollen künftigen Kommunikationsanforderungen!

2.3 Eigenschaften von Übertragungsanordnungen

Neben diesen leitergebundenen Übertragungswegen gibt es solche, die die Luft bzw. den „Äther" als Übertragungsmedium nutzen. Aus alter Zeit hat sich noch der Begriff „Funk" für diese Übertragungsverfahren erhalten. An dieser Stelle sollen Richtfunk und Satellitenfunk behandelt werden.

Die Komponenten der Funkübertragung sind Antennen, zwischen denen Signale ausgetauscht werden. Dabei gibt es verschiedene Ausbreitungswege der elektromagnetischen Wellen, wie Bild 2.18a zeigt: z.B. direkte optische Sicht, Reflexion am Boden oder an atmosphärischen Schichten. Bei *Richtfunk* spielt praktisch nur die direkte Übertragung bei optischer Sicht eine Rolle, deshalb ist das Verfahren sehr sicher [2.7]. Allerdings lassen sich in einem *Funkfeld* dabei nur Abstände von 40 bis 50 km erreichen, größere Entfernungen werden mit Hilfe von *Relaisstellen* überbrückt. Für „Schmalbandsysteme" wird der Frequenzbereich unter 2 GHz ausgenützt, der Einsatzschwerpunkt liegt aber im Bereich zwischen 2 und 8 GHz. Oberhalb 10 GHz wird das Übertragungsverfahren durch Absorption bei starkem Regen unsicherer, jedoch wurden auch diese Frequenzbereiche (z.B. das 18-GHz-Band) wegen des zunehmenden Bedarfs an Übertragungskapazität inzwischen erschlossen [2.8], u.a. durch Verkürzung der Funkfeldlängen und durch Digitalisierung [2.20].

Richtfunkwege und Kabelwege ergänzen sich gegenseitig. Fallweise ist Richtfunk gegenüber Kabelwegen vorzuziehen, etwa wenn geographische Hindernisse überbrückt werden müssen, wenn rasche Installation notwendig ist oder wenn aus Sicherheitsgründen eine unabhängige zweite Trasse eingerichet werden muß.

Partiell gelten solche Argumente auch für ein weiteres, relativ junges Übertragungsmedium, den Satellitenfunk. Zu den ersten experimentellen Kommunikationssatelliten gehörte „Echo", ein aluminiumbedampfter Plastikballon mit 30 m Durchmesser, der in der Abenddämmerung als vielbewunderter Kunststern in rascher Bewegung sichtbar wurde (1960). Er zog seine Bahn in mehr als 1000 km Höhe und reflektierte auf ihn gerichtete Radiosignale „passiv". Der erste kommerziell genutzte Fernmeldesatellit war Telstar (1962), der empfangene Signale verstärkte und mit einer Ausgangsleistung von 3 W wieder zur Erde aussandte mit einer Umlaufbahn zwischen etwa 1000 und 6500 km Höhe. Dies war eine Zeit sehr aufwendiger Bodenstationen mit komplizierten Nachsteuersystemen für die Verfolgung der umlaufenden Satelliten. 1963 wurde mit „Syncom" der erste *geosynchrone* Satellit in eine Umlaufbahn über den Äquator geschossen, wo ein solcher in ca. 36 000 km Höhe nahezu stillzustehen scheint. Heute sind für die Telekommunikation fast ausnahmslos derartige „geostationäre" Satelliten im Einsatz [2.9]. Die stationäre Position hat neben vielen Vorteilen freilich auch einen wichtigen Nachteil, nämlich die Laufzeit elektrischer Signale hin- und zurück von ca. 250 ms. Dies gilt für *eine* Übertragungsrichtung (Bild 2.18b). Bezieht man die entgegengesetzte Übertragungsrichtung mit ein, so ergibt sich ein *Round Trip Delay* von etwa 500 ms. Diese Verzögerungszeiten beginnen für einen Sprachdialog störend zu werden, weshalb Fernsprechverbindungen nicht über mehrere Satellitenabschnitte geführt werden dürfen.

An Bord eines Satelliten befinden sich *Transponder,* welche die Signale der Erdstation empfangen, verstärken und in einem gegenüber dem Empfangsfrequenzband nach unten versetzten Frequenzband wieder zur Erde aussenden. Dem Weltraumfunk sind Frequenzbänder zugeordnet: Heute werden die Bänder bei 4/6 GHz und 12/14 GHz genutzt, im Erprobungsstadium ist die Nutzung des 20/30-GHz-

Bandes. Je höher die Frequenzen sind, desto kleiner können die Antennen werden, allerdings wächst auch die Abhängigkeit von Regen und Schneefall. Für den mobilen Satellitenfunk, d. h. für bewegliche Bodenstationen, wird der 1,5- und 1,6-GHz-Bereich verwendet, in dem die Ausbreitungsbedingungen besonders günstig sind. Ein Problem besteht in der mittlerweile dichten Positionierung der Satelliten auf der äquatorialen Umlaufbahn verbunden mit der für die Nutzung des Äthers typischen Frequenzknappheit. Die Satelliten stehen nur wenige Grad voneinander entfernt und können bei Nutzung gleicher Frequenzbänder nur eng umgrenzte Bereiche auf der Erde mit „Spotbeam"-Antennen ausleuchten, um Interferenzen zu vermeiden [2.10.–2.12.].

Die Bandbreite eines Transponders beträgt z. B. zwischen 50 und 100 MHz mit einer Ausgangsleistung von 20 W. An Bord des Satelliten befinden sich mehrere – z. B. 10 Transponder [2.13]. Die Übertragungskapazität eines Satelliten bewegt sich damit im Bereich von 1 GHz, umsetzbar – je nach Kanalcodierung (vgl. Abschnitt 2.3.3) – in eine Bitrate der Größenordnung von 1 Gbit/s. Das fordert natürlich zu einem Vergleich mit dem Lichtwellenleiter heraus. *Breitband-Individual*kommunikation ist offenbar dem Satelliten nicht „auf den Leib geschrieben", allerdings kann er in der Einführungsphase ein terrestrisches Breitbandnetz unterstützen. Anders sieht es mit der Breitband-„Massen"-Kommunikation (dem Verteilen weniger Programme) aus und selbstverständlich auch mit schmalbandiger Sprach- und Datenkommunikation. Derzeit ist der Satellit noch das einzige Medium für die weltweite Direktübertragung von Fernsehprogrammen. Inwieweit er später mit interkontinentalen Lichtwellenleiterkabeln konkurrieren kann, sei dahingestellt. Sicher wird er seine Bedeutung für große, z. T. schwach besiedelte Regionen oder schwierige geographische Verhältnisse (Kanada, USA, Indonesien usw.) behalten.

Eine Domäne des Satelliten aber gibt es, in welcher der ortsfeste Lichtwellenleiter niemals konkurrieren kann: den Mobilfunk. Zwar haben die großen ortsfesten Bodenstationen Parabolspiegeldurchmesser von ca. 11 bis 14 m, diese gehen aber bei den wesentlich geringeren Bandbreiteanforderungen mobiler Erdfunkstellen für z. B. nur einen Fernsprech- und einen Text-/Datenkanal auf einen Durchmesser von 80 cm zurück (INMARSAT-Standards A und B). Ein Durchmesser von 19 cm (Standard C) reicht aus, um Nachrichten mit 600 bit/s zu senden und zu empfangen [2.12]. In den USA gibt es sogar eine Untersuchung zu einem Armband-Satellitenfunktelefon! Der dafür erforderliche Satellit soll einen Antennendurchmesser von 67 m haben, wobei 25 Spotbeams auf die 25 größten Großstadtbereiche der USA ausgerichtet sind [2.14]. Man muß sich allerdings fragen, ob in diesen Großstädten nicht eine so ausgezeichnete Infrastruktur für den terrestrischen Mobilfunk besteht, daß sich die Vision des Armbanduhrtelefons auf diesem Weg einfacher realisieren läßt. Denn natürlich ist terrestrischer Mobilfunk mit seiner – allerdings aufwendigen – Infrastruktur engmaschig gesetzter Sende-/Empfangsstationen eine übermächtige Konkurrenz (vgl. Abschnitt 6.7). Sie versagt allerdings dort, wo es „keine Balken" gibt, nämlich in der Luft und auf dem Meer, und dort, wo man einen Reisenden an unbekanntem Ort auf der Erde per „Rundfunk" zu erreichen versucht.

Übrigens sind geostationäre Satelliten durchaus nicht exakt stationär, vielmehr können sie in einem Umkreis von ca. 60 km driften. Die Positionen müssen gelegentlich über Steuerdüsen an Bord korrigiert werden. Hierzu führt der Satellit selbst

2.3 Eigenschaften von Übertragungsanordnungen

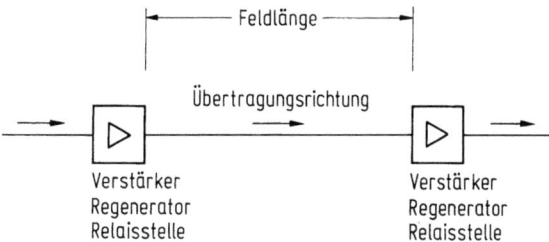

Bild 2.19. Verstärkung auf Übertragungswegen

Treibstoff (z. B. Hydrazin) mit. Der Treibstoffverbrauch begrenzt die Lebensdauer des Satelliten, sie wird meist auf 10 Jahre dimensioniert.

2.3.2 Nutzungskonzepte

Auf allen Übertragungsmedien werden die zu übertragenden Signale gedämpft, sie müssen nach gewisser Entfernung — der *Feldlänge* (Verstärkerfeldlänge, Funkfeldlänge) — wieder verstärkt werden (Bild 2.19). Verstärker wirken im allgemeinen nur in einer Richtung, deshalb ist bei wechselseitig gerichteten (Voll-duplex-)Verbindungen eine Trennung der Übertragungsrichtungen notwendig. Zur Erläuterung der Begriffe: Voll-duplex heißt „gleichzeitig wechselseitig gerichtet", wie es z. B. in Fernsprechverbindungen technisch realisiert ist; halb-duplex heißt „abwechselnd wechselseitig gerichtet"; simplex bedeutet „einseitig gerichtet".

Innerhalb des Ortsnetzes ist im allgemeinen keine Verstärkung wegen zu großer Entfernungen notwendig. Deshalb werden dort aus Ersparnisgründen in der Regel beide Übertragungsrichtungen auf zwei Adern *(zweidrähtig)* geführt. Das ist in Hinblick auf den hohen Kostenanteil besonders für das Teilnehmeranschlußnetz zweckmäßig.

Wenigstens beim Übergang in das verstärkende überregionale Fernnetz aber müssen die Übertragungsrichtungen getrennt werden; in diesem Weitverkehrsnetz ist also die *vierdrähtige* Führung der Verbindungswege notwendig. Sinngemäß werden auch im Funknetz die Übertragungsrichtungen getrennt. Die Richtungstrennung geschieht mit Hilfe von sog. *Gabeln* (Bild 2.20). Die unten von rechts ankommenden Signale werden z. B. über die Mittenanzapfung einer Übertragerwicklung eingekoppelt. Wenn der Scheinwiderstand der Nachbildung N genau dem Scheinwiderstand der Zweidrahtleitung entspricht, heben sich die ankommenden Signale im Übertrager auf, es wird kein ankommendes Signal in den abgehenden Kreis übergekoppelt. In der Praxis läßt sich eine vollkommene Nachbildung meist nicht erreichen; wegen der nur endlich hohen Nachbildfehlerdämpfung gelangt ein Bruchteil des ankommenden Signals in den abgehenden Zweig, wird dort verstärkt und über die ebenfalls unvollkommene Gabel am anderen Ende wieder in den ankommenden Zweig übertragen. Damit wird also ein Rückkopplungskreis geschlossen, der durch eine sorgfältige Dämpfungsplanung der Vierdrahtkreise entschärft werden muß.

Verstärker (für analoge Signale), *Regeneratoren* (für digitale Signale) und Relaisstellen (für Funksignale) bedeuten Aufwand. Auch die Übertragungswege selbst sind

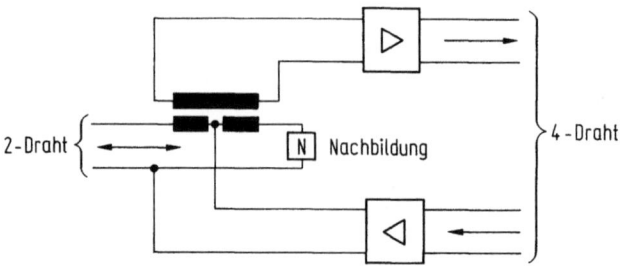

Bild 2.20. Trennung der Übertragungsrichtungen durch „Gabeln"

über weite Entfernungen aufwendig. Es ist deshalb notwendig, Übertragungswege und verstärkende Einrichtungen im Weitverkehrsnetz nicht allein für eine Verbindung, sondern für viele Verbindungen gleichzeitig auszunützen. Damit erhöht sich allerdings auch der Bandbreitebedarf für Übertragungsmedium und Verstärker. Oder anders formuliert: Je breiterbandig ein Übertragungsmedium ist, desto mehr Verbindungen lassen sich über dieses gleichzeitig abwickeln, desto wirtschaftlicher kann es — unter bestimmten Voraussetzungen — bezogen auf *eine* Verbindung werden.

Für die Mehrfachausnützung der Übertragungswege gibt es im wesentlichen zwei Prinzipien: die *Frequenzteilung* (das *Frequenzmultiplex*) und die *Zeitteilung* (das *Zeitmultiplex*). Darüber hinaus spielen die in Abschnitt 2.2.3 behandelten Prinzipien der Leitungs- und der Paketvermittlung eine Rolle. Wenn ein Übertragungsweg oder Übertragungskanal nicht — wie in leitungsvermittelnden Netzen — für die Dauer einer Verbindung ständig belegt ist, unabhängig von seiner akuten Nutzung, dann lassen sich weitere (virtuelle) Verbindungen über denselben Übertragungsweg (Übertragungskanal) führen. Dadurch wird ein Übertragungsweg ebenfalls mehrfach in einer Art „Zeitmultiplex" genutzt, allerdings handelt es sich nicht um ein „starres" Zeitmultiplex wie in leitungsvermittelnden Netzen, sondern um ein „statistisches" Zeitmultiplex, bei dem der Übertragungsweg nur bei Anfall von Nutzinformation beansprucht wird. Am Beispiel der Fernsprechverbindung lassen sich starre und statistische Zuteilung von Übertragungskapazität nochmals erläutern (vgl. Abschnitt 2.2.1). Im Regelfall wird ein Fernsprechkanal für die Dauer einer Verbindung fest zugeteilt, unabhängig davon, ob gesprochen oder geschwiegen wird. Es ist aber auch möglich — und dies wird auf teuren interkontinentalen Verbindungswegen auch so gehandhabt —, Übertragungskapazität nur dann zuzuteilen, wenn tatsächlich gesprochen wird. Im speziellen Fall der Sprachübertragung ist dies das bereits erwähnte TASI-Verfahren [2.15]. Neuerdings überträgt man *digitalisierte* Sprache auch gelegentlich in paketvermittelnden Netzen, wie in Abschnitt 2.2.3 schon angedeutet wurde.

Die Mehrfachausnützung der Übertragungswege durch *Frequenzmultiplex* ist das „klassische" Verfahren der Übertragungstechnik in den heute noch weit verbreiteten Analognetzen. Es ist unter dem Namen „Trägerfrequenz (TF)-Technik" bekannt. Den höchsten Ausnützungsgrad erreicht man auf einem Koax-Kabel nach Bild 2.12 b mit dem TF-Übertragungssystem V 10 800. V bedeutet „Vierdrähtigkeit" (also je ein Koax-Kabel für Hin- und Rückrichtung), die Zahl 10 800 gibt die Anzahl der im Frequenzmultiplex verschachtelten *Fernsprech*kanäle an. Dafür wird eine Bandbreite

2.3 Eigenschaften von Übertragungsanordnungen

von 60 MHz bei einem Verstärkerabstand von ca. 1,6 km benötigt. Natürlich gibt es auch Übertragungssysteme mit kleinerer Multiplex-Ausnützung und dafür größerem Verstärkerabstand, so daß man entsprechend dem jeweiligen Verkehrsaufkommen optimal wirtschaftliche Systeme einsetzen kann. — Da Trägerfrequenzsysteme zwar noch sehr verbreitet sind, aber in den hier zu besprechenden neuen Digitalnetzen keine Bedeutung haben, wird auf eine ausführliche Erläuterung verzichtet.

Im Zusammenhang mit dem Lichtwellenleiter als Übertragungsmedium wird jedoch das Frequenzmultiplex in anderer Form wieder interessant. Es gilt, die potentiell hohen Übertragungskapazitäten des Lichtwellenleiters zu nutzen. Hierzu eine überschlägige Betrachtung: Wir diskutieren die Verhältnisse im dritten Fenster (Bild 2.15) bei einer Wellenlänge von ca. 1500 nm und gehen von einer Fensterbreite von 75 nm (also 5 % der Wellenlänge) aus. Dieser Wellenlänge entspricht eine Frequenz von 200 THz, die Fensterbandbreite beträgt 10 000 GHz! Wir versuchen, einen Lichtwellensender z. B. mit einem Bitstrom von 5000 Gbit/s zu modulieren. Ein einzelnes Bit würde dann eine Breite von 0,2 ps haben —, eine Zeit, in der sich ein Lichtstrahl um lediglich 60 μm weiterbewegt. Dafür gibt es erstens keine geeignete Schaltkreistechnik. Und zweitens macht die Dispersion einen dicken Strich durch die Rechnung (Bild 2.14). Der Tiefpaßcharakter des Lichtwellenleiters führt schon bei geringen Leitungslängen zu um Größenordnungen höheren Laufzeitverzerrungen.

Die verlockend breiten Fenster niedriger Dämpfung lassen sich beim Lichtwellenleiter also (zumindest mit elektronischen Schaltungen) nicht unmittelbar nutzen. Man müßte mehrere schmalere Bänder nebeneinander in ein solches Fenster legen können, von denen jedes mit einer kleineren, schaltungstechnisch beherrschbaren Bitrate belegt wird. Dies wird tatsächlich angestrebt, man spricht von einem „Wellenlängenmultiplex" (es hat sich eingebürgert, bei Verwendung von optischen Filtern von „Wellenlängen" und nicht von „Frequenzen" zu sprechen). Es werden mehrere Lichtquellen unterschiedlicher Wellenlänge unabhängig voneinander moduliert, die Lichtstrahlen werden über selektive Wellenlängenmultiplexer zusammengefaßt, über *eine* Faser übertragen und am Empfangsort über entsprechende Demultiplexer wieder verschiedenen Empfängern zugeführt. Das Problem ist dabei, optische Filter hoher Güte herzustellen. In einem praktisch ausgeführten Beispiel (Berlin IV) wird das zweite und dritte optische Fenster genutzt, um insgesamt vier verschiedene Wellenlängen auf einem Lichtwellenleiter zu übertragen [2.16]. Optimistischere Angaben halten das Multiplexen von 20 Kanälen mit heutiger Technologie und von 300 Kanälen mit künftigen Technologien für möglich [2.16a].

Wesentlich höhere Multiplexfaktoren lassen sich mit einem seit langem in der Rundfunkempfangstechnik üblichen Verfahren erreichen, dem *Heterodyn*-Prinzip [2.17]. Nach der bekannten Beziehung

$$A_1 \cdot \cos \omega_1 t \cdot A_2 \cdot \cos \omega_2 t = \tfrac{1}{2} \cdot A_1 \cdot A_2 [\cos (\omega_1 + \omega_2) t + \cos (\omega_1 - \omega_2) t] \tag{2.10}$$

wird der gesendeten Frequenz ω_1 am Empfangsort eine Frequenz ω_2 über eine nichtlineare Mischung zugesetzt, welche sich nur um einen geringen, aber konstanten Betrag von der Sendefrequenz unterscheidet. Bei der Multiplikation beider Signale ergibt sich am Empfangsort die konstante Differenzfrequenz $\omega_1 - \omega_2$, die trennscharf über elektrische Filter ausgefiltert werden kann.

Die Konstanz der Differenzfrequenz hängt als „Differenz großer Zahlen" sehr empfindlich von der Konstanz der beteiligten Lichtwellen-Oszillatoren ab. Im Fall der Lichtwellenleiterübertragung kommt erschwerend hinzu, daß auch die Polarisation der übertragenen Wellen mit der lokal erzeugten Polarisation übereinstimmen muß. Und diese Polarisation kann sich auf dem Übertragungsweg ändern.

Will man das Heterodyn-Prinzip für mehrere Empfangswellenlängen *gleichzeitig* nutzen, wie es das Wellenlängenmultiplex erfordert, so muß das ankommende Wellenlängengemisch auf mehrere Empfänger „aufgesplittet" werden. Durch einen solchen „Splitter" geht im allgemeinen Lichtenergie für den einzelnen Empfänger verloren, es ist dann also „optische Verstärkung" nötig.

Mit der wirtschaftlichen Lösung der mit dem Heterodyn-Empfang verbundenen Probleme ist kurzfristig nicht zu rechnen, jedoch wird weltweit daran gearbeitet. Man erhofft sich die Realisierung von vielen hundert oder gar tausend Kanälen in dieser Art „Frequenzmultiplex".

Noch höhere technische Anforderungen stellt der (im engeren Sinn) *kohärente* Empfang. Hierbei muß dem empfangenen Signal am Empfangsort ein Signal exakt gleicher Wellenlänge und in bezug auf den Sender definierter Phasenlage und Polarisation zugesetzt werden. Damit kann die Empfängerempfindlichkeit beträchtlich erhöht werden. Wegen dieser „Differenzfrequenz Null" spricht man vom *Homodyn*-Empfang.

Hat also das Frequenzmultiplex für die Nutzung der optischen Bandbreite durchaus auch in Zukunft noch seine Berechtigung, so wird andererseits das elektrische Zeitmultiplex — sei es in starrer oder dynamischer Form — die Architektur der kommenden digitalen Netze wesentlich mit bestimmen. Auszugehen ist dabei von der elementaren Einheit des digitalen *Fernsprechkanals* (bezeichnet mit „B") mit einer Bitrate von 64 kbit/s (vgl. Abschnitt 2.3.3.). Treten kleinere Bitraten auf, so werden diese häufig in 64-kbit/s-Kanälen multiplext —, mit diesem Problem werden wir uns hier nicht befassen. Vielmehr geht es um die Frage, wie 64-kbit/s-Kanäle zu größeren

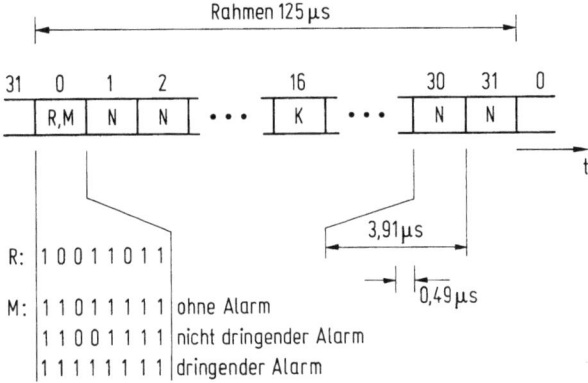

Bild 2.21. PCM-Grundsystem (Primärsystem). R Rahmenkennungswort, M Meldewort, N Nutzinformation, K vermittlungstechnische Kennzeichen (Signalisierung)

2.3 Eigenschaften von Übertragungsanordnungen

Einheiten multiplext werden, um starke Kanalbündel auf wenigen Leitungen wirtschaftlich zu realisieren. Daß spezifisch der Fernsprechkanal als elementare Einheit gewählt wurde, liegt an der überragenden Bedeutung des weltweiten Fernsprechnetzes.

Die Charakteristik des Fernsprechkanals lautet: Alle 125 µs — also mit einer Frequenz von 8 kHz — wird eine 8-bit-Einheit (ein Oktett) übertragen (vgl. Abschnitt 2.3.3). Daraus resultiert die bekannte Einheitsbitrate von 64 kbit/s. In einer ersten Hierarchiestufe, dem digitalen Grundsystem, werden 32 (Europa) bzw. 24 (USA, Japan) Kanäle zu je 8 bit in einem 125 µs langen *Rahmen* zeitlich verschachtelt. Wenigstens einer dieser Kanäle wird für systeminterne Zwecke gebraucht. Bild 2.21 zeigt die Struktur des europäischen Systems [2.18]. Kanal 0 ist abwechselnd belegt durch das *Rahmenkennungswort*, welches den Nullpunkt für die Zählweise der Kanäle bezeichnet, oder durch das *Meldewort*, welches Alarmmeldungen übermittelt. Ein zweiter Kanal, die Nummer 16, wird für die *Signalisierung* zwischen Netzknoten verwendet. (Signalisierung wird in Kapitel 5 behandelt). Damit lassen sich über das System 30 *Nutzkanäle* übertragen. 32 Oktetts bedeuten 256 bit je Rahmen, die in 125 µs übermittelt werden. Das führt zu der Rate von 2,048 Mbit/s für das europäische Grundsystem. Eine Kanaldauer beträgt etwa 4 µs, eine Bitzeit 0,5 µs. Zum Vergleich die Kenndaten des US-amerikanischen Systems, das u. a. auch in Japan eingesetzt wird: Das Grundsystem enthält 24 Kanäle bei einer Gesamtbitrate von 1,544 Mbit/s.

Auf dem Grundsystem läßt sich eine Digitalsystem-Hierarchie aufbauen [2.19]. Tabelle 2.4 zeigt einige Kenndaten der europäischen Hierarchie, wie sie auf Kupferkabeln realisiert bzw. realisierbar ist. Der Richtfunk übernimmt die Hierarchie mit gewissen Varianten [2.20]. Für Lichtwellenleiter gelten wegen der geringeren Dämpfung wesentlich größere Verstärkerabstände. Dort wird die Hierarchie auch weiter nach oben ausgedehnt: 2,4-Gbit/s-Systeme befinden sich (1989) in der Realisierung, Systeme im Bereich von 10 Gbit/s werden prognostiziert [2.21]. Diese Systeme und Systemerwartungen sind natürlich in Relation zum vorhandenen Bedarf zu bewerten. Ein 10-Gbit/s-System mit ca. 120 000 Sprachkanälen mutet nahezu utopisch an, in einem Breitbandnetz aber könnte dies lediglich einem Äquivalent von z. B. 240 Bewegtbildkanälen entsprechen (vgl. Abschnitt 6.5).

Tabelle 2.4. Digitalsystemhierarchie (aufbauend auf Grundsystem 2,048 Mbit/s)

Kanalzahl	Kabel	Bitrate	Verstärkerabstand
30	symmetr.	2,048 Mbit/s	ca. 1,8 km
120	Mikro-Koax 0,7/2,9 mm	8,448 Mbit/s	ca. 4 km
480	Koax	34,368 Mbit/s	ca. 9 km
1 920	Koax	139,264 Mbit/s	ca. 4,5 km
7 680	Koax	565 Mbit/s	ca. 1,6 km

Auf welche Weise werden nun höhere Hierarchiestufen aus niedrigeren Stufen gebildet? Eine Anforderung ergibt sich aus der Sprachdigitalisierung (Abschnitt 2.3.3): alle 125 µs muß sich der Rahmen des Grundsystems wiederholen! Betrachten wir zunächst den Fall einer Punkt-Punkt-Verbindung zwischen den Orten A und B

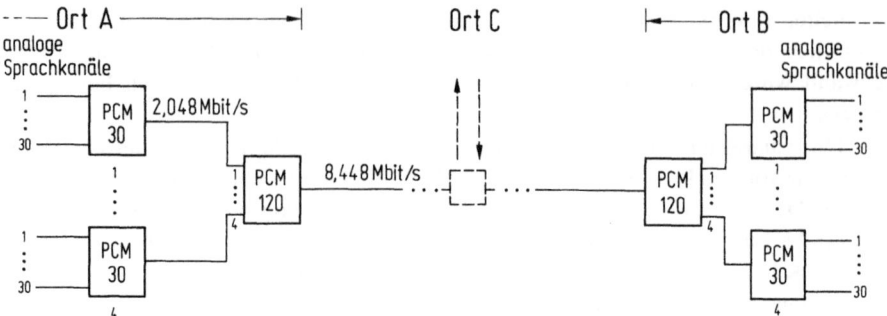

Bild 2.22. Multiplexen von vier PCM-Grundsystemen

(Bild 2.22). 120 analoge Sprachkanäle werden über 30-Kanal-Grundsysteme (PCM 30) zu einem 120-Kanalsystem (PCM 120) zusammengefaßt und umgekehrt entsprechend wieder aufgesplittet. Ein Problem liegt darin, daß die PCM-30-Systeme im allgemeinen voneinander unabhängig arbeiten und deshalb in ihrer Taktfrequenz geringfügig voneinander abweichen können (plesiochroner Betrieb). Das 120-Kanalsystem muß dies berücksichtigen.

Die Lösung besteht darin, daß über die 120-Kanalstrecke mehr Bits übertragen werden, als bei ungünstigster Taktabweichung anfallen können. Deshalb ist die Bitrate des 120-Kanalsystems mit 8,448 Mbit/s höher als die von 4 Grundsystemen (mit 4,196 Mbit/s). Im allgemeinen stehen also mehr Bits als notwendig zur Verfügung. Nun muß es einen Mechanismus geben, der überflüssige Bits (Stopf- oder "Stuffing"-Bits) kennzeichnet.

Bild 2.23 zeigt den Pulsrahmen des 8,448-Mbit/s-Signals [2.22]. Der Rahmen wiederholt sich schneller als der Grundsystemrahmen, nämlich etwa alle 104 μs. Auch hier bedarf es eines Rahmenkennungswortes, um die Steuerpositionen abzählen zu können. D und N sind sog. Service-Bits für Hilfsfunktionen wie „Alarmmeldung". Insgesamt besteht der Rahmen aus 848 bit, die in vier gleiche Abschnitte unterteilt

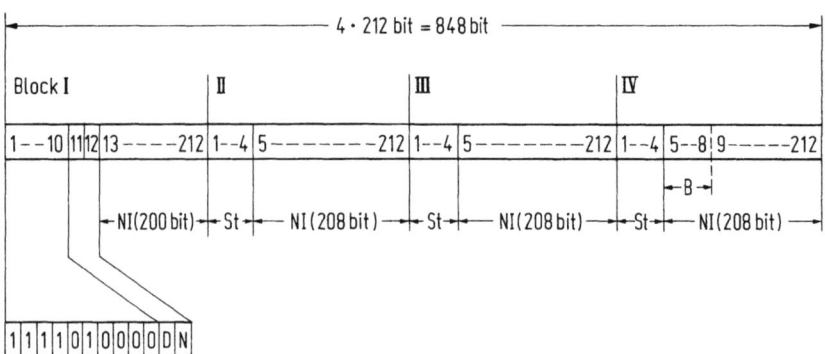

Bild 2.23. Pulsrahmen des 8,448-Mbit/s-Signals.
B Stopf- oder Informationsbit, NI Nutzinformation (Payload), St Stopfinformation

2.3 Eigenschaften von Übertragungsanordnungen

sind. Die eigentlichen, ggf. als „überflüssig" zu kennzeichnenden Stopfbits befinden sich im Abschnitt IV B (Pos. 5—8), für jedes der vier 30-Kanalsysteme ist ein eigenes Stopfbit vorgesehen. Die Kennzeichnung, ob das Bit Information trägt oder nicht, erfolgt durch 3 bit: 000 heißt „Informationsbit", 111 „Stopfbit". Für die Bezeichnung der vier potentiellen Stopfbits sind insgesamt 12 bit erforderlich, die sich über Abschnitte II bis IV „St" (Pos. 1—4) verteilen. Für die eigentliche Nutzinformation NI (Payload) stehen 820 (alles gestopft) bis 824 (nichts gestopft) Bits zur Verfügung, die Nutzbitrate bewegt sich also um 8,196 Mbit/s.

Die vier 2,048-Mbit/s-Grundsysteme werden nun Bit für Bit auf den für die Nutzinformationen vorgesehenen Plätzen verschachtelt, wobei jedem der Grundsysteme feste Positionen zufallen. Damit ist es übrigens auf recht einfache Weise möglich, an irgendeinem Ort C auf der Strecke zwischen A und B z. B. *eines* der vier Grundsysteme zur Informationsversorgung von C zu entnehmen und umgekehrt wieder einzufügen, indem lediglich die Bitpositionen des 8-Mbit/s-Rahmens abgezählt werden (Bild 2.22). Wollte man jedoch einzelne 64-kbit/s-Kanäle auf diese Weise abzweigen, so müßte zusätzlich das Rahmenkennungswort des betreffenden Grundsystems identifiziert werden, um die Einzelkanäle ansprechen zu können. Aus der US-amerikanischen Terminologie wird für Vorgänge dieser oder ähnlicher Art der Begriff Add-drop-Multiplexer (ADM) übernommen. — Basierend auf dem geschilderten Stuffing-(Stopf-)Prinzip werden auch die Rahmen der Multiplexsysteme höherer Ordnungen (vgl. Tabelle 2.4) gebildet. Tabelle 2.5 gibt einen Überblick über die Multiplexeinrichtungen, dabei beschreiben die beiden rechten Spalten Richtfunkgeräte. Generell gilt bei Multiplexbildung durch Stuffing: Aus dem neugebildeten Bitstrom lassen sich nur die Einzelbitströme der darunterliegenden Hierarchiestufe auf einfache Weise wiedergewinnen. Dies hat eine gewisse Bedeutung für den Add-drop-Einsatzfall und die in Abschnitt 2.2.2 bereits erwähnte Cross-connect-Funktion, wie noch zu erläutern ist.

Punkt-Punkt-Übertragungsstrecken, auf denen nichtsynchrone digitale Systeme multiplext werden müssen, verlieren mit der Verbreitung digitaler Netze jedoch zunehmend an Bedeutung. Mit der Einführung digitaler Vermittlungen geht der

Tabelle 2.5. Pulsrahmen der Multiplexsignale

Systemstufe	DSMX 2/8	DSMX 8/34	DSMX 34/140	DSMX/LE 140/565	DRS 2 × 2/15 000	DRS 2 × 8/15 000
Bitrate in kbit/s	8 448	34 368	139 264	564 992	4 288	17 820
Zahl der Fernsprechkanäle	120	480	1 920	7 680	60	240
Rahmenlänge in bit	848	1 536	2 928	2 688	512	1 040
Nutzinformation in bit	824	1 512	2 892	2 652	490	1 018
Rahmenkennungswort in bit	10	10	12	12	8	8
Anzahl der Servicebits	2	2	4	4	4	4
Stopfinformation in bit	12	12	20	20	10	10
Anzahl der Blöcke	4	4	6	7	8	8
Relative Füllfrequenz	0,424	0,436	0,419	0,439	0,463	0,555
Multiplexfaktor	4	4	4	4	2	2

Trend zu *synchronen* Netzen (vgl. Abschnitt 2.4), so daß man mit exakt gleichen Bitraten der zu multiplexenden Systeme rechnen kann. Dann läßt sich eine Multiplexhierarchie für *synchrone* Bitströme definieren und realisieren, deren wesentlicher Vorteil im direkt möglichen Zugriff auf tieferliegende Hierarchiestufen liegt. Man sollte meinen, daß sich Vereinfachungen für das synchrone gegenüber dem plesiochronen Multiplexen ergeben, jedoch ist das Gegenteil der Fall. Das liegt allerdings an der Universalität der in den CCITT-Empfehlungen G.707 bis G.709 definierten Multiplexhierarchie, die ebenfalls plesiochrone Bitströme berücksichtigt. Außerdem können auch in synchronen Netzen durch (z. B. temperaturbedingte) Laufzeitänderungen Taktfrequenzverschiebungen auftreten.

Die CCITT-Empfehlungen zu einer synchronen digitalen Hierarchie (SDH) stützen sich auf die von Bell Communication Research (BELLCORE) in den USA ausgearbeiteten Festlegungen zu einem synchronen optischen Netz (SONET) [2.23]. Dort werden die Bitraten einer Übertragungshierarchie über Lichtwellenleiter von 51,84 Mbit/s bis 13,22 Gbit/s festgelegt (offenbleiben muß wohl aus heutiger Sicht, wie die komplizierten Schaltfunktionen bei einer Bitrate von 13 Gbit/s realisierbar sein werden). In den CCITT-Empfehlungen wird von einer Bitrate von 155,52 Mbit/s (Level 1) ausgegangen. Als Multiplexbitraten sind 622,08 Mbit/s (Level 4), 1244,16 Mbit/s (Level 8), 1866,24 Mbit/s (Level 12) und 2488,32 Mbit/s (Level 16) bisher ins Auge gefaßt.

An dieser Stelle kann nur ein Überblick über die Festlegungen vermittelt werden. Alles „Multiplex-Geschehen" wird in den von der Sprachdigitalisierung diktierten Rahmen von 125 µs eingezwängt. Unterschieden wird die „Payload" — das sind die bisher vom CCITT in Empfehlung G.702 definierten Übertragungsbitraten für digitale Multiplexsysteme im plesiochronen Netz bis ca. 140 Mbit/s sowie auch (künftige) Breitbandkanäle — und der „Transmission Overhead", der für das Multiplexen benötigt wird. Für jeder der möglichen Payloads wird ein eigener „Container" (C) definiert. So heißt z. B. der Container für das zuvor besprochene 30-Kanalsystem C-12 und für das 8-Mbit/s-System C-22. Jedem Container werden einige Byte als „Path

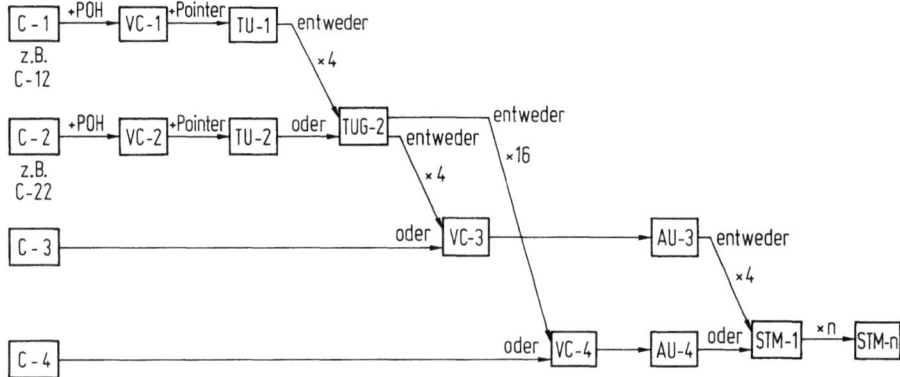

Bild 2.24. Synchrone digitale Hierarchie nach CCITT-Empfehlungen G. 707 bis 709. C Container, POH Path Overhead, VC Virtual Container, TU Tributary Unit, TUG Tributary Unit Group, AU Administrative Unit, STM Synchronous Transport Module

2.3 Eigenschaften von Übertragungsanordnungen

Overhead" (POH) angefügt, die für die Streckenendpunkte des Containerinhalts von Bedeutung sind. Der so ergänzte Container wird zum „Virtual Container" (VC, siehe Bild 2.24). Nun müssen kleinere VCs in größere VCs eingebettet werden, hierzu werden sie zu „Tributary Units" (TU) ergänzt durch einen „Zeiger" (Tributary Unit Pointer), der die zeitliche Beginnposition des zugehörigen VC innerhalb der übergeordneten Einheit angibt (die zeitliche Lage ist also nicht fest vorgegeben, sondern durch den jeweiligen Zeigerwert gekennzeichnet). *Gleichnamige* TUs mit Dezimalzahlen „1" und „2" werden zu Tributary Unit Groups TUG zusammengefaßt, die sich in Containern der Dezimalzahl „3" (d. h. 34 bzw. 45 Mbit/s) oder „4" (d. h. 139 Mbit/s) unterbringen lassen. VCs der Stufen „3" und „4" erhalten eine „Administrative Unit" (AU), welche abermals mit einem Zeiger (Administrative Unit Pointer) die zeitliche Beginnposition der AU innerhalb des Synchronous Transport Module des Levels 1 (STM-1) bezeichnet. Ein Section Overhead mit (u. a.) Angaben über die Aufteilung der Übertragungskapazität ergänzt den gesamten STM-1-Rahmen zur Bitrate von 155,52 Mbit/s.

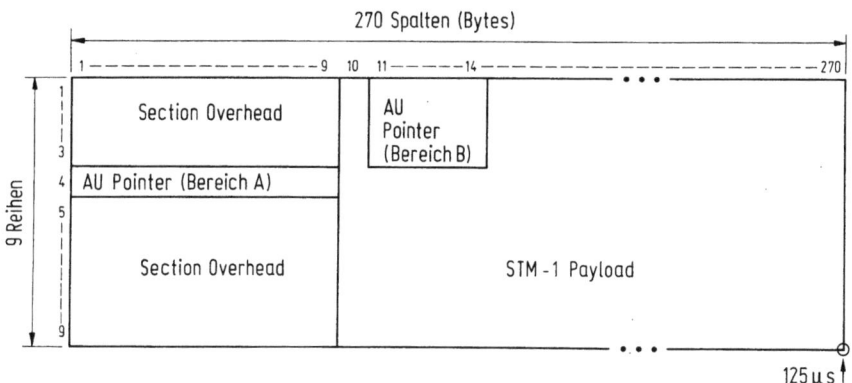

Bild 2.25. Struktur des STM-1 Rahmens.
STM Synchronous Transport Module, AU Administrative Unit.

Bild 2.25 zeigt die Gliederung des STM-1-Rahmens. Man hat hier die zu übertragenden *Oktetts* (Bytes) in einem Rechteck aus 270 Spalten und 9 Zeilen angeordnet. Das Rechteck wird in der Übertragungsfolge oben links beginnend zeilenweise in 125 µs durchfahren. Transmission Overhead und Payload lassen sich leicht trennen und damit auch erkennen. Das Multiplexen von STM-1 zu höheren „Levels" wird durch *oktettweises* Verschachteln von „n mal STM-1" zu einem „STM-n" erreicht, wobei — wie bereits gesagt — $n = 4$ und womöglich auch 8, 12 und 16 sein kann.

Die auf diese Weise erzeugten elektrischen Signale werden nach „Verwürfelung" (Srambling, vgl. Abschnitt 2.3.3) unmittelbar in optische Signale übersetzt, die auf Lichtwellenleitern übertragen und am Empfangsort wieder in elektrische Signale umgewandelt werden. Gekennzeichnet ist damit die Schnittstelle zwischen Lichtwellenleiter-Übertragungsstrecken und Netzknoten (Network Node Interface NNI). Alternativ wird diese komplizierte Schnittstelle auch als Breitband-Benutzerschnittstelle (User Network Interface UNI) verwendet.

2.3.3 Signalaufbereitung

Wir betrachten den Signalweg im digitalen Netz von der Signalquelle bis zur Signalsenke (Bild 2.26). Dem Netz mit seinen technisch/physikalischen Eigenschaften wird der binäre Code der Signalquelle zugeführt. Digitale Signalquellen sind unmittelbar dazu imstande, während die Signale der (tatsächlich viel häufigeren) analogen Quellen über Analog/Digital-(A/D-)Wandler und ggf. *Quellencodierer* zuerst in digitale Signale umgewandelt werden müssen. Fallweise wird es erwünscht sein, die zu übertragende Nachricht gegen unbefugtes Lesen zu sichern. In diesem Fall wird die Nachricht verschlüsselt. Auf dem Übertragungsweg (der „Leitung" im weitesten Sinne) unterliegen die Signale mehr oder weniger ausgeprägten Störeinflüssen, so daß es sich — namentlich bei sensiblen Daten — als notwendig herausstellen kann, den Signalcode gegen Übertragungsfehler zu schützen. Er wird dann vor Übergabe an den zugehörigen Übertragungskanal durch den *Kanalcodierer* mit fehlererkennender oder sogar fehlerkorrigierender Redundanz versehen. Der folgende Verwürfler (Scrambler) bereitet die Nachricht für die Übertragung auf der „Leitung" (über das Medium) auf, indem er z. B. lange „Eins"- oder „Null"-Folgen verhindert, die sich schädlich auswirken können. Der anschließende *Leitungscodierer* paßt die Signale mit ihrem Leistungsdichtespektrum vollends an das Übertragungsmedium an, um sie möglichst effektiv und störungsarm zum Empfänger zu leiten. Regeneratoren sorgen — soweit erforderlich — für eine Wiederauffrischung der Signale auf der Übertragungsstrecke. Auf der Empfangsseite werden alle Maßnahmen der Sendeseite wieder rückgängig gemacht bis zur Übergabe an die analoge oder digitale Signalsenke. — Nicht berücksichtigt, sondern lediglich im Ansatzpunkt angedeutet sind die im vorigen Abschnitt erläuterten Multiplexverfahren.

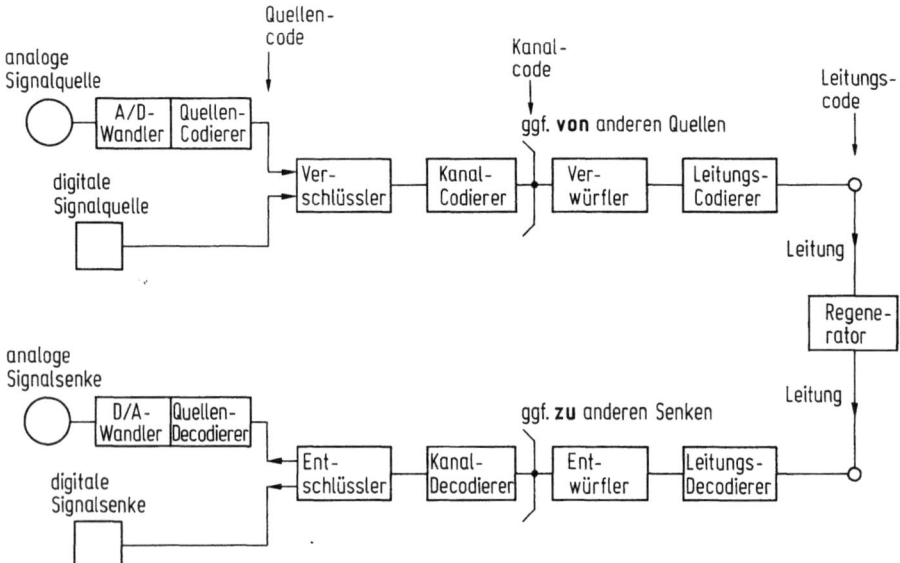

Bild 2.26. Der Übertragungsweg im digitalen Netz

2.3 Eigenschaften von Übertragungsanordnungen 61

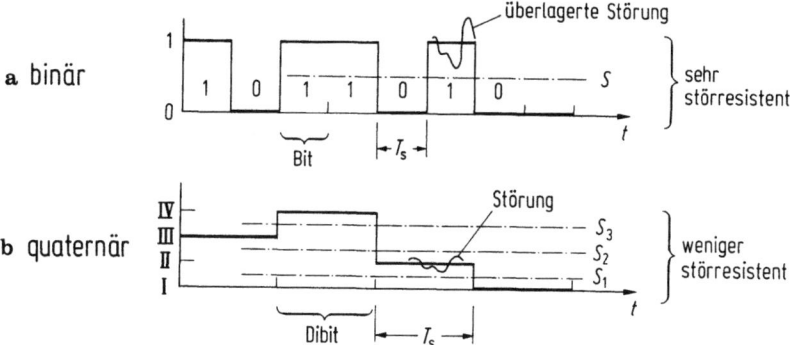

Bild 2.27 a, b. Zusammenhang zwischen Übertragungsbandbreite und Störresistenz. T_s Dauer eines Signalschrittes, S Entscheidungsschwelle, t Zeitablauf

Wie wirken sich die Leitungsbedingungen auf die zweckmäßige Wahl des Leitungscodes aus? Betrachten wir zunächst Bild 2.27 [2.24]. Bild 2.27a zeigt eine Binär-Bitfolge. Ein Schwellenwertentscheider wird eine „Null" (unterhalb der Schwelle S) und eine „Eins" (oberhalb der Schwelle S) richtig identifizieren, solange eine überlagerte Störung kleiner als der halbe Signalhub bleibt. Erkauft wird das allerdings mit einem hohen Bandbreitebedarf. Nach Nyquist bzw. Küpfmüller ist die erforderliche Übertragungsbandbreite B

$$B \geq \tfrac{1}{2} T_s \tag{2.11}$$

mit T_s als Dauer eines Signalschrittes (die Zahl der *Signalschritte* je Sekunde hat die Größenbezeichnung „Baud"). So ist z. B. für einen als Binär-Bitfolge mit 64 kbit/s übertragenen digitalen Fernsprechkanal eine Bandbreite von *wenigstens* 32 kHz erforderlich, während der analoge Fernsprechkanal lediglich eine Bandbreite von etwa 4 kHz beansprucht! — Würde man jedoch die *Schrittdauer* verdoppeln, so halbiert sich die benötigte Bandbreite. In Bild 2.27b wird hierfür ein Beispiel angegeben. Wenn man die *Bitrate* des Bildes 2.27a beibehalten will, muß man nun allerdings vom zweistufigen (binären) zu einem vierstufigen (quaternären) Signal übergehen. Das bedeutet, daß *Dibits* gebildet werden: jeder Stufe I bis IV wird eine Folge von zwei Bits 00, 01, 10, 11 zugeordnet. Der verfügbare Signalhub muß jetzt auf diese vier Stufen aufgeteilt werden, es gibt drei Signalschwellen S_1 bis S_3. Störungen dürfen nur wesentlich kleiner als bei *einer* Schwelle sein, wenn sie keine Signalverfälschung hervorrufen sollen. Mit anderen Worten: Was an Bandbreite gewonnen wird, geht an Störresistenz verloren. Die Natur läßt sich nicht überlisten!

Diese informationstheoretische Erkenntnis zur Übermittlung und Erkennungsmöglichkeit digitaler Signale muß durch eine praktische Betrachtung ergänzt werden: Wie lassen sich die Signale möglichst verlust- und verzerrungsarm transportieren? Hier spielen Signalform, verwendbares Übertragungsband und zweckmäßige Varianten für die Darstellung binärer Signale eine große Rolle. Nach Fourier enthält der exakte Rechteckimpuls beliebig hohe Frequenzanteile, so daß eine Abrundung der Impulse vorteilhaft ist. Das Übertragungsband hat die Eigenschaften des Übertra-

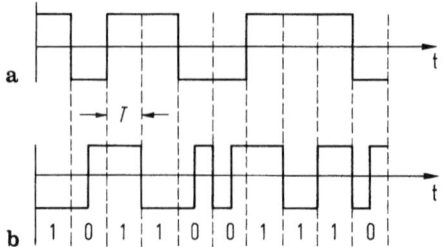

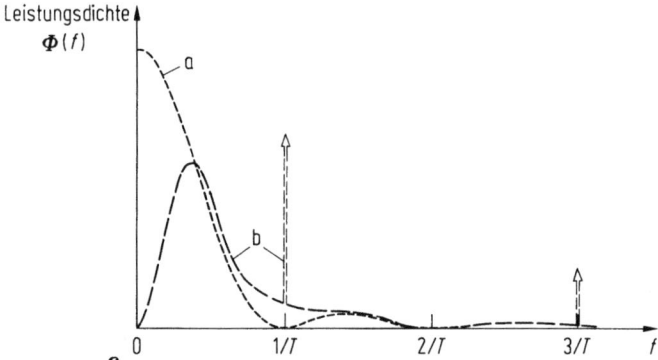

Bild 2.28 a–c. Leistungsdichtespektren verschiedener Leitungscodes für die Übertragung im Basisband. **a** Non-return to Zero (NRZ); **b** Coded Mark Inversion (CMI); **c** Leistungsdichtespektren (0 und 1 statistisch unabhängig, gleich wahrscheinlich), T Bitzeit, f Frequenz, Φ Leistungsdichte

gungsmediums zu berücksichtigen: Frequenzanteile um den Nullpunkt herum erfordern den (auch für Gleichstrom durchlässigen) metallischen „Draht", während die Übertragung über den „Äther" nur bei hohen Frequenzen möglich ist. Die *Darstellung* binärer Signale (der eigentliche *Leitungscode*) schließlich kann die Schwerpunktfrequenzen der zu übertragenden Signalleistung in Grenzen verschieben.

Bleiben wir zunächst bei der Signalübertragung, die im Schwerpunkt den Frequenznullpunkt mit einschließt oder sich in dessen Nähe befindet (*Basisband*-Übertragung). Bild 2.28 gibt verschiedene Leitungscodes mit den zugehörigen Leistungsdichtespektren an. Das Leistungsdichtespektrum beschreibt die Verteilung der mittleren Signalleistung auf die verschiedenen Frequenzintervalle. Dabei ist vorausgesetzt, daß „Nullen" und „Einsen" gleichwahrscheinlich auftreten und statistisch voneinander unabhängig sind. (Diese Voraussetzung wird mit Hilfe des „Verwürflers" in Bild 2.26 ausreichend erfüllt.) Bild 2.28 a zeigt den einfachen NRZ-(Non Return to Zero)Leitungscode, in dem sich positive „Eins"- und negative „Null"-Rechteckimpulse der Bitdauer T lückenlos aneinanderreihen. Das Leistungsdichtespektrum hat seinen Maximalwert bei der Frequenz $f = 0$, so daß der Übertragungsweg gleichstromdurchlässig sein muß.

Ein weiteres Beispiel erläutert den CMI-(Coded Mark Inversion)Code (Bild 2.28 b), der einen Gleichstromanteil vermeidet. Hierfür wechseln sich positive und negative „Einsen" der Bitdauer T ab. Jede „Null" führt innerhalb ihrer Bitdauer

2.3 Eigenschaften von Übertragungsanordnungen

einen Polaritätswechsel aus. (Die minimale Schrittdauer im Sinne der Formel (2.11) ist damit also $T_s = \frac{1}{2} T$.) Das Leistungsdichtespektrum ist aus dem Frequenznullpunkt heraus verschoben, zeigt jedoch bei der Taktfrequenz $1/T$ (und $3/T$ usw.) eine nadelförmige Spektrallinie. Wird der Frequenzbereich um diese Spektrallinie herum mit einem Bandpaßfilter geringer Durchlaßbreite ausgefiltert, dann erscheint am Ausgang ein sinusförmiges Referenzsignal, mit welchem die Taktsynchronisation exakt bewerkstelligt werden kann.

In den bisher beschriebenen Leitungscodes wird jedem Bit — „Eins" oder „Null" — ein eigenes Darstellungselement (Symbol) zugeordnet. Wir hatten jedoch im Gegensatz zu dieser „bitweisen Codierung" mit der quaternären Darstellung in Bild 2.27b bereits eine „blockweise Codierung" kennengelernt, bei der einem Block aus 2 binären ($2B$) Elementen ein quaternäres ($1Q$) Symbol zugeordnet wurde. Anders ausgedrückt: Je ein zweistelliges binäres „Codewort" (von denen es vier gibt) gehört zu einem einstelligen quaternären „Codewort" (von denen es ebenfalls vier gibt). Die Bezeichnung lautet $2B/1Q$.

Es sind auch andere Blockzuordnungen möglich. Zum Beispiel weist ein $4B/3T$-Leitungscode jeweils einem *vierstelligen* binären Codewort ein *dreistelliges* ternäres Codewort zu. Die ternären Zustände heißen z. B. „plus", „null" und „minus". Während es $2^4 = 16$ binäre Codeworte gibt, sind es ternär $3^3 = 27$ Codeworte. Dieser Überschuß an ternären Codeworten läßt sich ausnützen, um das Leistungsdichtespektrum zu verbessern und empfangsseitig Synchronisation und Detektion zu erleichtern. Tabelle 2.6 zeigt hierfür eine zweckmäßige Zuordnung von binären zu ternären

Tabelle 2.6. Zuordnung der Codeworte (CW) im 4B/3T-Leitungscode

Binär CW	Ternär CW Positives Alphabet	Negatives Alphabet	Wortsumme
1 1 1 0	0 + −		
0 1 1 1	− 0 +		
0 0 0 0	+ 0 −		0
0 0 0 1	− + 0		
0 0 1 0	0 − +		
0 0 1 1	+ − 0		
1 0 0 0	+ + −	− − +	
1 0 0 1	− + +	+ − −	
1 0 1 0	+ − +	− + −	+1, −1
1 0 1 1	+ 0 0	− 0 0	
1 1 0 0	0 + 0	0 − 0	
1 1 0 1	0 0 +	0 0 −	
0 1 0 0	+ + 0	− − 0	
0 1 0 1	0 + +	0 − −	+2, −2
0 1 1 0	+ 0 +	− 0 −	
0 1 1 1	+ + +	− − −	+3, −3
Alphabet verwendet bei laufender Summe	−2, −1, 0	1, 2, 3	

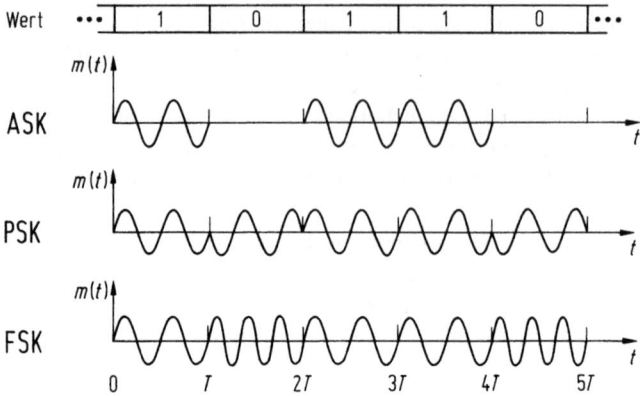

Bild 2.29. Beispiele für Leitungscodes für die Übertragung oberhalb des Basisbandes.
T Bitzeit, ASK Amplitude Shift Keying, PSK Phase Shift Keying, FSK Frequency Shift Keying, t Zeitablauf, m(t) Wellenverlauf

Codewörtern (CW). Ziel ist eine gleichstromfreie Übertragung. Während die ersten 6 binären Codeworte ternär gleichstromfrei zu übertragen sind, kann für die folgenden binären Codeworte zwischen einem „positiven" und einem „negativen" ternären Alphabet gewählt werden, je nachdem ob die aufgelaufene Summe der Gewichte (Wortsumme) negativ bzw. Null oder positiv ist. Damit wird der 4B/3T-Code insgesamt gleichstromfrei.

Neben diesen Beispielen für Basisband-Leitungscodes gibt es auch die verschiedensten Möglichkeiten für die Verschiebung der Leitungscode-Leistungsdichtespektren zu höheren Frequenzen. Bild 2.29 gibt einige einfache Beispiele an. Dabei werden den einzelnen Bits nicht impulsartige Symbole, sondern Sinuswellenzüge entsprechend hoher Frequenz zugeordnet. Im einfachsten Fall wird ein solcher Wellenzug mit der Folge der „Einsen" und „Nullen" lediglich ein- und ausgeschaltet (Amplitude Shift Keying ASK).

Dies Verfahren ist — nach Verwürfelung — z. B. im SONET (synchrones optisches Netz, vgl. Abschnitt 2.3.2) auf den optischen Übertragungsstrecken eingesetzt. Bei PSK (Phase Shift Keying) liegt die Eins/Null-Information in der unterschiedlichen Phasenlage eines Wellenzuges gleichbleibender Frequenz. FSK (Frequency Shift Keying) schließlich codiert die „Einsen" und „Nullen" in unterschiedli-

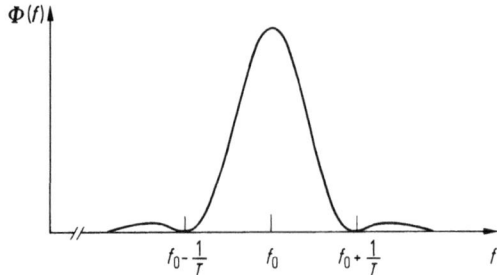

Bild 2.30. PSK-Leistungsdichtespektrum
Φ Leistungsdichte, f Frequenz, T Bitzeit

2.3 Eigenschaften von Übertragungsanordnungen 65

chen Frequenzen. Bild 2.30 zeigt als Beispiel das Leistungsdichtespektrum der PSK-Modulation.

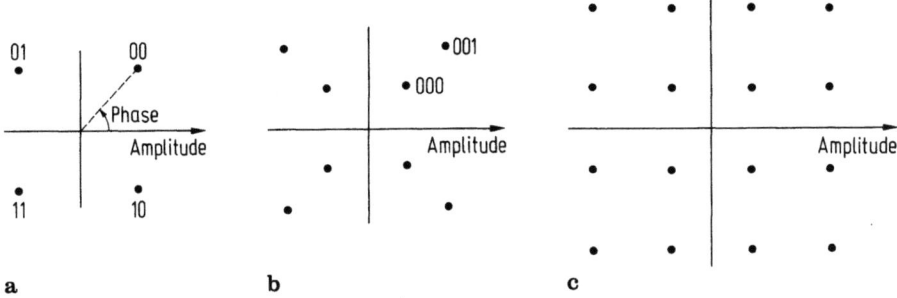

Bild 2.31 a–c. Kombinationen von Verfahren nach Bild 2.29. **a** 4 PSK oder 4 QAM; **b** 4 PSK–2 ASK; **c** 16 QAM. QAM Quadrature Amplitude Modulation; PSK Phase Shift Keying

Wie bereits bei der Basisband-Übertragung erläutert, lassen sich auch hier blockweise Codierungen einführen, wobei verschiedene Verfahren kombiniert werden können. Einige Beispiele: Bei 4 PSK werden bei gleichbleibender Frequenz und Amplitude *vier* verschiedene Phasenlagen für die Codierung von *Dibits* verwendet (Bild 2.31 a). Dieses Verfahren wird übrigens auch im *Serien-Modem* zur Übertragung von Daten im analogen Fernsprechnetz eingesetzt. Bei 4 PSK−2 ASK sind neben vier Phasenlagen auch zwei Amplitudenstufen zu unterscheiden. Daraus ergeben sich acht verschiedene Symbole, die 3-Bit-Blöcken der Information zuzuordnen sind (Bild 2.31 b). Eine noch weitergehende Stufung findet sich bei 16 QAM (Quadrature Amplitude Modulation). Den 16 möglichen Symbolen unterschiedlicher Amplitude und Phasenlage entsprechen 16 Informationsblöcke zu je 4 bit (Bild 2.31 c). Auch hier gilt wieder das zuvor erwähnte „Grundgesetz" der Informationstheorie: Die jeweils effektivere Nutzung der Bandbreite wird mit einem Verlust an Störresistenz erkauft!

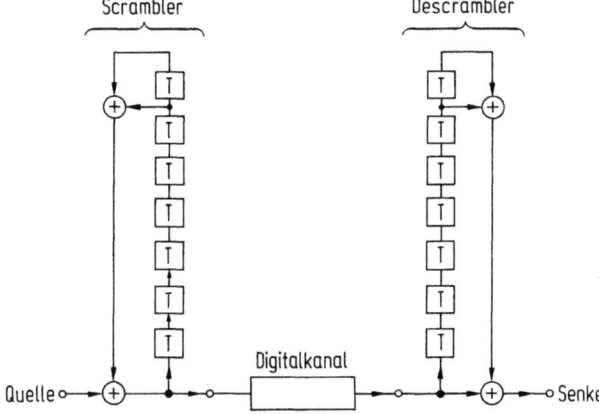

Bild 2.32. Beispiel eines Scramblers/Descramblers. ⊕ Antivalenzglied, T Schieberegisterstufe

Nach diesem an Beispielen erläuterten Einblick in die Verfahren der Leitungscodierung sollte auch der Verwürfler (Scrambler) nicht unerwähnt bleiben, da er als meist notwendiger Bestandteil noch der Leitungscodierung zuzuordnen ist. Er hat für die quasistatistische Unabhängigkeit der „Eins"- und „Null"-Folgen zu sorgen, wie sie Voraussetzung für die Definierbarkeit der Leistungsdichtespektren auf den Übertragungswegen ist. Außerdem können lange NRZ-Folgen aus „Einsen" den erforderlichen Synchronismus zwischen Sendern, Regeneratoren und Empfängern stören. Es bedarf also einer Möglichkeit, informationsbedingte Abhängigkeiten zwischen „Einsen" und „Nullen" aufzulösen. Hierzu sind in bestimmter Weise über Antivalenzglieder rückgekoppelte Schieberegister geeignet, die damit auch „Einsen" durch „Nullen" ersetzen können. (Ein Antivalenzglied wirkt wie ein Oderglied mit dem Unterschied, daß gilt: $1+1=0$.) Bild 2.32 zeigt links einen Scrambler als 7stufiges Schieberegister und rechts den dazu symmetrischen Descrambler, der die ursprüngliche Bitfolge wiederherstellt. Übrigens bietet das Verwürfeln auch einen begrenzten Schutz vor „unbefugtem Mithören" auf der Übertragungsstrecke, sofern dort der Scrambel-Algorithmus nicht verfügbar ist.

Rückgekoppelte Schieberegister sind auch für die Fehlererkennung im Rahmen der Kanalcodierung einsetzbar. Wir werden später bei Durchsprache der Benutzerschnittstelle X.25 hierauf zurückkommen (vgl. Abschnitt 5.3). — Somit bleibt auf dem Weg von der Informationsquelle zur Informationssenke (Bild 2.26) noch das weite Feld der Analog/Digital-(A/D-)Wandlung und der Quellencodierung anzusprechen, das in der Fachliteratur allein Bände füllt! Hier kann also nur an oberflächlichen Beispielen ein schwacher Eindruck dieses interessanten und wichtigen Arbeitsgebietes vermittelt werden.

Eine Möglichkeit der Digitalisierung analoger Signale besteht darin, die Wellenform der Signale auszumessen, diese Meßwerte digital zu übertragen und am Empfangsort die ursprüngliche Wellenform aus den Meßwerten zu rekonstruieren (Wellenform-Codierung, direkte Codierung). Grundlage der verschiedenen zugehörigen Verfahren ist das von Shannon 1948 veröffentlichte (und von H. Raabe bereits 1939 bewiesene) *Abtasttheorem*. Analoge Signale eines nach oben begrenzten Frequenzbandes können aus periodischen Abtastproben rekonstruiert werden, wenn die Abtastfrequenz f_T mehr als doppelt so hoch wie die höchste Frequenz f_B des Bandes ist:

$$f_T > 2 f_B. \tag{2.12}$$

Für den Fernsprechkanal gilt $f_B = 3,4\,\text{kHz}$. Wenn das Fernsprechsignal digitalisiert werden soll, muß man es zunächst mit einer Taktfrequenz von wenigstens 6,8 kHz abtasten. Für die *Pulscodemodulation* (PCM) zur Digitalisierung des Fernsprechsignals wurde nach CCITT-Empfehlung G.711 die Abtastfrequenz auf $f_T = 8\,\text{kHz}$ festgelegt [2.25]. Mit dieser Frequenz werden dem Fernsprechsignal also „Proben" entnommen.

Der nächste Schritt auf dem Wege zum digitalen Fernsprechsignal ist die *Quantisierung*. In Bild 2.33 sind die Abtastzeitpunkte mit t_n, t_{n+1}, t_{n+2}, ... gekennzeichnet. Die zu diesen Zeitpunkten erkannten Abtastwerte des Fernsprechsignals werden quantisiert, indem man das Kontinuum der möglichen Abtastwerte in Fächer einteilt. Im Modell des Bildes 2.33 sind 2×8 Fächer vorgesehen. Dem abgetasteten Augen-

2.3 Eigenschaften von Übertragungsanordnungen

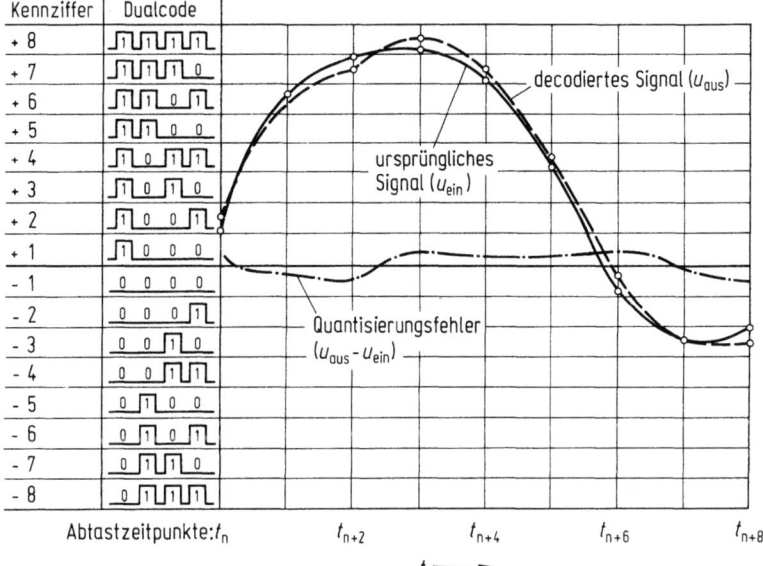

Bild 2.33. Prinzip der Pulscodemodulation

blickswert ordnet man die Nummer des Faches zu, in das er hineinfällt. So erhält z. B. der Abtastwert zum Zeitpunkt t_{n+2} die Bezeichnung „+7". Als letzter Schritt wird dieser Wert binär *codiert,* im betrachteten Beispiel mit „1110".

Eine sog. *Quantisierungsverzerrung* ergibt sich aus der Unschärfe bei der Rekonstruktion der Abtastwerte, da man deren Lage jweils in der Mitte der Fächer annimmt. Die Abweichung von der wahren Lage ist in Bild 2.33 als Quantisierungsfehler eingetragen.

In der Praxis entspricht eine Codierung mit 4 bit, wie im Modell gezeigt, nicht den Qualitätsansprüchen des Fernsprechens. Vielmehr wird eine 8-bit-Codierung gewählt, das bedeutet 256 Fächer für ± 128 Amplitudenstufen. Die 8-bit-Codierung erlaubt eine 14malige Umsetzung von analoger in digitale Signaldarstellung und umgekehrt, ohne daß das Quantisierungsgeräusch festgesetzte Grenzen überschreitet. Mit 8-kHz-Abtastfrequenz und 8-bit-Codierung je Abtastwert ergibt sich die Bitrate des Standard-Fernsprechkanals zu 64 kbit/s, welcher Wert uns schon mehrfach begegnet ist.

Allerdings reichen 2 × 128 gleich große Quantisierungsstufen für ausreichende Sprachqualität immer noch nicht aus. Es leuchtet ein, daß die Fächer für kleine Amplituden feiner unterteilt sein müssen als die für große Amplituden. Deshalb wird die Fachgröße abhängig von der Amplitudenhöhe mittels einer *Kompressor-Kennlinie* festgelegt.

Bild 2.34 zeigt den positiven Teil der sog. *13-Segment-Kennlinie,* mit der nach CCITT die logarithmische Kennlinie des sog. *A-Gesetzes* angenähert wird. Mit dieser Codierungskennlinie wird das Quantisierungsgeräusch über den gesamten Amplitudenbereich hinweg optimiert.

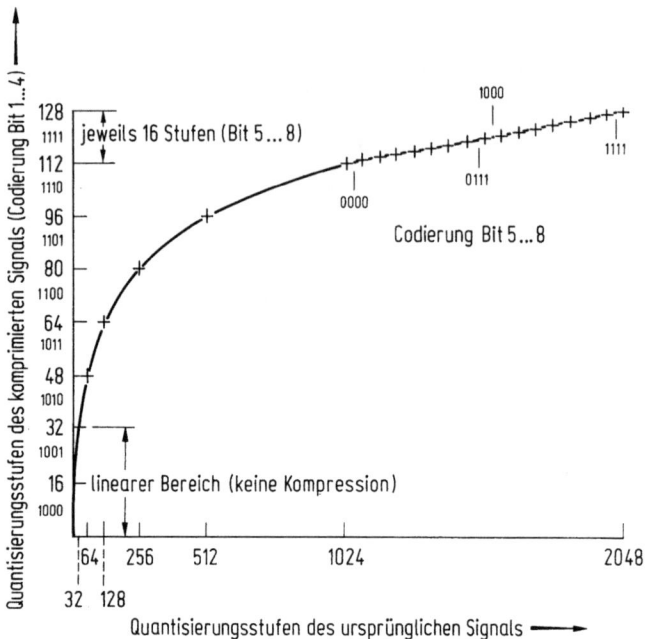

Bild 2.34. Positiver Teil der 13-Segment-Kompressor-Kennlinie

Für die PCM-Codierung ist eine Aussteuerungsgrenze von +3,14 dBm am Punkt des relativen Pegels Null festgelegt worden. Bei 600 Ohm Abschlußwiderstand an diesem Punkt ist die zugehörige Spannung $U_{eff} = 1{,}11$ V, der Spitzenwert beträgt 1,57 V. Man teilt nun den Bereich bis zu diesem Wert in 2048 gleich große Stufen, je Stufe ist also eine Auflösung von etwa 0,76 mV nötig (Abszisse).

Den 2048 gleich großen Abszissenstufen werden auf der Ordinate 128 komprimierte Stufen zugeordnet und mit 8-bit-PCM-Codeworten bezeichnet. Die vier höchstwertigen Binärstellen sind an der Ordinate für acht „Großfächer" angegeben. Innerhalb jedes Großfachs wird eine Feineinteilung in 16 Stufen vorgenommen. Die Zuordnung von 128 Ordinatenwerten zu 2048 Abszissenwerten wird durch die abgebildete 13-Segment-Kennlinie beschrieben. Die 13 Segmente ergeben sich bei Ergänzung der abgebildeten Kennlinie durch ihren negativen Zweig.

Das hier erläuterte A-Gesetz wird in den PCM-Systemen der meisten europäischen Länder angewendet. In USA und Japan erfolgt statt dessen die Kompression nach dem μ-Gesetz mit Hilfe einer *15-Segment-Kennlinie*. In einem weltweiten PCM-Netz müssen also die PCM-Codeworte beim Übergang zwischen „A-Ländern" und „μ-Ländern" umgerechnet werden.

Im Grunde genommen ist PCM hinsichtlich des Quantisierungsgeräusches „überdimensioniert", wenn man von einem voll digitalen Netz ausgeht. Eine 14malige Umcodierung kommt in durchgehend digitalen Netzen nicht vor! Die Frage ist also, ob man unter diesen Umständen den in der Bitrate seit langem festgelegten 64-kbit/s-Kanal nicht *anders* für Sprache nutzen kann, indem man entweder im 64-kbit/s-Kanal Sprache höherer Qualität überträgt oder den 64-kbit/s-Kanal durch Aufteilung in

2.3 Eigenschaften von Übertragungsanordnungen

zwei Sprachkanäle zu je 32 kbit/s (bei gleichbleibender Sprachqualität) besser ausnützt. Solche Verfahren sind im CCITT standardisiert worden (Empfehlungen G. 722 bzw. G. 721), wobei die Anwendung gegenseitige Absprache der Netzbenutzer erfordert.

Für diese Verfahren reicht die „einfache" PCM — wie zuvor beschrieben — jedoch nicht mehr aus. Vielmehr muß man sich statistische Eigenschaften (Redundanz) der menschlichen Sprache zunutze machen. Im Gegensatz zu den ihrer Natur nach nicht redundanten Daten zeigt die Sprache Eigenschaften, die häufig (nämlich bei stimmhaften Lauten) im Bereich bis zu etwa 25 ms stark korrelierte Werte aufweisen. Das sind immerhin bis zu etwa 200 Abtastproben, die in irgendeiner Form voneinander abhängig und damit im Idealfall aus vorhergehenden Proben berechenbar sind. Nun trifft dieser Idealfall in der Praxis im allgemeinen nicht zu — der praktisch auftretende wird sich vom vorausberechneten Wert unterscheiden. Da aber der Empfänger ebenso wie der Sender in der Lage ist, aus den vorhergehend erkannten Abtastwerten den Folgewert zu berechnen, genügt es für den Sender, die Differenz des aktuellen Wertes zum vorausberechneten *Schätzwert* zu übermitteln. Für die Übertragung des Differenzwertes sind im allgemeinen weniger Bits als für den vollständigen Abtastwert nötig.

Die Berechnung des Schätzwertes geschieht in einem *Prädiktor*, der die (z. B. vier) vorhergehenden Abtastwerte — jeweils mit einem *Prädiktorkoeffizienten* versehen — aufsummiert. Die Prädiktorkoeffizienten können einmalig (für viele Sprecher) bestimmt werden, sind also konstant. Man nennt dieses Verfahren *Differenz-PCM* (DPCM). Allerdings ist die Bitratenreduzierung durch DPCM relativ gering.

Wesentlich stärker läßt sich die Bitrate reduzieren, wenn man die Prädiktorkoeffizienten in kurzen Zeitabständen laufend neu berechnet und damit eine bessere Anpassung an die Eigenschaften des Sprachsignals während der quasistationären Phasen (ca. 10 bis 30 ms) erzielt. In diese Anpassung ist auch die Quantisierung des Differenzsignals eingeschlossen. Allerdings müssen dem Empfänger nun außer dem Differenzsignal auch die jeweils gewählten Koeffizienten mitgeteilt werden, was jedoch nur verhältnismäßig wenige Bits erfordert. Dieses Verfahren nennt sich *adaptive Differenz-PCM* (ADPCM) [2.26].

Nach diesen Prinzipien gelingt es, *gewohnte* (3,4-kHz-)Sprachqualität in Kanalbitraten von 32 (statt 64) kbit/s zu übertragen. Die Nutzung von 64-kbit/s-Kanälen für *höherqualitative* (7-kHz-)Sprache erfordert jedoch eine weitere Maßnahme: die Bildung von Subkanälen. Wenn man die gesamte zu übertragende Bandbreite in Teilkanäle unterschiedlicher „Sprachenergie" aufteilt, kann man Teilkanäle geringerer Energie mit weniger Bits als diejenigen höherer Energie codieren und spart auf diese Weise insgesamt Übertragungskapazität ein (Sub-Band-ADPCM = SB-ADPCM).

Betrachten wir daraus folgernd die CCITT-Empfehlung G. 722 hinsichtlich des Bitraten-Bedarfs. Vorauszuschicken ist, daß alle Funktionen zur „Bearbeitung analoger Signale" natürlich auch *nach* der Digitalisierung (A/D-Wandlung) durchführbar sind. Dem Abtasttheorem folgend wird die 7-kHz-Sprache zunächst mit 16 kHz abgetastet, die Abtastwerte sind linear (also ohne Kompression!) mit 14 bits (entsprechend ± 8192 Stufen) codiert. Digitale Filter teilen dieses Gesamtsignal auf zwei Subbänder von 0 bis 4000 Hz und 4000 bis 8000 Hz auf. Jedes dieser Teilbänder wird über einen eigenen ADPCM-Coder in der beschriebenen Weise weiterverarbeitet, und zwar liefert das obere Teilband eine Bitrate von 16 kbit/s und das untere Teilband eine solche von 48 kbit/s. Ein Multiplexer setzt beide Teilbänder zu der gewünschten 64-kbit/s-Kanalbitrate zusammen. — Auf der Empfangsseite werden alle diese Maßnahmen mit den entsprechenden Algorithmen wieder rückgängig gemacht.

Das Differenzsignal der ADPCM bildet einen „Differenz-Wellenzug", der entsprechend dem Abtasttheorem übertragen werden kann. Der Wellenzug berücksichtigt zwar die statistischen Eigenschaften der Sprache, ist aber in Grenzen auch für die Übertragung von Musik oder von (z. B. mittels Serien-Modem) modulierten Daten geeignet. Die PCM-gemäße Codierung des Differenz-Wellenzugs erfordert allerdings noch eine beträchtliche Übertragungsbitrate.

Eine weitere Einsparung an Übertragungsbitrate läßt sich erreichen, wenn man den Differenz-Wellenzug nicht Abtastwert für Abtastwert überträgt, sondern ihn durch den Wellenzug *beschreibende* Parameter ersetzt (parametrische Codierverfahren [2.26] oder auch *Quellen-Codierung*). Um die Zahl der Beschreibungsparameter in Grenzen zu halten, spezialisiert man sich dabei noch mehr auf die Sprachübertragung und bildet den menschlichen Sprachtrakt mit Filtern elektrisch nach. Zur Parameter-Beschreibung dienen: die Unterscheidung „stimmhaft — stimmlos", die Amplitude und die Grundfrequenz der stimmhaften Komponenten (zur Bestimmung von „Pitch-Impulsen") sowie die Rauschleistung der stimmlosen Komponenten. Mit diesen Parametern läßt sich das Differenzsignal in sehr vereinfachter Form darstellen, wobei dieses — wie auch bei dem ADPCM-Verfahren — im Empfänger ein „Rekonstruktions"- oder „Synthesefilter" anregt (Bild 2.35). Dem Rekonstruktionsfilter müssen außerdem noch — entsprechend der ADPCM — die Prädiktorkoeffizienten mitgeteilt werden.

Das beschriebene Verfahren nennt sich *linearer Prädiktionsvocoder* (LPC-Vocoder), wobei mit „Vocoder" (Voice Coder) ganz allgemein Verfahren angesprochen sind, die senderseitig die Sprache in die Elemente *Grundfrequenz* und *Lautformung* zerlegen, diese parametrisch übertragen und empfangsseitig durch Anregung von Filtern wieder zusammensetzen. Mit Verfahren dieser Art lassen sich die benötigten Übertragungsbitraten um Faktoren reduzieren, abhängig einerseits von der spezifischen Ausprägung des Verfahrens und andererseits von der erwünschten Natürlichkeit der rekonstruierten Sprache.

Aus der Vielzahl der hierfür möglichen Verfahren sei noch die *Vektorquantisierung* erwähnt. Von vornherein wird — z. B. durch Zufallszahlen erzeugt — ein größerer Satz von (10^2 bis 10^4) Anregungsfunktionen bestimmt und mit seinen Parametern in einem *Codebuch* niedergelegt. Jede Anregungsfunktion ist durch einen Index gekennzeichnet. Bei der Codierung wird dieses Codebuch durchsucht, bis — in Relation zum Eingangssignal — die optimale Anregung gefunden ist. Dann wird der Index der zugehörigen Anregungsfunktion übertragen, beim Empfänger läßt sich mit Hilfe des dort ebenfalls vorhandenen Codebuchs die Anregungsfunktion aus dem Index ableiten. Das Verfahren ist sehr arbeitsintensiv und erfordert die Ableistung von 10 bis 100 Millionen Rechner-Instruktionen pro Sekunde [2.27].

Mit Verfahren dieser Art — ggf. in Kombination mit Verfahren, die das Sprachsignal in eine größere Zahl von Frequenzbändern aufteilen, deren Signale getrennt digitalisiert werden (Teilbandcodierung, Transformationscodierung) — gelingt es, die

2.3 Eigenschaften von Übertragungsanordnungen

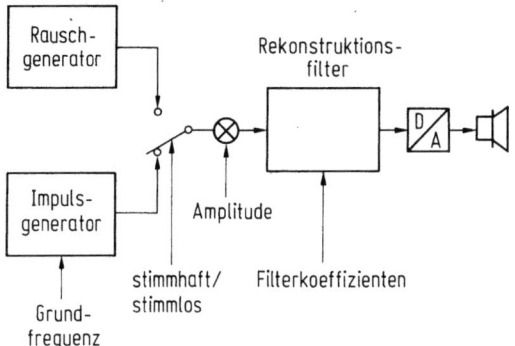

Bild 2.35. Linearer Prädiktionsvocoder, Rekonstruktion der Sprache

Bitraten des Fernsprechkanals auf 16 kbit/s und darunter zu reduzieren, ohne stärkere Einbußen an der gewohnten Sprachqualität hinnehmen zu müssen. Von Bedeutung sind diese Maßnahmen überall dort, wo die verfügbare Übertragungskapazität durch das Übertragungsmedium begrenzt ist, wie z. B. beim Mobilfunk.

Zunehmend interessant aber wird auch die Codierung von analogen *Bildsignalen,* und zwar sowohl aus *Festbildern* als auch aus *Bewegtbildern* mit ungleich höheren „Real-time"-Anforderungen im zweiten Fall. Auch hier gelten die vorhergehend erläuterten Grundprinzipien der Digitalisierung, zusätzlich mit speziellen Ausprägungen als Folge der physiologischen Eigenschaften des menschlichen Seh-Sinnes.

Gehen wir vom europäischen PAL-Standard für das Fernsehen aus (nach CCIR-Norm B, G) [2.28], der auch bereits dem menschlichen Auge angepaßt ist. Ein *Vollbild* besteht aus 625 Zeilen und 256 Bildpunkten (Pixeln) pro Zeile. Die Vollbilder werden im „Zeilensprung" in jeweils aufeinanderfolgende Halbbilder aufgeteilt, welche 50mal je Sekunde (entsprechend der Frequenz europäischer Stromversorgungsnetze) wechseln. Die „statischen" Vollbilder folgen also in einer Sequenz von 25 pro Sekunde aufeinander und rufen damit für den Menschen den Eindruck der Bewegung hervor. Der Farbeindruck kann durch Mischung der Komponenten Rot *(R),* Grün *(G)* und Blau *(B)* hervorgerufen werden. Jede dieser Farbkomponenten für sich würde ein Bandbreite von etwa 5 MHz beanspruchen, hinzu käme Bandbreitebedarf für die Horizontal- und Vertikal-Auslastlücken, in denen Zusatzsignale übertragen werden. Um den Bandbreitebedarf zu verringern und um mit Schwarz-Weiß-Systemen kompatibel zu sein, werden die Farbsignale umgerechnet in ein Leuchtdichtesignal (Luminanz Y) mit 5-MHz-Bandbreite und in zwei Farbdifferenzsignale (Chrominanz $CR = R - Y$ und $CB = B - Y$) mit etwa 1-MHz-Bandbreite. Diese Reduktion führt zu keiner wesentlichen Beeinträchtigung der subjektiv empfundenen Bildqualität.

In der Praxis der Fernsehverteilung wird dem Leuchtdichtesignal Y ein Farbhilfsträger f_{sc} zugesetzt, der mit den Farbdifferenzsignalen CR und CB moduliert ist. Zusammen mit den Zusatzsignalen in den Austastlücken ergibt sich ein einziges zusammenhängendes Farb-Bild-Austast-Synchron-(FBAS-)Signal mit (z. B. bei PAL) 5-MHz-Bandbreite. Dieses Signal läßt sich „geschlossen" PCM-codieren mit z. B. einer Abtastfrequenz von 13,5 MHz und 512 Quantisierungsstufen je Abtastwert. Mit einem zusätzlichen zur Fehlerbehandlung verwendeten Bit ergeben sich 10 bit je Abtastwert und damit eine Bitrate von 135 Mbit/s, die sich einschl. Rahmensynchronisation in einen 140-Mbit/s-Strom entsprechend CCITT-Empfehlung G.751 einordnen läßt.

Bei einer — qualitätsmäßig besseren — komponentenweisen Codierung sehen die Übertragungsraten anders aus (CCIR-Empfehlung 601). Es werden Y mit 13,5 MHz und CR sowie CB mit jeweils 6,75 MHz abgetastet, die Quantisierung erfordert einheitlich 8 bit für jede Komponente mit einer Summenbitrate von 216 Mbit/s. Mit einer geringfügig qualitätsverschlechternden Unterabtastung von 3,375 MHz für jedes der beiden Chrominanzsignale und mit weiteren „Kunstgriffen" läßt sich eine Bitrate von etwa 135 Mbit/s erreichen, ebenfalls im 140-Mbit/s-Strom transportabel.

Will man die Bitrate — z. T. drastisch — weiter reduzieren, so bleiben drei Ansatzpunkte für die Realisierung: das Unterdrücken von *Redundanz* (Nachrichtenteile, die der Empfänger bereits kennt, z. B. gleichbleibender Bildhintergrund) und *Irrelevanz* (Nachrichtenteile, die vom Auge nicht bemerkt werden, z. B. fein quantisierte Kontrastsprünge) sowie letztlich auch eine *Qualitätsverschlechterung*, die in z. B. bewegungsarmen Situationen (Bildfernsprechen, Bildkonferenz) nicht allzusehr stört. Redundanz- und Irrelevanzreduktion sind Aufgaben der *Quellencodierung*.

Unter Berücksichtigung physiologischer Effekte ergeben sich — wie bereits im akustischen Bereich — zwei wesentliche, auch kombinierbare Verfahrensgruppen: Prädiktion und Transformation. In der ersten Kategorie finden wir die Differenz-Pulscodemodulation wieder. Bei „eindimensionaler Prädiktion" wird der in der Zeile vorangehende Bildpunkt als Schätzwert verwendet. Bei „zweidimensionaler Prädiktion" sind auch Bildpunkte aus der vorangehenden Zeile desselben Halbbildes gewichtet an der Prädiktion beteiligt. In nicht bewegten Bildbereichen liefert der Bildpunkt an geometrisch gleicher Stelle des vorhergehenden Vollbildes die beste Schätzung (Interframe-Prädiktion). Eine verbesserte Prädiktion und damit Reduktion des Differenzsignals gelingt durch adaptive Umschaltung von Prädiktor und Quantisierer in Abhängigkeit vom jeweiligen Bildinhalt (ADPCM).

Das Verfahren der „bedingten Auffrischung" (Conditional Replenishment) setzt bei Sender und Empfänger einen Bildspeicher voraus. Beim Sender werden durch Vergleich mit dem vorangegangenen Vollbild diejenigen Bildbereiche herausgefunden, in denen sich etwas geändert hat, und nur diese werden zur „Auffrischung" mit Adressenangabe der betreffenden Bereiche zum Empfänger übertragen. Eine weitere Möglichkeit der Vorhersageverbesserung bietet die Bewegungsschätzung, indem man die Bewegungsvektoren von Bildpunkten oder Bildpunktbereichen bestimmt und übermittelt [2.29]. Damit sind aber bei weitem noch nicht alle Verfahren angesprochen [2.30].

Eine beträchtliche Reduzierung der Datenrate ist mit Hilfe der Transformationscodierung möglich. Dabei werden Bildpunkte bzw. Bildbereiche durch eine mathematische Operation auf Koeffizienten abgebildet, welche die „Bildenergie" repräsentieren [2.31]. Nur die signifikanten Koeffizienten werden übermittelt. Nahezu optimal für diese Abbildung ist die *diskrete Cosinus-Transformation* DCT. Sie kann mit Prädiktionsverfahren kombiniert werden.

Kombinationen nahezu aller verfügbaren Codiertechniken müssen eingesetzt und Qualitätsabstriche gegenüber dem Fernsehbild hingenommen werden, wenn man eine Bitratenreduktion um mehr als 3 Größenordnungen erreichen will, um im *vorhandenen Kupfernetz* mit 64 kbit/s beim Teilnehmeranschluß die Möglichkeit für einen *Bildfernsprechdienst* zu schaffen. Die Einführung eines solchen Dienstes setzt Benutzerkosten voraus, welche die „Freude am Bild" nicht beeinträchtigen. Dies wiederum läßt sich nur mit geringstmöglichem Geräteaufwand erreichen, der den Einsatz höchstintegrierter, anwendungsspezifischer Schaltkreise notwendig macht. Die hohen Entwicklungskosten hierfür lassen sich nur rechtfertigen, wenn durch Standardisierung der Verfahren zur Bitratenreduktion hohe Stückzahlen möglich erscheinen. Eine Einigung über einen weltweit gültigen Standard zeichnet sich im CCITT ab.

2.4 Eigenschaften von Netzen

2.4.1 Die ordnungspolitische Neuorientierung

Die technischen Eigenschaften von Netzknoten und Übertragungsanordnungen wirken in Telekommunikations*netzen* zusammen. Dies ist eine Frage der technischen Optimierung — was hat Politik damit zu tun? — Wie überall, wo Politik und Technik in Berührung kommen, geht es primär um die Auswirkung der Technik auf die menschliche Gesellschaft und nicht um das technische Detail, welches freilich in Konsequenz auch betroffen sein kann. Im Fall der Telekommunikationsnetze sind es die *Dienste,* die jene unserer Gesellschaft anbieten und in denen sich der *Nutzen* für die Menschheit manifestiert. Es besteht kein Zweifel an der Bedeutung der Telekommunikationsdienste, welche aus Wirtschaft, Verwaltung und Privatleben nicht mehr fortzudenken sind. Noch dazu: die Technik der Telekommunikation belastet nicht das enger werdende Ökosystem unseres Planeten!

Wo aber besteht ein Anlaß, ordnungspolitisch in das doch gut funktionierende System der Telekommunikation einzugreifen? — Hier geht es zunächst gar nicht so sehr um den „Privatverbraucher", der in den Industrieländern immerhin die Masse der Telefonanschlüsse stellt. (Beispiel Bundesrepublik Deutschland, Stand 1986: etwa 26 Millionen von 28 Millionen Anschlüssen sind „privaten Haushalten" zuzuordnen [2.32].) Vielmehr melden Wirtschaft und Verwaltung Ansprüche an, die in den heute weltweiten geographischen Verflechtungen der Erhöhung der Produktivität, der Stärkung der Konkurrenzfähigkeit und der Sicherung von Arbeitsplätzen dienen sollen. Anzumerken ist, daß diese relativ wenigen „professionellen" Nutzer der Telekommunikationsdienste heute noch überwiegend zum Gebührenaufkommen beitragen!

Ein wesentlicher Anstoß kommt aus der „Maschinenkommunikation" als Folge der fortschreitenden Durchdringung von Wirtschaftsprozessen mit Daten-, Text- und Bildverarbeitung. Der wichtigste Anspruch lautet: „Billiger und schneller übermitteln!" Weitere Anforderungen zielen auf eine Erhöhung des Kommunikationskomforts, auf Vereinfachung und Individualisierung der Kommunikationsmöglichkeiten, auf öffentlich zugängliche Datenbanken und Verarbeitungsdienstleistungen.

Im Ergebnis wurde Kritik laut an den staatlichen oder De-facto-Telekommunikationsmonopolen. Man hielt diese Monopole für zu unbeweglich, um angemessen auf die Marktkräfte zu reagieren. So begann zumindest in der durch freie Marktwirtschaft geprägten Welt ein Prozeß der Auflösung der Monopole und der Öffnung der Telekommunikation für den Wettbewerb. Eine Vorreiterrolle übernahmen die USA.

Die USA seien als „Schulbeispiel" (also als Beispiel, das weltweit Schule machte) herausgegriffen. Dort hatte bis 1984 eine im privaten Streubesitz befindliche Gesellschaft, die American Telephone and Telegraph Company (AT&T) ein De-facto-Monopol in Entwicklung, Herstellung und Betrieb von Telekommunikationsnetzen. Es besteht kein Zweifel, daß von den Entwicklungslabors der AT&T, den berühmten Bell Laboratories, zahlreiche weltweite Innovationen ausgingen, u. a. das Prinzip der Rechnersteuerung in der Vermittlungstechnik. Aber die Abschottung des gewinnträchtigen Telekommunikationsmarktes, insbesondere des Endgerätemarktes gegen Konkurrenten, rief das Department of Justice auf den Plan, das in einem 8 Jahre dauernden Antitrustverfahren auf die Entflechtung (Divestiture) des Großunternehmens zielte. In einem letztlich erreichten Vergleich wurden Ortsverkehr und Fernverkehr getrennt. Den Ortsverkehr übernahmen 22 Bell Operating Companies (BOCs) unter dem Dach von 7 regionalen Holding-Gesellschaften (RHCs), welche unternehmerisch selbständig sind. Die BOCs haben ein Gebietsmonopol innerhalb eines zugeordneten Orts- und Nahverkehrsgebietes (Local Access and Transport Area LATA). Der Verkehr zwischen den LATAs ist „Fernverkehr", den weiterhin die AT&T übernimmt, allerdings nicht allein. Vielmehr wird der Fernverkehr dem Wettbewerb geöffnet (Deregulierung). Die AT&T behält darüber hinaus ihre Fertigungskapazität und bleibt damit weltweit der weitaus größte Hersteller von Telekommunikationseinrichtungen, der nun auch (im Gegensatz zur Zeit vor der Divestiture) auf den Weltmarkt drängt.

Was sind die Auswirkungen? Der Teilnehmer muß Gebührenerhöhungen im Ortsverkehr hinnehmen, aber spart im deregulierten Fernverkehr Gebühren, wobei er zwischen verschiedenen Fernverkehrsgesellschaften wählen kann. Technisch müssen die BOCs einen Zugang zu den „Aufpunkten" des Fernverkehrs (Point of Presence) bereitstellen, für den sie natürlich eine Vergütung von der jeweiligen Fernverkehrsgesellschaft verlangen.

Das ist eine ganz allgemein mit der Deregulierung von Diensten verbundene Maßnahme: Über noch der Regulierung unterliegende Netzteile muß der Zugang zu den deregulierten Diensten ohne „Diskriminierung" — also zu gleichen Wettbewerbsbedingungen für alle — möglich sein. Aber auch der noch regulierte Ortsverkehr kommt unter Druck: Große Kommunikationseinheiten umgehen das Ortsnetz (Bypassing) und erreichen direkt — z. B. über Richtfunk — den Aufpunkt des deregulierten Dienstes, um Ortsgebühren zu sparen. Oder sie mieten Übertragungskapazität fest an und betreiben darauf ein — u. U. weltweites — Privatnetz, in dem sie frei von allen Kompatibilitätszwängen sind. Dort können sie z. B. für das Fernsprechen anstelle der mit PCM erforderlichen 64 kbit/s die bitsparende ADPCM (32 kbit/s), evtl. noch mit Unterdrückung der Sprachpausen, verwenden. Das Hauptmotiv für viele dieser Privatnetze lautet: Übertragungskapazität und damit Kommunikationskosten sparen!

Der geschilderte Trend wird sich mehr oder weniger — je nach Grad der Deregulierung — über die Telekommunikationsnetze der Welt ausbreiten. In der Bundesrepublik Deutschland wird mit Gründung der privatwirtschaftlich geführten

2.4 Eigenschaften von Netzen

Betriebsgesellschaft DBP Telekom ein solcher Umbruch eingeleitet. Wie aber können die ehemaligen Monopolisten der Telekommunikation im neuen Wettbewerb bestehen? Indem sie sich auf das „Unvermeidbare" mit Gebührenpolitik und Technik einstellen. Hier interessiert der technische Aspekt.

Technisch ist erforderlich, sich mit äußerst flexiblen und leicht operablen Netzkonzepten auf die freizügige und schnelle Aufteilung und Zuteilung von Übertragungskapazitäten einzurichten. An die Stelle manueller „Rangierarbeiten" an mechanischen *Verteilern* der Übertragungskapazität treten die fernsteuerbare Kapazitätszuteilung über elektronische Cross Connects (Abschnitt 2.2.2) bzw. „virtuelle Privatnetze". Aber auch Dienste müssen flexibel und individuell zuteilbar sein. Hierzu sind frei kombinierbare „Dienstbausteine" zu definieren, die individuell gekettet die persönlichen Wünsche des Netzbenutzers erfüllen. Das stellt hohe Anforderungen an die Technik der Kommunikationssysteme, welche diese Dienstbausteine in einer Open Network Architecture (ONA) oder Open Network Provision (ONP) verfügbar machen müssen. Das stellt auch hohe Anforderungen an die Funktionsverteilung im Netz und an die Kommunikation zwischen den Netzkomponenten. In einem „intelligenten Netz" (IN) muß die flexible Dienstzuteilung *operabel* gemacht werden.

Dies sind Anforderungen, denen sich die Kommunikationstechnik mit ihren Netzen gegenübersieht. Sie gehen *weit* über das bisherige Maß technischer Komplexität hinaus, zweifellos eine Herausforderung der menschlichen Problemlösungsfähigkeiten.

2.4.2 Synchroner und asynchroner Transfermodus

Unter dem Kürzel ATM (Asynchronous Transfer Mode) bahnt sich derzeit offenbar ein langfristig wirksamer Umbruch der Telekommunikationstechnik an, noch ehe ein erster konsequenzreicher Schritt — nämlich die Digitalisierung des Fernsprechnetzes mit der Ausdehnung auf ein 64-kbit/s-ISDN (Integrated Services Digital Network, vgl. Abschnitt 6.4) — weithin nutzbar werden konnte. Worum geht es hierbei?

„Billiger und schneller übermitteln" hieß es zuvor. Die erwünschte Anwendung überholt das technische Angebot! 64 kbit/s sind eine hervorragende Bitrate für alle, die sich bisher mit 1200 bis 9600 bit/s begnügen mußten. Aber sind die vom Fernsprechkanal her diktierten 64 kbit/s für jene überhaupt notwendig? Diese „bescheidenen" Anwendungen begnügen sich oft auch weiterhin mit geringeren Bitraten. — Nun jedoch melden sich jene Anwender zu Wort, die bisher technisch und ordnungspolitisch auf einen *lokalen* Bereich begrenzt waren und jetzt über diese Grenzen hinausdrängen. Sie wollen jetzt mit Übermittlungskapazitäten im (z. T.) hohen Mbit/s-Bereich über lokale Grenzen hinweg kommunizieren, um organisatorische Vorgaben technisch zu optimieren. Und dies zu moderaten Gebühren, mit denen sich diese Anwendungen noch rechnen. Oder sie wollen als private Träger von Breitband-Kommunikationsdiensten Geld verdienen können.

In der konkreten technischen Analyse führt das zu folgenden Anforderungen:
1. Es besteht Bedarf nach „breitbandiger" Kommunikation über lokal vorgegebene Grenzen hinweg. Dies allerdings zunächst nicht für den privaten Benutzerkreis, der sich etwas zögerlich mit dem Gedanken anfreundet, nicht nur die Stimme seines Kommunikationspartners zu hören, sondern wie im unmittelbaren Dialog auch

dessen Gesicht zu sehen. Es geht primär um Anwendungen der Datenfernverarbeitung. Im *Computer Aided Design* (CAD) kommuniziert der Konstrukteur oder Designer von seiner Workstation aus mit einem zentralen Host, mit umfangreichen Dateien. Datenmengen von 1 bis 10 MByte müssen ausgetauscht werden, das Warten auf Antwort am Arbeitsplatz sollte 5 s unterschreiten. Die Kopplung von Großrechnern und Prozeßrechnern verlangt für die verteilte Datenverarbeitung Rechnerdialoge, die nur Bruchteile einer Sekunde dauern. Die *Local Area Networks* (LANs), die in begrenzten Bereichen bereits diese Anforderungen erfüllen, sollen über das öffentliche Netz hinweg mit anderen Standorten in Verbindung treten. Aber auch die Bewegtbildkommunikation kommt in *Videokonferenzen* zum Tragen.

2. Der Bedarf nach breitbandiger Telekommunikation läßt sich nicht auf eine einzige Bandbreite konzentrieren, wie etwa der Bedarf nach sprachlichem Austausch sich einheitlich im standardisierten Fernsprechkanal mit (etwa) 4-kHz-Bandbreite niederschlägt. Vielfältige Breitbandanwendungen verlangen nach vielfältigen Kanalbitraten. Vom CCITT wurden in Empfehlungen I.121 und I.411 die in Tabelle 2.7 aufgelisteten Breitbandkanäle definiert. Sie sind nach unten wie angegeben durch die in anderen Empfehlungen festgelegten „schmalbandigen" Bitraten zu ergänzen. Anzumerken ist, daß die Bitraten H 11 und H 12 nur bedingt in einem 64-kbit/s-ISDN zu verwenden sind wegen Schwierigkeiten der Verkehrsplanung — sie gehören besser in ein eigenes Netz oder in ein universelles Breitbandnetz.

Zu den Nutzern vielfältiger Bitraten dürfte auch die derzeit noch nicht im Vordergrund stehende Videokommunikation zählen. Die im Abschnitt 2.3.3 besprochenen Verfahren der Videosignalverarbeitung führen zu — je nach Verarbeitungsaufwand — sehr unterschiedlichen Bitraten, zusätzlich stark abhängig von der jeweils erforderlichen oder gewünschten Bildqualität. Hier könnten sich durchaus unterschiedliche Nutzungsstandards herausbilden, für die allerdings Abwärtskompatibilität zu wünschen wäre (d. h. unterschiedliche Standards sind untereinander kompatibel, wenn auch mit Verlust an Bildqualität). Darüber hinaus ist in Diskussion, die in einer

Tabelle 2.7. Kanalbitraten nach CCITT

Bezeichnung	Bitrate	Netze
„Subraten"	< 64 kbit/s	Datennetze Privatnetze
D	16 kbit/s	64-kbit/s-ISDN (Signalisierung, Daten)
B	64 kbit/s	64-kbit/s-ISDN
H_0	384 kbit/s	64-kbit/s-ISDN
H_{11}	1536 kbit/s	64-kbit/s-ISDN (z. B. USA)
H_{12}	1920 kbit/s	64-kbit/s-ISDN (z. B. Europa)
H_{21}	32,768 Mbit/s	BISDN (z. B. Europa)
H_{22}	ca. 45 Mbit/s	BISDN (z. B. USA)
H_4	ca. 138 Mbit/s	BISDN

2.4 Eigenschaften von Netzen

Verbindung benötigte Videobitrate bei gleichbleibender Bildqualität flexibel an den jeweiligen Bewegungsinhalt des Bildes anzupassen, was eine variable Videobitrate im Netz bedingen würde.

3. Viele der erwähnten Datenanwendungen wollen das Netz im „Wartebetrieb" nutzen (Abschnitt 2.2.3). Sie möchten z. B. in einer bestehenden „Session" nur für gelegentliche Kommunikationsvorgänge zwischen Terminal und Host die Übertragungskapazität des Netzes beanspruchen (Bursty Traffic). Wir haben bereits gesehen, daß das „Verpacken" der Information in adressierte Pakete eine gute Möglichkeit bietet, diese Anforderung technisch vernünftig zu lösen. Darüber hinaus war mit der „virtuellen Verbindung" einer der Wege aufgezeigt worden, über eine Übertragungsstrecke zahlreiche Verbindungen „gleichzeitig" bestehen zu lassen.

4. Für typische Anwendungen wie Sprache und Bewegtbild ist „Zeittransparenz" erforderlich. Zur Information gehören zumindest kurzzeitige „Informationspausen", wie sie sich etwa als Wort- und Satzübergänge in der sprachlichen Artikulation zeigen. Es dürfen sowohl eine maximale Laufzeit der Information über das Netz (z. B. 400 ms) nicht überschritten werden als auch kleine Informationspausen nicht verkürzt oder verlängert werden.

5. Der Benutzer wünscht sich einen flexiblen Anschluß, über den er einmal mit dieser, ein anderes Mal mit jener Bitrate kommunizieren kann, ganz wie es die jeweiligen Umstände erfordern (Bitrate on Demand).

Es ist nun abzuwägen, ob diese Anforderungen in *einem* oder in mehreren Netzen abgewickelt werden sollten, ob sie aus der Sicht der Vermittlungstechnik „leitungs"- oder „paketvermittelt" zu bedienen sind und wie schließlich die Übertragungstechnik daraus resultierende Vorgaben zu berücksichtigen hat.

Einiges läßt sich zwangsläufig beantworten. Die Frage nach der Paketvermittlung stellt sich nur für digitale Kommunikationsformen. Wir schließen deshalb *hier* analoge Signale aus. Ferner sollten Übermittlungsprinzipien in Vermittlungs- und Übertragungstechnik übereinstimmen (sog. Integration von Übertragungs- und Vermittlungstechnik), um teure Umsetzungen zwischen Übertragungsstrecken und Netzknoten zu vermeiden. (Dieses ideale Ziel läßt sich wegen der *bestehenden* Netze nur langfristig erreichen. Hierauf wird später zurückgekommen.) Und schließlich: Natürlich ist *ein* großes Netz für *alle* Anforderungen vielen kleinen Netzen für spezielle Anforderungen vorzuziehen. Dafür sprechen Gesichtspunkte der Beschaffung, Wartung und Verwaltung. Dies gilt aber nur dann, wenn ein solches „diensteintegrierendes" Netz nicht in technischer Komplexität explodiert, wenn es handhabbar bleibt.

Es gibt aus neuer Sicht praktisch zwei Kandidaten für das grundlegende Übermittlungsprinzip im Netz: synchroner Transfermodus (Synchronous Transfer Mode STM) und asynchroner Transfermodus (Asynchronous Transfer Mode ATM). Bild 2.36 erläutert in einer einfachen Darstellung die Unterschiede. STM verallgemeinert das Prinzip der PCM-Übertragungssysteme. Von einem Synchronisierungskanal (Sync) ausgehend gibt es „Zeitschlitze" (Time Slots), die eine feststehende, relativ kleine Anzahl von Bits (z. B. 8) enthalten. Jeder Zeitschlitz ist einer Verbindung für deren Dauer zugeordnet. Diese Zuordnung ist durch den zeitlichen Abstand des Zeitschlitzes vom Sync-Kanal eindeutig gekennzeichnet. Jeder Zeitschlitz erscheint in gleichbleibendem Abstand z. B. 8000mal in der Sekunde (vgl. Abschnitt 2.3.2). Wie

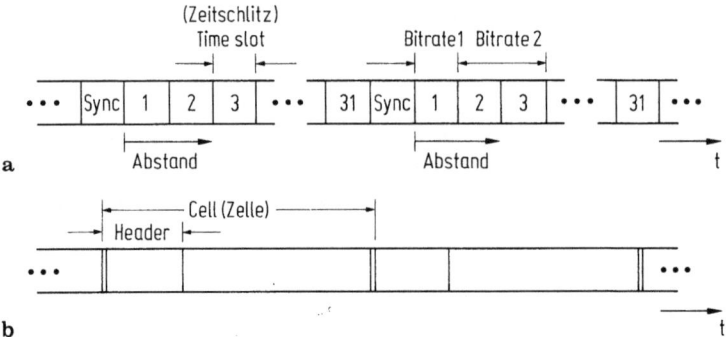

Bild 2.36 a, b. Synchroner und asynchroner Transfermodus.
a Beispiel für „Synchronous Transfer Mode" (STM); **b** Prinzip des „Asynchronous Transfer Mode" (ATM)

in Kapitel 3 noch näher erläutert wird, lassen sich mit dem STM-Prinzip stark unterschiedliche Bitraten und "Bursty Traffic" nicht einheitlich beherrschen. Lediglich Bitraten etwa gleicher Größenordnung können im selben Netz transportiert werden, indem man einem Kanal z. B. zwei Zeitschlitze zuordnet (Bitrate 2 in Bild 2.36). Das STM-Prinzip führt realistischerweise zu getrennten Netzen für stark unterschiedliche Bitraten und für Bursty Traffic. Ein "Broadband Integrated Services Digital Network" (BISDN) im engeren Sinne läßt sich mit STM nicht realisieren. Natürlich könnte man für ein Konglomerat von Einzelnetzen per Definition den Oberbegriff BISDN einführen.

Als wesentlich flexibler zeigt sich der asynchrone Transfer-Modus (ATM). An die Stelle der Zeitschlitze treten „Zellen" (Cells), die nicht nur 1 Oktett (wie der Zeitschlitz), sondern z. B. 48 Oktetts als Nutzinformation enthalten. Hinzugefügt wird ein "Header", der Adreßinformation zur Kennzeichnung der Zelle enthält. Über den Header lassen sich die Zellen bestimmten Verbindungen zuordnen, sie müssen nicht mehr in gleichbleibendem Abstand zu *synchronisierenden* Zellen transportiert werden, welche nach festgelegten Regeln in den Zellenstrom einzufügen sind. Unterschiedliche Bitraten werden durch unterschiedlich häufiges Aussenden von Zellen realisiert. Alle Zellen — ob häufig oder selten gesendet — sind im Netz in gleicher Weise übertragungstechnisch und vermittlungstechnisch zu behandeln. Ein einziges Netz einheitlicher Technik für die verschiedensten Bitraten ist möglich.

Diese „Technik" muß allerdings jede einzelne Zelle „anschauen" und individuell behandeln. Damit ist es natürlich auch möglich, *unregelmäßig* ausgesendete Zellen zu transportieren, eine charakteristische Eigenschaft des Bursty Traffic. ATM ist also sowohl für leitungsvermittelten als auch für paketvermittelten Verkehr geeignet.

Ist ATM demnach das „Mittel der Wahl", alle Netzprobleme einheitlich zu lösen? Und warum hat man dieses einleuchtende Universalprinzip nicht schon seit jeher in unseren Netzen eingesetzt?

Wie überall gibt es auch hier kein „Prinzip ohne Nachteile"! ATM hat eine gewisse Verwandtschaft mit den Prinzipien paketvermittelnder Netze: Die dort unterschiedlich — bis zu mehr als 1000 Oktetts — langen *Pakete* werden hier durch

2.4 Eigenschaften von Netzen

wesentlich kürzere *Zellen* einheitlicher Länge ersetzt, die Zellenheader sind einfacher strukturiert als die entsprechenden Adreßteile der Pakete. Dennoch bleiben grundsätzliche Nachteile des Pakettransports bestehen: Es treten unterschiedlich lange Wartezeiten auf, die Anforderungen insbesondere an die Vermittlungstechnik sind höher. Damit ist auch die Bedingung der „Zeittransparenz" in Frage gestellt. Auf diese Probleme und deren Konsequenzen wird noch ausführlich eingegangen.

Unbeschadet jener Nachteile scheint sich das ATM-Prinzip für ein neues breitbandiges Telekommunikationsnetz durchzusetzen mit der Möglichkeit — bei Bewährung — auf weite Sicht auch alle Dienste der heutigen Netze zu übernehmen.

2.4.3 Netzarchitektur

Mit den Netzen verhält es sich zunehmend wie mit den Computern: Es gibt Technik „zum Anfassen", die *Hardware*. Sie ist hier sichtbar in Vermittlungsstellen, in Verstärkerstellen, im Hauptverteilerraum, im Kabeleinführungskeller und so weiter. Die Hardware muß funktionieren, sonst funktioniert das Netz nicht. Aber auf dieser Hardware setzt ein Gebirge gedanklicher Komplexität auf, das unmittelbar oder mittelbar das Netz (wie auf anderem Gebiet auch den Computer) erst nutzbar macht. Das ist die gedankliche Substanz, die *Software* des Netzes, die es in irgendeiner einfachen Form natürlich schon immer gab, die aber mit den geschilderten steigenden Anforderungen explosionsartig anwächst. Sie muß zur Entlastung des Menschen der maschinellen Verarbeitung zugänglich gemacht werden. Wie beim Computer wird auch im Netz die Software zum Hauptproblem und zur Herausforderung der menschlichen Intelligenz. Wie läßt sich die Komplexität maschinell in den Griff bekommen? Wir sprechen hier von der Zukunft. Das Problem ist also noch nicht gelöst, aber es gibt Ansätze, auf die später eingegangen wird. Im Prinzip versucht man den plausiblen Weg der Computertechnik zu gehen, indem man die Funktionen schichtet: Höhere Schichten bauen auf niedrigeren Schichten auf, bedienen sich „blindlings"

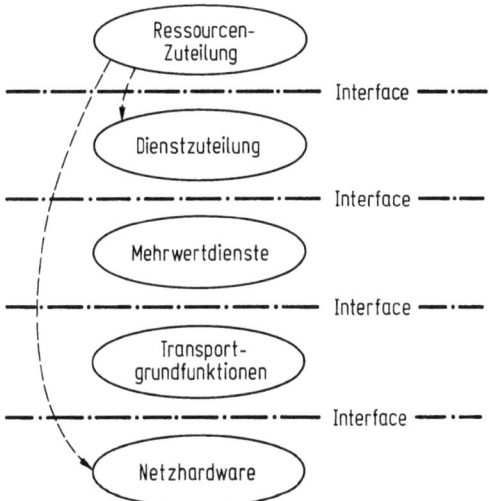

Bild 2.37. „Intelligenz"-Schichten eines Netzes mit Schnittstellen (Interfaces)

der Funktionen der darunterliegenden Schichten, ohne deren Details zu kennen. Aber nun muß man vielfach eine solche Schichtung in bereits bestehende Strukturen einbringen! Das ist schwierig.

Bild 2.37 skizziert eine derartige Schichtung und weist mit den „Interfaces" auf eine wichtige Zusatzbedingung hin: Nicht nur die Funktionsinhalte der einzelnen Schichten sind zu definieren, sondern auch die Kommunikationsregeln zwischen den Schichten. Wie Bild 2.37 mit den gestrichelten Pfeilen andeutet, erfolgt diese Kommunikation auch über mehrere Schichten hinweg.

Eine kurze Erklärung zur Vertiefung des Problembewußtseins, nicht zur Erläuterung einer etwa allgemein akzeptierten Architektur: Auf der Netzhardware setzen Transport-Grundfunktionen auf, die z. B. in der in Kapitel 1 beschriebenen gegenwärtig überwiegenden „Netzarchitektur" untrennbar und nicht unterscheidbar mit der Netzhardware verwoben sind. Im Rückgriff auf eine frühere Veröffentlichung [2.33] zeigt Bild 2.38 diesen Funktionsbereich als „Basisfunktion" in einer Verbindung von Teilnehmer A zu Teilnehmer B.

Hierauf setzen als nächste Stufe der Komplexität sog. Mehrwertdienste auf (s. Kapitel 7). Dies ist ein sehr weites Feld! Ein vielfach zutreffendes Beispiel ist in Bild 2.38 die Verbindung von A nach C (modifizierte Basisfunktion), die anstelle der aus irgendwelchen Gründen nicht erwünschten Verbindung von A nach B herzustellen ist. Ein einfaches Beispiel ist die Anrufumleitung von B nach C, weil sich B derzeit am Ort C aufhält. Hierzu sind bereits zentrale Speicherfunktionen notwendig, um abfragen zu können, wohin Verbindungen für B durchgeschaltet werden sollen.

In den Bereich der Mehrwertdienste fallen aber auch Funktionen der „Nachrichtenbehandlung" in sog. *Servern*. Hier wird in Kommunikationsinhalte eingegriffen, um sie z. B. in eine andere Darstellungsform (zeichenweise Codierung in „pixel"-orientierte Codierung oder anderes) umzuwandeln, oder die Inhalte werden zwischengespeichert, um sie zu anderer Zeit abrufen zu können.

In einer über den Mehrwertdiensten liegenden Schicht geht es nun darum, Mehrwertdienste auf Wunsch der Teilnehmer oder durch die Teilnehmer selbst einzurichten. In Verbindung mit der darunterliegenden Diensteschicht ergeben sich

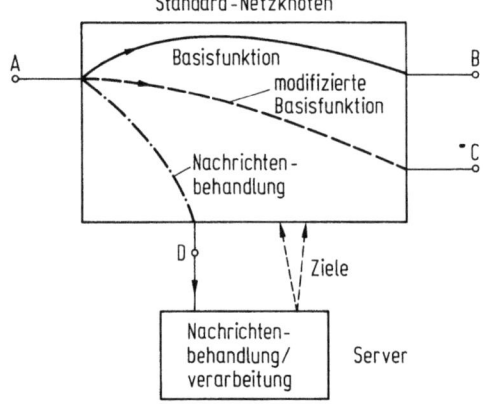

Bild 2.38. Beispiele für die Funktionsschichtung.
A → B Transport, Grundfunktion;
A → C modifizierter Transport, Mehrwertdienst;
A → D Eingriff in die Nachricht, Mehrwertdienst

2.4 Eigenschaften von Netzen

zahlreiche Standardisierungsaufgaben, um den Netzen ein einheitliches und „offenes" Nutzungsprofil zu geben. Nicht nur dem Benutzer des Netzes sollen die Dienste in individuell zugeschnittener Kombination zugänglich sein, sondern auch der private „Carrier" will im Zeichen der Deregulierung seine Kommunikationsdienste über offene Dienstschnittstellen im Wettbewerb anbieten können. Begriffe und Inhalte zu diesem Bereich wurden z. B. mit "Open Network Architecture" (ONA) und "Intelligent Network" (IN) geprägt.

Schließlich muß in einer obersten Schicht der „Ressourcen-Zuteilung" das vielfältig konfigurierbare Netz verwaltet werden. Übertragungskapazitäten für Privatnetze, für Überlastfälle, für Umwegführung bei Störungen sind kurzfristig zu- und abzuschalten. Meldungen über Störungen müssen hierzu netzweit aufgenommen und ausgewertet werden. Routinemäßig ist das Netz in allen seinen Komponenten zu überprüfen. Hierfür wurde der Begriff des "Network Management" geprägt, das über ein "Telecommunications Management Network" (TMN) Zugriff zu den Netzkomponenten hat.

Eine nahezu unerschöpfliche Flut neuer Aufgaben, die auf Netzarchitektur und deren Realisierer und Betreiber zukommt! Im weiteren Verlauf kann nur andeutungsweise auf diese Vielfalt eingegangen werden.

3 Prinzipien digitaler Koppelnetze

In diesem Kapitel wird an die Grundlagen von Kapitel 2 angeknüpft, wobei wir uns auf die Behandlung *digitaler* Koppelnetze beschränken, da analoge Koppelnetze zwar noch in großer Zahl in unseren Vermittlungen eingesetzt sind, aber für neue Anwendungen keine Rolle mehr spielen.

Wir haben in Bild 2.3 in sehr allgemeiner Form *Nachrichtentypen* definiert, die sich in unterschiedlichen Anwendungen durch verschiedene Nachrichtenlängen unterscheiden. Die Dauer, für die eine Nachricht nach Bild 2.3a oder b einen Übertragungsweg (Kanal) belegt, reicht vom Stundenbereich (z. B. langes Ferngespräch) über den Sekundenbereich (z. B. Transaktion) bis in den Millisekunden- oder sogar Mikrosekundenbereich (z. B. Zelle im Asynchronous Transfer Mode ATM). Immer ist jedoch die Aufgabe zu erfüllen, den Header H auszuwerten, um daraufhin die Nachricht zum gewünschten Ausgang des Knotens zu transportieren. Dies ist ein Ansatzpunkt, um von Gemeinsamkeiten ausgehend die verschiedenartigen Ausprägungen digitaler Koppelnetze *an Beispielen* verständlich zu machen.

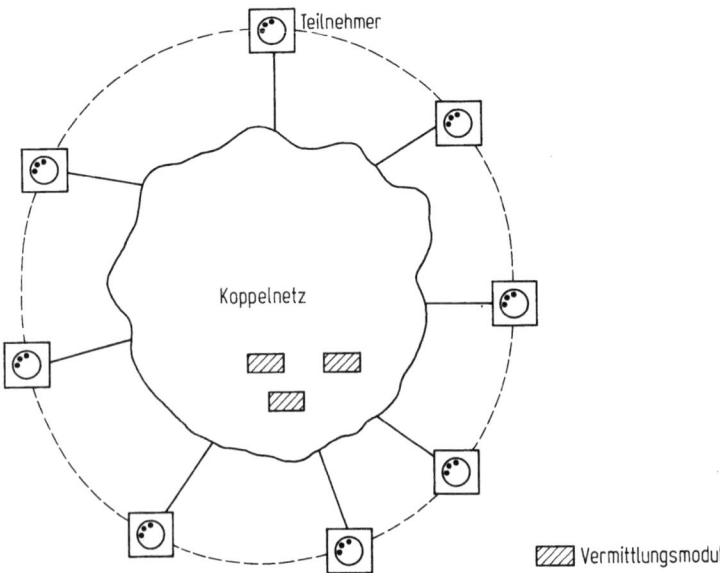

Bild 3.1. Allgemeine Aufgabenstellung für das Vermitteln

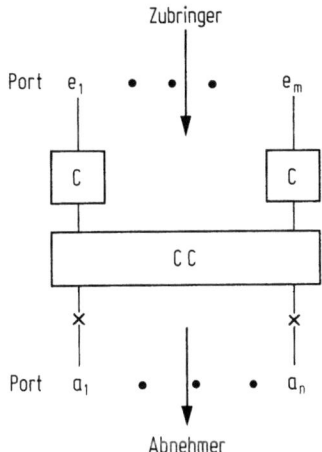

Bild 3.2. Allgemeine Form eines Vermittlungsmoduls mit m Eingangs-„Ports" (e) und n Ausgangs-„Ports" (a). C individuelle Steuerungsfunktion (control), CC gemeinsame Steuerungsfunktion (common control), x Koppelelement

3.1 Vermittlungsmodul und elementares Koppelnetz

Bild 3.1 erläutert in vereinfachter Form die Aufgabenstellung. An ein Koppelnetz sind Teilnehmer angeschlossen, die über das Koppelnetz mit Nachrichten entsprechend Bild 2.3a oder b kommunizieren. Das Koppelnetz besteht aus einem oder mehreren Vermittlungsmodulen, wobei diese ggf. in bestimmter Weise untereinander zu verknüpfen sind. Für die Übertragung einer Nachricht von Teilnehmer zu Teilnehmer muß im Koppelnetz ein geeigneter Verbindungsweg geschaltet werden.

In Bild 3.2 wird ein *Vermittlungsmodul* als allgemein verwendbarer Koppelnetzbaustein definiert. Zubringer werden an Ports e_1 bis e_m, Abnehmer an Ports a_1 bis a_n angeschlossen. Von einem Zubringer aus lassen sich Nachrichten zu einem oder mehreren Abnehmern übermitteln, wobei auch mehrere Zubringer gleichzeitig und unabhängig voneinander Nachrichten anliefern können. Koppelelemente (als Kreuze gekennzeichnet) stellen einen „physikalischen Kontakt" zwischen Ports e (Eingängen) und Ports a (Ausgängen) her, wobei ein Informationsfluß entweder nur in Richtung vom Zubringer zum Abnehmer (simplex) oder zusätzlich auch in Gegenrichtung (duplex) möglich ist.

Die mit Buchstaben C bezeichneten Einheiten führen Steuer- und Speicherfunktionen aus, die je nach Nachrichtentyp und Betriebsweise im Netz erforderlich werden. Dabei beherbergen Einheiten C (control-)port-*individuelle*, CC (common-control-)port-*gemeinsame* Funktionen. Speicherfunktionen werden für eine kurzfristige Zwischenspeicherung der Nachrichten benötigt, während Steuerfunktionen die Header H der Nachrichten auswerten, um einen geeigneten Ausgangsport a (oder deren mehrere) auszuwählen.

Struktur und Funktionen, wie sie in Bild 3.2 gezeigt sind, müssen im Modul nicht zur Gänze existent sein bzw. können modifiziert werden. Dies hängt vom jeweiligen Nachrichtentyp ab. Sind die Steuerfunktionen zur Header-Auswertung vorhanden, spricht man in bestimmten Fällen von "Self-Routing Networks".

Wie lassen sich Module dieser Art für die Leitungsvermittlung und die Paketvermittlung interpretieren? Dazu sei daran erinnert, daß es zwei unterschiedliche

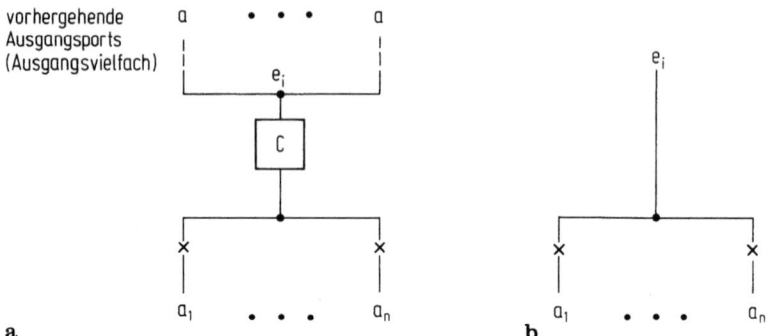

Bild 3.3 a, b. Beispiele für „degenerierte" Vermittlungsmodule. **a** Wähler im Direktwahlsystem, **b** Eingangszeile eines Kopplers.
e Eingangs-Port, a Ausgangs-Port, C individuelle Steuerungsfunktion

Kategorien von Leitungsvermittlungen gibt: das Direktwahlsystem und das Indirektwahlsystem. Entsprechend unterschiedlich sind die zugehörigen Vermittlungsmodule. Bild 3.3a beschreibt den *Wähler* als Vermittlungsmodul im Direktwahlsystem (vgl. Kapitel 1). Er besitzt nur einen Eingang e_i, wird aber von Ausgängen vieler vorgeordneter Wähler erreicht, die zu einem „Ausgangsvielfach" parallelgeschaltet sind.

Eine diesem Eingang zugeordnete Funktionseinheit C sorgt u. a. für die Auswahl eines geeigneten Ausgangsports a aufgrund der im Nachrichtenheader H enthaltenen Information. In diesem Sinne gehört also das Koppelnetz des Direktwahlsystems in die Kategorie der Self-Routing Networks. Speicherfunktionen werden in diesem Vermittlungsmodul nicht wahrgenommen.

Dagegen werden im Indirektwahlsystem die Steuerungsfunktionen stärker zentralisiert, so daß das Vermittlungsmodul oft von Speicher- und Steuerfunktionen entlastet werden kann. Diesen Fall beschreibt Bild 3.3b. Mit der auch hier erforderlichen Parallelschaltung der Ausgänge ergibt sich die Konfiguration des Bildes 3.4, welche in elektromechanischen Koppelnetzen häufig zu einer konstruktiven Einheit — dem *Koppler* — zusammengefaßt wird.

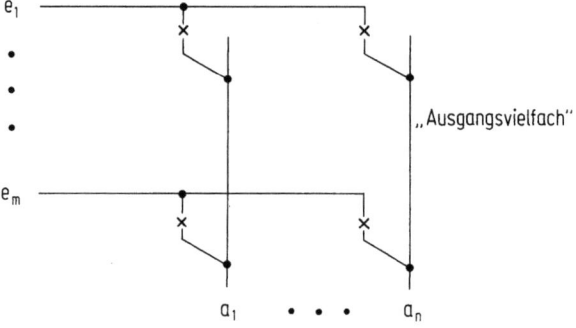

Bild 3.4. Anwendungsbeispiel „Koppler": Parallelschaltung der Ausgänge von m Modulen (Bildung von Ausgangsvielfachen)

3.1 Vermittlungsmodul und elementares Koppelnetz

Wie wirken sich die Paketvermittlung und der zugehörige Wartebetrieb auf das Vermittlungsmodul des Bildes 3.2 aus? Dies scheint in dieser allgemeinen Form für die Paketvermittlung geeignet zu sein, wenn man die eingangsindividuellen Einheiten C als Speicherplätze für die evtl. wartenden Nachrichtenpakete interpretiert. Ob und wie sich allerdings derartige Module zu großen Koppelnetzen zusammenschalten lassen, wird noch zu diskutieren sein.

Aber auch im „mikroskopischen Bereich" der Netzprinzipien STM und ATM läßt sich die Struktur des Vermittlungsmoduls noch wiederfinden. Die Nachrichten des Bildes 2.3 werden weiter verkürzt und schrumpfen zu Oktetts (im STM) oder zu Zellen (im ATM). Die Oktetts im STM enthalten keinerlei innerhalb des Koppelnetzes auswertbare Steuerungsinformation (vgl. Bild 2.3c), sie müssen also mit Hilfe zentralisiert wirkender Steuerungskomponenten durchgeschaltet werden. Das Modul degeneriert damit zur Konfiguration des Bildes 3.3b, d. h. es sind keine "Self-Routing"-Funktionen realisierbar. Das ändert sich allerdings, wenn man den Oktetts am Vermittlungseingang „künstlich" für das Routing geeignete Information zusetzt, also z. B. jedem Nutz-Oktett ein Routing-Oktett hinzufügt. Dies wird in der Tat in einem noch zu besprechenden Beispiel so gemacht.

Demgegenüber verfügen ATM-Zellen nach Bild 2.3b über eine individuelle Zielangabe, die für Self-Routing-Funktionen genutzt werden kann. In diesem Fall nimmt das Vermittlungsmodul die allgemeine Form des Bildes 3.2 an.

Wir kommen nun zurück auf das Bild 2.1 (Abschnitt 2.1), in dem die Einbeziehung des „Teilnehmers" in die Netzknotenfunktionen angedeutet ist. Die erwähnte Funktion des Self-Routing erfordert gewisse „Intelligenz" im Vermittlungsmodul. Über „Intelligenz" verfügt natürlich in aller Regel auch der Teilnehmer selbst. Deshalb ist der Gedanke nicht abwegig, die Teilnehmerintelligenz mit für die Self-Routing-Intelligenz auszunützen, d. h. Teilnehmer und Vermittlungsmodul zu kombinieren. Das ist allerdings nur dann erwägenswert, wenn durch das Self-Routing die „Aufmerksamkeit" des Teilnehmers nicht ungebührlich lang belegt wird, denn der Teilnehmer hat ja im allgemeinen zahlreiche andere Arbeiten auszuführen. Das heißt unter anderem: die zu vermittelnden Nachrichten dürfen nur einen geringen Teil der

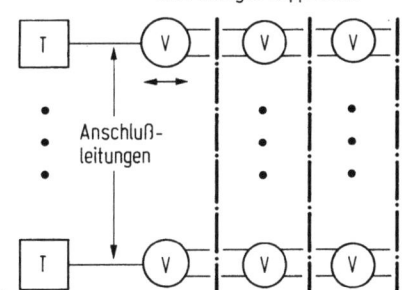
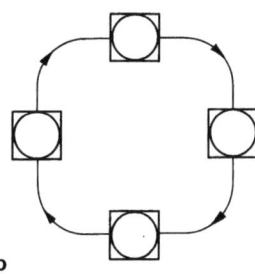

Bild 3.5 a, b. Funktionsverteilung auf Teilnehmer und Vermittlungsmodul (Beispiele). **a** Trennung von Teilnehmer und Vermittlungsfunktion, **b** Teilnehmer übernimmt auch Vermittlungsfunktion.
Ⓣ Teilnehmer, Ⓥ Vermittlungsfunktion, ◻ Teilnehmer und Vermittlungsfunktion kombiniert

insgesamt verfügbaren Zeit beanspruchen. Im Sinne der zuvor diskutierten Nachrichtendauern läßt sich diese Bedingung bei Unterteilung in Pakete bzw. Zellen im Prinzip einhalten. Natürlich ist bei „Teilnehmern" hier nicht an Menschen, sondern z. B. an Computer gedacht.

Bild 3.5 erläutert an zwei Beispielen die unterschiedlichen Funktionszuweisungen. In einem ausgedehnten Koppelnetz werden Vermittlungsmodule in mehreren Stufen zusammengeschaltet (Bild 3.5a), wobei Verfahren der Zusammenschaltung in den Abschnitten 3.2 und 3.3 behandelt werden. Über das Koppelnetz können die Teilnehmer T miteinander verbunden werden. Dabei sind die Teilnehmer einseitig an das Koppelnetz angeschlossen. Hier ist es technisch nicht vernünftig, den Benutzer in Self-Routing-Funktionen einzubeziehen, denn er befindet sich außerhalb der Koppelnetzkonfiguration. Anordnungen dieser Art werden in Leitungsvermittlungen ausschließlich und in Paketvermittlungen häufig verwendet. Dagegen ist dem Teilnehmer in der ringförmigen Anordnung von Bild 3.5b, wie sie oft in Local Area Networks (LAN) eingesetzt wird, eine einfache Routing-Funktion zugewiesen: Er gibt eine Nachricht an den nachfolgenden Benutzer weiter, wenn er nicht selbst Adressat jener Nachricht ist. Anordnungen dieser oder ähnlicher Art finden sich in gewissen Netzen nach dem Paketvermittlungsprinzip. Der Teilnehmer (oder eine ihm zugeordnete Spezialschaltung) ist also in die Konfiguration des Koppelnetzes einbezogen, er beteiligt sich an den Vermittlungsfunktionen.

Um auf Bild 3.1 zurückzukommen: Auf welche Weise lassen sich die Teilnehmer über Vermittlungsmodule verbinden? Als Beispiel wird in Bild 3.6 eine elementare und universelle, wenn auch aufwendige Form eines Koppelnetzes gezeigt. Jeder Teilnehmer hat zu jedem anderen Teilnehmer einen eigenen, individuellen Zugang. Müssen N Teilnehmer miteinander verbunden werden, so ist die Zahl der insgesamt

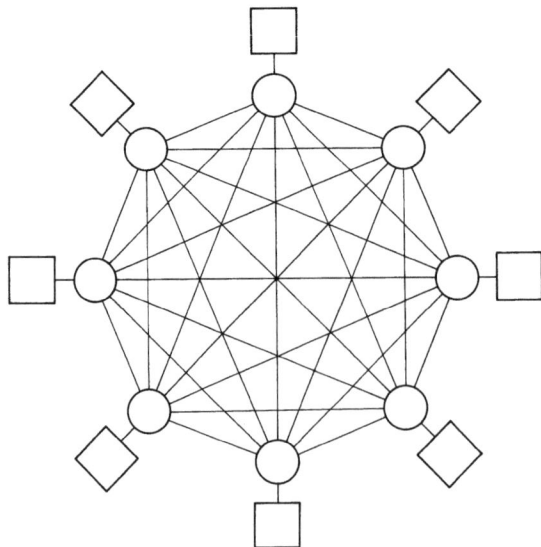

Bild 3.6. Verbindung von jedem zu jedem.
□ Teilnehmer, ○ Vermittlungsmodul

3.2 Koppelnetze für die Leitungsvermittlung

notwendigen Verbindungen $Z_1 = N\,(N-1)/2$ bei *einer* doppelt gerichteten Verbindung bzw. $Z_2 = N\,(N-1)$ bei *zwei* einfach gerichteten Verbindungen zwischen je zwei Teilnehmern. Entsprechend hoch ist die Zahl der zur Entkopplung notwendigen Koppelelemente (Bild 3.2); sie wächst etwa quadratisch mit der Anzahl der Teilnehmer. Deshalb müssen nun Maßnahmen besprochen werden, die diesen häufig untragbar hohen Aufwand reduzieren.

3.2 Koppelnetze für die Leitungsvermittlung

Leitungsvermittlung bedeutet — wie erwähnt — Beibehalten einer Durchschaltekonfiguration für die Dauer einer Verbindung. Es wird sich allerdings zeigen, daß es auch gewisse Ausnahmen von dieser Regel gibt. Es wird von digitalen Koppelelementen in digitalen Netzen ausgegangen.

3.2.1 Koppelnetz-Konfigurationen

Koppelelemente in digitalen Koppelnetzen erfüllen im allgemeinen einfache Gatterfunktionen. Das bedeutet aber auch, daß die Koppelelemente Nachrichten *gerichtet* übertragen. Deshalb benötigt jeder *doppelt* gerichtet kommunizierende Benutzer im Koppelnetz sowohl eine Senderichtung, über die er Nachrichten abgibt, als auch eine Empfangsrichtung, über die ihm Nachrichten zugestellt werden. Die Koppelelemente der Senderichtung können steuerungsmäßig von denen der Empfangsrichtung getrennt werden, sie lassen sich aber auch zu gemeinsam gesteuerten *Koppelpunkten* zusammenfassen. Um Zusammenhänge deutlicher zu machen, wird zunächst vom zweiten Fall ausgegangen. Es möge also ein Koppelpunkt ein Port mit einem zweiten Port verbinden, ohne daß eine Aussage über die Kommunikationsrichtung gemacht wird.

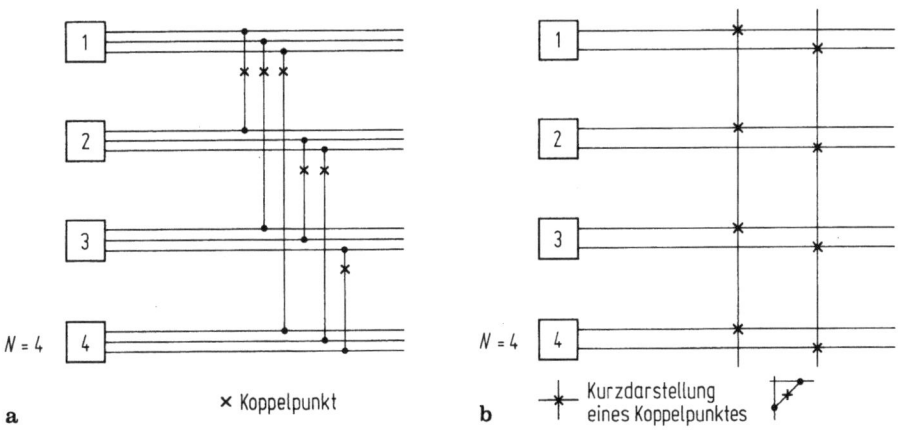

Bild 3.7a, b. Modifiziertes Koppelnetz „von jedem zu jedem". **a** Koppelpunktzahl $K = \dfrac{N^2}{2} - \dfrac{N}{2}$, **b** Koppelpunktzahl $K = \dfrac{N^2}{2}$

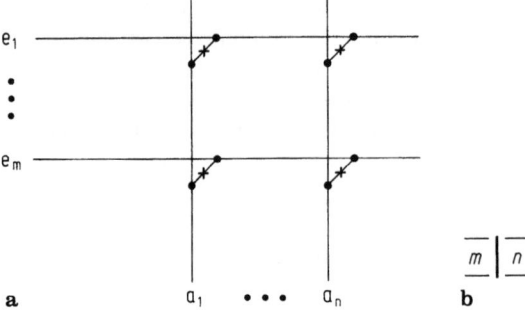

Bild 3.8 a, b. Koppler mit $m \cdot n$ Koppelpunkten. **a** Konfiguration der Koppelpunkte, **b** Symbol

Bild 3.7a greift noch einmal die einfache Konfiguration des Bildes 3.6 auf, um auf eine konstruktive Schwierigkeit hinzuweisen: Die Koppelpunktzahl läßt sich nicht in eine einheitliche Relation zur Benutzerzahl bringen. Das wird hier am Beispiel von $N = 4$ Benutzern demonstriert. Es ist also ohne Vorleistung von ungenutzten Koppelpunkten nicht möglich, gleichartige Aufbaueinheiten zu schaffen. Demgegenüber zeigt Bild 3.7b eine gleichmäßige Konfiguration bei nur geringfügig erhöhtem Koppelpunktaufwand. Es werden $N/2$ von allen Benutzern erreichbare Kommunikationswege zur Verfügung gestellt (senkrechte Schienen), so daß N Benutzer gleichzeitig miteinander kommunizieren können. Allerdings genügt es für die Herstellung der Verbindung nun nicht mehr, daß der gewünschte Partner „frei" ist, also für den Kommunikationsvorgang zur Verfügung steht, sondern es muß zusätzlich ein freier Kommunikationsweg ausgewählt werden (sog. *Wegsuche*).

In Bild 3.7b erkennt man unschwer die bereits erläuterte Konfiguration des Kopplers (Bild 3.4). Sie wird in Bild 3.8a nochmals gezeigt zusammen mit einem hinfort verwendeten Symbol (Bild 3.8b), welches kompliziertere Zusammenhänge einfacher erkennen läßt. Eine in der gezeigten Weise konfigurierte Zusammenschaltung von m Eingängen auf n Ausgänge wird in Verbindung mit verkehrstheoretischen Betrachtungen auch *Koppelvielfach* genannt. Man sagt, die n Ausgänge sind von den

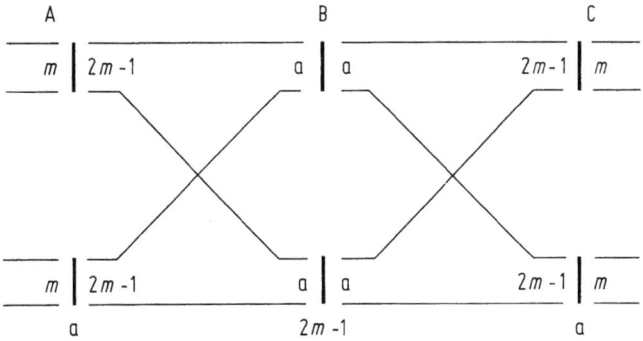

Eingangs-/Ausgangszahl $N = a \cdot m$

Bild 3.9. Dreistufiges Clossches Koppelnetz

3.2 Koppelnetze für die Leitungsvermittlung

m Eingängen her *vollkommen erreichbar*, denn jeder Ausgang kann von jedem Eingang belegt werden.

Der Koppelpunktaufwand der Anordnung nach Bild 3.7b steigt quadratisch mit der Anzahl der Benutzer oder Teilnehmer. Dies führt bei größeren Benutzerzahlen zu sehr hohem Aufwand. Der Aufwand läßt sich reduzieren, wenn man die Zahl der an einem Koppelvielfach angeschlossenen Benutzer *gering* hält. Allerdings muß man dann für eine Verbindung der verschiedenen Benutzerkoppelvielfache untereinander sorgen. Das kann nach einem Vorschlag von C. Clos aus dem Jahre 1953 [3.1] auf folgende Weise geschehen (Bild 3.9): Das Koppelnetz wird in 3 *Koppelstufen* A, B und C unterteilt. Koppelstufen A und C bestehen jede aus *a* Koppelvielfachen. An Koppelstufe A sind Benutzer einer ersten Kategorie (z. B. die Sendeseiten von $N = a \cdot m$ Teilnehmern) und an Koppelstufe B die Benutzer einer zweiten Kategorie (z. B. die Empfangsseiten derselben Teilnehmer) angeschlossen. Jedes der Koppelvielfache A bzw. C hat *m* Eingänge bzw. Ausgänge sowie $2m - 1$ Ausgänge bzw. Eingänge. In der Mitte ist eine Koppelstufe B mit $2m - 1$ Koppelvielfachen angeordnet, von denen jedes *a* Eingänge und *a* Ausgänge hat. Die Verdrahtung zwischen den Koppelvielfachen A und B bzw. C und B (die sog. *Zwischenleitungs*-Verdrahtung) ist sehr regelmäßig: Von jedem Koppelvielfach A bzw. C führt nur eine einzige Zwischenleitung zu jedem Koppelvielfach B. Aus dieser Regelmäßigkeit ergeben sich auch die korrespondierenden Werte in B- und A/C-Stufen.

In der Anordnung hat man also die Gesamtheit der $N = m \cdot a$ Teilnehmer auf *a* kleinere Koppelvielfache der A- bzw. C-Stufe aufgeteilt, die über die B-Stufe miteinander verbunden sind. Bild 3.10 erläutert die Funktionsweise an einem Zahlenbeispiel mit $m = 3$, wobei 15 Teilnehmer auf 5 Koppelvielfache A/C verteilt werden. Es soll sichergestellt sein, daß auch unter ungünstigen Verhältnissen noch Verbindungen aufgebaut werden können, d. h. daß die Anordnung *blockierungsfrei* arbeitet. Ein derart ungünstiger Fall liegt vor, wenn vom Koppelvielfach A links oben eine Verbindung zum Koppelvielfach C rechts unten aufgebaut werden soll, wobei in jedem dieser beiden Koppelvielfache schon zwei Verbindungen zu anderen Koppelvielfachen bestehen mögen. Im Koppelvielfach A links oben sind z. B. dadurch bereits Zwischenleitungen 1 und 2 belegt, während Zwischenleitungen 4 und 5 zwar noch frei sind, jedoch auf belegte Zwischenleitungen 4 und 5 zwischen Koppel-

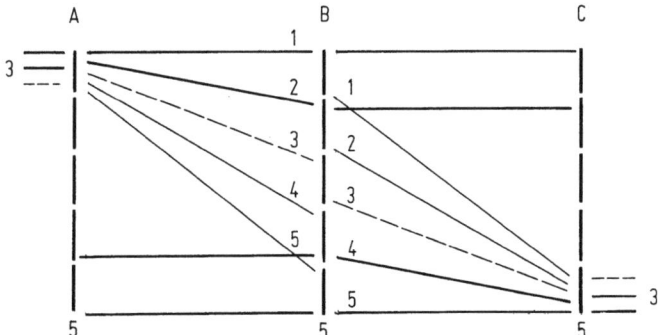

Bild 3.10. Zur Funktionsweise des Closschen Koppelnetzes.
— bereits bestehende Verbindung, --- neue Verbindung, — freie Zwischenleitung

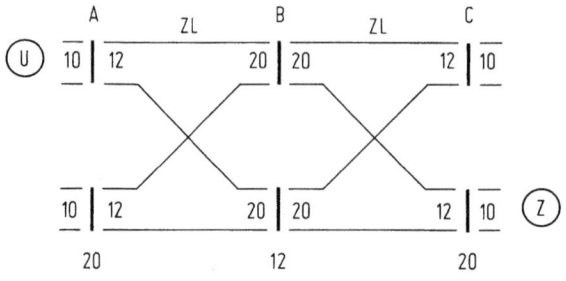

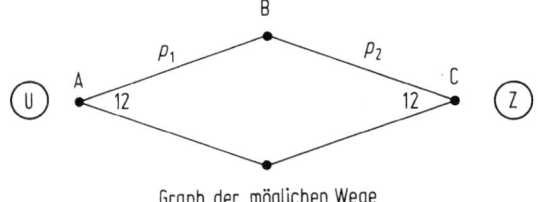

Graph der möglichen Wege

Bild 3.11. Dreistufiges Modellkoppelnetz.
U Ursprung, Z Ziel

stufen B und C treffen. Für die Zwischenleitungen am Koppelvielfach C rechts unten gilt das gleiche sinngemäß. Die letztmögliche hinzukommende Verbindung (gestrichelt) muß aber noch einen durchgehend freien Weg über zwei Zwischenleitungen zwischen A- und B- bzw. zwischen B- und C-Stufe finden, hier also über das Koppelvielfach B (Nr. 3) in der Mitte. Wenn $m-1$ Zwischenleitungen eines Koppelvielfachs A und $m-1$ Zwischenleitungen eines Koppelvielfachs C bereits belegt sind, muß für die letztmögliche Verbindung noch *ein* zusätzlicher Weg bestehen. Die Zahl der notwendigen Koppelvielfache B beträgt also $2(m-1)+1 = 2m-1$.

Das Prinzip läßt sich fortsetzen, wenn man *jedes* Koppelvielfach B wiederum in eine Clossche Anordnung auflöst. Auf diese Weise erhält man anstelle einer einzigen Matrix 3- oder 5- oder 7stufige blockierungsfreie Koppelanordnungen. In Tabelle 3.1 ist der Koppelpunktaufwand für derartige Anordnungen angegeben. Wie man sieht, sind die Einsparungen insbesondere für große Werte von N beträchtlich. Vergleicht man den Koppelpunktaufwand bezogen auf einen Teilnehmer für $N=5000$, so ergeben sich im einstufigen Koppelnetz 5000 und im fünfstufigen Koppelnetz etwa 260 Koppelpunkte je Teilnehmer.

Aus dieser Betrachtung läßt sich schließen: Eine Einsparung von Koppelpunkten ist durch Bildung mehrstufiger Koppelanordnungen möglich, weil dadurch die Koppelvielfache kleiner werden. Es ergibt sich jedoch eine weitere Einsparungsmöglichkeit, wenn man den häufig vorkommenden Fall berücksichtigt, daß nicht alle Benutzer gleichzeitig miteinander kommunizieren wollen. Hier kommen die statistischen Aussagen der Verkehrstheorie zum Zuge. Es werden Koppelpunkte eingespart mit der Folge, daß nun nicht mehr Blockierungsfreiheit garantiert werden kann, oder mit anderen Worten: Es treten Verkehrs*verluste* durch *innere Blockierungen* im Koppelnetz auf. Diese Verluste entstehen also *zusätzlich* zu denen, die durch Belegtsein aller geeigneten Abnehmer verursacht sind (sog. Gassenbesetzt). In der Netzdimensionierung ist es wichtig, eine wirtschaftlich optimale Aufteilung der Verluste auf innere

3.2 Koppelnetze für die Leitungsvermittlung

Tabelle 3.1. Koppelpunktaufwand für Koppelnetze nach Clos

Eingangs/ Ausgangszahl N	Stufenzahl		
	$s = 1$	$s = 3$	$s = 5$
100	10 000	5 700	6 092
200	40 000	16 370	16 017
500	250 000	65 582	56 685
1 000	1 000 000	186 737	146 300
2 000	4 000 000	530 656	375 651
5 000	25 000 000	2 106 320	1 298 858

Blockierungen (zur Verringerung der Vermittlungskosten) und „echte" Gassenbesetzt-Fälle (zur Verringerung der Übertragungskosten) zu erreichen. In digitalen Netzen mit — wie in Abschnitt 3.2.3 noch zu zeigen ist — sehr kostengünstigen Koppelprinzipien werden die Verluste durch innere Blockierung im allgemeinen sehr niedrig gehalten.

Ein Modellbeispiel für ein verlustbehaftetes Koppelnetz ist die dreistufige Koppelanordnung des Bildes 3.11. Nach Clos müßten bei der vorliegenden Port-Aufteilung in den Koppelstufen A und C insgesamt 19 Koppelvielfache B vorhanden sein, um die Anordnung blockierungsfrei zu machen (mit einem Aufwand von 15 200 Koppelpunkten). Tatsächlich sind aber nur 12 Koppelvielfache B (d. h. also nur 12 Wegemöglichkeiten zwischen Ursprung U und Ziel Z) vorgesehen mit einem Gesamtaufwand von 9600 Koppelpunkten bzw. einer Einsparung von 34 % gegenüber dem blockierungsfreien Fall. Mit welchen Verlusten wird diese Einsparung erkauft?

Das hängt natürlich von der Höhe des Verkehrs ab, welcher der Koppelstufe A zugebracht (und von der Koppelstufe C abgenommen) wird. Soll der Verlust z. B. nur etwa 1 % betragen, so darf der Verkehrswert eines Zubringers nicht mehr als 0,56 Erl betragen. Angaben dieser Art lassen sich durch Simulation gewinnen oder — wie in diesem Fall — bei nicht zu komplizierten Netzen aus Tabellen entnehmen [3.2, 3.3]. Es gibt auch numerische Abschätzungsverfahren, von denen das von C. Y. Lee [3.4] recht bekannt geworden ist. Dieses Verfahren läßt sich am Wegegraphen des Bildes 3.11 verfolgen: Die Wahrscheinlichkeit p dafür, daß eine Zwischenleitung (ZL) belegt ist, ist gleich der Verkehrsbelastung p dieser ZL. Dann ist die Gegenwahrscheinlichkeit dafür, daß diese Leitung frei ist: $1 - p$. Die Wahrscheinlichkeit, daß zwei aufeinanderfolgende ZL zwischen Ursprung und Ziel frei sind, ist $(1 - p_1)(1 - p_2)$. Die Gegenwahrscheinlichkeit, daß dieser Leitungszug unbenutzbar ist, weil entweder ZL AB oder ZL BC oder beide ZL belegt sind, ist $1 - (1 - p_1)(1 - p_2)$. Die Wahrscheinlichkeit dafür, alle diese a (mit $a = 12$) Leitungszüge unbenutzbar zu finden, ist gleich dem Verlust B:

$$B = [1 - (1 - p_1)(1 - p_2)]^a.$$

Für den betrachteten Fall werden nun die durch Tabelle bestimmten Verkehrswerte eingesetzt, um die Abweichung des geschätzten Verlustwertes vom gegebenen Verlustwert zu prüfen. Bei gleichmäßiger Verteilung ergibt sich für die Zwischenleitung AB:

$$p_1 = \frac{10 \cdot 0{,}56}{12} = 0{,}466.$$

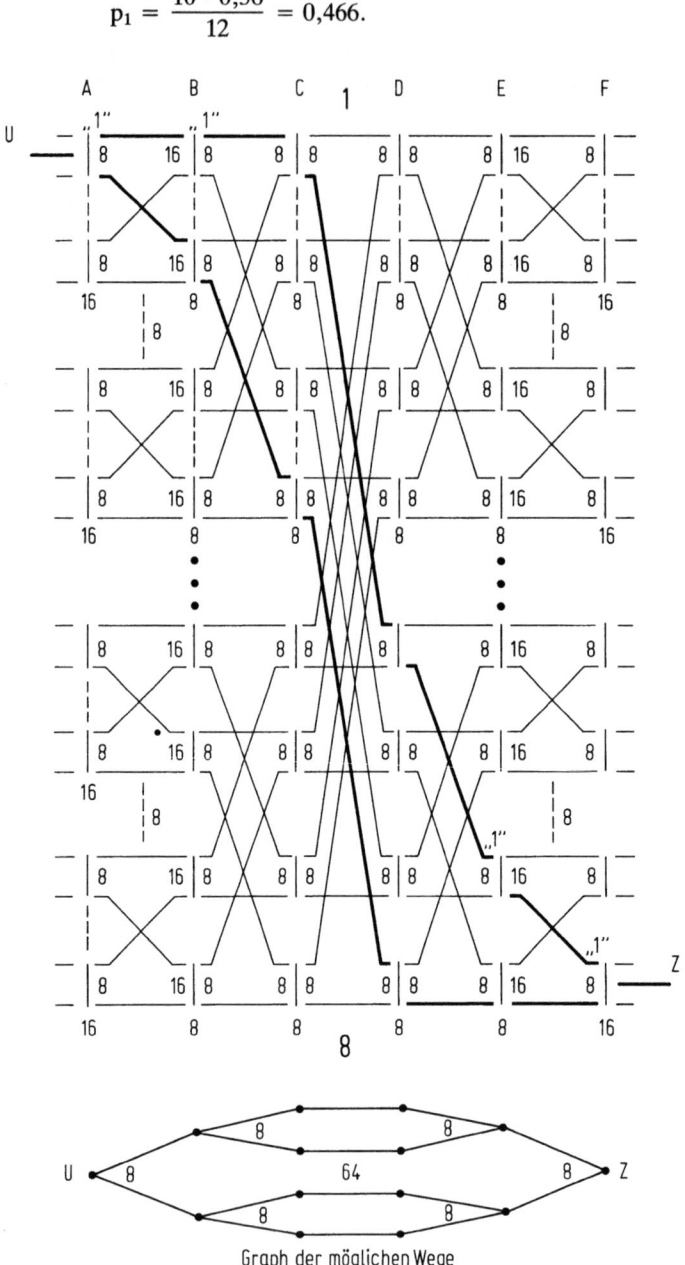

Bild 3.12. Beispiel eines 6stufigen Koppelnetzes.
U Ursprung, Z Ziel

3.2 Koppelnetze für die Leitungsvermittlung

Ein Koppelvielfach B trägt den Verkehr von 20 ZL AB, der sich wieder auf 20 ZL BC aufteilt. Also gilt bei gleichmäßiger Verteilung:

$$p_2 = p_1 = 0,466.$$

Mit $a = 12$ wird

$$B = [1 - (1 - 0,466)^2]^{12} = 1,6 \%.$$

Wie man sieht, führt die Abschätzung nach Lee zu etwas höheren Verlustwerten. Das rührt im wesentlichen daher, daß die Belastungswerte der einzelnen Zwischenleitungen als voneinander unabhängig angenommen wurden, was tatsächlich nicht der Fall ist. Ein verbessertes Verfahren hat R. S. Krupp beschrieben [3.5], auf welches hier allerdings nicht eingegangen wird.

Die bisher betrachteten Koppelnetze sind wenigstufig und deshalb leicht überschaubar. Als Beispiel einer komplexeren vielstufigen Koppelanordnung dient Bild 3.12. Es zeigt eine sechsstufige Anordnung mit folgenden Eigenschaften: Zwischen irgendeinem Eingang (links) und irgendeinem Ausgang (rechts) bestehen 64 unterschiedliche Wegemöglichkeiten (siehe Graph der möglichen Wege, unten). Die Eingangs- bzw. Ausgangszahl kann abhängig vom Verkehrswert der Eingänge verschieden gewählt werden. Nimmt man vier Eingänge (Ausgänge) je Koppelvielfach A (F) an, so ergeben sich bei dem gezeigten Vollausbau $2^{12} = 4096$ Eingänge und ebensoviele Ausgänge. Die Zahl der Koppelpunkte in der A-Stufe beträgt $2^{15} = 32768$, dasselbe gilt für die F-Stufe. In der B- und E-Stufe gibt es je $2^{16} = 65536$ Koppelpunkte. C- und D-Stufe enthalten je $2^{15} = 32768$ Koppelpunkte. Die Gesamtzahl der Koppelpunkte ist also $2^{18} = 262144$ Koppelpunkte. Auf ein Eingangs- und Ausgangspaar entfallen damit $2^6 = 64$ Koppelpunkte, bezogen auf einen einzelnen Eingang oder Ausgang sind es 32 Koppelpunkte.

Eine weitere Eigenschaft, die sich aus der Regelmäßigkeit der Zwischenleitungsanordnung ergibt, ist für die im nachfolgenden Abschnitt 3.2.2 zu erläuternde *Wegsuche* von Bedeutung: Die Ordnungszahlen der in einem Weg enthaltenen Zwischenleitungen AB und FE bzw. BC und ED sind gleich (in Bild 3.12 stark ausgezogen und als Beispiel mit „1" gekennzeichnet).

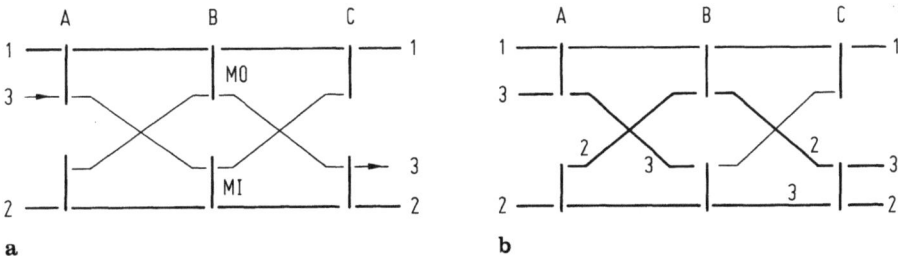

Bild 3.13 a, b. Prinzip des Rearranging. **a** Innere Blockierung für Verbindung 3–3, **b** Aufhebung der Blockierung durch Rearranging der Verbindung 2.
— bestehende Verbindung, MO Middle Switch Out, MI Middle Switch In

Wir haben mit dem zuvor Gesagten also *verlustbehaftete* Koppelnetze als eine Möglichkeit kennengelernt, den Koppelpunktaufwand zu senken. Es gibt jedoch ein weiteres Verfahren zur Verringerung der Koppelpunktzahl bei gegebenem Verlust oder aber zur Verringerung des Verlustes bei gegebener Koppelpunktzahl, nämlich das sog. *Rearranging*. Dabei nimmt man es in Kauf, im Koppelnetz eine bestehende Verbindung auf einen anderen Weg umzulenken, wenn dadurch einer neuen Verbindung noch ein freier Weg zum gewünschten Ziel ermöglicht werden kann. Eine zusätzliche Bedingung ergibt sich daraus, daß durch das Umlenken der alten Verbindung keine Beeinträchtigung der Kommunikationsqualität entstehen darf. Bild 3.13 erläutert das Prinzip an einem einfachen Beispiel. In der dreistufigen Koppelanordnung Bild 3.13a sind die Verbindungen 1 und 2 auf den stark ausgezogenen Wegen durchgeschaltet worden, so daß eine Verbindung 3 nicht mehr hergestellt werden kann. Durch Rearranging z. B. der Verbindung 2 (wie in Bild 3.13b angegeben) gelingt es, auch noch für Verbindung 3 einen Weg zu finden. Es läßt sich zeigen, daß durch ggf. mehrfaches Rearrangement Verluste vermieden werden können, sofern an Ursprungs- und Zielkoppelvielfachen noch freie Zwischenleitungen verfügbar sind. Übersetzt auf Bild 3.9 heißt dies: Es sind nicht $2m - 1$, sondern nur m Zwischenleitungen an den Koppelvielfachen A und C (bzw. nur m Koppelvielfache B) notwendig, um Verlustfreiheit zu erreichen.

Nach M. C. Paull wird für das Rearranging in folgender Weise vorgegangen [3.6]: Zunächst wählt man für eine neue, zunächst nicht mehr herstellbare Verbindung zwei geeignete Koppelvielfache B aus, die als MI (Middle Switch In) und MO (Middle Switch Out) bezeichnet werden. Die Wahl wird so getroffen, daß MI über eine *freie* Zwischenleitung das Koppelvielfach A erreicht, an dem der zu verbindende *Eingang* liegt (in Bild 3.13a also Eingang 3), während für MO das Entsprechende für den zu erreichenden *Ausgang* gilt (in Bild 3.13a also Ausgang 3). MI und MO sind natürlich verschieden, da andernfalls ja eine Verbindung herstellbar gewesen wäre. Nun muß man entscheiden, ob die neue Verbindung über MI oder MO durchgeschaltet werden soll. Angenommen, hier wird MI ausgewählt. Dann muß die eine bisher über MI geführte Verbindung ausgelöst werden, welche den einzigen vorhandenen Weg zwischen MI und dem gewünschten Koppelvielfach C belegt hat (im Beispiel also Verbindung 2). Verbindung 3 ist damit herstellbar. Jetzt ist die Prozedur für die zuvor ausgelöste Verbindung (hier 2) zu wiederholen, falls nicht ein geeignetes Koppelvielfach B für eine unmittelbare Verbindung gefunden wird. Im Beispiel des Bildes 3.13 ist dies allerdings der Fall!

In den sog. *Paull-Matrizen* lassen sich die Verhältnisse übersichtlich darstellen. Zur Erläuterung wird ein Modell-Koppelnetz nach Bild 3.14a verwendet. In Bild 3.14b sind in dieses Koppelnetz alle durch Verbindungen 1 bis 11 bereits als belegt angenommenen Wege eingezeichnet. In der Matrize Bild 3.14c stellt sich das in folgender Weise dar: Jedem Koppelvielfach A wird eine Zeile, jedem Koppelvielfach C eine Spalte der Matrix zugeordnet. Im Kreuzungsfeld einer von Koppelvielfach A zu Koppelvielfach C geführten Verbindung wird die Nummer des berührten Koppelvielfachs B eingetragen. Beispiel: Verbindung 1 beginnt in Koppelvielfach A 1, verläuft über Koppelvielfach B 1 und endet in Koppelvielfach C 4. Im 4. Feld (entspr. C4) der ersten Zeile (entspr. A1) wird deshalb eine 1 (entspr. B1) eingetragen.

3.2 Koppelnetze für die Leitungsvermittlung

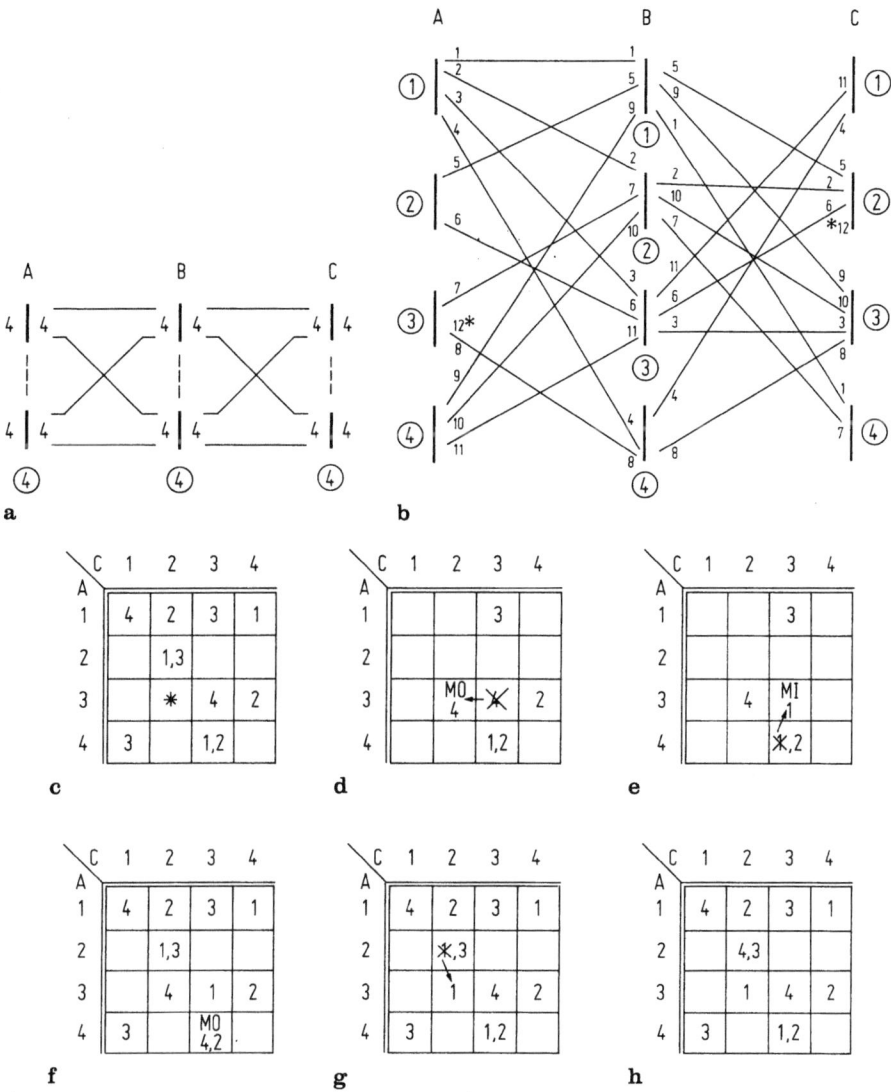

Bild 3.14 a–h. Paull-Matrizen. **a** Modell-Koppelnetz, **b** belegte Verbindungen im Modell-Koppelnetz, **c** Paull-Matrize der bestehenden Verbindungen, **d** Herstellen von Verbindung 12 auf Kosten von Verbindung 8, **e** Rearranging von Verbindung 8 auf Kosten von Verbindung 9, **f** Rearranging von Verbindung 9 und vollständiges Belegungsbild, **g** Herstellung von Verbindung 12 auf Kosten von Verbindung 5, **h** Rearranging von Verbindung 5 und vollständiges Belegungsbild.
MO Middle Switch Out, MI Middle Switch In

Nun soll eine neue Verbindung 12 von A 3 nach C 2 aufgebaut werden (*). Wie Zeile A 3 der Matrix zeigt, sind Koppelvielfache B 1 und B 3 von A 3 aus noch nicht belegt worden (Zahlen 1 und 3 tauchen in Zeile A 3 nicht auf). Leider aber sind die Wege sowohl von B 1 nach C 2 als auch von B 3 nach C 2 nicht mehr verfügbar

(Zahlen 1 und 3 erscheinen in der Spalte C2). Es gibt also eine innere Blockierung, die durch Rearranging behoben werden soll.

Wir wählen als MI das Koppelvielfach B1 (es erscheint nicht in Zeile A3) und als MO das Koppelvielfach B4 (es erscheint nicht in Spalte C2) aus und entschließen uns, das Rearranging mit MO zu beginnen. Also wird die Verbindung 8 von A3 nach C3 gelöst, Verbindung 12 kann über B4 hergestellt werden (Bild 3.14d). Nun muß ein Rearranging für Verbindung 8 vorgenommen werden, da in Zeile A3 und Spalte C3 alle Koppelvielfache B bereits genannt sind. MO der neu herzustellenden Verbindung 8 ist B4 (in Spalte C3 nicht mehr enthalten), dieses nützt jedoch nichts, da ja das Teilstück A3 — B4 gerade zuvor für die Verbindung 12 belegt wurde. Also muß man nun ein MI aussuchen, möglich sind B1 und B3 (in Zeile A3 nicht enthalten). Wir wählen B1 und lösen damit Verbindung 9 (Bild 3.14e). Jetzt ist wieder ein MO an der Reihe, es bleibt keine andere Wahl als B4, da alle anderen Koppelvielfache B in Spalte C3 bereits genannt sind. Verbindung 9 von A4 nach C3 verläuft also über Koppelvielfach B4 (Bild 3.14f). Nun ist kein weiteres Rearranging mehr nötig, denn sowohl von Koppelvielfach A4 (Zeile A4) als auch von Koppelvielfach C3 (Spalte C3) wird ein Koppelvielfach B höchstens einmal erreicht. Und dies gilt für alle nunmehr 12 Verbindungen der Matrix Bild 3.14f.

Hätten wir übrigens das Rearranging mit MI = B1 statt mit MO = B4 begonnen, so wäre zunächst Verbindung 5 ausgelöst worden (Bild 3.14g). Als MO der Verbindung 5 (Spalte C2) kommt nur B4 in Frage. B4 ist aber auch als MI geeignet (Zeile A2), d. h. Verbindung 5 kann ohne weitere Rearranging-Vorgänge über B4 durchgeschaltet werden. Dieser zweite Weg wäre also der günstigere gewesen, was man allerdings von vornherein im allgemeinen nicht absehen kann. Es läßt sich jedoch zeigen, daß Rearranging immer zu dem Ziel führt, für *alle* Verbindungen geeignete Zwischenleitungen zu finden. Blockierungen durch das Koppelnetz können also nur dann noch auftreten, wenn die Zahl der Zubringer am Koppelvielfach A größer als die Zahl der von dort weiterführenden Zwischenleitungen ist bzw. wenn die Zahl der Abnehmer am Koppelvielfach C kleiner als die Zahl der dort ankommenden Zwischenleitungen wird. Dieser Blockierungsfall ist bei der Closschen Anordnung allerdings ebenfalls ausgeschlossen.

Wie aber werden beim Rearranging Störungen der bereits bestehenden Verbindungen vermieden? — Indem man ein zusätzliches Koppelvielfach B einführt, das nur für Rearranging-Vorgänge belegt wird. Bevor man eine bestehende Verbindung löst, wird ein Parallelweg über dieses zusätzliche Koppelvielfach B hergestellt, der nach dem Rearrangement jener Verbindung wieder freizugeben ist.

Mithin bietet sich das Rearranging als eine attraktive Methode an, den Koppelpunktaufwand bzw. die verursachten Verluste eines Koppelnetzes zu senken. Dennoch wird diese Technik im allgemeinen nicht angewendet. Das liegt einerseits an der hohen dynamischen Belastung der (zentralen) Einrichtungen, welche die zugehörigen Steuerungsvorgänge abzuwickeln haben. Es gibt Abschätzungen, daß die Belastung durch die damit im Zusammenhang stehende *Wegsuche* im Mittel um 100 % erhöht wird! Andererseits ist aber auch zu berücksichtigen, daß dem Kostenanteil des Koppelnetzes am Gesamtaufwand im Zeitalter der Mikroelektronik geringere Bedeutung zukommt. In aller Regel wird man deshalb einer Vereinfachung der Steuerungsabläufe den Vorrang vor einer Reduzierung des Koppelnetzaufwandes durch Rearranging geben.

3.2 Koppelnetze für die Leitungsvermittlung

Die hier vorgestellten Koppelnetzprinzipien können das Thema der Koppelnetz-Konfigurationen nur beispielhaft behandeln. Es gibt viele weitere Varianten, z. B. [3.7], die im Zusammenhang mit digitalen Koppelnetzen zum Teil weniger interessant sind, zum Teil aber auch keine wesentlich neuen Gesichtspunkte bringen. Zu fragen ist allerdings, warum die gezeigten Konfigurationen nur für das Prinzip „Leitungsvermittlung" geeignet sein sollen. In der Tat ist eine Vermittlung von *Paketen* in Koppelnetzen dieser Art nicht ausgeschlossen, wohl aber im allgemeinen unzweckmäßig. Das liegt an den doch z. T. komplexen Steuerungsfunktionen, die bei einer Vermittlung von Tausenden von Paketen je Sekunde zu hohen Belastungen zentraler Steuerungseinrichtungen führen würden. Für die Paketvermittlung vorzuziehen sind deshalb Konfigurationen, die auf einfache Weise ein „Self-Routing" und damit eine Dezentralisierung der zuständigen Steuerungseinrichtungen ermöglichen.

Auf die erwähnten Steuerungsfunktionen, nämlich die *Wegsuche,* ist nun anhand geeigneter Beispiele einzugehen.

3.2.2 Wegsuche in leitungsvermittelnden Koppelnetzen

Die Wegsuche dient beim Verbindungsaufbau der Auswahl eines Verbindungsweges durch das Koppelnetz. In Bild 3.15 wird die Aufgabenstellung am Beispiel einer Fernsprechvermittlung präzisiert. Am Koppelnetz sind einerseits Teilnehmer, andererseits *Bündel* angeschlossen. Unter einem Bündel versteht man eine Anzahl von Leitungen (Kanälen), die im Netz denselben Ursprung und dasselbe Ziel haben (vgl.

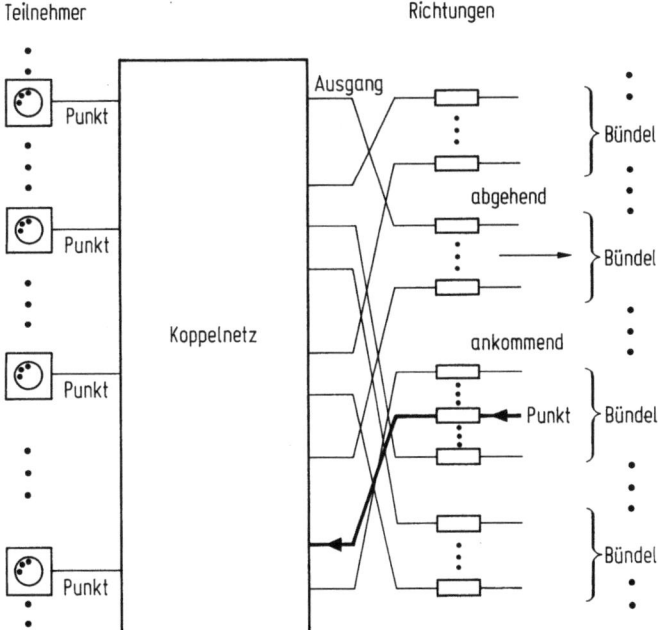

Bild 3.15. Aufgaben der Wegsuche

Abschnitt 2.2.2). So wird zwischen zwei miteinander verbundenen Netzknoten stets ein Bündel eingerichtet, weil hier mehrere Verbindungen gleichzeitig bestehen können. Desgleichen gibt es ein Bündel für den Internverkehr innerhalb einer Vermittlungsstelle. Wenn ein Teilnehmer eine Verbindung aufbauen will, so geht diese von einem *Punkt*, dem Anschlußpunkt des Teilnehmers, aus. Zum gewünschten Ziel aber führt ein *Bündel;* es stellen sich also mehrere abgehende Verbindungswege zur Auswahl, von denen einer belegt werden muß. Dies ist die Aufgabe der *Punkt-Bündel-Wegsuche.*

In umgekehrter Richtung — bei einer ankommenden Verbindung — ist bereits in der vorgeordneten Vermittlungsstelle ein Verbindungsweg ausgewählt worden, der auf einem bestimmten Anschluß*punkt* der Koppeleinrichtung endet. Bei vorgegebenem Zielteilnehmer — also wiederum einem Anschlußpunkt — ist eine *Punkt-Punkt-Wegsuche* erforderlich, für die weniger Wegemöglichkeiten bestehen. Ausnahmefall: der Zielteilnehmer besitzt einen Sammelanschluß, ist also über mehrere Anschlüsse erreichbar.

Das Verfahren der Punkt-Bündel-Wegsuche läßt sich in das der Punkt-Punkt-Wegsuche überführen, indem man in einem getrennten Auswahlprozeß zunächst aus dem Bündel einen Punkt bestimmt und anschließend eine Punkt-Punkt-Wegsuche durchführt. Bringt diese nicht den gewünschten Erfolg, kann der Wegsuchvorgang mit einem anderen Punkt wiederholt werden. Im allgemeinen genügen drei bis vier Versuche, um auf diese Art zu gleichwertigen Ergebnissen wie bei „echter" Punkt-Bündel-Wegsuche zu kommen [3.8].

Die Wegsuche muß einen freien, zusammenhängenden Weg durch das Koppelnetz zwischen Ursprung und gewünschtem Ziel finden und muß anschließend die ausgewählten Komponenten „belegt" schreiben, damit sie nicht mehr in andere Verbindungen einbezogen werden können, was zu Doppelverbindungen führen würde. Beim *Auslösen* der Verbindung nach Ende des Kommunikationsvorgangs sind die belegten Komponenten wieder freizugeben.

In Abschnitt 1.2 war das Verfahren der *stufenweisen* Wegsuche im einzelnen erläutert worden. In digitalen Koppelnetzen wird im allgemeinen ein *weitspannendes* Verfahren angewendet (auch „bedingte Wegsuche" genannt), das für die Wegeauswahl den Belegungszustand des Netzes über alle Koppelstufen hinweg berücksichtigt. Da dieser Vorgang prozessorgesteuert abläuft, also an die typische Arbeitsweise des *v. Neumann-Computers* angepaßt ist, spricht man von einer „Wegsuche im Speicher". Genauer gesagt: Die Belegungszustände der sich zur Auswahl stellenden Komponenten (Zwischenleitungen und Ausgänge zu den Abnehmern) werden in einem Speicher geführt. Bild 3.16 erläutert das Verfahren, wobei die Modellkoppelanordnung Bild 3.11 zugrunde gelegt ist.

Jeder Zwischenleitung wird im Speicher (wenigstens) ein Bit zugeordnet, dessen Zustand — z. B. 1 — Auskunft über das „Freisein" der Zwischenleitung gibt. Die Zwischenleitungs-Bits werden koppelvielfachweise geordnet. Die Bits aller von einem Koppelvielfach A oder C ausgehenden Zwischenleitungen stehen in einer Speicherzelle. Für die Wegsuche werden die dem Ursprungs-Koppelvielfach A (hier KVA 1) und dem Ziel-Koppelvielfach C (hier KVC 20) zugeordneten Zellen ausgelesen und in einem Register „untereinandergeschrieben". Wie bereits an Bild 3.12 erläutert, liegen in einem Verbindungsweg stets gleichnamige Zwischenleitungen AB

3.2 Koppelnetze für die Leitungsvermittlung

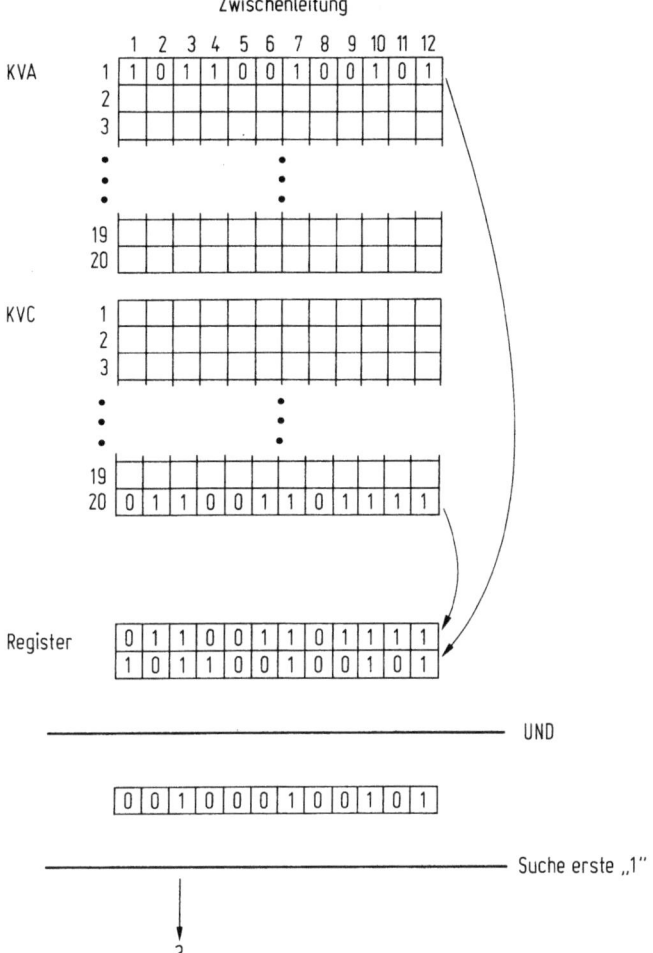

Bild 3.16. Weitspannende Wegsuche im Speicher (Modell-Koppelnetz Bild 3.11)

und CB hintereinander, so daß nunmehr eine einfache logische „UNDierung" der stellenrichtig untereinandergeschriebenen Belegungszustände ausweist, welche der Wege — gekennzeichnet durch zwei hintereinanderliegende freie Zwischenleitungen — noch verfügbar sind. Anschließend erfolgt mit einem Befehl „suche erste 1 von links" die Auswahl eines Weges, hier im Beispiel des Weges 3.

Bei der „Wegsuche im Speicher" sind eigene Steuerungsabläufe notwendig, um die ausgewählten Wegkomponenten „belegt" zu schreiben (0) und sie vor allem auch nach Auslösung der Verbindung wieder in den Freizustand (1) zu versetzen. Für den letztgenannten Vorgang ist ein eigenes „Wegegedächtnis" erforderlich.

Bei „Wegsuche im Speicher" wird die Punkt-Bündel-Wegsuche durch eine ggf. mehrfach zu wiederholende Punkt-Punkt-Wegsuche ersetzt, wie bereits erwähnt wurde. Das hier an einem einfachen Beispiel erläuterte Verfahren wird natürlich in vielstufigen Koppelnetzen wie etwa Bild 3.12 merklich komplizierter.

3.2.3 Leitungsvermittelnde Koppelnetze im Zeitmultiplex

Die in Abschnitt 3.2.1 behandelten Koppelpunkt-Konfigurationen lassen sich im *Raummultiplex* z. B. durch digitale Gatter realisieren: Jeder Koppelpunkt wird durch ein oder zwei Gatter repräsentiert, je nachdem ob einseitig oder zweiseitig gerichtete digitale Nachrichten zu übertragen sind. Ein wichtiger Wirtschaftlichkeitsaspekt ist durch die Großintegration digitaler Schaltkreise gegeben: mehrere Koppelpunkte werden auf einem „Chip" zusammengefaßt. Es hat sich jedoch gezeigt, daß die *Zeitmultiplex*ausnützung, die wir in Abschnitt 2.3.2 bereits in Übertragungssystemen kennengelernt haben, auch für Koppelpunkte zusätzlich zu noch größerem wirtschaftlichen Erfolg führt. Deshalb ist nun zu betrachten, wie sich die Konfigurationen des Abschnitts 3.2.1 auf Zeitmultiplex-Koppelnetze abbilden lassen und umgekehrt.

Grundlage der Überlegungen sind Netze im *synchronen Transfermodus* (STM). Diese Netze sind für die Digitalisierung des Fernsprechverkehrs auf PCM-Basis optimiert. Das hat heute und auch noch in näherer Zukunft seine Berechtigung in dem gewaltigen Übergewicht des Fernsprech-Massenverkehrs gegenüber den anderen Dialogverkehrsarten. Gekennzeichnet sind diese Netze durch einige starre Vorgaben: Alle 125 μs muß je Fernsprechverbindung (gerichtet) ein binär mit 8 bit codierter Abtastwert übertragen werden (Abschnitt 2.3.3). Daraus ergibt sich der bekannte 125-μs-Rahmenzyklus, in dem sich die Kanäle wiederholen. Dieser Zyklus hat bis in die höchsten Hierarchiestufen der Übertragungssysteme hinein eingehalten zu werden! Aber er muß natürlich auch für die Zeitmultiplex-Vermittlungstechnik gelten. Ein wesentlicher Bestandteil der Optimierung für den Massenverkehr ist die Tatsache, daß überwiegend mit der einheitlichen Kanalbitrate von 64 kbit/s zu rechnen ist.

Bild 3.17 verdeutlicht die Aufgabenstellung der digitalen Vermittlungstechnik im „integrierten" digitalen Netz (vgl. Abschnitt 2.4.2): Zeitschlitze (also *Kanäle*) aus ankommenden Übertragungssystemen müssen unmittelbar auf Zeitschlitze *(Kanäle)* in abgehenden Übertragungssystemen umgesetzt werden. Beispielsweise soll aus

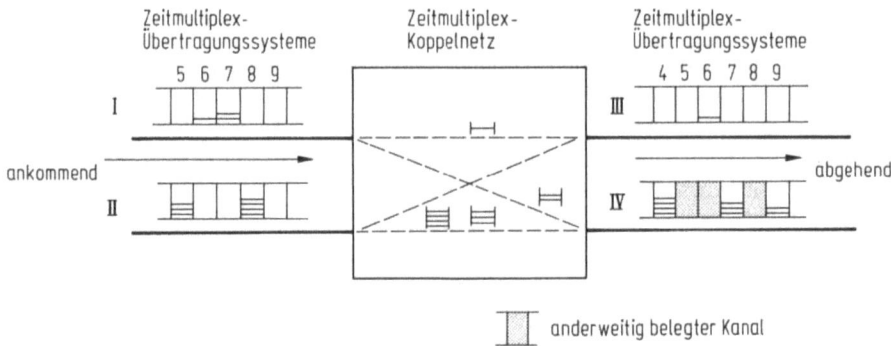

Bild 3.17. Koppelnetz im integrierten digitalen Netz

3.2 Koppelnetze für die Leitungsvermittlung

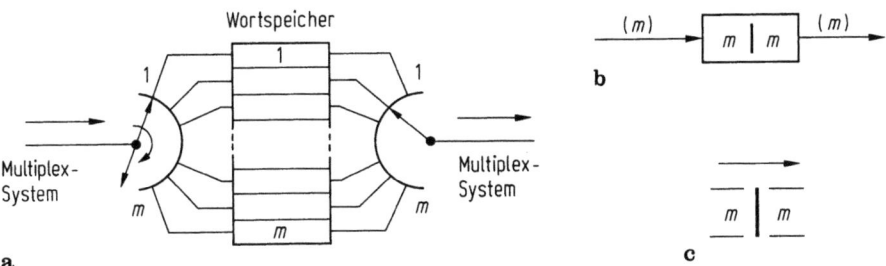

Bild 3.18 a–c. Zeitlagenvielfach. **a** funktionale Darstellung, **b** Symbol, **c** räumliches Ersatzbild (Symbol)

Übertragungssystem I Zeitschlitz Nr. 6 zu Übertragungssystem III vermittelt werden. Dort ist Zeitschlitz Nr. 6 noch frei verfügbar, die Verbindung wird räumlich von System I zu System III, zeitlich von Zeitschlitz Nr. 6 zu Zeitschlitz Nr. 6 durchgeschaltet. Zeitschlitz Nr. 7 werde dagegen zum System IV vermittelt. Dort sind Zeitschlitze Nr. 7 bereits aus System II und Nr. 8 schon anderweitig belegt, so daß zeitlich von Zeitschlitz 7 auf Zeitschlitz 9 durchgeschaltet werden muß. Als letztes Beispiel: Zeitschlitz Nr. 8 im System II muß sogar auf Zeitschlitz Nr. 4 in System IV „zurück"-geschaltet werden. Da es keine negativen Zeiten gibt, ist die Durchschaltung auf Zeitschlitz Nr. 4 des nächstfolgenden 125-μs-Rahmens notwendig. Zusammenfassend: Eine digitale Koppeleinrichtung muß außer einer räumlichen Durchschaltung eine zeitliche Verschiebung der Zeitschlitzlagen ermöglichen.

Die zeitliche Verschiebung wird im Prinzip durch das sog. *Zeitlagenvielfach* realisiert (Bild 3.18). Dies bewirkt die Auflösung des „zeitlichen Nacheinander" in ein „räumliches Untereinander", aus dem wieder ein wahlweises „zeitliches Nacheinander" erzeugt wird. Die 8-bit-Pakete *(Oktetts)* der ankommenden m Zeitschlitze je Rahmen werden im sog. *Wortspeicher* zyklisch auf m Speicherzellen verteilt. Ein solcher Zyklus dauert also 125 μs. Innerhalb von ebenfalls 125 μs werden alle Zellen wieder ausgelesen, allerdings nicht zyklisch, sondern adressiert, um die zeitliche Reihenfolge der Oktetts für die Weitersendung in den m Zeitschlitzen des abgehenden Übertragungssystems ändern zu können. Wenn man dafür sorgt, daß im Wortspeicher grundsätzlich jeder Lesezyklus vor jedem Schreibzyklus abläuft, kann es dabei nicht zum Überschreiben noch nicht ausgelesener Oktetts kommen. — Bild 3.18b zeigt das für ein solches Zeitlagenvielfach vorgeschlagene Symbol [3.9] und Bild 3.18c ein räumliches Ersatzbild. Das Ersatzbild macht deutlich: Ein Zeitlagenvielfach für m Zeitschlitze wirkt wie ein Koppelvielfach (Bild 3.8) mit m Eingängen und m Ausgängen. Technisch gesehen erlaubt das Zeitlagenvielfach die Umsortierung der Zeitschlitze, während die Zahl der Eingangs- und Ausgangsleitungen (bzw. Multiplexsysteme) gleich bleibt (hier z. B. gleich eins). Sehr häufig jedoch wird nicht — wie im Zeitlagenvielfach — ein Wortspeicher nur für die zeitliche Durchschaltung *eines* Multiplexsystems verwendet, sondern der Wortspeicher steht *mehreren* Multiplexsystemen gemeinsam zur Verfügung. Eine solche Anordnung wird *Kombinationsvielfach* genannt, weil mit diesem nicht allein die zeitliche Verschiebung, sondern auch die räumliche Durchschaltung realisiert werden kann, womit sich eine einfache und aufwandarme Durchschaltemöglichkeit ergibt!

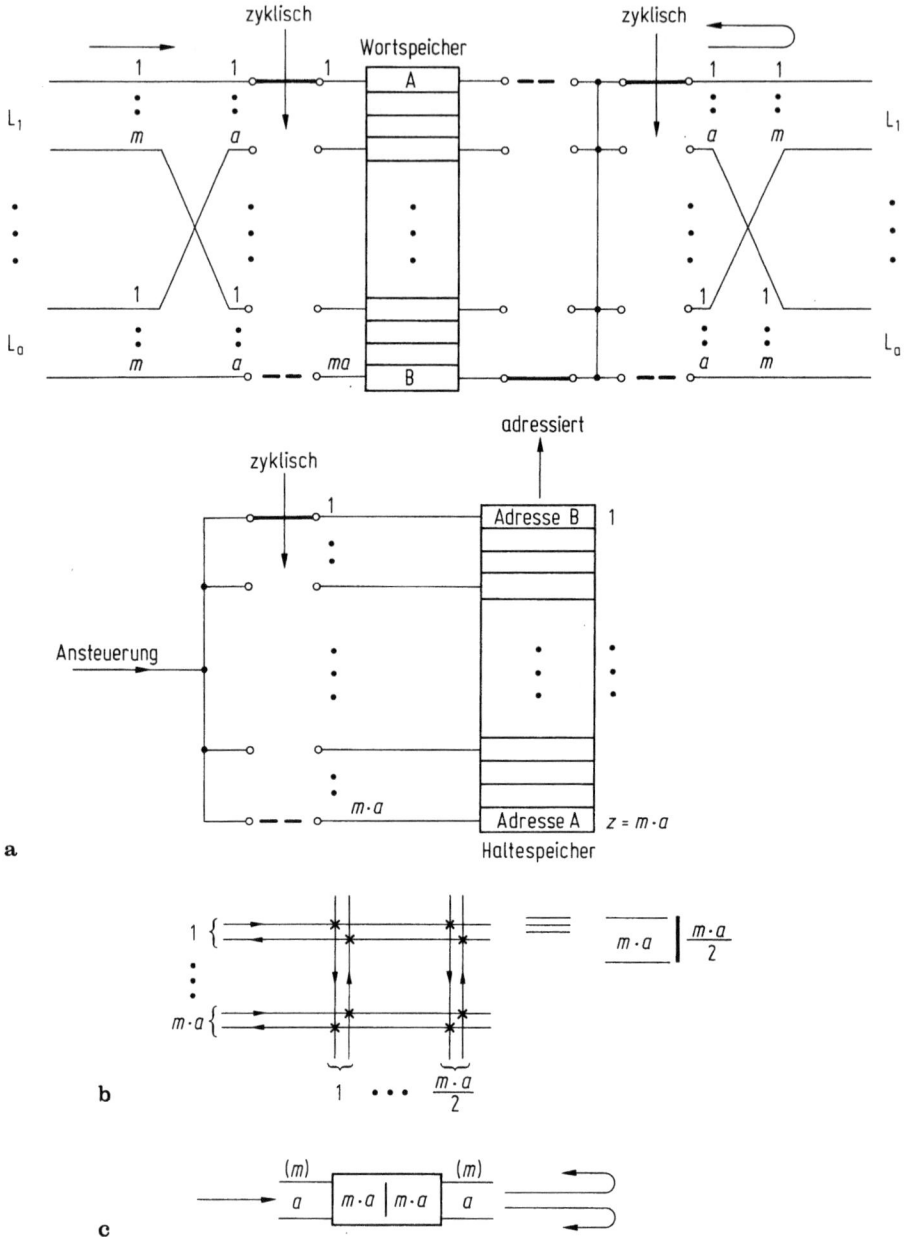

Bild 3.19 a–c. Kombinationsvielfach. **a** funktionales räumliches Ersatzbild, **b** räumliches Ersatzbild, **c** Symbol

Bild 3.19a erläutert die Funktion des Kombinationsvielfachs an einem räumlichen Ersatzbild: An das Kombinationsvielfach werden a Multiplexsysteme L mit je m Zeitschlitzen innerhalb eines 125-μs-Rahmens angeschlossen. Der Wortspeicher muß

3.2 Koppelnetze für die Leitungsvermittlung

also zur Aufnahme aller in einem Rahmen angelieferten Oktetts $m \cdot a$ Speicherzellen enthalten. Die $m \cdot a$ Oktetts werden aus den ankommenden Multiplexsystemen wiederum zyklisch in die Speicherzellen des Wortspeichers eingeschrieben. Die Darstellungsweise im Bild deutet an, daß zunächst die ersten Zeitschlitze, dann die zweiten Zeitschlitze usw., zuletzt die m-ten Zeitschlitze aller a Multiplexsysteme eingespeichert werden.

Ähnlich wie beim Zeitlagenvielfach beschrieben werden alle $m \cdot a$ Speicherzellen des Wortspeichers innerhalb des Rahmens von 125 μs wieder ausgelesen, wobei jeweils der Lesezyklus vor dem Schreibzyklus erfolgt. Das Auslesen geschieht adressiert und bewirkt den zeitrichtigen Übertrag des jeweiligen Oktetts zum gewünschten abgehenden Multiplexsystem. Es wird hierfür ein einfaches und „unintelligentes" Prinzip verwendet, das im *Haltespeicher* des Bildes 3.19a erkennbar ist. Jedem Zeitschlitz der ankommenden Übertragungssysteme L_1 bis L_a ist eine Speicherzelle im Haltespeicher zugeordnet, die synchron mit der zugehörigen Wortspeicherzelle zyklisch aufgerufen wird. In der Haltespeicherzelle ist die Zieladresse, also die Zeitschlitznummer im abgehenden Übertragungssystem, angegeben, zu welcher der Inhalt der zugeordneten Wortspeicherzelle zu übertragen ist. Der Übertrag wiederholt sich „automatisch" ohne komplizierte Rechenvorgänge alle 125 μs. Die Zieladresse wird beim Aufbau der Verbindung in den Haltespeicher eingeschrieben und nach Verbindungsende wieder gelöscht.

Die Funktionsweise sei an einem Beispiel erläutert: Zeitschlitz 1 von Multiplexsystem L_1 soll zu Zeitschlitz m von Multiplexsystem L_a und umgekehrt (in einer doppelt gerichteten Verbindung) Zeitschlitz m des Systems L_a zu Zeitschlitz 1 des Systems L_1

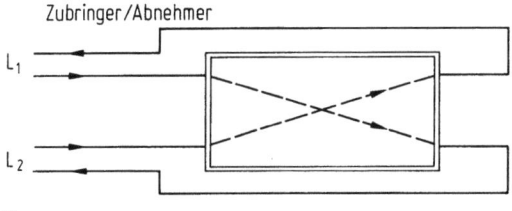

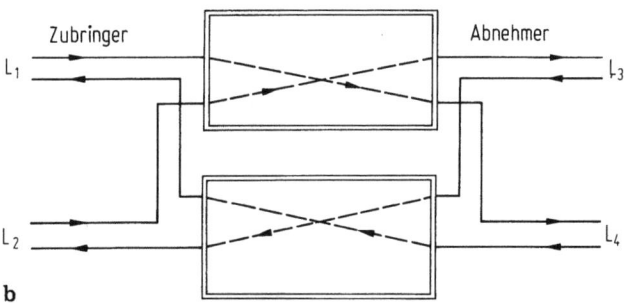

Bild 3.20 a, b. Vierdrähtigkeit (Vollduplexfähigkeit) von digitalen Koppelnetzen. **a** Combined Switching Mode, **b** Separated Switching Mode

durchgeschaltet werden. In der Situation des Bildes 3.19a („ausgezogene" Position der Drehschalter) wird zunächst die „irgendwann" eingeschriebene Zelle B ausgelesen, das Oktett wird an System L_1, Zeitschlitz 1 weitergegeben. Sodann wird das neu im Zeitschlitz 1 des Systems L_1 angelieferte Oktett in die „irgendwann" vorher ausgelesene Zelle A des Wortspeichers eingeschrieben. Am Ende des Rahmens (also des 125-μs-Zyklus) nehmen die Drehschalter die gestrichelte Position ein. Dann wird zunächst das zuvor in A eingeschriebene Oktett an System L_a, Zeitschlitz m abgeliefert. Anschließend wird von System L_a das Oktett aus Zeitschlitz m übernommen und in B eingeschrieben. Der nächste Schritt entspricht wieder der ausgezogenen Position der Drehschalter: Zelle B ist tatsächlich voll und Zelle A tatsächlich leer, wie zuvor angenommen! Es besteht also eine Duplexverbindung zwischen Multiplexsystem L_1 Zeitschlitz 1 und Multiplexsystem L_a Zeitschlitz m, wie oben gefordert.

Das Funktionsbild 3.19a läßt sich auf die symbolische räumliche Darstellung Bild 3.19b übersetzen, wobei links die wechselseitig gerichteten Kommunikationsbeziehungen deutlich werden, rechts diese Beziehungen implizit enthalten sind. In dieser Form ist das Kombinationsvielfach verlustfrei! Als Symbol für das Kombinationsvielfach wird die Darstellung Bild 3.19c in Anlehnung an das Symbol des Zeitlagenvielfachs (Bild 3.18b) vorgeschlagen.

Mit Bild 3.19 wurde bereits ein Lösungsweg für die Realisierung der gleichzeitigen Durchschaltung von zwei Kommunikationsrichtungen vorweggenommen (Vollduplexfähigkeit oder „Vierdrähtigkeit"). Dies wird mit Bild 3.20 verallgemeinert. Die Duplexfähigkeit kann entweder — wie im Beispiel 3.19 — dadurch erreicht werden, daß die „ankommenden Kommunikationsrichtungen" der Multiplexübertragungssysteme an die eine Seite, die „abgehenden Kommunikationsrichtungen" an die andere Seite der Koppeleinrichtung angeschlossen werden (Bild 3.20a, Combined Switching Mode [3.9]). Im Gegensatz dazu wird in Bild 3.20b für jede Kommunikationsrichtung eine eigene Koppeleinrichtung vorgesehen, die allerdings beide von einem gemeinsamen Haltespeicher aus gesteuert werden können (Separated Switching Mode [3.9]). Die Anschlußkapazität ist unter sonst gleichen Bedingungen im Fall b) doppelt so groß wie im Fall a), allerdings ist im Gegensatz zu a) ein Vermitteln zwischen L_1 und L_2 bzw. L_3 und L_4 nicht ohne weiteres möglich, so daß man den Separated Switching Mode nur dann anwenden kann, wenn gerichtete Verkehrsbeziehungen vorliegen. Das bedeutet: Auf der einen Seite müssen Zubringer, auf der anderen Seite Abnehmer angeschlossen werden. Es sei noch nachgetragen, daß es üblich ist, im Übertragungssystem für jede Kommunikationsrichtung einer Duplexverbindung numerierungsgleiche Zeitschlitze zu belegen. Für das Einhalten dieser „Symmetrie" muß beim Durchschalten von Duplexverbindungen in der Koppeleinrichtung gesorgt werden, wie es auch im Beispiel Bild 3.19 gezeigt wurde.

Es gibt einige weitere Durchschaltevarianten bei digitalen Koppelnetzen. Erwähnt seien hier die unterschiedlichen Verfahren der *seriellen* und *parallelen* Durchschaltung (Bild 3.21). Bei serieller Durchschaltung werden alle acht Bit jedes Oktetts nacheinander über das Koppelnetz oder über Teile davon durchgeschaltet (Bild 3.21a), bei paralleler Durchschaltung werden sie dagegen gleichzeitig über acht parallele Ebenen vermittelt. Alle Ebenen können von denselben Steuerungseinrichtungen bedient werden. Auch Modifizierungen wie „Durchschaltung von Halboktetts" oder „Durchschaltung von Doppeloktetts" sind möglich. Der Vorteil der

3.2 Koppelnetze für die Leitungsvermittlung

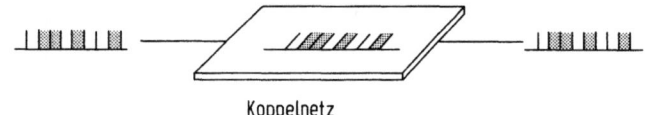

a Koppelnetz

b Koppelnetz S/P P/S

Bild 3.21 a, b. Durchschaltemodi. **a** serielle Durchschaltung, **b** parallele Durchschaltung. P/S Parallel-Serien-Umsetzung, S/P Serien-Parallel-Umsetzung

Paralleldurchschaltung liegt — bei erhöhtem Durchschalteaufwand — in der z. B. achtfach höheren Arbeitsgeschwindigkeit. Damit läßt sich ein so einfaches Prinzip wie das Kombinationsvielfach auch für größere Koppelanordnungen anwenden.

Hierzu folgendes Beispiel: Die Zahl der zu vermittelnden Zeitschlitze ist $z = m \cdot a$ (Bild 3.19). In jedem Zeitschlitz ist bei Parallelschaltung ein Lese- und ein Schreibtakt erforderlich, die Zahl der Takte in einem Zyklus von 125 µs ist deshalb $2 m \cdot a$. Die Taktfrequenz (in kHz) der Koppeleinrichtung wird damit zu

$$f_T = \frac{2 m \cdot a}{0{,}125} = 16 m \cdot a.$$

Schließt man PCM-Grundsysteme mit jeweils 32 Zeitschlitzen (Abschnitt 2.3.2) an die Koppeleinrichtung an, so ist $m = 32$, und die Anzahl der anschließbaren Übertragungssysteme wird mit f_T in MHz

$$a \approx 2 f_T.$$

Bei einer Taktfrequenz von etwa 8 MHz lassen sich also 16 Grundsysteme anschließen, das entspricht bei 30 nutzbaren (Sprech-)Kreisen je Grundsystem einer Anschlußkapazität von insgesamt 480 (Sprech-)Kreisen, aufgeteilt auf Zubringer und Abnehmer. Mit „Tricks" läßt sich bei gegebener Taktfrequenz die Anschlußkapazität weiter erhöhen, z. B. durch die Paralleldurchschaltung von Doppeloktetts oder durch die Verwendung von zwei Wortspeichern, die umschichtig und gleichzeitig geschrieben und gelesen werden. Betont sei nochmals die Verlustfreiheit des Kombinationsvielfachs in dieser Form.

Das Kombinationsvielfach ist — wie gezeigt — der Matrix der Bilder 3.4 bzw. 3.8a vergleichbar, verkehrstheoretisch entspricht es einem großen Koppelvielfach (Bild 3.8b, Bild 3.19b). Matrizen dieser Größe sind in der klassischen, elektromechanischen Raummultiplextechnik unwirtschaftlich, weshalb man dort bereits bei relativ kleinen Koppelnetzen zu mehrstufigen Anordnungen übergeht. Aber auch in der Zeitmultiplextechnik digitaler Koppelnetze kann man aus Gründen der physikalischen Machbarkeit nicht beliebig große Kombinationsvielfache realisieren, wie die vorhergehende Betrachtung zur Taktfrequenz zeigt. Deshalb muß also auch in Zeitmultiplex-Koppelnetzen ein Weg gefunden werden, Kombinationsvielfache miteinander zu verbinden und damit mehrstufige größere Koppelnetze zu schaffen.

Hierfür bieten sich zwei unterschiedliche Wege an. Der erste besteht in der unmittelbaren Zusammenschaltung von Kombinationsvielfachen, wie in Bild 3.22 gezeigt. Wir werden später in Kapitel 4 ein praktisch ausgeführtes Beispiel dieser Zusammenschaltung kennenlernen. Wie Bild 3.22b verdeutlicht, bestehen nunmehr zwischen den Koppelvielfachen verschiedener Koppelstufen jeweils m parallele „Zwischenleitungen" (besser „Zwischen-Zeitschlitze") im Gegensatz zu den bisher gezeigten Anordnungen mit nur je einer Zwischenleitung zwischen den Koppelvielfachen (siehe z. B. Bild 3.9). Dadurch erhöht sich die Zahl der Wegemöglichkeiten zwischen

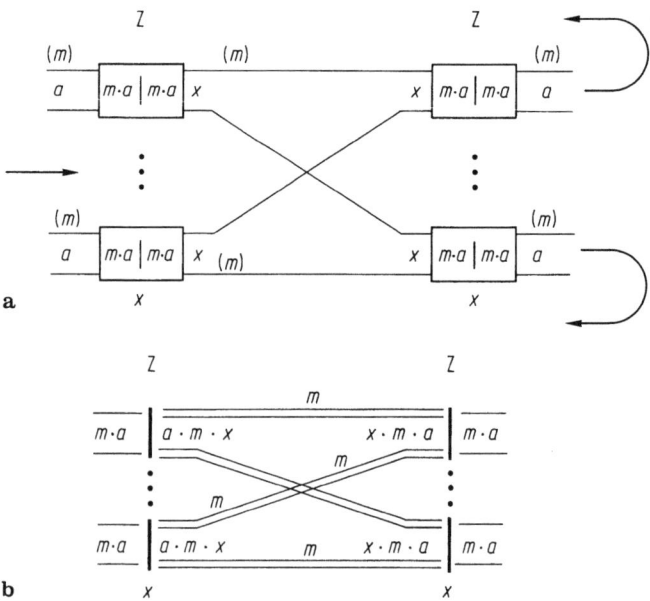

Bild 3.22a, b. Zusammenschaltung von Kombinationsvielfachen zu mehrstufigen Koppelnetzen (Beispiel). **a** Schema der Leitungsführung, **b** räumliches Ersatzbild.
Z Zeitstufe

3.2 Koppelnetze für die Leitungsvermittlung

den Koppelvielfachen und infolgedessen auch das vermittelbare Verkehrsangebot. Die Betrachtungen zur Blockierungsfreiheit Closscher Anordnungen und zum Rearranging bleiben hierbei im Prinzip gültig, müssen aber modifiziert werden. Eine aus Kombinationsvielfachen oder Zeitlagenvielfachen gebildete Koppelstufe wird *Zeitstufe* (Z) genannt (engl. Time Switch oder Time Stage).

Der zweite Weg der Bildung mehrstufiger Koppelnetze führt sog. *Raumlagenvielfache* ein, die — in *Raumstufen* (R) angeordnet — in mehrstufigen Koppelnetzen die *räumliche* Verteilung von „Zwischen-Zeitschlitzen" übernehmen (Space Switch oder Space Stage). Bild 3.23a deutet die „physikalische" Konfiguration des Raumlagenvielfachs an, die äußerlich der Koppelmatrix des Bildes 3.8a gleicht. Im Gegensatz zu Bild 3.8 jedoch, wo die belegten Koppelpunkte für die Dauer der Verbindung geschlossen bleiben, wechselt in Bild 3.23a die Durchschaltekonfiguration der Koppelpunkte von Zeitschlitz zu Zeitschlitz (sie wird wie in Bild 3.19 durch einen Haltespeicher gesteuert). Daraus ergibt sich das räumliche Ersatzbild 3.23c: a Multiplexleitungen mit je m Zeitschlitzen werden mit b Multiplexleitungen zu je m Zeitschlitzen gewissermaßen über m übereinanderliegende Ebenen verbunden. Die Zahl der Zeitschlitze ändert sich von Eingang zu Ausgang nicht, während dies bei Zeitlagen- und Kombinationsvielfachen der Fall sein kann. Bild 3.23d zeigt den Sachverhalt in der gewohnten Symbolik.

In Bild 3.24 ist beispielhaft ein dreistufiges Koppelnetz (ZRZ) dargestellt, in dem Kombinationsvielfache über Raumlagenvielfache miteinander verbunden sind. In Kapitel 4 wird hierzu ein Realisierungsbeispiel vorgestellt. Die Frage ist naheliegend,

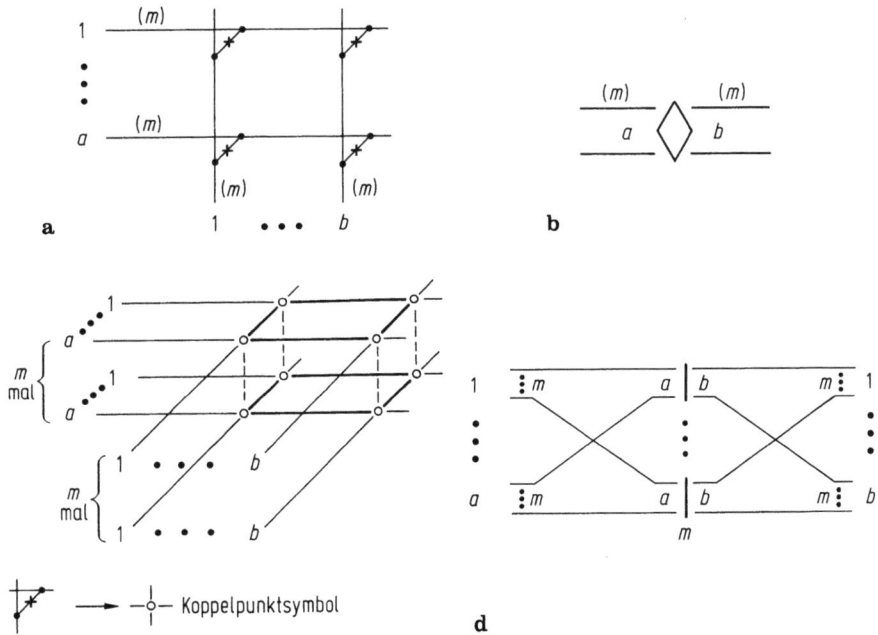

Bild 3.23 a–d. Raumlagenvielfach. **a** Konfiguration der Koppelpunkte, x Koppelpunkt, **b** symbolische Darstellung, **c** räumliches Ersatzbild, **d** symbolische Darstellung von c)

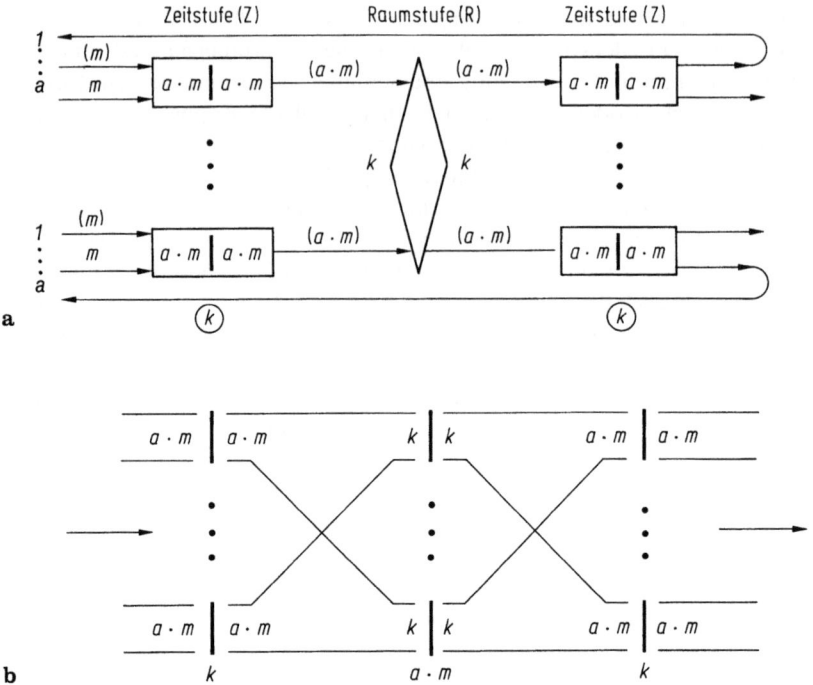

Bild 3.24 a, b. Dreistufiges Koppelnetz mit Raumlagenvielfach (Beispiel). **a** symbolische Darstellung, **b** räumliches Ersatzbild

welcher der beiden Lösungswege zur Bildung mehrstufiger Koppelnetze vorteilhafter ist. Die Frage läßt sich nicht allgemeingültig beantworten. Als gewisser Nachteil der Mehrstufigkeit allein durch Zeitstufen mag die in jeder Stufe eintretende zeitliche Verschiebung gelten, die zu längeren Durchlaufzeiten durch das Koppelnetz führen kann.

Die hier besprochenen einfachen Prinzipien der zeitmultiplex-ausgenutzten Koppelnetze beruhen — wie eingangs erwähnt — auf dem verkehrsmäßigen Übergewicht des Fernsprechens mit seinem starren, durch das Abtasttheorem (Abschnitt 2.3) bestimmten Rahmenzyklus von 125 μs. Dieser Zyklus erlaubt mit dem *Haltespeicher* die Einführung sehr einfacher und wirtschaftlicher Steuerungsprinzipien.

Neben dem Fernsprechen gewinnen aber zunehmend andere Kommunikationsformen wie Text- und Datenverkehr Bedeutung, für die auch andere Bitraten als die bekannten 64 kbit/s der Pulscodemodulation (PCM) wünschenswert oder notwendig sind. Wie lassen sich diese Anforderungen mit Zeitmultiplex-Koppelnetzen nach dem STM-Prinzip erfüllen?

In Verallgemeinerung lautet die Aufgabenstellung: Wie kann man in einem für eine bestimmte *Grundbitrate* und einen bestimmten Rahmenzyklus optimierten Zeitmultiplex-Koppelnetz von der Grundbitrate nach oben oder unten abweichende Kanalbitraten durchschalten? — Wir wollen einige Möglichkeiten am Beispiel des

3.2 Koppelnetze für die Leitungsvermittlung

Kombinationsvielfachs (Bild 3.19 a) diskutieren, ohne auf zusätzliche Schwierigkeiten in mehrstufigen Koppelnetzen einzugehen.

Der technisch (nicht jedoch verkehrstheoretisch) einfachere Fall ist das Durchschalten von Bitraten, die ganzzahlige Vielfache der Grundbitrate sind. Als Beispiel möge eine Verbindung dreifacher Grundbitrate von Leitung L_1 zu Leitung L_a vermittelt werden (vgl. Bild 3.19). Beim Aufbau der Verbindung wird der Steuerung z. B. von einer vorhergehenden Vermittlungsstelle mitgeteilt, welche drei Zeitschlitze im Multiplexsystem L_1 dieser Verbindung zugeordnet sind. Im Multiplexsystem L_a müssen nun drei freie Zeitschlitze für diese Verbindung gefunden werden. Wenn dies möglich ist, werden wie üblich die Adressen dieser drei Zeitschlitze zeitrichtig im Haltespeicher eingetragen. Mit anderen Worten: Mehrfache der Grundbitrate belegen entsprechend mehrfache Adressen im Haltespeicher.

Es liegt auf der Hand, daß durch die zufällig einfallenden Verbindungen mehrfacher Grundbitrate die Verkehrsverhältnisse für den Massenverkehr mit einfacher Grundbitrate relativ stark beeinflußt werden. Die Dimensionierung des gesamten Netzes — also der Übertragungsstrecken und der Koppelnetze — wird dadurch erschwert, selbst wenn man nur kleine Vielfachzahlen der Grundbitrate zuläßt. Es gibt darüber hinaus aber auch ein kleines technisches Problem, auf das Bild 3.25 eingeht. Betrachtet werden drei zu einer Verbindung gehörende Zeitschlitze, die eine Bitfolge (ein Codewort) dreifacher Bitrate enthalten. Diese Bitfolge darf natürlich nicht geändert werden, um das Codewort nicht zu verfälschen. Die Folge der

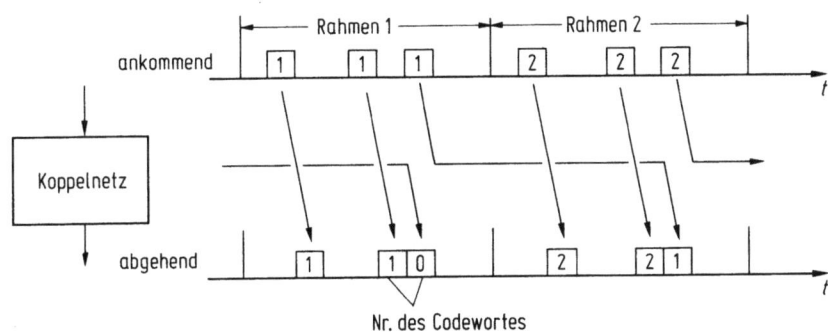

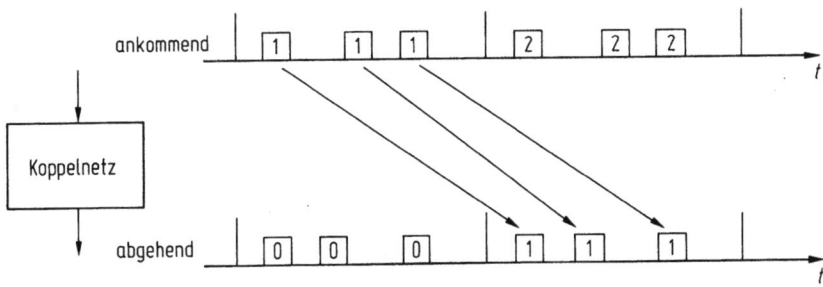

Bild 3.25 a, b. Verletzung der Oktettreihenfolge bei Vermittlung von Mehrfachen der Grundbitrate. **a** falsche Reihenfolge, **b** richtige Reihenfolge

Zeitschlitze muß im Vermittlungsvorgang also erhalten bleiben. Dies aber ist in Bild 3.25a nicht der Fall: Da für den dritten Zeitschlitz im gleichen Rahmenintervall 1 kein Platz im abgehenden Multiplexsystem mehr gefunden wurde, wird er auf einen Platz im folgenden Rahmenintervall 2 verschoben und kann dort auf einer Position landen, welche die urpsrüngliche Bitfolge stört. Das Problem läßt sich aus der Welt schaffen, wenn man — wie in Bild 3.25b angegeben — grundsätzlich *alle* Zeitschlitze der Verbindung in den folgenden Rahmen (2) vermittelt. Das geht natürlich ein wenig auf Kosten der Codewort-Laufzeit vom Ursprung zum Ziel.

Aber auch kleinere Bitraten als die Grundbitrate können auf einfache Weise durchgeschaltet werden, wie Bild 3.26 angibt. Dort sind 64 kbit/s als Grundbitrate angenommen. Durch Einfügen von „Blindbits" wird die kleinere Bitrate x vor dem Koppelnetz auf 64 kbit/s „aufgepolstert" *(Padding)*. Dann erfolgt die Vermittlung im normalen 64-kbit/s-Koppelnetz, worauf hinter dem Koppelnetz die Blindbits wieder entfernt werden. Das klingt einfach und erscheint wenig originell, bringt jedoch auch einige Schwierigkeiten in der Zuordnung der Aufpolsterfunktion mit sich. — Eine andere Vermittlungsmöglichkeit besteht darin, als Grundbitrate die niedrigst vorkommende Kanalbitrate zu wählen und damit alle Vermittlungsfälle auf das Durchschalten von Mehrfachen der Grundbitrate zurückzuführen, das bereits erläutert wurde. Dieses Verfahren kann zu hohem Aufwand für die Vermittlung des Massenverkehrs führen, wenn die Bitrate des Massenverkehrs und die Grundbitrate sehr unterschiedlich sind [3.10].

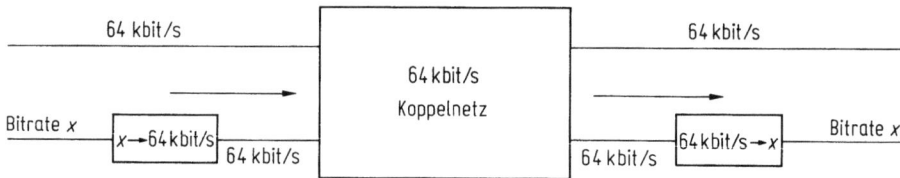

Bild 3.26. Aufpolstern der Bitrate x auf die Einheitsbitrate

Ein drittes Verfahren schließlich legt in einzelnen Zeitschlitzen des Grundbitraten-Rahmens einen *Mehrfachrahmen* an, in dem sich Kanäle geringerer Bitrate vermitteln lassen. Das Prinzip wird mit Bild 3.27 skizziert. Oben im Bild sind die Rahmen n, $n+1$ und $n+2$ der Grundbitrate gezeigt. Der schraffierte Zeitschlitz ist durch Bildung eines Mehrfachrahmens (hier Zweifachrahmen) abwechselnd zwei Kanälen K_1 und K_2 mit halber Grundbitrate zugeteilt. Die im Haltespeicher notierten Adressen des Vermittlungszieles (Multiplexsystem- und Zeitschlitz-Nummern) müssen für den schraffierten Zeitschlitz abwechselnd modifiziert werden entsprechend den unterschiedlichen Zielen der Kanäle K_1 und K_2. Im Haltespeicher wird deshalb anstelle der sonst üblichen Adresse ein *Zeiger* eingetragen, der auf die modifizierten Adressen in einem Zusatz-Haltespeicher verweist. Durch einen Mehrfach-Rahmenzähler (der natürlich auch synchronisiert werden muß) wird der Zugriff auf die jeweils aktuelle Adresse sichergestellt. In der Praxis wäre die Bildung von weit über „2" hinausgehenden Vielfach-Rahmen zweckmäßig, um damit ein breites Spektrum

3.3 Koppelnetze für die Paket- bzw. Zellenvermittlung

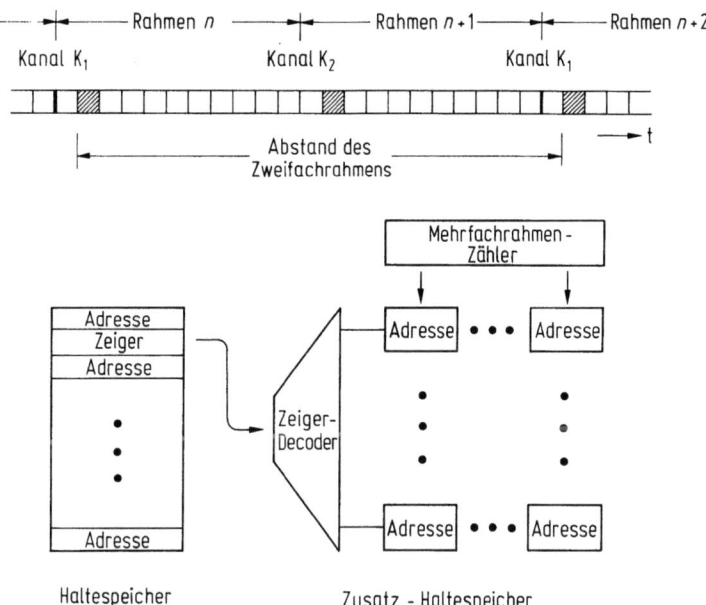

Bild 3.27. Vermitteln von Bruchteilen der Grundbitrate

unterschiedlicher Bitraten abdecken zu können. Es ist plausibel, daß neben die Schwierigkeiten der verkehrsmäßigen Dimensionierung des Netzes auch eine Komplizierung der Wegsuche tritt.

Alles in allem gesehen verliert das einfache Haltespeicherprinzip viel von seiner Eleganz, wenn man in nennenswertem Umfang unterschiedliche Bitraten über ein und dasselbe Koppelnetz führen will. Bei entsprechend großem Verkehrsaufkommen ist deshalb die Bildung *getrennter* Koppelnetze für unterschiedliche Bitraten vorzuziehen. Wenn allerdings sehr viele unterschiedliche Bitraten mit jeweils relativ geringen Verkehrswerten zu vermitteln sind, wird auch dieser Lösungsweg unhandlich und aufwendig. Es ist sehr leicht möglich, daß wir in einem kommenden Zeitalter der Breitbandkommunikation vor einer derartigen Situation stehen werden (s. Abschnitt 2.4.2). Damit stellt sich die Frage, ob nicht unter diesen Bedingungen zukünftig ein partieller oder sogar vollständiger Übergang vom STM- zum ATM-Prinzip zweckmäßig ist. Dies bedeutet also auch den Übergang von „Leitungs-" zu „Paket-" bzw. „Zellen"-Vermittlungsprinzipien. Hierbei wird man frei von der starren Bindung an einen Rahmenzyklus, jedes Nachrichtenelement — Paket oder Zelle — wird entsprechend seiner individuellen Zieladresse vermittelt unabhängig von der Häufigkeit seines Eintreffens.

3.3 Koppelnetze für die Paket- bzw. Zellenvermittlung

Im Grunde genommen bedeutet Paket- oder Zellenvermittlung nichts anderes als Vermitteln in einer Art „prinzipbedingtem Zeitmultiplex". Prinzipbedingt deshalb, weil die Nachrichten in relativ kleine Pakete oder Zellen unterteilt sind, die einzeln weitergesendet werden, wenn ein Paket oder eine Zelle versandfertig *und* wenn „Platz" auf dem Übertragungsweg verfügbar ist. Zwischenzeitlich können zu anderen Nachrichten gehörende Pakete oder Zellen übertragen werden. Auf dem Übertragungsweg sind also Teile verschiedener Nachrichten unsystematisch, somit in einem „statistischen Zeitmultiplex" hintereinandergereiht. Der Zusmmenhang zwischen den Paketen einer Nachricht wird durch die Paket- bzw. Zellenadresse hergestellt.

Der statistische Charakter der Paket- bzw. Zellenfolgen führt zu einem markanten Unterschied der „statistischen Zeitmultiplexvermittlung" gegenüber der zuvor besprochenen „synchronen Zeitmultiplexvermittlung". Die in Bild 3.17 gezeigte Konfiguration machte deutlich, daß im *synchronen* Transfermodus (STM) eine zeitliche Verschiebung notwendig ist, um die zeitliche Zugangslage in die Abgangslage umzusetzen. Der Betrag der zeitlichen Verschiebung ist für die jeweilige Verbindung konstant, er bleibt für die Dauer der Verbindung erhalten. Darüber hinausgehende Pufferplätze für Nutzinformation sind nicht notwendig, da die Bit-Zuströme und -Abströme der vermittelten Verbindungen gleich sind. (Diese „makroskopische" Betrachtung ist zu ergänzen durch die im einzelnen vorzusehenden Leitungspuffer zum Ausgleich von Taktschwankungen, die hier nicht näher betrachtet werden.)

Im Gegensatz dazu ist bei dem Verfahren der Paket- bzw. Zellenvermittlung ein konstanter Zustrom bzw. Abstrom von Nutzbits in der Vermittlung nicht mehr gewährleistet. Daher müssen mehr oder weniger zahlreiche Pufferspeicher für den Ausgleich schwankender Bitströme sorgen. Diese sowie die Mechanismen zur Auswertung der Zieladressen (Self-routing-Funktionen) können nun — wie bereits in Abschnitt 3.1 erwähnt — entweder speziellen Vermittlungsmodulen zugewiesen werden, oder aber die Benutzer (z. B. Computer) übernehmen diese Aufgaben mit. Je nachdem sind die Benutzer an das Koppelnetz nur *angeschlossen,* oder aber sie sind in dieses *einbezogen.* Diese Einteilung wird hier wieder aufgenommen.

3.3.1 Koppelnetze mit einbezogenen Benutzern

Das in Bild 3.2 vorgestellte Vermittlungsmodul ist hierbei Teil des Benutzers oder ist ihm fest zugeordnet. Wir betrachten zunächst die elementare und universelle Anordnung des Bildes 3.6. Sie ist unempfindlich gegenüber Störungen: Bei Ausfall eines Vermittlungsmoduls sind die Verbindungsmöglichkeiten zwischen den übrigen Modulen nicht betroffen. Ferner liegt nur *ein* Leitungsabschnitt zwischen zwei Benutzern, so daß die Nachrichtenübermittlung optimal schnell erfolgen kann. Schließlich müssen nur die unmittelbar an einem Kommunikationsvorgang beteiligten Module „tätig" werden, sie brauchen also keine Arbeit für fremde Verbindungen zu leisten. Als Nachteil ist die große Zahl der Koppelpunkte bzw. Ports und damit zusammenhängend auch der zu verlegenden Leitungen zu nennen, wobei sich — wie in Bild 3.7 gezeigt — zusätzlich konstruktive Probleme ergeben. Infolgedessen läßt sich die Anordnung auch schwer erweitern.

In [3.11] wird vorgeschlagen, zur vergleichenden Bewertung verschiedener Koppelnetze eine „normalisierte durchschnittliche Distanz" (Normalized Average Distance NAD) zu verwenden. Sie besteht aus dem Produkt der Anzahl P von Ports (Koppelpunkten) *pro Benutzer* und der durchschnittlichen Anzahl von Leitungsab-

3.3 Koppelnetze für die Paket- bzw. Zellenvermittlung 113

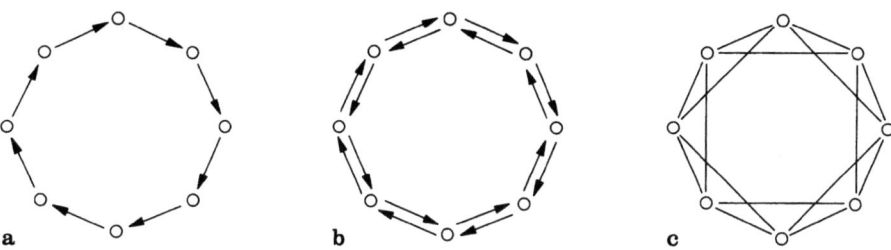

Bild 3.28 a–c. Ringförmige Koppelnetze. **a** einfach gerichteter Ring, **b** doppelt gerichteter Ring, **c** chordaler Ring.
○ Vermittlungsmodul (zugehöriger Benutzer ist nicht eingezeichnet)

schnitten AD in einer Verbindung: $NAD = P \cdot AD$. Mit einer Zahl von N Benutzern und — hier angenommen — *einfach gerichteten* Ports (also nur simplex-fähigen Verbindungen) gilt für Bild 3.6: $P = (N-1)$ und $AD = 1$, also $NAD = (N-1)$.

Die vollständige Verflechtung des Bildes 3.6 läßt sich entsprechend Bild 3.28 reduzieren. Eine drastische Verringerung des Port- und Verdrahtungsaufwandes bietet die Ringstruktur des Bildes 3.28 a. Im gezeigten Fall wird nur 1 Port pro Benutzer benötigt (vgl. auch Bild 3.5 b), während die mittlere Abschnittzahl pro

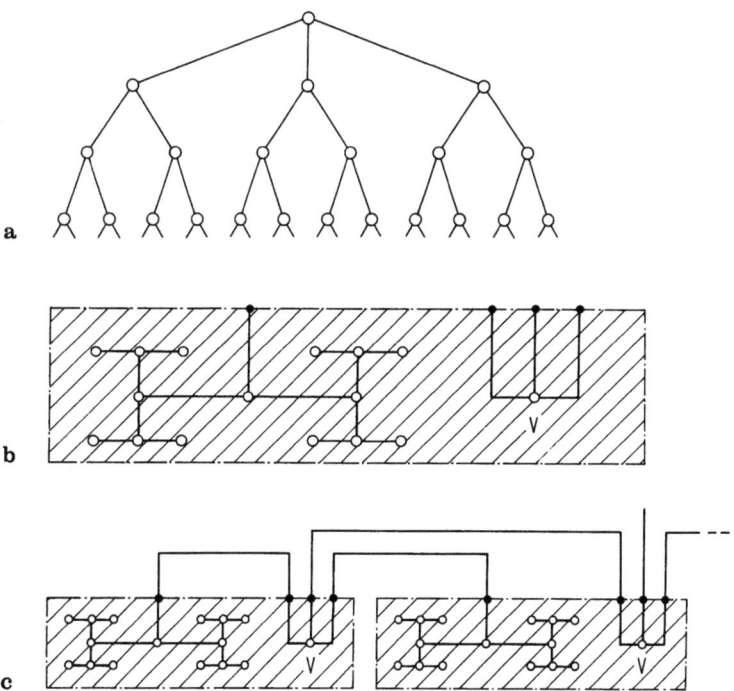

Bild 3.29 a–c. Binärbaum als Koppelnetz. **a** Strukturprinzip, **b** „H-Tree"-Baueinheit, **c** Zusammenschaltung der Baueinheiten.
○ Vermittlungsmodul des Benutzers, V Verzweigung

Verbindung $N/2$ beträgt. Hier wird also $NAD = N/2$. Führt man aus Sicherheitsgründen einen Doppelring mit gegeneinanderlaufenden Verbindungsrichtungen ein (Bild 3.28 b), so verdoppelt sich die Zahl der Ports. Dagegen reduziert sich die durchschnittliche Distanz auf etwa die Hälfte, sofern die Vermittlungsmodule so intelligent sind, daß sie „Rechtsumlauf" oder „Linksumlauf" nach dem Gesichtspunkt kürzester Abschnittzahl auswählen. Der NAD-Wert bleibt also etwa gleich, obgleich sich bei beträchtlich höherem Aufwand auch die Sicherheit beträchtlich erhöht hat. Das zeigt allerdings die Problematik dieser Bewertung auf, die somit nur einen ersten Anhaltspunkt liefern kann. Bild 3.28 c zeigt eine weitere Möglichkeit, durch Einzug von „Sehnen" die Sicherheit zu erhöhen und die durchschnittliche Abschnittzahl zu verringern, wobei man sich damit wieder der Konfiguration des Bildes 3.6 mit ihren Vor- und Nachteilen annähert.

Bild 3.29 a gibt eine gänzlich andere Koppelnetzstruktur an in Form einer Binärpyramide bzw. eines Binärbaumes, die für die Computervernetzung in [3.12] vorgeschlagen wurden. Das Netz ist inhomogen, die Benutzer mit ihren Vermittlungsmodulen haben unterschiedliche Gewichtung (Bedeutung) je nach ihrer Position mehr in „Wurzelnähe" oder „Blätternähe" des Baums. Somit ergibt sich eine eher für hierarchisch gegliederte Anwendungen (mit Auftragsvergabe und Rückmeldung) geeignete Struktur. Jedes Modul verfügt über 3 doppelt gerichtete oder 6 einfach gerichtete Ports, weshalb sich von der Wurzel aus ein „Dreifach-Stamm" errichten läßt. Für N Module werden insgesamt $N-1$ doppelt gerichtete Verbindungen gebraucht (jedes Modul mit Ausnahme der Wurzel hat *eine* Verbindung zum vorhergehenden Modul). Da die Zahl N der Benutzer exponentiell, die der Leitungsabschnitte jedoch linear mit der Anzahl der Verzweigungsebenen wächst, ergeben sich günstigere NAD-Werte für große Benutzerzahlen. Nachteilig sind in dieser Netzstruktur die in Richtung zur Wurzel hin möglichen Verkehrsengpässe sowie die sich gleichermaßen vergrößernde Störwirkbreite. Ein besonders kompakter Aufbau bei leichter Erweiterbarkeit ist mit sog. H-Trees möglich [3.13]. Bild 3.29 b zeigt eine entsprechende Baueinheit, welche 8 „Blätter" mit zugehörigem „Endgeäst" (3 Verzweigungsebenen) sowie eine frei beschaltbare Verzweigung V enthält. Auf einer solchen Einheit sind also 16 Benutzer (bzw. deren Vermittlungsmodule) untergebracht. Bild 3.29 c deutet die Zusammenschaltung der Baueinheiten an. Bei binärem Aufbau des Baums bleibt insgesamt nur eine unbeschaltbare Verzweigung V übrig. Eine weitere Verzweigung V wird nicht genutzt, wenn der Baum wie in Bild 3.29 a dreistämmig ausgebaut ist.

Häufig verwendete Koppelnetzformen weisen Gitterstruktur auf. In Bild 3.30 ist ein ebenes quadratisches Gitter gezeigt, dessen Stäbe zu Ringen geschlossen sind (Torus-Gitter [3.12]). Jedes der N Vermittlungsmodule besitzt 4 doppelt gerichtete oder 8 einfach gerichtete Ports, die Zahl der Verbindungen insgesamt ist $2N$ (duplex) bzw. $4N$ (simplex). Die Maximalzahl der Leitungsabschnitte in einer Verbindung beträgt $D = \sqrt{N}$, der mittlere Abstand geht asymptotisch gegen $\sqrt{N}/2$. Damit ergeben sich mit $NAD = 4\sqrt{N}$ (für einfach gerichtete Ports) insbesondere für größere N im Vergleich recht günstige NAD-Werte.

Eine weitere Kategorie von Koppelnetzen sind die vieldimensionalen „Hypercubes" [3.12]. Das Bildungsgesetz der Hypercubes ist das folgende: Ein Hypercube der Dimension $k + 1$ wird aus 2 Hypercubes der Dimension k gebildet, indem man die

3.3 Koppelnetze für die Paket- bzw. Zellenvermittlung 115

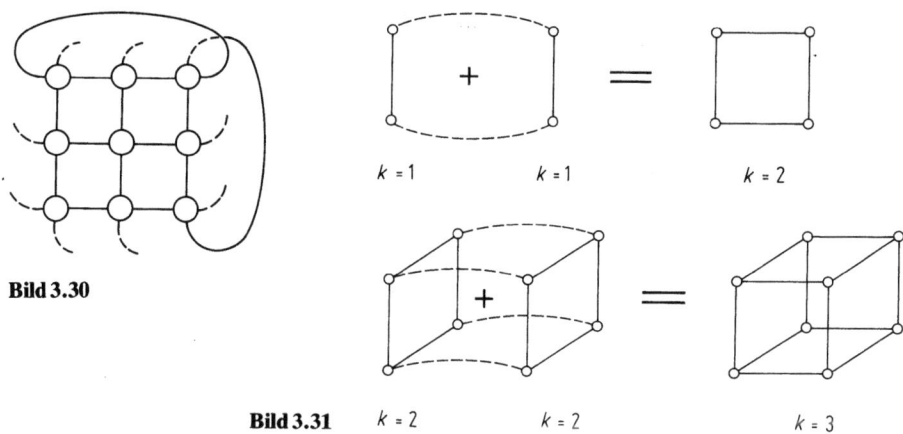

Bild 3.30

Bild 3.31 $k=2$ $k=2$ $k=3$

Bild 3.30. Ebenes Gitter (Torus-Gitter) als Koppelnetz. ○ Vermittlungsmodul des Benutzers

Bild 3.31. Bildungsgesetz des Hypercube. ○ Vermittlungsmodul des Benutzers, k Dimension

N Benutzer bzw. Vermittlungsmodule dieser Hypercubes paarweise miteinander verbindet. Bild 3.31 macht dies an Hypercubes der Dimensionen $k=1$ bis $k=3$ deutlich. Die Zahl der Benutzer bzw. Vermittlungsmodule ist $N=2^k$, wächst also exponentiell mit der Dimension, während die Anzahl der (doppeltgerichteten) Ports oder Koppelpunkte je Modul *(P)* der Dimension entspricht *(P = k)*. Die maximale Zahl der Leitungsabschnitte ist ebenfalls gleich k, für $N \gg 1$ gilt für die mittlere Abschnittzahl $AD = k/2$. Somit wird für *einfach* gerichtete Ports die Größe $NAD = k^2 = (\text{ld}\,N)^2$. Dieser Wert einer mehrdimensionalen Anordnung ist für $k>8$ günstiger als der des zuvor erwähnten ebenen Gitters.

Auf Kosten der Abschnittzahl läßt sich die Anzahl der Ports je Vermittlungsmodul (bzw. je Benutzer) reduzieren durch Einführung der sog. Cube-Connected Cycles CCC [3.14]. Dabei wird jedes Vermittlungsmodul (jede „Ecke") in einem Hypercube ersetzt durch einen Ring mit (mindestens) k Modulen. Jedes Vermittlungsmodul hat damit (höchstens) 3 Nachbarn, benötigt also 3 doppeltgerichtete Ports unabhängig von der Cube-Dimension k (Bild 3.32). Die mittlere Abschnittzahl ist für größere Werte von k etwa $AD = 1{,}75\,k - 3$ [3.15]. Für *einfach* gerichtete Ports wird also $NAD = 10{,}5\,k - 18$. Die Zahl der miteinander verknüpften Vermittlungsmodule ist $N = k \cdot 2^k$. Das CCC-Prinzip ist für $k>8$ zumindest hinsichtlich des NAD-Wertes günstiger als das vorhergehende Hypercube-Prinzip. Eine Realisierungsmöglichkeit für alle Werte von k in einem ebenen Layout deutet Bild 3.33 an. Dabei muß man sich *alle* senkrechten Verbindungen zu den Ringen geschlossen denken, welche die Hypercube-„Ecken" ersetzen. Der Ausbau schreitet von oben nach unten mit der Dimension k wachsend fort. Die einzelnen Bündel von Querverbindungen werden „Sheaf" (Büschel) genannt und in Abhängigkeit von der Dimension mit $(k-1)$ durchnumeriert (dies aus Gründen eines einfachen Self Routing, worauf hier nicht eingegangen wird).

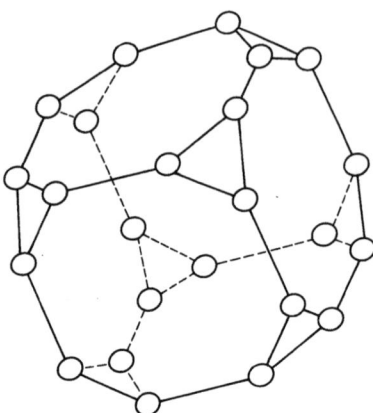

Bild 3.32. Cube Connected Cycles der Dimension 3 (räumliche Darstellung).
○ Vermittlungsmodul des Benutzers

Die hier vorgestellten Koppelnetz-Beispiele — es gibt weitere Konzepte — mögen für die Kategorie der Netze mit einbezogenem Benutzer genügen. Generell sind Koppelnetze dieser Art geeignet für kompakte Anordnungen beispielsweise parallel arbeitender Computer als „Benutzer". Eine der interessanten Anwendungen ist die sog. Connection Machine [3.16], in der 65 536 (= 2^{16}) einfache Prozessoren in einem Würfel von etwa 1,40 m Kantenlänge konstruktiv zusammengefaßt sind. In einer Baueinheit sind jeweils 16 Prozessoren mit einem 4×4-Torus-Gitter (Bild 3.30) miteinander verbunden. Diese Einheiten werden über einen Hypercube der Dimension $k = 12$ miteinander verknüpft. Wären die Prozessoren abgesetzt und über eine kilometerweite Umgebung verstreut anzuschließen, so müßte man die Vermittlungsmodule von den eigentlichen Benutzern getrennt in einem kompakten Koppelnetz unterbringen, wofür in diesem Fall zusätzlich 65 536 Anschlußleitungen gebraucht

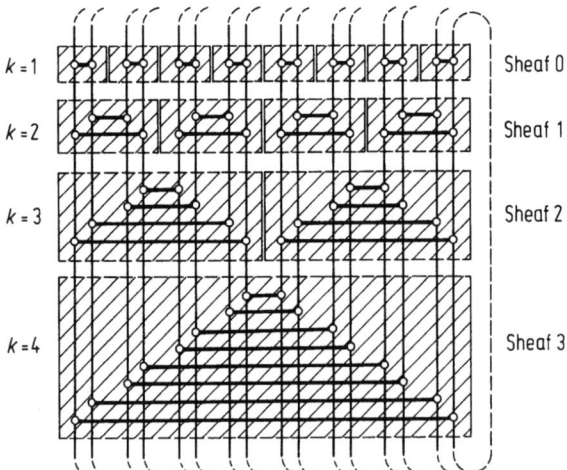

Bild 3.33. Ebenes Layout der Cube-Connected Cycles (CCC).
○ Vermittlungsmodul des Benutzers, k Dimension

3.3 Koppelnetze für die Paket- bzw. Zellenvermittlung

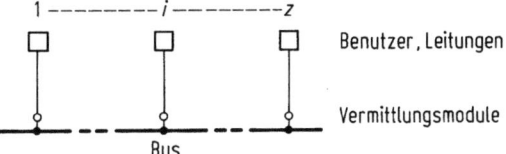

Bild 3.34. Das „Koppelvielfach" im ATM

würden. Die eigentliche Benutzerintelligenz stünde dann für die Vermittlungsprozesse nicht zur Verfügung.

Im *allgemeinen* Fall sind jedoch die Benutzer in dieser Weise vom Koppelnetz abgesetzt, und Verbindungen müssen z. B. weltweit über zahlreiche dazwischenliegende Koppelnetze geknüpft werden. Damit bieten sich jedoch weitere und andere Netzprinzipien an, bei denen Benutzer an Koppelnetze *angeschlossen* werden. Die Vermittlungsmodule sind im Koppelnetz zusammengefaßt und optimal für ihre Spezialaufgaben ausgelegt. Über Koppelnetze dieser Art wird nun zu sprechen sein.

3.3.2 Koppelnetze mit angeschlossenen Benutzern

Wir greifen auf einfache Zusammenhänge zurück: Die Koppelmatrix bzw. das Koppelvielfach des Bildes 3.8 wurde im STM bekanntlich durch das Zeitlagenvielfach (Bild 3.18) oder besser noch durch das Kombinationsvielfach (Bild 3.19) ersetzt. Da im ATM weder ein Wortspeicher noch ein Haltespeicher notwendig ist, degeneriert das Kombinationsvielfach zu einem *Bus* (Bild 3.34), der mit vielen virtuellen Verbindungen, aber auch mit Datagrammen belegt werden kann. Interessant ist die Art und Weise, wie der Zugriff auf den Bus geregelt wird. Dies kann über eine zentrale Steuerung geschehen, oder aber es wird ein dezentral wirkender Schaltalgorithmus

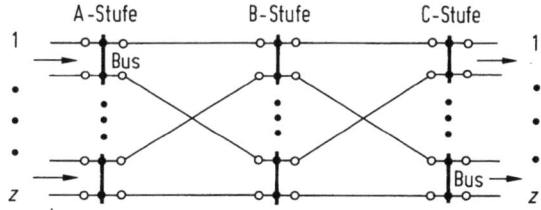

Bild 3.35. Mehrstufiges Koppelnetz aus ATM-Koppelvielfachen. ○ Vermittlungsmodul

verwendet. Der letztgenannte Weg ist bei den *Local Area Networks* (LAN) beschritten, worauf in Abschnitt 6.3 eingegangen wird. Nach der Buszuteilung kann — wie bei den LANs — eine Self-routing-Funktion wirksam werden, oder aber es erfolgt eine zentral gesteuerte Zielzuweisung.

Wie sieht es mit den Pufferspeicher-Funktionen aus? Bei den LANs übernimmt der *naheliegende* Benutzer — z. B. ein intelligentes Terminal — diese Aufgabe, indem er Informationen erst nach Buszuteilung ausgibt. Schwieriger wird es, wenn *Leitungen* als Benutzer fungieren und von der Ferne mit Informationen beaufschlagt werden. Dann muß das Vermittlungsmodul die Pufferspeicherung einschließlich deren Verwaltung durchführen.

Im Kombinationsvielfach des Bildes 3.19 begrenzt die intern erreichbare Taktfrequenz die Anzahl der anschließbaren Leitungen (Benutzer). Das entsprechende gilt natürlich auch für den Bus des Bildes 3.34. Die Zahl der auf dem Bus übertragbaren Pakete oder Zellen muß ein Vielfaches der auf den z einzelnen Leitungen angelieferten Pakete oder Zellen sein! Das hat der Bus zu bewältigen.

Reicht die Leistungsfähigkeit des Busses nicht aus, um alle z Leitungen (Benutzer) zu bedienen, so kann man — wie in Abschnitt 3.2 gezeigt — mehrstufige Koppelnetze bilden. Man schließt die Leitungen an mehreren Bussen entsprechend ihrer Leistungsfähigkeit an und verknüpft die Busse in nachfolgenden Koppelstufen, wie es Bild 3.35 andeutet. Die Vermittlungsmodule übernehmen die Pufferspeicherung, welche die im STM notwendige zeitliche Verschiebung ersetzt. Beim „Routing" (auch beim Self Routing) sollten die momentanen Busbelastungen in der B-Stufe berücksichtigt werden: Auswahl des jeweils am geringsten belasteten B-Busses.

Was aber geschieht, wenn die Paketfolgen (Zellenfolgen) der z angeschlossenen Leitungen (Benutzer) bereits so dicht sind, daß technisch keine weitere Verdichtung auf einem Bus mehr möglich ist? (Das mag z. B. für künftige 10-Gbit/s-Zubringerbitströme gelten!) Dann gibt es drei Wege. Erstens läßt sich — nicht ganz trivial — von einem seriellen auf mehrere parallele Busse übergehen (vgl. Bild 3.21). Zweitens kann man nach Bild 3.36 die Paketfolgedichten durch „statistische" Demultiplexer (d. h. Paket-Demultiplexer) herabsetzen und die Pakete auf eine größere Anzahl ($x \gg z$) von Bussen (hier in der A-Stufe) verteilen, von denen dann die Vermittlung sinngemäß Bild 3.35 ausgeht. Nach dem Vermittlungsvorgang werden die von vielen Bussen der K-Stufe kommenden Pakete wieder leitungsweise statistisch gemultiplext.

Die dritte Möglichkeit besteht darin, die Pakete nicht nach irgendeinem (z. B. zyklischen) Algorithmus auf Busse der Koppelstufe A, sondern entsprechend dem gewünschten Ziel gleich auf die Ausgangsbusse bzw. Ausgangsleitungen zu verteilen (Bild 3.37). Der Demultiplexvorgang wird also mit der Zielbestimmung verbunden. Hierbei tritt vordergründig gesehen *keine zusätzliche Paketverdichtung* gegenüber den Leitungen auf. Unter der Voraussetzung, daß die Paketdichte auf den ankommenden *und* abgehenden *Leitungen* schaltungstechnisch beherrscht wird, muß dies im Prinzip auch für das *Koppelnetz intern* gelten.

Wiederum stört das Aufwandsproblem der „großen Koppelvielfache" (vgl. Abschnitt 3.2.1). Der Koppelpunktaufwand steigt ja quadratisch mit der Zahl der Eingänge bzw. Ausgänge! Wie bekannt ist, läßt sich das Problem jedoch durch Mehrstufigkeit entsprechend z. B. Bild 3.35 entschärfen.

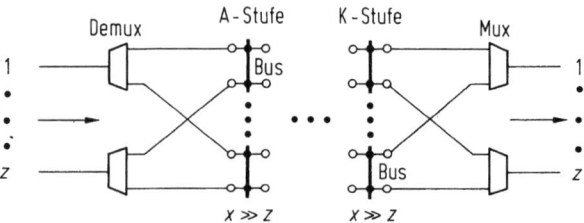

Bild 3.36. Herabsetzen der Paketdichte vor dem Koppelnetz.
○ Vermittlungsmodul

3.3 Koppelnetze für die Paket- bzw. Zellenvermittlung

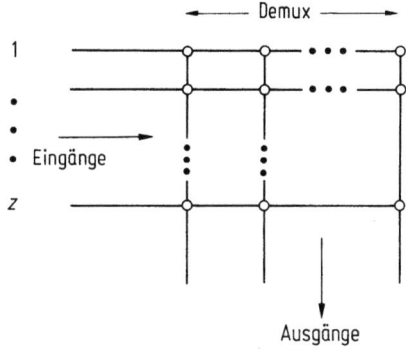

Bild 3.37. Verteilung der Pakete auf die Ausgangsbusse.
○ Vermittlungsmodul, Koppelpunkt

Ein weiterer wichtiger Aufwandsgesichtspunkt ist die Art und die Lage der Pufferspeicher, welche im ATM die Rolle des Wortspeichers beim STM übernehmen. Hier sind viele verschiedene Konfigurationen möglich. Betrachten wir zunächst die Verwendung von relativ einfachen FIFO-(First-in-, First-out-)Puffern. Dann läßt sich der in Abschnitt 2.2.2 erwähnte Vergleich mit dem Straßenverkehr in Anlehnung an [3.17] weiterführen (Bild 3.38): In einem „Drei-Länder-Eck" führen Zubringerstraßen Z_1 und Z_2 aus dem Ursprungsland zu den Zollstationen S_1 ins Urlaubsland 1 und S_2 in das Urlaubsland 2. Zur Bewältigung des Verkehrs bieten sich verschiedene Konfigurationen an. In Bild 3.38a wird durch Ampeln A der Verkehr auf den Zubringerstraßen zu den Zollstationen freigegeben. Bei viel Verkehr entsteht ein „Eingangsstau" (Pufferung im Eingang), wobei die Ampelphasen abhängig von der jeweiligen Staulänge gesteuert werden können. Ungünstig und „ungerecht" ist bei dieser Anordnung die Tatsache, daß Verkehr nach S_1 den Verkehr nach S_2 (schraffiert) blockieren kann und umgekehrt. Obgleich S_2 nichts „zu tun" hat, können die schraffierten Wagen dort nicht einfahren. Der Durchsatz durch die Anordnung ist reduziert, die Wartezeiten werden dadurch erhöht und infolgedessen steigt auch der Aufwand an Pufferspeicherplätzen. Will man jedoch dieses Ansteigen der Wartezeiten vermeiden, muß man dafür sorgen, daß der Verkehr auf den Zubringerstraßen verringert wird.

Die Ungerechtigkeiten werden beseitigt, wenn die Autos Gelegenheit haben, bereits vor den „Stau-Warteplätzen" in einen *zielbezogenen* Stau einzufahren. Jetzt können die Zöllner ohne Unterbrechung arbeiten, solange noch Wagen in ihr Land fahren wollen (Bild 3.38b). Der Durchsatz der Anordnung ist erhöht, allerdings ist die Anzahl der Stau verursachenden Positionen von 2 auf 4 gewachsen. Da die Warteplätze zu den verschiedenen Zielen aufgeteilt wurden, mitteln sich die jeweils benötigten Plätze nicht mehr so stark aus wie in den gemeinsamen Warteschlangen des Bildes 3.38a. Dieser Einfluß kompensiert bis zu einem gewissen Grad die Verrringerung der Warteplätze infolge des verbesserten Durchsatzes.

Am günstigsten sieht die Anordnung nach Bild 3.38c aus, bei der die Stausituation unmittelbar vor den Ausgängen auftritt. Die Zahl der Warteplätze kann durch gemeinsame Nutzung aus beiden Zubringerstraßen optimiert werden, sofern die Wagen die Wartespur wechseln können. Dann treten allerdings hindernde Konfliktprobleme beim Fahrbahnwechsel auf!

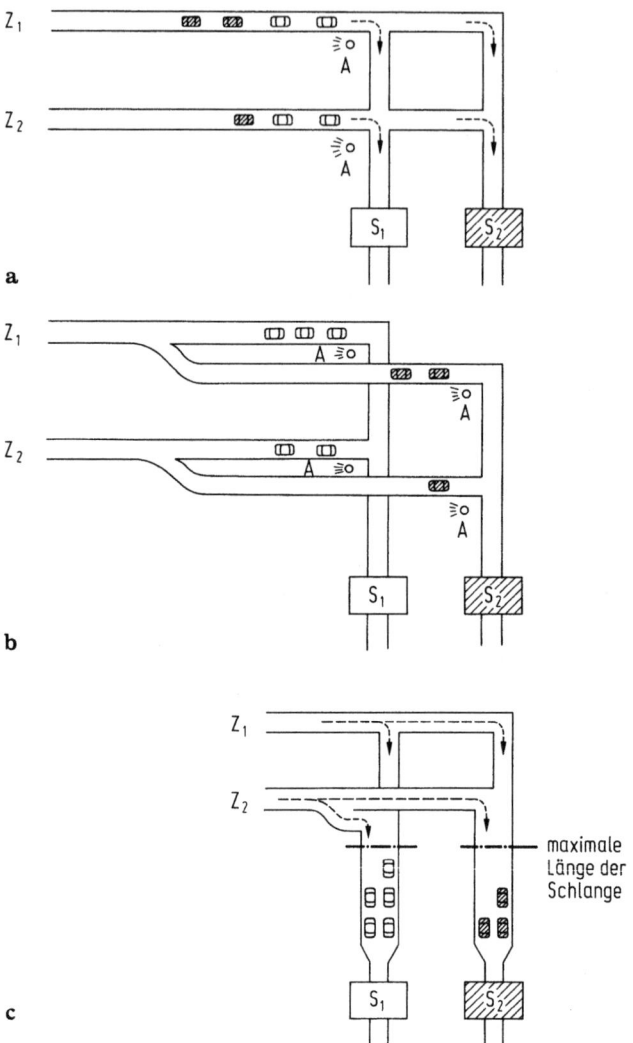

Bild 3.38 a–c. „Drei-Länder-Eck". **a** Eingangsstau, **b** ausgangsbezogener Eingangsstau, **c** Ausgangsstau.
Z Zubringerstraße, S Zollstation, A Ampel

Wichtig ist natürlich die Steuerung der Ampelanlage. Dies sollte ideal so erfolgen, daß „Grünlicht" nur dort gegeben wird, wo Wagen warten. Zusätzlich wäre eine Berücksichtigung der Warteschlangenlänge für die Grünphasen wünschenswert. Technische Lösungen lassen sich nicht nur für den Straßenverkehr, sondern auch für die Aufgaben der Paket- bzw. Zellenvermittlung finden, wenn sich auch insbesondere im Höchstgeschwindigkeitsbereich Probleme ergeben, falls übergreifende zentrale Funktionen notwendig sind.

3.3 Koppelnetze für die Paket- bzw. Zellenvermittlung

Das Straßenverkehrsmodell läßt sich gut auf FIFO-Pufferspeicher anwenden. Die hier qualitativen Aussagen werden z. B. in [3.17] unter einschränkenden Voraussetzungen quantifiziert. Aber es gibt andere Pufferspeicher-Konzepte. Man kann z. B. Speicher sequentiell einschreiben und im „Random Access" (also adressiert) auslesen. In Bild 3.38a würde dies bedeuten, daß die schraffierten Wagen „mit Kran" aus ihren nachgeordneten Positionen herausgehoben und auf die Straßen zur Zollstation 2 gesetzt werden. — Oder aber man kann die Pufferspeicherung der Pakete in einem gemeinsamen Pool vornehmen, während in den FIFO-Speichern lediglich die Adressen der im Pool befindlichen Pakete verwahrt werden. Oder aber diese Adressen werden von einer gemeinsamen (sehr schnellen) Steuerung verwaltet. Es gibt viele interessante und pfiffige Lösungsmöglichkeiten. Es gibt aber auch eine harte technisch-physikalische Grenze in dieser Vielfalt: die Schaltgeschwindigkeit. In einer künftigen Welt der Breitbandkommunikation werden Koppelnetze gebraucht, in denen eine Vervielfachung der internen Schaltgeschwindigkeit gegenüber den Schaltgeschwindigkeiten der angeschlossenen Leitungen vermieden werden sollte, denn auf diesen Anschlußleitungen selbst wird häufig bereits die Grenze der technisch realisierbaren Schaltgeschwindigkeit erreicht [3.18].

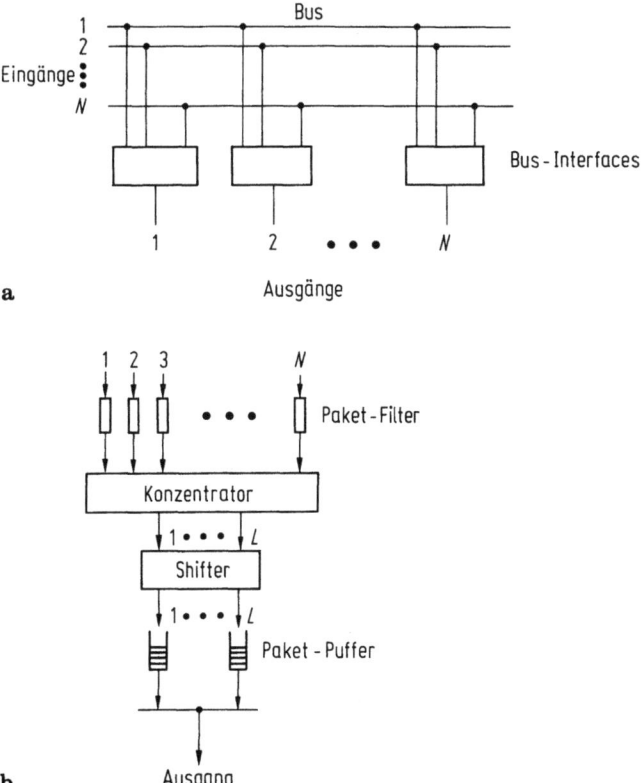

Bild 3.39a, b. Der „Knockout Switch". **a** Gesamtstruktur, **b** Blockbild des Bus Interface

Als eines von vielen Koppelnetzbeispielen sei hier der sog. Knockout Switch herausgegriffen, welcher schnelle zentrale Funktionen vermeidet [3.19]. Ihm liegt das Verkehrsprinzip des Bildes 3.38c zugrunde, technische Skizzen sind Bilder 3.39a und 3.39b. Bild 3.39a läßt sich unmittelbar aus Bild 3.37 ableiten, wenn man die Koppelpunkte jeder Spalte in einer Baueinheit „Bus-Interface" zusammenfaßt. In diesen Baueinheiten sind also Schaltungen enthalten, die in der Zahl der Koppelpunkte des Bildes 3.37 vorkommen.

Dies macht die Struktur des Bus-Interface (Bild 3.39b) deutlich. Die Koppelpunkt-Funktion übernehmen „Paket-Filter", die von den N Eingangsbussen beaufschlagt werden. Die Filter lassen nur solche Pakete passieren, die für den eigenen Ausgang bestimmt sind. Dies können also gleichzeitig von N-Eingängen maximal N Pakete sein. Daß diese Maximalzahl vorkommt, ist allerdings sehr selten. Die Strategie besteht darin, sich auf weniger als N — z. B. also auf nur $L = 8$ — gleichzeitige Pakete einzurichten und den darüber hinausgehenden unwahrscheinlichen Rest verlorengehen zu lassen, da ja durch andere Störeinflüsse ebenfalls Pakete verlorengehen können. Hierzu werden im „Konzentrator" nach einem im Turnierspiel üblichen Knockout-Prinzip die z. B. 8 „Siegerpakete" bestimmt, die nicht „aus dem Turnier" ausscheiden, während die übrigen Pakete zu Verlust gehen. Solange zu einem Zeitpunkt nicht mehr als 8 Pakete gleichzeitig zu einem bestimmten Ausgang zu vermitteln sind, gibt es keine Verluste.

Im „Auto-Rodeo" des Bildes 3.38c bedeutet dies sinngemäß, daß es mehr als nur 2 Zubringerstraßen Z, jedoch nach wie vor nur 2 Wartespuren vor den Zollstationen gibt. Im Kampf um eine Wartespur bleibt das eine oder andere Auto auf der Strecke!

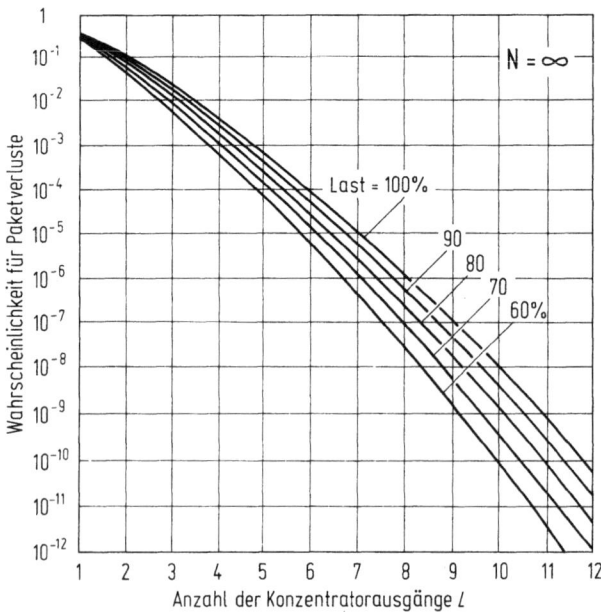

Bild 3.40. Paketverluste abhängig von der Eingangsbelastung

3.3 Koppelnetze für die Paket- bzw. Zellenvermittlung

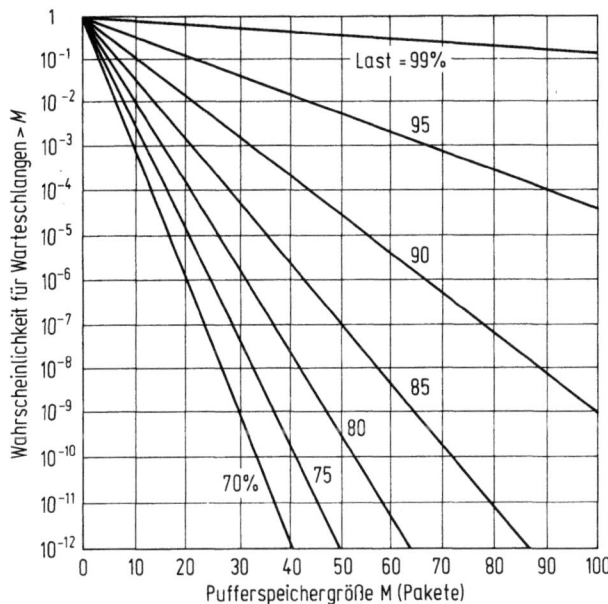

Bild 3.41. Pufferspeicherüberlauf abhängig von der Eingangsbelastung

Im „Shifter" wird nun dafür gesorgt, daß gewissermaßen die Autos in den Warteschlangen vor den Zollstationen die Spuren wechseln können. Damit läßt sich erreichen, daß die L Paketpuffer vor dem Ausgang nahezu gleichmäßig gefüllt werden. Allerdings ist die Länge der Warteschlangen begrenzt. Wird diese Länge überschritten, so gehen abermals Pakete zu Verlust. Im Auto-Rodeo von Bild 3.38 c öffnet sich also bei Erreichen der Maximallänge eine Falltür, welche die letzten Autos verschwinden läßt! — Aus den L Pufferspeichern werden nun die Pakete nach dem einfachen FIFO-Prinzip zügig ausgelesen. — Auf die Darstellung der recht witzigen Schaltungsprinzipien zu Paket-Filter, Konzentrator und Shifter wird hier verzichtet.

Einige quantitative Angaben aus [3.19]: Bild 3.40 gibt die Wahrscheinlichkeit für Paketverluste im Konzentrator an, wobei die Zahl der Eingangsbusse $N = \infty$ angenommen ist. Für z. B. $L = 8$ gleichzeitig aufnehmbare Pakete und eine Eingangsbelastung von 70 % ist die Verlustwahrscheinlichkeit 10^{-7}. In der gleichen Größenordnung liegt der Verlust durch Überlauf des Pufferspeichers nach Bild 3.41, wenn bei der gleichen Last 24 Pufferspeicher vorgesehen werden, aufgeteilt auf 8 Spuren mit je 3 Pufferplätzen.

Was bedeuten diese Wahrscheinlichkeiten? Wir machen einen Schritt in die Zukunft und nehmen an, es gäbe ein hochqualitatives Bildfernsprechen mit einer Brutto-Kanalbitrate von ca. 35 Mbit/s. Weiterhin denken wir an Pakete bzw. Zellen einer konstanten Länge von 64 Nutz-Oktetts. Dann enthält ein Paket 512 Nutzbit, und es werden in diesem Kanal etwa 63 000 Pakete je Sekunde übertragen. Alle ca. 160 Sekunden würde dann ein Paket mit der Folge einer Bildstörung verlorengehen! Hier müßte also wohl doch noch an einigen Parametern „gedreht" werden (was durchaus möglich ist), um eine um wenigstens eine Größenordnung günstigere Verlustwahrscheinlichkeit zu erreichen.

Bleiben wir noch ein wenig in der Zukunft. Wenn wir einmal — was abzusehen ist — auf Zubringer- und Abnehmer-Übertragungssystemen Bitraten der Größenordnung 10 Gbit/s erreichen werden, kann bereits mit $N = 10$ angeschlossenen Systemen ein Nutzdurchsatz von 70 Gbit/s (und mehr) durch das Koppelnetz erreicht werden, das entspricht 125 Millionen (und mehr) Paketen je Sekunde oder ca. 2000 der genannten Bildverbindungen. Für den zu erwartenden Bildverkehr oder generell Breitbandverkehr dürfte dies schon ein recht ansehnlicher Wert sein. Alle anderen schmalbandigeren Verkehrsarten beanspruchen das Koppelnetz nahezu verschwindend gering. Konsequenz: Man kann das „Knockout-Prinzip" verlassen und eine wesentlich einfachere technische Lösung mit $L = N (= 10)$ verwenden. Dadurch vereinfachen sich auch die bei diesen hohen Bitraten sicher extrem schwer zu beherrschenden schaltungstechnischen Bedingungen. Übrigens lassen sich diese Bedingungen wie bereits erwähnt durch Übergang auf eine begrenzte Paralleldurchschaltung in gewissem Maße entschärfen.

Während mit den vorhergehenden Ausführungen Konzepte diskutiert wurden, bei denen große Wirtschaftlichkeit durch Bildung von in hohem Maße zeitmultiplexausgenutzten *großen Koppelvielfachen* erreicht wird, sind nun Koppelnetze zu besprechen, die aus verhältnismäßig vielen Koppelstufen mit sehr *kleinen Koppelvielfachen* bestehen. Die Bildung kleiner Koppelvielfache in mehreren Koppelstufen wurde bereits in Abschnitt 3.2.1 als Möglichkeit zur Verringerung des Koppelpunktaufwandes vorgestellt. Hier sind die Koppelvielfache nun so klein wie möglich gewählt, sie bestehen nämlich nur aus zwei Eingängen und zwei Ausgängen, wie Bild 3.42 zeigt. Rechts im Bild ist die bisherige Darstellungsweise verwendet, ein solches Koppelvielfach würde wenigstens sieben „vernünftige" Schaltzustände aufweisen (kein Koppelpunkt geschlossen, je ein Koppelpunkt geschlossen, je zwei Koppelpunkte „über Kreuz" geschlossen), und für die Ansteuerung der Koppelpunkte wären 3 bis 4 bit erforderlich. Die hier zur Diskussion stehenden Koppelvielfache haben jedoch nur *zwei* Schaltzustände, wie links im Bild mit (deshalb!) anderer Symbolik gezeigt: sie sind entweder *parallel* oder *über Kreuz* durchgeschaltet. Sie lassen sich deshalb mit *einem* Bit steuern. Dies kann jeweils ein Bit in einem Adreßzusatz des zu vermittelnden Paketes (der zu vermittelnden Zelle) sein, welches durch eine *einfache* Koppelvielfachsteuerung rasch auszuwerten ist. Koppelvielfache dieser Art — Beta-Elemente genannt — sind deshalb gut geeignet für Self-routing-Koppelnetze, durch die sich Pakete oder Zellen mit einer aus mehreren Bit bestehenden Header-Information selbständig ihren Weg suchen. Beta-Elemente haben übrigens eine für die weitere Zukunft möglicherweise bedeutungsvolle Eigenschaft: Sie lassen sich durch optische Schaltelemente realisieren!

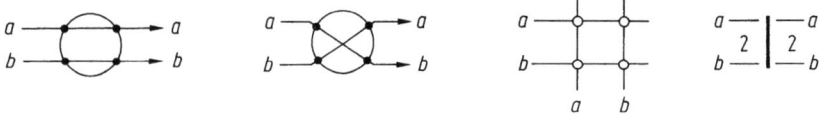

Bild 3.42. Beta-Element mit Durchschaltekonfigurationen

3.3 Koppelnetze für die Paket- bzw. Zellenvermittlung 125

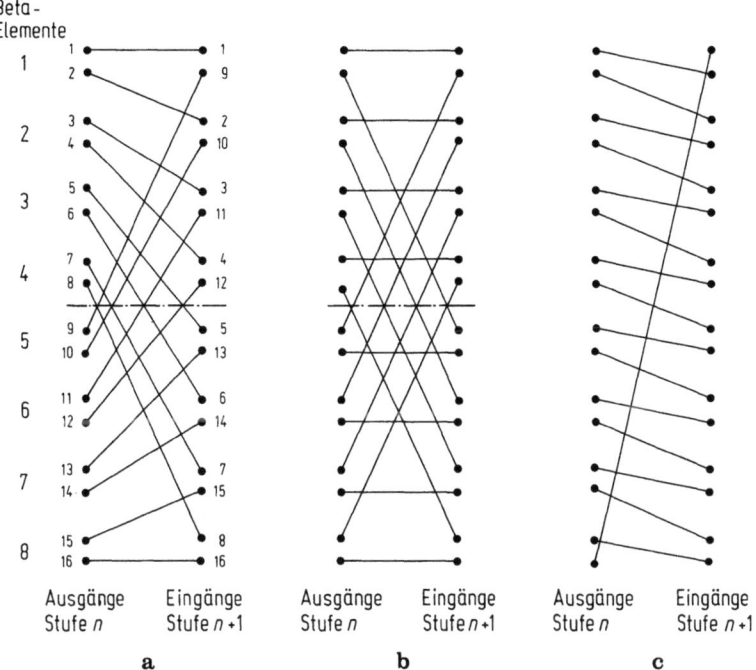

Bild 3.43 a–c. Zwischenleitungsverdrahtungen, Permutationsnetzwerke genannt. **a** Perfect Shuffle, **b** Butterfly, **c** Shift

Aufeinanderfolgende Koppelstufen müssen — wie auch bereits in Abschnitt 3.2.1 erläutert — über *Zwischenleitungen* miteinander verbunden werden. In Koppelnetzen mit Beta-Elementen spricht man hierbei von *Permutationsnetzwerken*. Bild 3.43 zeigt verschiedene Ausführungen, wobei jeweils die Ausgänge bzw. Eingänge von acht Beta-Elementen je Koppelstufe gezeigt sind. Die Bezeichnung „Perfect Shuffle" stammt vom Kartenmischen: Wenn man die Ausgänge der Stufe n als Spielkarten betrachtet, den Kartenstapel in der Mitte teilt und dann so vollkommen mischt, daß regelmäßig eine Karte des unteren Stapels hinter einer Karte des oberen Stapels liegt, so ergibt sich die Konfiguration des Bildes 3.43 a. Mit „Butterfly" (Bild 3.43 b) werden Verdrahtungsschemata bezeichnet, wie wir sie in dieser Regelmäßigkeit bereits in Abschnitt 3.2.1 kennengelernt haben. Die „Shift"-Permutation des Bildes 3.43 c findet sich in ähnlicher Weise in den *Mischungen* der Verdrahtungen zwischen den Wahlstufen von Direktwahlsystemen wieder (Abschnitt 1.2).

Auf der Basis der Perfect-shuffle-Permutation lassen sich verschiedene Netzkonfigurationen konstruieren. Bild 3.44 zeigt das Aufbauprinzip des von Beneš angegebenen Netztyps [3.20]. Dabei geht man in der Mitte jeweils von zwei „Kartenstapeln" aus, die man benachbart rechts und links zu einem größeren „Kartenstapel" zusammenmischt, um damit eine „neue Mitte" zu erzeugen. Der kleinstmögliche Kartenstapel besteht aus einem einzigen Beta-Element (Bild 3.44 Mitte). Jeweils zwei Beta-Elemente werden rechts und links zu einer größeren schraffierten Netzeinheit zusam-

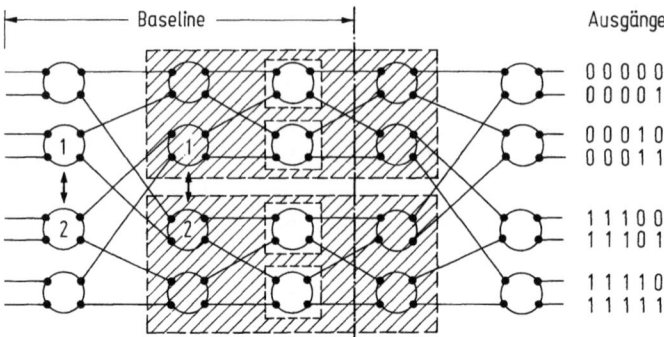

Bild 3.44. Beneš- und Baseline-Netz

mengemischt. Zwei dieser schraffierten Einheiten wiederum ergeben mit entsprechend vielen Beta-Elementen rechts und links die nächstgrößere Einheit usw. Ist k die Anzahl der Aufbauschritte, so wird die Zahl der anschließbaren Eingänge bzw. Ausgänge $N = 2^k$, wobei $(2k - 1) \cdot 2^{k-1}$ oder $(N \cdot \mathrm{ld}\, N - N/2)$ Beta-Elemente (oder die 4fache Zahl an Koppelpunkten) erforderlich sind. $P = 2(2k - 1)$ oder $2(2\,\mathrm{ld}\, N - 1)$ Koppelpunkte werden je Eingang bzw. Ausgang benötigt. Von jedem Eingang aus ist jeder Ausgang über mehrere Wege zu erreichen. Allerdings ist das Koppelnetz nicht verlustfrei, es sind innere Blockierungen möglich, die im Prinzip aber durch Rearranging zu beseitigen wären. (Praktisch ist dies für Pakete oder Zellen aber ohne Bedeutung.)

Noch ausgeprägter sind die Blockierungen in sog. Baseline-Netzen, die auf die symmetrische Ergänzung des Beneš-Netzwerks verzichten (Bild 3.44). Hier besteht nur eine einzige Wegemöglichkeit von irgendeinem Eingang zu irgendeinem Ausgang. Topologisch identisch ist das sog. Omega-Netzwerk, das durch Vertauschen der mit Zahlen gekennzeichneten Beta-Elemente des Baseline-Netzes entsteht (Bild 3.45 a). Damit werden die Permutationsnetzwerke zwischen allen Beta-Koppelstufen gleich. Das ermöglicht es, auch mit nur einer einzigen Beta-Koppelstufe von jedem Eingang aus jeden Ausgang zu erreichen, indem das Netzwerk mehrfach durchlaufen wird (Bild 3.45 b). Hinsichtlich der Blockierungseigenschaften ergibt sich natürlich kein Unterschied gegenüber dem Baseline-Netzwerk. Wird in Bild 3.45 a die Permutation vor der ersten Koppelstufe fortgelassen, so spricht man von einem Delta-Netz.

Während sich die zuvor genannten Netze von der Perfect-shuffle-Permutation ableiten, werden Netze mit Butterfly-Permutation Banyan-Netzwerke genannt [3.21]. Bild 3.46 zeigt ein solches Netz und dessen Aufbausystematik. Es setzt sich aus „Teilnetzen" zusammen. In jedem Beta-Element wird die Entscheidung gefällt, ob ein zu transportierendes Nutzsignal in das obere oder untere folgende Teilnetz weiterzuleiten ist. Wenn man die Ausgänge auf der aufgefächerten rechten Seite nach Shuffle-Art in zwei Stapel *entmischt*, erhält man sie in einer ganz bestimmten Reihenfolge. Wenn man sie in dieser Reihenfolge binär durchnumeriert, ergibt sich für die Wegeauswahl zu einem bestimmten Ausgang ein einfacher Wegesuchalgorithmus, auf den etwas später eingegangen wird. Übrigens werden nach anderer und häufig angewandter Leseart ganz allgemein Computer-Verbindungsnetze, in denen

3.3 Koppelnetze für die Paket- bzw. Zellenvermittlung

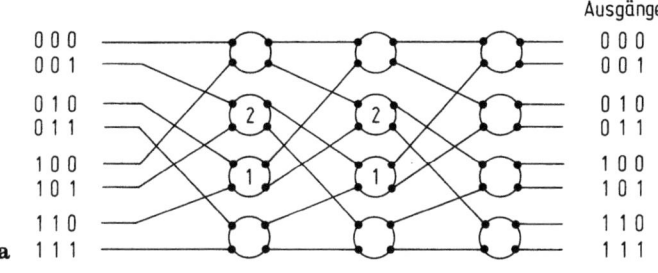

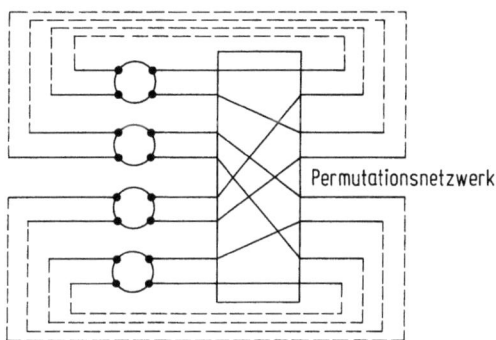

Bild 3.45 a, b. Omega-Netze. **a** Netzwerk für den einfachen Durchlauf, **b** Netzwerk für den mehrfachen Durchlauf

von einem Eingang zu einem Ausgang nur ein einziger Weg besteht, Banyan-Netze genannt (Banyan = Feigenbaum) [3.22]. Die mehr als 70 Jahre ältere Fernsprechvermittlungstechnik spricht in diesem Fall von „fächerförmigen Koppelanordnungen" [3.7].

Wir haben gesehen, daß Netze mit Beta-Elementen bisher bevorzugt für Paketoder Zellenvermittlungen eingesetzt werden, also in einem „prinzipbedingten Zeitmultiplex" zu betreiben sind. Daher muß man im allgemeinen mit statistischem Eintreffen von Paketen (Zellen) mit verschiedensten Zielen vor den Eingängen der zahlreichen Beta-Elemente rechnen, womit das in Bild 3.38 skizzierte Problem der *Warteschlangen* aktuell wird. Man muß dafür sorgen, daß man nicht vor allen Beta-Elementen mit Warteschlangen zu rechnen hat, weil dies zu hohem Speicheraufwand führen würde.

Wie läßt sich der Aufbau von teuren Warteschlangen vor *allen* Beta-Elementen vermeiden? Eine Möglichkeit zeigt Bild 3.38 c mit der Verdoppelung der Fahrbahnbreite am Ausgang auf: Hinter jeder Koppelstufe wird der mögliche Informationsdurchsatz verdoppelt. Auf *getrennten* Eingängen eintreffende Pakete oder Zellen können somit über *einen* Ausgang weitergegeben werden, ohne daß sich ein Stau ergibt. Ein anderes Beispiel ist die Rückmeldung von verfügbaren bzw. nicht verfügbaren Eingängen zum jeweils vorhergehenden Beta-Element („Frei"- oder „Besetztrückmeldung"), was den Aufbau einer längeren Warteschlange letzten Endes auf die Koppelnetzeingänge vorverlegt entsprechend Bild 3.38 a. Beide Verfahren haben

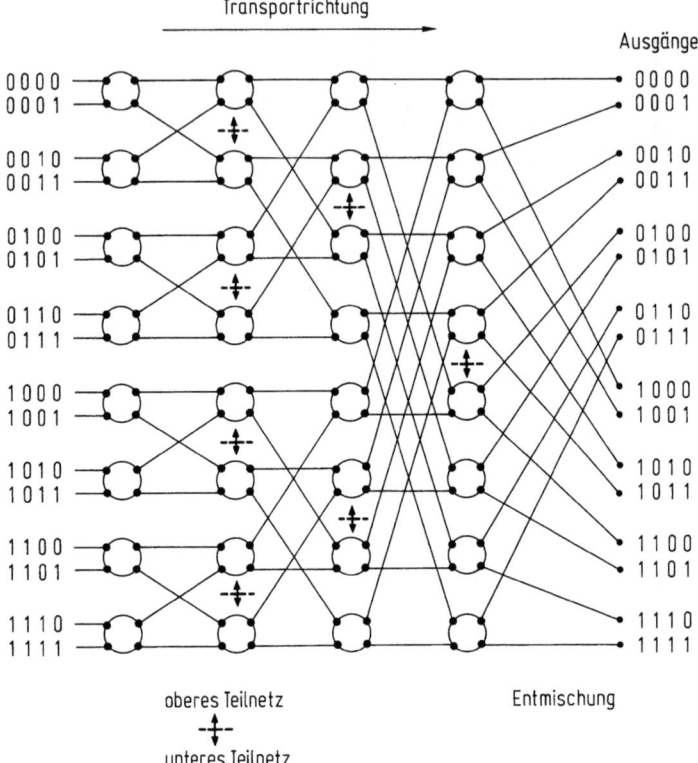

Bild 3.46. Vierstufiges Banyan-Netzwerk

nicht nur Vorteile, sondern auch Nachteile, die sich schließlich in der Aufwandsbilanz bzw. technischen Realisierbarkeit niederschlagen.

Ein in der Tat verlustloses und „pufferfreies" Banyan-Netzwerk mit also nur *einem* Weg zwischen Eingang und Ausgang wird als interessanter und intelligenter Spezialfall anschließend beschrieben. Zum Verständnis ist es allerdings notwendig, zunächst auf die *Wegsuche* in den Koppelnetzen für Paket-/Zellenvermittlung exemplarisch einzugehen.

Self Routing ist — wie bereits erwähnt — mit der „stufenweisen Wegsuche" im Direktwahlsystem zu vergleichen (Abschnitt 1.2). In einem „Knoten" (Wähler, Koppelvielfach, Beta-Element) wird aufgrund der mitgegebenen Zielangabe die vorgegebene Richtung („Kante") eingeschlagen. In leitungsvermittelnden Netzen muß nun innerhalb dieser Richtung ein freier Kanal — also z.B. eine freie Zeitlage — gefunden werden. In Paketvermittlungsnetzen ist dies nicht notwendig, statt dessen hat man mittels Pufferspeicher für das zeitliche Nacheinander von Paketen (Zellen) zu sorgen, die in derselben Richtung weiter zu transportieren sind. Natürlich ist es vorteilhaft, für die Richtungsauswahl möglichst einfache, Aufwand und Zeit sparende Algorithmen zu verwenden. Einfach ist es z.B., die Auswertung jeweils nur *einer* Stelle aus einer mehrstelligen Adresse je Knoten vorzunehmen. Das setzt voraus, daß

3.3 Koppelnetze für die Paket- bzw. Zellenvermittlung

die Zahl der weiterführenden Richtungen der jeweiligen Zahlenbasis der Adresse entspricht. Im dekadischen Direktwahlsystem sind dies also zehn Richtungen. Bei binär codierter Adressierung dagegen ergeben sich sehr einfache Such-Algorithmen, wenn lediglich zwei Richtungen (Kanten) vom Knoten aus weiterführen. Dies ist z. B. bei Beta-Elementen der Fall. In Netzen mit Beta-Elementen lassen sich somit besonders einfache Self-routing-Prinzipien finden!

Betrachten wir z. B. das Beneš-Netzwerk des Bildes 3.44. Von irgendeinem Eingang aus wird jeder der Ausgänge durch stellenweises Auswerten der angegebenen Ausgangsadresse erreicht. Dabei wird ein Paket oder Zelle hinter dem Beta-Element auf dem *unteren* Weg weitergeleitet, wenn die Adreß-Stelle „1" aussagt, der obere Weg wird bei „0" eingeschlagen. Allerdings kann bei diesem Verfahren die „Mehrwegeführung" nicht ausgenutzt werden. (Die Adresse wird von links nach rechts abgearbeitet.)

Ebenso verhält sich das topologisch ähnliche Omega-Netzwerk des Bildes 3.45 a. Hier gibt es nur *einen* Weg zwischen irgendeinem Eingang und einem vorgegebenen Ausgang. Er wird durch entsprechendes „Abarbeiten" der Ausgangsadresse erreicht.

Im Banyan-Netz des Bildes 3.46 muß die Eingangsnummer beim Auswahlvorgang mit berücksichtigt werden. Von der niedrigsten Stelle (also rechts) beginnend werden je Koppelstufe die zugehörigen Stellen der Zieladresse mit der mitgeführten Ursprungsadresse verglichen. Stimmen Ziel- und Ursprungsadresse in der betreffenden Stelle überein, so wird parallel, andernfalls über Kreuz durchgeschaltet.

Ein praktisch ausgeführtes Beispiel eines ziemlich komplizierten Netzwerks mit Beta-Elementen ist das Starlite-Netzwerk der US-Gesellschaft AT&T [3.23], in dem mit relativ hohem Aufwand Blockierungsfreiheit erreicht wird. Der Grundgedanke dieses Systems ist der folgende: In einem Omega-Netzwerk z. B. nach Bild 3.45 a können an allen Eingängen gleichzeitig angebotene Pakete oder Blöcke auch gleichzeitig und verlustfrei zu den Ausgängen vermittelt werden, wenn sie in ganz bestimmter Weise nach Zieladressen sortiert sind. Im Beispiel von Bild 3.45 a ist mit den links angegebenen Zieladressen eine solche gleichzeitige Durchschaltung möglich. Wie man sieht, sind die Eingangspakete hinsichtlich ihrer Ausgangsadressen in aufsteigender Reihenfolge sortiert.

Bevor man die Pakete (bzw. Zellen) über ein Omega-Netz (im Starlite-Netz „Expander" genannt) zum gewünschten Ziel vermitteln kann, müssen sie also nach aufsteigenden (oder absteigenden) Adressen sortiert werden. Hierfür sind wiederum Beta-Elemente als Sortierelemente geeignet. Bild 3.47 zeigt die Sortierfunktion: Von den beiden an den Eingängen liegenden Paketen wird das mit der *kleineren* Adresse in Pfeilrichtung gelenkt.

Bild 3.48 gibt ein Sortierbeispiel an. Die Sortierung beruht auf dem Prinzip der „vollkommenen Mischung" (Perfect Shuffle), in der *zwei* vorsortierte Paketfolgen ihren Adressen nach zu *einer* monoton fallenden (steigenden) Reihe zusammengemischt werden. Die Vorsortierung führt zu sich ebenfalls monoton ändernden Adreß-

Bild 3.47. Sortierfunktion des Beta-Elements

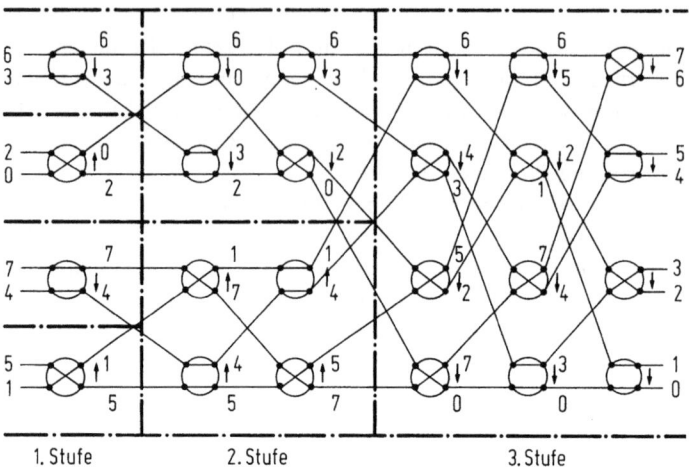

Bild 3.48. Sortierbeispiel

folgen, von denen die eine steigt, die andere fällt. (Ein solcher Sortierer von *zwei* mono*tonen* Zahlenfolgen wird „bitonisch" genannt.) Die Vorsortierung kann natürlich durch Mischung weiterer Vorsortierungen erreicht werden, bis man schließlich die Sortiervorgänge auf das elementare Beta Element zurückgeführt hat (Bild 3.48, erste Sortierstufe).

Nun tritt im allgemeinen der Fall ein, daß nicht an allen Eingängen des Sortierers („Sorter" im Starlite-Netz genannt) gleichzeitig Nutzpakete bzw. -zellen anliegen. Dann müssen Blindpakete erzeugt werden, die keine Nutzinformation tragen, damit der Sortiervorgang ordnungsgemäß ablaufen kann. Die Blindpakete werden mit der höchsten Adresse bewertet, so daß alle Nutzpakete am Ende des Sortierers, also vor dem Eintritt in das Omega-Netz, in fallender Adreßfolge an die Blindpakete anschließen (Beispiel Bild 3.49). Nunmehr lassen sich die Nutzpakete blockierungsfrei durch das Omega-Netz zu ihren Ausgängen schalten, die Blindpakete werden vernichtet

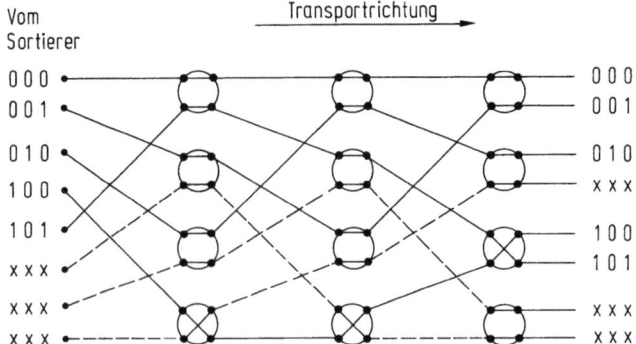

Bild 3.49. Durchschaltung von sortierten Blindpaketen im Omega-Netz

3.3 Koppelnetze für die Paket- bzw. Zellenvermittlung

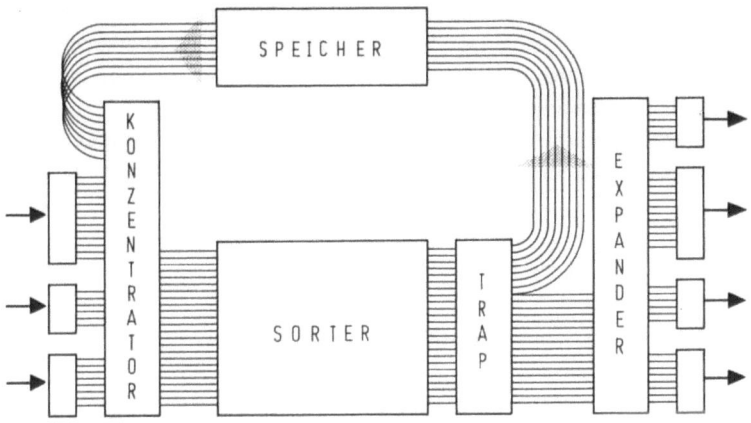

Bild 3.50. Struktur des Starlite-Koppelnetzes

(die hypothetischen Durchschaltewege sind gestrichelt eingezeichnet). Wichtig ist, daß die Beta-Elemente dadurch tatsächlich für zwei *gleichzeitige* Durchschaltevorgänge genutzt werden können!

Was aber geschieht, wenn zwei oder mehr Pakete (Zellen) zu *demselben* Ausgang durchzuschalten sind? Dann ergeben sich weitere Komplikationen, die nun an einem Gesamtblockbild erläutert werden, ohne auf die ingeniösen Schaltungsdetails einzugehen (Bild 3.50). Nach dem Sortiervorgang im „Sorter" liegen Pakete *gleicher* Ausgangsadresse nebeneinander. Im „Trap"-Netzwerk wird nach Adressenvergleich nur *ein* Paket je Ausgang weitergeleitet, alle anderen Pakete werden mit einer Markierung versehen und nach oben aussortiert. Von dort werden sie wieder den Eingängen des Starlite-Netzes zugeführt. Der den Eingängen nachgeschaltete Konzentrator macht die Schnittstelle zum Sorter, der den Hauptaufwand stellt, schmäler. Hier geht man (ähnlich wie beim „Knock out Switch") davon aus, daß nur ein gewisser Bruchteil der Gesamt-Eingänge gleichzeitig mit Nutz-Paketen (-Zellen) belegt ist. Diese Pakete werden unabhängig von ihrer Eingangslage über den „Konzentrator" auf die Eingänge des „Sorters" konzentriert. Damit dieser Vorgang ordnungsgemäß abläuft, werden auf allen nicht mit Nutzpaketen belegten Eingängen des Konzentrators Blindpakete („Leerpakete") erzeugt, die mit höheren Adressen nach oben gelenkt und „vernichtet" werden, soweit sie nicht mehr auf Eingänge des „Sorters" treffen. Umgekehrt gehen Nutzpakete höherer Adreßwerte verloren, wenn in seltenen Fällen mehr Nutzpakete eintreffen als Sortereingänge vorhanden sind.

Fassen wir die wichtigsten Eigenschaften des Starlite-Beispiels zusammen: Ausgegangen wird von einer „synchronen" Durchschaltung der Pakete, d. h. auf allen Eingängen des Netzes beginnen die Pakete gleichzeitig. Dafür sorgen hier nicht besprochene vorgelagerte Synchronisierungsschaltungen. Das Netz wird aus Beta-Elementen zusammengesetzt, wobei die Aufgabe besteht, das Beta-Element ohne Pufferspeicherung *gleichzeitig* für die Durchschaltung von *zwei* Paketen zu nutzen. Dies gelingt bei der Anordnung der Beta-Elemente in einem Omega-Netz (Expander), sofern man die Pakete dem Omega-Netz in einer monoton sortierten Adreßfolge zuführt. Diese Sortierung läßt sich mit vorgelagerten Sortiernetzen erreichen, die allerdings recht aufwendig sind. Der Verzicht auf zahlreiche Pufferspeicher vor den Beta-Elementen ist aufwandsparend und in Hinblick auf künftige integriert optische Schaltelemente vorteilhaft.

Zum Aufwand der Sortiernetze ein Hinweis: In Extrapolation des Bildes 3.48 gilt für die Zahl Z der Beta-Element-Stufen bei N Eingängen und Ausgängen die ld N-gliedrige Summe:

$$Z = \text{ld } N + [(\text{ld } N) - 1] + [(\text{ld } N) - 2] + \_\_ + 1$$

$$= \frac{\text{ld } N}{2} (1 + \text{ld } N).$$

Jede der Z Koppelstufen enthält $N/2$ Beta-Elemente, jedes der Beta-Elemente im Prinzip vier einfach gerichtete Koppelpunkte (Bild 3.42). Die Zahl der Koppelpunkte im Sorter wird damit

$$P = N \cdot \text{ld } N (1 + \text{ld } N),$$

bezogen auf den Eingang/Ausgang also

$$P/N = \text{ld } N (1 + \text{ld } N).$$

Beispiele: $N = 128$ $P/N = 56$
              $N = 1024$ $P/N = 111.$

Fügen wir noch ein Omega-Netz entsprechend Bild 3.45a hinzu, so hat dies

$Z = \text{ld } N$ Stufen und damit
$P = 2 N \cdot \text{ld } N$ Koppelpunkte.

Beispiele: $N = 128$ $P/N = 14$
              $N = 1024$ $P/N = 20.$

Weiterer, hier nicht erfaßter Aufwand kommt durch Konzentrator und Trap hinzu. Vergleichen wir den oben überschlägig abgeschätzten Aufwand mit dem blockierungsfreien Closschen Koppelnetz (Tabelle 3.1):

Beispiele: $N = 100$ $P/N = 57$ (dreistufig)
              $N = 1000$ $P/N = 146$ (fünfstufig).

Vom Koppelpunktaufwand her gesehen sind die beiden Koppelnetzprinzipien etwa gleichwertig, die Zahl der Koppelstufen ist im Closschen Netz um eine Größenordnung geringer. Allerdings ist das Clossche Prinzip nicht für Self-routing-Funktionen geeignet und scheidet damit für Paketvermittlungen mit hohem Paketdurchsatz aus.

3.4 Zusammenfassende Bewertung der Koppelprinzipien

Versuchen wir, die an *Beispielen* gewonnenen Einblicke zusammenzufassen. Wir unterscheiden zwei wichtige Anwendungen:

1. Orientierung am heute übermächtig großen Fernsprechnetz, welches digitalisiert wird. Aus dem 8-kHz-Abtastzyklus folgt die Rahmenbindung. Die Nachrichtendauern liegen in der Größenordnung von Minuten. Das ist der traditionelle Anwendungsbereich der Leitungsvermittlung.

Die Rahmenorientierung ermöglicht auf einfache Weise das Aufrechterhalten der Verbindung (Haltespeicherprinzip). „Intelligenz" wird nur für den Auf- und Abbau der Verbindung benötigt.

Im Prinzip sind intelligente, weitspannende Wegsucheverfahren möglich. Die Koppelnetze weisen viele Wege zwischen Ursprung und Ziel auf.

Die zentrale Wegsuche kann zum Engpaß werden. Dem läßt sich begegnen durch Dezentralisierung der Wegsuche mit Hilfe eines „aufgepfropften self routing" (worauf in Kapitel 4 eingegangen wird) oder durch einfache Wegsucheverfahren.

Wenigstufige (im Idealfall einstufige) Koppelnetze führen zu geringer Komplexität der Wegsuche, verlangen aber große Koppelvielfache und damit viele Koppelpunkte.

Der Koppelpunktaufwand läßt sich durch Zeitmultiplexausnützung reduzieren. Es ist vorteilhaft, den Zeitmultiplexfaktor möglichst hochzutreiben, um damit auf wirtschaftliche Weise große Koppelvielfache bilden zu können (Kombinationsvielfach).

2. Orientierung an Paket- bzw. Zellenprinzipien, die universell für die Übermittlung unterschiedlichster Kommunikationsarten geeignet sind, welche in ihrer Verbreitung aber um wenigstens eine Größenordnung unter der des Fernsprechnetzes liegen. Die Nachrichtendauern liegen im Bereich einer Sekunde und darunter, die „Nachrichten" (nämlich Pakete bzw. Zellen) treten sehr häufig auf (Bursty Traffic).

Zu unterscheiden sind Koppelnetze mit einbezogenen Benutzern und solche mit angeschlossenen Benutzern. Wir verfolgen hier nur Koppelnetze mit angeschlossenen Benutzern wegen der größeren Anwendungsbreite.

Infolge der großen Nachrichtenhäufigkeit sind zentrale Wegsucheverfahren zu vermeiden. Es kommen dezentralisierbare Self-routing-Prinzipien zum Zuge.

Wegen besonders einfacher Self-routing-Verfahren bieten vielstufige Koppelnetze mit sehr kleinen Koppelvielfachen (im Extremfall mit Beta-Elementen) eine interessante Alternative zu wenigstufigen Koppelnetzen mit großen Koppelvielfachen.

Besondere Beachtung verdient das Pufferspeicherproblem, welches in seinem Aufwandsanteil sehr stark zum Gesamtaufwand beiträgt.

Auch hier gilt, daß Hochtreiben des Zeitmultiplexfaktors (d. h. Übertragung möglichst vieler Pakete über eine Leitung) den Aufwand an Koppelpunkten und ggf. auch Pufferspeichern senkt.

Insgesamt sind die Vermittlungsverfahren offenbar noch nicht so weitgehend erschlossen wie im Fall 1. Es ist noch Raum für neue Ideen!

Über die hier besprochenen Prinzipien und Beispiele hinaus werden in Kapitel 4 in Zusammenhang mit ausgeführten Vermittlungssystemen weitere Koppelnetzbeispiele erläutert.

Mit den Ausführungen zu Kapitel 3 wird nicht der Anspruch erhoben, einen vollständigen Überblick über alle Vermittlungsverfahren zu geben. Dies weitgespannte Thema kann für einen allgemein interessierenden Überblick nur exemplarisch behandelt werden. Zum allgemeinen Verständnis der Prinzipien gehört es aber, einige im angloamerikanischen Sprachraum verwendete Begriffe zu erläutern, die zum Teil über die hier diskutierten Verfahren hinausgehen.

Circuit Switching: Dies entspricht dem ausführlich erläuterten Begriff der Leitungsvermittlung.

Fast Circuit Switching, auch *Burst Switching* genannt: Nur während der tatsächlich aktiven Zeiten — z. B. während des Sprechens — wird der Verbindungsweg bereitgestellt. Dies ist in Form des TASI-Verfahrens (Time Assignment Speech Interpolation [3.24]) schon seit langem auf teuren Übertragungsabschnitten (z. B. Tiefseekabel) eingeführt. Hohe Anforderungen werden an die Reaktionsgeschwindigkeit von Vermittlungen gestellt. Beim *Virtual Circuit Switching* ist der Verbindungsweg für Sprache vorgemerkt, er kann aber in Gesprächspausen für die Datenübertragung genutzt werden [3.25]. Insgesamt dürfte diesen Prinzipien für die Vermittlung nur in Spezialfällen Bedeutung zugemessen werden.

Multi-rate Circuit Switching: Mehrfache der Grundbitrate (z. B. 64 kbit/s) können vermittelt werden. Das Verfahren wurde näher erläutert. Der Anwendungsbereich ist eingeschränkt mit Rücksicht auf die Verkehrsgüte des Grundverkehrs (z. B. Fernsprechen).

Packet Switching: Nachrichten werden in Pakete unterschiedlicher Länge unterteilt, Pakete tragen Adressen mit ihrem Bestimmungsort. Virtuelle Verbindungen bezeichnen eindeutige Wege durch das Netz, die von allen Paketen einer Verbindung nacheinander durchlaufen werden. Datagramme sind Pakete, die einzeln auf jeweils optimalem Weg zum Ziel vermittelt werden (vgl. Abschnitt 2.2.3). Die Verarbeitung der Paket-Header ist wegen zahlreicher Header-Funktionen komplex (vgl. Kapitel 5).

Fast Packet Switching: Der Paketdurchsatz wird dadurch erhöht, daß man die zuvor erwähnten komplexen Header-Funktionen auf ein Mindestmaß reduziert. Wendet man dieses Prinzip netzweit an, spricht man vom Asynchronous Transfer Mode (ATM). Die Vermittlungsprinzipien wurden ausführlich erläutert.

Burstiness: Die für eine Kommunikationsform (z. B. Sprache) gewählte Bitrate (sog. Natural Bitrate) ins Verhältnis gesetzt zu der über einen längeren Zeitraum gemittelten Rate der übertragenen Nutz-Bits. Im Fall der Sprachübertragung also z. B. 64 kbit/s bezogen auf weniger als 32 kbit/s unter Berücksichtigung der Sprachpausen (Burstiness = 2 bis 3) [3.26].

Activity Factor: Dauer der tatsächlich übertragenen Nutzdaten zur Gesamtdauer der nutzbaren Verbindung. Im Fall einer Sprachverbindung ist der Activity Factor etwa 0,4 [3.27].

Broadcasting: Vermittlung einer Nachricht gleichzeitig zu mehreren Zielen. Nicht alle der vorgestellten Koppelprinzipien bzw. -netze eignen sich hierfür gleich gut.

3.5 Ausblick auf künftige Technologien

In den vorhergehenden Abschnitten wurden Koppelnetzstrukturen behandelt, ohne die konkret schaltungstechnische Realisierung aufzugreifen. In ständiger Wechselwirkung steigern sich die Möglichkeiten der Schaltkreistechnologien und die Anforderungen an sie. Auf der einen Seite ist es die Groß- und Größtintegration (VLSI, ULSI) elektronischer Mikroschaltungen, auf der anderen Seite die Schaltgeschwindigkeit der digitalen Gatterfunktionen, deren Fortschrittsgrenzen noch längst nicht erreicht sind. Dies gibt uns die Zuversicht, derart anspruchsvolle Techniken wie die des künftigen Breitbandnetzes mit steigender Wirtschaftlichkeit realisieren zu können, so daß auf längere Sicht die breitbandige, hochqualitative Bewegtbildkommunikation die Verbreitung des heutigen Fernsprechnetzes erreichen dürfte, vgl. [3.18].

Während die Größtintegration ihr Teil dazu beiträgt, komplexe Schaltungskonfigurationen — wie etwa für das SONET-Hierarchieprinzip benötigt (Abschnitt 2.3.2) — wirtschaftlich einzusetzen oder größere Koppelnetzabschnitte auf einem einzigen Halbleiterschaltkreis unterzubringen, erlaubt wachsende Schaltgeschwindigkeit eine stärkere Zeitmultiplexausnützung der Ressourcen (Übertragungswege, Koppelnetz-Hardware). Tabelle 3.2 gibt einen Anhaltspunkt für die 100- bzw. 500fache Nutzung von Koppelnetz-Hardware bei verschiedenen STM-Bitraten, die sinngemäß auch für ATM-Bitraten gelten. In den zugehörigen Spalten ist angegeben, welche Bitströme jeweils im Koppelnetz beherrscht werden müssen. In den „Parallel"-Spalten ist eine 8fache Paralleldurchschaltung angenommen. „Nicht realisierbar" gilt voraussichtlich für die heute gängigen Schaltkreistechniken CMOS- (Complementary Metal Oxide Semiconductor) und Bipolar-Silizium sowie deren Kombination BICMOS. Bild 3.51 zeigt typische Eigenschaften der genannten Technologien, ergänzt durch GaAs (Galliumarsenid). Höchste Integrierbarkeit und höchste Geschwindigkeit schließen sich leider (bisher) aus! Bild 3.52 schätzt die weitere Technologieentwicklung für CMOS hinsichtlich Strukturgröße und Schaltgeschwindigkeit ab [3.28].

Tabelle 3.2. Grenzen der Zeitmultiplex-Ausnützung

Multiplexfaktor

Kanalbitrate	100		500	
	seriell	parallel	seriell	parallel
64 kbit/s	6,4 Mbit/s	0,8 Mbit/s	32 Mbit/s	4 Mbit/s
384 kbit/s	38,4 Mbit/s	4,8 Mbit/s	192 Mbit/s	24 Mbit/s
2 Mbit/s	200 Mbit/s	25 Mbit/s	1 Gbit/s	125 Mbit/s
34 Mbit/s	3,4 Gbit/s	425 Mbit/s	17 Gbit/s	2,22 Gbit/s
140 Mbit/s	14 Gbit/s nicht realisierbar	1,75 Gbit/s	70 Gbit/s nicht realisierbar	8,75 Gbit/s

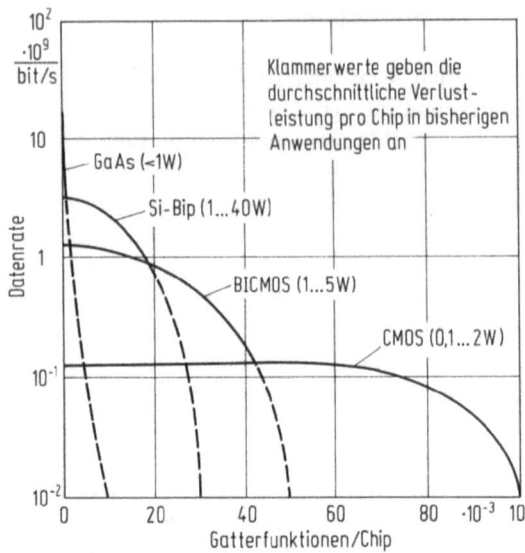

Bild 3.51. Charakteristische Eigenschaften mikroelektronischer Technologien

Aber es gibt über die heute verbreiteten Technologien hinaus weitere z. T. vielversprechende Ansätze im Forschungs- oder frühen Entwicklungsstadium. Erinnert sei z. B. an die immer realistischer werdenden Anwendungen der Hochtemperatur-Supraleitung. Ganz besonders hervorzuheben sind aber optische Technologien, die in Verbindung mit optischen Übertragungssystemen auch eine optische Vermittlungstechnik attraktiver erscheinen lassen. Allerdings befinden wir uns hier noch in der Forschungsphase mit ungewissem Ergebnis: Werden optische Koppelnetze jemals mit elektronischen wirtschaftlich konkurrieren können? Dafür sprechen die damit mögliche übertragungs- und vermittlungstechnische *Netzintegration* sowie die über optische Koppelnetze transportierbaren *hohen Informationsströme*, wobei das letztgenannte Argument sicherlich das wichtigere ist.

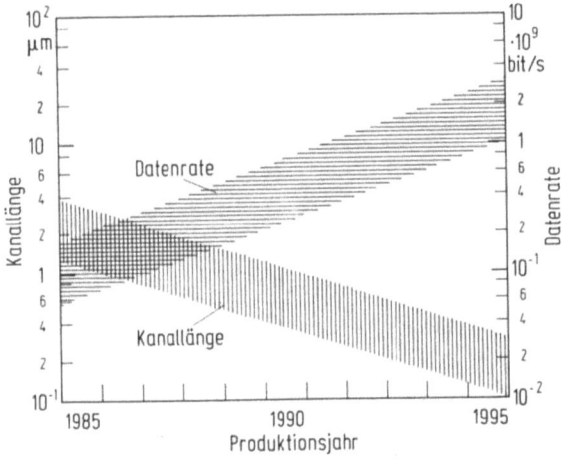

Bild 3.52. Abschätzung der Technologieentwicklung für CMOS

3.5 Ausblick auf künftige Technologien

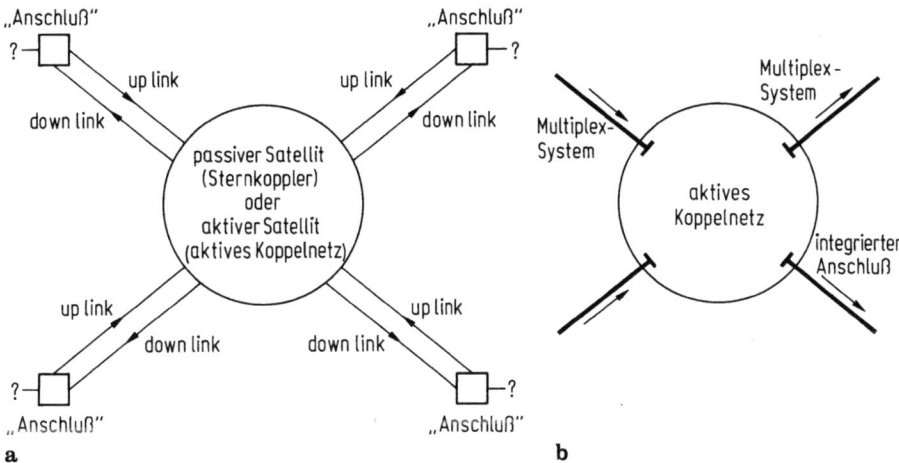

Bild 3.53 a, b. Alternative Koppelnetzprinzipien. **a** „Vermittlungsintelligenz" im „Anschluß" oder im Koppelnetz, **b** Vermittlung im integrierten Netz

Versuchen wir eine systematische Erfassung optischer Koppelnetz-Architekturen. Bild 3.53 a stellt als erstes eine Analogie zum passiven Satelliten vor: Ein optischer *Sternkoppler* ist in der Lage, ihm *von* Anschlüssen (vgl. Bodenstationen!) angebotene Information *an* Anschlüsse (Bodenstationen) gleichmäßig zu verteilen. Die eigentliche Vermittlungsfunktion muß von den Anschlüssen selbst wahrgenommen werden. Wie in der Satellitentechnik sind verschiedene Zugriffsverfahren möglich: Frequenzmultiplex (FDMA), Zeitmultiplex (TDMA), Codemultiplex (CDMA) (vgl. Abschnitt 6.6). Man spricht in diesen Fällen vom Sternkoppler als „Sharedmedium Photonic Switch", obgleich die eigentliche Vermittlungsfunktion in den Anschlüssen liegt [3.29].

Verlegt man die Vermittlungsfunktion in den zentralen Kreis des Bildes 3.53 a, so hat man eine Parallele zum *vermittelnden* (aktiven) Satelliten. In diesem und auch in dem zuvor genannten Fall wird nicht betrachtet, was (ankommend) *vor* oder (abgehend) *hinter* dem „Anschluß" geschieht.

Mit Bild 53 b wird jedoch dieses Geschehen ebenfalls in den Vermittlungsvorgang einbezogen: Die Koppelnetz-Anschlüsse liegen ankommend und abgehend häufig an übertragungstechnischen *Multiplex*-Systemen. Die „Integration" von Übertragungs- und Vermittlungstechnik sorgt dafür, daß ankommende Nachrichten über das Koppelnetz unmittelbar in die weiterführenden Multiplexsysteme eingefügt werden können, wie es in Abschnitt 3.2.3 für das synchrone Zeitmultiplex (STM) bereits vorgestellt wurde. Das „aktive Koppelnetz" ist dafür zuständig, diese Anpassung vom ankommenden an den abgehenden Informationstransport vorzunehmen, z. B. durch die bereits erwähnte „zeitliche Verschiebung" der Nachrichten-Oktetts.

Betrachten wir zunächst das aktive Koppelnetz entsprechend Bild 3.53 a im Raummultiplex. Hier sind also optische „Kontakte" zu realisieren. Man findet u. a. folgende Varianten:

1. Schalten durch Faserbewegung [3.30]

Einer sendenden Faser wird durch mechanische Bewegung eine empfangende Faser gegenübergestellt. Wegen der erforderlichen Präzision läßt sich dies naturgemäß für Singlemode-Fasern schwieriger als für Multimode-Fasern realisieren. Träger der Bewegungsvorgänge können z. B. sog. Reed-Relais oder piezoelektrische Effekte sein.

Typisch handelt es sich hierbei also um Einzelkontakte, die für die Anwendungen in Koppelnetzen unzweckmäßig sind. Eine interessante, auch heute bereits aktuelle Anwendung ist die Überbrückung von schadhaften Stationen in Lichtwellenleiter-Ringen (vgl. Kapitel 6).

2. Schalten durch Ablenken von Lichtstrahlen

Ein Lichtstrahl wird entweder „durchgelassen" oder „reflektiert", womit ein *Ein-/Ausschalter* realisiert ist. Komplizierter wird die *Ablenkung* des Lichtstrahls aus seiner ursprünglichen Richtung, um damit einen *Wähler* mit einem Eingang und mehreren Ausgängen nachzubilden. Neben beweglichen Spiegeln dienen z. B. Flüssigkeitskristalle der Ablenkung. Ein „holographischer" Schalter, mit dem sich große Matrizen zur Kopplung von 100 Eingangsfasern auf 100 Ausgangsfasern (entsprechend 10000 Koppelpunkten) erreichen lassen sollen, ist in Bild 3.54 angedeutet. Der ankommende Lichtstrahl wird durch zwei Platten nacheinander in x- und y-Richtung abgelenkt. Der Ablenkwinkel läßt sich durch Beeinflussung des Plattenmaterials mittels Licht oder elektrischem Feld steuern. Das Prinzip ist noch lange nicht einsatzreif wegen Schwierigkeiten in der Präzision des mechanischen Aufbaus und im Plattenmaterial [3.31].

3. Semi-optischer Koppler

Als semi-optisch wird dieser Koppler eingestuft, weil er an seinen Ausgängen elektrische Signale abliefert, somit der Vorteil der optischen „Integration" von Übertragungs- und Vermittlungstechnik nicht genutzt wird (Bild 3.55). An seinen Eingängen 1 bis m angelieferte optische Information wird auf n Ausgänge verteilt („Splitter"). Dort empfangen Photodioden die Signale und geben sie in elektrischer Form weiter, sofern sie mit einem Speisestrom versorgt werden. Die Ausgänge der Photodioden sind spaltenweise parallel geschaltet und realisieren damit die Ausgänge der Matrix. Jede Photodiode stellt einen Koppelpunkt dar, der individuell und unabhängig von anderen Koppelpunkten mittels Speisestrom angesteuert werden

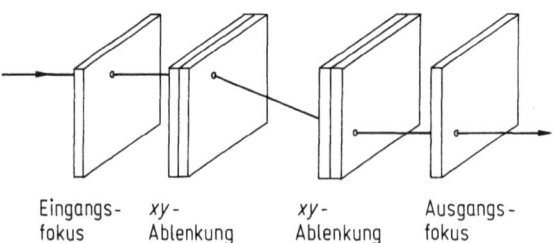

Eingangs- xy- xy-   Ausgangs-   **Bild 3.54.** „Holographischer"
fokus   Ablenkung   Ablenkung   fokus   Koppler

3.5 Ausblick auf künftige Technologien

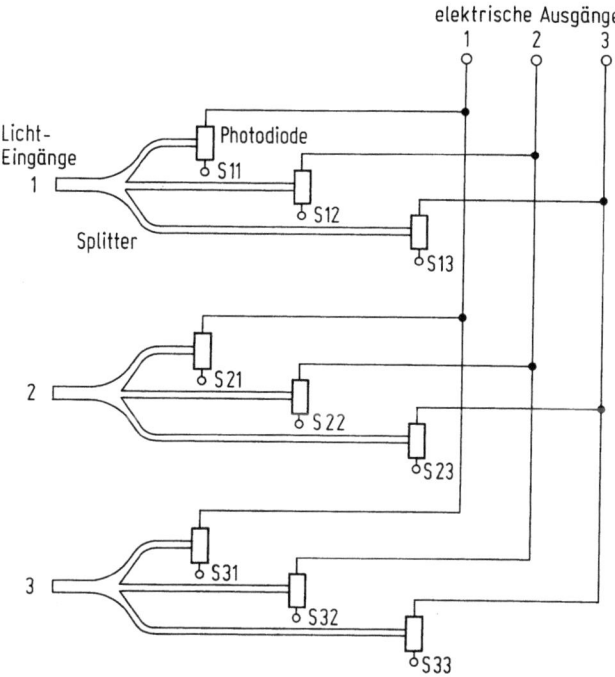

Bild 3.55. Semi-optischer Koppler. S individuell steuerbare Speiseströme

muß. Der Vorteil der Anordnung besteht in der geringen gegenseitigen Beeinflussung der Eingangs- und Ausgangsvielfache [3.32].

4. Wellenleiter-Schalter

In ein Material, dessen optische Eigenschaften (z. B. Brechzahl) durch elektrische Signale (Spannung oder Strom) zu beeinflussen sind, werden optische Wellenleiter mit höherer Brechzahl eindiffundiert. Als Trägermaterial dient heute Lithiumniobat ($LiNbO_3$), wobei man auch mit anderen Materialien (III/V-Verbindungen, organische Verbindungen) experimentiert. Als Diffusionsmaterial wird Titan verwendet. Bild 3.56 zeigt ein Beispiel. In einem „Kopplungsbereich" werden beide Wellenleiter so eng geführt (z. B. im Abstand von 30 μm [3.36]), daß die Lichtenergie periodisch von einem zum anderen Wellenleiter und wieder zurück übertritt. Dies geschieht, wenn die Brechzahlen der beiden Wellenleiter gleich sind. Mit geeignet gewählter Kopplungslänge läßt sich erreichen, daß die gesamte Lichtenergie nur von einem zum anderen Wellenleiter und nicht zurück übergeht. Legt man in der gezeigten Weise eine Spannung an das Trägermaterial an, so werden die zuvor gleichen Brechzahlen unterschiedlich. Das hat zur Folge, daß die Lichtenergie nicht mehr von einem zum anderen Wellenleiter übertreten kann. Mit anderen Worten: Wellenleiterschalter verhalten sich wie *Beta-Elemente,* in denen Eingangsignale entweder parallel oder über Kreuz durchgeschaltet werden!

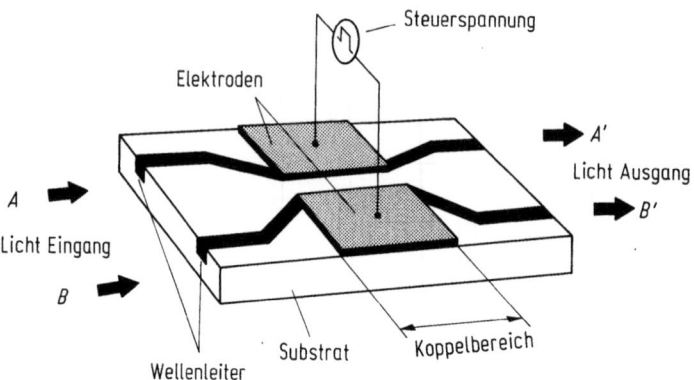

Bild 3.56. Wellenleiter-Schalter

Im ganzen erscheint der Wellenleiter-Schalter aus heutiger Sicht als relativ aussichtsreiches optisches Koppelelement, wobei die Verbesserung wichtiger Eigenschaften anzustreben ist. Derzeit wird eine Einfügungsdämpfung von 1 bis 2 dB und eine Nebensprechdämpfung von 22 bis 25 dB erreicht. Ferner werden hohe Steuerspannungen (bis zu 55 V) benötigt, die zusammen mit der Materialträgheit nur ein relativ langsames *Schalten* der Beta-Elemente erlauben [3.33, 3.34].

Wie läßt sich ein „aktives Koppelnetz" im STM-Zeitmultiplex realisieren? Zeitmultiplex im einfachen Sinn des Wortes bedeutet: die zuvor erwähnten Schalter werden „zeitschlitzweise" geschaltet. Die Schaltzeiten eines Schalters sollten also vernünftigerweise um Größenordnungen geringer sein als die Zeitschlitz-Zeit selbst, es sei denn, es gelingt mit „Tricks", diese Bedingung zu entschärfen. Hier ist also generell noch ein Problem optischer Koppelpunkte in Zeitmultiplexanwendung zu sehen. Will man zusätzlich die im „integrierten" digitalen STM-Netz erforderliche zeitliche Verschiebung der Nutzinformation von einem Zubringer-Zeitschlitz auf einen Abnehmer-Zeitschlitz realisieren (Bild 3.53b), so ist ein optischer „Wortspeicher" notwendig. Aus heutiger Sicht kommen dafür Laufzeitspeicher in Frage, wie sie früher bereits für digitale elektronische Zeitmultiplex-Vermittlungen vorgeschlagen wurden [3.35, 3.36]. Dabei wird ein Satz unterschiedlicher, häufig gebrauchter Wortverzögerungen durch unterschiedliche Laufzeitstrecken konstanter Verzögerung realisiert, mit denen die meisten Verbindungen zu bedienen sind. Lediglich für eine relativ geringe Zahl von „exotischen" Verzögerungen werden Random-access-Speicher vorgesehen, die mangels geeigneter optischer Speicher (vorerst noch) elektronisch mit vorgesetzter bzw. nachfolgender optisch/elektrisch/optischer Wandlung auszuführen sind. Bleibt man entsprechend den Vorgaben des 64-kbit/s-Fernsprechkanals bei 8-bit-Zeitschlitzen, so beträgt eine Kanalzeit z. B. in einem 2,4-Gbit/s-Bitstrom nur etwa 3,3 ns. Um wenigstens den Faktor 10 schneller sollten die Zeitschlitze geschaltet werden! Eine Verzögerung um nur *eine* Kanalzeit läßt sich mit 1 m Länge eines Single-mode-Lichtwellenleiters erreichen [3.31]. Aus derartiger Meterware müßte ein Wort-Laufzeitspeicher zusammengesetzt werden! Eine gewisse Problematik wird deutlich: Wählt man in einem Breitbandnetz z. B. eine hundertfach

3.5 Ausblick auf künftige Technologien

größere Zeitschlitzbelegung (also 800 bit/Zeitschlitz) mit einer Kanalzeit von 0,3 µs im 2,4-Gbit/s-Bitstrom, so werden zwar die Schaltbedingungen entschärft, jedoch muß man nun für die Verzögerung um *eine* Kanalzeit bereits eine Laufzeitstrecke von 100 m Länge vorsehen.

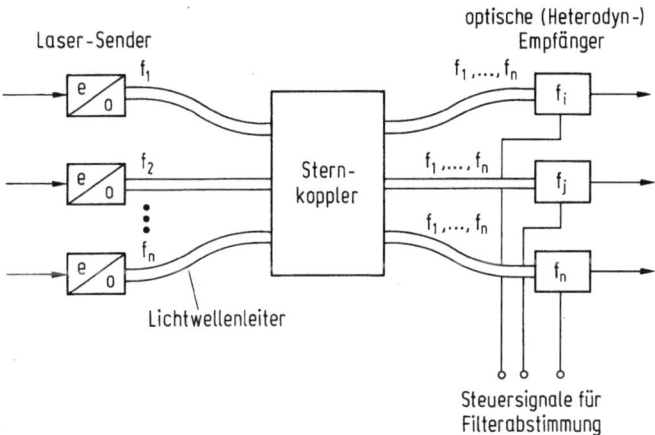

Bild 3.57. Wellenlängen-Sternkoppler

Auch im *statistischen* Zeitmultiplex des ATM-Netzes werden gewissermaßen „Wortspeicher" als *Pufferspeicher* (Wartespeicher) gebraucht, wobei die „Worte" hier durch die (z. B.) 53-Oktett-langen Zellen gebildet werden. Dadurch ist von vornherein ein günstigeres Verhältnis von *Zellenzeit* (im Vergleich zur 8-bit-Zeitschlitz-Zeit) zu Schaltzeit möglich, wobei man die notwendige Zeit zum Schalten durch entsprechendes „Zusammenschieben" der Zelleninformation gewinnen könnte. Schwieriger als im STM-Fall sind jedoch die Wartespeicher mit Hilfe von Laufzeitgliedern zu realisieren.

Nun zum Frequenz- bzw. Wellenlängenmultiplex: Wie bereits in Abschnitt 2.3.2 ausgeführt bietet im Zusammenhang mit den hohen Übertragungskapazitäten des Lichtwellenleiters das Wellenlängenmultiplex die Möglichkeit, Teilkapazitäten zu bilden, innerhalb derer mit digitalen Modulationsverfahren technisch beherrschbare Bitraten möglich sind. Im „integrierten Netz" nach Bild 3.53b muß die Verschiebung einer ankommenden in eine abgehende Wellenlänge erfolgen. Einfacher ist eine Parallele zum Satelliten des Bildes 3.53a zu realisieren: Bild 3.57 deutet mit dem Sternkoppler eine „einstufige Koppelmatrix" an: Abstimmbare Ausgangsfilter wählen *eine* aus mehreren angebotenen Wellenlängen aus [3.34]. Hohe Trennschärfe ist erwünscht, um eine nennenswerte Anzahl unterschiedlicher Trägerwellenlängen zu erreichen. Ein solches Prinzip etwa in Form des Heterodyn-Verfahrens (Abschnitt 2.3.2) fände einen breiten Einsatzbereich in der „Verteilkommunikation": Über Lichtwellenleiter werden zahlreiche Fernsehprogramme gleichzeitig angeboten, von denen der Benutzer sich am Ort seines Empfängers eines auswählt. Dies ist mit heutigen Technologien noch nicht realisierbar.

Mit Sicherheit ist das Inventions- und Innovationspotential optischer Koppelnetze noch nicht ausgeschöpft. Es ist durchaus möglich, daß in einer kommenden Zeit allgemeiner Breitbandkommunikation optische oder optisch-elektrische Koppelnetze wegen ihrer hohen Übertragungskapazität zu wirtschaftlichen Lösungen führen. Neue Ansätze finden sich in CDMA-Verfahren für Vermittlung und Übertragung [3.37] oder Anwendungen von „Solitons" [3.38 bis 3.40]. Solitons sind kurze Lichtimpulse mit Dauern von Bruchteilen von Picosekunden, welche „merkwürdige" Eigenschaften haben: So erfahren diese Impulse keine Dispersion, so daß Tausende von Kilometern ohne Verstärker überbrückbar sind. Auch lassen sich mit ihnen Schaltereffekte erzeugen, die Grundlage für neue Koppelnetzprinzipien sein können.

4 Vermittlungssysteme

Die zuvor beschriebenen digitalen Koppelnetze sind Teil digitaler Vermittlungen. Zu den Koppelnetzen müssen weitere Funktionsblöcke hinzutreten, um Steuerungsinformationen (Signalisierung) aufzunehmen, zu verarbeiten und ggf. weiterzugeben. Damit wird u. a. die Durchschaltung von Nutzinformation in den Koppelnetzen erst ermöglicht. Das Zusammenspiel der im Prinzip nötigen Funktionen wurde in Abschnitt 1.2 am Beispiel der relativ einfachen „klassischen" Vermittlungstechnik erläutert. Nachfolgend wird die Verteilung dieser und erweiterter Funktionen an einigen Beispielen moderner digitaler Vermittlungssysteme betrachtet. Gemeinsame Merkmale aller dieser Systeme sind:

1. Softwareorientierung:

Die in Abschnitt 1.3 bereits skizzierten höheren Anforderungen an die Telekommunikationsnetze lassen sich nur durch Computersteuerung bewältigen.

2. Verteilte Steuerung:

Mit der Einführung der wirtschaftlichen und leistungsfähigen Mikrocomputer wurde die anfängliche Zusammenfassung der meisten Steuerungsfunktionen in einem Zentralcomputer (vgl. [4.1]) aufgelöst. Die notwendige Datenverarbeitung erfolgt dezentral „vor Ort", soweit möglich und sinnvoll. Dabei treten mehrfach aufeinander aufsetzende Steuerungshierarchien auf.

3. Digitale Durchschaltung:

Die digitale Durchschaltung mit Hilfe einfacher „Gatterfunktionen" (anstelle hochwertiger Koppelnetze für die Durchschaltung analoger Signale) trägt wesentlich zur Wirtschaftlichkeit der digitalen Netze bei.

Die nachfolgend getroffene Auswahl macht in keiner Weise eine Aussage zur Bedeutung der hier erläuterten gegenüber weiteren unerwähnten Vermittlungssystemen. Ausschlaggebend war das dem Verfasser zugängliche Material. Beschrieben werden Vermittlungssysteme, die in erster Linie in öffentlichen Netzen eingesetzt werden. Viele der Gesichtspunkte haben aber auch für Vermittlungen in Privatnetzen bzw. Nebenstellenanlagen Gültigkeit.

4.1 Das System 5 ESS

Das 5 ESS (Electronic Switching System No. 5) ist das bisher letzte Mitglied einer Reihe elektronischer Vermittlungssysteme der AT & T (American Telephone &

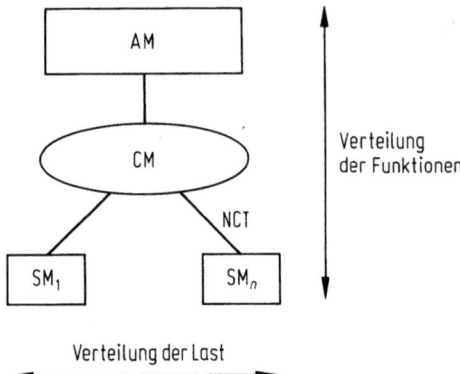

Bild 4.1. Funktionsblöcke des 5 ESS-Vermittlungssystems.
SM Switching Module, AM Administrative Module, CM Communications Module, NCT Network Control and Timing Links

Telegraph Company), welches im März 1982 erstmals in Betrieb ging. Die Vorgänger 1 ESS (Ersteinschaltung 1965) bis 3 ESS sind rechnergesteuerte Systeme mit analog durchschaltenden Raummultiplex-Koppelnetzen. 4 ESS ist ausgelegt für die digitale Durchschaltung in großen Durchgangsnetzknoten, insbesondere im Fernverkehr. Es wurde 1976 erstmals in Betrieb genommen. 5 ESS wird universell für alle Vermittlungsaufgaben eingesetzt, also auch als Ortsvermittlung für den Anschluß von Teilnehmern.

4.1.1 Systemarchitektur

Das System besteht aus drei größeren Funktionsblöcken (Bild 4.1): dem *Administrative Module* AM für zentrale Steuerungs- und Koordinierungsfunktionen sowie für Wartungszwecke, dem *Communications Module* CM als Zentrum für die Durchschaltung und Verteilung von Nutz- und Steuerungsnachrichten und schließlich den *Switching Modules* SMs für lokale Vermittlungsfunktionen und für Anschlußschaltungen der Teilnehmer- und Verbindungsleitungen [4.2].

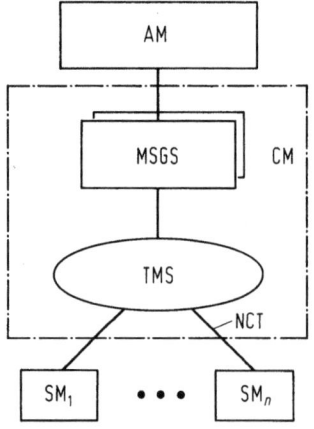

Bild 4.2. Das Communications Module.
AM Administrative Module, CM Communications Module, MSGS Message Switch, NCT Network Control and Timing Links, SM Switching Module, TMS Time-Multiplexed Switch

4.1 Das System 5 ESS

Die „Drehscheibe" für alle Kommunikationsvorgänge ist das *Communications Module* CM (Bild 4.2). Es besteht aus einer Zeitmultiplex-*Raumstufe* TMS, in der transiente und semipermanente 64-kbit/s-Verbindungen zwischen den SMs und mit dem anschließenden Paketkoppelnetz, dem *Message Switch* MSGS, hergestellt werden können. Auf der anderen Seite ist der MSGS mit dem AM verbunden. Der MSGS dient der Vermittlung von *Steuerungsnachrichten* zwischen den SMs untereinander und mit dem AM über semipermanente Verbindungen in TMS. Transportvehikel für Steuerungsnachrichten sind Rahmen nach CCITT-Empfehlung X.25, Schicht 2 (s. Abschnitt 5.3.2).

Die Zeitmultiplex-Raumstufe TMS ist einstufig ausgelegt. Sie schaltet in der Regel Digitalsignale mit 64 kbit/s plus zusätzlich 64 kbit/s Steuerungsinformation durch. In jedem Zeitschlitz sind also die 8 Nutzbit der externen Übertragungssysteme durch weitere 8 bit intern ergänzt. Mit dieser Zusatzkapazität ist je Kanal u. a. ein schnelles „Durchsignalisieren" innerhalb der Vermittlungsstelle — z. B. des Schleifenzustandes — möglich. Damit berücksichtigt man u. a. den auch auf weite Sicht noch überwiegenden POTS-Verkehr. Dort ist es wichtig, daß unmittelbar mit dem Aushängen des B-Teilnehmers der Verbindungsweg zum A-Teilnehmer durchgeschaltet wird, damit jener das „Melden" des B-Teilnehmers unverstümmelt anhören kann (sog. Marsch-Effekt: Bei nicht rechtzeitigem Durchschalten geht das „M" eines B-Teilnehmers namens *Marsch* für den A-Teilnehmer verloren). Dies könnte nicht sichergestellt sein, wenn die entsprechenden Signale von B nach A vor Steuerungscomputern warten müssen. — Die erwähnte Signalisierungskapazität im Koppelnetz besteht zusätzlich zu den vorerwähnten semipermanent durchgeschalteten Signalisierungskanälen. Eine weitere Anwendung der Zusatzkapazität besteht in der Paritätssicherung der 8-bit-Nutzinformation je Zeitschlitz [4.3].

Neben dieser regulären Vermittlung von 16-bit-Zeitschlitzen in TMS lassen sich für Steuerungszwecke (z. B. File Transfer vom AM zum SM) auch 1,5-Mbit/s-Ströme (also 12 Zeitschlitze gemeinsam) durchschalten. Auf diese Weise können einem Switching Module SM innerhalb von 20 s vom Administrative Module AM 4-Mbyte-Programme und -Daten zugeführt werden (und umgekehrt).

Jedes Switching Module SM ist mit der Zeitmultiplex-Raumstufe TMS über zwei *Network Control and Timing Links* NCT verbunden. Jedes dieser Links besteht aus zwei Multimode-Lichtwellenleitern LWL, über die 32,8 Mbit/s seriell wechselseitig gerichtet (also je LWL eine Richtung) übertragen werden (Bild 4.3). Das reicht für 256 Zeitschlitze zu je 16 bit aus.

Die Zeitmultiplex-Raumstufe TMS besteht aus *zwei* 32 × 32 Matrizen, welche in Lastteilung betrieben werden. Jedes Switch Modul erreicht mit je einem seiner beiden NCT-Links je eine dieser Matrizen: Ein NCT-Link und zugehörige Matrix ist zuständig für die geraden, der andere Link mit der anderen Matrix für die ungeraden Zeitschlitz-Nummern (Bild 4.4). Die Matrizen schalten also je Zeitschlitz 128 kbit/s aus 32-Mbit/s-Strömen durch. Von jedem Matrix-Eingang werden 30 Ausgänge zu Switching Modulen SM, ein Ausgang zum Message Switch MSGS und ein Testausgang erreicht (Bild 4.3) [4.3]. Die gesamte Anordnung (also einschließlich der NCT-Links) ist aus Sicherheitsgründen gedoppelt, alle Verbindungen werden in beiden Anordnungen parallel aufgebaut und ausgelöst. Die Gesamtkapazität der Zeitmultiplex-Raumstufe TMS beträgt $2 \times 256 \times 30 = 15360$ Verbindungsmöglichkeiten in

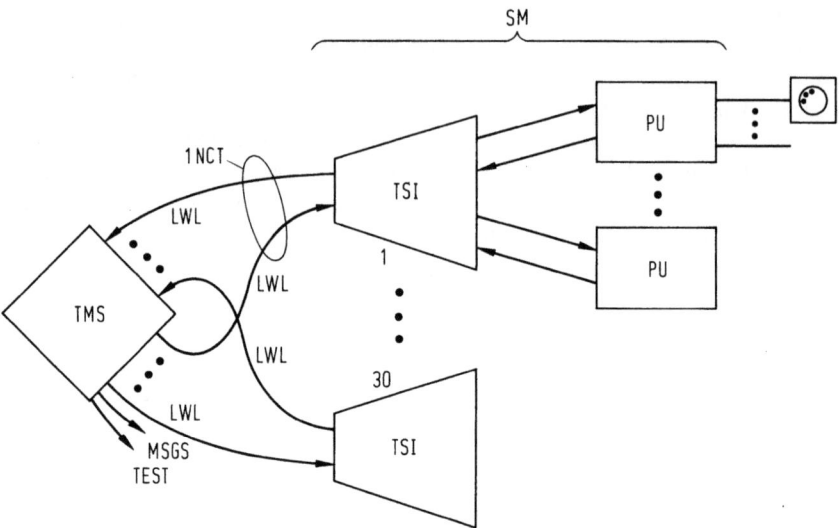

Bild 4.3. Zeit — Raum — Zeit Koppelnetz.
LWL Lichtwellenleiter, MSGS Message Switch, PU Peripheral Unit, SM Switching Module, TEST Testausgang, TMS Time-Multiplexed Switch, TSI Time-Slot Interchanger

einem allerdings nicht blockierungsfreien Koppelnetz. Die Kapazität der TMS dürfte somit für die meisten Teilnehmervermittlungen und viele Durchgangsvermittlungen ausreichen. In [4.4] wird eine TMS für bis zu 190 Switching Module SM erwähnt bei einer Gesamtkapazität von 44 000 Erl!

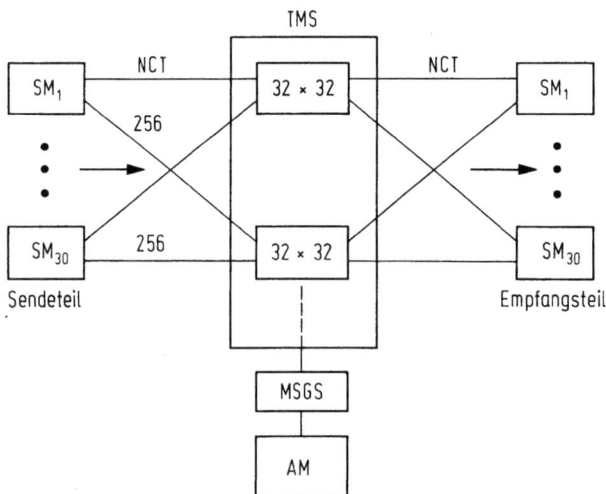

Bild 4.4. Zeitmultiplex — Raumstufe.
TMS Time Multiplexed Switch, MSGS Message Switch, AM Administrative Module, NCT Network Control and Timing Links, SM Switching Module

4.1 Das System 5 ESS

Nun zum *Switching Module* SM, von dem es ja — abhängig von der Größe der Vermittlung — bis zu 30 gibt (Bild 4.5). Das „Herz" des SM ist die *Time-Slot Interchange Unit* TSIU, die „verteilte" Zeitstufe des digitalen Gesamtkoppelnetzes in Form eines „Kombinationsvielfachs" mit 512 Zeitschlitzen für doppelt gerichtete Verbindungen. Dabei sind „Loop-back"-Verbindungen (Bild 4.6a) möglich, d. h. die Verbindungen können von „außen" nach „außen" und von „innen" nach „innen" zurückvermittelt werden. Bis zu 32 Duplex-Multiplexleitungen (Busse) mit je 32 Zeitschlitzen werden von sog. *Interface Units* aus beschickt. Diese maximal 1024 Zeitschlitze werden 2:1 auf 512 konzentriert und vermittelt, zur TMS-Seite hin aufgeteilt auf die beiden NCT-Links (Bild 4.6b). Die Beschaltung der Konzentrationsstufe mit Bussen hängt vom Verkehr bzw. der Zahl der Zubringer/Abnehmer ab. Die ganze Anordnung ist aus Sicherheitsgründen gedoppelt.

Die Schnittstelle zur Außenwelt, also zu Teilnehmerleitungen und Verbindungsleitungen zu anderen Vermittlungsstellen (Trunks) bilden die *Interface Units* IU. Im Prinzip gibt es vier Typen dieser IUs (Bild 4.7). *Line Units* LU realisieren den Anschluß zu analogen Fernsprechteilnehmerstationen, sicherlich auf längere Zeit

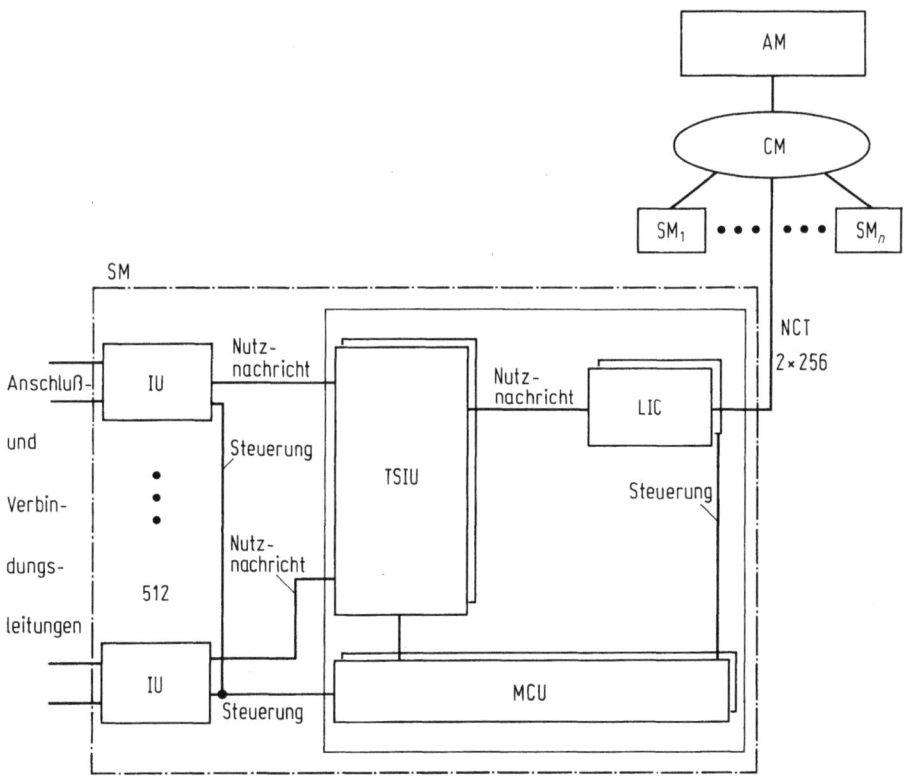

Bild 4.5. Das Switching Module SM.
IU Interface Unit, LIC Link Interface Circuit, AM Administrative Module, CM Communications Module, NCT Network Control and Timing Links, MCU Module Control Unit, TSIU Time-Slot Interchange Unit

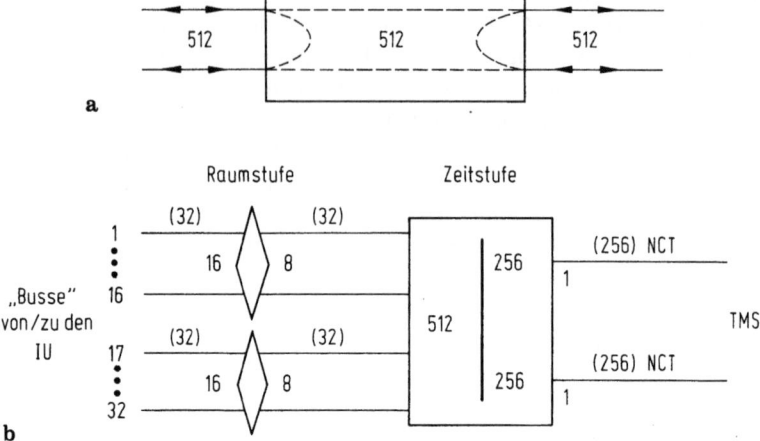

Bild 4.6 a, b. Struktur der Time-Slot Interchange Unit. **a** Verbindungsmöglichkeiten im Kombinationsvielfach, **b** 2:1 Konzentration vor der Zeitstufe
IU Interface Unit, NCT Network Control and Timing Links, TMS Time-Multiplex Switch

hinaus noch das Gros aller Anschlüsse. Die *Integrated Service Line Unit* ISLU ist für den Anschluß von digitalen (ISDN-)Teilnehmersystemen *und* analogen Teilnehmerstationen gedacht, die Beschaltung analog bzw. digital ist freizügig entsprechend den jeweiligen Anforderungen wählbar. *Analog Trunk Units* ATU bilden den Abschluß analoger Verbindungsleitungen. Deren Gegenstück für den Anschluß digitaler Multiplexsysteme sind die *Digital Trunk Units* DLTU für Verbindungsleitungen, abgesetzte Switching Module SM und Subscriber-loop-carrier-(SLC-)Systeme.

Zur Erklärung: ISDN ist ein voll digitales Netz, an das also auch die Teilnehmer digital angeschlossen werden (Abschnitt 6.4). Abgesetzte SM- und SLC-Systeme haben den Charakter von „Vorfeldeinrichtungen" (Abschnitt 1.2) zur Ersparnis von Anschlußleitungen. Statt dieser werden die Kanäle in einem Übertragungsmedium hoher Bandbreite gemultiplext.

Einige Anmerkungen zu den kostenintensiven Teilnehmeranschlüssen. Allgemein besteht das Problem einer zusätzlichen Verkehrskonzentration, damit das digitale Gesamtkoppelnetz aus verteilten Zeitstufen TSIU und zentraler Raumstufe TMS durch hohe Erlang-Werte gut ausgelastet wird. Hierfür gibt es bei den reinen Analog-Anschlußeinheiten LU ein konzentrierendes, elektronisches *Raumvielfach-Koppelnetz*, bestehend aus hochsperrenden (590 V) Silizium-Koppelpunkten. Es sind 10:1, 8:1, 6:1 und 4:1 Konzentrationsfaktoren vorgesehen entsprechend den jeweiligen Teilnehmerverkehrswerten. Beispiel: Eine Line Unit LU für eine 10:1 Konzentration bedient 640 Analoganschlüsse! Mit Hilfe dieses Raumvielfachs lassen sich auch die teuren BOSCH-Funktionen stärker konzentrieren, die vom BORSCHT verbleibenden R- und T-Funktionen sind zentralisiert und werden über *metallische* Kontakte an die Anschlußleitungen angeschaltet (vgl. Abschnitt 1.2.2).

Die gemischt und wahlweise (durch *Einzelkarten* je Teilnehmeranschluß) analog oder digital bestückbare Integrated Services Line Unit ISLU kann bis 512 (nach

4.1 Das System 5 ESS

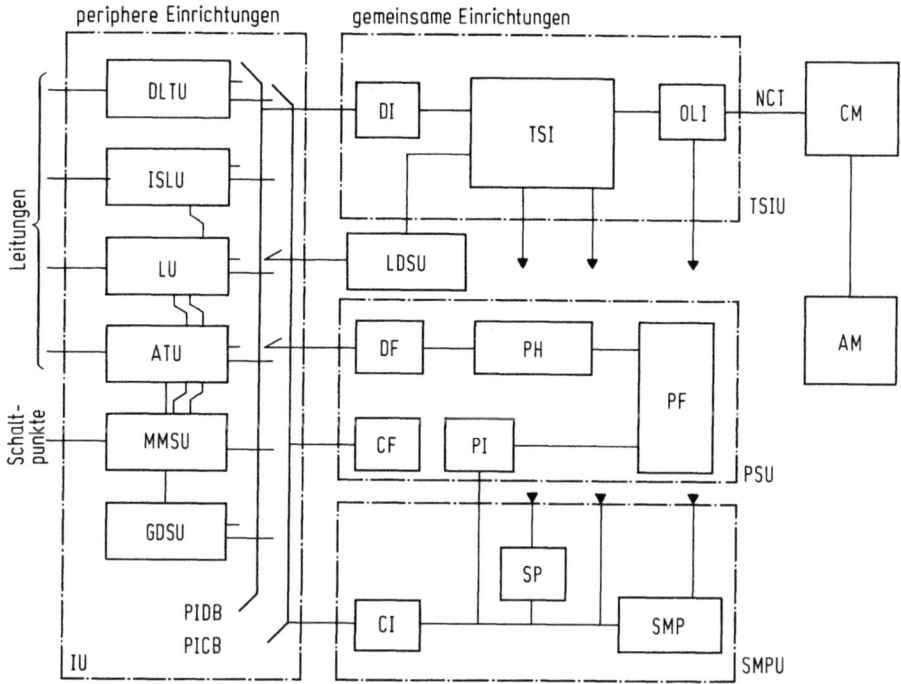

Bild 4.7. Einzelheiten des Switching Module.
LU Line Unit, ISLU Integrated Service Line Unit, ATU Analog Trunk Unit, DLTU Digital Trunk Unit, TSIU Time-Slot Interchange Unit, LDSU Local Digital Service Unit, MMSU Modular Metallic Service Unit, PSU Packet Switch Unit, PH Protocol Handler, SMPU Switching Module Processor Unit

Aussage [4.5] bis 496) Teilnehmerleitungen aufnehmen. Die Konzentrationsfaktoren betragen zwischen 16:1 und 2:1 (digital) bzw. 8:1 und 1:1 (analog). Über die praktische Ausführung der Konzentrationsstufe gibt es in den zitierten Literaturstellen keine Hinweise. Die Gesamtanschlußkapazität eines Switching Module SM ist durch die 512 Zeitschlitze der Zeitstufe TSI begrenzt, in [4.5] werden angegeben: 4096 Teilnehmeranschlußkanäle oder 512 analoge Verbindungsleitungen oder 480 digitale Verbindungskanäle oder geeignete Kombinationen aus diesen.

Auf die weiteren Interface Units ATU (Anschlußkapazität bis 64 Verbindungsleitungen) und DLTU (Anschlußkapazität bis zu 16 Multiplexleitungen) wird an dieser Stelle nicht näher eingegangen [4.2]. Als nächstes ist hinzuweisen auf die *Local Digital Service Unit* LDSU, die über einen eigenen Anschluß an der Zeitstufe TSI verfügt. Sie kann Töne empfangen und senden, ist also u. a. auch für Mehrfrequenzwahlvorgänge zuständig. Eine *Modular Metallic Service Unit* (MMSU) greift über metallische Kontakte direkt auf analoge Verbindungs- und Teilnehmeranschlußleitungen zu, um z. B. Testvorgänge durchzuführen. Eine *Global Digital Service Unit* (GDSU) ist innerhalb einer Vermittlung nur in einigen Switching Modulen SM vorgesehen, von dort lassen sich Übertragungstests an digitalen Verbindungswegen vornehmen. Generalisierend läßt sich sagen: Alle für Verbindungsaufbau und -abbau notwendigen Hilfsfunktionen sind *lokal* in den Switching Modulen SM vorhanden [4.4].

Je nach Bedarf können ein oder mehrere SM auch zusätzlich mit einer (redundanten) *Packet Switch Unit* PSU beschaltet werden. Ein wesentlicher Bestandteil der PSU sind die *Protocol Handler* PH, die — bei gleicher Hardware — mittels Software an verschiedene Protokolle angepaßt werden (auch Protokollwandlung ist möglich). Eine der Hauptaufgaben der PSU ist die Behandlung der System-Nr.-7- und D-Kanal-Protokolle. Hierzu steht die PSU in direkter Verbindung mit den zugehörigen Digital Trunk Units DTU bzw. Integrated Services Line Units ISLU.

Zur Erklärung: Protokolle sind Verständigungsregeln für die Kommunikation zwischen Maschinen, auf die in Kapitel 5 eingegangen wird. Protokollwandler übernehmen die Rolle von Dolmetschern zwischen verschiedenen Maschinensprachen. Der D-Kanal und das System Nr. 7 dienen der vermittlungstechnischen Signalisierung, sie werden in Kapitel 5 ausführlich behandelt.

Die im Modul gemeinsamen *Steuerungsfunktionen* werden von der *Switching Module Processor Unit* SMPU wahrgenommen. Neben dem Control Interface CI zu den verschiedenen Quellen und Senken der Steuerungsinformation gibt es den Switching Module Processor SMP und den Signal Processor SP. SMP ist ein 32-bit-Mikroprozessor mit 9 MHz Taktfrequenz, der die lokalen Funktionen des Verbindungsaufbaus und -abbaus (etwa 95 % der hierfür insgesamt benötigten Funktionen [4.4]) sowie Wartungsfunktionen übernimmt. Der SP ist für das Empfangen und Senden der Leitungszeichensignalisierung in Zusammenarbeit mit peripheren Einhei-

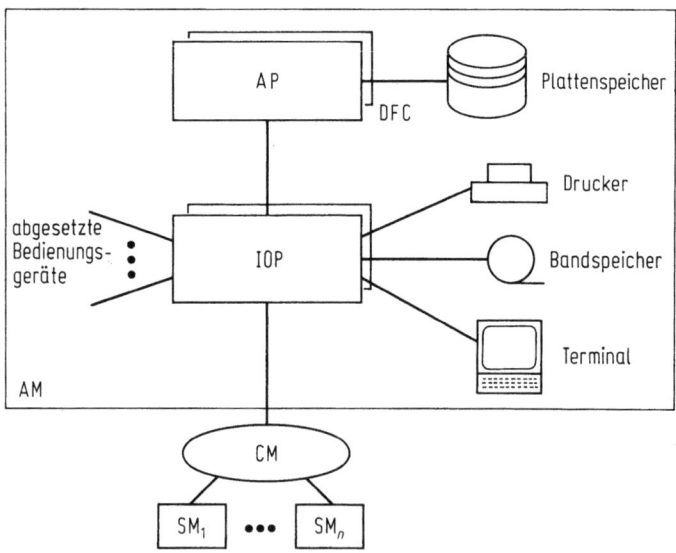

Bild 4.8. Das Administrative Module.
AP Administrative Processor, IOP Eingabe/Ausgabe-Prozessor, DFC Disk File Controller, SM Switching Module, CM Communications Module

4.1 Das System 5 ESS

ten zuständig. Derzeitiger Umfang des SMP-Speichers: 64 kB ROM, 4 MB RAM, 8 kB schneller RAM [4.3].

Der dritte große Funktionsblock entsprechend Bild 4.1 (also neben Communications Module CM und Switching Modules SM) ist das *Administrative Module* AM (Bild 4.8). Es übernimmt alle Funktionen, die am wirtschaftlichsten zentral abgehandelt werden. Der *Administrative Processor* AP hat für den Verbindungsaufbau/ -abbau nur noch wenige, aber wichtige Aufgaben: die Rufnummernumwertung und die Verwaltung der Belegungszustände von externen, an die SMs angeschlossenen Leitungen bzw. Kanälen. Weiterhin teilt er den SMs die systeminternen Zeitschlitze für die Durchschaltung durch das CM zu und führt darüber Buch.

Zur Erklärung: Die Rufnummernumwertung ist notwendig, weil die Anschlußposition des Teilnehmers nicht — wie im Direktwahlsystem — unmittelbar aus der Rufnummer zu entnehmen ist. In (elektronischen) Umwertungstabellen werden deshalb die Anschlußpositionen den Rufnummern zugeordnet. Ähnliches gilt für die Verbindungsleitungen bzw. Verbindungskanäle in Multiplexleitungen. Die Richtungsbündel sind im allgemeinen mit ihren Anschlüssen über mehrere Switching Module SM verteilt, so daß eine zentrale Kenntnis über die Bündelzuordnung dieser Leitungen bzw. Kanäle sinnvoll ist, zweckmäßigerweise gleich verbunden mit einer Buchführung über ihren Belegungszustand.

Weitere Funktionen des Administrative Module AM betreffen betriebliche und Wartungsaufgaben sowie die Verfügbarkeit des ganzen Systems. Beispiele sind das Sammeln von Verkehrsmeß- und Gebührendaten. Über den *Ein-/Ausgabeprozessor* IOP werden Bedienungsgeräte direkt oder über Datenleitungen abgesetzt angeschlossen. Ein *Disk File Controller* DFC erlaubt den Zugang zu einem Plattenspeicher, in dem weniger häufig gebrauchte Programme und Daten aufbewahrt sind. Bei Bedarf können diese dem AP oder den Switching Modulen SM zugespielt werden [4.2, 4.4]. Man sieht daraus, daß die übliche „Rechnerperipherie" der kommerziellen Datenverarbeitung durchaus auch in den Vermittlungssystemen eingesetzt wird (was in den Anfängen der SPC-Systeme weniger der Fall war).

Wir kommen zurück auf die bereits kurz erwähnten „abgesetzten" Einheiten, die eine wichtige Rolle in der Systemarchitektur spielen und auch wesentlich zur Wirtschaftlichkeit der Netze beitragen können (Kapitel 6). In der hier vorgesehenen Größenordnung kann man allerdings kaum noch von „Vorfeldtechnik" sprechen, eher handelt es sich um *ferngesteuerte* Vermittlungen mit u. U. allen Verbindungsmöglichkeiten eigenständiger Netzknoten. Sie werden *Remote Switching Modules* RSM genannt. Im Fall des *Optically Integrated Remote Modul* (ORM) wird einfach der NCT-Link zwischen SM und TMS „verlängert". Dafür gibt es zwei Versionen: 2-Mile-ORM ist eine spezielle Lösung für relativ kleine Entfernungen, während ORM (ohne Zusatz) die standardisierten optischen Übertragungssysteme auf SONET-Basis verwendet. Eine andere Absetz-Möglichkeit sind die *PCM Remoted RSMs*. Hierbei nutzt man die digitalen Schnittstellen der DLTU-Interface Units aus für die Kopplung des RSM mit einem „Mutter"-switching-Modul SM über konventionelle PCM-Übertragungssysteme [4.5].

Mit mehreren parallelen ORM lassen sich größere abgesetzte Knoten bilden. Aber auch durch abgesetzte Switching Module RSM des PCM-Typs kann ein breiter Anschlußzahlenbereich überdeckt werden. Wenn *ein* RSM nicht mehr ausreicht,

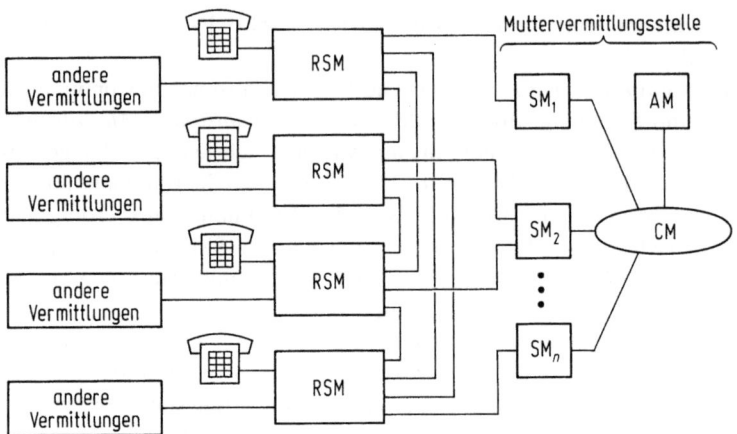

Bild 4.9. Verknüpfung von 4 Remote Switching Units (RSM).
SM Switching Module, CM Communications Module, AM Administrative Module

lassen sich bis zu vier RSM untereinander verknüpfen, *ohne* daß ein zentrales Communications Module erforderlich ist (Bild 4.9). Die Anschlußkapazität des abgesetzten Netzknotens wird damit bis zu 16000 Teilnehmern erweitert.

RSMs werden wie vollwertige Knoten im Netz behandelt, also auch mit anderen Netzknoten vermascht. Optional können sie mit einer Eigensteuerung versehen werden, die den Betrieb (einschließlich Umwertungs- und Gebührenfunktionen) bei Ausfall der Verbindung zum übergeordneten Netzknoten aufrechterhält. Hierfür erweist es sich als vorteilhaft, daß sehr viele Verbindungsaufbau-/abbau-Funktionen ohnehin in den Switching Modulen selbständig gesteuert werden. Lediglich komforta-

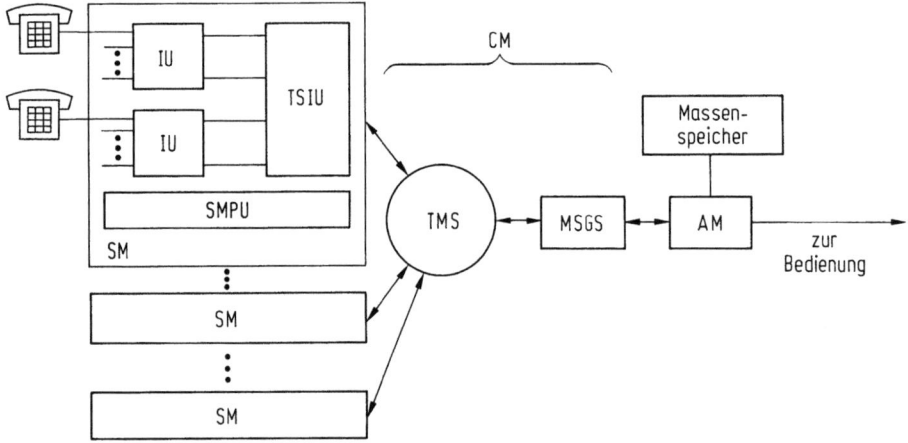

Bild 4.10. Zusammenwirken der 5 ESS-Funktionsblöcke.
IU Interface Unit, TSIU Time-Slot Interchanger, SM Switching Module, TMS Time-Multiplex Switching, AM Administrative Processor, MSGS Message Switch

4.1 Das System 5 ESS

ble neue Leistungsmerkmale (z. B. Anrufumleitung) lassen sich dann nicht mehr ausführen.

Bild 4.10 vermittelt ausführlicher als Bild 4.1 einen Gesamtüberblick über das Zusammenwirken der drei 5 ESS-Funktionsblöcke.

4.1.2 Softwarearchitektur und -technologie

Die Softwarearchitektur des 5 ESS wird in bekannter Weise an einem Schichtenmodell erläutert (Bild 4.11). Die Schichten werden als „virtuelle Maschinen" verstanden mit definierten Schnittstellen zur darunter- und darüberliegenden Schicht. Die Schichten verbergen ihr Innenleben voreinander. Jede Schicht kann Dienste der darunterliegenden Schichten — auch über die unmittelbar anschließende Schicht hinweggreifend — in Anspruch nehmen [4.2, 4.4, 4.6].

Eine Schicht unterteilt sich im allgemeinen in eine Anzahl von Softwaremodulen, die auch untereinander korrespondieren. Die Schnittstellen eines Moduls beschreiben und bestimmen sein Verhalten nach außen und die Art und Weise, wie es von

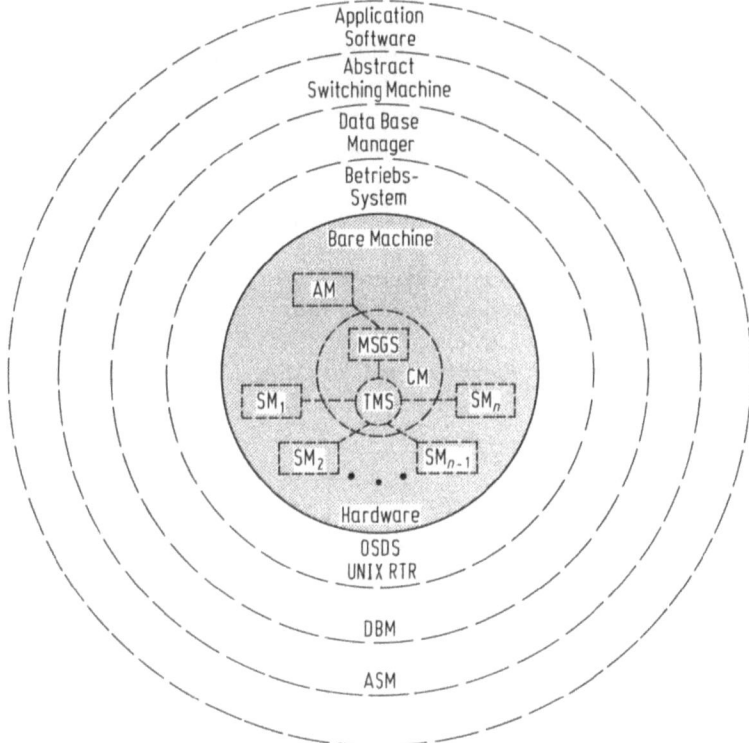

Bild 4.11. Softwarearchitektur des 5 ESS.
AM Administrative Module, CM Communications Module, TMS Time-Multiplexed Switch, SM Switching Module, MSGS Message Switch, OSDS Operating System for Distributed Switching, RTR Real-Time Reliable

anderen Modulen benutzt werden kann. Die unterste virtuelle Maschine (der Data Base Manager) stützt sich auf das Betriebssystem ab, dem die Hardwarestruktur (die Bare Machine) unterlagert ist. (Uneinheitlich in unterschiedlichen Veröffentlichungen wird auch das Betriebssystem als virtuelle Maschine aufgefaßt.)

Die Softwaremodule der verschiedenen Funktionsschichten sind über die Komponenten der Bare Machine verteilt und kommunizieren untereinander über definierte Schnittstellen. Die Funktionsverteilung richtet sich — wie bereits gesagt — pragmatisch nach dem Grundsatz: Was am wirtschaftlichsten und vernünftigsten gemeinsam (global) genutzt werden sollte, wird zentralisiert.

5 ESS sieht eine verteilte relationale Datenbank vor, die vom Data Base Manager (DBM) über die verschiedenen Prozessoren hinweg verwaltet wird. Die am *Vermitteln* beteiligten virtuellen Maschinen zeigt Bild 4.12. Der Administrative Processor ist mit dem Allzwecke-Betriebssystem UNIX-RTR (Real-Time Reliable) ausgestattet, das ergänzt wird durch das Operating System for Distributed Switching (OSDS). OSDS ist auch das Betriebssystem der Switching Module SM. Das Peripheral-control-Subsystem (PC) verwaltet die leitungsbezogenen Funktionen wie Signalisierung, Wählempfang und -sendung. Routing and Terminal Allocation (RTA) ist für die Wegesuchfunktionen zuständig, Administrative Services besorgen Gebührenzuordnung, Verkehrsmessung, Network Management usw. Feature control (FC) bedient sich als „übergeordnete Intelligenz" der darunterliegenden virtuellen Maschinen (oder Subsysteme) (in Bild 4.11 Application Software). FC ist verantwortlich für die ordnungsgemäße Reihung der Vermittlungsfunktionen und Leistungsmerkmale.

Die Funktionen der Subsysteme (virtuelle Maschinen) werden auf die bereits erwähnten Softwaremodule aufgeteilt. Ein Softwaremodul ist eine in sich abgeschlossene Funktionseinheit, die ihr „Innenleben" (einschl. Speicherfunktionen) vor der Umgebung verbirgt. Im Softwaremodul laufen *Prozesse* ab, die für den Programmierer parallel und gleichzeitig mit anderen Prozessen ablaufen können. Ein Prozeß ist eine Folge von „Aktionen", realisiert durch Prozeduraufrufe. Prozesse kommunizieren miteinander durch Botschaften (Messages), die das verteilte Betriebssystem übermittelt. Sogenannte Terminal Processes sind kurzlebig und bestehen für die

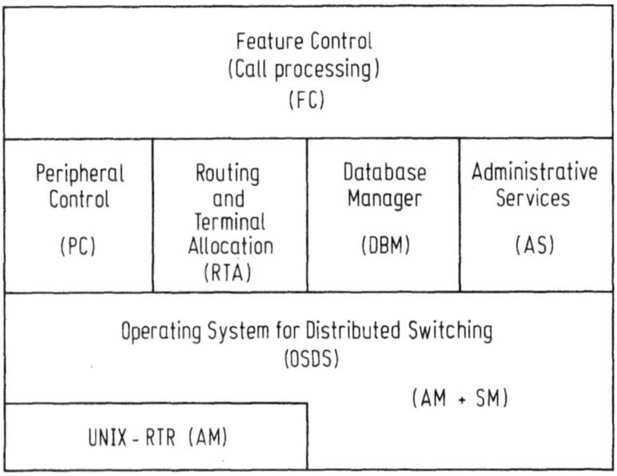

	Feature Control (Call processing) (FC)		
Peripheral Control (PC)	Routing and Terminal Allocation (RTA)	Database Manager (DBM)	Administrative Services (AS)
Operating System for Distributed Switching (OSDS) (AM + SM)			
UNIX - RTR (AM)			

Bild 4.12. Virtuelle Maschinen.
AM Administrative Module,
SM Switching Module,
RTR Real-Time Reliable

4.1 Das System 5 ESS 155

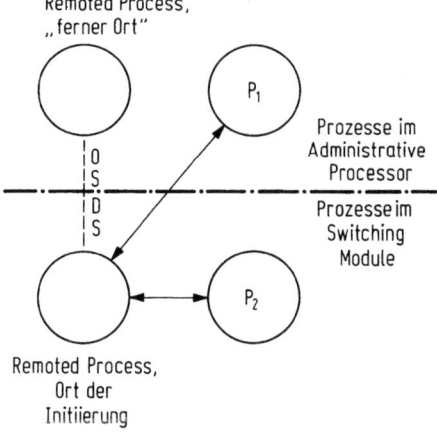

Bild 4.13. Remoted Processes.
P Prozeß, OSDS Betriebssystem

Dauer einer Verbindung. System Processes führen generelle Funktionen wie Scanning, Routing, Database Management aus; sie rufen Terminalprozesse auf.

Es gibt sog. Remoted Processes, die mit einzelnen Prozeduren über mehrere Prozessoren hinweggreifen. Dafür sorgt das in allen Prozessoren identisch vorhandene Betriebssystem OSDS. Identifiziert sind die Remoted Processes durch den Ort ihres Aufrufes (Bild 4.13). Andere Prozesse P_1 und P_2 kommunizieren mit dem Remoted Process am Ort seiner Initiierung, den Prozessen P_1 und P_2 bleibt die „remoted" Eigenschaft verborgen [4.7].

4.1.3 Verbindungsaufbau

Beispiel einer Verbindung Analogtelefon zu Analogtelefon (Bild 4.14). Ein Peripheral Control Foreground Program als Teil des PC-(Peripheral-control-)Subsystems im Switching Modul entdeckt das „Aushängen des A-Teilnehmers". PC ruft das RTA-(Routing-and-Terminal-allocation-)Subsystem auf. RTA initiiert einen FC-(Feature-control-)Terminal Process für die gewünschte Verbindung. Nach Abfrage Teilnehmerlage, Teilnehmerberechtigungen usw. wird eine Verbindung zum Wahlempfänger *innerhalb* desselben Switching Modules aufgebaut. Die empfangenen Ziffern werden dem Terminal Process übergeben. Nun setzen sich die Aktivitäten im RTA-Subsystem fort, indem die Rufnummer über eine Route Request Message (das ist Sache des Betriebssystems) einem System Process in RTA des Administrative Module (AM) übergeben wird. Das dortige RTA bestimmt den Terminalanschluß des B-Teilnehmers, wählt einen der in beiden SMs noch verfügbaren Zeitschlitze aus und beauftragt die zentrale Raumstufe im TMS und die Zeitstufen in den beteiligten SMs (Bild 4.10) mit der Durchschaltung. Damit wird die Steuerung wieder dem FC-Terminal-Process im SM des A-Teilnehmers bzw. einem PC-Terminal-Process im SM des B-Teilnehmers übergeben. Die genannten Prozesse sorgen dezentral für Rufen, Rufabschaltung usw. mit Hilfe der PC-Foreground-Programme. Die Beendigung der Verbindung geschieht sinngemäß im Zusammenspiel von SMs und AM mit Freischreiben von Zeitschlitzen und Teilnehmern.

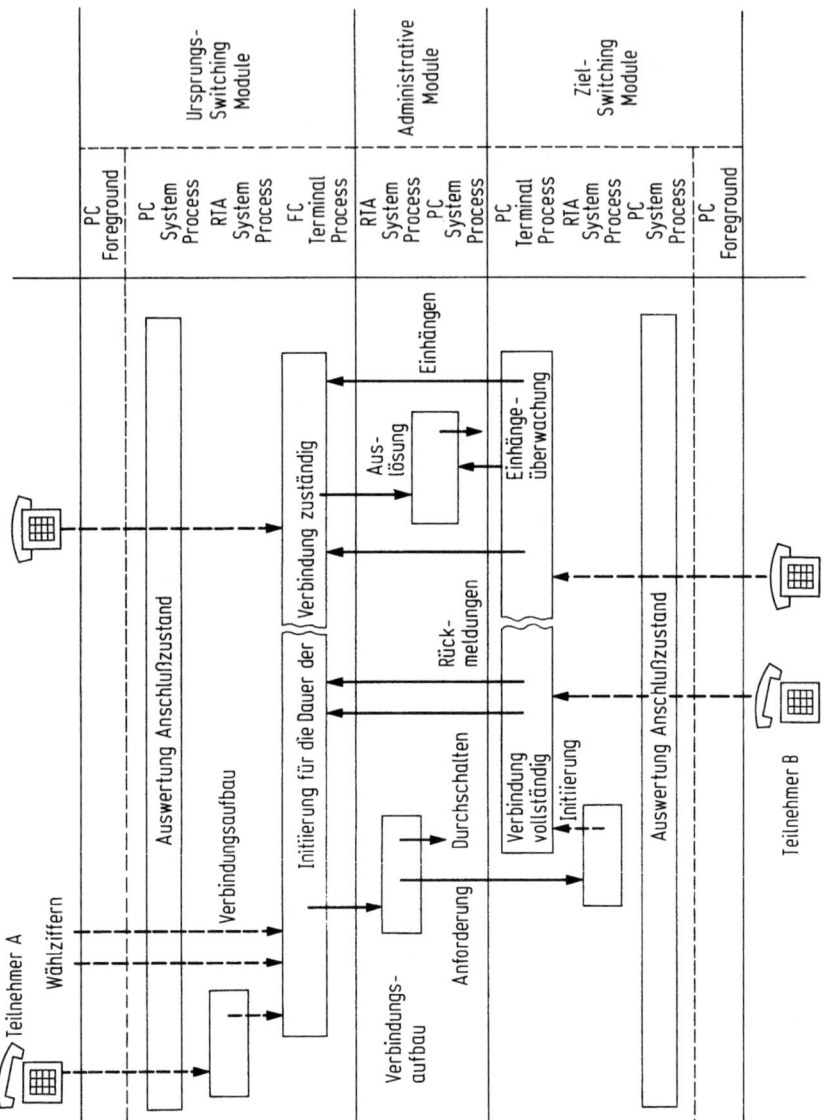

Bild 4.14. Zusammenspiel von virtuellen Maschinen beim Verbindungsaufbau.
PC Peripheral Control, RTA Routing and Terminal Allocation, FC Feature Control

4.1.4 Vergleich mit dem Direktwahlsystem

5 ESS gehört wie alle SPC-Systeme in die Kategorie der Indirektwahlsysteme. Die Wahlinformation wird „außen" in den Switching Modules aufgenommen und dort in der Switching Module Processor Unit SMPU gespeichert (Bild 4.7). Mit der Nummernscheibe erzeugte Schleifenunterbrechungen werden in den Line Units LU ·

erkannt. Für Teilnehmer mit MFV-Tastenwahl steht die Local Digital Service Unit LDSU zur Verfügung, zu der für die Wahlaufnahme über den moduleigenen Teil des Koppelnetzes TSI allerdings erst eine konzentrierende Verbindung aufgebaut werden muß.

Im Gegensatz dazu nimmt das Direktwahlsystem die Wahlinformation über die verschiedenen Wahlstufen verteilt auf. An keiner Stelle des Systems steht die vollständige Rufnummer des B-Teilnehmers explizit zur Verfügung, sie läßt sich jedoch implizit aus Lage und Einstellung des Leitungswählers entnehmen. Die Aufnahme von Tastenwahl ist nur durch Sondermaßnahmen möglich.

Auch 5 ESS als elektronisches Vermittlungssystem führt eine gewisse Konzentration der BORSCHT-Funktionen aus, die im Direktwahlsystem durch I. Gruppenwähler und Leitungswähler realisiert werden, soweit erforderlich. Das „C" (Coding) entfällt natürlich im analog durchschaltenden Direktwahlsystem.

Damit ist auch ein weiterer, sehr wesentlicher Unterschied angesprochen: 5 ESS hat ein digital durchschaltendes Koppelnetz und läßt sich damit unmittelbar (also ohne Analog-/Digitalwandler) in digitale Netze eingliedern. Abgesehen von erheblichen wirtschaftlichen Vorteilen gegenüber analog durchschaltenden Vermittlungen kann deshalb auch eine völlig neue Kategorie von Teilnehmern angeschlossen werden: ISDN-Teilnehmer mit digitaler Informationsübertragung von der Vermittlung bis zur Teilnehmerstation (bzw. zum Teilnehmersystem) und umgekehrt. Näheres in Abschnitt 6.4.

Von wohl noch größerer Bedeutung ist die *Speicherorientierung* des 5 ESS gegenüber dem Direktwahlsystem. Speicher und Prozessoren als Steuerelement lassen einen freizügigen Umgang mit Steuerungsdaten und Steuerungsprogrammen zu und schaffen damit die Voraussetzung für neue Leistungsmerkmale zugunsten des Teilnehmers und des Netzbetreibers.

Auf eine Schwäche allgemein der digitalen SPC-Systeme gegenüber den nur POTS bietenden Direktwahlsystemen ist jedoch hinzuweisen: Das Direktwahlsystem wird sehr robust dezentral gesteuert und ist damit praktisch ausfallsicher. In digitalen SPC-Systemen lassen sich gewisse Funktionszentralisierungen nicht vermeiden, die eine Duplizierung dieser Funktionseinheiten notwendig machen. Da jedoch auch ein dupliziertes System — wenn auch sehr unwahrscheinlich — einmal ausfallen kann, reicht die Funktionssicherheit der SPC-Systeme nicht ganz an die der Direktwahlsysteme heran.

4.2 Das System 12

System 12 ist ein von der International Telephone & Telegraph Co (ITT) entwickeltes digitales Vermittlungssystem, welches von der Firma Alcatel NV mit der Übernahme eines Teils der ITT ebenfalls übernommen wurde. Es weist gegenüber anderen Systemen einige Besonderheiten auf, die gesondert besprochen werden. Im übrigen folgen wir dem Beschreibungsschema 5 ESS.

4.2.1 Systemarchitektur [4.8]

Im Prinzip lassen sich die Funktionsblöcke des 5 ESS auch hier wiederfinden, die Gliederung der Funktionen wird etwas anders vorgenommen (Bild 4.15). Der „Schlüssel" zur Architektur liegt im Koppelnetz (*Digital Switching Network* DSN) mit den peripheren Einheiten zugeordneten Netzzugängen (Access Switch) und dem gemeinsamen Hauptkoppelnetz (Group Switch). Die Steuerungsfunktionen verteilen sich auf Mikroprozessoren, genannt *Control Elements* CE, die „gleichberechtigt" — also ohne eine in irgendeiner Form „ausgezeichnete Position" — an das DSN angeschlossen sind. (Im Vergleich dazu sind MSGS und AM des 5 ESS in ausgezeichneter Position an der Zeitmultiplex-Raumstufe TMS angeschlossen!) Die Control Elements CE kommunizieren miteinander über das Koppelnetz, wobei die zugehörigen Verbindungen *von Fall zu Fall* aufgebaut werden. (Im Gegensatz dazu benutzt 5 ESS für die Steuerungskommunikation *Stand*verbindungen im Koppelnetz, die Vermittlungsfunktionen werden vom nachgeschalteten Message Switch MSGS übernommen.) Dies wird ermöglicht durch ein dezentrales Wegsuchverfahren, das im Prinzip der Wegsuche im Direktwahlsystem ähnelt. Damit lassen sich zahlreiche Verbindungen auf- und abbauen, ohne daß ein „Flaschenhals" durch zu hohe Belastung eines zentralen Wegsuchprozessors entstehen kann.

Die Funktionen der Control Elements sind stärker aufgeteilt als im 5 ESS. Dies wird insbesondere bei der Diskussion des Verbindungsaufbaus (Abschnitt 4.2.3) deutlich werden. Die Control Elements CE werden im allgemeinen bestimmten vermittlungstechnischen Geräten (z. B. Anschlußmodulen) oder Bedienungs- und Wartungsgeräten zugeordnet (*Terminal Control Elements* TCE). Es gibt aber auch „gerätefreie" CE, nämlich die *Auxiliary Control Elements* ACE, z. B. für die Rufnummer-/Anschlußlage-Zuordnung. Das gesamte Koppelnetz DSN wird aus „Kombinationsvielfachen" DSE mit 16 *doppelt gerichteten* Ports zusammengesetzt. DSN besteht also nur aus Zeitstufen. Die 16 Ports sind im Group Switch gleichmäßig auf

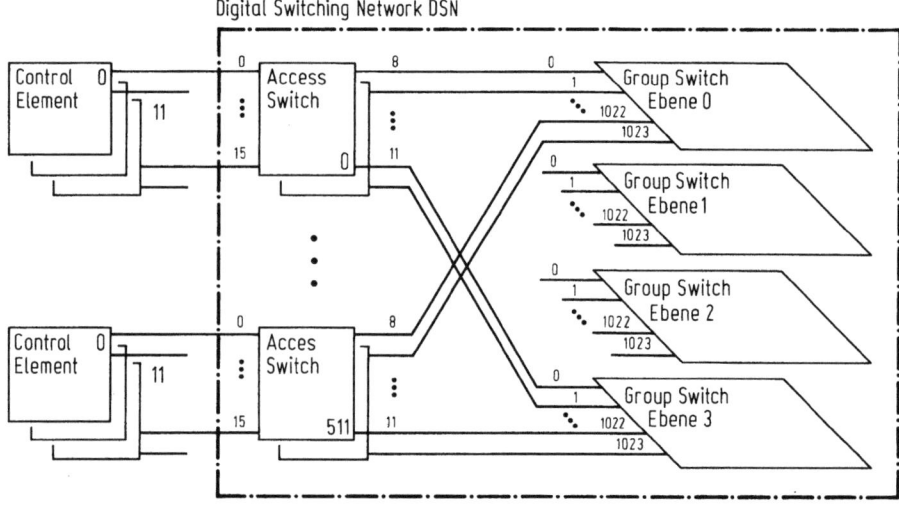

Bild 4.15. Funktionsblöcke des Systems 12

4.2 Das System 12

Ein- und Ausgänge verteilt (Bild 4.16), während im Access Switch eine Konzentration von (maximal) 12 Ports der Anschlußseite auf (maximal) 4 Ports der Group-Switch-Seite erfolgt. Alle Ports und damit alle Verbindungskabel sind für 32 Zeitschlitze zu je 16 bit ausgelegt, es wird also wie im 5 ESS im Koppelnetz Zusatzkapazität für die Zeitschlitze bereitgestellt, mit der u. a. das dezentrale Wegsuchverfahren arbeitet. Die Transportbitrate auf den Verbindungskabeln ist mit ca. 4 Mbit/s im Vergleich zu 5 ESS eher niedrig. In jedem Port synchronisiert sich das Kombinationsvielfach neu auf den ankommenden Bitstrom auf, so daß hinsichtlich der VSt-Verkabelung keine Längenvorgaben notwendig sind.

Das Hauptkoppelnetz (Group Switch) setzt sich verkehrsabhängig aus 2 bis 4 Ebenen *(Planes)* zusammen. Eine voll ausgebaute Ebene hat $8 \times 8 \times 16 = 1024$ doppelt gerichtete Ports, bietet also Anschluß für etwa 33 000 64-kbit/s-Kanäle. Die Ebenen helfen sich untereinander aus, die Verkehrsverteilung über die Ebenen übernehmen die Netzzugänge (Access Switches). Die Gesamtkapazität über 4 voll ausgebaute Ebenen beträgt etwa 100 000 Anschlußkanäle, sie ist damit vergleichbar mit 5 ESS im Ausbauzustand für 190 SMs.

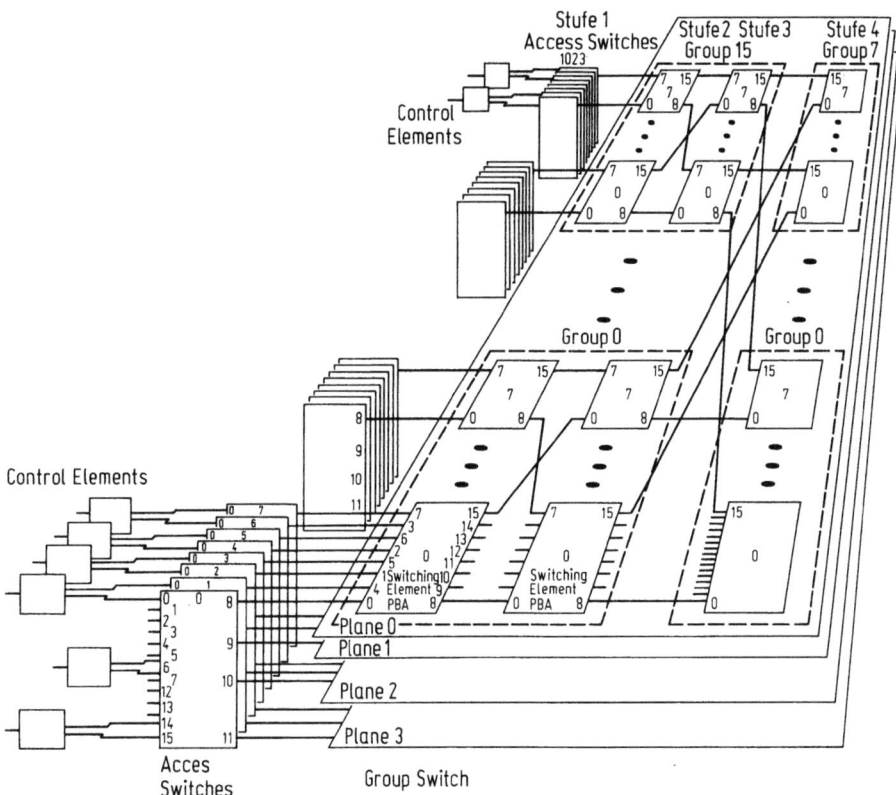

Bild 4.16. Group Switch

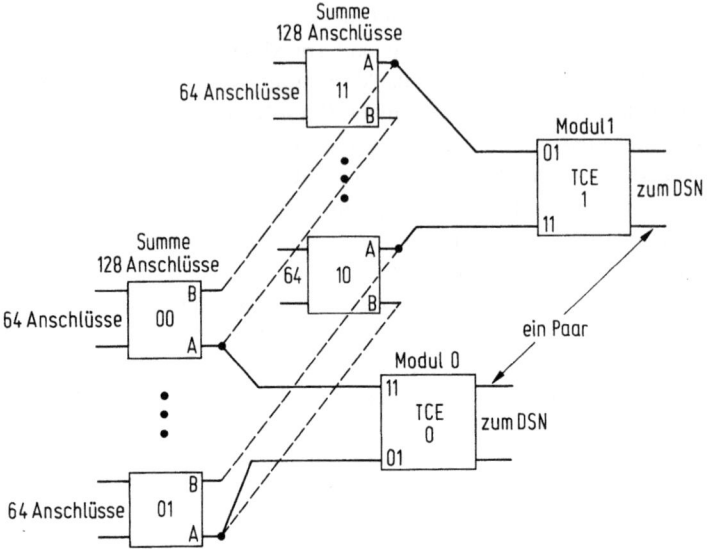

Bild 4.17. Analog Subscriber Modelle, Aushilfepaar.
TCE Terminal Control Element, DSN Digital Switching Network

Das bis auf weiteres zahlreichste *Anschlußmodul* ist das *Analog Subscriber Module* für analoge Fernsprechanschlüsse. Ein Modul umfaßt 2 × 64 Anschlüsse und ein zugehöriges Terminal Control Element TCE. Je zwei Module bilden ein Paar, in dem sich die TCE gegenseitig aushelfen können (Bild 4.17). Das TCE verfügt über ein *Terminal Interface*, über das nach Digitalisierung alle bereits auf 16 bit erweiterten Teilnehmerzeitschlitze geführt werden (Bild 4.18). Ein Mikroprozessor bearbeitet in Zusammenarbeit mit dem Terminal Interface die dort anfallenden lokalen Funktionen des Verbindungsauf- und -abbaus. Von jedem TCE aus werden zwei verschie-

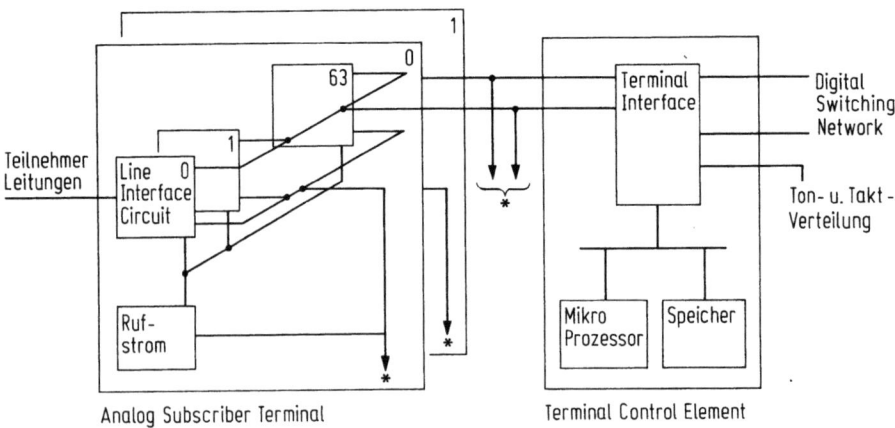

*zum Partner-Modul vgl. Bild 4.17

Bild 4.18. Struktur des Analog Subscriber Module. *Zum Partner-Modul (vgl. Bild 4.17)

4.2 Das System 12

dene Access Switches erreicht (vgl. Bild 4.16). In den Access Switches erfolgt die notwendige Verkehrskonzentration für den Zugang zum Hauptkoppelnetz (Group Switch).

Jeweils 8 Teilnehmersätze (Line Circuits) sind auf einer Baugruppe untergebracht. Im Gegensatz zu 5 ESS werden alle BORSCHT-Funktionen individuell je Teilnehmersatz mit — z. T. Hochvolt — Halbleiterschaltkreisen ausgeführt. Über den Testzugang (T des BORSCHT) kann ggf. ein Reserve-Teilnehmersatz angeschaltet werden, falls in einem aktiven Teilnehmersatz ein Fehler auftritt. Die Abtastfrequenz für die Analog-/Digitalwandlung beträgt 1 MHz (statt wie üblich 8 KHz), weil sich damit die Filterfunktionen im digitalen Bereich einfacher und flexibler realisieren lassen. Ebenso erfolgt der Abgleich der Zweidraht-/Vierdraht-Gabel digital und individuell auf Basis einer Echo-Kompensationstechnik, so daß sich eine hohe Gabelübergangsdämpfung ergibt (Schutz vor Sprach-Echo oder Pfeifen).

Ein ISDN Subscriber Module (ISM) ist für 64 ISDN-Anschlußleitungen mit zwei B-Kanälen und einem D-Kanal vorgesehen (vgl. Abschnitt 6.4). Das Terminal Control Element TCE steuert alle Verbindungs- und Überwachungsprozeduren in Verantwortung der rufenden Partei. Aus Sicherheits- und Wartungsgründen bilden wiederum je zwei Module ISM ein Paar mit Aushilfe der TCE untereinander. In einem Dual Circuit/Packet Interface DCPI wird neben den B-Kanälen auch der D-Kanal behandelt. Die weiterzusendenden Pakete des D-Kanals (z. B. für „Fernmessen" und „Fernsteuern") werden in diesem Interface mit Zusatzinformation zur Paketlenkung versehen und unmittelbar dem Access Switch und damit dem Koppelnetz DSN zugeführt. DSN ist also dank seiner dezentralen Steuerung auch geeignet, nur sehr kurzzeitig bestehende Verbindungen für einzelne Pakete herzustellen.

Acht Teilnehmersätze mit gemeinsamem Dual Circuit/Packet Interface sind auf einer Baugruppe untergebracht. Acht Baugruppen bilden ein Modul (Bild 4.19). In

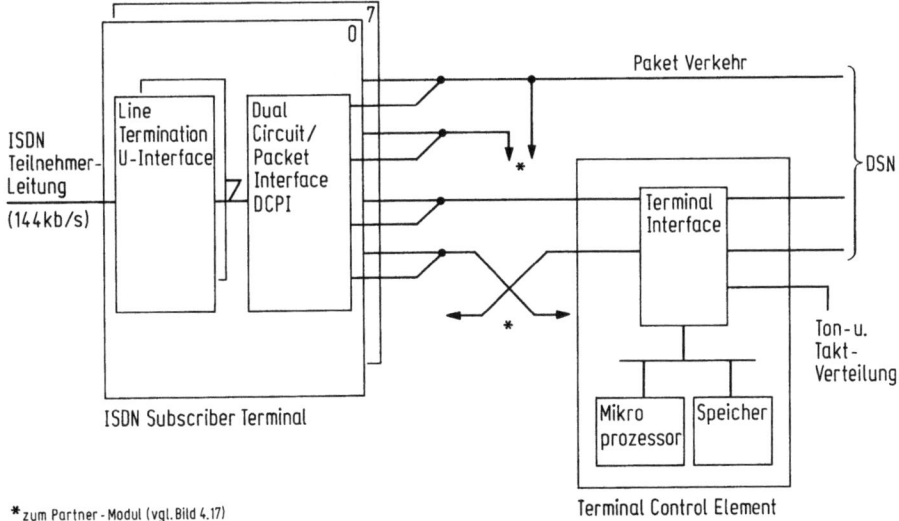

Bild 4.19. Struktur des ISDN Subscriber Module. DSN Digital Switching Network

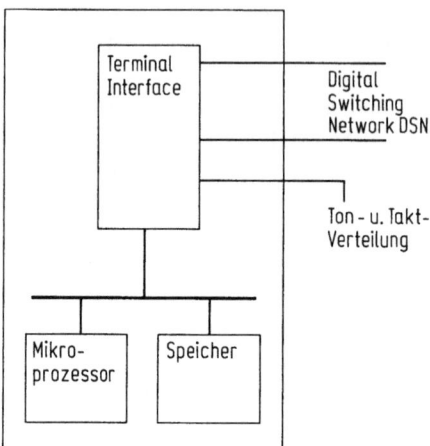

Bild 4.20. Auxiliary Control Element

einer vereinfachten Form — genannt Digital Subscriber Module (DSM) — wird auf die Weitervermittlung von Paketen des D-Kanals verzichtet.

Eine Reihe weiterer Module mit ihren TCEs wird hier ohne nähere Funktionsbeschreibung nur erwähnt, um damit die Funktionsverteilung im System 12 zu veranschaulichen. Es gibt das Analog Trunk Module für den Anschluß analoger Verbindungsleitungen, das Digital Trunk Module für den Anschluß von 24- oder 32-Kanal-PCM-Systemen, das ISDN Trunk Module für die Verbindung mit ISDN-Nebenstellenanlagen oder mit digitalen öffentlichen Vermittlungen. Ein Service Circuits Module stellt die Einrichtungen für das Empfangen und Senden von Mehrfrequenz-(MF-)Signalisierung zur Verfügung. Module für Support und Peripherals (SPMs) sind für betriebliche und Wartungseingriffe notwendig. Auch externe Massenspeicher gehören hierzu. Das Clock and Tones Module — *einmal* dupliziert in einer Vermittlung vorgesehen — verteilt den zentralen Vermittlungstakt, Signaltöne und kurze Ansagen unmittelbar (also nicht über das Koppelnetz DSN) an alle Terminal Interfaces in den TCE aller Module. Common-channel-Module können bis zu einer Kapazität von 16 Signalkanälen des Systems Nr. 7 aufgerüstet werden. Je nach Anwendungsfall werden ihnen 64-kbit/s-Signalkanäle über das Koppelnetz DSN zugeschaltet, oder sie sind direkt über 4,8-kbit/s-Modems mit Leitungen des Analog-

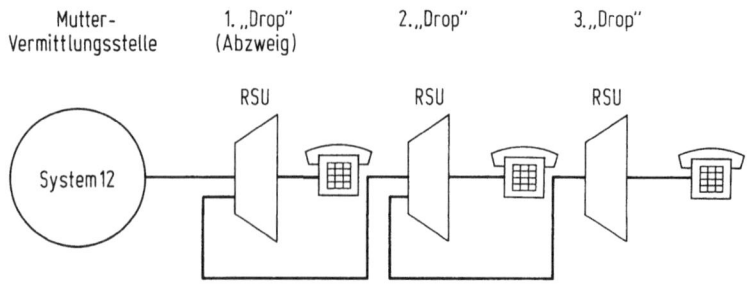

Bild 4.21. „Multidrop"-Anordnung für abgesetzte Einheiten. RSU Remote Subscriber Unit

4.2 Das System 12

netzes verbunden. Diese Variante gestattet also die Anwendung des Systems Nr. 7 im bestehenden Fernsprechnetz, vermutlich eine Modifikation geringerer Bedeutung. Operator Interface Module erlauben den Anschluß von je 15 Beamtenplätzen. Schließlich gibt es Auxiliary Control Elements (ACE) ohne Terminal-Anschluß, jedoch mit Zugang zum Koppelnetz (Bild 4.20). Sie übernehmen wichtige Steuerungsfunktionen wie Buchführung über freie Verbindungsleitungen (Trunks) oder (ggf. getrennt in anderen ACE) Rufnummer-Bündel/Anschluß-Zuordnungen oder Prüfvorgänge.

Abgesetzte Teile der Vermittlung werden mit Digital Remote Subscriber Units (RSU) realisiert. Sie können entweder einzeln für bis zu 488 Teilnehmer oder in einer „Multidrop-Anordnung" für insgesamt bis zu 1000 Teilnehmern (Bild 4.21) eingesetzt werden. In der RSU selbst finden weitgehend dieselben Komponenten Verwendung wie in der Mutter-Vermittlung System 12 (Bild 4.22). Steuerfunktionen wie „Rufanschaltung" oder „Testanschaltung" führen die beiden Digital Trunk Circuits aus, welche im übrigen die Verbindung zur Mutter-Vermittlung bzw. zu anderen RSUs halten. Die Fernsteuerung erfolgt von der Mutter-Vermittlung aus über ein vereinfachtes System-Nr. 7-Verfahren im 16. Kanal.

In der Mutter-Vermittlung enden die beiden Multiplex-Verbindungssysteme auf einem Remote Subscriber Unit Interface Module (Bild 4.23). In der RSU werden Internverbindungen auch intern durchgeschaltet, um die Kanäle der beiden Multiplex-Verbindungssysteme nicht mit Internverkehr zu belasten. Bei Ausfall von beiden Verbindungssystemen ist in der RSU noch eine Verbindung zu „Emergency Services" möglich.

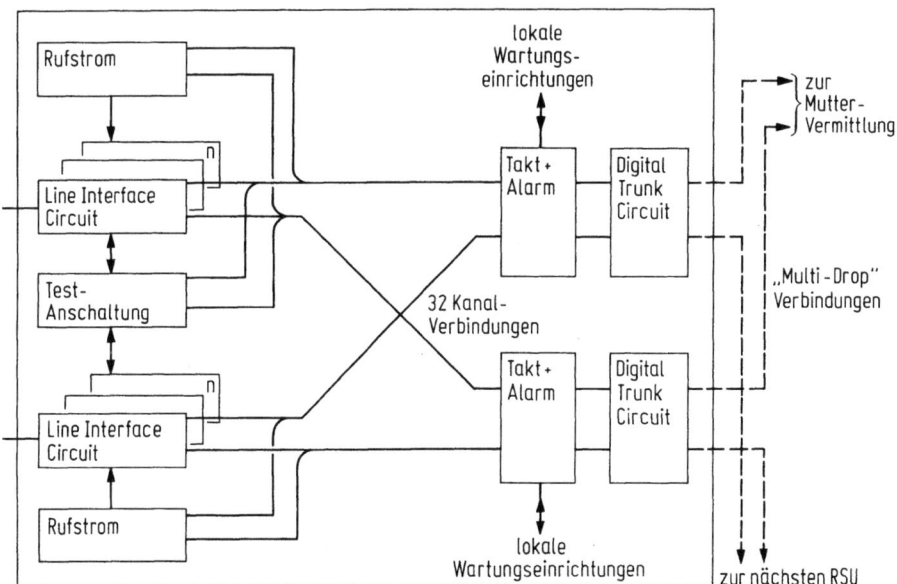

Bild 4.22. Struktur der Remote Subscriber Unit RSU

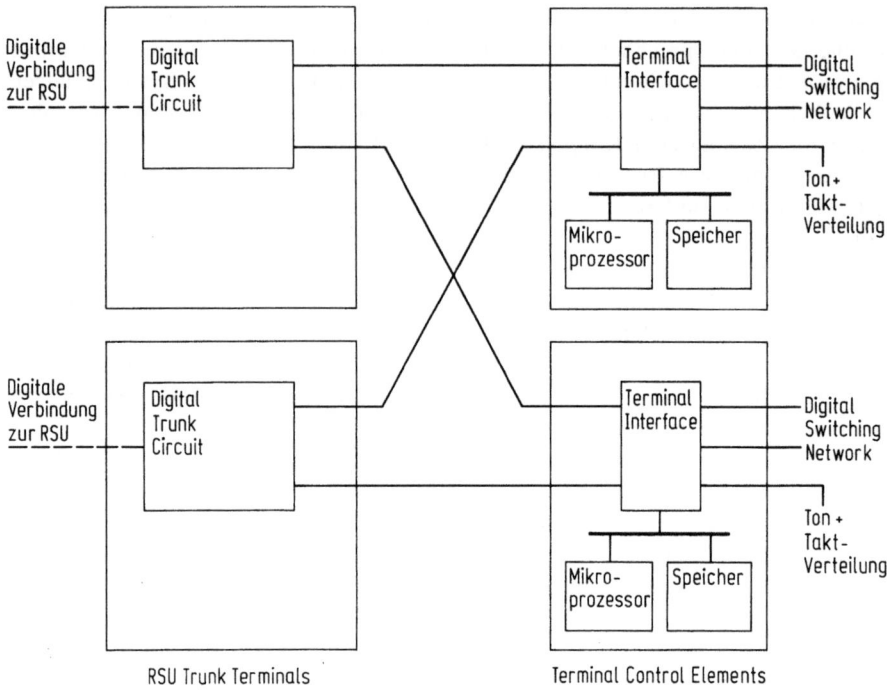

Bild 4.23. Remote Subscriber Unit Interface Modul in der Mutter-Vermittlung, paarweise angeordnet

4.2.2 Softwarearchitektur und -technologie [4.9]

Aus Sicht der Softwarearchitektur ist System 12 ein System miteinander kommunizierender *virtueller Maschinen*. Bild 4.24 zeigt, wie eine solche virtuelle Maschine aussieht. Auf der Hardware eines Mikroprozessors setzen 4 Softwareebenen auf. Der Hardware am nächsten ist die Ebene 1 mit Betriebssystem, Koppelnetzsteuerprogrammen, Gerätesteuerprogrammen (Erläuterungen hierzu später) und Datenbanksystem. Ebene 2 bearbeitet elementare Vermittlungsfunktionen wie die Umwandlung von Signalisierung in computerverständliche vermittlungstechnische Meldungen, das Verwalten der Verbindungsleitungen und das Erfassen von Gebührendaten. „Anwenderfunktionen" zur Abarbeitung von Vermittlungsaufträgen und Wartungsfunktionen liegen in Ebene 3, darüber in Ebene 4 die Verwaltung. Mit diesen untereinander kommunizierenden Ebenen soll erreicht werden, daß Änderungen in Teilbereichen nicht in andere Ebenen durchschlagen.

Die virtuellen Maschinen werden auf reale Maschinen abgebildet, indem man die Hardware bestimmten vermittlungstechnischen Geräten bzw. Bedienungs- und Wartungsgeräten zuordnet. Die Maschine wird dann zum bereits erläuterten Terminal Control Element (TCE) bzw. zum „gerätefreien" Auxiliary Control Element (ACE). Die virtuellen Maschinen kommunizieren *real* miteinander über das Koppelnetz, auf

4.2 Das System 12

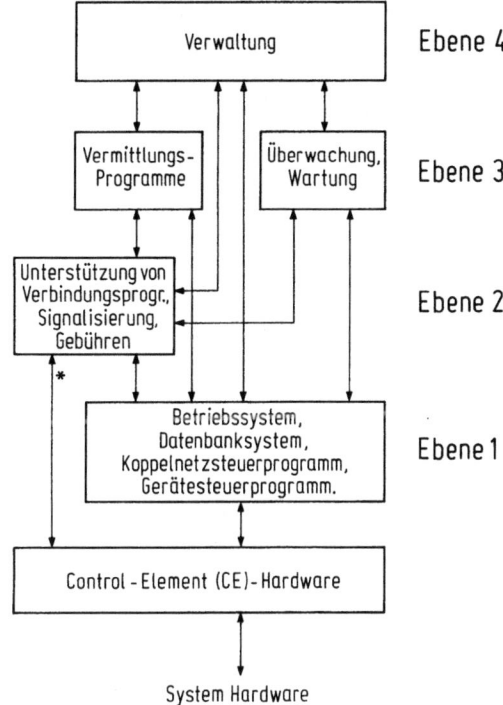

*Fallweise über Bus zum CE
(andernfalls über 64-kbit/s-Koppelnetz)

Bild 4.24. Softwarearchitektur

das die CE über einen „Network Handler" zugreifen (Bild 4.30). Diese zusätzliche Koppelnetzbelastung ist wegen der *dezentralen Steuerung* des Koppelnetzes zu verkraften.

Bild 4.25 zeigt einige Beispiele zur Verteilung der Softwarefunktionen des Bildes 4.24 auf TCEs und ACEs. Beispielsweise sind in der „Line Module TCE" Teile aus allen Ebenen und Funktionen der virtuellen Maschine vertreten. Die Softwareschnitte der virtuellen Maschinen liegen also im System 12 anders als im 5 ESS.

Ebenen 2 bis 4 der virtuellen Maschinen werden nach dem Prinzip der sog. Finite Message Machines (FMM) strukturiert und programmiert. Hierzu wird die Komplexität des Gesamtsystems bis zu einem hierfür geeigneten Level „heruntergebrochen" (Beispiel Bild 4.26). FMMs beantworten in bestimmter Reihung angebotene Meldungen mit bestimmten Folge-Meldungen (Bild 4.27); hierfür erarbeiten sie die dazu notwendigen Zustandsübergänge mit Hilfe intern ablaufender *Prozesse*. Im Laufe dieser Prozesse können *Prozeduren* aufgerufen werden, die in sog. System Support Machines (SSM) lokalisiert sind. Die Prozeduren übernehmen hardwarebezogene Steuerungsaufgaben wie z.B. Schnittstellenprozeduren, Unterbrechungsprozeduren und Prozeduren zur Bearbeitung von Ereignissen. Sie greifen mit Hilfe von Monitorprogrammen auf gemeinsame Daten zu (Bild 4.28).

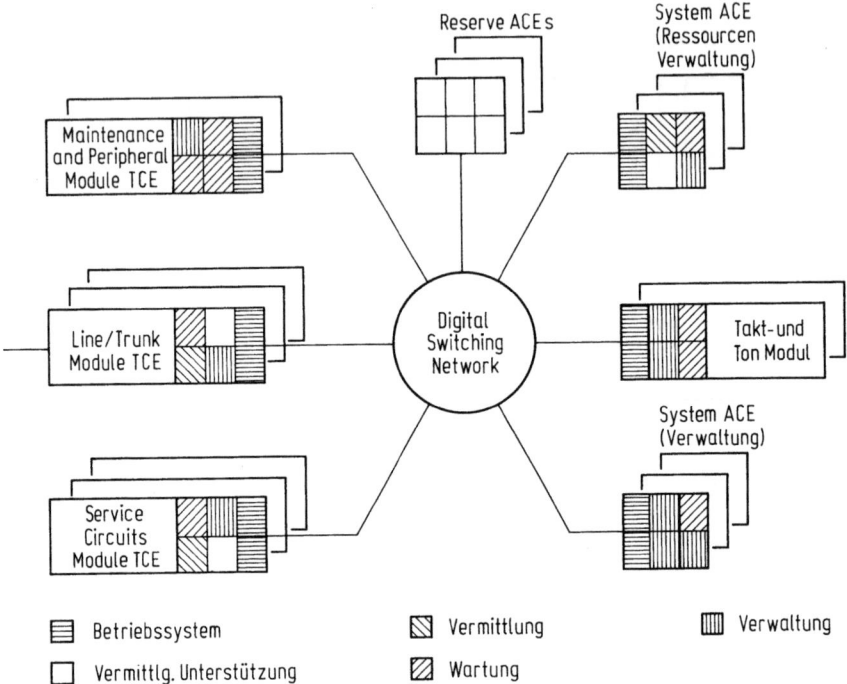

Bild 4.25. Verteilung von Softwarefunktionen auf die Hardware-Einheiten.
TCE Terminal Control Element, ACE Auxiliary Control Element

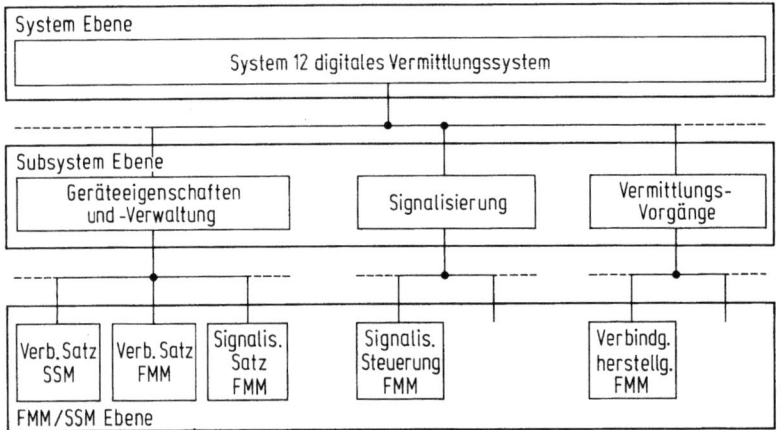

Bild 4.26. Aufteilung der Systemkomplexität auf Software-Funktionsblöcke
FMM Finite Message Machine, SSM System Support Machine

Bild 4.27. Prinzip der Finite Message Machine (FMM)

4.2 Das System 12

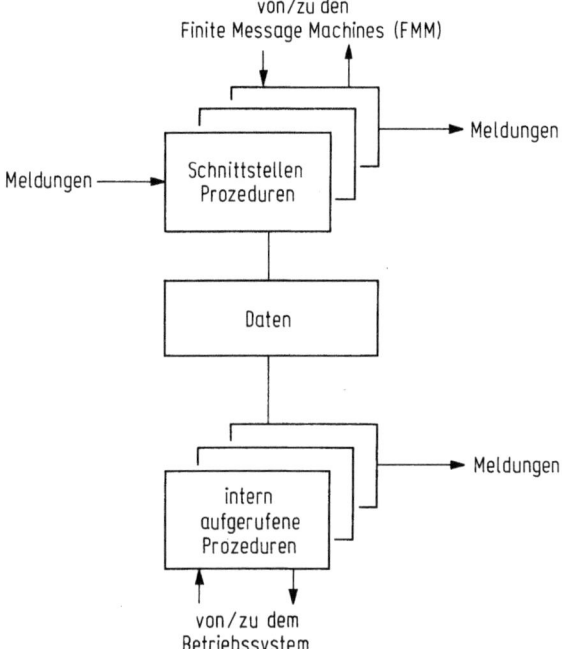

Bild 4.28. Struktur der System Support Machine (SSM)

Die Systemfunktionen werden mit der Aufruffolge der FMMs und SSMs realisiert. Für die ordnungsgemäße Weitergabe der zugehörigen Meldungen sorgt neben anderen Aufgaben das Betriebssystem (Bild 4.29). In einer Message-routing-Tabelle

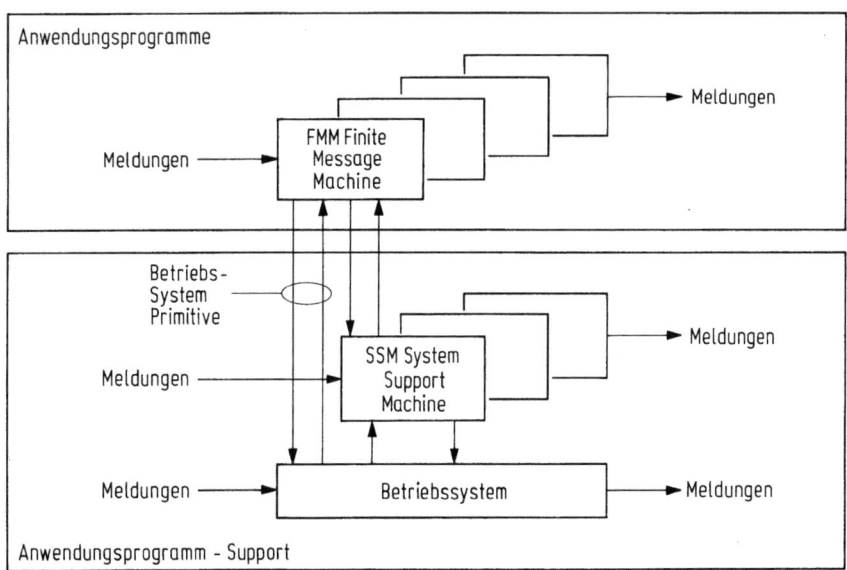

Bild 4.29. Zusammenarbeit der Softwareschichten

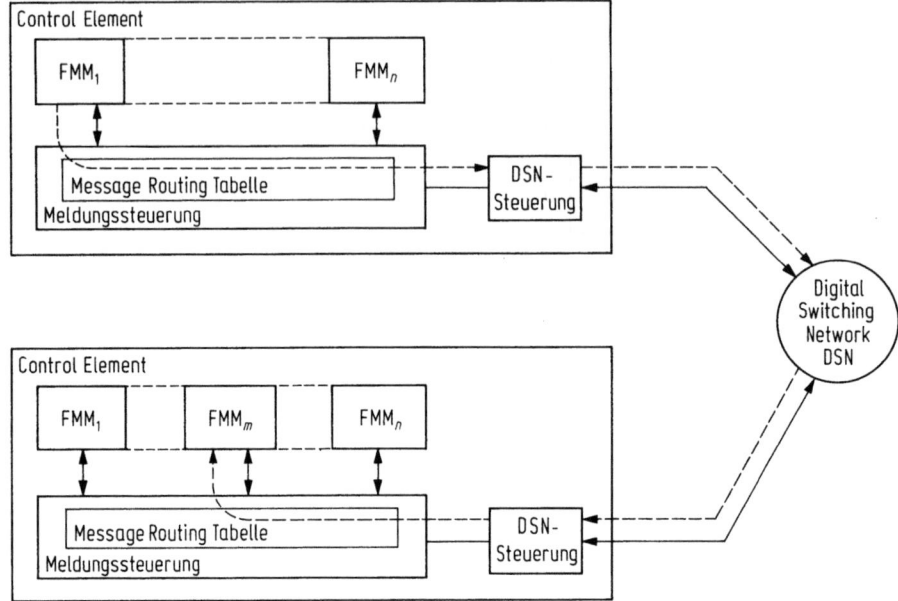

FMM Finite Message Machine

Bild 4.30. Korrespondenz der Komponenten über das Koppelnetz

ist abgelegt, welche der realen Steuerelemente CE die weiterzugebenden Meldungen empfangen sollen (Bild 4.30). Der Anwendungsprogrammierer braucht sich um die reale Verteilung der FMMs auf die CEs nicht zu kümmern.

Das Entsprechende gilt für die Unterbringung der Daten im *verteilten* relationalen Datenbanksystem des Systems 12 (Bild 4.31). Dafür sorgt in jedem CE das Database Control System (DB CS) im Rahmen des Database Management Systems (vgl. Bild 4.24).

4.2.3 Verbindungsaufbau

Die vorhergehenden Erläuterungen werden mit dem Durchspielen eines Verbindungsaufbaus etwas transparenter [4.8]. Angenommen wird ein Teilnehmer mit analogem Fernsprecher und Wähltastatur, der einen Teilnehmer an der eigenen Vermittlungsstelle anruft. Beteiligt sind an dieser Verbindung (Bild 4.32 a):

— das Analog Subscriber Module (ASM)-TCE des rufenden (A-)Teilnehmers. Es übernimmt die Steuerungsverantwortung für die gesamte Verbindung;
— ein Service Circuits Module (SCM)-TCE. Es hat ein Interface zum Tastwahlempfänger PBR und übersetzt die Wahlinformation in eine computergerechte Darstellung;
— ein System ACE für die Bewertung und Umwertung der Wahlinformation;
— das ASM-TCE des *ge*rufenen (B-)Teilnehmers. Es führt einige Verbindungsaufbau-, -überwachungs- und -auslösefunktionen aus auf Veranlassung des rufenden ASM-TCE.

4.2 Das System 12

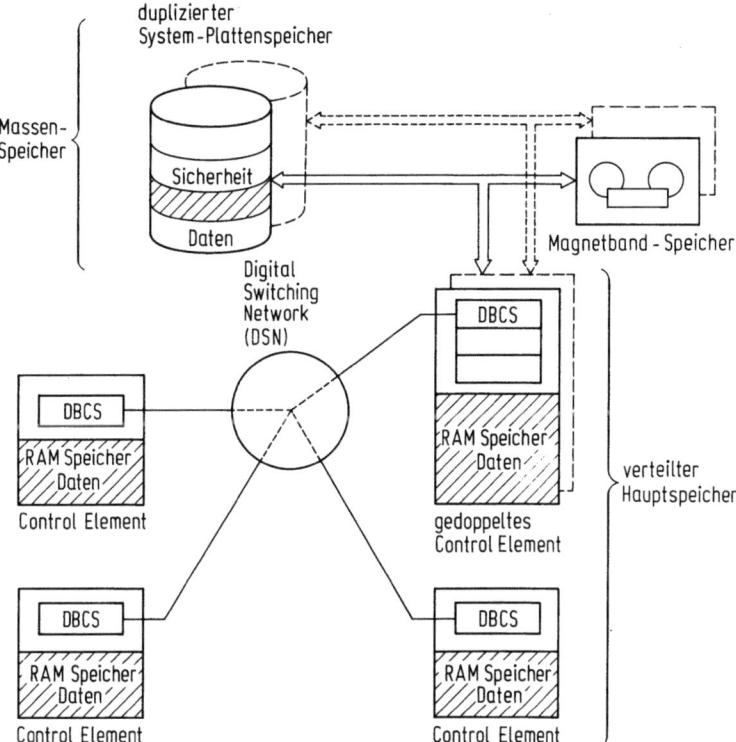

Bild 4.31. Verteilte Datenbank. DBCS Database Control System

Im ASM-TCE des Rufenden gibt es drei FMMs, welche die Verbindungssteuerung übernehmen:

— die Pre-Selection (PRE)-FMM. Sie steuert den Verbindungsaufbau bis zur Feststellung der Verbindungsart (hier „Interverkehr");
— die Call Completion (CACO)-FMM. Ihr wird die Steuerung von PRE übergeben, und sie behält sie bei bis zum Rufbeginn;
— die Release (RLS)-FMM, welche alle Aspekte der Verbindungsauslösung behandelt.

In dem System-ACE gibt es zwei größere FMMs, die am Verbindungsaufbau beteiligt sind: die eine wertet für PRE den ersten Teil der Rufnummer hinsichtlich der gewünschten Richtung (hier: intern) aus, die zweite bestimmt für CACO die Anschlußlage und die Eigenschaften des Gerufenen.

Weitere FMMs sind in verschiedenen CEs untergebracht, z. B. für Signalisierung und für Vergebührung. Mit Rücksicht auf eine einfache Darstellung wird auf diese Details nicht eingegangen.

Aushängen bis Senden Wählton

1. Das Aushängen des Teilnehmers wird im Terminal-Teil des rufenden ASM bemerkt (Bild 4.32b). Damit wird PRE im zugehörigen TCE aktiviert.

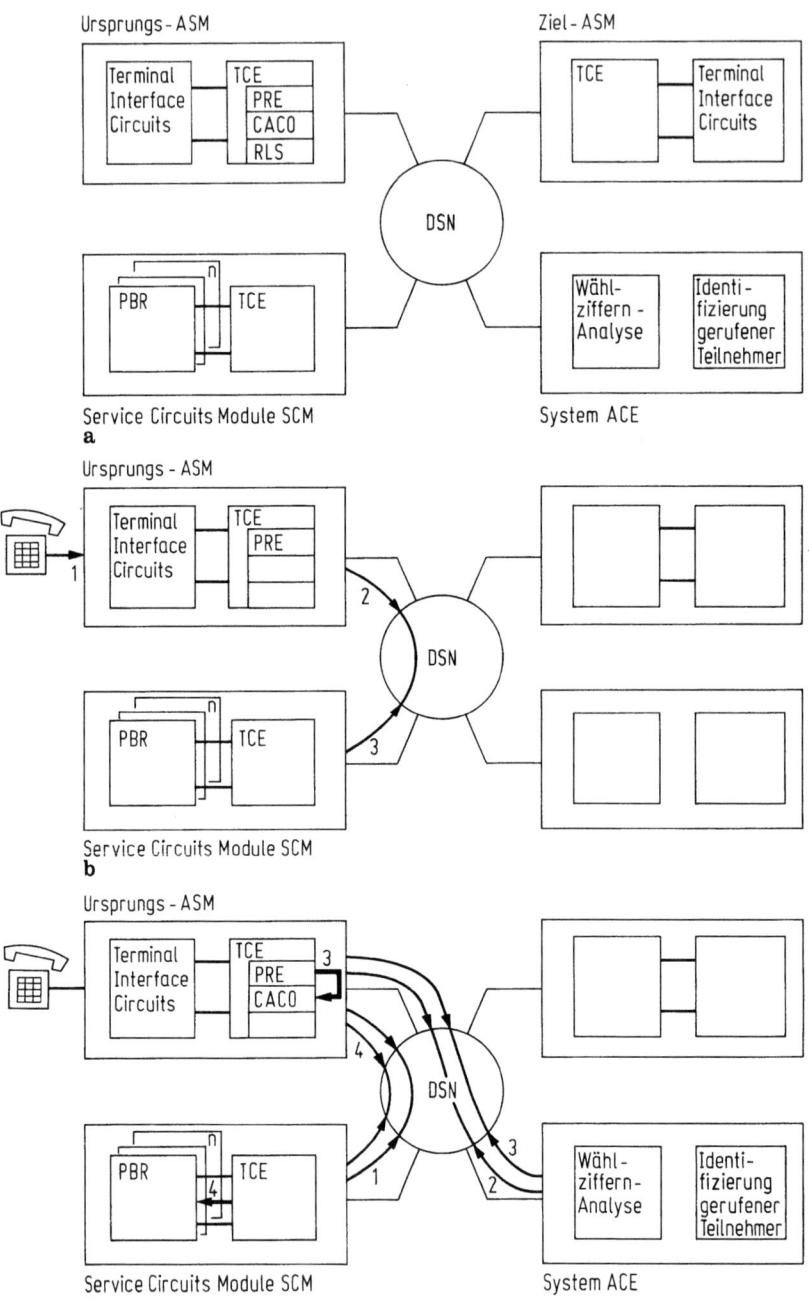

Bild 4.32 a–f. Verbindungsaufbau und -Abbau.
a Beteiligte Komponenten, **b** Aushängen bis Senden Wählton, **c** Wahlaufnahme und Wahlbewertung, **d** Rufen, **e** Gesprächszustand, **f** Auslösen.

4.2 Das System 12

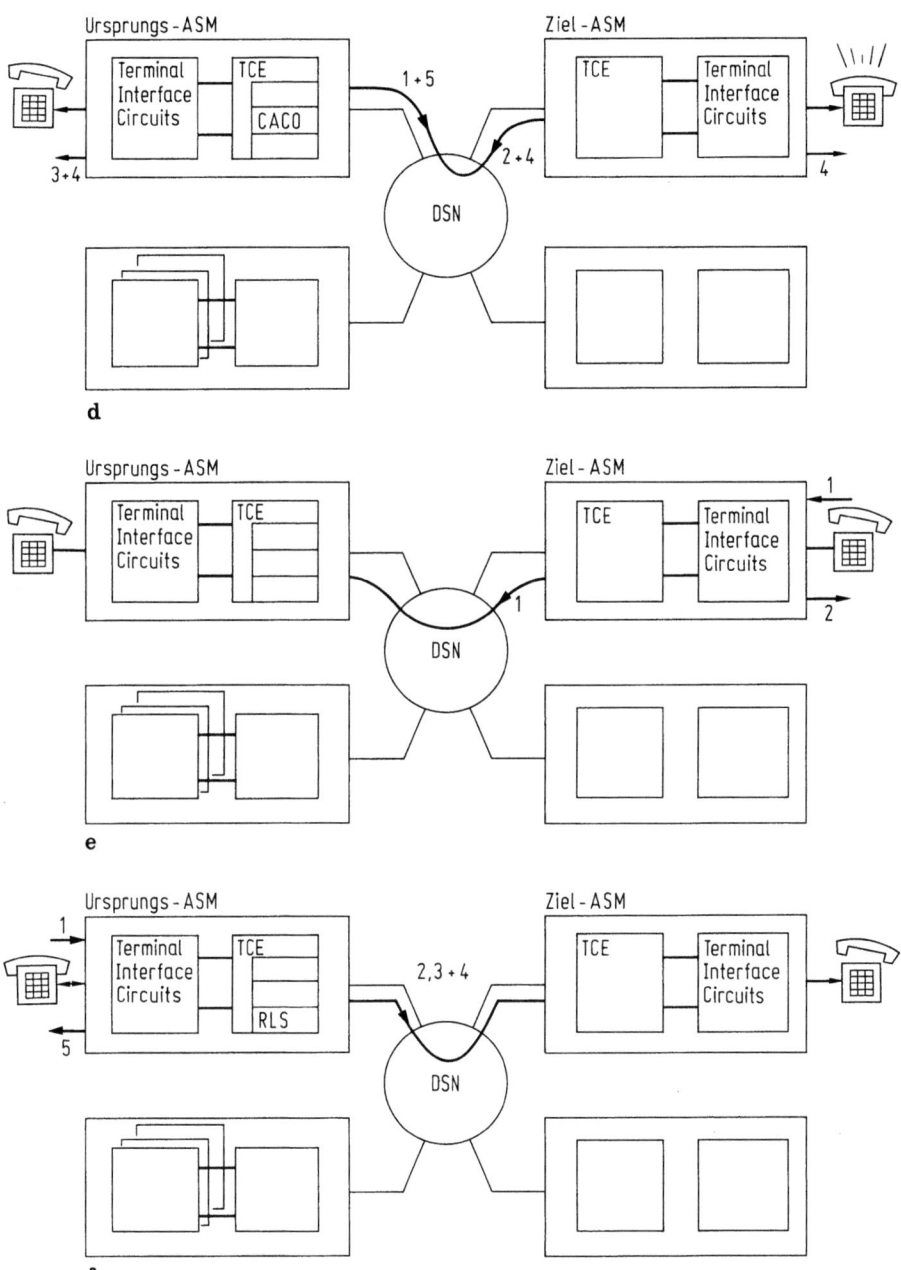

ASM Analog Subscriber Module, TCE Terminal Control Element, SCM Service Circuits Module, PBR Tastwahlempfänger, ACE Auxiliary Control Element, FMM Finite Message Machine, PRE Pre-Selection, CACO Call Completion, RLS Release, DSN Digital Switching Network

2. Aus der TCE-eigenen Datenbank werden die relevanten Eigenschaften des A-Teilnehmers entnommen (Class of Service usw.). Dabei wird erkannt, daß ein Tastwahlempfänger zuzuschalten ist. Die Adresse eines geeigneten Service Circuits Module (SCM) mit mehreren Tastwahlempfängern steht ebenfalls in der TCE-eigenen Datenbank. Nun wird eine Verbindung zum SCM aufgebaut, SCM wählt einen Tastwahlempfänger PBR aus.
3. Der Verbindungsweg wird doppelt gerichtet durchgeschaltet. A-Teilnehmer bekommt Wählton.

Wahlaufnahme, Analyse, Freigabe Wahlempfänger

1. Aufnahme der Ziffern im Tastwahlempfänger PBR, Übermittlung an das ASM des rufenden Teilnehmers (Bild 4.32 c).
2. Die PRE-FMM erkennt, wann für die Richtungswahl ausreichend viel Ziffern empfangen sind und übermittelt diese sodann zum System-ACE. Dort wird erkannt, daß es sich um eine Internverbindung handelt. Diese Information wird an das TCE des rufenden Teilnehmers zurückgegeben.
3. Im rufenden TCE wird die Steuerung nun von FMM-PRE an FMM-CACO übergeben. CACO sammelt die restlichen Ziffern der Rufnummer ein und sendet sie an die FMM des System-ACE, welche für die Identifizierung des gerufenen Teilnehmers zuständig ist. Dort werden „Class of Service" und Anschlußlage des Gerufenen ermittelt, die Informationen werden an CACO zurückgemeldet.
4. Nach Empfang und Übergabe der letzten Ziffer wird der Tastwahlempfänger PBR durch das SCM-TCE „frei" geschrieben, ferner löst es die Verbindung zum ASM des Rufenden aus.

Belegen B-Teilnehmer und Ruf

1. CACO des Rufenden veranlaßt einen Verbindungsaufbau zum ASM des Gerufenen, übergibt die Anschlußlage des Gerufenen und fordert einen rückwärtigen Verbindungsaufbau von B nach A an (Bild 4.32 d).
2. TCE des Gerufenen überprüft dessen Class of Services, schreibt B „belegt" und veranlaßt rückwärtigen Verbindungsaufbau nach A.
3. Rufendes TCE schaltet den Sprechweg in seinem Bereich durch.
4. Gerufenes TCE veranlaßt Rufen und Schleifenüberwachung des B-Teilnehmers, legt Freiton für den A-Teilnehmer an und meldet der rufenden FMM-CACO den Abschluß dieser Arbeiten.
5. CACO betrachtet den Ruf damit als „stabil" und beauftragt beide beteiligte TCEs, die Verbindungsdaten zu speichern für die spätere Auslösung.

Abheben B, Gesprächszustand

1. Wenn das gerufene TCE das Aushängen erkennt, veranlaßt es Abschalten Rufstrom und Rufton und gibt eine entsprechende Meldung an das rufende TCE (Bild 4.32 e).
2. Das gerufene TCE schaltet den Verbindungsweg auf der B-Seite durch — damit Gesprächszustand.

4.2 Das System 12

Auslösung

1. A-Teilnehmer hängt ein: Zugehöriges TCE liest die Verbindungsdaten aus und übergibt sie der FMM-RLS (Bild 4.32 f).
2. RLS übernimmt die Steuerung und veranlaßt das TCE des Gerufenen, auf der B-Seite die Verbindungsdaten bereitzustellen.
3. RLS wird informiert, wenn beide TCEs „auslösebereit" sind. RLS beauftragt das gerufene TCE, den B-Teilnehmer bis zum Einhängen zu „parken" (Abfangen). Falls der B-Teilnehmer erst nach dem A-Teilnehmer einhängt, verhindert diese Funktion, daß die noch bestehende Teilnehmerstromschleife des B-Teilnehmers als „neuer Verbindungswunsch" gedeutet wird.
4. RLS veranlaßt das Auslösen der Verbindung auf A- und B-Seite.
5. RLS veranlaßt das „Frei"-Schreiben des rufenden Teilnehmers.

4.2.4 Koppelnetz und Wegsuche

Das wesentliche Merkmal, in dem sich System 12 von anderen digitalen Vermittlungssystemen unterscheidet, ist die *dezentrale* Wegsuche. Deshalb soll das Verfahren hier näher erläutert werden. Dafür ist es erforderlich, zunächst etwas ausführlicher auf das Koppelnetz einzugehen.

Das Koppelnetz wird, wie bereits erwähnt, aus Digital Switching Elements DSE (Kombinationsvielfachen) aufgebaut. Ein DSE selbst setzt sich aus 16 Dual Switch Ports (DUSP) zusammen (Bild 4.33). Jedes Switch Port besitzt einen 32-Kanal-Eingang und einen 32-Kanal-Ausgang, der — wegen der 16 bit je Zeitschlitz — mit 4,096-Mbit/s-Strömen beschickt wird. Das DSE hat keinen *zentralen* Haltespeicher und Wortspeicher, wie im Kombinationsvielfach des Bildes 3.19 angedeutet. Vielmehr sind Haltespeicher und Wortspeicher auf die Ports aufgeteilt (Path Memory und Speech Memory). Die DUSP korrespondieren untereinander über zwei breite Bus-Systeme. Der Speech Bus überträgt parallel die 16 bit je Zeitschlitz (also z. B.

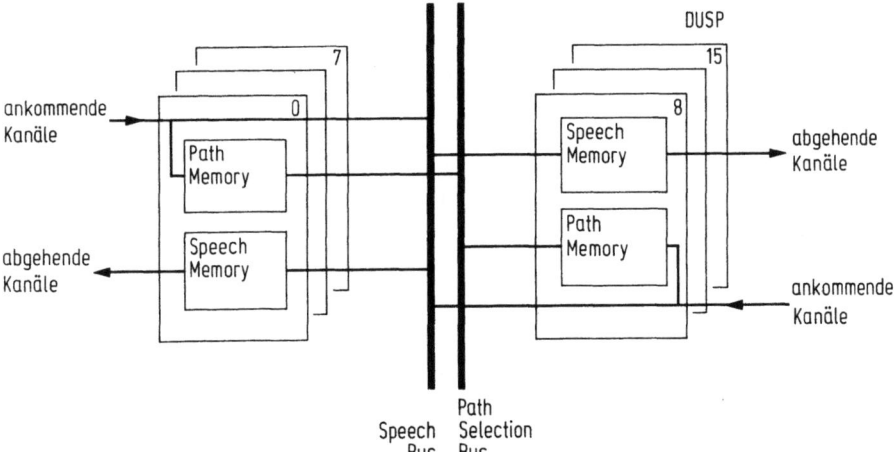

Bild 4.33. Digital Switching Element (DSE). DUSP Dual Switch Port

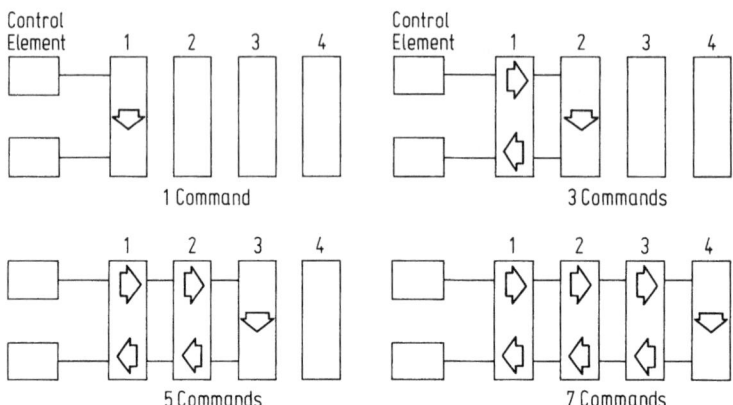

Bild 4.34. Kurzwege im Koppelnetz

Sprache), der Path Selection Bus dient der Wegsuche. In *einer* Zeitschlitz-Zeit von (125 μs : 32 =)3,91 μs werden die Busse *jedem* DUSP einmal zur Verfügung gestellt, also für die Zeit von (3,91 μs : 16 =)0,244 μs. In dieser Zeit erfolgt ein einfach gerichteter Nachrichtenübertrag von einem DUSP zu einem anderen DUSP im selben DSE. Je zwei DUSP sind auf einem Chip realisiert. Ein Digital Switch Element DSE, also ein Kombinationsvielfach mit 16 doppelt gerichteten Ports und 512 Verbindungsmöglichkeiten, ist auf einer Baugruppen-Platte untergebracht.

Ein Blick auf Bild 4.16: Ein solches Koppelnetz wird auch „Umkehr-Koppelanordnung" genannt, weil alle Ports „auf einer Seite" angeordnet sind. Verbindungen zwischen Ports, die am selben Access Switch liegen, werden über einen „Kurzweg" allein über diesen Access Switch hergestellt. Ports, die dasselbe Digital Switch Element DSE in der ersten Stufe des Group Switch erreichen, werden durch einen Kurzweg über dieses DSE verbunden, usw. Bild 4.34 zeigt die verschiedenen Kurzwegmöglichkeiten über das maximal vierstufige (einschl. Access Switch) Koppelnetz. Gleichzeitig ist mit dem Bild angegeben, wie viele DSEs für eine (einfach gerichtete) Verbindung durch Befehle (Commands) eingestellt werden müssen, wie viele Einstellbefehle also vom Verbindungsursprung aus zu erteilen sind.

Nun ist eine Bezeichnung der für die Verbindung gewünschten Ports notwendig. Dies ist mit der Bezeichnung der Dekaden durch Wählziffern im Direktwahlsystem zu vergleichen. Bild 4.35 erläutert das Bezeichnungsschema. Jedes Control Element CE hat eine durch seine Anschlußlage (sein Anschluß-Port) am Koppelnetz bestimmte Adresse (entsprechend „Teilnehmernummer" im Direktwahlsystem). Die Anschlußnummer (1 von 12) des CE ist an jedem der beiden vom CE erreichten Access Switches gleich, sie ist als „Stelle A" mit *4 bit* zu codieren. — Jeder Access Switch hat je Ebene *einen* Zugang zu einem DSE der Stufe 2. Die durch gemeinsame CE zusammengehörigen Access-Pärchen (Zwillinge) belegen um „4" unterschiedliche Eingänge an einem solchen DSE der Stufe 2. Das macht Bild 4.16 deutlich: Der vorderste Access Switch 0 ist mit Eingang 0 der Stufe 2 verbunden, der dahinterliegende Access Switch „Zwilling" (Nr. 1) liegt an Eingang 4, usw. In Bild 4.35 sind die Access Switches anders durchnumeriert, nämlich von 0 bis 3 für die „vorderen" und

4.2 Das System 12

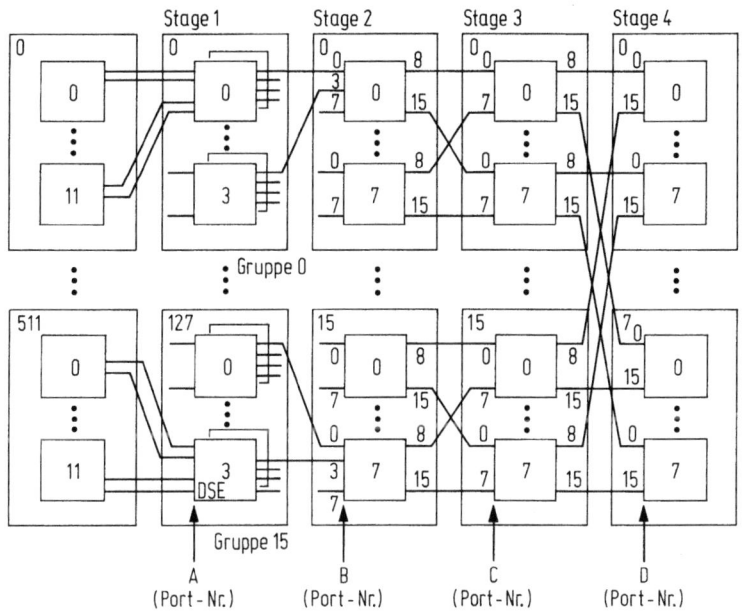

Bild 4.35. Adressierung der Digital Switching Elements (DSE)

von 4 bis 7 für die „hinteren" Zwillinge. Dementsprechend belegen die vorderen Zwillinge Eingänge 0 bis 3 und die hinteren Zwillinge Eingänge 4 bis 7 an den DSE der Stufe 2. Für die Adressierung eines Control Elements CE genügt die Auswahl „1 von 4", da von beiden Access Switches eines Pärchens dieselben CEs erreicht werden. Hier reichen für Stelle B der Adresse also *2 bit* aus. — Adreßstelle C bestimmt, welches Digital Switch Element DSE der Stufe 2 von einem Port der Stufe 3 aus erreicht wird. Die Adresse hat 1 von 8 zu bezeichnen, für Stelle C reichen *3 bit* aus. — Von den Ports der Stufe 4 wird die „Gruppe" ausgewählt. Mit maximal 16 Gruppen sind *4 bit* für Adreßstelle D vorzusehen. — Insgesamt lassen sich also mit ABCD (13 bit) die maximal möglichen 6144 Control Elements CE adressieren.

Für den Wegsuchvorgang wird zunächst vom veranlassenden CE die 13-bit-Adresse des Ziel-CE bestimmt, z. B. mit Hilfe eines Auxiliary Control Element ACE. Das veranlassende CE, welches natürlich seine *eigene* ABCD-Adresse kennt, vergleicht sodann die Zieladresse mit der eigenen Adresse. Folgende Schlüsse lassen sich ziehen:
— Ist Stelle D ungleich, so ist das Ziel-CE mit einer anderen der 16 Gruppen verbunden. Es sind 7 Einstellbefehle erforderlich.
— D ist gleich, jedoch C ungleich. Das Ziel-CE ist zwar in der gleichen Gruppe, jedoch über unterschiedliche Digital Switching Elements DSE der Stufe 2 erreichbar. Es müssen 5 Einstellbefehle gegeben werden.
— D und C sind gleich, jedoch B ungleich. Das Ziel-CE ist über das gleiche DSE der Stufe 2 zu erreichen. Es werden nur noch 3 Einstellbefehle benötigt.
— D, C und B sind gleich, A ungleich. Ursprungs- und Ziel-CE sind am selben Access Switch angeschlossen, *ein* Einstellbefehl genügt.

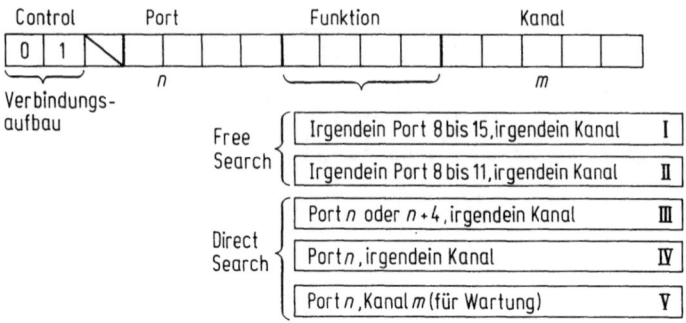

Bild 4.36. Formate der Einstellbefehle

Bild 4.36 zeigt die Formatierung der einzelnen Einstellbefehle, die im jeweiligen „Nutzzeitschlitz" vom veranlassenden CE stufenweise über den durchgeschalteten Weg im Koppelnetz übertragen werden, wie wir es beim Direktwahl-Verbindungsaufbau (Abschnitt 1.2.4) sinngemäß kennengelernt haben. Zwei Bit im Control-Feld des 16 bit umfassenden Befehlswortes kennzeichnen dieses mit „01" als zum *Verbindungsaufbau* gehörig, wenn es über einen *freien Kanal* zum folgenden Digital Switching Element DSE übertragen wird. Für diejenigen Befehle, bei denen eine Port-Nummer oder sogar eine Kanal-Nummer vorgegeben werden, sind ein 4-bit-Feld bzw. ein 5-bit-Feld im 16-bit-Befehlswort vorgesehen. In einem Funktionsfeld (4 bit) wird jeweils eine der fünf möglichen Varianten von Verbindungsaufbau(Einstell)-Befehlen angegeben.

Als Beispiel wird ein Verbindungsaufbau zwischen Control Elements CE in verschiedenen Gruppen betrachtet, der also mit sieben Einstellbefehlen über alle vier Stufen des Koppelnetzes verläuft. Zunächst muß in „freier Wahl" (Free Search) ein DSE in Stufe 4 erreicht werden, von der aus es ja nur möglich ist, in andere Gruppen überzugehen. Der erste Befehl (Bild 4.37) dient der Auswahl einer Ebene (Plane) vom Access Switch aus (vgl. Bild 4.16). Im Access Switch wird das erste Port ausgewählt, das noch freie Kanäle enthält, und von diesen wiederum der erste freie

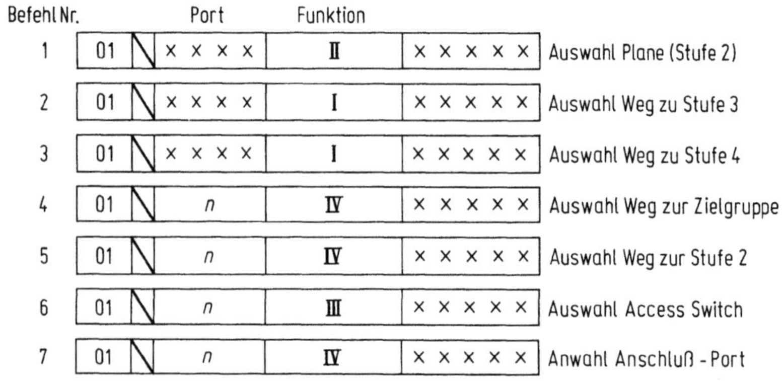

Befehl Nr.	Control	Port	Funktion	Kanal	Beschreibung
1	01	x x x x	II	x x x x x	Auswahl Plane (Stufe 2)
2	01	x x x x	I	x x x x x	Auswahl Weg zu Stufe 3
3	01	x x x x	I	x x x x x	Auswahl Weg zu Stufe 4
4	01	n	IV	x x x x x	Auswahl Weg zur Zielgruppe
5	01	n	IV	x x x x x	Auswahl Weg zur Stufe 2
6	01	n	III	x x x x x	Auswahl Access Switch
7	01	n	IV	x x x x x	Anwahl Anschluß-Port

Bild 4.37. Typische Befehlsfolge

Kanal belegt (hier also gibt es für die freie Wahl in dieser Stufe maximal $4 \times 32 = 128$ Möglichkeiten im Gegensatz zur „Freiwahl" im Direktwahlsystem mit nur 10 Möglichkeiten!).

Der zweite Befehl, der über die im Access Switch aufgebaute Verbindung an das ausgewählte DSE-Port der zweiten Koppelstufe gelangt, bestimmt wiederum den ersten verfügbaren Kanal im ersten verfügbaren Port zur dritten Koppelstufe. Hierfür stehen die Ausgangsports 8 bis 15 mit jeweils 32 Kanälen zur Verfügung, das sind 256 Möglichkeiten. — Über die in der zweiten Stufe aufgebaute Verbindung hinweg wird der dritte Befehl an das belegte DSE-Eingangsport der dritten Koppelstufe übermittelt. Dort wird in der gleichen Weise der Verbindungsweg zu einem DSE der vierten Koppelstufe aufgebaut. Damit ist der „Umkehrpunkt" erreicht und die „freie Wahl" beendet.

Nun beginnt vom Umkehrpunkt „absteigend" die „direkte Wahl" (Direct Search) zum Ziel-Control-Element CE. Die Zahl der in den einzelnen Koppelstufen erreichbaren Wege ist nun meist erheblich kleiner, nämlich nur noch 32, da jetzt jeweils ein Ausgangsport *vorgegeben* ist. Der vierte Befehl bewirkt im DSE der vierten Koppelstufe die Auswahl eines freien Kanals im Port „n", welches die Gruppe des Ziel-CE erreicht (Adresse D). (Dieser Vorgang ist vergleichbar mit „Dekadenwahl" und „Freiwahl" im Direktwahlsystem, Abschnitt 1.2.) Der fünfte Befehl verursacht das gleiche in der zuvor erreichten Koppelstufe 3 (Adresse C). Mit dem sechsten Befehl (Adresse B) wird das Access-switch-Pärchen angesteuert, an welches das Ziel-CE angeschlossen ist. Hier erstreckt sich die „Freiwahl" über je ein Port in jedem „Zwilling", es sind also $2 \times 32 = 64$ Wege erreichbar. Der siebte und letzte Befehl bezeichnet mit Adresse A das Anschlußport des Ziel-CE an seinen beiden Access Switches (vgl. Bild 4.16).

Damit ist ein Weg vom Ursprungs- zum Ziel-Control-Element CE ausgewählt und aufgebaut. Wenn im allgemeinen jedoch doppelt gerichtete Kommunikation nötig ist, muß umgekehrt auch ein Weg vom Ziel-CE zum Ursprungs-CE hergestellt werden. Hierzu teilt Ursprungs-CE dem Ziel-CE sein Koppelnetz-Anschlußport mit, worauf das Ziel-CE den beschriebenen Vorgang in umgekehrter Richtung wiederholt. Mit Hilfe der beiden Control-Bits (Bild 4.36) können unterschiedliche Bedeutungen der zwischen CE untereinander und mit DSE ausgetauschten Befehle gekennzeichnet werden.

Die explizite Angabe einer Kanalnummer m im Befehlsformat des Bildes 4.36 hat nur Bedeutung für Wartungsvorgänge, in denen z. B. die verschiedenen möglichen Verbindungswege zu Prüfzwecken definiert hergestellt werden.

4.3 Das System EWSD

EWSD ist ein für die Vermittlungstechnik in öffentlichen Orts- und Fernnetzen von der Siemens AG entwickeltes „*e*lektronisches *W*ähl-*S*ystem *d*igital", welches — wie der Name sagt — vollelektronisch-digital arbeitet. (Ein Vorgängersystem EWSA war für den Einsatz in analogen Netzen vorgesehen und enthielt u. a. elektromechanische Koppelnetze.) Auch im EWSD ist eine Dreiteilung der Vermittlungsfunktionen in einen peripheren Anschlußbereich mit Anschlußgruppen (Line Trunk Groups LTG), mit einem Koppelnetz (Switching Network SN) und einem Koordinationsprozessor (Coordination Processor CP), welcher globale Steuerungsfunktionen abwickelt, vorgenommen worden (Bild 4.38) [4.10]. Wegen des besseren Zugriffs zu einschlägigen Unterlagen kann EWSD exemplarisch etwas ausführlicher dargestellt werden.

4.3.1 Der Anschlußbereich

Wie Bild 4.38 zeigt, gibt es für die verschiedenen Anschlußkategorien auch verschiedene Anschlußgruppen, im wesentlichen zu unterscheiden nach dem Anschluß von Einzelleitungen und Multiplexsystemen. Bei den Einzelleitungen handelt es sich um analoge und digitale Teilnehmeranschlußleitungen (Lines) oder analoge Verbindungsleitungen (Trunks) zwischen den Ortsknoten. Digitale Multiplexsysteme (Grund- oder Primärsysteme) führen im allgemeinen bereits konzentrierten Verkehr aus Ortsbündeln, aus dem Vorfeld, von Nebenstellenanlagen usw. Eine weitere Unterscheidung hat also zu berücksichtigen, ob in der LTG noch eine Verkehrskonzentration vorgenommen werden muß oder nicht. Schließlich ist eine Besonderheit für den Anschluß digitaler Teilnehmeranschlußleitungen zu erwähnen und zu begründen. Übrigens können die Anschlußgruppen LTG in gewissem Umfang auch gemischt beschaltet werden.

Bild 4.39 erläutert den allgemeinen Aufbau einer LTG [4.11]. Sie enthält — soweit eine Verkehrskonzentration nötig ist — ein Kombinationsvielfach GS (Group Switch) für 512 Zeitlagen, aufgeteilt auf zwölf 2-Mbit/s-Ströme (doppelt gerichtet) „links", zumeist in Richtung zu den Anschlußgruppen, und einen 8-Mbit/s-Strom „rechts" (doppelt gerichtet) zum Koppelnetz SN hin. Der letztgenannte trägt 127 Nutzkanäle zu 64 kbit/s, während ein 64-kbit/s-Kanal für Steuerungszwecke reserviert bleibt.

In Richtung zum Koppelnetz schließt sich die Schnittstelleneinheit LIU (Line Interface Unit) an. Ihre wesentliche Aufgabe besteht darin, den 8-Mbit/s-Strom mit jeweils einer der beiden Seiten des aus Sicherheitsgründen gedoppelten Koppelnetzes zu verbinden. Weiterhin geht von LIU eine Verbindungswegprüfung aus, bevor die Verbindung zum Group Switch GS durchgeschaltet wird. Schließlich werden dort Steuerungsinformationen in den Kanal „0" des 8-Mbit/s-Stroms eingeblendet und von ihm ausgeblendet.

Wenn der Anschlußgruppe LTG bereits konzentrierter Verkehr von Verbindungsleitungen zugeführt wird, entfällt die Notwendigkeit für den Group Switch. Er wird ersetzt durch den Sprachmultiplexer SPMX (Speech Multiplexer).

In der LTG übernimmt ein Mikroprozessor, der Gruppenprozessor GP (Group Processor) alle lokalen Steuerfunktionen. Sein Kernstück ist die Baugruppe PU/SIB. Sie enthält die Verarbeitungseinheit (Processing Unit) und den Zeichenpuffer (Signal Buffer). Der Zeichenpuffer bietet der Verarbeitungseinheit Steuerungsinformation parallel an, während der Zeichenmultiplexer SMX (Signal Multiplexer) diese seriell einsammelt und anliefert. Alle 4 ms wird der Zustand jedes Anschlusses abgefragt und über SMX dem SIB zugeführt. Nur dann, wenn der SIB eine Änderung gegenüber der vorhergehenden Abfrage (Last Look) erkennt, gibt er die neue Meldung an die Verarbeitungseinheit weiter. Abgesehen von einem 4-kByte-Urladespeicher (permanent in einem EPROM gespeichert) sind Programme und Daten in

4.3 Das System EWSD

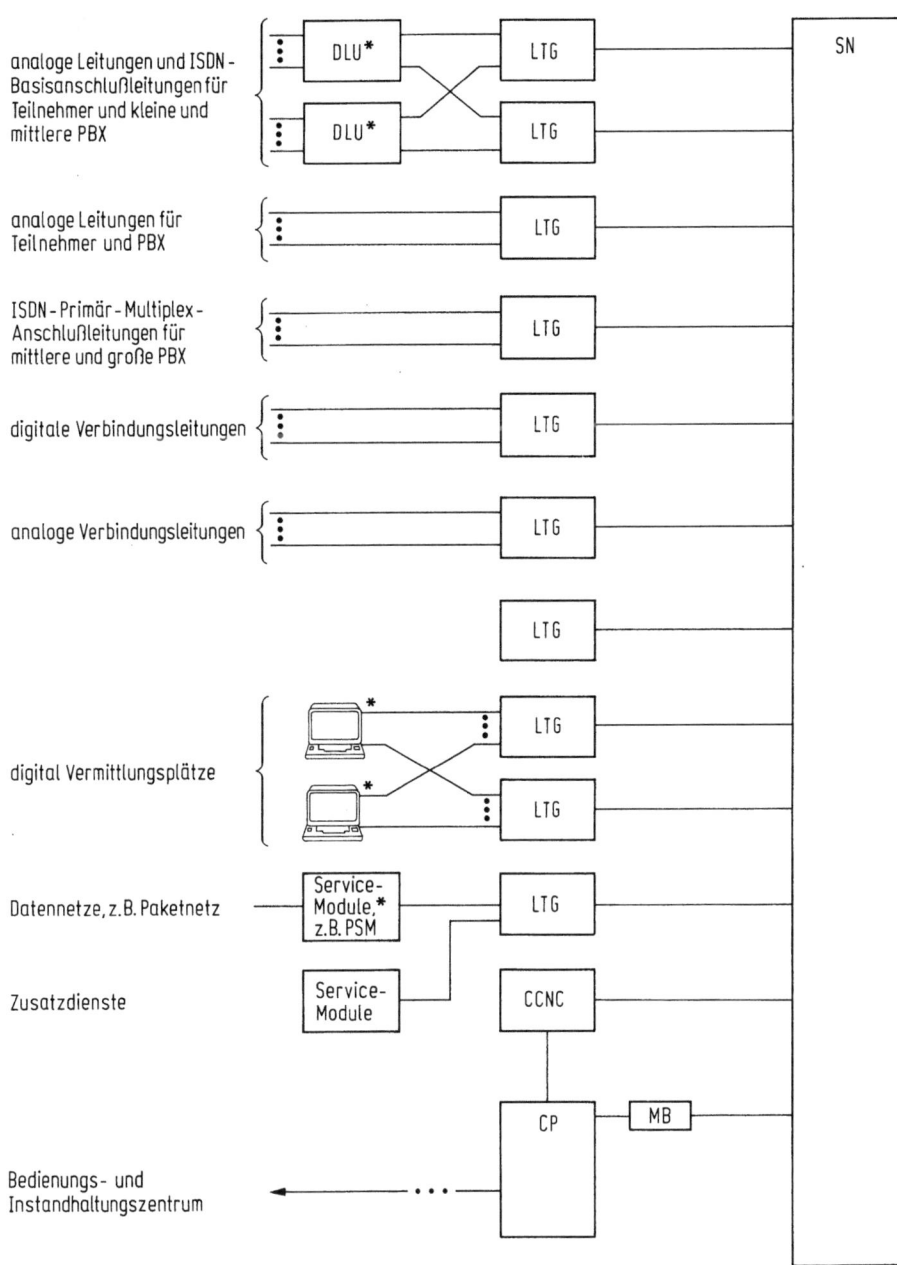

*kann auch abgesetzt von der Vermittlungsstelle betrieben werden

Bild 4.38. Anschlußkategorien und Anschlußgruppen.
LTG Line Trunk Groups, SN Switching Network, CP Coordination Processor, DLU Digital Line Unit, PBX Nebenstellenanlage, CCNC Common Channel Signaling Network Control, PSM Packet Switching Module, MB Message Buffer

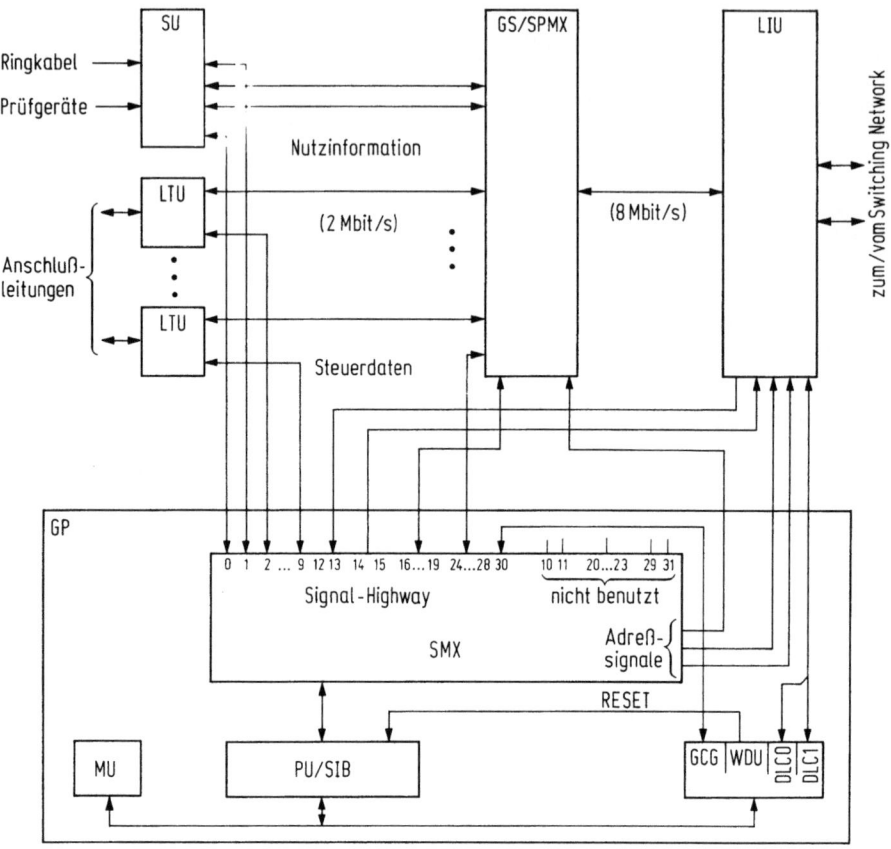

Bild 4.39. Struktur der Anschlußgruppe.
GS Group Switch, SPMX Speech Multiplexer, LIU Line Interface Unit, GP Group Processor, PU Processing Unit, SIB Signal Buffer, SMX Signal Multiplexer, MU Memory Unit, GCG Group Clock Generator, WDU Watch Dog Unit, DLC Data Link Control, SU Signaling Unit, LTU Line Trunk Unit

der Speicherbaugruppe MU (Memory Unit) abgelegt, einem dynamischen RAM-Speicher mit einer Kapazität zwischen 256 und 512 kByte. Die Baugruppe GCG enthält den von der Zentrale (CP) über Koppelnetz SN und Schnittstelle LIU synchronisierten Gruppentaktgenerator GCG (Group Clock Generator), eine Überwachungseinheit WDU (Watch Dog Unit) und Einrichtungen DLC (Data Link Control) für den Austausch von Steuerungsinformationen mit dem Koordinationsprozessor CP über LIU und SN.

Die Signaleinheit SU (Signaling Unit) ist eine LTG-zentrale Einheit für die Aussendung von Hörtönen, für das Empfangen und Senden von Mehrfrequenzzeichen, also auch für den Empfang von Tastenwahl (MFV). Dieser Signalaustausch erfolgt digital über im Kombinationsvielfach GS geschaltete Verbindungswege, — hierzu ist SU mit GS über 2-Mbit/s-Ströme verbunden. Außerdem enthält SU Generatoren für den 25-Hz-Rufstrom und für 16-kHz-Zählimpulse, welche auf

4.3 Das System EWSD 181

Wunsch (unhörbar) zur Teilnehmerstation übertragen werden können, um dort einen Gebührenzähler mitlaufen zu lassen. Da diese beiden „analogen" Ströme nicht über das digitale Koppelnetz geschaltet werden können (zu hohe Leistung bzw. zu hohe Frequenz), geschieht die Verteilung über Ringkabel direkt zu den Anschlußschaltungen. Dort werden die Ströme fallweise auf Befehl des Gruppenprozessors GP individuell in die analogen Teilnehmerleitungen eingekoppelt.

Nun zu den eigentlichen Anschlußeinheiten LTU (Line Trunk Unit). Sie enthalten z. B. Teilnehmersätze SLC (Subscriber Line Circuit), Leitungs- oder Verbindungssätze TC (Trunk Circuit) zum Anschluß von Verbindungsleitungen (Verbindungen zwischen Netzknoten), digitale Schnittstelleneinheiten DIU (Digital Interface Unit) zum Anschluß von digitalen Multiplexsystemen.

Jede LTU ist über einen 2-Mbit/s-Strom (32 Kanäle je 64 kbit/s) mit dem Kombinationsvielfach GS und über einen 64-kbit/s-Steuerungskanal mit dem Gruppenprozessor verbunden. Wieder greifen wir nur wenige Beispiele zur Erläuterung heraus. So gehört zu den bis auf weiteres noch häufigsten Anschlußgruppen die LTGA für analoge Teilnehmeranschlußleitungen und analoge Verbindungsleitungen.

Eine LTGA enthält 8 LTU. An eine LTU können 32 „analoge" Anschlußleitungen für Nummernscheiben- oder Tastenwahlteilnehmer angeschlossen werden, alternativ ist sie — je nach Signalisierungsverfahren — mit 12 bis 16 analogen Verbindungsleitungen beschaltbar. An die gesamte LTGA sind also bis zu 256 Teilnehmer oder 128 Verbindungsleitungen anzuschließen. Bild 4.40 zeigt eine LTU mit 8 Teil-

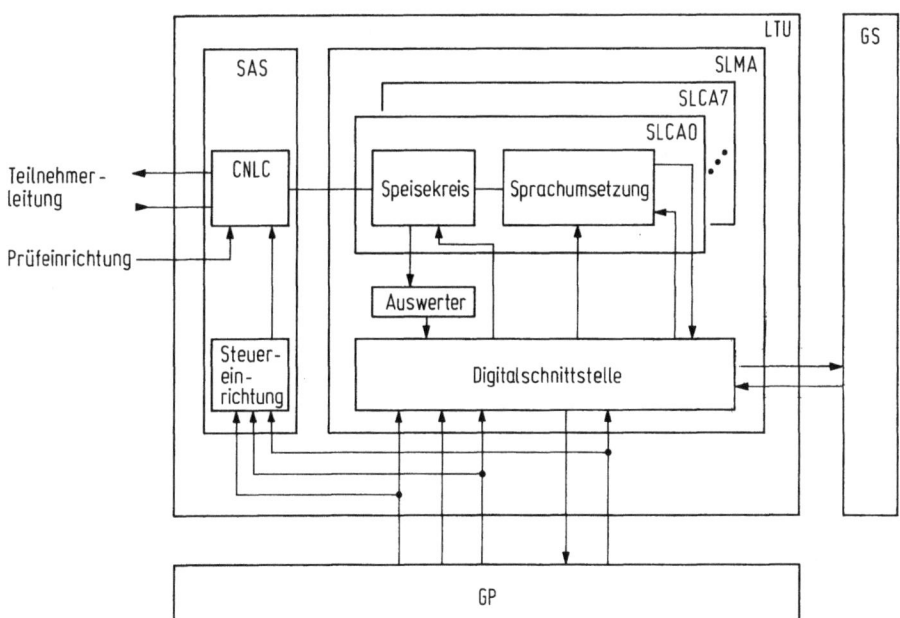

Bild 4.40. Teilnehmeranschlußbaugruppe analog (SLMA).
LTU Line Trunk Unit, GS Group Switch, GP Group Processor, SLMA Subscriber Line Module Analog, SAS Supplement with test access for Analog Subscriber line circuits, SLCA Subscriber Line Circuit Analog

nehmersätzen SLCA (Subscriber Line Circuit Analog). Die Teilnehmersätze sind auf einer Baugruppe SLMA (Subscriber Line Module Analog) untergebracht. Zur LTU gehört ferner eine Baugruppe SAS für die Anschaltung von Prüfeinrichtungen an die Teilnehmersätze („T" im BORSCHT!). Außerdem hat SAS einen Zugang zu den Befehlsleitungen der Gruppenprozessoren.

Wir betrachten die Baugruppe SLMA mit ihren Teilnehmersätzen SLCA. Da es keine „Hochstrom-Konzentrationsstufe" gibt, müssen die BORSCHT-Funktionen dezentral im Teilnehmersatz realisiert werden. Im „Speisekreis" wird z. B. der Zustand der Teilnehmerschleife überwacht („B" und „S"). In der „Sprachumsetzung" erfolgt die Analog-/Digitalwandlung mit den zugehörigen Filter- und Gabelfunktionen („C" und „H"). Gemeinsam für ihre Teilnehmersätze enthält die Baugruppe SLMA eine „Digitalschnittstelle", welche die einzelnen 64-kbit/s-Nutzkanäle nach der Analog-/Digitalwandlung in einem 2-Mbit/s-Strom zum Kombinationsvielfach GS multiplext (und umgekehrt), außerdem die Steuerungssignale der einzelnen Teilnehmersätze in den 64-kbit/s-Steuerungskanal zum Gruppenprozessor einfügt.

Als weiteres Beispiel aus dem Anschlußbereich wird der Anschluß von ISDN- und analogen Teilnehmeranschlußleitungen über digitale Teilnehmerleitungseinheiten DLU (Digital Line Unit) erläutert. Die DLU sind den LTG vorgelagert (vgl. Bild 4.38). Sie werden aus Sicherheitsgründen an zwei LTG (und zwar LTGB) angeschlossen und können sowohl als Teil der Vermittlungsstelle wie auch abgesetzt im Vorfeld betrieben werden. Die LTGB sind im wesentlichen für den Anschluß von bis zu vier digitalen 2-Mbit/s-Multiplexleitungen für *konzentrierten* Verkehr vorgesehen, ihre Funktionen ähneln denen der LTGA, werden aber hier nicht im einzelnen behandelt. Die Konzentration des Teilnehmerverkehrs ist also Sache der DLU. In Bild 4.41 wird der Aufbau einer DLU erläutert, hier für den Anschluß von analogen Teilnehmerleitungen [4.12].

Wir finden die Teilnehmersätze SLCA wieder, von denen je 8 auf einer Baugruppe SLMA Platz haben. SLMA ist hier mit einem eigenen Prozessor SLMCP ausgerüstet, welcher Änderungen der Schleifenzustände (mittels last look) erkennt. Die gemeinsamen Steuerungsfunktionen wie Abfrage der Einzelprozessoren, Kommunikation mit dem Gruppenprozessor der fernen zuständigen LTGB, Steuern der DLU-internen Notbetriebsfunktionen (falls die Verbindungen zur übergeordneten Vermittlungsstelle unterbrochen wurden) liegen in den DLUC-Prozessoren (DLU Control). Eine Prüfeinheit TU (Test Unit) erlaubt Prüfungen und Messungen an den SLCA und Teilnehmerleitungen. Falls Tastwahlteilnehmer angeschlossen sind, sorgt eine Notbetriebseinrichtung EMSP (Emergency Service Equipment for Push button subcribers) für die Möglichkeit, Notverbindungen aufzubauen, d. h. also MFV-Zeichen zu empfangen. Über eine einstufige Konzentration werden die Teilnehmer entweder auf 60 (bei Anschluß mit je *einem* 2-Mbit/s-System PDC an zwei übergeordnete LTGB) oder auf 120 (bei Anschluß mit je *zwei* 2-Mbit/s-Systemen PDC an den LTGB). weiterführende 64-kbit/s-Kanäle geschaltet. Dementsprechend haben die DLU eine Verkehrskapazität von 50 bzw. 100 Erl und können verkehrsabhängig mit entsprechend vielen Teilnehmern (maximal 952) beschaltet werden.

Als Option können die LTG auch redundant ausgeführt werden. Jede Anschlußeinheit LTU (vgl. Bild 4.39) wird dann über einen zweiten 2-Mbit/s-Strom mit einer zweiten LTG verbunden und belegt dort Anschlußkapazität am Kombinationsviel-

4.3 Das System EWSD

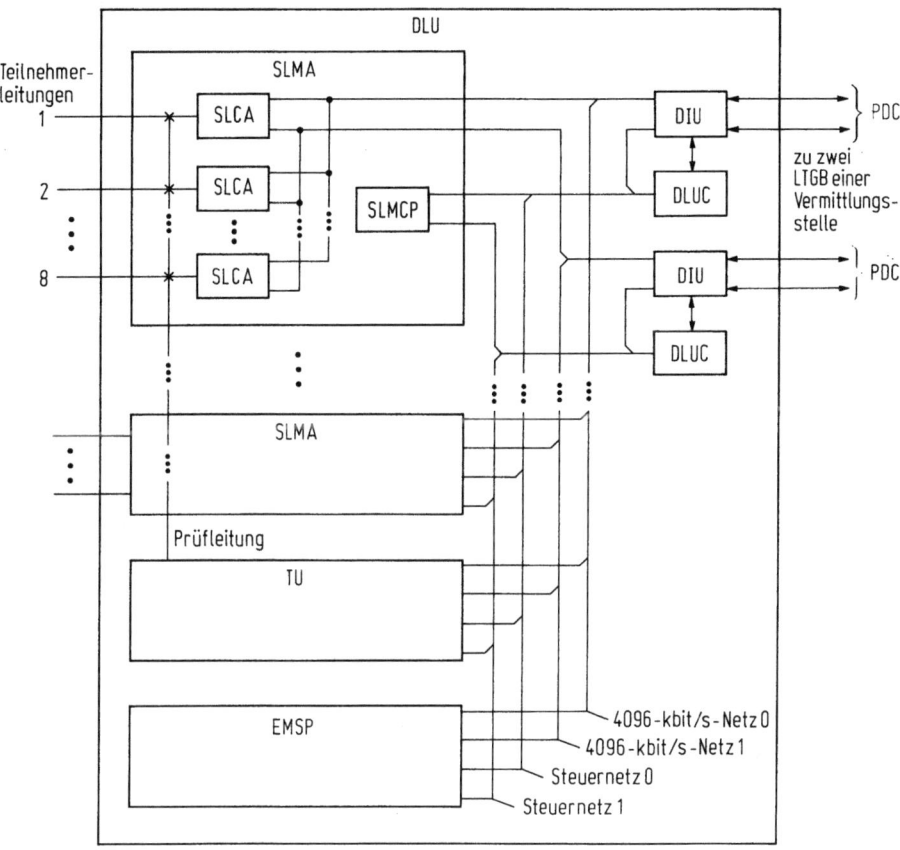

Bild 4.41. Struktur der digitalen Teilnehmerleitungseinheit (DLU).
DLU Digital Line Unit, SLMA Subscriber Line Module Analog, SLCA Subscriber Line Circuit Analog, SLMCP Subscr. Line Mod. Control Processor, DLUC Digit. Line Unit Control, TU Test Unit, EMSP Emergency Service Equipment for Push button subscribers, PDC Primary Digital Carrier, DIU Digital Interface Unit

fach GS. Die Gruppenprozessoren GP der beiden auf diese Weise gekoppelten LTG tauschen über einen „Cross Channel" Steuerungsinformationen aus, so daß jeder GP sofort in der Lage ist, die Arbeit seines etwa gestörten Nachbarn zu übernehmen. Im ungestörten Betrieb bedient jede LTG nur ihre unmittelbar zugeordneten LTU. Bild 4.42 zeigt eine Anwendung für LTGB, bei denen *eine* LTU gerade *einen* 2-Mbit/s-Digitalanschluß DIU aufnimmt [4.13].

4.3.2 Das Koppelnetz

Das Koppelnetz SN (Switching Network) nimmt nur konzentrierten Verkehr auf und ist als Ganzes aus Sicherheitsgründen dupliziert. Eine der beiden identischen Koppelnetzscheiben zeigt in Struktur und Ausbaustufen Bild 4.43 [4.14]. Es handelt sich um eine Zeit-Raum-Zeitstufen-Anordnung. Im Gegensatz zur Darstellung des Bildes

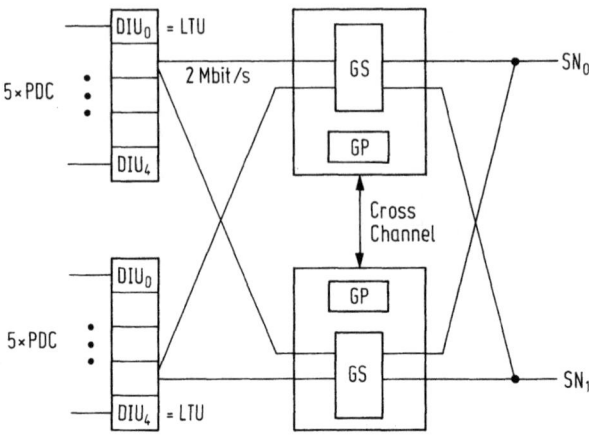

Bild 4.42. Duplizierung von Line Trunk Groups (LTG). PDC Primary Digital Carrier, DIU Digital Interface Unit, LTU Line Trunk Unit, GS Group Switch, GP Group Processor, SN Switching Network

3.24 mit *einem* zentralen Raumlagenvielfach (k Eingänge und k Ausgänge) wird hier jedoch die Raumstufe in 4 Raumlagenvielfache (je n Eingänge und n Ausgänge) aufgeteilt. Der Grund liegt darin, daß damit zwischen den konstruktiven Einheiten der Raum- und Zeitstufe einheitlich Verbindungskabel für 120 Kanäle mit 8,192-Mbit/s verlegt werden können, was technisch und konstruktiv einfach zu beherrschen ist. Die Kombinationsvielfache der Zeitstufen werden mit jeweils 4 der von/zu den LTG geführten 8,192-Mbit/s-Ströme verbunden, d. h., je 4 LTG sind an *einem* Kombinationsvielfach der SN-Zeitstufen angeschlossen. Jedes Kombinationsvielfach kann 512 Eingangskanäle zu 512 Ausgangskanälen verlustfrei in Paralleldurchschaltung vermitteln, die Durchsatzrate *eines* Kombinationsvielfachs beträgt damit 32,768 Mbit/s.

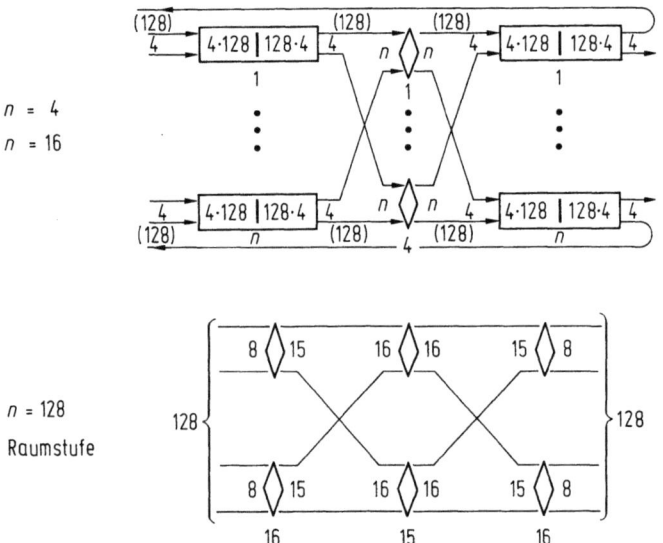

Bild 4.43. Koppelnetz (Switching Network SN)

4.3 Das System EWSD

Im allgemeinen sind die zu vermittelnden Verbindungen doppelt gerichtet, es müssen also „Duplexverbindungen" hergestellt werden. Dies geschieht im „Combined Switching Mode" entsprechend Bild 3.20a. Die zur Duplexverbindung zusammenzusetzenden beiden Simplexverbindungen benutzen im Regelfall dasselbe Raumlagenvielfach und dieselbe Zeitlage. Diese Vorschrift wird nur dann nicht eingehalten, wenn die Verbindung innerhalb derselben LTG-Vierergruppe verbleibt.

Ein generelles Problem besteht darin, Koppeleinrichtungen kontinuierlich zu erweitern, ohne vorhandene Beschaltungen *ändern* zu müssen. Diese Aufgabe wird hier dadurch gelöst, daß man in der Raumstufe den zu erwartenden Endausbau vorleistet. Das ist wegen des geringen Aufwandes digitaler Raumstufen ohne weiteres möglich. Dementsprechend gibt es — entsprechend dem geplanten Endausbau — Ausbaustufen mit (Bild 4.43) $n=4$ (maximal 15 LTG entsprechend etwa 2000 anschließbaren Teilnehmern, Kurzbezeichnung „DE 3"), $n=16$ (maximal 63 LTG entsprechend bis zu 30 000 anschließbaren Teilnehmern, Kurzbezeichnung „DE 4") und $n=128$ (maximal 504 LTG entsprechend etwa 60 000 Verbindungsleitungen bzw. 25 200 Erl, Kurzbezeichnung „DE 5"). Im Fall der Ausbaustufe $n=128$ wird das einstufige Raumlagenvielfach nach Clos (Bild 3.9) in eine gleichwertige dreistufige Anordnung aufgelöst, um die Koppelpunktzahl zu reduzieren. Auf diese Weise nimmt die Raumstufe sogar für $n=128$ nur *einen* Baugruppenrahmen ein!

Wie bereits erwähnt, wird jede LTG mit jeder der duplizierten Koppeleinrichtungen SN über ein Kabel mit 8,192-Mbit/s-Schnittstelle verbunden. Das ist aber auch die *einzige* erforderliche Verbindung, so daß sich eine Systemerweiterung sehr einfach durch Zuschalten von LTG ergibt, ohne daß die bestehende Verkabelung geändert werden muß. Auch die Steuerkanäle der LTG werden in dieser Weise zugefügt und semipermanent über die Koppeleinrichtung SN zum Koordinierungsprozessor CP geschaltet.

Die Steuerung des Koppelnetzes erfolgt durch Mikroprozessoren. Steuerungsaufgabe ist das Umsetzen der vom Koordinierungsprozessor CP gesendeten Einstelldaten in Steueranweisungen für die Koppeleinrichtung. Im Zusammenhang damit wird jeder Einstellvorgang auf richtige Ausführung kontrolliert, alle zentralen Funktionsteile werden darüber hinaus ständig überwacht. Ergänzt wird der Mikroprozessor durch einen „Hardwareeinsteller", der die vom Mikroprozessor ausgegebenen Steueranweisungen zeitgerecht in die Haltespeicher einschreibt.

Die Koppeleinrichtung verfügt über einen eigenen Quarzoszillator zur Taktversorgung, der von einem zentralen Taktgenerator über den Nachrichtenverteiler synchronisiert wird. Alle Verbindungen werden gleichzeitig über beide Teile der duplizierten Koppeleinrichtung durchgeschaltet. Bei Störungen steht der zweite, redundante Sprechweg sofort zur Verfügung. Erweiterungen und Austausch defekter Baugruppen lassen sich damit ebenfalls vornehmen, ohne daß der Betrieb im jeweils nicht betroffenen Teil der duplizierten Koppeleinrichtung beeinträchtigt wird.

4.3.3 Der Koordinationsprozessor

Der Koordinationsprozessor CP (Coordination Processor) ist für globale — also über den Bereich einer LTG hinausgehende — Funktionen zuständig. Dazu gehören

- Speichern und Verwalten der Programme sowie der Vermittlungsstellen- und Teilnehmerdaten,
- Verarbeiten aufgenommener Information für Verkehrslenkung, Wegsuche, Verzonung, Gebührenspeicherung,
- Kommunizieren mit dem Bedienungs- und Instandhaltungszentrum,
- Überwachen aller Subsysteme, Auswertung von Überwachungsergebnissen und Fehlermeldungen, Alarmbehandlung, Fehlererkennung und Fehlerlokalisierung, Fehlerneutralisierung und Konfigurationsänderungen,
- Verwalten der Mensch-Maschine-Schnittstelle [4.10].

Aus den Vorgängertypen CP 103 und CP 112 für geringere Verkehrswerte wurde die Multimikroprozessoranordnung des Koordinationsprozessors CP 113 entwickelt, die hier näher beschrieben werden soll [4.15]. Bild 4.44 gibt einen Überblick: CP 113 besteht aus einer Grundkonfiguration, die verkehrsabhängig durch zusätzliche Prozessoren erweitert werden kann. Alle Prozessoren, die jeder über eigene Speicherkapazität verfügen, arbeiten über ein gedoppeltes Bus-System mit einem gedoppelten gemeinsamen Hauptspeicher CMY (Common Memory) zusammen. Im Maximalausbau kooperieren 16 Mikroprozessoren (derzeit MC 68020) miteinander. Das ganze System einschließlich der Busse ist auf 32 bit Breite ausgelegt. Die Taktfrequenz beträgt 8 MHz, über den Bus können 256 Mbit/s übertragen werden, die maximale Verkehrsleistung übersteigt 1 Million BHCA (Busy Hour Call Attempts, vgl. Abschnitt 2.2.3).

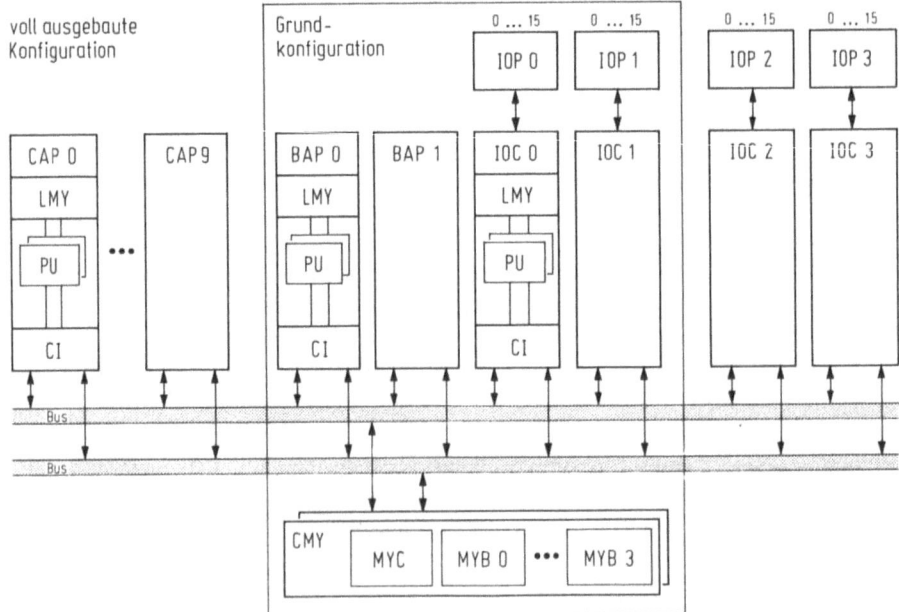

Bild 4.44. Koordinierungsprozessor CP 113.
CMY Common Memory, BAP Base Processor, IOC Input/Output Controller, IOP Input/Output Processor, MYC Memory Control, MYB Memory Bank, CAP Call Processor, LMY Local Memory, PU Processing Unit, CI Common Interface

4.3 Das System EWSD

Die Grundkonfiguration besteht aus zwei Basisprozessoren BAP0 und BAP1 (Base Processor) und zwei Eingabe-Ausgabe-Steuerungen IOC0 und IOC1 (Input/Output Controller). Einer der Basisprozessoren führt als „Master" *alle* Koordinationsaufgaben aus: Sicherungs-, Betriebs- und Vermittlungstechnik. Der zweite Basisprozessor kümmert sich im Normalfall nur um vermittlungstechnische Aufgaben, steht aber als Redundanz bei Ausfall des ersten Prozessors auch für alle Funktionen zur Verfügung. Die Eingabe-Ausgabe-Steuerungen bilden die Schnittstelle zu maximal je 16 Eingabe-Ausgabe-Prozessoren IOP und denen zugeordneten Geräten (Magnetplattenspeicher, Wartungs-PC usw.) sowie zur vermittlungstechnischen Peripherie (Koppelnetz, LTG usw.), sie ermöglichen den IOP den Zugang zum Hauptspeicher CMY (Common Memory). CMY besteht aus einer Speichersteuerung MYC (Memory Control) und aus vier Speicherbänken MYB (Memory Bank), und dieses gedoppelt. Es kann gleichzeitig zu jeder der vier Speicherbänke zugegriffen werden.

Diese Grundkonfiguration läßt sich verkehrsabhängig erweitern durch bis zu zehn Vermittlungsprozessoren CAP (Call Processor) und zwei weitere Eingabe-Ausgabe-Steuerungen IOC. Im CP 113 können maximal 4 GByte adressiert werden, darüber hinaus ist eine Plattenkapazität bis zu 8000 GByte adressierbar. Für Prozessoren und Speicher werden jeweils die neuesten verfügbaren Technologien eingesetzt, ohne daß sich architekturale Änderungen ergeben, da Prozessoren und Speicher asynchron zusammenarbeiten.

Bei Ausfall eines Basisprozessors, Bus oder Hauptspeichers übernimmt die jeweils redundante Einheit sofort die Aufgaben der defekten Einheit. Da die Vermittlungsprozessoren CAP sich die Last teilen (Load Sharing), übernehmen bei Ausfall eines CAP automatisch die verbleibenden dessen Arbeit. Wesentliche vermittlungstechnische Daten gehen dabei nicht verloren, da sie im gedoppelten gemeinsamen Speicher abgelegt sind.

4.3.4 Verbindungsaufbau

Wiederum wird an einem Verbindungsaufbau von einem Tastenwahlteilnehmer A (analog) zu einem Teilnehmer B (analog) die Funktionsaufteilung zwischen den verschiedenen Einheiten der EWSD-Architektur erläutert (Bild 4.45). Beide Teilnehmer mögen über digitale Teilnehmerleitungseinheiten DLU an die Anschlußgruppen LTG angeschlossen sein. Nachfolgend werden für den A-Teilnehmer wirksame Einheiten als A-Einheiten, entsprechend die für den B-Teilnehmer zuständigen Einheiten als B-Einheiten bezeichnet.

Aushängen des A-Teilnehmers

Der Prozessor SLMCP auf der Baugruppe SLMA stellt beim routinemäßigen Abfragen seiner zugeordneten Teilnehmersätze SLCA fest, daß A den Handapparat abgehoben hat. Der A-SLMCP meldet dies an die Steuerung DLUC der A-DLU. DLUC gibt die Meldung über eine digitale Schnittstelleneinheit DIUD an eine der übergeordneten LTGB weiter, wobei diese vom 2-Mbit/s-Digitalanschluß DIU zum Gruppenprozessor A-GP gesendet wird.

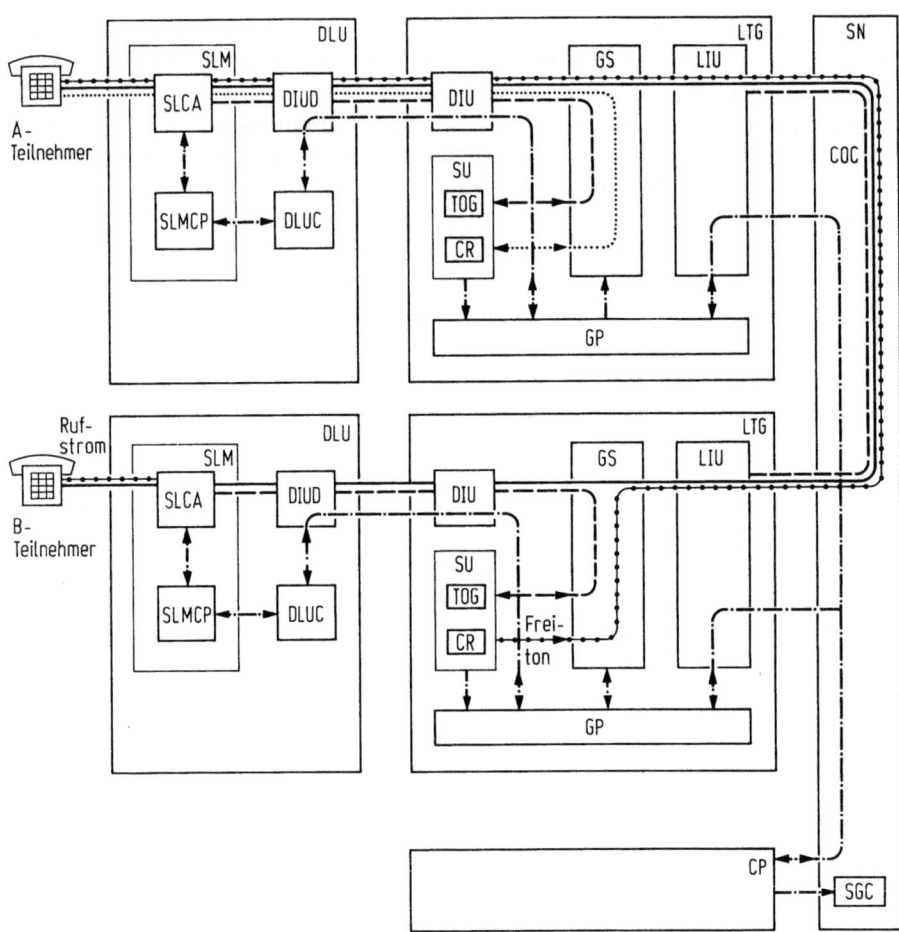

Bild 4.45. Aufbau einer Internverbindung.
—·— Steuersignale, – – – Prüfungen, · · · · · Wählton und Wahlinformation, —•—•— Rufstrom und Freiton, ▬▬▬ Gesprächsverbindung, SLMCP Processor for Subscriber Line Module for Digital Line Unit, SLCA Subscriber Line Circuit Analog, DLUC Control for Digital Line Unit, DLU Digital Line Unit, DIUD Digital Interface Unit for Digital Line Unit, LTG Line Trunk Group, GS Group Switch, GP Group Processor, SU Signaling Unit, TOG Tone Generator, CR Code Receiver, CP Coordination Processor, SGC Switch Group Control, COC Cross-Office Check

Der Gruppenprozessor hält die semipermanenten Teilnehmerdaten und fragt Klasse und Berechtigungen des A-Teilnehmers ab. Hier also stellt er fest, daß es sich um einen Tastenwahlteilnehmer ohne irgendwelche Verkehrsbeschränkungen oder andere Besonderheiten handelt, der jedoch an einer DLU angeschlossen ist. Da in der DLU bereits eine einstufige Verkehrskonzentration vorzunehmen ist, teilt der A-GP dem Teilnehmersatz A-SLCA einen Zeitschlitz in einem 2-Mbit/s-System PDC zu und meldet diesen über die Steuerungswege an den Prozessor SLMCP auf der Baugruppe A-SLMA. Der SLMCP lädt die entsprechende Zeitlage in den Teilnehmersatz A-SLCA, wodurch Teilnehmer A zum Gruppenkoppler GS in der Anschlußgruppe A-LTG durchgeschaltet wird. Der Gruppenprozessor GP in der A-LTG veranlaßt parallel dazu die Durchschaltung von Verbindungen im Kombinationsvielfach GS zur Signaleinheit SU.

Von dort wird zuerst eine Prüfung des zunächst noch vom Teilnehmersatz SLCA abgeschlossenen Verbindungsweges vorgenommen. Hierzu sendet der Tongenerator TOG einen Prüfton aus, der im Teilnehmersatz gespiegelt und vom Codeempfänger CR empfangen und ausgewertet wird. Nach erfolgreicher Prüfung erteilt der Gruppenprozessor GP den Befehl an den Teilnehmersatz A-SLCA zur Durchschaltung des Verbindungswegs zum A-Teilnehmer. Zugleich veranlaßt er das Schalten der für den Wahlvorgang notwendigen Verbindungen im Kombinationsvielfach GS. Der Tongenerator TOG sendet Wählton zum Teilnehmer, ein Codeempfänger CR steht für die Wahlaufnahme bereit.

Mit dem ersten Aktivwerden des Gruppenprozessors A-GP für den A-Teilnehmer sendet dieser bereits eine „Belegungsmeldung" an den Koordinationsprozessor CP, um A gegen ankommende Belegungen zu sperren.

Wahlaufnahme

Der A-Teilnehmer beginnt mit der Tastwahl, der Codeempfänger CR nimmt die Ziffern auf und gibt sie als Digitalzeichen an den Gruppenprozessor A-GP weiter. A-GP veranlaßt nach Empfang der ersten Ziffer die Abschaltung des Wähltones im TOG.

A-GP speichert die Ziffern und führt eine Vorbewertung durch. Dabei wird aus den Ziffern bestimmt, wann frühestens der Koordinationsprozessor CP für die Auswertung der Rufnummer eingeschaltet werden kann. Dann gibt der A-GP die Wählinformation an den CP weiter, wobei er die Anschlußkennzeichen von A als „Ursprungsinformation" zufügt.

Wegauswahl und Wegdurchschaltung

Der Koordinationsprozessor CP prüft in seinem Speicher, ob der Anschluß des B-Teilnehmers frei ist und stellt dessen Anschlußlage fest (zuständige digitale Teilnehmerleitungseinheit DLU, zugehöriger Teilnehmersatz SLCA). Er bestimmt, welche der beiden LTG, an die die B-DLU angeschlossen ist, verwendet wird. Er schreibt den B-Teilnehmer in seinem Speicher „belegt".

Dann sucht der CP in seinem Speicher einen geeigneten Weg zwischen A-LTG und B-LTG und erteilt den Koppelnetzsteuerungen SGC (parallel in beiden Koppelnetzen SN) die entsprechenden Einstellbefehle. Der CP sendet den Befehl „Durchschalten" an den Gruppenprozessor A-GP und den Befehl „Belegen B" an den Gruppenprozessor B-GP. A-GP beauftragt die Schnittstelleneinheit LIU in der A-LTG mit einer Verbindungsweg-Durchschalteprüfung (COC) zwischen A-LTG und B-LTG. Der A-GP sendet einen Quittungsreport an den B-GP, der über den Eingabe-Ausgabe-Prozessor IOP des CP vermittelt wird, ohne daß ein Vermittlungsprozessor CAP des CP davon Kenntnis nimmt.

Der Gruppenprozessor A-GP veranlaßt das A-Kombinationsvielfach GS zur Durchschaltung zwischen den nun vorgegebenen „Endpunkten" in den Schnittstelleneinheiten LIU und DIU (der Anschlußeinheit der LTGB). Der B-GP muß nun in der digitalen Teilnehmerleitungseinheit DLU des B-Teilnehmers dem Teilnehmersatz B-

SLCA den konzentrierenden Zeitschlitz mitteilen, auf den er sich aufschalten soll (entsprechend dem Vorgang beim Aushängen des A-Teilnehmers). Weiterhin ordnet der Gruppenprozessor B-GP eine Verbindungswegprüfung von der Signaleinheit B-SU zum Teilnehmersatz B-SLCA an, wie entsprechend anfangs für den A-Teilnehmer beim Aushängen beschrieben.

Nach erfolgreicher Prüfung sendet B-GP den Befehl zur Rufstromanschaltung an die Steuerung DLUC der B-DLU. Der B-GP sorgt für die Durchschaltung des A-Teilnehmers über das B-Kombinationsvielfach zum Tongenerator B-TOG, von wo er den Freiton erhält. Der B-Teilnehmer nimmt den Ruf an und hebt den Handapparat ab. Beim routinemäßigen Abtasten (4-ms-Zyklus!) der ihm zugeordneten Teilnehmersätze stellt der Prozessor für die Teilnehmeranschlußbaugruppe SLMCP den Schleifenschluß fest und meldet diese Tatsache an die Steuerung DLUC der B-DLU. Diese schaltet den Rufstrom ab und meldet das „Aushängen B" an den Gruppenprozessor GP der B-LTG. Der B-GP schaltet den Freiton für A ab und veranlaßt die Durchschaltung des Kombinationsvielfachs B-GS von LIU-seitigem Eingang zu DIU-seitigem Ausgang. Damit ist die Sprechverbindung hergestellt.

Der Gruppenprozessor B-GP sendet das „Beginnzeichen" über den Koordinationsprozessor CP (Ein/Ausgabeprozessor IOP) an den A-GP. Damit wird das Gespräch gebührenpflichtig. Der A-GP erfaßt die zeitabhängige Gesprächgebühr, speichert sie ab und überträgt sie bei Gesprächsende zum CP.

Werden Verbindungen zu Teilnehmern an anderen Vermittlungen hergestellt, so müssen Wahlinformation und andere Steuerungsinformation als *Signalisierung* zwischen den Vermittlungen ausgetauscht werden. Handelt es sich bei den Partnervermittlungen ebenfalls um digitale SPC-Vermittlungen, so erfolgt die Signalisierung mit Hilfe des Zentral-Zeichenkanalsystems (ZZK) Nr. 7, das in Kapitel 5 näher beschrieben wird. Im EWSD ist für die Signalisierungssteuerung ein eigenes Steuerwerk CCNC (Common Channel Signaling Network Control) vorgesehen, welches als einziges einen unmittelbaren Zugang zum Koordinationsprozessor CP hat (Bild 4.38).

4.4 Gesichtspunkte zum Breitband-EWSD

Wie bereits in Abschnitt 2.4.2 erwähnt, wird für das kommende Breitbandnetz das Netzprinzip ATM empfohlen, welches den Weg zu einem späteren digitalen Universalnetz öffnet. In Abschnitt 3.3.2 wurden einige der möglichen Koppelnetzprinzipien erläutert. Hier soll nun an einem Beispiel die Einbettung des ATM-Prinzips in ein Vermittlungssystem besprochen werden. In allgemeinen wird man bestrebt sein, bereits im Schmalbandnetzen bewährte, allgemein verwendbare Architekturprinzipien und Komponenten auch für die Breitbandvermittlung beizubehalten. Im vorliegend diskutierten Fall sind es die Prinzipien des Systems EWSD. Auf die Netzaspekte der Breitbandkommunikation wird in Kapitel 6 eingegangen.

Zum Verständnis der Vermittlungsfunktionen ist es notwendig, kurz auf die Struktur der über das Breitbandnetz zu transportierenden ATM-Zellen einzugehen (Bild 4.46). Unbeschadet einer ausführlichen Erläuterung in Kapitel 6 wird hier auf die Teilung der Zelle in ein Informationsfeld für die Nutzinformation und den Header für Steuerungsinformation hingewiesen. Das Informationsfeld besteht aus 48, der

4.4 Gesichtspunkte zum Breitband-EWSD

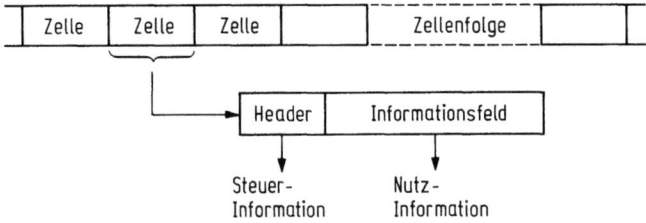

Bild 4.46. Struktur der ATM-Zellen

Header aus 5 Oktetts. Zwei Oktetts, also 16 bit, sind für den „Virtual Channel Identifier" (VCI) reserviert. VCI bezeichnet einen zu einer virtuellen Verbindung gehörenden virtuellen Kanal in einem Kanal-*Bündel* zwischen Vermittlungsstellen bzw. zwischen Vermittlungsstelle und Endsystem des Teilnehmers. In einem solchen Bündel können also theoretisch maximal $2^{16} = 65\,536$ virtuelle Verbindungen bestehen. Außerdem wird mit 8 bit die Korrektheit des gesamten Headers überprüft.

Aufgabe der Vermittlungsstelle ist es, virtuelle Verbindungen auf- und abzubauen und während der Dauer einer Verbindung Nutz-ATM-Zellen von einem ankommenden virtuellen Kanal auf einen abgehenden virtuellen Kanal umzusetzen. Dabei kann es in großen Vermittlungen zu Durchsatzraten von vielen Millionen Paketen je Sekunde kommen. Auch die *Signalisierung* wird mit Hilfe von ATM-Zellen über permanente virtuelle Verbindungen vorgenommen.

4.4.1 Überblick über EWSD-B

Bild 4.47 zeigt die Zusammenhänge der einzelnen Funktionsblöcke und die Aufgabenverteilung im Überblick. Die Systemarchitektur lehnt sich eng an die Architektur

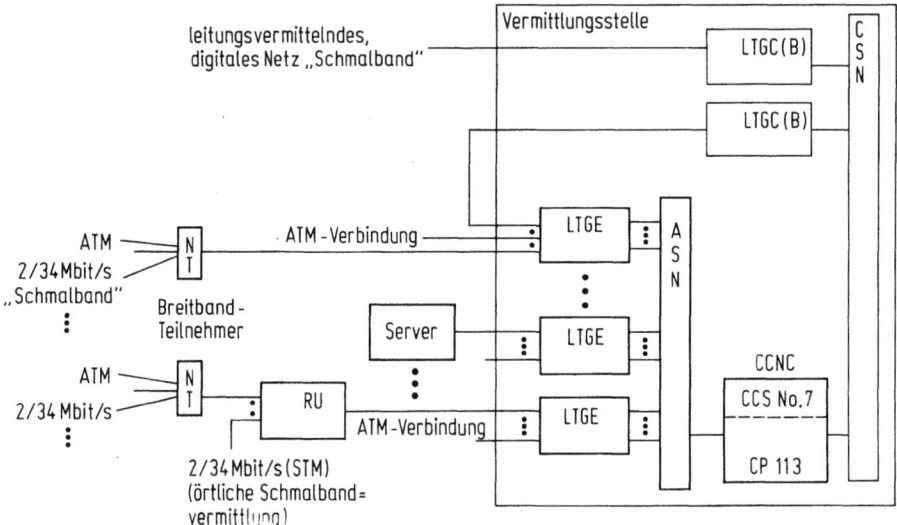

Bild 4.47. Struktur des Breitband-EWSD.
LTG Line Trunk Group, ASN ATM Switching Network, CCNC Common Channel Signaling Network Control, RU Remote Unit, NT Network Termination, CSN Circuit Switching Network

des 64-kbit/s-EWSD an. Es gibt Line Trunk Groups vom Typ „E" (LTGE), an welche die externen ATM-Leitungen angeschlossen werden, und welche periphere Steuerungsfunktionen ausführen. Die LTGE sind andererseits verbunden mit dem ATM-Koppelnetz ASN (ATM Switching Network), das die ATM-Zellen von LTGE zu LTGE lenkt. Für die global wirksamen Steuerungsfunktionen ist auch hier der Koordinierungsprozessor CP 113 zuständig, er steht in enger Verbindung mit der Zentral-Zeichenkanalsteuerung CCNC für das System Nr. 7. LTGE-Steuerungen und zentraler Koordinierungsprozessor treten mit Steuerungsinformationen über das ATM-Koppelnetz in Verbindung (virtuelle Festverbindungen). Hierfür ist der CP 113 ebenfalls an das Koppelnetz angeschlossen. Der Koordinierungsprozessor kann die Breitbandvermittlung entweder selbständig oder — wie im Bild gezeigt — zusammen mit einer 64-kbit/s-Vermittlung bedienen. Im letztgenannten Fall sind u. a. auch die leitungsvermittelnden Komponenten CSN (Circuit Switching Network) und LTGC (oder B) (Line Trunk Groups vom Typ C bzw. B) im Netzknoten vorhanden.

Teilnehmer im unmittelbaren Einzugsbereich der Breitbandvermittlung werden direkt über Lichtwellenleiter an die LTGE angeschlossen. „Remote Units" RU sind vorgeschobene Konzentrationsknoten für weit entfernte Teilnehmer, die im Einzugsbereich anderer Vermittlungen liegen. In den RU wird der in den Lichtwellenleitern mitgeführte schmalbandige Teilnehmerverkehr abgezweigt und der dort jeweils zuständigen leitungsvermittelnden Ortsvermittlung zugeführt bzw. abgenommen. Auf diese Weise können die Teilnehmer im Schmalbandverkehr ihre Rufnummern unabhängig von der Systemtechnik der jeweiligen Schmalbandnetze beibehalten. Dieselbe Maßnahme wird auch für den lokalen Schmalbandverkehr getroffen, wenn die Breitbandvermittlung *nicht* — wie in Bild 4.47 gezeigt — mit einer Schmalbandvermittlung und ihrem leitungsvermittelnden Koppelnetz CSN zusammenarbeitet, also eine „Stand alone"-Vermittlung ist.

Die teilnehmer- oder leitungsgleich angeschlossenen sog. Server können je nach Anforderungen unterschiedliche Funktionen übernehmen. So sorgt z. B. ein Server für „Connectionless"-Verbindungen dafür, daß auf semipermanenten virtuellen Verbindungen angelieferte Zellen (z. B. von Local Area Networks LANs) einzeln vermittelt werden können. Oder aber es werden in anderen Servern Videokonferenzbrücken bereitgestellt.

4.4.2 Das Koppelnetz

Das Koppelnetz läßt sich in flexibler Weise aus Koppelelementen KE und Koppelmodulen KM je nach gewünschter Größe einstufig oder auch mehrstufig ausführen. Grundbaustein ist das Koppelelement, auch Sigma-Element genannt (Bild 4.48) [4.16].

Das Koppelelement KE hat $n = 16$ Eingänge und Ausgänge für den Anschluß von 150 Mbit/s-Strömen und läßt sich auf *einem* großintegrierten Schaltkreis unterbringen. Es enthält einen *zentralen* Speicher für die ankommenden Zellen, aus dem diese im Random Access zum richtigen Zeitpunkt für den richtigen Ausgang wieder ausgelesen werden. Hierfür ist eine zentrale Steuerung zuständig, welche u. a. den Speicher verwaltet. Durch entsprechende Parallelisierung der zu steuernden Zellen sind die Schaltgeschwindigkeitsanforderungen an zentrale Speicher und Steuerung

4.4 Gesichtspunkte zum Breitband-EWSD

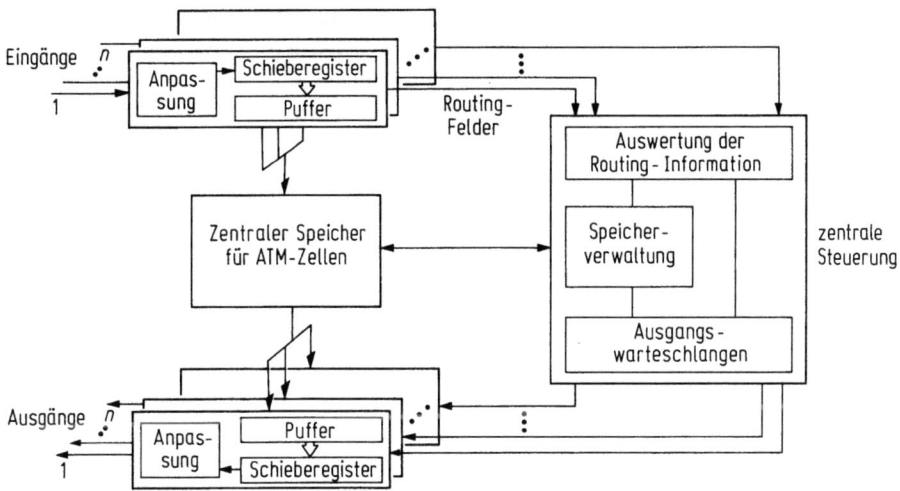

Bild 4.48. Koppelelement (Sigma-Element)

technisch zu beherrschen. Mit dem zentralen Random Access Zellenspeicher läßt sich optimales Wartezeitverhalten bei geringstmöglichem Speicheraufwand erreichen.

Für den *Zugriff* zum zentralen Speicher müssen die Zellen auf den verschiedenen Eingängen synchron angeboten werden. Hierfür sorgt die „Anpassung" je Eingang. Die zentrale Steuerung hat neben der Speicherverwaltung die Aufgabe, die den Zellen vom Anschlußmodul SLMB (Abschnitt 4.4.3) mitgegebenen sog. Routing-Felder auszuwerten und (lediglich) die *Speicheradressen* der einzelnen Zellen in entsprechend ausgangsbezogene Warteschlangen einzuordnen. Mit der Abarbeitung der Speicheradressen-Warteschlangen wird die jeweilige Zelle aus dem Speicher ausgelesen und über den zugehörigen Ausgang weitergesendet.

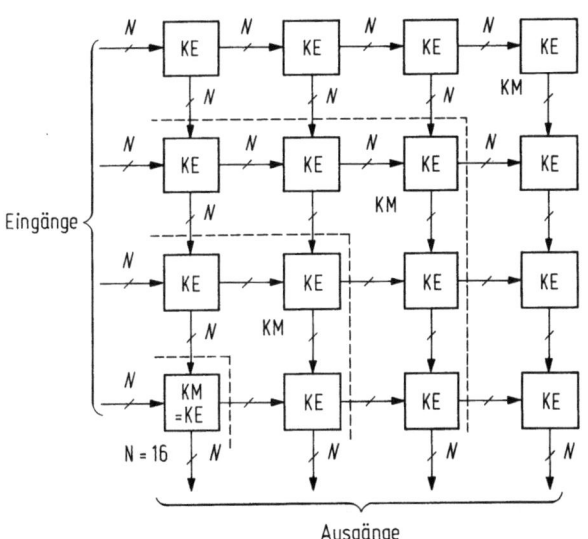

Bild 4.49. Zusammenschaltung von Koppelelementen zu einem Koppelmodul.
KE Koppelelement,
KM Koppelmodul,
N Zahl der Ein- und Ausgänge

Außer den 16 (in Bild 4.48) von „links" beschickten Koppelelement-Eingängen gibt es weitere 16 von „oben" zu erreichende gleichartige „Erweiterungseingänge" (im Bild nicht dargestellt). Mit diesen 2 × 16 Eingängen und 16 Ausgängen lassen sich „Koppelmodule" KM verschiedener Größe zusammenschalten, wie Bild 4.49 in symbolischer Darstellung zeigt. (Praktisch werden vom Ausgang eines Eingangsmodules SLMB nach Bild 4.52 die Zellen den Eingängen von maximal vier Koppelelementen KE parallel angeboten, wobei sich nur das durch die Ausgangsadresse angesprochene Koppelelement um die Vermittlung bemüht. Die nach unten weisenden Ausgänge der KE sind mit den Erweiterungseingängen der darunterliegenden KE verbunden). Neben den „elementaren" Koppelmodulen mit 16 Ein- und Ausgängen gibt es also auch solche mit 32 bzw. 48 bzw. maximal 64 Ein- und Ausgängen (gestrichelt eingezeichnet). Die Koppelmodule können somit unmittelbar einstufige Koppelnetze realisieren bis zu einem maximalen Durchsatz von (theoretisch) etwa 10 Gbit/s.

Koppelnetze mit mehr als 64 Ein- und Ausgängen zu je 150 Mbit/s müssen wie üblich mehrstufig ausgeführt werden. Bild 4.50 zeigt zwei Beispiele für etwa 2000 bzw. 65 000 Ein-/Ausgänge, zusammengesetzt aus Modulen 64 × 64. Da die Anschlüsse im allgemeinen doppelt gerichtet betrieben werden, wird je ein Modulein-

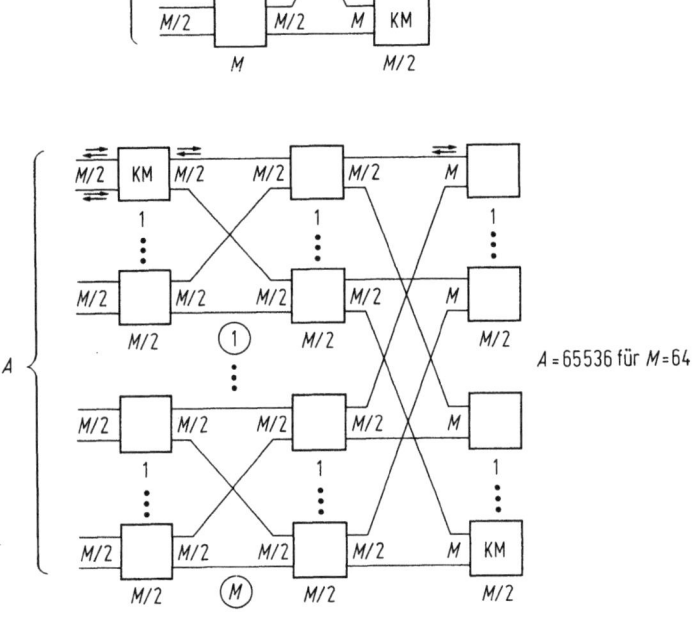

Bild 4.50a, b. Mehrstufige Koppelnetze aus Koppelmodulen KM. **a** Zweistufiges Koppelnetz, **b** dreistufiges Koppelnetz, A Anschlüsse

4.4 Gesichtspunkte zum Breitband-EWSD

gang und -ausgang zu einem *Anschluß A* zusammengefaßt. Auch die koppelnetzinternen Zwischenleitungen arbeiten doppelt gerichtet.

Der Weg, den die Zellen über ein mehrstufiges Koppelnetz einschlagen sollen, wird beim Aufbau einer virtuellen Verbindung für die Dauer dieser Verbindung festgelegt, wobei die jeweilige Belastung der Zwischenleitungen zu berücksichtigen ist.

Die Belastung des Koppelnetzes und der Ausgänge ergibt sich aus einem statistischen Zubringerverkehr, der sich aus Verbindungen fester Bitrate (Continous Bit Stream Oriented CBO) und variabler bzw. „bursty" Bitrate (Variable Bit Rate VBR) zusammensetzt. Bisher liegen noch keinerlei Erfahrungen über das statistische Verhalten derartig gemischter Verkehre vor, so daß man vorerst allgemein von *CBO-*Verkehrswerten der jeweiligen Teilnehmer-*Spitzen*bitraten ausgeht, womit natürlich keine Einsparung von Übertragungskapazität durch das ATM-Prinzip erreicht wird. Dabei ist zu berücksichtigen, daß Verkehr hoher Bitrate zu größeren Verlusten als Verkehr niedrigerer Bitrate führt. In den meisten Fällen ist eine Ausnützung der unterschiedlichen Breitbandleitungen bis zu 85 % zu erreichen. Die Speicher im

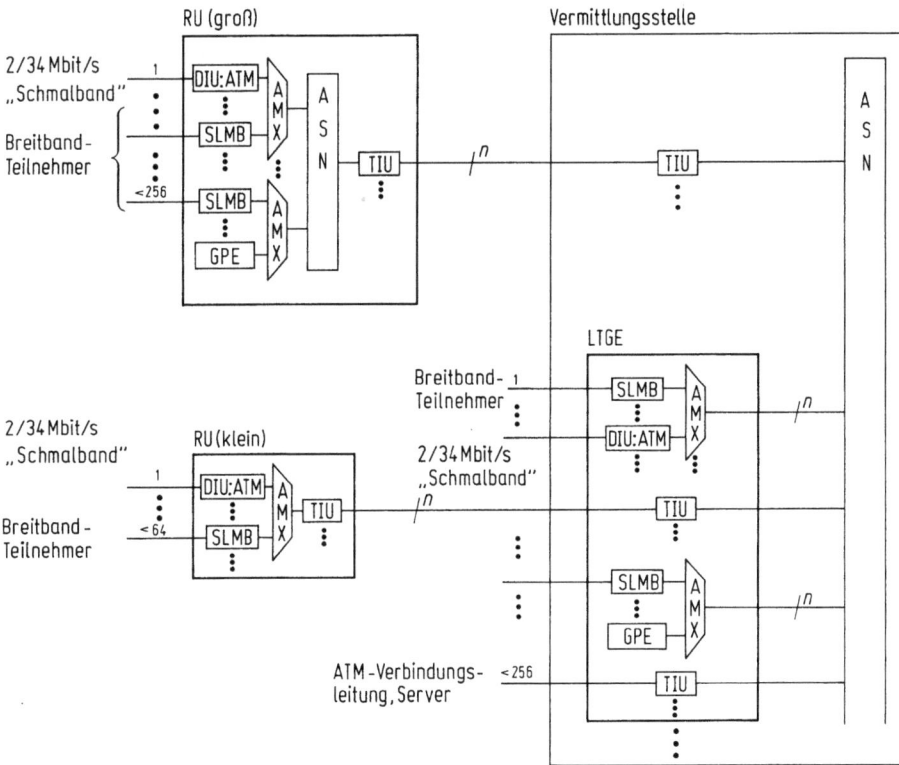

Bild 4.51. Anschlußkonfigurationen.
RU Remote Unit, LTG Line Trunk Group, SLMB Subscriber Line Module Broadband, TIU Trunk Interface Unit, DIU : ATM Digital Interface Unit (für ATM), GP Group Processor, ASN ATM Switching Network, AMX ATM-Multiplexes

Koppelnetz sind so dimensioniert, daß der Zellverlust je Zwischen- oder Ausgangsleitung 10^{-9} nicht überschreitet bei gleichmäßig auf die Ausgänge verteiltem Verkehr.

4.4.3 Anschlußschaltungen

Einen Überblick über die Anschlußschaltungen vermittelt Bild 4.51. Zu unterscheiden sind große und kleine Remote Units RU sowie die Line Trunk Groups LTGE. Sie werden je nach Einsatzfall mit Modulen unterschiedlichen Typs bestückt: dem Subscriber Line Module Broadband (SLMB) für den Teilnehmerleitungsanschluß, der Trunk Interface Unit (TIU) für breitbandnetzeigene Verbindungsleitungen zwischen Netzknoten, zu vorgezogenen Servern und Remote Units, schließlich der Digital Interface Unit (DIU:ATM), welche als Übergangsstelle zu und von Schmalbandnetzen fungiert. Als Steuereinheit kommt der Group Processor E (GPE) hinzu. Ferner werden ASN-Koppeleinheiten KE als (statistische) Multiplexer für ATM-Bitströme (AMX) und zum Aufbau eines zweistufigen Koppelnetzes ASN in der großen RU verwendet.

Das SLMB (Bild 4.52) bewirkt zunächst eine Überführung des (z. B. nach SONET-Prinzip) „verpackten" und codierten ankommenden Bitstroms in einen internen Zellenstrom. Ein weiterer Schaltungskomplex sorgt dafür, daß in den virtuellen Verbindungen die verabredete (und für die Netzauslastung berücksichtigte) Spitzenbitrate nicht überschritten wird (Policing). Ferner wird der VCI (Virtual Call Identifier) jeder Zelle auf die für die abgehende Richtung festgelegte Nummer umgeschrieben, nachdem der ankommende Header auf Richtigkeit überprüft worden ist. Schließlich wird der Zelle die beim Aufbau der virtuellen Verbindung festgelegte Routing-Information für die interne Durchschaltung durch das Koppelnetz *zugefügt*.

Aus Sicherheitsgründen ist das Koppelnetz ASN verdoppelt. Deshalb verlassen zwei Bitströme 0 und 1 das SLMB zu den redundanten Koppelnetzen, welche umgekehrt aus den Koppelnetzen kommend in der Redundant Path Combining Unit (RPCU) wieder zusammengeführt werden. Dann wird die Routing-Information, die nun nicht mehr benötigt wird, entfernt und die Zelle zur Aussendung wieder leitungsgerecht verpackt und codiert.

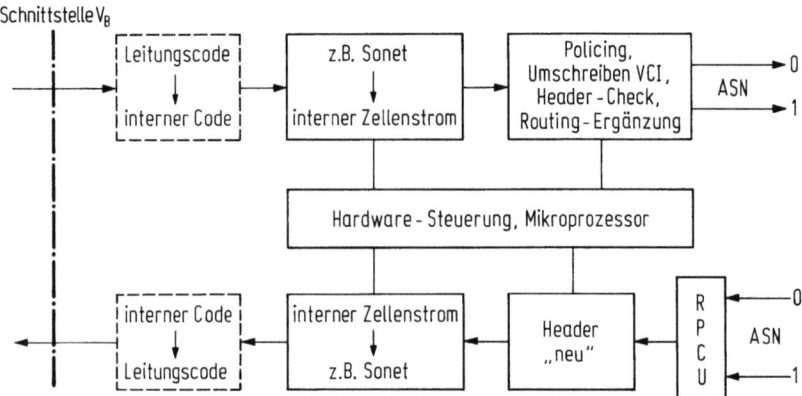

Bild 4.52. Struktur des Subscriber Line Module Broadband (SLMB).
ASN ATM-Switching Network, RPCU Redundant Path Combining Unit

4.4 Gesichtspunkte zum Breitband-EWSD

Die Steuerung der genannten Funktionen geschieht durch spezielle Hardwareschaltungen und einen Mikroprozessor, der über eine semipermanente virtuelle Verbindung durch das Koppelnetz mit dem Group Processor E (GPE) Steuerungsinformation austauscht.

Die Trunk Interface Unit (TIU, vgl. Bild 4.51) entspricht weitgehend der SLMD, wobei aber auf die Policing-Funktion verzichtet wird. Auch für die Durchschaltung von z. B. Bitströmen 2 Mbit/s und 34 Mbit/s von und zu leitungsvermittelnden Netzen (vgl. Bild 4.47) wird die hier vorgesehene Digital Interface Unit (DIU) der SLMD entsprechend aufgebaut. Auf der Leitungsseite der DIU sind die nach CCITT Rec. G. 703 notwendigen Interface-Schaltungen angebracht. Die ankommenden Bitströme werden 48-Oktett-weise in die Informationsfelder der Zellen verpackt, über semipermanente virtuelle Verbindungen durchgeschaltet und am Ausgang der DIU wieder zu kontinuierlichen 2-Mbit/s- und 34-Mbit/s-Bitströmen zusammengesetzt. Die Vermittlung von 64-kbit/s-Einzelkanälen erfolgt in digitalen Leitungsvermittlungen.

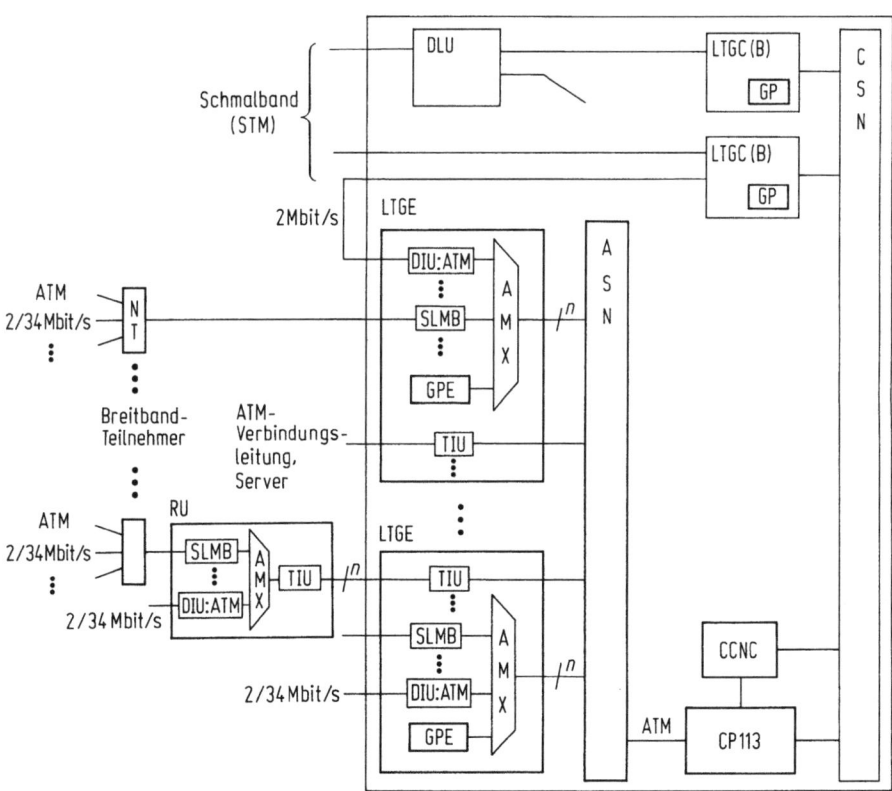

Bild 4.53. Steuerungsstruktur von EWSD-B.
DLU Digital Line Unit, LTG Line Trunk Group, GP Group Processor, CSN Circuit Switching Network, ASN ATM-Switching Network, DIU: ATM Digital Interface Unit (für ATM), TIU Trunk Interface Unit, AMX ATM-Multiplexer, RU Remote Unit, NT Network Termination, CP Coordination Processor, CCNC Common Channel Signaling Network Control

4.4.4 Steuerungsstruktur

Die Steuerungsstruktur des 64-kbit/s-EWSD wird für EWSD-B übernommen (Bild 4.53). Die Gruppenprozessoren GP(E) führen alle jene Funktionen aus, die weitgehend unabhängig aufgrund der im peripheren Bereich vorhandenen (gespeicherten oder von den Anschlüssen aufgenommenen) Informationen abgewickelt werden können. Der Koordinationsprozessor CP 113 verwaltet die gemeinsamen Ressourcen, sorgt für das Back up der gespeicherten Daten und ist zuständig für Maintenance, Administration and Operations (MAO) des ganzen Systems. Die Common Channel Signaling Network Control CCNC wertet die Message Transfer Parts (MTP) der Signalisierungsnachrichten aus (vgl. Abschnitt 5.6) und leitet die Nachrichten weiter. Alle Prozessoren können untereinander Nachrichten austauschen. Informationsdrehscheibe hierfür ist der CP 113, die entsprechenden Nachrichtenübermittlungswege sind semipermanent im Koppelnetz geschaltet (virtuelle Verbindungen).

Ein GPE ist zuständig für eine LTGE, die Größe des LTGE-Bereichs ist durch die zu bearbeitende Summenbitrate begrenzt und kann deshalb variieren. Zu den ATM-spezifischen Funktionen des GPE gehört die Buchführung über die beantragten und genutzten Bitraten (Policing), Messung des Zellendurchsatzes, Messungen von „Burstiness", Spitzen- und mittleren Bitraten.

Da wesentliche ATM-spezifische Funktionen durch die GPEs abgefangen werden, muß der CP 113 für EWSD-B zwar seinen Funktionsbereich erweitern, braucht aber nichts wesentlich neues „hinzuzulernen". Unberührt durch ATM bleibt auch der Funktionsumfang des CCNC.

Kleine Remote Units RU sind als vorgezogener Teil einer LTGE zu betrachten. Sie verfügen damit nicht über einen eigenen GPE und können also auch keinen „Notbetrieb" bei Kappen der Anschlußleitung zur Vermittlungsstelle ausführen. Dagegen verhalten sich große RU wie LTGE mit nachgeschaltetem Koppelnetz ASN (Bild 4.51), sie sind damit prinzipiell notbetriebsfähig.

Grundsätzlich unabhängig von dieser Steuerungsstruktur (einschl. MAO-Funktionalität) sind leitungsgleich angeschlossene eigenständige Server, die höhere Dienste (Value Added Services VAS, vgl. Kapitel 7) realisieren und hierzu über standardisierte Schnittstellen mit dem EWSD-B System verbunden sind. Die entsprechenden Standards sind allerdings noch nicht endgültig festgelegt. Solche Server können „von Dritten" beigestellt und betrieben werden. Aber auch in die EWSD-B-Struktur integrierte Server werden fallweise eingefügt. Hierzu gehört der bereits erwähnte Server für „Connectionless"-Verbindungen.

4.5 Gesichtspunkte zum System EWSP

Zum Abschluß der Erläuterungen zu Vermittlungssystemen darf die kurzgefaßte Beschreibung eines Paketvermittlungssystems nicht fehlen. Wie bereits in Abschnitt 2.2.3 erwähnt, mußte die „Urform" einer Paketvermittlung nach Bild 2.10, in der ein „Netzknotenrechner" praktisch alle Vermittlungsfunktionen übernahm (einschließlich der „Durchschleusung" der Pakete von Eingangs- auf Ausgangsleitungen), inzwischen verlassen werden. Während wirtschaftlich vertretbare Netzknotenrechner

4.5 Gesichtspunkte zum System EWSP

in der Lage sind, einige tausend Pakete je Sekunde zu vermitteln, wird heute dank des wachsenden Datenverkehrs ein um wenigstens eine Größenordnung höherer Paketdurchsatz verlangt. Das erfordert den bereits erwähnten Übergang zum Fast Packet Switching FPS, womit man sich im Prinzip der zuvor geschilderten ATM-Technik annähert. Grundgedanke des FPS ist es, die Vermittlungsfunktionen so weit wie möglich zu dezentralisieren, so daß als zentrale Komponente nur noch ein schnell durchschaltendes Koppelnetz *ohne* zentrale Steuerungsfunktionen übrigbleibt. Derartige Koppelnetze wurden bereits in Abschnitten 3.3.2 und 4.4.2 beschrieben, wir lernen eine weitere Version im System EWSP der Siemens AG kennen.

Einen Überblick verschafft das Blockbild von Bild 4.54. Das zuvor erwähnte zentrale Koppelnetz wird durch die Ringeinheit RU verkörpert, über die sehr schnell Pakete zwischen den angeschlossenen Funktionseinheiten ausgetauscht werden können. Diese Funktionseinheiten sind Anschlußeinheiten TU mit ihren Netzabschlußpunkten NTP, Vermittlungseinheiten SU und Verwaltungseinheiten MU. An die MU sind Peripheriegeräte MP und an die TU Bedienterminals NT anzuschließen.

An die Anschlußeinheiten TU werden die Leitungen des Netzes angeschlossen. In den TU werden leitungsbezogene Funktionen der Paketbearbeitung (u. a. Bearbeitung der sog. Schicht 2, wie in Kapitel 5 näher erläutert) und die Anpassung an die Übertragung auf der Ringeinheit RU vorgenommen. Die Vermittlungseinheiten SU führen u. a. alle Funktionen aus, welche die Pakete in die gewünschte Zielrichtung transportieren (Schicht 3-Funktionen, s. Kapitel 5). Die Verwaltungseinheiten MU sind u. a. zuständig für die Überwachung der Netzknoten und die Rufdatenaufzeichnung, zu den angeschlossenen Peripheriegeräten gehören u. a. Plattenspeicher, Band-

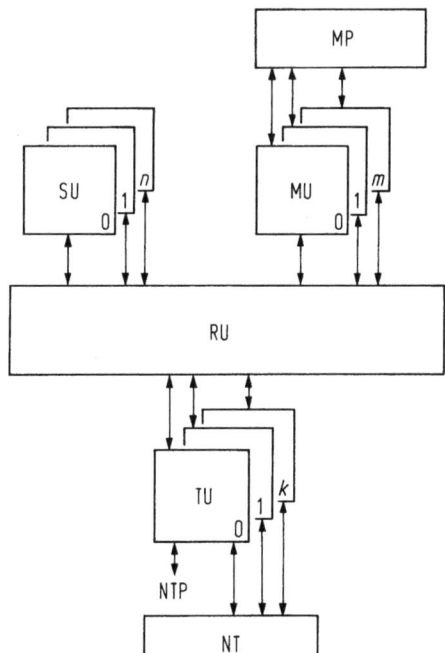

Bild 4.54. Struktur des Systems EWSP.
RU Ring Unit, SU Switch Unit, TU Termination Unit, NTP Network Termination Point, MU Maintenance Unit, MP Maintenance Periphery, NT Bedienterminals

geräte, Bedienterminals, Schnelldrucker. Die an die Anschlußeinheiten TU anzuschließenden Bedienterminals dienen der Eingabe von Anweisungen an das System und der Ausgabe von u. a. Alarmmeldungen.

Die zentrale Ringeinheit wird in Bild 4.55 detaillierter dargestellt. An die Ringschnittstellen-Steuerungen RIC werden die Einheiten TU, SU und MU angeschlossen, die miteinander kommunizieren wollen. Die RIC sind zuständig für die Kommunikation auf dem Ring. Die Kommunikation erfolgt in Blöcken, die von den sendenden RIC mit den jeweiligen Zieladressen versehen werden. Die Blöcke passieren im Ring die einzelnen RIC, in denen die Adressen geprüft werden. Eine durch die Adresse angesprochene RIC nimmt den zugehörigen Block vom Ring und leitet ihn der angeschlossenen Einheit zu. Damit die von den RIC gesendeten Blöcke nicht kollidieren können, wird durch einen Empty Slot Indicator die Sendeberechtigung an die einzelnen RIC erteilt. Die RIC, welche die Sendeberechtigung erhalten hat, darf einen Block auf den Ring senden, wobei sie den Empty Slot Indicator an das Ende des Blocks anhängt. Damit gibt sie die Sendeberechtigung an die folgende RIC ab, welche damit senden darf, falls sie etwas zu senden hat. Andernfalls wird der Indikator von ihr sofort weitergegeben. (Das Verfahren wird uns bei Local Area Networks LAN als Token-Ring wieder begegnen, Abschnitt 6.3.)

Bei großen Vermittlungen sind zwei Ringe vorgesehen (Bild 4.55). Ring-Master-Stationen RMS dienen der Überwachung des Ringverkehrs, sie generieren den Empty Slot Indicator, falls er verlorengegangen sein sollte. Dort ist auch eine Kreuzung der Ringe möglich, um ggf. defekte Ring-Teile zu umgehen. Maximal können 255 Einheiten TU, SU und MU an *einem* Ring angeschlossen werden. Über den Ring werden nicht nur Nutzpakete, sondern auch Steuerungsnachrichten zwischen den verschiedenen Einheiten ausgetauscht.

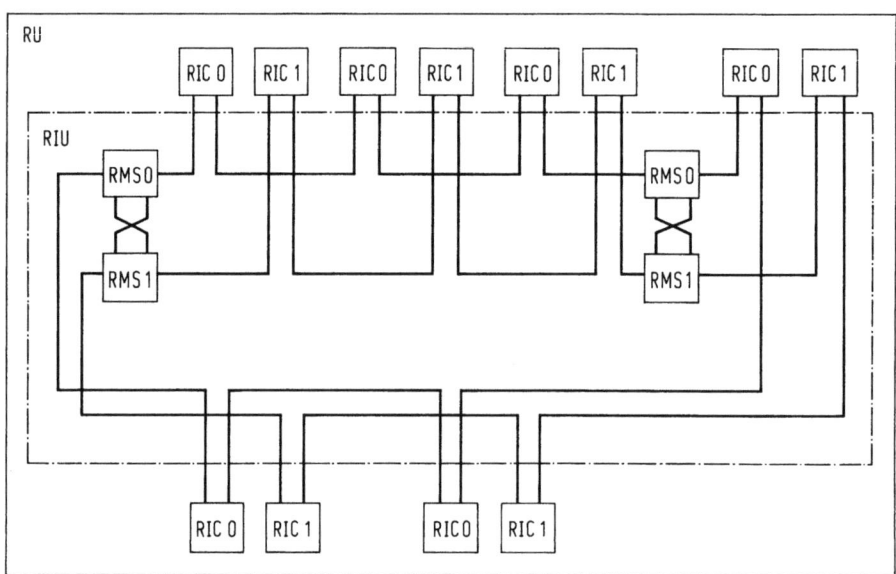

Bild 4.55. Hardwarestruktur der Ring Unit (RU).
RIC Ring Interface Control, RMS Ring Master Station, RIU Ring Interconnection Unit

4.5 Gesichtspunkte zum System EWSP

Die Organisation einer Anschluß-Einheit TU zeigt Bild 4.56. Neben einer Leitungsgruppen-Steuerung TGC gibt es bis zu 15 Leitungsanschluß-Einheiten LTU, jede wiederum bestückt mit einer Leitungsanschlußsteuerung LTC und bis zu vier Leitungsschnittstellen LIN. An jeder LIN können bis zu vier Leitungen angeschlossen werden. Die aktuelle Beschaltung der Anschluß-Einheit TU ist abhängig von den Eigenschaften und der Transportbitrate der anzuschließenden Leitungen. So kann sie z. B. nur mit *einer* 128-kbit/s-Leitung oder aber mit 16 Leitungen zu je 19,2 kbit/s, verteilt auf vier Leitungsschnittstellen LIN, beschaltet werden. Maximal lassen sich 112 Leitungen an eine TU anschließen. Die Gesamtanschlußkapazität über alle TU eines Netzknotens beträgt maximal 12000 Leitungen. Der Paketdurchsatz überschreitet in großen Vermittlungen 40000 Pakete/s.

Die eigentliche Vermittlungsintelligenz liegt in den Vermittlungs-Einheiten SU, aufgeteilt jeweils auf einen „Zentralprozessor" und einen „Vermittlungsprozessor". Auf die zahlreichen und schwierigen bei der Vermittlung zu berücksichtigenden Einflußgrößen wird bei der Erläuterung von Datennetzen in Kapitel 6 eingegangen. Dagegen soll das Verfahren des Aufbaus virtueller Verbindungen beschrieben werden, da es sich (wie im System 12) ebenfalls um ein dezentrales Verfahren handelt.

Jede Anschlußeinheit TU ist zur „Betreuung" einer *bestimmten* Vermittlungseinheit SU (Standard-SU) zugewiesen (vgl. Bild 4.54). Die SU weiß Bescheid, ob die Leitungen in „ihren" TU noch aufnahmefähig für virtuelle Verbindungen sind oder ob deren Verbindungskapazität bereits erschöpft ist. Außerdem sind *alle* SU darüber informiert, welche Wegmöglichkeiten zu den verschiedenen Zielen bestehen (vgl. „Leitweglenkung", Abschnitt 1.2.6) und welche SU für die betreffenden Leitungen und deren TU zuständig sind. Wenn nun eine Verbindung neu aufzubauen ist, so

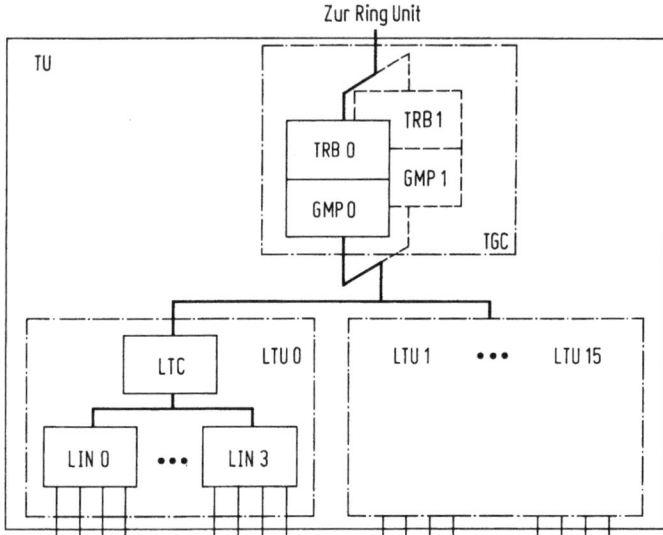

Bild 4.56. Hardwarestruktur der Termination Unit (TU).
TGC Leitungsgruppen-Steuerung, LTU Leitungsanschluß-Einheit, LTC Leitungsanschlußsteuerung, LIN Leitungsschnittstelle, TRB Sende-/Empfangspuffer, GMP Allgemeiner Mikroprozessor

prüft die Standard-SU der ankommenden Leitung, welche Standard-SU für die weiterführende Verbindung zuständig ist und übergibt ihr alle für den weiteren Verbindungsaufbau notwendigen Steuerungsinformationen. Sollte diese SU feststellen, daß die gewünschte Leitung zum Ziel nicht weiter belastbar ist, so gibt sie den Vermittlungsauftrag an die ankommende SU zurück. Die ankommende SU kann dann ihr Glück ggf. über einen anderen Weg und die dafür zuständige abgehende SU nochmals versuchen. Von den beiden am Verbindungsaufbau beteiligten Vermittlungseinheiten SU übernimmt eine (in der Regel die „ankommende") die weitere Betreuung der bestehenden virtuellen Verbindung. Der nun folgende Nutzdatenaustausch während der Dauer der Verbindung muß zu diesem Zweck über die betreuende SU geführt werden (Bild 4.57). Hierzu sind die beteiligten Anschlußeinheiten TU über die Adresse der betreuenden SU informiert.

Wie diese zahlreiche Details auslassende Beschreibung wohl verdeutlicht, handelt es sich auch bei EWSP um ein konsequent dezentral gesteuertes System, bei dem für die „Intelligenz-Funktionen" ausschließlich Mikroprozessoren verwendet werden. Die im Zusammenhang mit Datennetzen auftretenden spezifischen Steuerungsfunktionen werden in Kapitel 6 (wie bereits erwähnt) auszugsweise behandelt.

4.6 Schlußbemerkung

Vorgestellt wurden digitale Vermittlungen in unterschiedlichem Detailgrad für die Aufgabenstellungen „Leitungsvermittlung", „Paketvermittlung" und — dazwischen angesiedelt — „ATM-Vermittlung". Nochmals sei betont, daß die getroffene Auswahl in keiner Weise eine Aussage zur Zweckmäßigkeit, Qualität oder Wirtschaftlichkeit der Systeme im Vergleich zu zahlreichen anderen, hier nicht erwähnten Systemen machen kann und will. Ein solcher Systemvergleich ist nicht Aufgabe des vorliegenden Buches, hier geht es nur um das Verständnis der Funktionen und von unterschiedlichen Realisierungsmöglichkeiten.

Das Prinzip der Leitungsvermittlung ist vergleichsweise am einfachsten durchschaubar und realisierbar. Verbindungen werden hergestellt und ausgelöst; was

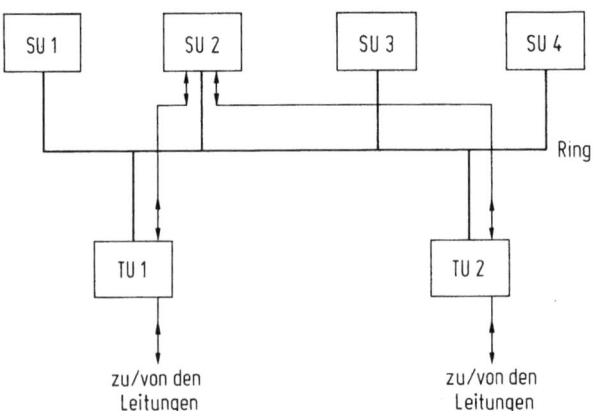

Bild 4.57. Übertragung von Nutzdaten über die Ring Unit (RU).
SU Switch Unit,
TU Termination Unit

4.6 Schlußbemerkung

während der Verbindungsdauer über den „persönlich" zur Verfügung gestellten, individuell zu nutzenden Verbindungspfad übertragen wird, ist (vereinfacht gesagt) nicht mehr Sache des Vermittlungsprozesses. Nachteilig ist die Belegung von Übertragungskapazität während der Verbindungsdauer unabhängig davon, ob sie momentan benötigt wird oder nicht. Da Übertragungskapazität tendenziell immer billiger wird, könnte dies nicht einmal ein entscheidender Nachteil sein. Wichtiger ist die Tatsache, daß die Wirtschaftlichkeit digitaler Leitungsvermittlungen nicht zuletzt von der Einheitlichkeit der zu vermittelnden Bitraten abhängt. Wenn es verschiedene, stark unterschiedliche Bitraten zu vermitteln gibt, müssen dafür auch unterschiedliche Vermittlungen eingesetzt werden, was in Konsequenz zu unterschiedlichen Netzen führt mit einigen damit verbundenen Nachteilen.

Diese Nachteile vermeidet die ATM-Vermittlung in einem ATM-Netz. Das ATM-Prinzip ist für alle unterschiedlichen Bitraten anwendbar, womit sich letztlich eine Tendenz zu einem einheitlichen Vermittlungsprinzip und damit auch zu einem einheitlichen Netz ergibt. Leider kommt ATM zu spät, so daß das Prinzip zunächst nur für das neu entstehende Breitbandnetz mit (durch extreme Anforderungen an die Schaltgeschwindigkeit) erschwerten Bedingungen eingesetzt oder vorgeschlagen wird. Hätte sich ein solches Prinzip zehn oder zwanzig Jahre früher als wirtschaftlich erwiesen, wäre vielleicht eine Entwicklung zu den heute getrennten Netzen für Fernsprechen und Datenverkehr vermieden worden.

Allerdings beansprucht der Paket-Datenverkehr wesentlich kompliziertere Vermittlungsfunktionen, auf die jedoch in Kapitel 4 noch nicht eingegangen wurde. Diese lassen sich aber auch in einem einheitlichen Netz durch spezialisierte „Server", welche an die Standard-Vermittlungen „angeflanscht" werden, ohne Belastung des übrigen Verkehrs abwickeln (vgl. Bild 4.47). Aber das ist eine Lösung, die nur für neue diensteintegrierende Netze vorgesehen ist. Heute sind die komplexen Funktionen in die speziellen Paketvermittlungen der speziellen Paket-Netze integriert.

Während für Paket- und ATM-Vermittlung jeweils nur ein Beispiel ausgeführt wurde, ist das Prinzip der digitalen Leitungsvermittlung in drei Versionen behandelt worden, welche zeigen, daß ein einheitliches Prinzip auch in unterschiedlicher Weise zu realisieren ist. Man kann sicher davon ausgehen, daß alle drei Beispiele in sich technisch und wirtschaftlich optimiert wurden. Es dürfte schwerfallen, der einen oder anderen Version mit technischen Argumenten den Vorzug zu geben. Auf dem Weltmarkt sind es meist andere Argumente, die ausschlaggebend für die Auswahl eines Vermittlungssystems sind.

5 Datenkommunikation und Signalisierung

5.1 Das Architekturmodell der Telekommunikation

Durch das „babylonische Sprachengewirr" (1. Mose 11.7) wurde nicht nur die Menschheit, sondern auch die Welt der Maschinen heimgesucht. Während das erstgenannte Mißgeschick offensichtlich bereits unsere Urahnen zu verantworten hatten, müssen wir das heutige Sprachengewirr der Maschinen uns selbst — den jetzt lebenden Generationen — anlasten. Natürlich gibt es auch hier eine Historie, an der wir heute kranken. Viele Maschinen — nämlich die Datenverarbeitungsanlagen (DVA) — waren ursprünglich gar nicht für die Telekommunikation vorgesehen. Dann kam Ende der 60er Jahre die Datenfernverarbeitung auf, bei der die Benutzer vom Arbeitsplatz aus mit „ihrer" DVA zusammenarbeiten konnten —, also eine DVA-spezifische Kommunikationsbeziehung, die deshalb in ihren Prozeduren auch vom jeweiligen DVA-Hersteller bestimmt wurde. Bei der Ausweitung der Datenfernverarbeitung in den 70er Jahren erwies es sich als wünschenswert, mit den DVA verschiedener Hersteller zusammenzuarbeiten bzw. DVA verschiedener Hersteller miteinander kommunizieren zu lassen. Deshalb wurde es notwendig, Regeln für die Maschinenkommunikation zu entwerfen und weltweit zu standardisieren.

Bild 5.1 deutet die Kommunikationsbeziehungen an, über die in einzelnen Beispielen zu sprechen sein wird. Vom Umfang her im Vordergrund steht auch heute noch die „Mensch zu Mensch"-Telekommunikation. Natürlich sind irgendwelche Maschinen notwendig, um die Gedanken des Menschen telekommunizierbar zu machen. Dazu gehören u. a. das Telefon und die Fernschreib- bzw. Bürofernschreibmaschine (Telex- bzw. Teletex-Maschine). Für diese *Endgeräte* sind seit jeher Verständigungsprozeduren verabredet und standardisiert worden, so daß einer weltweiten Kommunikation von jedem Teilnehmer zu jedem Teilnehmer keine *herstellerspezifischen* technischen Ausprägungen entgegen stehen (sog. *Teledienste*, vgl. Abschnitt 7.1). Allerdings müssen sich die weltweit kommunizierenden Menschen dabei über die für den Informationsaustausch zu verwendende Sprache einigen (im allgemeinen wird dies Englisch sein). Dann aber gibt es für den semantischen Gehalt des Gedankenaustauschs meist keine Verständigungsprobleme mehr.

Anders kann es beim Datenaustausch zwischen *DVA* als Endeinrichtungen aussehen. Dort sind herstellerspezifisch Kommunikationsprozeduren „gewachsen", die untereinander nicht kompatibel sind. Man muß also Standardprozeduren definieren, um die wünschenswerte Kompatibilität zu ermöglichen. Es hat sich gezeigt, daß dies ein sehr schwieriges Unterfangen ist, weil nämlich Daten über die verschiedensten Anwendungsgebiete aus den verschiedensten Anlässen austauschbar sein sollen. Während sich der Mensch aufgrund seines allgemeinen und speziellen Wissens sehr

5.1 Das Architekturmodell der Telekommunikation

rasch und informal über das Anliegen seines Dialogpartners klar wird, sofern eine sprachliche Verständigungsmöglichkeit besteht, fehlt auf der Seite der Maschinen (noch?) das breite Verständnis, das Voraussetzung für derart flexibles Verhalten ist. Hier sind also besondere Maßnahmen zu treffen.

Allerdings gibt es auch Maschinen, deren Funktionen auf ganz bestimmte Anlässe und Anwendungsbereiche eingeschränkt sind. Dazu gehört die in den Netzknoten (Bild 5.1) angesiedelte „Netzintelligenz", die aufgrund von Teilnehmerinformationen für den Aufbau und Abbau von Kommunikationsbeziehungen sorgt. Dieser zwischen Teilnehmer und Netzknoten bzw. zwischen verschiedenen Netzknoten stattfindende Informationsaustausch wird *Signalisierung* genannt (vgl. Abschnitt 1.2). Sofern alle zu erfüllenden Funktionen vorbekannt sind, kann ein abgegrenzter Sprachumfang für die beteiligten Maschinen in Vokabular, Syntax und Semantik verabredet werden. Jeder Funktion ist dann also ein bestimmtes „sprachliches" Muster fest zugeordnet.

In Bild 5.1 werden die Kommunikationsbeziehungen zwischen den Benutzern (Übertragung von *Nutzinformation*) durch ausgezogene Linien beschrieben, während die Signalisierung gestrichelt eingezeichnet ist. Man kann unterscheiden zwischen dem *Teilnehmernetz*, in dem die Signalisierung zwangsläufig an den Übertragungsweg der Nutzinformation gebunden ist, und dem *Inneren* des Netzes, das auch eine „physikalische Trennung" von Nutzinformation und Signalisierung zuläßt. So kann z. B. die Signalisierung über spezielle Signalisierungsknoten verlaufen. Wesentlich ist

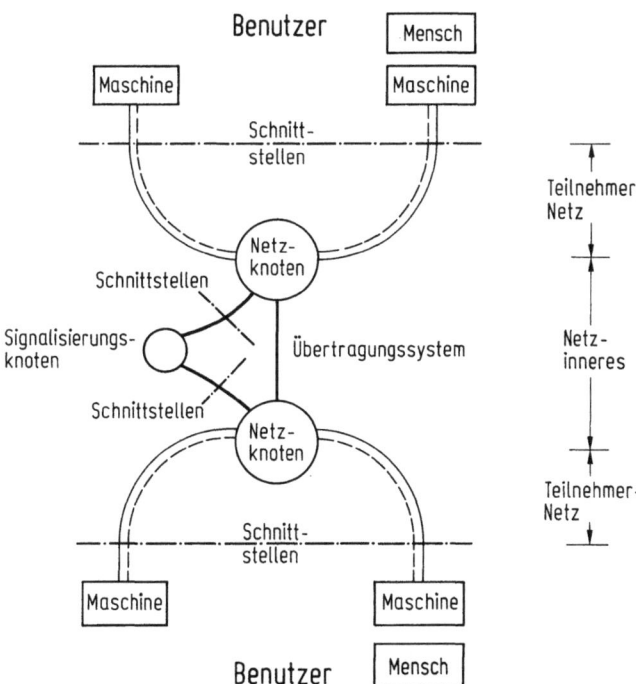

Bild 5.1. Typen der Dialog-Telekommunikation.
—— Nutzinformation, --- Signalisierung

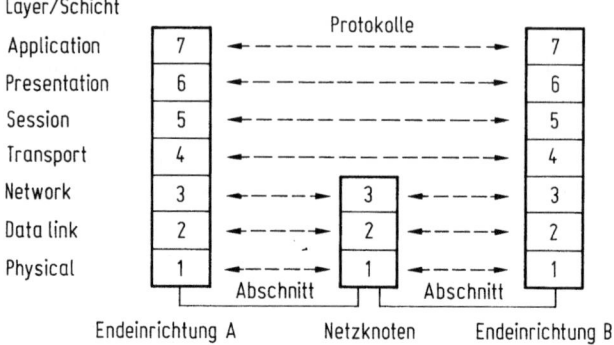

Bild 5.2. Die Schichten des Open System Interconnection (OSI)-Architekturmodells

eine (möglichst weltweite) Standardisierung von *Schnittstellen* zwischen den Komponenten des Netzes.

Welche Maßnahmen sind es nun, die eine allgemeine und (mehr oder weniger) unspezifische Verständigungsmöglichkeit zwischen Maschinen schaffen? Zunächst war es notwendig, die Funktionsvielfalt der Verständigungsprozeduren zu ordnen. Damit entstand eine Open Systems Interconnection-(OSI)-Architektur als Referenzmodell [5.1]. Bild 5.2 zeigt den schichtenweisen Aufbau dieses Modells. Die Funktionen der Schichten werden zunächst an einem Analogiebeispiel der Mensch-Mensch-Kommunikation verdeutlicht (Bild 5.3): Ein „Besteller" möchte telefonisch einen

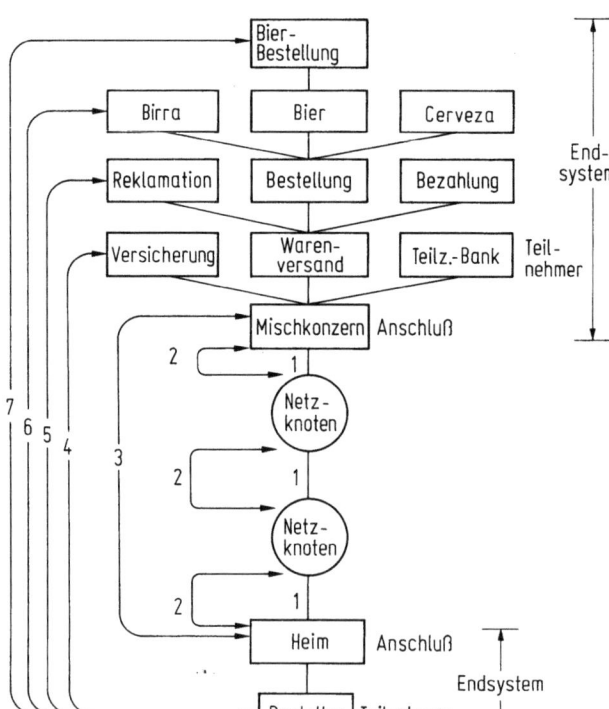

Bild 5.3. Analogie zur OSI-Kommunikationsschichtung.
1 Bit-Übertragung,
2 Sicherung,
3 Vermittlung,
4 Transport,
5 Kommunikationssteuerung,
6 Darstellung,
7 Anwendung

5.1 Das Architekturmodell der Telekommunikation 207

Kasten Bier bei einem „Mischkonzern" anfordern. Dazu ist über das Netz eine Verbindung herzustellen, über die dann die Bestellung bei einem Sachbearbeiter erfolgt. Im digitalen Netz werden alle Informationen digital übertragen.

Die unterste Schicht 1, die *Bit-Übertragungsschicht* (Physical Layer) beschreibt das Übertragungsverfahren auf der physikalischen Leitung (vgl. Abschnitt 2.3), also die Art und Weise, wie die Bits übermittelt werden. Die darüber liegende *Sicherungsschicht* (Data Link Layer) hat die Aufgabe, abschnittweise (also zwischen Teilnehmeranschluß und Netzknoten bzw. zwischen benachbarten Netzknoten) die fehlerfreie Übertragung der Bits sicherzustellen. Schicht 3, die *Vermittlungsschicht* (Network Layer) sorgt dafür, daß die Information über das Netz zum Anschluß des gewünschten Kommunikationspartners geleitet wird. Schichten 1 bis 3 sind also für das Herstellen und den Erhalt der „Verbindung" zuständig.

Nun meldet sich die Telefonzentrale des angerufenen Mischkonzerns. Der Anrufer möchte mit dem Zuständigen für den „Warenversand" verbunden werden. Es ist also mit dem Erreichen des *Endsystems* eine Präzisierung des Verbindungswunsches erforderlich. U. a. hierfür ist die *Transportschicht* (Transport Layer), die vierte Schicht, zuständig. — Aber der Warenversand ist ein aufgabenreicher Arbeitsplatz. Der Sachbearbeiter muß sich nun alle für Bestellungen notwendigen Unterlagen an seinen Platz holen, nicht aber jene für Reklamationsvorgänge. Dies bewirkt u. a. die *Kommunikationssteuerungsschicht* (Session Layer). — Jetzt kann der Anrufer seinen Bestellwunsch anbringen. Da er aber Ausländer ist, muß der Sachbearbeiter zur Aufnahme des Wunsches das entsprechende Lexikon heranziehen. Diese sprachliche Voraussetzung zum Kommunikationsverständnis wird in der *Darstellungsschicht* (Presentation Layer) geschaffen. — Die Bestellung wird nun durch den Sachbearbeiter aufgenommen und zwecks weiterer Bearbeitung in ein internes Auftragsformular eingetragen. Dieser Arbeitsschritt ist Sache der obersten, siebenten Schicht, der *Anwendungsschicht* (Application Layer). Aufgrund des ausgefüllten Auftragsformulars wird nun ein Arbeitsvorgang (Büroprozeß) eingeleitet, der letztlich zur Auslieferung des Kastens Bier, zur Rechnungsstellung und zur Überwachung des Zahlungseingangs führt. Der erwähnte Büroprozeß ist nicht mehr an den ursprünglichen Kommunikationsvorgang gebunden, sein Ablauf liegt außerhalb der OSI-Schichtenarchitektur. — Der bestellende Mensch (Bild 5.3 unten) beherrscht übrigens dank seines Weltverständnisses die Kommunikationsschichten 4 bis 7 in einziger, eigener Person!

In mehr technischer Formulierung: Die Transportschicht (Schicht 4) führt u. a. die End-zu-End-Kontrolle des Datentransports von der Datenquelle zur Datensenke durch, d. h. zwischen zwei „Anwendungsinstanzen" in den Endsystemen. Die Kommunikationssteuerungsschicht (Schicht 5) schafft für die beiden Anwendungsinstanzen die Voraussetzungen für die Zusammenarbeit an einer gemeinsamen Aufgabe, die Partner „synchronisieren" sich für diese Arbeit. In der folgenden Darstellungsschicht (Schicht 6) werden Vereinbarungen zu Codierung, Syntax, Datentypen usw. getroffen. Die oberste Anwendungsschicht (Schicht 7) enthält die anwendungsspezifischen, kommunikationsrelevanten Teile des jeweiligen Anwendungsprozesses. Dies ist ein grober Überblick. Tatsächlich sind die Funktionsinhalte der höheren Schichten 5 bis 7 noch nicht endgültig festgeschrieben, da die Differenzierung nach oben hin stark zunimmt und neue Erkenntnisse bei wachsender Durchdringung der verschiedensten Anwendungen zu berücksichtigen sind. Einen gewissen Überblick über die heutige Architekturlandschaft verschafft Bild 5.6, ohne jene bereits an dieser Stelle vertiefen zu wollen.

Aufgaben und Funktionen einer Schicht „N-1" des OSI-Referenzmodells werden in Bild 5.4 allgemein betrachtet. Ausgangssituation: bei Kommunikationspartner A liegt in Schicht N eine Information vor, genannt (N)-Protokoll-Daten-Einheit (PDU). Diese (N)-PDU soll zur Schicht N des Kommunikationspartners B transportiert werden. Aus Sicht der Schicht N übernimmt die Schicht N-1 diese Aufgabe, Schicht N-1 bietet hierzu ihre *Dienste* an und stellt für Schicht N eine *Schichtenverbindung* zum Partner B her. Schicht N kümmert sich also nicht um den weiteren Transportvorgang, für sie sieht es so aus, als würde ihre Information ohne weitere Zusätze über einen „Draht" in Schicht N-1 (Schichtenverbindung) an die Schicht N des Partners B übergeben. Zwischen den Partnern der Schicht N werden aus dieser Sicht also unmittelbar (N)-PDUs oder *Protokolle* ausgetauscht, wie in Bild 5.4 angedeutet.

Was geschieht nun in Schicht N-1? Sie führt die zuvor überschlägig charakterisierten spezifischen Schichtenfunktionen als *Dienst* für Schicht N aus. Um die Ergebnisse dieser Arbeit der Schicht N-1 des Partners B mitzuteilen, wo für die Weitergabe der Information an Schicht N die inversen Funktionen auszuführen sind, muß die von Schicht N übernommene (N)-PDU einen Zusatz erhalten, nämlich eine (N-1)-Protokollsteuerungs-Information PCI. (N-1)-PCI wird gemeinsam mit der von oben übernommenen (N)-PDU zum neuen Protokoll (N-1)-PDU zusammengestellt, das nun fiktiv zwischen den Schichten N-1 der Partner ausgetauscht wird. In Wirklichkeit verhält sich Schicht N-1 aber so wie zuvor Schicht N: Sie gibt das Protokoll (N-1)-

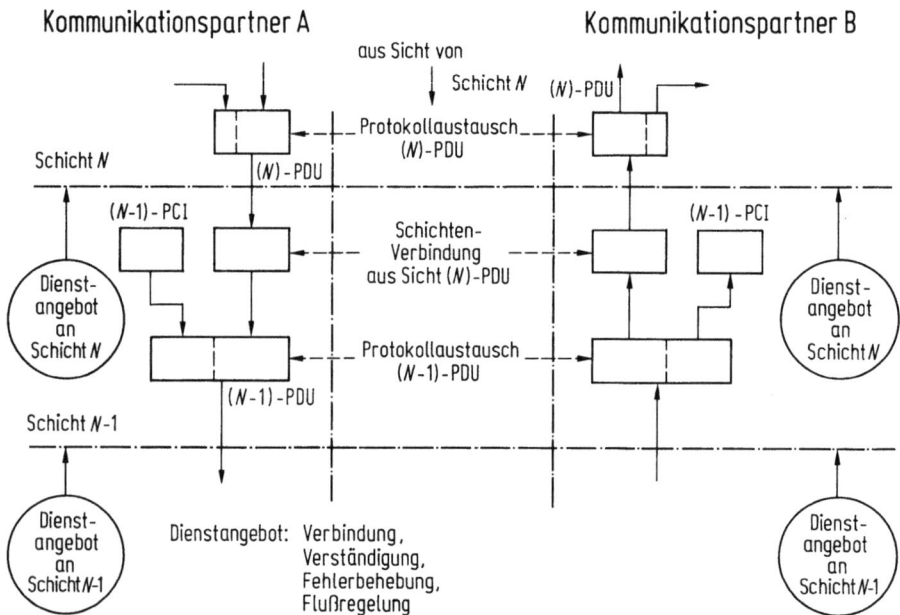

Bild 5.4. Funktionen einer Schicht N im OSI-Architekturmodell.
PDU Protocol Data Unit, PCI Protocol Control Information

5.1 Das Architekturmodell der Telekommunikation

PDU zur weiteren Behandlung an Schicht N-2 ab, welche nun für den Weitertransport zu sorgen hat. So setzt sich das Spiel fort, bis schließlich die physikalische Verbindung in Schicht 1 mit dem „Draht" unterhalb dieser Schicht erreicht ist.

Bild 5.2 zeigt den schichtweisen Protokollaustausch zwischen Endeinrichtungen A und B im Überblick, wobei ein dazwischenliegender Netzknoten einbezogen ist. Wie eingangs erwähnt, ist der Netzknoten nur für die Schichten 1 bis 3 zuständig, er kümmert sich nicht um den Inhalt der höheren Protokolle. Damit erfolgt der Protokollaustausch zwischen A und B in Schichten 4 bis 7 *scheinbar* direkt ohne Berührung des Netzknotens. Das Zufügen von Protokollsteuerungs-Information A bis F in den Schichten 7 bis 1 gibt Bild 5.5 an. Es wird deutlich, wie die jeweils tiefere Schicht die Protokollsteuerungs-Information der darüberliegenden Schicht als „Nutzinformation" betrachtet, um die sie sich nicht zu kümmern hat. Ein solcher Zusatz kann auch noch in Schicht 1 bzw. außerhalb des Referenzmodells erfolgen (hier nicht dargestellt), worauf noch zurückgekommen wird.

Hat das OSI-Referenzmodell zunächst also die Aufgabe, den Funktionsumfang der Maschinenkommunikation zu ordnen und zu strukturieren, so ist anschließend auch dafür zu sorgen, daß innerhalb dieser Struktur bestimmte Anwendungsfälle standardisiert werden, um den Vorteil der Kompatibilität in einem — für jeden *offenen* — System kommunizierender Maschinen zu nutzen. Das bereits erwähnte Bild 5.6 zeigt einen Überblick über viele der heute bereits von internationalen Gremien standardisierten Protokolle. In Schichten 1 bis 3 sind unterschiedliche Protokolle für unterschiedliche Netze festgelegt worden. Im Idealfall können die darüberliegenden Protokolle der Schichten 4 bis 7 unverändert auf der Schicht 3 auch in unterschiedlichen Netzen aufsetzen —, eines der Ziele des OSI-Referenzmodells. Über der Schicht 7 sind die zahllosen Anwendungen angesiedelt, die der Kommunikation bedürfen. Die Schicht 7 muß auf die Belange dieser Anwendungen eingehen, deshalb fächern sich die Standards dieser Schicht stark auf.

Nachfolgend sollen einige dieser Standards näher betrachtet werden (in Bild 5.6 schraffiert), nämlich die „klassischen" Schnittstellen X.21 und X.25 für Schichten 1 bis 3, die oberen Schichten des sog. Message Handling Systems (MHS) nach Empfehlungen der Serie X.400 sowie Signalisierungsschnittstellen, von denen in der Über-

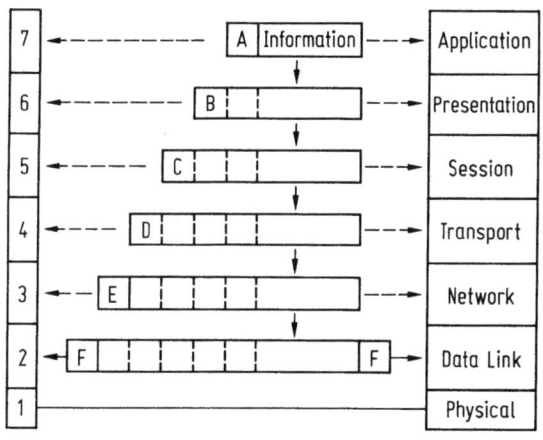

Bild 5.5. Schichtenweises „Verpacken" der jeweiligen Nutzinformation.
A Angaben zur Anwendung,
B Angaben zur Datenstruktur,
C Angaben zum Anwenderprozeß,
D Angaben zum „edge to edge" Transport,
E Angaben zum Verbindungsziel,
F Angaben zum abschnittweisen Transport

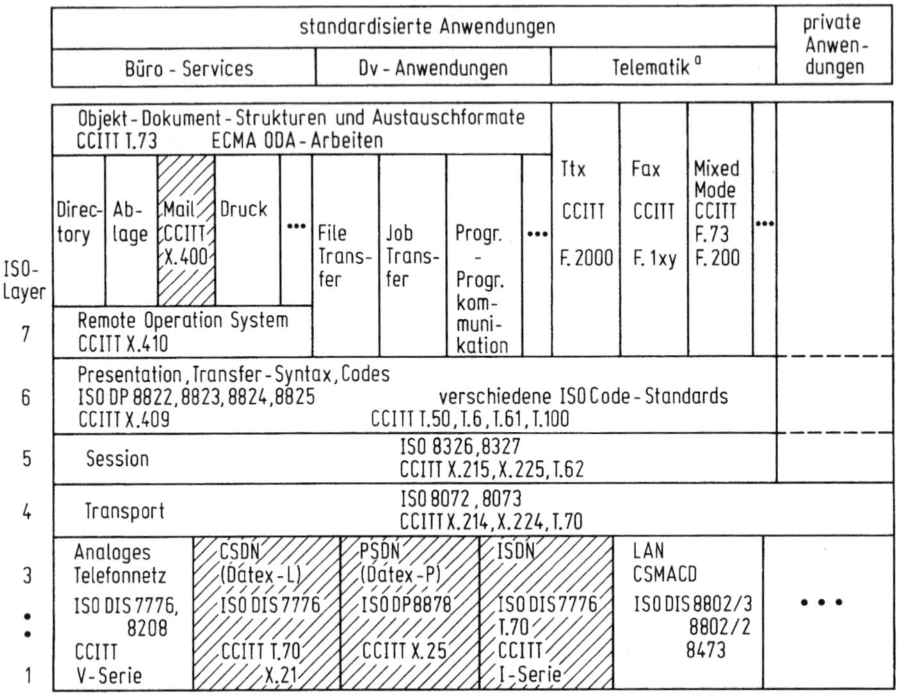

standardisierte Anwendungen			private Anwendungen
Büro - Services	Dv - Anwendungen	Telematik [a]	

ISO-Layer										
7	Objekt-Dokument-Strukturen und Austauschformate CCITT T.73 ECMA ODA-Arbeiten									
	Directory	Ablage	Mail CCITT X.400	Druck	•••	File Transfer	Job Transfer	Progr.- Progr. kommunikation	Ttx CCITT F.2000	Fax CCITT F.1xy	Mixed Mode CCITT F.73 F.200	•••
	Remote Operation System CCITT X.410									
6	Presentation, Transfer-Syntax, Codes ISO DP 8822, 8823, 8824, 8825 CCITT X.409		verschiedene ISO Code-Standards CCITT T.50, T.6, T.61, T.100							
5	Session	ISO 8326, 8327 CCITT X.215, X.225, T.62								
4	Transport	ISO 8072, 8073 CCITT X.214, X.224, T.70								
3 ⁝ 1	Analoges Telefonnetz ISO DIS 7776, 8208 CCITT V-Serie	CSDN (Datex-L) ISO DIS 7776 CCITT T.70 X.21	PSDN (Datex-P) ISO DP 8878 CCITT X.25	ISDN ISO DIS 7776 T.70 CCITT I-Serie					LAN CSMACD ISO DIS 8802/3 8802/2 8473	•••

[a] zugehörige Transportsysteme entspr. spezifischer Festlegung (CCITT/PTT)

Bild 5.6. Überblick über vorhandene Standards der OSI-Architektur

sicht allerdings nur das sog. D-Kanal-Protokoll im ISDN (I.-Serie) angegeben ist. Darüber hinaus wird auch das für die Signalisierung im Netzinneren vorgesehene Signalisierungssystem „No. 7" behandelt.

5.2 Die Schnittstelle nach CCITT-Empfehlung X.21

Bild 5.1 zeigt die Schnittstelle nur andeutungsweise. In Bild 5.7 wird die Darstellung konkretisiert: Eine (Daten-)Endeinrichtung (D) EE ist über eine Schnittstelle S_1 mit einer (Daten-)Übertragungseinrichtung (D) ÜE verbunden, die ihrerseits über eine Schnittstelle S_2 und die Teilnehmeranschlußleitung das Nachrichtennetz erreicht. Die Endeinrichtungen EE und ÜE sind also beim Teilnehmer untergebracht. Die Schnittstelle S_2 wird von den Eigenschaften des Nachrichtennetzes bestimmt, und diese sind netzabhängig unterschiedlich. Nun sollen aber die Endeinrichtungen einheitlich ausgeführt werden, auch wenn sie an verschiedenen Netzen arbeiten. Deshalb wird die Endeinrichtung EE von der Übertragungsfunktion des Netzes entkoppelt, so daß

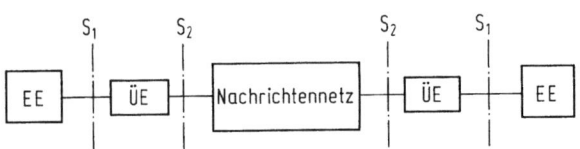

Bild 5.7. Schnittstellen der Telekommunikation.
S_1 Standard-Schnittstelle,
S_2 Netz-Schnittstelle,
EE Endeinrichtung,
ÜE Übertragungseinrichtung

5.2 Die Schnittstelle nach CCITT-Empfehlung X.21

eine einheitliche Schnittstelle S_1 festgelegt werden kann. Dies hat das CCITT mit seiner Empfehlung X.21 getan [5.2]. Die Empfehlung beschreibt also die Schnittstelle zwischen Endeinrichtung und Übertragungseinrichtung beim Teilnehmer. Dabei muß man sich aber vor Augen halten, daß hinter der Übertragungseinrichtung das Netz und der Kommunikationspartner stehen. Anzumerken ist, daß die Empfehlung X.21 aus der „Vor-OSI-Zeit" stammt, daß also die Schichtenstruktur des Referenzmodells noch nicht eingehalten wird. Wegen des begrenzten und definierten Funktionsumfangs bedeutet dies kein Unglück!

Die Schnittstelle X.21 gilt für Endeinrichtungen im Synchronbetrieb, d. h., die Endeinrichtung wird aus dem Netz getaktet (Benutzerklassen 3 bis 7 nach CCITT-Empfehlung X.1, d. h. 600 bis 48 000 bit/s) [5.3]. Sie wird für Verbindungen in leitungsvermittelnden Wählnetzen oder über fest geschaltete Mietleitungen angewendet.

Bild 5.8 zeigt die „physikalische" Ausprägung der Schnittstelle — in der Sprache des Referenzmodells (Abschnitt 5.1) also „Schicht 1". Es gibt Leitungen für die gerichtete Übertragung der Daten (T und R entsprechend „Transmit" und „Receive"), für gerichtete Steuerungsinformationen (C und I entsprechend „Control" und „Indication"), für die Taktversorgung (S und fallweise B) und für die Erdung (G und Ga). Leitung S liefert den Bittakt (Schrittakt) aus dem Netz, der Bytetakt kennzeichnet den Beginn eines Oktetts. Der Bytetakt wird nur dann gebraucht, wenn aus diesem allein die Position der Bits innerhalb eines übertragenen Oktetts bestimmt werden muß. Dies ist z. B. der Fall bei der Übertragung von PCM-Worten (an sich über X.21 nicht üblich!) oder bei der Zeitmultiplexausnützung des Bitstroms (Empfehlung X.22). Die elektrischen Eigenschaften der Schnittstellenleitungen sind in anderen Empfehlungen festgehalten (X.26 und X.27).

Die auf den — mit großen Buchstaben bezeichneten — Leitungen übertragenen Informationen werden durch entsprechende kleine Buchstaben gekennzeichnet. So sind „t" die Sendedaten zur DÜE, sie bestehen aus beliebigen Bitmustern einschließlich „Dauer-1" und „Dauer-0". Das gleiche gilt für die Empfangsdaten „r" in der Gegenrichtung. Die Steuerungsinformationen „c" und „i" kennzeichnen Zustände, wie noch näher erläutert wird. Die Kennzeichnung erfolgt durch AUS (Dauer-1) und EIN (Dauer-0).

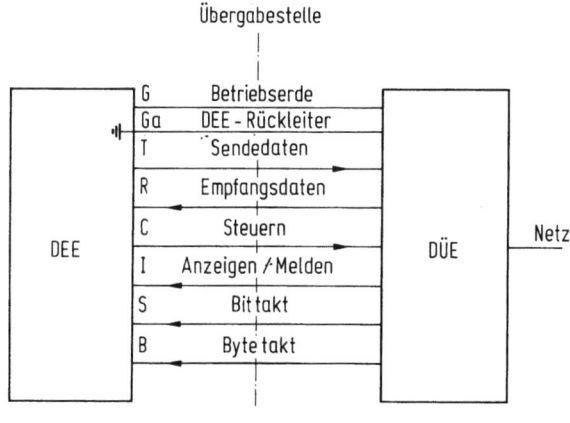

Bild 5.8. Bit-Übertragungsschicht der Schnittstelle X.21. DEE Datenendeinrichtung, DÜE Datenübertragungseinrichtung

In der Empfehlung X.21 werden nun alle etwa 25 möglichen Schnittstellenzustände nebst Zustandsübergängen beschrieben. Hinzu kommen eine Reihe von Testzuständen, bei denen Testschleifen gebildet werden. Die Beschreibung erfolgt verbal und mit Hilfe von Diagrammen. Einige Beispiele für Schnittstellenzustände:

— „DEE bereit". Die DEE kennzeichnet ihre Bereitschaft für eine neue Verbindung durch t = 1 (Dauer-1), c = AUS (vgl. Bild 5.8).
— „DÜE bereit". Die DÜE meldet der DEE ihre Bereitschaft bzw. die Bereitschaft des dahinterliegenden Netzes für eine neue Verbindung durch r = 1, i = AUS. Die vom Netz (z. B. mit Hilfe der Envelope-Technik, s. Abschnitt 5.3) über die Anschlußleitung übermittelten Zustände werden von der DÜE in derselben Bedeutung auf die Leitungen R und I umgesetzt. (Die Umkehrung der Umsetzung nimmt die DÜE mit den von der DEE übermittelten Zuständen in Richtung zum Netz vor.)
— „Wählzeichenfolge von der DEE" (nur bei Wählverbindungen). Die Wählzeichen werden mit t gesendet, c = EIN. Die Wählzeichen sind — wie alle Steuerzeichen — dem Internationalen Alphabet No. 5 (IA 5) nach CCITT-Empfehlung T.50 [5.4] entnommen. Vor den Wählzeichen werden zwei oder mehr aufeinanderfolgende Synchronisierzeichen SYN nach IA 5 gesendet. Die Wahl muß innerhalb von 6 s nach Empfang der Wahlaufforderung von der DÜE (vom Netz) begonnen werden, sie soll nach 36 s beendet sein.
— „Senden Daten von der DEE". Mit t = Daten und c = EIN gleicht der Zustand sendeseitig der vorerwähnten „Wählzeichenfolge". Ein Unterschied ergibt sich jedoch durch die von der DÜE übermittelten Kennungen mit i = EIN.
— Weitere Zustandsbeispiele sind u. a. „Testschleifen" zur Überwachung und Fehlereingrenzung. Auf Einzelheiten wird hier verzichtet.

Um ein Gefühl für den Gesamtzusammenhang zu vermitteln, wird am Beispiel einer erfolgreich hergestellten und dann wieder abgebauten Verbindung die Folge der Signale *an der Schnittstelle der rufenden und auslösenden DEE* in Kurzform beschrieben (Bild 5.9):

— Zustand ①, DEE und DÜE signalisieren ihre Bereitschaft, wie erwähnt.
— Zustand ②, Verbindungsanforderung durch DEE. Steuerleitung C geht auf EIN. Gleichzeitig wechselt die Bitfolge auf Sendeleitung T von Dauer-1 auf Dauer-0.
— Zustand ③, (spätestens nach 3 s) Wahlaufforderung aus dem Netz, wenn dieses aufnahmebereit ist, über DÜE an DEE gegeben durch zunächst zwei oder mehr SYN-Zeichen (IA 5 Komb. 1/6) und anschließend andauernd „+" (IA 5 Komb. 2/11) auf der Datenleitung R. I bleibt im Zustand AUS.
— Zustand ④, Wählzeichen, eingeleitet durch wenigstens zweimal SYN auf Leitung T, anschließend Wählzeichen nach IA 5, Beginn spätestens 6 s nach Wahlaufforderung, Ende spätestens nach 36 s, Kennzeichnung des Wahlendes durch „+" (Komb. 2/11). Lücken in der Wählzeichenfolge werden durch SYN aufgefüllt. C ist ständig EIN. Die Wählzeichenfolge enthält Angaben über die gewünschten Leistungsmerkmale und die gewünschte Adresse.
— nach der Wahl geht die DEE in den Zustand ⑤ über: DEE wartet (t = 1).
— Rückmeldung des Wahlendes aus dem Netz: Die DÜE geht damit in Zustand ⑥A

5.2 Die Schnittstelle nach CCITT-Empfehlung X.21

„DÜE wartet" über. Das Netz sendet über DÜE eine SYN-Folge (wenigstens zweimal).
— Zustand ⑦, Dienstsignale (IA 5) aus dem Netz geben über den Verbindungszustand Auskunft. Beispiele: „Endstelle gerufen" (d. h. nunmehr Warten auf Annahme des Rufs), „Nummer besetzt", „geänderte Rufnummer". Anschließend wieder:
— Zustand ⑥A: DÜE wartet.

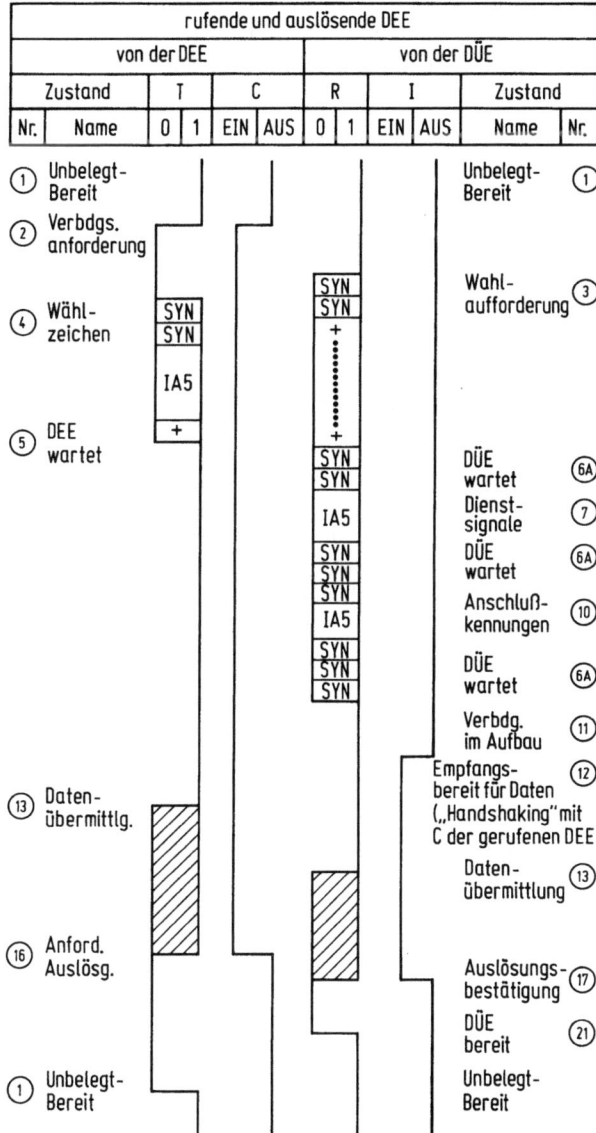

Bild 5.9. Beispiel für die Signalfolge an der Schnittstelle X.21.

— Zustand ⑩: DÜE überträgt die aus dem Netz empfangene Anschlußkennung des gerufenen Anschlusses zur DEE. Anschließend wieder Übergang zu
— Zustand ⑥ᴀ: DÜE wartet.
— Zustand ⑪: Verbindung (noch) im Aufbau, Meldung aus dem Netz, gekennzeichnet durch unverändert AUS auf Leitung I, Sendung von SYN wird durch Dauer-1 ersetzt. Es folgt
— Zustand ⑫: Wenn die Verbindung für den Datenaustausch zwischen beiden Endeinrichtungen verfügbar ist, signalisiert DÜE „bereit für Datenaustausch" durch $r = 1$, $i = EIN$. Zeitgrenze: 2 s nach dem Empfang des letzten Dienstsignals durch die DEE bzw. 20 s nach der Wahl durch die DEE. „Handshaking"-Prozedur von DEE zu DEE über den durchgeschalteten Verbindungsweg ($c = EIN$ von gerufener DEE).
— Zustand ⑬: Datenaustausch in Verantwortung der Teilnehmer, z. B. eingeleitet durch Kennungsaustausch. $t = Daten$, $c = EIN$, $r = Daten$, $i = EIN$.
— Zustand ⑯: Auslösungsanforderung durch DEE mit $t = 0$, $c = AUS$.
— Zustand ⑰: Auslösebestätigung durch Netz/DÜE durch $r = 0$, $i = AUS$. Anschließend geht das Netz/DÜE über in
— Zustand ㉑: DÜE bereit (DEE noch nicht!), $r = 1$, $i = AUS$.
— Wenn die DEE in den Ausgangszustand zurückgegangen ist, tritt wieder Zustand ① ein.

Ähnlich Bild 5.9 gibt es Diagramme für andere Verbindungsfälle und für die Seite der *gerufenen* DEE.

Vielfältig sind die mit Hilfe des IA 5 zu übermittelnden Wahl- und Dienstsignale, die in Verbindungsaufbaurichtung oder rückwärtig gesendet werden. Im Gegensatz zum „klassischen Fernsprechnetz" (Abschnitt 1.2), in dem die Signale auf wenige Gleichstromzustände und Hörzeichen begrenzt sind, lassen sich durch geeignete Kombinationen von IA 5-Zeichen viele automatisch auswertbaren Signalbedeutungen codieren. Bisher sind etwa 40 derartige Signale festgelegt worden, wobei noch viele Reserven bestehen. Beispiele für solche Signale sind „gerufene Nummer besetzt" (Code 21), „geänderte Rufnummer" (Code 42) und „kein freier Weg gefunden" (Code 61). Im ersten und letzten Fall kann automatisch ein erneuter Anruf versucht werden, während dies bei geänderter Rufnummer keinen Sinn hat.

5.3 Die Schnittstelle nach CCITT-Empfehlung X.25

Wie schon für Schnittstelle X.21 gezeigt gilt auch hier *im Prinzip* Bild 5.7: Es handelt sich um die Beschreibung der Schnittstelle S_1 zwischen Endeinrichtung EE und Übertragungseinrichtung ÜE beim Teilnehmer. Im Gegensatz zu X.21 ist X.25 jedoch für Endeinrichtungen an paketvermittelnden Netzen vorgesehen [5.5]. Sie gilt für Datenstationen der X.1-Benutzerklassen 8 bis 11 (2400 bis 48 000 bit/s). X.25 ist voll am OSI-Referenzmodell orientiert und beschreibt die Schichten 1 bis 3.

5.3.1 Schicht 1

In der physikalischen Schicht übernimmt X.25 die Empfehlungen von X.21 (Bild 5.8), soweit sie die Varianten des Ruhezustands (z. B. „DEE bereit", „DÜE bereit") und die Datentransferphase („Senden Daten von DEE") betreffen. Das gleiche gilt für Fehlerzustände, Testschleifen und Zeitbedingungen. Die Verbindungsaufbau- und Abbausignale von X.21 werden jedoch nicht benötigt, hierfür ist die Schicht 3 in X.25 zuständig. (Ausnahme: Anwahl eines X.25-Netzes über ein X.21-Netz).

5.3.2 Schicht 2

In Schicht 2 (Data Link Layer oder Sicherungsschicht) wird eine *sichere* Datenverbindung zwischen EE und ÜE (und über die ÜE mit dem nachfolgenden Netzknoten) hergestellt. Die aus Schicht 3 in die Schicht 2 übernommenen Daten werden dort einer High-level Data Link Control (HDLC)-Prozedur unterworfen, die von der Internationalen Organisation für Standardisierung (ISO) festgelegt wurde. Man unterscheidet verschiedene „Zugangsprozeduren" (Link Access Procedures LAP), nämlich LAPB und LAP. Neben einer Single Link Procedure (SLP), die der HDLC entspricht, gibt es optional auch eine Multilink Procedure (MLP), welche mehrere SLP-Verbindungen über eine gemeinsame Schnittstelle zu führen gestattet. Die MLP basiert auf bei ISO spezifizierten Multilink Control Procedures. Die weiteren Erläuterungen beziehen sich allein auf SLP und LAPB. Diese erlaubt sowohl der EE als auch der ÜE, jederzeit und unabhängig voneinander mit dem Senden von Daten zu beginnen. LAPB ist eine Duplex-Verbindung, d. h. Signale werden in beiden Richtungen der Verbindung ausgetauscht.

Bild 5.10 zeigt die Struktur eines LAPB-*Rahmens* (Frame). Es gibt Rahmen mit und ohne Informationsfeld, wobei hier ein solcher *mit* Informationsfeld beschrieben wird. Die *Flag* am Beginn dient der Kennzeichnung des Anfangs eines neuen Rahmens. Das aus zwei Nullen und sechs Einsen bestehende Muster darf natürlich in den Bitfolgen des Rahmeninhalts nicht als „Nutzinformation" auftreten, um nicht fälschlich einen neuen Rahmenbeginn vorzutäuschen. Deshalb wird in diese Bitfolgen vor Übergabe an Schicht 1 durch den Sender nach jeweils 5 aufeinanderfolgenden Einsen eine Null eingeblendet. Auf der Empfangsseite wird entsprechend aus dem ankommenden Bitstrom nach Übernahme von Schicht 1 eine auf 5 Einsen folgende Null entfernt. Damit ist die ursprüngliche Bitfolge wiederhergestellt. Eine Flag am Ende des Rahmens dient gleichzeitig der Kennzeichnung des Beginns eines neuen Rahmens. Folgt ein weiterer Rahmen nicht unmittelbar, so wird die entstehende Lücke mit Flags ausgefüllt.

Blockbegrenzung (Flag)	Adreßfeld	Steuerfeld (Control)	Informationsfeld	Blockprfg.-feld	Blockbegrenzung (Flag)
F	A	C	I	FCS	F
01111110	8 Bits	8/16 Bits	*N* Bits	16 Bits	01111110

Bild 5.10. Struktur des HDLC-Rahmens mit Datenfeld.
HDLC High-level Data Link Control, F Flag, FCS Frame Check Sequence

Das Adreßfeld A bezeichnet den beabsichtigten Empfänger bzw. Sender eines sog. Befehls- bzw. Antwort-Rahmens. Mit Hilfe des Steuerfeldes (Control C) werden die gesendeten und die empfangenen Rahmen gezählt, um damit auf noch zu beschreibende Weise die Wiederholung gestörter Rahmen zu ermöglichen. Die Zähler haben im allgemeinen ein Zählvolumen von 8 (Modulus 8), d. h. es können sich maximal 8 Rahmen auf der Übertragungsstrecke befinden. Optional kann das Zählvolumen auf 128 (Modulus 128) erweitert werden, wenn Übertragungsstrecken mit langen Laufzeiten (z. B. Satellitenstrecken) zu überbrücken sind. Mit Modulus-128-Zählern benötigt das Steuerfeld 16 Bits, bei Modulus-8-Zählern genügen 8 Bits.

Das Informationsfeld (I) steht entweder der Schicht 3 für den Pakettransport über das Netz zur Verfügung, oder aber es wird in Schicht 2 für Steuerungszwecke mitverwendet. Es sollte stets ganze Oktetts enthalten. Das Informationsfeld kann — wie erwähnt — in bestimmten, der Steuerung dienenden Rahmen auch entfallen. Es folgt das Blockprüfungsfeld (Frame Check Sequence FCS), welches der Fehlererkennung dient. Es werden 16 bit als Kontrollstellen an das Informationsfeld (bzw. an das Steuerfeld bei fehlendem Informationsfeld) angehängt. Die Prüfzeichenfolge wird nach einer bestimmten Vorschrift auf der Basis „zyklischer Codes" erzeugt [5.6]. Am Empfangsort wird der gesamte Block einschließlich Kontrollstellen derselben Vorschrift unterworfen. Das Ergebnis ist bei fehlerfreier Übertragung eine vorgegebene Bitfolge im Prüfzeichen, nämlich hier 0001110100001111. Bei Abweichungen wird eine Wiederholung der Nachricht angefordert. Das Verfahren erlaubt das Erkennen mehrfacher Fehler. Auf diese Weise ist abschnittsweise — „unbemerkt" von den höheren Schichten — eine wirksame Verringerung der Bitfehlerrate möglich (natürlich kann der durch häufige Wiederholungen auftretende Verzögerungs- und „Verstopfungs"-Effekt letzten Endes auch in höheren Schichten bemerkt werden).

Die Funktionen des Steuerfeldes werden nun etwas näher betrachtet. Es enthält entweder einen *Befehl* oder eine *Antwort*, ggf. zusätzlich Folgenummern. Entsprechend der Art der zu übertragenden Rahmen unterscheidet man das Steuerfeld für I-Rahmen, für S-Rahmen und für U-Rahmen. I-Rahmen besitzen jedenfalls ein Informationsfeld, ihr I-Steuerfeld verfügt über je einen Modulus-Zähler für ausgesendete und empfangene Rahmen $N(S)$ bzw. $N(R)$. Im S-Steuerfeld für *numerierte Überwachungsfunktionen* („Supervisory", S-Rahmen) gibt es einen Zähler $N(R)$ nur für empfangene Rahmen sowie u. a. zwei Bits für die Angabe von Überwachungsaussagen. Das U-Steuerfeld für *unnumerierte Steuerfunktionen* („Unnumbered", U-Rahmen) enthält keinen Zähler, jedoch u. a. fünf Bits für die Kennzeichnung verschiedener Modifizierungen. Das I-Steuerfeld soll hier als einziges ausführlich gezeigt werden (Bild 5.11). Es hat die Funktion eines Befehls, der eine Reaktion bzw.

Steuerfeld Bit-Nr.

a
1	2	3	4	5	6	7	8
0	$N(S)$			P	$N(R)$		

Steuerfeld Bit-Nr.

b
1	2	3	4	5	6	7	8	9	10	11	12	13	14	15	16
0	$N(S)$							P	$N(R)$						

Bild 5.11. Varianten des Steuerfeldes für I-Rahmen.
a) Steuerfeld für Modulus-8-Zähler,
b) Steuerfeld für Modulus-128-Zähler,
$N(S)$ Sendefolgenummer,
$N(R)$ Empfangsfolgenummer,
P Poll-Bit

5.3 Die Schnittstelle nach CCITT-Empfehlung X.25

Antwort erfordert, und wird durch „Null" auf Bitposition 1 gekennzeichnet. Ist das „P"-Bit (Poll) auf „Eins" gesetzt, so werden mit der Antwort Angaben zum Status des Partners erwartet.

Die Sendefolgenummer $N(S)$ und die Empfangsfolgenummer $N(R)$ werden zyklisch von 0 bis 7 (Bild 5.11a) bzw. 0 bis 127 (Bild 5.11b) durchgezählt. Jede Station (EE bzw. die durch ÜE repräsentierte Partnerstation auf der anderen Seite des Übertragungsabschnitts) besitzt zwei Statuszähler $V(S)$ und $V(R)$, deren zyklisch weitergezähltes Zählvolumen dem jeweils gewählten Modus (8 bzw. 128) entspricht. Die Zählerstände von $V(S)$ und $V(R)$ werden beim Aussenden in die I-Rahmen in Positionen $N(S)$ und $N(R)$ übertragen.

Der Sendestatuszähler $V(S)$ bezeichnet die Sendefolgenummer $N(S)$ des *nächsten* in einer Folge auszusendenden I-Rahmens. Nach dem Aussenden dieses Rahmens wird $V(S)$ um „eins" weitergezählt.

Der Empfangsstatuszähler $V(R)$ einer *betrachteten* Station (z. B. DEE, vgl. Bild 5.12) speichert die Sendefolgenummer des nächsten, von der Gegenstelle *erwarteten* I-Rahmens. *Entspricht* die Sendefolgenummer des nächsten *empfangenen* I-Rahmens dieser *Erwartung*, so wird der Empfangsstatuszähler $V(R)$ um eins weitergezählt, sofern der I-Rahmen *fehlerfrei* empfangen wurde. Sind diese beiden Bedingungen *erfüllt*, wird der empfangene I-Rahmen von der betrachteten Station mit einem eigenen I-Rahmen oder — falls keine zu sendende Information vorliegt — mit einem S-Rahmen RR (Receive Ready) quittiert, wobei als *Empfangsfolgenummer* $N(R)$ der neue Zählerstand des Zählers $V(R)$ (mithin die erwartete *Sendefolgenummer* des nächsten zu empfangenden I-Rahmens) der Gegenstelle zurückgemeldet wird. Sind die genannten Bedingungen *nicht erfüllt,* weist die betrachtete Station den empfangenen Rahmen zurück, indem sie mit einem S-Rahmen REJ (reject) antwortet. Die dabei zurückgemeldete Empfangsfolgenummer $N(R)$ gibt in diesem Fall die Sendefolgenummer des letzten fehlerfrei empfangenen I-Rahmens an, da ja der Empfangsstatuszähler $V(R)$ der betrachteten Station wegen des Fehlerfalls nicht weitergezählt wurde. Die Gegenstelle sendet nun alle auf den letzten fehlerfreien I-Rahmen folgenden I-Rahmen nochmals aus. Das bedeutet natürlich auch, daß *alle* noch nicht positiv quittierten I-Rahmen in der sendenden Station gespeichert sein müssen!

Der Zählerstand des Sendestatuszählers $V(S)$ wird — wie gesagt — mit jedem ausgesendeten I-Rahmen um eins weitergezählt und gibt damit die Sendefolgenummer $N(S)$ des nächsten zu sendenden I-Rahmens an. Er darf jedoch die Empfangsfolgenummer $N(R)$ des letzten empfangenen I- oder S-Rahmens nicht um mehr als eine Zahl k überschreiten, d. h. das Aussenden von I-Rahmen muß gestoppt werden, wenn diese Grenze erreicht ist. Mit k wird die Zahl der ohne Quittierung auszusendenden I-Rahmen vorgegeben. Der Wert der Zahl k beträgt maximal 7 bei Modulus 8 und 127 bei Modulus 128. Über k läßt sich der Durchsatz der Rahmen beeinflussen: mit hohen k-Werten vergrößert sich die Durchsatzrate (der Datenfluß), mit der Daten übertragen werden können, bei kleineren k-Werten ist es umgekehrt.

Bild 5.12 erläutert die Zusammenhänge: In Bild 5.12a ist $k = 7$ gewählt. In der betrachteten DEE wurde zuletzt ein I-Rahmen mit Sendefolgenummer $N(S) = 7$ fehlerfrei empfangen. Der (nicht gezeigte) eigene Empfangsstatuszähler $V(R)$ wird deshalb um eins weitergezählt und damit auf Null gesetzt. Dies ist also auch die von der DEE als nächstes auszusendende Empfangsfolgenummer $N(R)$. Der Sende-

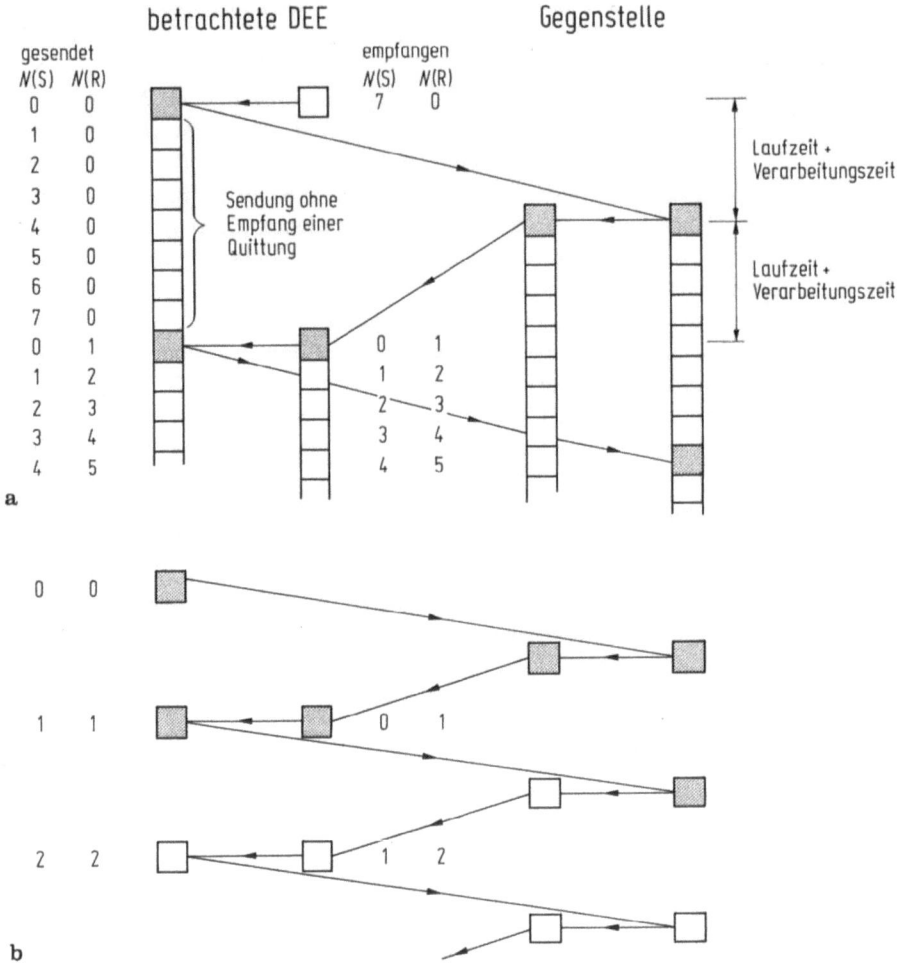

Bild 5.12 a, b. Datenflußsteuerung für HDLC-Rahmen.
a $k=7$, **b** $k=0$ „Compelled" Betrieb, □ HDLC-Rahmen, k Zahl der unquittiert auszusendenden Rahmen, $N(S)$ Sendefolgezähler, $N(R)$ Empfangsfolgezähler

statuszähler $V(S)$ der DEE möge zur Aussendung des nächsten I-Rahmens auf Null stehen. Dies wird somit die Sendefolgenummer $N(S)$ des nächsten von der DEE gesendeten I-Rahmens, was auch zu Recht von der *Gegenstelle* mit der von der DEE empfangenen $N(R) = 0$ erwartet wird. Dies ist die Ausgangssituation.

Mit $k = 7$ kann die betrachtete DEE weitere sieben I-Rahmen aussenden, ohne auf eine Quittung durch I- oder S-Rahmen der Gegenstelle warten zu müssen. Im Beispiel des Bildes 5.12 a werden damit „zufällig" gerade die Laufzeiten und Verarbeitungszeiten bis zum Eintreffen des ersten quittierenden I-Rahmens der Gegenstelle überbrückt. Nun erst wird — bei fehlerfreiem Empfang — der Empfangsstatuszähler $V(R)$ und damit die Empfangsfolgenummer $N(R)$ der DEE auf 1 gesetzt. Und nun darf auch die DEE — erneut mit Sendefolgenummer $N(S) = 0$ beginnend —

5.3 Die Schnittstelle nach CCITT-Empfehlung X.25

weitersenden. Senden und Empfangen von I-Rahmen setzt sich auf diese Weise zügig fort, wobei im hier gewählten Beispiel keine Wartezeiten mehr auftreten.

Entgegengesetzt liegen die Verhältnisse in der sog. Compelled-Betriebsweise des Bildes 5.12 b. Dort muß mit $k=0$ *jeder* gesendete I-Rahmen getrennt quittiert werden. Die dadurch bedingte Verringerung des Datendurchsatzes ist offensichtlich. Allerdings verringert sich auch der Aufwand für die Zwischenspeicherung der noch nicht quittierten I-Rahmen beim Sender, die ja für den Fall fehlerhaften Empfangs zum erneuten Senden bereit gehalten werden müssen.

Nach der ausführlichen Diskussion der I-Rahmen und ihrer Steuerfeld-Funktionen sei kurz noch auf die beiden anderen Rahmentypen eingegangen. S-Rahmen wurden mit ihren Quittungsfunktionen bereits vorgestellt. Zusätzlich können sie Beginn und Ende kurzzeitiger Unterbrechungen der Datenübertragung signalisieren. Diese Prozedur ist notwendig, wenn die Empfangseinrichtungen aus irgendwelchen Gründen nicht mehr aufnahmefähig sind. — U-Rahmen dienen der Initiierung von Steuerungsmoden, z.B. „Setzen des gewünschten Übertragungsmodus bzw. Modulus".

Noch einige Erläuterungen zu den weiteren Feldern des LAPB-Rahmens (Bild 5.10). Das Adreßfeld kennzeichnet einen Rahmen als *Befehl* oder als *Antwort*. Ein Befehl enthält die Adresse der befehlsempfangenden Einrichtung (EE oder ÜE), eine Antwort gibt die Adresse der antwortsendenden Einrichtung an. Dabei werden Single-link Procedure SLP und Multi-link Procedure MLP unterschieden. Es ergibt sich für die anzugebenden Adressen folgendes Schema (Tabelle 5.1):

Tabelle 5.1. Adreßschema

	von EE zu ÜE		von ÜE zu EE	
	SLP	MLP	SLP	MLP
Befehl	B	D	A	C
Antwort	A	C	B	D

Die Adressen werden entsprechend Tabelle 5.2 codiert:

Tabelle 5.2. Codierung der Adressen im Adreßfeld

Adresse	Bitposition							
	1	2	3	4	5	6	7	8
A	1	1	0	0	0	0	0	0
B	1	0	0	0	0	0	0	0
C	1	1	1	1	0	0	0	0
D	1	1	1	0	0	0	0	0

Eine weitere interessante Einzelheit der Schicht 2: Wie arbeitet das Sicherungsverfahren? Das Prinzip der Sicherung durch *zyklische Codes* sei an einem einfachen Beispiel (Bild 5.13) [5.6] erläutert. Es werden — nach der Vorschrift eines sog.

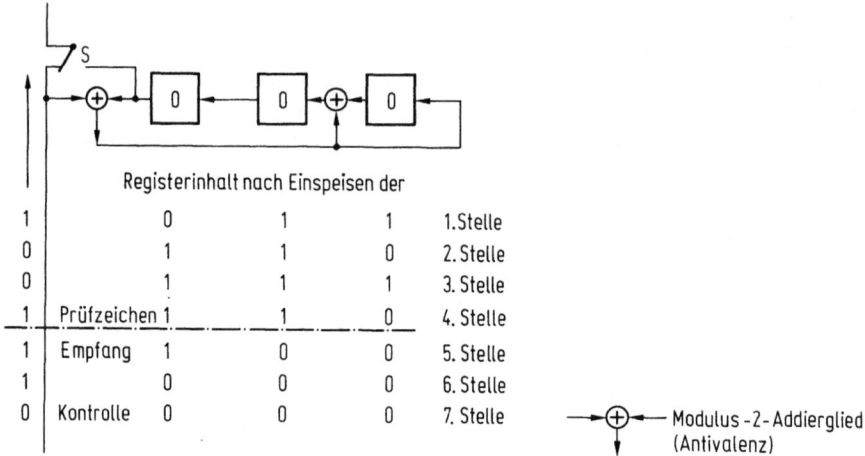

Bild 5.13. Prinzip der Prüfzeichenerzeugung und -Auswertung

Prüfpolynoms — in sich in bestimmter Weise rückgekoppelte Schieberegister verwendet, die von der Nutznachricht gefüllt werden. Dadurch entsteht ein *Prüfzeichen*, das an die Nutznachricht angehängt wird. Am Empfangsort werden Nutznachricht *und* anhängendes Prüfzeichen einem nach derselben Vorschrift rückgekoppelten Schieberegister zugeführt. Bei ungestörtem Empfang steht nach dem Ende des Durchlaufs ein vorgegebenes Bitmuster im Schieberegister.

In Bild 5.13 wird im Modell von einem 3-bit-Prüfzeichen und damit auch von einem dreistufigen Schieberegister ausgegangen (im Gegensatz zu dem für die Schnittstelle X.25 empfohlenen 16stufigen Schieberegister). Das Schieberegister ist in der gezeigten Weise rückgekoppelt, wobei jeder Rückkopplungsknoten als Antivalenzgatter oder Modulus-2-Addierglied wirkt. Das heißt: Die Binär-Additionsregeln gelten wie gewohnt, lediglich „1 + 1" ergibt „0" ohne Übertrag. In das so strukturierte Schieberegister wird nun die Nutznachricht (z. B. 1001) parallel zum Aussendevorgang eingeschrieben und erzeugt damit das Prüfzeichen, hier 110. Dieses Prüfzeichen wird an die Nutznachricht angehängt (Umlegen des Schalters). Beim Empfang wird die gesamte Nachricht einschließlich Prüfzeichen dem Schieberegister zugeführt. Bei fehlerfreiem Empfang ergibt sich immer derselbe Wert des Prüfzeichens, im Beispiel 000.

Die größte Länge des I-Rahmens (ausgenommen Flags) (Bild 5.10), die von seiten der EE aufgenommen wird, beträgt 135 Oktetts. Angaben zur aktuellen Länge des Informationsfeldes erübrigen sich, da diese Längen zum Teil (für einige U-Rahmen) vorgeschrieben sind, zum Teil sich aber auch aus der rahmenbegrenzenden „Flag" ergeben.

5.3.3 Schicht 3

Zur Veranschaulichung vermittelt Bild 5.14 einen Überblick über die Eingliederung der Schicht 3 (vgl. Bild 5.5). Aus Schicht 4 werden geeignet gebündelte (fragmen-

5.3 Die Schnittstelle nach CCITT-Empfehlung X.25

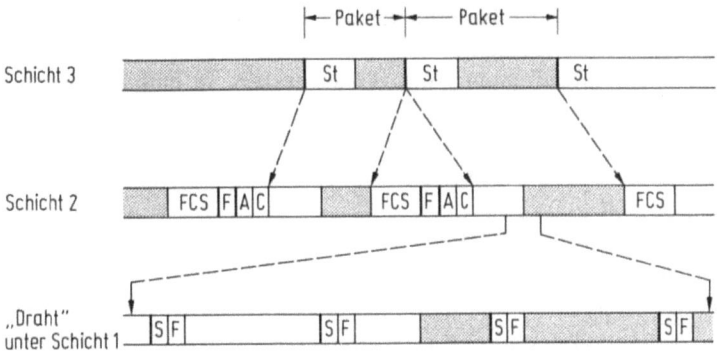

Bild 5.14. Eingliederung der Schicht 3 der Schnittstelle X.25.
▨ Nutzdaten der Schicht 4, St Steuerungsanteil der Schicht 3, FCS Frame Check Sequence, F Flag (Schicht 2), A Address, C Control, S Zustandsbit, F Synchronisierbit

tierte) Nutzdaten (schraffiert) an Schicht 3 übergeben und dort mit einem Steuerungszusatz St versehen. Damit entstehen *Pakete,* die nun ihrerseits als Information in die Informationsfelder der Schicht 2 eingebracht werden. Die daraus gebildeten *Rahmen* enthalten also — von Schicht 2 unbemerkt — sowohl Steuerungszusätze als auch Nutzdaten aus Schicht 3. Es folgt die Übergabe an Schicht 1 und damit an die echte (also nicht nur fiktive) Schichtenverbindung zwischen DEE und DÜE entsprechend Bild 5.8. Jedoch handelt es sich dabei um eine vieladrige Verbindung, die in der DÜE in Richtung zum Netzknoten auf eine zweiadrige Anschlußleitung umgesetzt werden muß (Schnittstelle S_2, vgl. Bild 5.7 und Abschnitt 5.1). Bild 5.14 stellt nun eine „Verpackung" der in Schicht 1 übernommenen Rahmen für den Transport auf einer *zweiadrigen* Anschlußleitung dar, wobei diese nicht mehr Teil der Empfehlung X.25 ist. Es handelt sich dabei um die Einsortierung der Schicht-2-Bitströme in sog. *Envelopes* (in Bild 5.14 durch stark ausgezogene Linien begrenzt). Envelopes gibt es in 6-Bit- und in 8-Bit-Version. Gezeigt ist die Version mit 8-Bit-Envelopes. Dabei dient S als „Zustandsbit" der Kennzeichnung von c- bzw. i-Zuständen in Schicht 1 (X.21), (vgl. Bild 5.9), während F für die Synchronisierung der Envelopes sorgt.

Nach diesem Überblick sei im einzelnen auf Schicht 3 der Empfehlung X.25 eingegangen: Sie sorgt für die Übermittlung der Datenpakete zwischen zwei Endeinrichtungen über das Datennetz mit seinen Netzknoten hinweg. Wie üblich müssen hierzu (virtuelle) Verbindungen auf- und abgebaut werden, müssen Daten während der bestehenden Verbindung ausgetauscht werden, müssen zusätzliche Maßnahmen für Sonderwünsche, ungestörten Informationsaustausch, Diagnose usw. getroffen werden. Neben dem eigentlichen Nutzinformationstransport ist also auch *Signalisierung* zwischen Endeinrichtungen und Netzknoten, zwischen Netzknoten selbst und ggf. auch zwischen Endeinrichtungen nötig. Da in der Paketvermittlung jedes einzelne zu vermittelnde Paket hinsichtlich seiner Verbindungsparameter „angesehen" werden muß, kann man die Pakete einer Verbindung nicht nur für Nutzdaten, sondern auch für Signalisierungsdaten sehr freizügig verwenden, indem man dies bereits in der „Paketanschrift" vermerkt. Es gibt also Pakete unterschiedlicher Bedeutung. Einige Beispiele:

- Paket „Verbindungsanforderung" von der EE zur ÜE und damit zum Netz; es enthält auch die Adresse der gerufenen EE.
- Paket „Ankommender Anruf" vom Netz (ÜE) zur EE; es enthält auch die Adresse der rufenden EE.
- Paket „Annahme des Anrufes", gesendet zum Netz durch die angerufene EE, wenn sie dem Anruf zustimmt; die Verbindung wird damit in den Zustand „Datentransfer" versetzt.
- Paket „Verbindung hergestellt", empfangen aus dem Netz von der rufenden EE, damit also auch Anzeige, daß der „Datentransfer" möglich ist;
- Paket „Auslösungsanforderung" von einer der beteiligten EE an die ÜE (an das Netz);
- Paket „Auslösungsbestätigung" aus der ÜE (aus dem Netz) an die anfordernde EE;
- Paket „Auslösungsanzeige" aus dem Netz an die EE, die die Auslösung nicht angefordert hatte;
- Quittieren von dieser EE durch Paket „Auslösungsbestätigung";
- sogenannte Datenpakete, die die *Nutzinformation* aus Ebene 4 enthalten und zwischen den Endsystemen austauschen;
- Pakete, die den Nutzdatenfluß steuern.

Es kann hier nicht Aufgabe sein, Schicht 3 der Empfehlung X.25 in allen ihren zahlreichen Details zu erläutern. Statt dessen sollen am Beispiel der erwähnten Datenpakete einige wichtige Einzelheiten besprochen werden. Bild 5.15 zeigt das Paketformat der Variante, in der sich die Paketfolgenummern $P(R)$ und $P(S)$ im Modulus 8 wiederholen. (Es gibt in Parallele zur Schicht 2 auch ein erweitertes Format für Modulus 128.) Der Steuerungskopf St des Pakets enthält im ersten Oktett zunächst das Bestimmungskennzeichen (General Format Identifier). Zur Kennzeichnung eines Datenpakets mit Modulus 8 müssen Bit 6 = 0 und Bit 5 = 1 sein (bei Modulus 128 dagegen Bit 6 = 1, Bit 5 = 0).

Das dritte Oktett dient der Identifizierung des Pakettyps (Packet Type Identifier). Für Datenpakete ist eine Null in Stelle 1 vorgeschrieben, alle anderen Pakettypen sind dort mit Eins belegt. Deshalb bleiben für Datenpakete die Stellen 2 bis 8 anderweitig nutzbar, worauf gleich eingegangen wird. Die Paketidentifizierung unterscheidet 35 verschiedene Datentypen in den beiden Flußrichtungen von und zur Endeinrichtung. Eine weitere Differenzierung der Typen wird von Fall zu Fall über zusätzliche Datenfelder vorgenommen.

Die „Eleganz" des Paketvermittlungsprinzips zeigt sich mit den Feldern „Gruppennummer" und „Einzelnummer des logischen Kanals". In Paketvermittlungsnetzen lassen sich bekanntlich (von Fall zu Fall oder auch permanent) *virtuelle Verbindungen*

Bild 5.15. Format des Datenpakets.
St Steuerungsanteil, M More Data Bit,
$P(R)$ Empfangsfolgenummer,
$P(S)$ Sendefolgenummer

5.3 Die Schnittstelle nach CCITT-Empfehlung X.25

aufbauen, die zwischen den Netzknoten *logische Kanäle* belegen (vgl. Abschnitt 2.2.3). Damit wird einer Verbindung für ihre Dauer (abschnittsweise) eine Kennummer zugeteilt, unter der sie in den Netzknoten geführt wird. Alle Pakete dieser Verbindung tragen (abschnittsweise) diese Kennummer, anhand derer sie auf einem beim Verbindungsaufbau festgelegten Weg durch das Netz geschleust werden. Da ja nun Pakete einer Verbindung in der Regel nicht pausenlos während der gesamten Verbindungszeit übermittelt werden, lassen sich auch Pakete anderer Verbindungen in den Pausen auf demselben Übertragungsweg weiterleiten. Dadurch werden die Übertragungswege sehr gut ausgenutzt. Man spricht von „virtuellen Verbindungen", weil im Gegensatz zur reellen Verbindung im leitungsvermittelnden Netz der Übertragungskanal nicht für die Dauer der Verbindung ständig belegt ist, sondern nur dann, wenn tatsächlich Daten zu übertragen sind.

Die Effektivität dieses Prinzips wird auf der Teilnehmeranschlußleitung besonders deutlich. Mit 4 Bits der Gruppennummer (Logical Channel Group Number) und 8 Bits der Einzelnummer (Logical Channel Number) lassen sich theoretisch $2^{12} = 4096$ Kennummern oder logische Kanäle für einen Teilnehmer vergeben. Dieser kann also zahlreiche Verbindungen zu verschiedenen Zielen *gleichzeitig* auf nur *einer* Anschlußleitung betreiben! Praktisch wird die Anzahl der gleichzeitig zu führenden Verbindungen durch verschiedene Einflußfaktoren begrenzt, u. a. natürlich durch die reelle Belastung der Anschlußleitung infolge des Datentransports.

Die im Datenpaket verfügbaren Bits 2 bis 8 des dritten Oktetts werden ähnlich wie die Sende- und Empfangsfolgenummern $N(S)$ bzw. $N(R)$ der Schicht 2 für die Steuerung des Paketdurchsatzes verwendet, nämlich mit Hilfe der Paketfolgenummern $P(S)$ und $P(R)$. In Schicht 3 übernimmt ein *Fenster* (Window) sinngemäß die Aufgabe der Größe k in Schicht 2. Das Fenster ist ein Satz von W aufeinanderfolgenden Paket-Sendefolgenummern. Pakete dürfen in der Reihenfolge ihrer Modulus-Nummern gesendet werden, *bevor* der Modulus-Endwert von W erreicht ist. In der Regel ist $W = 2$. Rückwärtig gesendete Datenpakete oder Quittungspakete stellen mit ihren Paket-Empfangsfolgenummern $P(R)$ den jeweiligen Modulus-Anfangswert des Fensters ein. Dabei gibt $P(R)$ die Nummer des nächsten erwarteten Datenpakets (oder eine kleinere Nummer) an, gleichbedeutend mit der Aussage, daß die Datenpakete mit den Sendefolgenummern bis einschließlich $P(R) - 1$ richtig empfangen wurden.

Beispiel: Quittiert wurde mit Empfangsfolgenummer $P(R) = 2$. Dies ist die Modulus-Zahl, auf der das Fenster $W = 2$ aufsetzt. Das Paket mit der Sendefolgenummer $P(S) = P(R) + (W - 1) = 3$ darf noch gesendet werden, nicht jedoch dasjenige mit $P(S) = P(R) + W = 4$. Dieses Paket wird erst nach Empfang des nächsten rückwärtigen Paketes mit $P(R) = 3$ abgeschickt. — Es ist ersichtlich, daß größere Fenster einen höheren Paketdurchsatz erlauben (*Flußsteuerung*).

Im Oktett 3 des Datenpakets nach Bild 5.15 findet sich an Stelle 5 die Bedeutung „M" (More Data). Wenn dieses Bit auf „Eins" gesetzt ist, folgt dem Datenpaket ein weiteres zugehöriges nach. Derartige zusammengehörige Datenpakete können unter bestimmten Bedingungen im Netz zusammengefaßt werden.

Das Bestimmungskennzeichen des Datenpakets enthält an Stelle 8 ein Q (Qualifier)-Bit. Mit $Q = 1$ kann optional eine Paketsequenz hervorgehoben werden, z. B. zur Unterscheidung von Benutzerdaten und Steuerungsinformation. Ein solcher

Anwendungsfall wird z. B. in Empfehlung X.29 angegeben, bei welcher es zusammen mit Empfehlung X.28 um den Informationsaustausch zwischen sog. Start-Stop-Endeinrichtungen und paketorientierten Endeinrichtungen geht. An Stelle 7 des Bestimmungskennzeichens gibt es ein D-(Delivery Confirmation) Bit. Das D-Bit wird gleich Eins gesetzt, wenn das sendende Endsystem vom empfangenden Endsystem (also End-to-end) eine Empfangsbestätigung für das Paket (mittels Paket-Empfangsfolgenummer) wünscht. Um diesen Modus vorzubereiten, können einige Pakettypen des Verbindungsaufbaus ebenfalls das Bit in Position 7 auf „Eins" einstellen.

Das Feld für die Benutzerdaten soll vollständige Oktetts enthalten, ihre Maximalzahl beträgt 128. Jedoch können fallweise vom Netzbetreiber auch andere Maximalwerte bis zu 4096 zugestanden werden.

Zur Kennzeichnung der Daten-Übertragungsgeschwindigkeit von virtuellen Verbindungen werden *Durchsatzklassen* (Throughput Classes) definiert. Der effektiv erreichbare Durchsatz ist allerdings von zahlreichen Einflußgrößen abhängig wie Eigenschaften und Fenstergrößen der Endsysteme, Netzeigenschaften, jeweilige Netzbelastung usw. Der tatsächliche Durchsatz kann kleiner oder sogar größer werden als es der Durchsatzklasse entspricht.

5.4 Das Message Handling System (MHS)

In den vorigen Abschnitten wurden die unteren Schichten des Open System Interconnection-Architekturmodells mit Standardisierungsbeispielen erläutert. Nun soll aus der ausufernden Fülle von Schicht 7-Anwendungen (Bild 5.6) ein sehr universelles und erweiterungsfähiges Beispiel besprochen werden: Das „Message Handling System" (Mitteilungs-Übermittlungssystem) [5.7] nach CCITT-Empfehlungen X.400 bzw. F.400 und folgende [5.8]. Das (abgekürzt) MHS ist ein Standardisierungskonzept für den Nachrichtenaustausch zwischen auch inkompatiblen Maschinen und bietet darüber hinaus eine Vielzahl komfortabler Dienste an, welche den Nachrichtenaustausch unterstützen und erleichtern. An dieser Stelle interessieren diese Dienste nicht so sehr wie das *technische* Konzept, das aus einer Modell-Vorstellung abgeleitet wird. Auf dieses Modell wird nun eingegangen.

Wie üblich dient das Modell der „Partitionierung" von Gesamt-Funktionskomplexität auf überschaubare Bereiche von Teil-Komplexitäten, die untereinander mit definierten „Protokollen" in Beziehung treten, um die Gesamt-Funktionalität zu erreichen (vgl. Abschnitt 7.4). Bild 5.16 vermittelt einen Überblick über die Aufteilung. An das MHS sind Benutzer (User) angeschlossen, die irgendwelche kommunikationsfähigen Maschinen repräsentieren. Diese Benutzer arbeiten mit Helfern (User Agents UA) zusammen, welche sich mit den „persönlichen Eigenarten" der Benutzer auskennen, auf der anderen Seite aber für die Bedienung des MHS ausgebildet sind. In Parallele zur Briefübermittlung: die Helfer UA sind Sekretärinnen, welche die Briefe ihrer Chefs versandfertig machen.

Um im Bild zu bleiben: Die Briefe können nun entweder in einen Briefkasten (Message Store MS) eingeworfen werden, oder aber sie werden direkt bei der Post bei einem Beamten (Message Transfer Agent MTA) aufgegeben. Dieser Beamte arbeitet mit anderen Beamten (MTA) auf eine festgelegte Art und Weise zusammen,

5.4 Das Message Handling System (MHS)

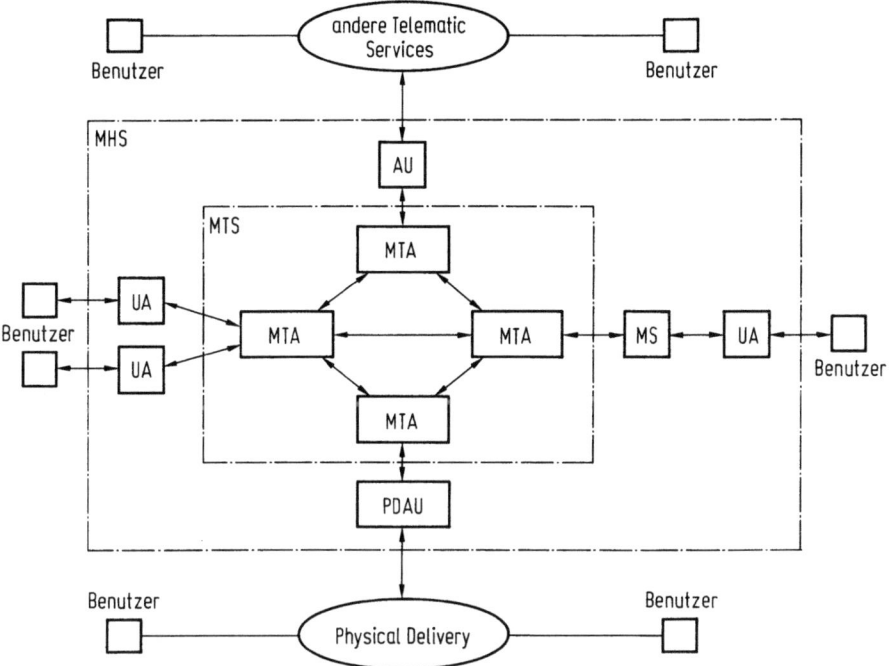

Bild 5.16. Funktionsmodell des Message Handling Systems (MHS).
UA User Agent, MS Message Store, MTA Message Transfer Agent, MTS Message Transfer System, AU Access Unit, PDAU Physical Delivery Access Unit

um den Brief zum Bestimmungsort und zur Bestimmungsperson zu expedieren, entweder dort in den Briefkasten MS eingeworfen oder direkt der Sekretärin UA abgeliefert. In dieser Briefpost-Organisation (Message Transfer Systems MTS) gibt es natürlich zahlreiche Möglichkeiten, auf die Wünsche der Benutzer einzugehen: Eilzustellung, postlagernd, Rückschein usw.

Nun existiert dieses MHS (leider) nicht *allein* in der Weltkommunikationslandschaft, sondern es muß die Historie — also bestehende Systeme (Telematic Services) — mit berücksichtigen. Die Benutzer am MHS möchten natürlich mit Benutzern an anderen, seit langem vorhandenen Systemen kommunizieren können. Hierfür gibt es Spezialisten (Access Units AU), welche Briefe vom MHS in andere Systeme einschleusen können und umgekehrt. Ein Spezialfall ist erwähnenswert: Er bietet einen Übergang von der elektronisch übermittelten Nachricht zu einer „körperlich" (also z. B. als „echter" Brief) übertragenen Nachricht. Die Übergabe an diese Physical Delivery PD erfolgt durch eine Physical Delivery Access Unit PDUA.

Wie in der Parallele der Brief- und Paketpost gibt es nicht nur *eine* einheitliche Organisation und Verwaltung (Management Domain MD) des MHS, sondern es existieren private „Hauspost"-Systeme (PRMD) in Firmen und Behörden, die mit dem öffentlichen System (Administration-MD, ADMD) zusammenarbeiten, welches wiederum mit ADMD in anderen Ländern kooperiert (Bild 5.17). Auf diese Weise brauchen die MTAs nur die organisatorischen Details ihrer eigenen Domäne zu wissen.

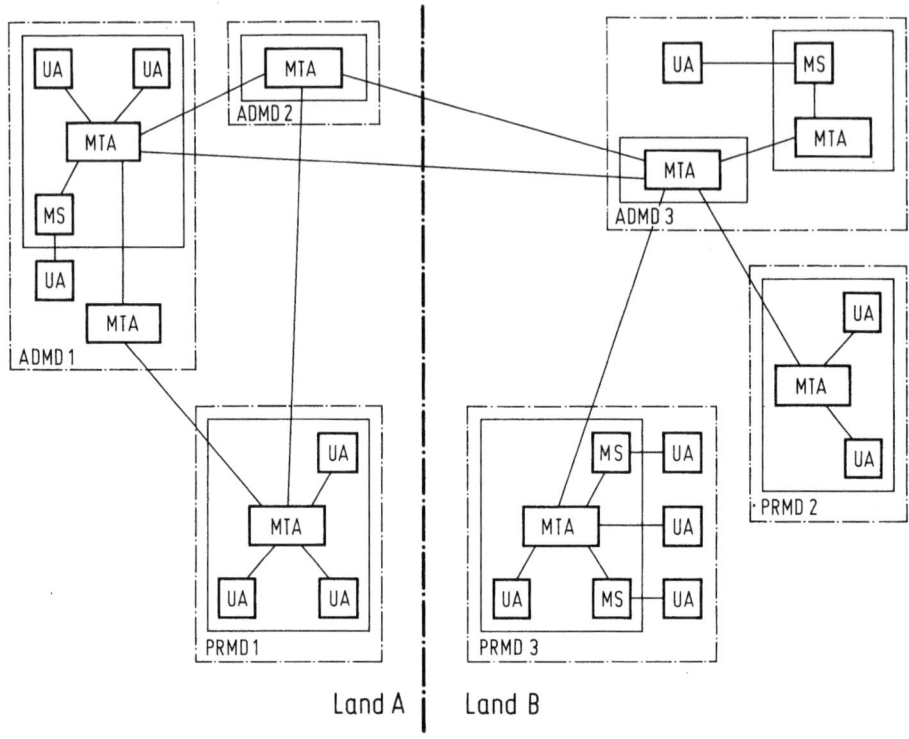

Bild 5.17. Beziehungen zwischen Management Domänen (MD).
ADMD Administration Management Domain, PRMD Private Management Domain, UA User Agent, MS Message Store, MTA Message Transfer Agent

Eine spezielle Ausprägung des MHS ist der Interpersonal Messaging Service IPM, über den Menschen an Terminals (Endgeräten) Botschaften austauschen können. Übergänge z. B. zu vorhandenen Fernschreibdiensten (Telex, Teletex) sind vorhanden, Fernschreibteilnehmer können auf diese Weise auch die weitergehenden Dienste des IPM nutzen. Eines der IPM-Merkmale ist die stärkere Differenzierung der MHS-Nachrichtenstruktur. Bild 5.18 zeigt rechts die MHS-Grundstruktur mit dem „Briefbogen" (Content), der in einen Standard-„Umschlag" (Envelope) gesteckt wird, welchen dann der MTA übernimmt und „abstempelt". Links im Bild ist im IPM der Briefbogen (die „IP Message") aufgeteilt in Briefkopf (Heading) und Nachrichteninhalt (Body). Wie man sieht, können auch Teilinhalte (Body Part) gebildet werden. Bild 5.19 erläutert den Nutzen von Body Parts: Es lassen sich unterschiedliche Darstellungsformen in einer und derselben Nachricht unterbringen, z. B. zeichencodierte Texte, pixelorientierte Grafiken, ja sogar sprachliche Annotationen, etwa in ADPCM codiert!

Natürlich sind die „Agents" nichts anderes als Softwarepakete, in einem oder in verschiedenen Rechnern untergebracht. Die User Agents können in ihrem dem Benutzer zugewandten „lokalen Gesicht" spezielle Unterstützungsfunktionen außerhalb von Standards — z. B. eines elektronischen Bürosystems — übernehmen (vgl.

5.4 Das Message Handling System (MHS)

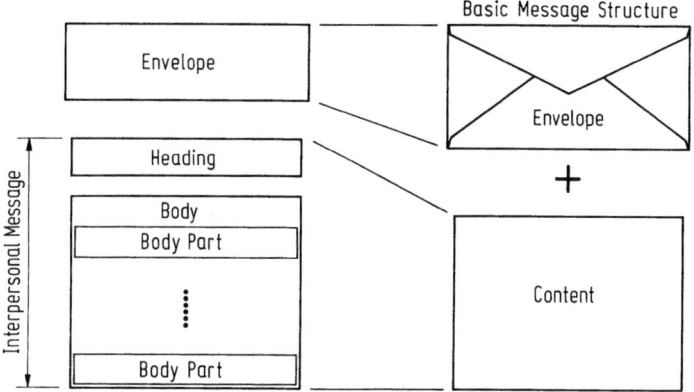

Bild 5.18. Nachrichtenstruktur im Interpersonal Messaging Service (IPM)

Kapitel 7). Die *nichtlokalen* MHS-Funktionen und die Kommunikationsregeln sind in den zugehörigen MHS-Empfehlungen festgelegt, ebenso die Rahmenstrukturen der digitalen Nachrichten. Es gibt im MHS zahlreiche „Dienst-Elemente", die kombiniert werden können.

Bild 5.20a zeigt die Eingliederung der Modell-Agents in die OSI-Architektur. Die Agents werden nun zu „Entities" E, also zu technischen Softwareeinheiten. Nach oben offen befinden sich die außerhalb der Standardisierung liegenden lokalen

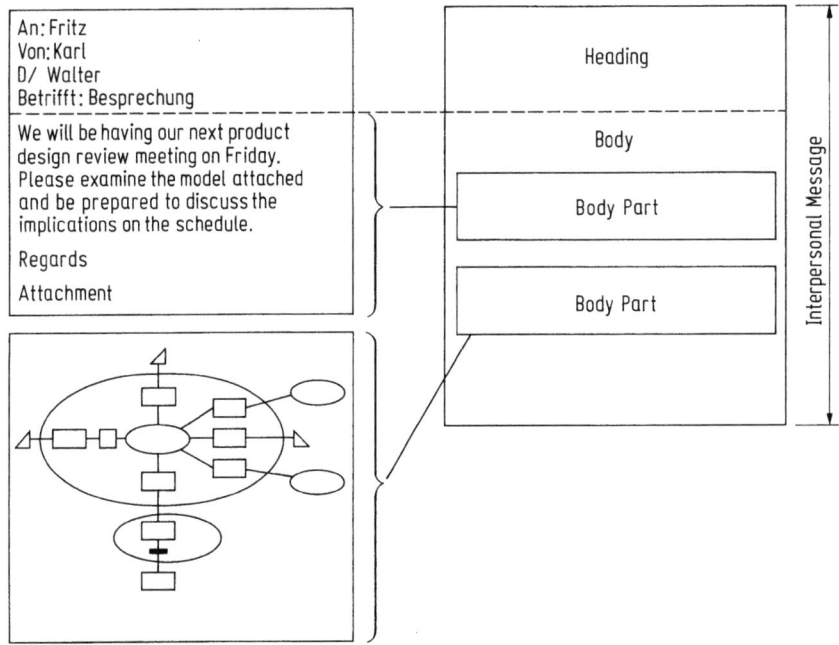

Bild 5.19. Beispiel eines Interpersonal Message

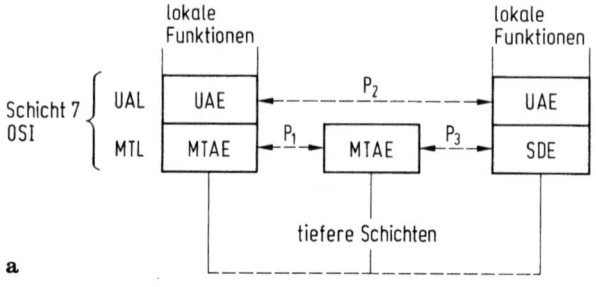

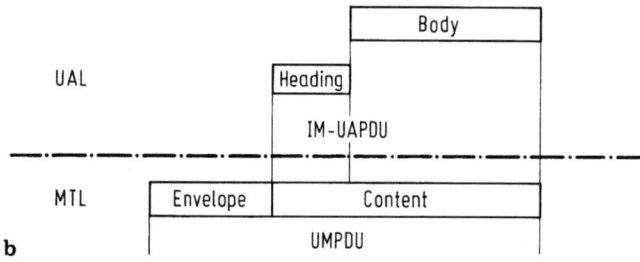

Bild 5.20 a, b. Eingliederung des MHS in die OSI-Architektur.
a Protokollaustausch und Schichtenverbindung, **b** Protokollaufbau. UAL User Agent Layer, MTL Message Transfer Layer, IM Interpersonal Messaging, PDU Protocol Data Unit, UAE User Agent Entity, MTAE Message Transfer Agent Entity, SDE Submission & Delivery Entity, UMPDU User Message PDU, P_i Protokoll i

Funktionen der User Agents UA. Die UA-Entities kommunizieren (scheinbar) direkt miteinander über Protokolle P_2, welche die technischen Details des IPM-Dienstes kennzeichnen. Die MTA-Entity bietet der UA-Entity ihre Dienste an und kommuniziert mit anderen — auch eigenständigen — MTAE über Protokolle P_1, mit denen die „Betriebsabläufe" des Systems festgelegt werden. Eine Besonderheit ist oben rechts im Bild gezeigt: User Agents können aus dem MHS — also z. B. aus einem zentralen Computer — ausgelagert werden, etwa in einen weit entfernten, über das öffentliche Netz angeschlossenen Personal-Computer. Dann braucht die UAE für den Protokollaustausch (Kategorie P_3) mit der MTAE die Unterstützung einer Submission & Delivery Entity SDE. — Bild 5.20 b erläutert den daraus resultierenden Protokollaufbau (vgl. Bild 5.4).

5.5 Teilnehmersignalisierung im ISDN

Nunmehr geht es um den Austausch allein von *Steuerungsinformation* vom Benutzer mit dem Netz, evtl. auch mit dem Partner-Benutzer, kurz um die „Signalisierung". In diesem Abschnitt wird die „zwangsläufig an den Übertragungsweg der Nutzinformation gebundene" (leitungsgebundene) Signalisierung auf der Anschlußleitung des Teilnehmers mit dem für ihn zuständigen „Teilnehmernetzknoten" behandelt (vgl.

5.5 Teilnehmersignalisierung im ISDN

Bild 5.1). In Abschnitt 1.2 waren bereits die außerordentlich begrenzten Signalisierungsmöglichkeiten im „konventionellen" Fernsprechnetz erwähnt worden. Im Vorgriff auf die Merkmale des Integrated Services Digital Network (ISDN, Kapitel 6) wird dagegen hier von der Existenz eines leistungsfähigen Digitalkanals mit einer Bitrate von 16 kbit/s (sog. *D-Kanal*) für die Signalisierung zwischen Teilnehmer und Netzknoten ausgegangen. Da dieser Signalisierungskanal außerhalb eines zugeordneten Nutzkanals besteht, spricht man traditionsgemäß von Outband-Signalisierung. Dagegen sind z. B. die im Zusammenhang mit Schicht 3 der Empfehlung X.25 erwähnten Signalisierungspakete einer Inband-Signalisierung zuzuordnen, weil sie über den Weg einer „virtuellen Verbindung" verlaufen, über den auch die Nutzinformation („Datenpakete") transportiert wird.

Die Outband-Signalisierung auf dem D-Kanal des ISDN orientiert sich an der Struktur der Schnittstelle X.25. Auf Schicht 1 (Physical) wird hier nicht eingegangen (vgl. Rec. I.430 oder I.431 [5.9]).

5.5.1 Die Schicht 2 im Signalisierungskanal D des ISDN

Die Link Access Procedure on the D-channel LAPD wird in den CCITT-Empfehlungen Q.920 und 921 (bzw. I.440 und I.441) beschrieben [5.10]. Sie stützt sich ab auf die LAPB der Empfehlung X.25, ist also praktisch eine Prozedur zum „Management" und zur Sicherung der Signalisierung auf der Teilnehmeranschlußleitung (Schicht 2). Auch hier gibt es Rahmen, die den Informationstransport (I) besorgen, und solche, die allein der Steuerung und ggf. Nachrichtenwiederholung dienen (Supervisory S und Unnumbered U). Es mag wiederum genügen, den I-Rahmen näher zu betrachten (Bild 5.21).

Wir finden die Flag wieder wie in Abschnitt 5.3.2 beschrieben. Das Adreßfeld ist gegenüber Empfehlung X.25 auf 16 bit erweitert. SAPI heißt Service Access Point Identifier und gibt an, welche Bedeutung die Information hat. Von den mit 6 bit möglichen 64 Werten sind bisher nur vier belegt. Unter anderem wird angegeben, ob es sich um Signalisierungsinformation handelt oder um Paket-Information nach Empfehlung X.25, die sich mit gewissen Einschränkungen ebenfalls auf dem D-Kanal übertragen läßt.

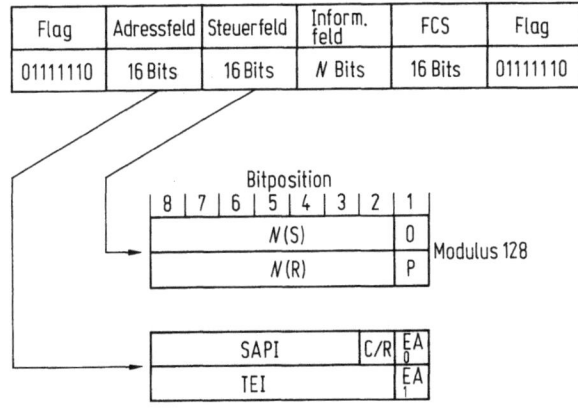

Bild 5.21. ISDN-Teilnehmersignalisierungsschnittstelle Schicht 2.
SAPI Service Access Point Identifier,
C/R Command/Response,
TEI Terminal Endpoint Identifier, EA Extension Addressfeld,
$N(S)$ Sendefolgenummer,
$N(R)$ Empfangsfolgenummer,
P Poll-bit

Das C/R (Command/Response)-Bit zeigt in Abhängigkeit von der Flußrichtung des Rahmens an, ob es sich um einen „Befehl" oder um eine „Antwort" handelt. Das C/R-Bit wird z. B. auf Null gesetzt, wenn der Benutzer eine Signalisierungsnachricht zum Netz sendet.

TEI (Terminal Endpoint Identifier) bezeichnet das Endgerät, für das der I-Rahmen bestimmt ist bzw. von dem der I-Rahmen ausgeht. Im ISDN können nämlich mehrere (bis zu 8) Terminals an einem und demselben Anschluß liegen (vgl. Abschnitt 6.4). EA ist ein „Address Field Extension Bit". Solange EA auf Null gesetzt ist, wird das Adreßfeld um ein weiteres Oktett verlängert. Mit EA gleich Eins endet hier also das Adreßfeld mit insgesamt zwei Oktetts.

Nun zum Steuerfeld: Sende- und Empfangsfolgenummern $N(S)$ und $N(R)$ sind generell auf Modulus 128 erweitert, die Funktionsweise entspricht der in Abschnitt 5.3.2 erläuterten. Die „Null" auf Bitposition 1 des $N(S)$-Oktetts identifiziert den Rahmen als Kategorie „I". Das P(Poll)-Bit ist im allgemeinen auf „Eins" gesetzt. Wenn in bestimmten Fällen keine Empfangsquittung verlangt wird, ist P gleich „Null". Schließlich: FCS dient wie in Abschnitt 5.3.2 erklärt der Sicherung des Informationstransports gegenüber Störungen.

Der beschriebene I-Rahmen trägt Signalisierungsinformation der Schicht 3, die in ihrer Vielfalt noch erläutert wird. Außerdem gibt es in Schicht 2 verschiedene S- und U-Rahmen, die alles festlegen, was dort zwischen zwei festen Endpunkten koordiniert werden muß. Für Befehle und Antworten existieren in der Kategorie „S" sechs, in der Kategorie „U" acht weitere Rahmentypen. Sie werden durch *Bitmuster* im 4. Oktett unterschieden, welche mit „Eins" in Bitposition 1 *anstelle* der Sendefolgenummer $N(S)$ gebildet werden.

Mit der Festlegung der in Schicht 2 auszutauschenden *Protokolle* allein ist es nicht getan. In Empfehlung Q.921 werden auch die *Funktionen* beschrieben, die der Schicht 3 als Dienst angeboten werden bzw. die der Etablierung und Aufrechterhaltung des Schicht-2-Betriebs dienen. Insgesamt erfordern die D-Kanal-Protokollfestlegungen *nur* für Schicht 2 (also lediglich für den *Transport* von Signalisierungsinformation) einen Beschreibungsumfang von etwa 150 DIN A4 Seiten!

5.5.2 Die Schicht 3 im Signalisierungskanal D des ISDN

Wir besprechen lediglich einige Details der CCITT-Empfehlung Q.931 (I.451), welche Grundlagen der Verbindungssteuerung im ISDN beschreibt [5.11]. Dabei geht es einerseits um die Paketstruktur, andererseits um die zahlreichen verschiedenen Inhalte der Signalisierungsinformation, die in Schicht 3 übermittelt wird. Im Gegensatz zur Schicht 3 der Empfehlung X.25, die lediglich den Rahmen für *beliebige* Informationsinhalte vorgibt, werden hier alle möglichen Informationsinhalte (Nachrichtentypen) von vornherein bzw. in nachträglichen Erweiterungen festgelegt. Damit erhält man zugleich einen Überblick über die im ISDN zu realisierenden Leistungsmerkmale.

Zunächst also zur Paketstruktur (Bild 5.22): Die Protokollkennung (Protocol Discriminator) mit einer „Eins" im vierten Bit des ersten Oktetts unterscheidet Verbindungssteuerungspakete von anderen, teilweise noch zu definierenden Paketen. Insbesondere lassen sich auf diese Weise die Verbindungssteuerungspakete von

5.5 Teilnehmersignalisierung im ISDN

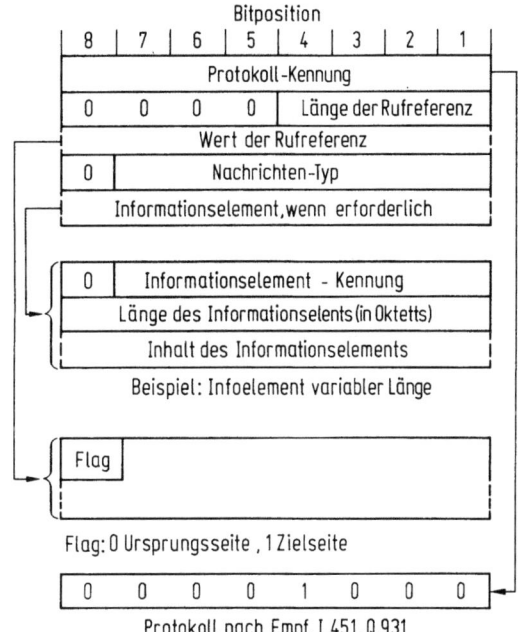

Bild 5.22. ISDN-Teilnehmersignalisierungsschnittstelle Schicht 3

Paketen der Empfehlung X.25 unterscheiden, die in Bitpositionen 5 bis 8 wenigstens *eine* „Eins" aufweisen. Die Rufreferenz (Call Reference) gibt an, zu welcher Verbindung oder sonstigen Aktivität des Anschlusses die Signalisierungsinformation gehört. Da die Verbindungsnummern unabhängig voneinander im abgehenden und ankommenden Verbindungsaufbau vergeben werden können, bezeichnet die „Flag" mit „Null" oder „Eins" die Quelle der Nummernvergabe. Auf diese Weise bleibt die Eindeutigkeit gewahrt, wenn abgehend und ankommend dieselbe Nummer gewählt wird. Derzeit sind im Normalfall bis zu zwei Oktetts für die Rufreferenz vorgesehen. Die jeweilige Länge wird — wie im Bild gezeigt — im zweiten Oktett des Paketes angegeben.

Das folgende Oktett kennzeichnet den Nachrichtentyp (Message type). Mit der Bitposition 8 — derzeit generell nur ein „Null"-Wert — hat man die Möglichkeit für spätere Erweiterungen durch „Eins"-Angabe. Nachrichten können obligatorisch oder optional durch weitere „Informationselemente" (Information elements) ergänzt werden, für die es mehrere Ausprägungen gibt. In Bild 5.22 ist als Beispiel ein Informationselement „variabler Länge" gezeigt („Null" in Bitposition 8 des „Informationselement-Kennungs"-Oktetts). Die Informationselement-Kennung (Information Element Identifier) gibt an, um welches der verabredeten Informationselemente es sich handelt. Diesem folgen Längenangabe und Inhalt des Informationselementes. Erweiterungsmöglichkeiten (Escape) für Informationselemente sind vorgesehen, auf die hier nicht eingegangen wird.

Nun zur Aufgabe und zum Inhalt der Signalisierungspakete. Wir hatten bereits bei der Durchsprache der Schnittstelle X.21 (Abschnitt 5.2) gesehen, daß diese Schnittstelle bestimmte *Zustände* einnimmt (Bild 5.9, Kreise), und daß durch die

Signalisierungsinformation der Übergang von einem zu einem anderen Zustand bewirkt wird. Sinngemäß lautet die Aufgabenstellung auch hier: Verbindungen bzw. Anschlüsse nehmen bestimmte Zustände ein, welche durch Signalisierungsinformation in andere Zustände überführt werden. In Empfehlung Q.931 sind z. B. für leitungsvermittelte Verbindungen 16 teilnehmerseitige und 17 netzseitige Verbindungszustände aufgelistet, angefangen vom „Ruhezustand" (Null State) über den „Verbindungszustand" (Active) bis zur „Auslösungsmeldung" (Disconnect Indication).

Die unterschiedlichen Übergänge werden durch unterschiedliche *Nachrichtentypen* — evtl. ergänzt durch weitere *Informationselemente* — veranlaßt. Die Empfehlung Q.931 beschreibt im einzelnen die Nachrichtentypen und die ergänzenden Informationselemente. Es werden bisher 26 Typen für die einzelnen Aufgabenbereiche angegeben: Verbindungsaufbau (Call Establishment), bestehende Verbindung (Call Information Phase), Auslösung (Call Clearing), Verschiedenes (Miscellaneous). Am umfangreichsten kann die Verbindungsanforderungsnachricht (SETUP) werden. Sie enthält zusätzlich zur Angabe des Nachrichtentyps (vgl. Bild 5.22) bis zu 14 weitere, zum großen Teil optionale Informationselemente. Dazu gehören z. B. die vollständige Rufnummer des Anzurufenden und desgleichen die Rufnummer des Rufenden.

Die Zahl der Informationselemente insgesamt ist allerdings wesentlich größer, derzeit sind 39 dieser Elemente definiert. Dabei kann nicht jedes Informationselement auch jedem Nachrichtentyp zugeordnet werden. Beispielsweise bleibt die vom Teilnehmer gesendete Auslösungsanforderung RELEASE ohne die Rufnummernangaben, wie sie bei SETUP möglich sind. Wären jedoch Nachrichtentypen und Informationselemente frei kombinierbar, so ergäbe sich eine „Signalisierungsfläche" von $26 \times 39 = 1014$ möglichen Signalisierungsbedeutungen.

Eines der optionalen Informationselemente der erwähnten RELEASE-Nachricht heißt z. B. „Cause" (Grund, Ursache). Man kann damit dem Netz angeben, aus welchem Grund man eine Verbindung auszulösen wünscht. Unter diesem Informationselement findet man derzeit 52 verschiedene Möglichkeiten für Ursachenangaben, die allerdings nicht alle für Typ RELEASE anwendbar sind. Eine der Ursachen ist z. B. „Teilnehmer besetzt" (User Busy). — Es kann also innerhalb der Informationselemente eine weitere Auffächerung auf *Parameter* geben, welche die Signalisierungsvielfalt beträchtlich erhöhen. Angenommen jedes Informationselement würde ca. 50 verschiedene Parameter anbieten, so würde die „Signalisierungsfläche" zum „Signalisierungskubus" mit etwa 50 000 Einzelpositionen!

Ein solcher Kubus ist nun glücklicherweise von zahlreichen „Leerpositionen" durchsetzt. Dennoch bleibt eine im Vergleich mit konventionellen Systemen (Abschnitt 1.2) beeindruckende Signalisierungsvielfalt bestehen. Auf die damit leider auch verbundene Systemkomplexität wird später noch einmal zurückgekommen (Abschnitt 7.4).

5.6 Das Signalisierungssystem Nr. 7

Das Signalisierungssystem Nr. 7 legt die Modalitäten und Informationsinhalte der Signalisierung zwischen Netzknoten fest. Es ist nicht mehr an die Kommunikationswege der Nutzinformation gebunden und kann deshalb in ein „eigenständiges" Netz eingebracht werden (Bild 5.1). Sind zwei Netzknoten, zwischen denen Signalisierungsbeziehungen bestehen, über Signalisierungskanäle unmittelbar verbunden, so spricht man von einem „assoziierten Signalisierungsmodus". Werden die Signalisierungsbeziehungen zwischen zwei Netzknoten jedoch auf „Umwegen" über dazwischen liegende Netzknoten hergestellt, so handelt es sich um den „quasi-assoziierten Signalisierungsmodus". Solche Umwege werden *semipermanent* geschaltet, so daß die Signalisierungsnachrichten immer denselben Weg nehmen und sich nicht überholen können. Netzknoten im Signalisierungsnetz sind meist den Vermittlungsknoten angegliedert, können aber auch in Wartungszentren liegen oder selbständige Funktionseinheiten bilden (vgl. Abschnitt. 6.8). Generell werden diese Knoten „Signalisierungspunkte" (Signalling Points) genannt.

Das Signalisierungssystem Nr. 7 hat eine Reihe von Vorgängern der *kanalgebundenen* Signalisierung. Daran schließt das bereits in den 60er Jahren definierte Signalisierungssystem Nr. 6 an, es verwendete erstmals einen vom Nutzkanal unabhängigen „zentralen Zeichenkanal" (Common Channel Signalling) und war noch für das analoge Fernsprechnetz ausgelegt. Das System Nr. 7 ist auf digitale Netze zugeschnitten und nutzt vorzugsweise die Kapazität des 64-kbit/s-Kanals. Es ist ein „Multipurpose"-System für die Belange der Telekommunikation: Es dient nicht nur den unmittelbaren Verbindungsaufbau- und -abbaufunktionen verschiedener Netze, sondern auch Wartungs- und Verwaltungsaufgaben.

Bei dieser Aufgabenvielfalt und der damit verbundenen Komplexität ist es selbstverständlich, daß dem System Nr. 7 eine „Architektur" mitgegeben wurde. Da bei der Entstehung des Systems noch nicht auf das OSI-Architekturmodell zurückge-

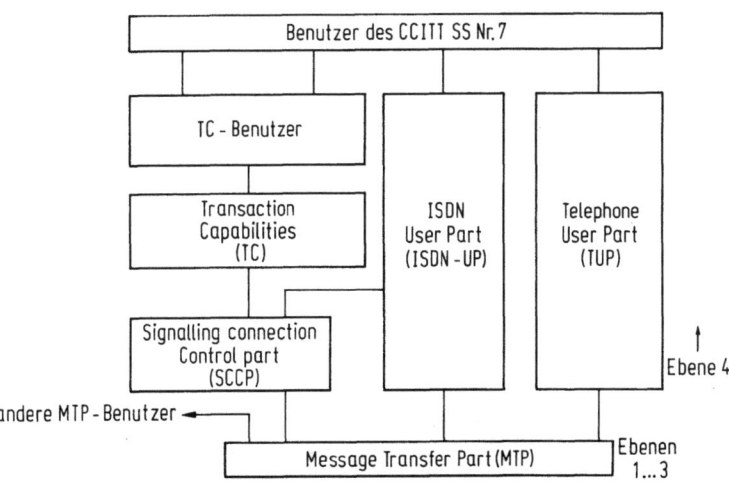

Bild 5.23. Architektur des CCITT-Signalisierungssystems Nr. 7

griffen worden ist, hat diese Architektur spezifische Ausprägungen, in der man von „Ebenen" (Level) anstelle von „Schichten" (Layer) der OSI-Architektur spricht. Bild 5.23 vermittelt einen Überblick über die Systemhierarchie [5.12]. Die Basis bildet ein *Nachrichtenübertragungsteil* (Message Transfer Part MTP). Er ist ein für alle Signalisierungsarten einheitlicher Transportrahmen, in den die eigentliche Signalisierungs-„Nutzinformation" eingebettet wird. Diese Nutzinformation besteht aus netzspezifischen *Benutzerteilen* wie dem Fernsprech-Benutzerteil (Telephone User Part TUP), dem Daten-Benutzerteil (Data User Part DUP, im Bild nicht dargestellt) und dem ISDN-Benutzerteil (ISDN User Part ISDN-UP oder ISUP). Außerdem setzt eine Signalisierungsverbindungs-Steuerung (Signalling Connection Control Part SCCP) auf dem MTP auf, die ihre Dienste einerseits Teilen des ISDN-UP, andererseits sog. Transaction Capabilities (TC) anbietet. Der SCCP ergänzt das System Nr. 7 mit der ursprünglich nicht vorgesehenen Möglichkeit für „Logische Signalisierungsverbindungen". (Beispiel: End-to-end-Signalisierungsverbindungen im ISDN.) Die Transaction Capabilities beschreiben systemübergreifende Funktionen ohne Bezug auf irgendwelche Telekommunikationsvorgänge, wie sie z. B. für den Betrieb von „Intelligenten Netzen" (Abschnitt 6.8) benötigt werden. Über allem thronen die Benutzer (User) des Systems Nr. 7, nämlich z. B. die in Netzknoten angesiedelten Rechner zur Steuerung der Telekommunikation.

In der mehr oder weniger deutlich ausgeprägten Ebenenstruktur des Systems Nr. 7 unterscheidet man die Ebenen 1 bis 3 im MTP (Funktionen der Signalisierungsdatenleitung, Funktionen des Signalisierungsnetzes) und darüber in Ebene 4 die benutzertypischen Funktionen. In Ebene 1 geht es um hardwarenahe Aufgaben, z. B. um den 64-kbit/s-Kanal mit seinen Zugangsprozeduren. In Ebene 2 wird für den sicheren Transport von Signalisierungspunkt zu Signalisierungspunkt gesorgt. Die Ebene 3 bietet den Übergang zu den Benutzerteilen und sorgt für Funktionen des Network-Managements (z. B. Konfiguration des Signalisierungsnetzes). Der gesamte MTP mit zusätzlich dem SCCP decken die Schichten 1 bis 3 des OSI-Architekturmodells ab. Diese Kombination wird Netzdienst-Teil (Network Service Part NSP) genannt.

6.5.1 Der Nachrichtenübertragungsteil MTP

Aus CCITT-Empfehlung Q.703 [5.13] werden einige Einzelheiten zum MTP und seinen Zeicheneinheiten (Signal Units) angegeben. Es gibt drei Typen von Zeicheneinheiten: erstens die Füll-Zeicheneinheit ohne Nachrichten oder Zustandsangaben. Sie dient der Aufrechterhaltung des Betriebs, wenn keine Nachrichten zu übertragen sind. Zweitens gibt es die ZZK-Zustands-Zeicheneinheit. Sie enthält anstelle der Nachricht Angaben über den Zustand des betreffenden Zeichenkanalabschnitts, sie wird benötigt für die Wiedersynchronisation nach Störungen. Als drittes ist die eigentliche Nachrichten-Zeicheneinheit als Träger der Signalisierungsnachricht zu nennen, sie wird nun eingehender betrachtet (Bild 5.24).

Zunächst kann an Bekanntes angeknüpft werden: Eine Flag F kennzeichnet Anfang und Ende jeder Zeicheneinheit, sie wurde einschließlich der Maßnahmen zur Sicherung der Bitfolgetransparenz von der HDLC übernommen (X.25, Ebene 2, vgl. Abschnitt 5.3.2). Dasselbe gilt für die Prüfbitfolge CK am Ende der Zeicheneinheit.

5.6 Das Signalisierungssystem Nr. 7

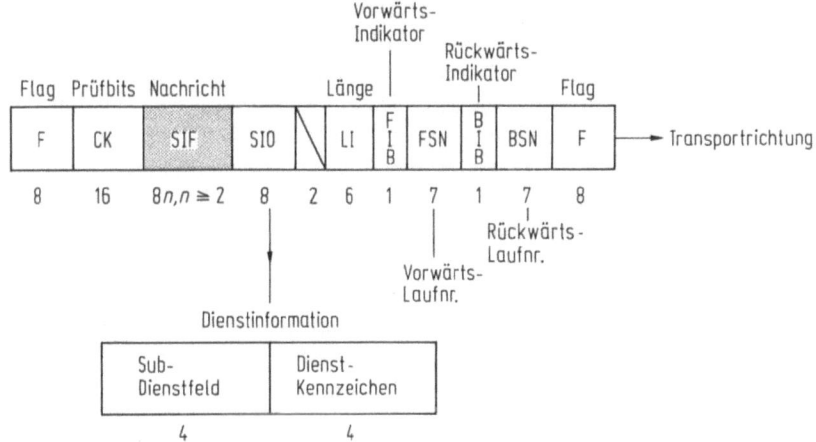

Bild 5.24. Nachrichtenübertragungsteil MTP.
F Flag, CK Checkbits, SIF Signaling Information Field, SIO Service Information Octett, LI Length Indicator, FIB Forward Indicator Bit, FSN Forward Sequence Number, BIB Backward Indicator Bit, BSN Backward Sequence Number

Der Flußkontrolle und Fehlerkorrektur dienen die Folgenummern FSN und BSN. Sie durchlaufen zyklisch den Zahlenbereich von 0 bis 127 (Modulus 128). Die Vorwärts-Folgenummer FSN wird den gesendeten Zeichen mitgegeben und erlaubt die Kontrolle der Zeichenreihenfolge beim Empfänger. Die Rückwärts-Folgenummer BSN teilt der Gegenstation die Nummer der empfangenen Nachricht mit und dient damit als Quittung. Das Rückwärts-Indikatorbit BIB zeigt an, ob eine Nachricht „gut" oder „schlecht" empfangen wurde. Solange korrekte Nachrichten eintreffen, bleibt BIB unverändert. Nach Empfang einer schlechten Nachricht wird das BIB-Bit vom Empfänger invertiert. Das Vorwärts-Indikatorbit FIB hat stationär denselben Zustand wie BIB. Der Sender erkennt im Fehlerfall aus der rückgesendeten Quittung, daß BIB von FIB abweicht. Er sendet dann die fehlerhaft empfangene Nachricht und alle folgenden Nachrichten noch einmal, wobei er seinerseits FIB invertiert. Der Empfänger erkennt daraus, daß es sich um eine Nachrichtenwiederholung handelt. FIB und BIB nehmen damit wieder denselben Zustand ein.

Der Längenindikator LI des MTP (Bild 5.24) gibt die Zahl der nachfolgenden Bytes (*ohne* Checkbits) an. Daraus ist auch abzuleiten, um welchen der drei Zeicheneinheitentypen es sich handelt. Bei Füllzeichen ist $LI = 0$, bei der Zustands-Zeicheneinheit kann LI eins oder zwei sein, bei Nachrichten bewegt sich LI zwischen 3 und 63.

Das Dienstinformation-Oktett SIO unterteilt sich in Dienstkennzeichen und Sub-Dienstfeld. Mit den 4 bit des Dienstkennzeichens wird der „Dienst" angegeben, für den der MTP jeweils tätig ist, also z. B. für den ISDN-Benutzerteil. Das Sub-Dienstfeld ist für ergänzende Angaben zuständig, z. B. ob es sich um Nachrichten im nationalen oder internationalen Netz handelt (Empfehlung Q.704 [5.13]).

Es folgt die eigentliche Signalisierungs-Nutznachricht SIF. Format und Codierung wird für jeden Benutzerteil individuell festgelegt. Die Zahl der übertragbaren Oktetts liegt zwischen 2 und 272.

Eine Fehlerkorrektur wird im Grundsatz dadurch ermöglicht, daß alle gesendeten Nachrichten auf der Sendeseite gespeichert werden, bis sie einzeln als „gut" quittiert worden sind. Bei „Schlecht-Quittung" werden die fehlerhaft empfangenen Nachrichten und alle bereits gesendeten Folgenachrichten wiederholt, wie erwähnt. Für Einweg-Laufzeiten von mehr als 15 ms — also z. B. auf Satellitenabschnitten — führt man eine vorbeugende zyklische Wiederholung PCR (Preventive Cyclic Retransmission) ein. Immer dann, wenn keine neuen Nachrichten zu senden sind, werden die (bei längerer Laufzeit) noch nicht quittierten Nachrichten im Sendespeicher erneut zyklisch ausgesendet. Dieser Wiederholzyklus kann zum Aussenden einer neuen Nachricht unterbrochen werden.

Durch eine Vorwärtskorrektur ist die Wahrscheinlichkeit groß, daß eine zunächst schlecht empfangene Nachricht bei der zyklischen Wiederholung richtig empfangen wird, zeitraubende Wiederholvorgänge „auf Anforderung" erübrigen sich damit.

5.6.2 Der Fernsprech-Benutzerteil TUP

Ein Beispiel für einen Benutzerteil ist der Fernsprech-Benutzerteil TUP [5.14]. Bild 5.25 zeigt die allgemeine Struktur der Nachricht, die in das Feld SIF von Bild 5.24 einzufügen ist. Sie besteht aus einem Teil fester und einem Teil (nachrichtenabhängig) unterschiedlicher Länge. 40 bit dienen der Angabe von Adressen (Label). DPC (Destination Point Code) gibt den Signalisierungs-Bestimmungsort, OPC (Originating Point Code) den entsprechenden Ursprungsort der zu übertragenden Nachricht an, sie werden im *internationalen* Netz explizit adressiert (es sind also nur etwa 16 000 Signalisierungspunkte möglich). CIC (Circuit Identification Code) bezeichnet den Sprechkreis innerhalb des Sprechkreisbündels zwischen Netzknoten, für den die Nachricht übertragen wird.

An den Adressenteil schließen sich zwei Heading-Felder H0 und H1 an. Sie sind zur Kennzeichnung von Struktur und Funktionen der folgenden Informationsfelder notwendig. H0 klassifiziert die Funktion — z. B. „Vorwärts-Wahlinformation" —, während H1 eine feinere Unterteilung innerhalb der Klasse bewirkt — z. B. „erste Wahlinformation" (mit der ersten Wahlinformation werden zusätzliche Kennzeichen wie die Kategorie des Rufenden übertragen). Derzeit sind mittels H0 und H1 über 50 unterschiedliche Signalisierungsnachrichten definiert. Als Beispiel wird die bereits

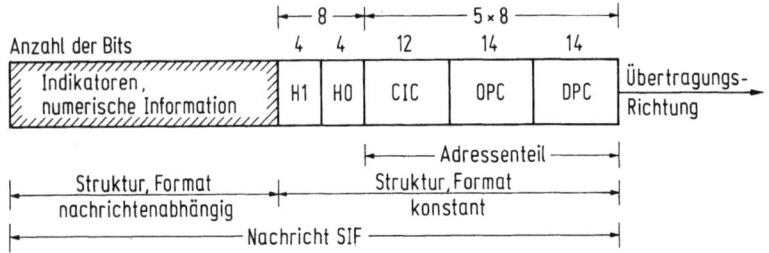

Bild 5.25. Struktur des Telephon-Benutzerteiles TUP.
DPC Destination Point Code, OPC Originating Point Code, CIC Circuit Identification Code, H1, H0 Heading Felder

5.6 Das Signalisierungssystem Nr. 7

erwähnte Nachricht IAM (Initial Address Message) näher betrachtet (Bild 5.26). Das Bild schließt an den Nachrichtenteil konstanter Länge in Bild 5.25 an.

Für die Kategorie des Rufenden stehen 6 bit zur Verfügung. Hier gibt es u. a. den „Normalteilnehmer", den priorisierten Teilnehmer, die deutschsprachige Fernbeamtin, die englischsprachige Fernbeamtin usw. Die Nachrichtenindikatoren geben wichtige Hinweise zur Fernsprechverbindung: Ein Satellitenabschnitt in der Verbindung, Kontinuitätsprüfung nötig, ankommende internationale Verbindung, voll digitale Verbindung erforderlich usw. Mit 4 bit wird die Zahl der folgenden Rufnummernziffern angegeben, maximal also 16 (Codierung 0000). Jede Ziffer der Rufnummer wird mit 4 bit codiert. Durch einen „Filler" (0000) erreicht man vollständige Oktetts auch bei ungerader Zahl von Rufnummern-Ziffern. Werden darüber hinaus weitere Angaben zur ersten Wahlinformation benötigt, kann dies über eine andere Nachricht IAI (Initial Address Message with Additional Information) geschehen, die hier nicht näher erläutert wird.

Da mit dem zentralen Zeichenkanal die „Selbstprüfung" des Verbindungsweges entfällt, die ja bei kanalgebundener Signalisierung automatisch mit dem Signalisierungsvorgang verbunden ist, muß außerhalb des Signalisierungsvorgangs noch eine Sprechkreisprüfung (Kontinuitätsprüfung) vorgenommen werden. Im nationalen Bereich begnügt man sich dabei meist mit Stichproben.

5.6.3 Der ISDN-Benutzerteil ISDN-UP (ISUP)

Als weiteres Beispiel sei der ISDN-Benutzerteil erwähnt. Das Integrated Services Digital Network ISDN wird in Abschnitt 6.4 besprochen, wir haben in Abschnitt 5.5 bereits die Signalisierung vom und zum Teilnehmeranschluß kennengelernt. Die zahlreichen Signalisierungsmöglichkeiten auf dem D-Kanal finden in dem gegenüber dem TUP wesentlich umfangreicheren ISDN-UP eine Entsprechung.

Bild 5.27 vermittelt einen Überblick über die Nachrichtenstruktur [5.15]. Der Adressenteil enthält als sog. Routing Label die Angaben zu DPC und OPC, wie bereits für den TUP erläutert. Diese Angaben werden ergänzt durch 4 bit eines SLS (Signalling-link-selection)-Feldes, über das der jeweils zu benutzende Signalisierungskanal innerhalb des Kanalbündels angegeben wird (zwischen DPC und OPC bestehen wenigstens zwei Signalisierungskanäle). Es folgt CIC mit 12 bit plus 4 bit Reserve, wie im TUP. Die Funktionen der Heading-Felder im TUP übernimmt das Nachrichtentyp (Message-type)-Feld mit 8 bit (die unterschiedlichen Bezeichnungen in den Benutzerteilen sind teilweise historisch bedingt: man möchte *frühere* Festlegungen nicht allein zugunsten einer einheitlichen Terminologie ändern!) Derzeit sind 42 Nachrichtentypen definiert. Unter anderem findet sich auch die Nachricht IAM (Initial Address Message) wieder, die bereits für den TUP näher erläutert wurde.

Bild 5.26. Beispiel: Nachricht „Erste Wählinformation"

Die einzelnen Nachrichten werden durch „Parameter" ergänzt und modifiziert. Bild 5.27 verdeutlicht ihre unterschiedlichen formalen Kategorien. Es gibt obligate Parameter *fester* Länge, die unmittelbar an den Nachrichtentyp anschließen. Es folgen eine Anzahl Zeiger (Pointer), die den Beginn der obligaten Parameter *variabler* Länge angeben. Jeder der angezeigten Parameter fängt mit einer Längenangabe an, welcher der eigentliche Parameterinhalt folgt.

Am Ende des Zeigerfeldes wird auf den Beginn der *optionalen* Parameter gezeigt. Diese sind einheitlich mit Name, Längenangabe und Inhalt strukturiert und aufgereiht. Es ist also nicht möglich, in unmittelbarem Zugriff einen bestimmten der optionalen Parameter zu addressieren.

Derzeit sind 37 Parametertypen definiert. Die bereits erwähnte IAM Nachricht als Beispiel enthält 4 obligate Parameter fester Länge, einen obligaten Parameter variabler Länge und 14 optionale Parameter teils fester, teils variabler Länge. Die gesamte Nachricht kann mehr als 200 Oktetts lang werden. Zu den obligaten Parametern gehören z. B. die Kategorie des Rufenden — ähnlich wie und erweitert

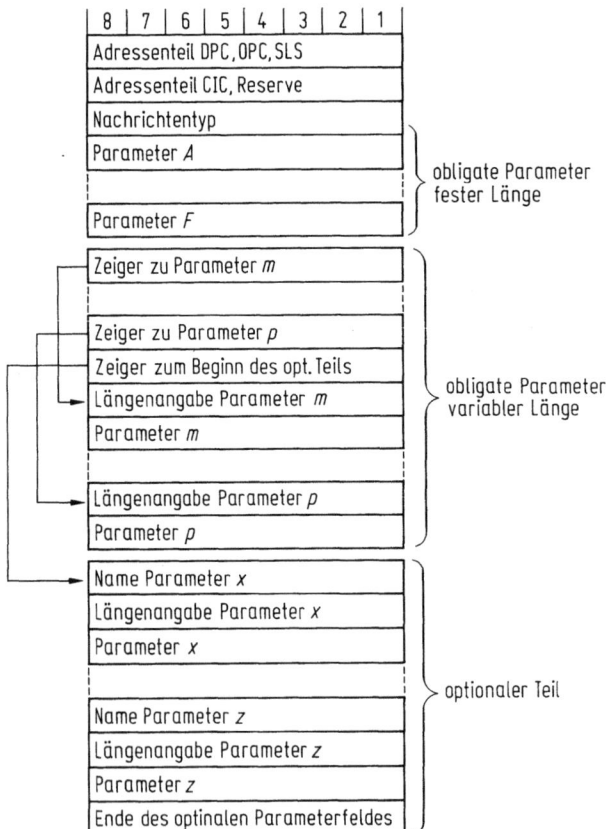

Bild 5.27. Struktur des ISDN-Benutzerteils ISDN-UP (ISUP).
DPC Destination Point Code, OPC Originating Point Code, SLS Signaling Link Selection, CIC Circuit Identification Code

5.6 Das Signalisierungssystem Nr. 7

gegenüber TUP — und die Rufnummer des *Gerufenen*. Die Rufnummer des *Rufenden* zählt zu den optionalen Parametern.

Eine der ISDN-Besonderheiten ist die Möglichkeit, außerhalb des Nutzkanals (also im D-Kanal) „Steuerungsinformation" von einem zum anderen Teilnehmer (End-to-end) auszutauschen, die im Netzinneren über das System Nr. 7 transportiert werden. Der zugehörige Parameter (User-to-user Information) kann bis zu 131 Oktetts lang werden.

5.6.4 Die Signalisierungsverbindungs-Steuerung SCCP

Während der MTP allein (wie Schicht 2 der Empfehlung X.25, Abschnitt 5.3) für den sicheren Nachrichtentransport von Signalisierungspunkt zu Signalisierungspunkt sorgt, können die „Benutzer" der SCCP (entsprechend Schicht 3, X.25) Signalisierungsnachrichten von einem SCCP-Ursprungspunkt zu einem SCCP-Zielpunkt über ein Signalisierungsnetz schicken, wobei die SCCP für die Lenkung (Routing) der Nachrichten sorgt. Teil der Routing-Funktion kann z. B. die Auswertung einer Rufnummer zur Bestimmung eines zugehörigen Signalisierungspunktes sein. Benutzer der SCCP sind gemäß Bild 5.23 die Transaction Capabilities (TC) und der ISDN-Benutzerteil [5.16].

Mit entsprechend unterschiedlichen Protokollen sind 4 Dienste-Klassen (0 bis 3) für verbindungsorientierten (Connection-oriented) bzw. verbindungslosen (Connectionless) Betrieb vorgesehen (s. Abschnitt 2.2.3). Es können also gewissermaßen virtuelle Signalisierungsverbindungen aufgebaut wie auch Signalisierungs-Datagramme geschickt werden. In der „höchsten" Klasse (Klasse 3) werden die Signalisierungsnachrichten sogar einer Flußkontrolle (vgl. X.25, Schicht 3) unterworfen. In der niedrigsten Klasse wird noch nicht einmal für das Einhalten der Reihenfolge der Nachrichten im Netz gesorgt.

Die SCCP-Nachrichten werden im SIF-Feld des MTP übertragen, das Dienstkennzeichen im SIO-Oktett wird hierzu mit 0011 codiert (Bild 5.24). Die Struktur der Nachrichten gleicht der des ISDN-Benutzerteils, jedoch ohne CIC (Bild 5.27). Es gibt derzeit 16 unterschiedliche Nachrichtentypen, von denen die meisten dem Auf- und Abbau der Signalisierungsverbindungen und zugehörigen Steuerungsinformationen dienen. Darüber hinaus sind 16 ergänzende und präzisierende Parameter definiert.

Als Beispiel sei eine SCCP-Nachricht „DT 2" für den Nutz-Datentransport in einer bereits aufgebauten Signalisierungsverbindung der höchsten Protokollklasse 3 beschrieben. Nach dem Adressenteil DPC, OPC, SLS (vgl. Bild 5.27) folgt unmittelbar die Angabe des Nachrichtentyps in einem Oktett. Es schließt in 3 Oktetts eine Referenzangabe (Destination Local Reference) an, die den Nachrichten der Signalisierungsverbindung vom Ziel-Signalisierungspunkt zugewiesen wurde, um sie bestimmten „Vorgängen" (z. B. ISDN-Verbindungen) zuordnen zu können. In 2 weiteren Oktetts finden sich hauptsächlich die Sende- und Empfangsfolgenummern zur Flußsteuerung wieder, beide im Modulus 128 (vgl. Bild 5.21). Dann folgen — beginnend mit einer Längenangabe — in 2 bis maximal 256 Oktetts die Nutzer-Signalisierungsdaten der darüberliegenden Schicht.

Referenzangabe, Folgenummern und Daten gehören zu den „Parametern" der Nachricht DT 2, die damit zu den „parameterärmeren" Nachrichten zählt. Noch weniger Parameter enthält z. B. die Nachricht, welche den Empfang einer „eingeschriebenen Datensendung" quittiert (Expedited Data Acknowledgement). Hier genügt ein einziger Parameter: die vorerwähnte Destination Local Reference, die den Bezug zu dem zugehörigen Vorgang herstellt. Bei den weiteren möglichen Parametern findet man auch drei verschiedene „Cause" wieder (vgl. Abschnitt 5.5.2), mit denen derzeit über 50 verschiedene Gründe für bestimmtes Netz- oder Benutzerverhalten angegeben werden können.

5.6.5 Transaction Capabilities TC

Diese „Verhandlungsfähigkeiten" sollen Signalisierungspunkte und Netzknoten in die Lage versetzen, sich unabhängig von irgendwelchen Telekommunikationsverbindungen über höherwertige und komplexe Dienste zu verständigen, wie sie in sog. intelligenten Netzen (s. Abschnitt 6.8) eingeführt werden. Zum Beispiel geht es darum, von einem Netzknoten aus an zentraler Stelle anzufragen, unter welcher realen Rufnummer die nächstgelegene Filiale einer *Firma* erreicht wird, welche mit landesweit einheitlicher Rufnummer von einem Teilnehmer angewählt worden ist (in der BRD: Dienst 130!). Es kann sein, daß die reale Rufnummer aus einer „verteilten Datenbank" abgefragt werden muß. Dann ist die Anfrage an alle in Frage kommenden Datenbanken zu verteilen und innerhalb von 2 Sekunden zu beantworten. Hierzu benutzt der Signalisierungspunkt die TC im System Nr. 7.

Mit den TC gewinnt man wieder Anschluß an das OSI-Architekturmodell des Abschnitts 5.1 (Bild 5.28) [5.17]). Die TC setzen auf Schicht 3 — vorzugsweise also auf dem SCCP — auf und erstrecken sich bis in die Anwendungsschicht 7. Ein Zwischendienstteil (Intermediate Service Part) ISP ist für die Schichten 4 bis 6 zuständig, während der TC-Anwendungsteil (TC-Application Part) TCAP die

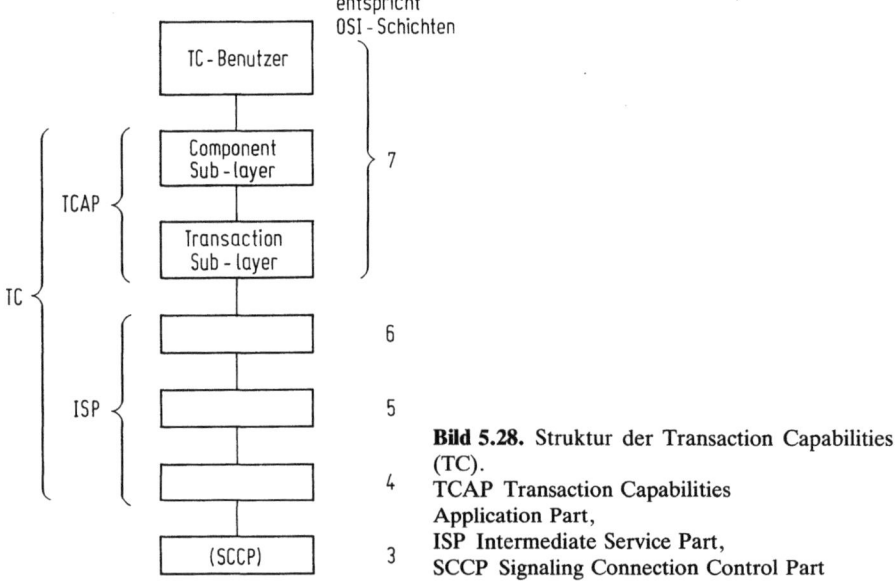

Bild 5.28. Struktur der Transaction Capabilities (TC).
TCAP Transaction Capabilities Application Part,
ISP Intermediate Service Part,
SCCP Signaling Connection Control Part

5.6 Das Signalisierungssystem Nr. 7

Schicht 7 abdeckt. TCAP unterteilt sich seinerseits wieder in das „Transaction Sublayer" und das „Component Sub-layer".

Die TC-Festlegungen des CCITT sind noch nicht abgeschlossen. So werden die verbindungsorientierten (Connection-oriented) Dienste des SCCP in den bisherigen Empfehlungen nicht genutzt. Es ist damit möglich, auf die ISP-Schichten zu verzichten (bei Ersparnis von „Overhead") und mit dem TCAP direkt auf SCCP aufzubauen.

In Bild 5.29 ist die TCAP-Nachrichtenstruktur gezeigt. Im Transaction Sub-layer wird der Nachrichtentyp „etikettiert" (Message Type Tag), die Gesamtlänge wird angegeben. Es gibt sechs verschiedene Nachrichtentypen, u. a. „Einzelnachricht" oder „Beginn eines Dialogs" oder „Fortsetzung eines Dialogs" usw. Als Information dient u. a. Ursprung und Ziel der Nachricht (Transaction Portion Information Elements). Im folgenden Komponentenfeld (Component Sub-layer, Bild 5.28) können mit einer Nachricht zugleich mehrere Komponenten übertragen werden. Bisher sind 9 Komponenten definiert, u. a. Aufruf einer Operation beim Adressaten oder Rückmeldung eines Operationsergebnisses. Für die Operationen selbst und die zugehörigen Parameter bedarf es eigener Definitionen. Das ganze MTP-SCCP-TCAP-Gebäude legt also letzten Endes nur den Rahmen fest, in den der „Zweck der Verhandlung" eingebettet wird. Es werden „Verhandlungsfähigkeiten" hergestellt, welche durch die eigentliche Verhandlung erst ihren Nutzen erweisen müssen.

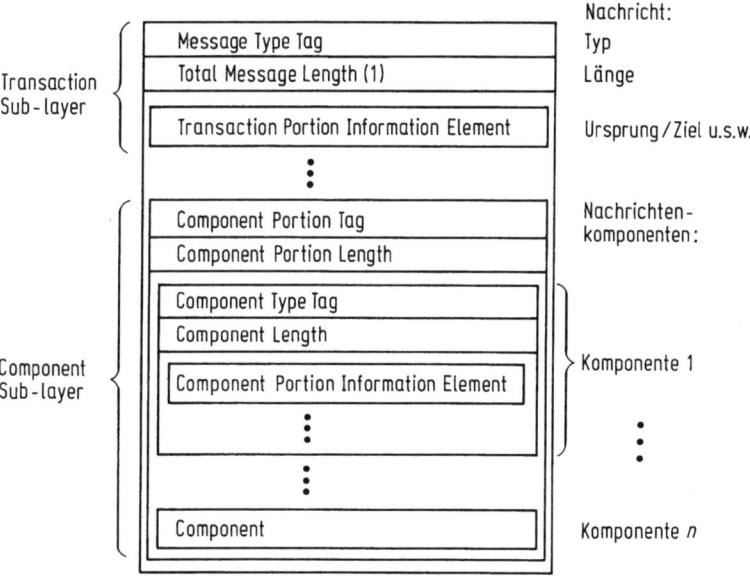

Bild 5.29. TCAP-Nachrichtenstruktur

6   Digitale Kommunikationsnetze

Nach den grundlegenden Erläuterungen zum immer noch weit verbreiteten *analogen* Fernsprechnetz in Kapitel 1 ist nun über einige wichtige digitale Telekommunikationsnetze zu sprechen. In Abschnitt 1.3 wurde bereits der fortschreitende Übergang zu Digitalnetzen begründet: steigende Bedeutung des Datenverkehrs, Wirtschaftlichkeit durch den Einsatz von großintegrierten Halbleiterschaltkreisen und von Lichtwellenleitern, Eröffnung neuer Nutzungsmöglichkeiten (Dienste). Wir verzichten hier auf die Darstellung des „Veteranen" Telex-Netz, des ersten öffentlichen weltweiten Digitalnetzes, das auch heute noch große Bedeutung hat. Es werden Netze behandelt, die etwa im Bereich der letzten 20 Jahre entstanden sind oder in Zukunft entstehen werden. Dabei können die Ausführungen über Netzknoten, Übertragungsverfahren und Kommunikationsprotokolle der vorhergehenden Kapitel als Grundlage dienen.

6.1   Allgemeine Gesichtspunkte und Einflußgrößen

Häufig gebraucht im Zusammenhang mit neuen Kommunikationsnetzen wird der Begriff der Integration. Dabei sind zu unterscheiden die *Netzintegration* (Integrated Digital Network IDN) und die *Dienste-Integration* (Integrated Services Digital Network ISDN, also „diensteintegrierendes digitales Netz"). Unter Netzintegration versteht man das Vermeiden von Schnittstellen, Codewandlungen, Protokollumsetzungen usw. zwischen übertragungstechnischen und vermittlungstechnischen Einrichtungen im Netz. Es handelt sich also in erster Linie um eine wirtschaftliche Maßnahme. Je besser Übertragungs- und Vermittlungstechnik aufeinander abgestimmt sind, desto wirtschaftlicher wird das Netz. Der Siegeszug des „digitalen Fernsprechnetzes" ist nicht zuletzt darauf zurückzuführen, daß Analog/Digitalumsetzungen zwischen Vermittlungs- und Übertragungstechnik entfielen.

Im Gegensatz dazu bedeutet Dienste-Integration, daß ein und dasselbe Netz für verschiedene Dienste genutzt wird, daß also getrennte Netze für diese Dienste entfallen. Das hat plausible Vorteile in Aufwand, Wartung und Betrieb des Netzes, außerdem ergeben sich neue Kommunikationsmöglichkeiten durch *Kombination* verschiedener Dienste (vgl. Kapitel 7). Aber diese Vorteile gelten natürlich nur dann, wenn sich nicht durch stark unterschiedliche Charakteristika der Einzeldienste eine Summierung oder gar Potenzierung des technischen Aufwandes und der Komplexität ergibt. Dies gilt z. B. für eine Zusammenfassung von stark unterschiedlichen Bitraten oder von Leitungs- und Paketvermittlung. Wir haben allerdings mit dem asynchronen Transfer-Modus (ATM) bereits ein Prinzip kennengelernt, das neuerdings auch die

6.1 Allgemeine Gesichtspunkte und Einflußgrößen

genannten Unterschiede wirtschaftlich zusammenfassen kann (vgl. Abschnitt 2.4.2).

Wenn man von Dienste-Integration spricht, meint man im allgemeinen das gesamte Netz. Eine Dienste-Integration im engeren Sinne wird bereits seit langem auf den Übertragungsstrecken des Netzes, insbesondere auf den Weitverkehrsstrecken des Landesfernwahlnetzes betrieben. Die in Abschnitt 2.3.2 beschriebenen Multiplexstrukturen und die entsprechenden (hier nicht behandelten) Trägerfrequenz-Multiplexsysteme des analogen Netzes führen neben Fernsprechkanälen auch Datenkanäle, Fernsehsignale u. a. m. In den neuen, diensteintegrierenden Netzen spielt insbesondere die Dienste-Integration auf der Teilnehmeranschlußleitung eine wirtschaftlich bedeutende Rolle. Das von der Auslastung her meist relativ schlecht ausgenutzte (und damit aufwendige) Teilnehmeranschlußnetz erfordert in herkömmlichen Netzen dienstspezifisch jeweils eine netzspezifische Anschlußleitung; also gibt es z. B. Fernsprechanschlußleitungen, Telexanschlußleitungen, Datenanschlußleitungen für 2400 bit/s usw., die ein Teilnehmer getrennt benötigt, wenn er jene Dienste nutzen will. Diese Trennung entfällt im diensteintegrierenden Netz.

Während sich vordergründig der Trend zur Dienste-Integration eindeutig und kaum umstritten fortsetzt, wird zu einer anderen Frage der Netzevolution kontrovers diskutiert und agiert: Wie werden sich öffentliche Netze und Privatnetze das weite Feld der Telekommunikation teilen? Natürlich gibt es schon immer private, also außerhalb der Zuständigkeit einer öffentlichen Verwaltung oder eines öffentlichen Trägers (Carriers) betriebene Netze. Hierzu gehören z. B. standorteigene Nebenstellenanlagen einer Behörde oder Firma. Grundstücksüberschreitende Privatnetze — etwa zur Verknüpfung von Nebenstellenanlagen einer Organisation — müssen (oder mußten bisher) die Wegerechte des öffentlichen Trägers nutzen, d. h. sie mieten die vom Träger auf öffentlichem Grund betriebenen Fernmeldewege an, um zwischen ihren Standorten privat kommunizieren zu können. Es gibt allerdings auch Sondernetze, die mit eigenen Wegerechten ausgestattet sind wie etwa die Elektrizitätsversorgungsunternehmen (EVU) und die Bundesbahn. Sie brauchen in ihren Privatnetzen also keine Fernmeldewege anzumieten. In einer weiteren Kategorie von Privatnetzen haben sich *verschiedene* juristische Personen zu einem Interessenverband zusammengeschlossen und betreiben gemeinsam ein zweckgebundenes Netz. Beispiele dafür sind Rechnerverbund- und Transaktionsnetze für Kontobewegungen zwischen verschiedenen Banken (SWIFT) oder für Platzbuchungen im Verbund der Verkehrs- und Reiseunternehmen (START). Allen diesen Privatnetzen war es bisher untersagt, über ihr Netz in ein fernes öffentliches Ortsnetz hineinzuwählen (und damit Ferngebühren zu umgehen) oder sogar Verkehr *aus* einem Ortsnetz über ihr Netz *in* ein anderes Ortsnetz (Verbindungen „für Dritte") zuzulassen.

Mit dem in Abschnitt 2.4.1 geschilderten, nun einsetzenden Trend zur Deregulierung und Liberalisierung lockern sich auch mehr oder weniger (unterschiedlich in verschiedenen Ländern) diese traditionellen Gebote und Verbote. Es wird privaten Trägern erlaubt, Verbindungen für Dritte herzustellen, unter Umständen hierfür sogar eigene Übertragungswege einzurichten, z. B. über Richtfunk. Entgegen dem zuvor als technisch und wirtschaftlich plausibel geschilderten Trend zur Dienste-Integration und letzten Endes zu einem Universalnetz öffnet der politische Schritt zur Liberalisierung offenbar den Weg in die Netzvielfalt, wie sie sich z. B. in den USA schon deutlich zeigt. Es ist selbstverständlich, daß dem politischen Willen das Primat vor dem technisch Plausiblen gebührt. Der politische Wille zielt auf „mehr Wettbewerb", um damit dem Benutzer zu marktgerechten und nicht vom Monopol diktierten Dienstangeboten und Gebühren zu verhelfen. Letzten Endes könnte — bei tatsächlich freier Marktentwicklung — die „Economy of Scale" wieder zu *einem* Universalnetz führen. Dies ist aber wohl eher zu bezweifeln. Unbeschadet dessen kann sich natürlich eine wirtschaftliche *Universalnetztechnik* (also z. B. ATM) auch in einer Landschaft der Netzvielfalt durchsetzen.

Abgesehen vom Argument des Wettbewerbs stellt sich die Frage, welche Gesichtspunkte denn für Privatnetze im Vergleich zum Angebot des öffentlichen Netzes sprechen. Das wichtigste Argument ist wohl, daß Privatnetze optimal an die Bedürfnisse des privaten Betreibers angepaßt werden können, während das öffentliche Netz bei Wahrung der Wirtschaftlichkeit den Wünschen aller Benutzer gerecht zu werden hat. Dazu gehört in erster Linie, daß das öffentliche Netz auch ein *offenes* Netz sein muß, in dem jeder Teilnehmer an einem Dienst mit jedem anderen Teilnehmer dieses Dienstes weltweit kommunizieren kann (hierüber mehr in Abschnitt 7.1). Ein privates Netz braucht sich um die Vielzahl ihm fremder Teilnehmer nicht zu kümmern. Beispiele: es können für die Sprachübertragung die Bitrate sparenden Algorithmen wie ADPCM- und/oder TASI-Verfahren verwendet werden, mit denen sich gegenüber den „öffentlichen" 64-kbit/s-Kanälen Gebühren einsparen lassen, oder es werden für den Datenverkehr die verschiedenen „natürlichen" Bitraten der Dienste weit unterhalb von 64 kbit/s genutzt. Im öffentlichen Netz mieten die betreffenden Teilnehmer z. B. komplette digitale Grundsysteme (2 Mbit/s in Europa, 1,5 Mbit/s in USA), wobei sie diese Bitströme über komplexe *eigene Multiplexer* auffüllen, die individuell an die Teilnehmerwünsche angepaßt die unterschiedlichen Bitraten bündeln (in USA: T 1-Multiplexer).

Zusammenfassend: Privatnetze können auf das wesentliche Kennzeichen des *offenen Netzes* — wie es die öffentlichen Netze zu realisieren haben — verzichten. Sie lassen sich in Leistungsmerkmalen, Sicherheitsanforderungen usw. an die spezifischen Teilnehmerwünsche anpassen. Solange dies alles auch wirtschaftlich gegenüber dem öffentlichen Netz bleibt, werden Privatnetze ihren Bestand haben.

Ein weiterer, wichtiger Vorteil ist implizit mit Privatnetzen verbunden: Sie werden eingerichtet, wenn sich die Investition „rechnet". Es gibt also keine mehr oder weniger komplizierte und risikobehaftete „Einführungsstrategie", wie sie für neue öffentliche Netze notwendig ist. Die Schwierigkeit liegt in dem erwähnten Auftrag des öffentlichen Netzes, *offene* Kommunikation zu ermöglichen. So müssen anfangs für relativ wenige, womöglich weit verteilte Teilnehmer erhebliche Investitionen vorgeleistet werden, die sich erst mit einer größeren Teilnehmerzahl amortisieren. Andererseits bestehen in der Anfangsphase nur geringe Anreize für neue Teilnehmer, sich an das Netz anzuschließen, weil nur wenige oder gar keine potentiellen Kommunikationspartner erreichbar sind. „Wenige Teilnehmer — wenig Interesse, große Teilnehmerzahl — großes Interesse!" Das ist die einfache Formel, welche den Anlauf neuer Netze häufig schwierig gestaltet. Hierauf wird noch zurückgekommen.

6.2 Das integrierte Text- und Datennetz (IDN) der Deutschen Bundespost-TELEKOM

Der Begriff „Integration" wird hier in einem Sinne verwendet, der weder mit dem internationalen Verständnis von „integriertem digitalen Netz" (IDN) noch „diensteintegrierendem digitalen Netz" (ISDN) etwas zu tun hat. In „klassischer Weise" (also vor der ISDN-Zeit) wird öffentlicher Datenverkehr entweder mit Hilfe von MODEMS (Modulator-Demodulator, vgl. z. B. „Serienmodem" in Abschnitt 2.3.3) über das weltweite Fernsprechnetz oder über spezielle digitale Text- und Datennetze übertragen. Die von der Deutschen Bundespost eingerichteten verschiedenen Text- und Datennetze werden unter dem Kürzel IDN zusammengefaßt, wobei der Begriff „Integration" hier durch die Möglichkeit von Übergängen zwischen den verschiedenen Teilnetzen gerechtfertigt ist.

Tabelle 6.1 vermittelt einen Überblick über die im IDN zusammengefaßten Netzteile und die darüber angebotenen Dienste [6.1]. Ein Bestandteil ist das seit langem existierende (weltweite) *Telexnetz*. Rund 99% aller Auslandsverbindungen und sämtliche Inlandsverbindungen werden in Selbstwahl hergestellt. Es bietet die Übertragungsgeschwindigkeit 50 bit/s und „Halbduplex"-Betrieb (d. h. *ein* Fernmeldeweg wird abwechselnd in Hin- oder Rückrichtung benutzt). Das weltweit eingeführte Internationale Telegraphenalphabet Nr. 2 ermöglicht die Zusammenarbeit aller Fernschreibstationen untereinander.

Ein weiterer IDN-Bestandteil ist das öffentliche *Direktrufnetz*. Es ist ein Netz aus festgeschalteten duplexfähigen Verbindungen (d. h. der Fernmeldeweg kann gleichzeitig für Hin- und Rückrichtung genutzt werden). Zwei „Hauptanschlüsse für Direktruf" (HfD) werden dauernd miteinander verbunden. Das Direktrufnetz ist also ein Standverbindungsnetz. Es stehen für die HfD-Verbindungen wahlweise verschiedene Übertragungsbitraten zur Verfügung, angefangen von 50 und 300 bit/s „asynchron" bis hinauf zu 48 kbit/s „synchron". (Bei asynchroner Übertragung synchronisieren sich sendende und empfangende Einrichtung selbst für die Dauer der Übertragung eines Zeichens, sog. Start-Stop-Betrieb. Bei synchroner Übertragung werden Sender und Empfänger durch das Netz ständig im Gleichlauf gehalten). Im Direktrufnetz sind standardisierte Teilnehmerschnittstellen vorgeschrieben, z. B. im synchronen Betrieb die Schnittstelle nach Empfehlung X.21. (Dabei werden natürlich die Verbindungsaufbau- und Abbauprozeduren nicht genutzt). Ferner gehört zum IDN

Tabelle 6.1. Dienste und Teilnetze im IDN

	IDN				
Netzteile	Telexnetz	Datexnetz		Direktrufnetz
		mit Leitungs-vermittlung	mit Paket-vermittlung	
Dienste	Telex	Tele-tex	DATEX-L	DATEX-P	Direktruf-dienst

das *Datexnetz,* ein Datenwählnetz für verschiedene Übertragungsgeschwindigkeiten. Das Datexnetz unterteilt sich in das leitungsvermittelnde Datex-L für Übertragungsgeschwindigkeiten von 300 bit/s bis 64 kbit/s und das paketvermittelnde Datex-P mit Übertragungsgeschwindigkeiten bis 48 kbit/s. Da die Teilnehmerzahlen im Datexnetz um mehrere Größenordnungen unter denen des Fernsprechnetzes liegen, gibt es nur *eine* Hierarchiestufe von untereinander vermaschten Datenvermittlungsstellen DVSt (im Gegensatz zu den mehr als vier Hierarchiestufen im Fernsprechnetz, Abschnitt 1.2). Da nun die Teilnehmeranschlußleitungen zu den relativ wenigen DVSt im allgemeinen sehr lang werden, sorgen Datenumsetzerstellen DUSt (gewissermaßen als Vorfeldeinrichtungen, vgl. Abschnitt 1.2) für eine Zusammenfassung verschiedener Teilnehmerleitungen zu Verbindungsleitungen höherer Bitrate, entweder über Multiplexer oder über eine zusätzliche vermittlungstechnische Konzentration [6.2].

6.2.1 Das leitungsvermittelnde Datex-L Netz

Im Datex-L Netz gibt es DVSt-L an 17 Standorten der Bundesrepublik Deutschland. Dazu gehören die bereits als Sitz von Zentralvermittlungsstellen (ZVSt) im Fernsprechnetz bekannten Orte wie Stuttgart und München sowie zusätzlich z. B. Augsburg, Karlsruhe und Mannheim. Als Vermittlungsstelle in den DVSt dient das Elektronische Datenvermittlungs-System EDS, ein vollelektronisches rechnergesteuertes System, welches von Siemens entwickelt wurde. Insgesamt sind 23 EDS eingesetzt mit „Mehrfach-Vermittlungen" an Orten, in denen die Anschlußkapazität eines EDS von 20 000 Leitungen nicht ausreicht.

Die Netzstruktur zeigt Bild 6.1. Die EDS-Vermittlungen sind über 2-Mbit/s-Übertragungssysteme miteinander vermascht. Ebenfalls über 2-Mbit/s-Systeme an die DVSt angeschlossen sind Datenumsetzerstellen DUSt mit Multiplexern 1. Ordnung. Diese Multiplexer werden von 64-kbit/s-Leitungen erreicht, die entweder direkt Teilnehmeranschlüsse für 64-kbit/s-Übertragungsgeschwindigkeit sind oder von Multiplexern der Ordnung „Null" beschickt werden, die ihrerseits niedrigere Datenraten zu 64 kbit/s zusammenfassen.

Die Multiplexfunktionen im „Vorfeld" werden in spiegelbildlichen DUSt in der Vermittlungsstelle wieder rückgängig gemacht, so daß dort also nicht Multiplexsysteme, sondern Einzelleitungen mit spezifischen Datenraten angeschlossen sind. Teilnehmer im Nahbereich einer DVSt werden direkt mit Leitungen spezifischer Datenrate an die Vermittlung herangeführt. Im DVSt-Koppelnetz müssen also Kanäle unterschiedlicher Bitrate vermittelt werden. Das geschieht im System EDS allerdings nicht auf die in Abschnitt 3.2.3 erläuterten Weise, vielmehr wurde ein recht originelles Verfahren gewählt, auf das hier allerdings nicht eingegangen werden soll [6.3, 6.4].

6.2.2 Das paketvermittelnde Datex-P-Netz

Dieser Teil des IDN erfreut sich seit seiner Einführung ab 1980 [6.5] wachsender Beliebtheit, so daß das aus 17 DVSt-P bestehende Netz jetzt auf die leistungsfähigeren EWSP-Vermittlungen umgerüstet wird (vgl. Abschnitt 4.5). Der Grund für die hohe Akzeptanz des Paketnetz-Prinzips liegt in dem Konzept der „virtuellen Verbin-

6.2 Das integrierte Text- und Datennetz (IDN) der Deutschen Bundespost-TELEKOM

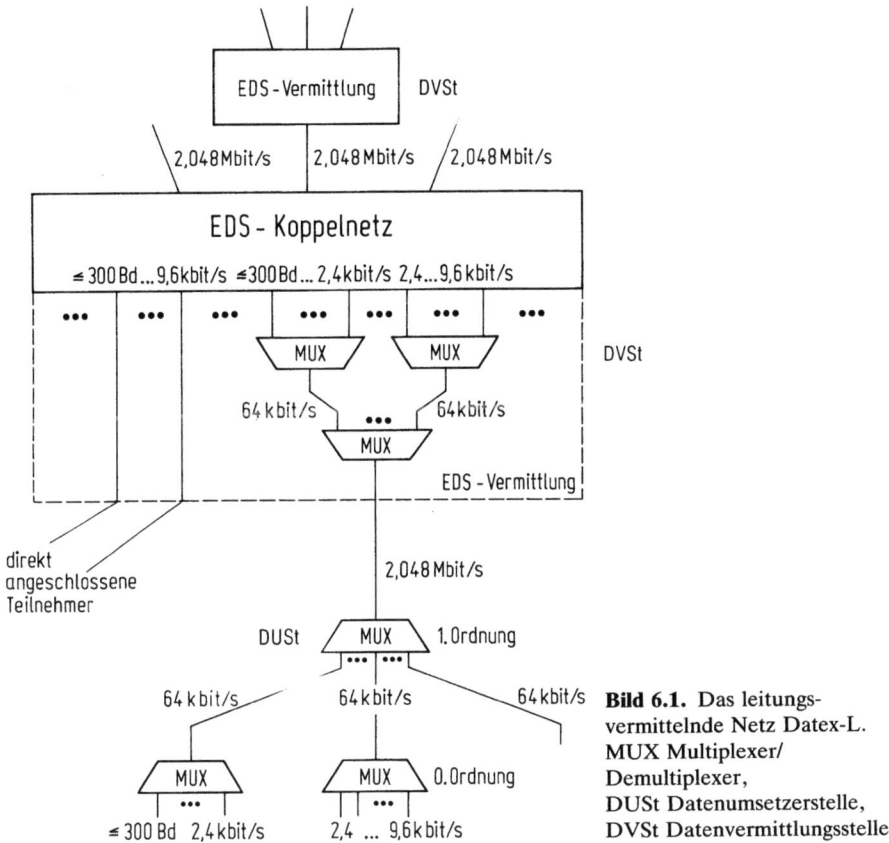

Bild 6.1. Das leitungsvermittelnde Netz Datex-L. MUX Multiplexer/Demultiplexer, DUSt Datenumsetzerstelle, DVSt Datenvermittlungsstelle

dung" (vgl. Abschnitt 2.2.3), welches eine Vielfachausnützung der Leitungen — insbesondere der Anschlußleitung zum Host — ermöglicht. Bild 6.2 zeigt eine typische Paketnetz-Konfiguration. Unmittelbar an das Netz anschließbar sind paketorientierte (Daten-)Endeinrichtungen DEE, also z. B. „intelligentes Terminal" und „Host". Die DEE gehorchen den Bedingungen der CCITT-Empfehlung X.25 (Abschnitt 5.3). Das öffentliche Netz und damit auch die Verantwortung für das Funktionieren der Einrichtungen reicht von Schnittstelle zu Schnittstelle, schließt also die Übertragungseinrichtungen DÜE mit ein.

Auch der Paketaustausch *zwischen* den Netzknoten wird vom CCITT standardisiert, hier gilt die Empfehlung X.75 [6.6], welche Ähnlichkeit mit X.25 hat. Weitere — hier nicht besprochene — Empfehlungen gelten dem Anschluß von nicht-paketorientierten Endeinrichtungen, welche die Ressourcen des Paketnetzes und seiner Endeinrichtungen nutzen wollen. Asynchron nach dem Start-Stop-Prinzip betriebene Endeinrichtungen (z. B. Telex-Maschinen) müssen hierfür die Schnittstellenbedingungen der Empfehlungen X.28 [6.7] einhalten. In einer Packet Assembly Disassembly Facility (PAD), welche entsprechend Empfehlung X.3 [6.7] arbeitet, werden die zu *sendenden* Start-Stop-Zeichen für den Weitertransport paketiert bzw. die *empfan-*

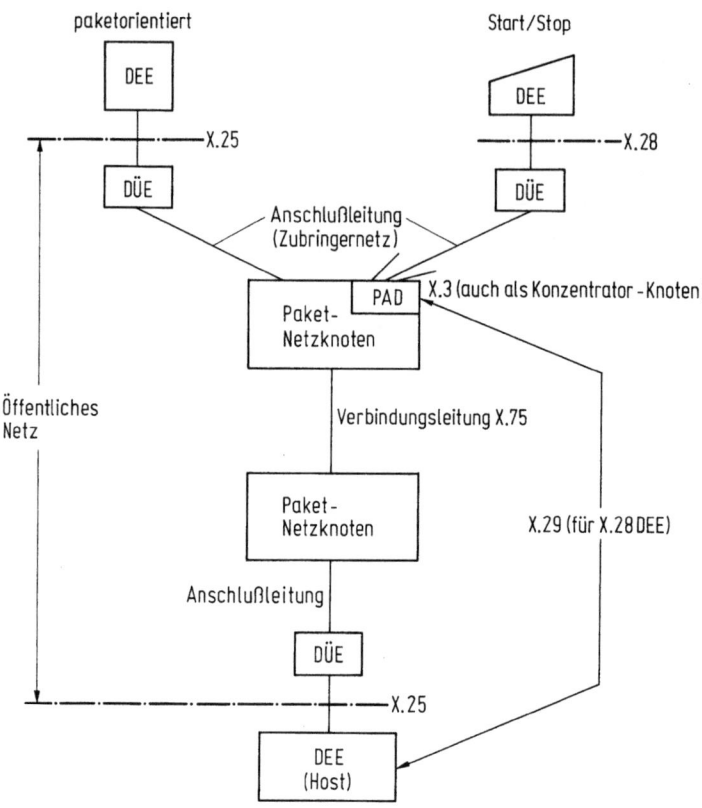

Bild 6.2. Konfiguration eines paketvermittelnden Netzes (CCITT-Empfehlungen). DEE Datenendeinrichtung, DÜE Datenübertragungseinrichtung, PAD Packet Assembly/ Disassembly Facility

genen Pakete in Start-Stop-Zeichen für die Endeinrichtung entpaketiert. Die Zusammenarbeit zwischen PAD und X.25 DEE (z. B. Host) regelt die Empfehlung X.29 [6.7].

Die Empfehlungen X.25 und auch X.75 enthalten *Flußsteuerungsmechanismen* in Schicht 2 für HDLC-Rahmen und in Schicht 3 für Pakete, welche den Durchsatz von „Punkt zu Punkt" bzw. (in Schicht 3) über das Netz hinweg regeln. Die netzweite Regelung erfolgt — wie in Abschnitt 5.3.3 bereits erläutert — einerseits mit Einstellung der Fenstergröße W, aus der sich die Anzahl der jeweils aufeinanderfolgend ohne Quittung zu sendenden Pakete ergibt, und andererseits durch das rückwärts gesendete Quittungspaket, welches jeweils einen neuen Sendezyklus freigibt. Die im Einzelfall benutzte Fenstergröße wird entweder beim Verbindungsaufbau zwischen den Partnern verabredet, oder sie ist für jeden Partner fest vorgegeben. Im EWSP-Netz übernimmt der Ziel-Vermittlungsknoten die Flußsteuerung der beiden Partner-DEE, die übrigen Netzknoten verhalten sich diesbezüglich transparent. Somit obliegt dem Zielknoten auch die Anpassung ggf. unterschiedlicher Fenstergrößen von sendendem und empfangendem Teilnehmer, indem er das Quittungspaket RR (Receive

6.2 Das integrierte Text- und Datennetz (IDN) der Deutschen Bundespost-TELEKOM

Ready) des empfangenden entsprechend zum sendenden Teilnehmer weitergibt (Bild 6.3). Der Zielknoten hat es aber im Prinzip auch in der Hand, durch zeitweiliges Verzögern von RR eine momentane Netzbelastung zu reduzieren.

Die Flexibilität des Paket-Prinzips hat ihren Preis: Die Bestimmung der Leitungs- und Netzauslastung ist wesentlich komplizierter als in leitungsvermittelnden Netzen. Die *Leitungsvermittlung* berücksichtigt die augenblickliche Verbindungszahl für die Wegauswahl ohne Rücksicht auf den Ausnützungsgrad der Verbindung.

Die *ATM-Vermittlung* als Kombination von Leitungs- und Paketvermittlung ohne Möglichkeit der unmittelbaren Flußsteuerung macht es sich vorerst leicht: Mangels Erfahrung mit derartigen Verkehrsmixturen rechnet sie alle Spitzen-Übertragungswerte gleichbedeutend mit Dauer-Übertragungswerten (CBO), welche keine Einsparungsmöglichkeiten an Übertragungskapazität nutzen (Abschnitt 4.4.2). Die *Paketvermittlung* hat ihre Existenzberechtigung sehr wesentlich deshalb, weil sie jene Einsparungsmöglichkeiten durch sporadische Nutzung in die Netzdimensionierung einbezieht und durch Pufferspeicherung und Flußsteuerung unvorhergesehene Lastspitzen abfangen kann.

Der Belastungsbeitrag, den eine virtuelle Verbindung auf einer beim Verbindungsaufbau auszuwählenden Leitung bringt, läßt sich aus Benutzerklasse (d. h. Übertragungsgeschwindigkeit) und Durchsatzklasse (d. h. gewünschte Fenstergröße) abschätzen. Diese Belastung wird in „Leitungslast-Einheiten" dargestellt. Die Summe der durch Verbindungen verursachten Leitungslast-Einheiten darf bestimmte Grenzwerte für eine Leitung nicht überschreiten. Es gibt einen niedrigeren Grenzwert, bei dem normale Verbindungen abgewiesen werden und einen höheren Grenzwert, der auch für Verbindungen mit *Rufpriorität* gilt. Vor einer endgültigen Abweisung können ggf. noch „Umwege" versucht werden (vgl. „Leitweglenkung", Abschnitt 1.2.6). Die von einer Verbindung „verbrauchten" Leitungslast-Einheiten werden bei der Auslösung wieder freigegeben. Die verplanbaren Leitungslast-Einhei-

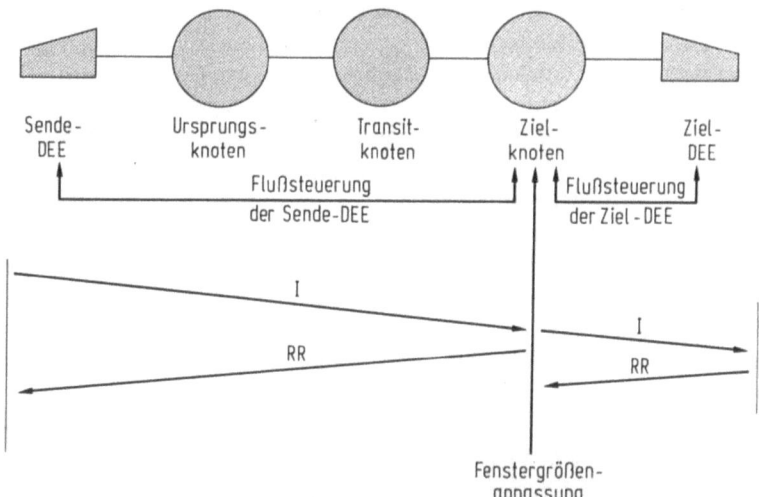

Bild 6.3. Flußsteuerung im EWSP-Netz.
DEE Datenendeinrichtung, I Informationspaket, RR „Receive Ready"-Paket

ten sind von einem Netzkontrollzentrum aus vorgegeben. Die gewünschte (und auch zu bezahlende!) Rufpriorität „0" oder „1" wählt der Teilnehmer beim Verbindungsaufbau.

Zusätzlich zur Rufpriorität kann durch Vergabe von *Datenübertragungsprioritäten* „0" bis „3" dafür gesorgt werden, daß während des Bestehens der virtuellen Verbindung eine gewünschte Übertragunsqualität auch bei zufälligen Lastspitzen aufrechterhalten bleibt. Jeder Leitung ist im Netzknoten für jede Priorität eine eigene Ausgabewarteschlange zugeordnet. Entsprechend ihrer Priorität werden die Warteschlangen beim „Aus-Transfer" bedient. Die niederste Priorität gilt vorzugsweise für Stapelverkehr, höhere Prioritäten werden für Dialogverkehr vergeben. Die Festlegung der Priorität erfolgt beim Verbindungsaufbau für die jeweilige Verbindung.

6.3 Local und Metropolitan Area Networks

Local Area Networks (LAN) und Metropolitan Area Networks (MAN) bezeichnen einen typisch anderen Weg zur vermittelten Telekommunikation als es die bisher diskutierten, hierarchisch aufgebauten, mit vermittelnden Netzknoten ausgerüsteten „klassischen" Netze wie Fernsprechnetz und IDN realisiert haben. Wir lernten wesentliche Charakteristika bereits kennen: Dezentrale Vermittlung (Abschnitt 3.3.1) sind häufige Kennzeichen! Was ist der Anlaß zu diesem Weg, welches sind die Vorteile?

Ursprünglicher Ansatzpunkt war es, mehrere Computer in einem „lokalen Bereich" über ca. 100 m bis 5 km miteinander zu vernetzen. Sehr bald kamen „intelligente Terminals" (d. h. also auch Computer!) als Netzbenutzer hinzu. Dezentrale, maschinelle Intelligenz war somit vorhanden, um die maschinellen Benutzer in den Vermittlungsprozeß einzubeziehen. Die spezifischen Kommunikationseigenschaften von Host-Computern und intelligenten Terminals waren schließlich ausschlaggebend: Es bestand kein Bedarf nach langdauernden Dialog-Verbindungen, vielmehr sollte z. B. ein „Bildschirminhalt" rasch zwischen Terminal und Host ausgetauscht werden. Eine Domäne für paketierte Daten im Datagramm-Betrieb oder über virtuelle Verbindungen! Ein leistungsfähiges Übertragungsmedium (Bitraten im Mbit/s-Bereich!) steht für derartige Transaktionen in LANs zur Verfügung. Jeder Kommunikationsvorgang nimmt *kurzzeitig* die volle Kapazität des Mediums in Anspruch, jedoch kann aufeinanderfolgend das Medium von vielen Teilnehmern (im „statistischen Zeitmultiplex") gemeinsam genutzt werden. Ein *individueller* breitbandiger Anschlußkanal je Teilnehmer wie im sternförmigen Anschlußnetz der Leitungsvermittlung wird eingespart. Mit begrenzter Teilnehmerzahl an *einem* geschlossenen lokalen (also privaten!) Netz entfallen viele schwierige Vermittlungsfunktionen, so daß eine Dezentralisierung dieser Funktionen auf die Benutzer selbst vernünftig erscheint.

Unter diesen Bedingungen sind nahezu unüberschaubar viele LAN-Produkte für den privaten Bereich entstanden. Vielfalt belebt den Wettbewerb, aber erschwert die maschinelle Zusammenarbeit verschiedener Produkte. Deshalb zeigten sich frühzeitig wirksame Bestrebungen zur Standardisierung von Schnittstellen und Protokollen. Führend hierin waren die USA, in deren Territorien sich die erwähnte Vielfalt im

6.3 Local und Metropolitan Area Networks

wesentlichen entwickelte. Vom IEEE (Institute of Electrical and Electronics Engineers) wurden von der Projektgruppe 802 verschiedene Transportmechanismen definiert und von anderen Gremien übernommen [6.8]. Aus der Vielfalt sollen hier nur einige Beispiele herausgegriffen werden.

Mittlerweile ist ein Bedarf nach Vernetzung von LANs an verschiedenen Standorten entstanden. Diese Netze wurden von den LAN-Protagonisten MAN (Metropolitan Area Networks) und WAN (Wide Area Networks) genannt. Im Grunde genommen handelt es sich um breitbandige Übertragungskapazität, die meist im öffentlichen Netz bereitgestellt werden muß, sei es auf Mietbasis, sei es in einem vermittelnden öffentlichen Breitbandnetz. Ein eigentümlicher „Annäherungsprozeß" zeigt sich in den Standardisierungsarbeiten: Auf der LAN-Seite beginnt man sich zusätzlich auf die Belange der Fernsprechkommunikation mit einer Art starrem Zeitmulitiplex und „Zeittransparenz" einzurichten (isochrone Übertragung), während das öffentliche Breitbandnetz mit ATM sich darauf vorbereitet, eben diese technischen Merkmale zu verlassen. Obschon hier also die Trends sich gewissermaßen „über Kreuz" entwickeln, hat in den beidseitigen Protokollformaten tatsächlich — trotz unterschiedlicher Standardisierungsgremien — eine gewisse Vereinheitlichung stattgefunden. Hierauf wird noch zurückgekommen.

6.3.1 Zugriffsverfahren

Ein grundsätzliches Problem ergibt sich bei Netzen mit einem zentralen Transportmedium („Draht" oder „Äther") und *dezentraler* Vermittlungsfunktion: Wie kann eine dezentrale Einrichtung auf das Medium zugreifen, ohne etwa bereits bestehende Kommunikationsvorgänge anderer Teilnehmer zu stören? Eine — in der Ausführung übrigens nicht triviale — Möglichkeit besteht in der festen Zuteilung eines Zeitschlitzes je Einrichtung bei *starrem* Zeitmultiplex. Ein solches Prinzip ist als *Time Division Multiple Access* (TDMA) z. B. in der Satellitenkommunikation bekannt. Anders jedoch im statistischen Zeitmultiplex: Es gibt keine je Einrichtung reservierten Zeitschlitze! Einige für diesen Anwendungsfall geeignete Zugriffsverfahren seien kurz erläutert [6.9]:

Pure ALOHA

Dieses Verfahren wurde zuerst in einem von der Universität Hawaii entwickelten Kommunikationssystem ALOHA angewendet. Jede Station sendet, wenn sie gerade etwas zu senden hat. Wenn zwei Stationen gleichzeitig senden, kommt es zu einem Zusammenstoß, und die gesendete Pakete werden verfälscht. Wenn ein Terminal für ein gesendetes Paket keine Quittung erhält, wiederholt es dieses Paket nach einer zufälligen Zeitspanne.

Wächst die Belastung des zentralen Kanals durch die gesendeten Nachrichten über den relativ geringen Wert von 0,18 Erl hinaus, so führt das Verfahren zur Selbstblockade durch immer mehr wiederholte Nachrichten. Deshalb hat man eine Verbesserung durch *Slotted* ALOHA eingeführt: Die verfügbare Zeit wird in Zeitschlitze eingeteilt, in die eine Nachricht hineinpaßt. Jede Station darf nur am Beginn eines Zeitschlitzes zu senden anfangen. Dadurch wird die Zeit, in der Kollisionen auftreten können, reduziert, und die mögliche Kanalauslastung steigt auf maximal 0,37 Erl an.

Token Passing

Dieses Verfahren ist für Ringnetze geeignet: Ein Kennzeichen *(Token)* läuft im Ring um und kennzeichnet *anschließend* freie Zeitbereiche. Eine Station darf nach Empfang des Token senden und setzt an das Ende seiner Nachricht wiederum das Token. — Eine Wartungsstation im Ring ist in der Lage, das Token zu generieren. Eine defekte Station kann den Ring blockieren, wenn nicht besondere Maßnahmen getroffen werden (Bild 6.4).

CSMA (Carrier Sense Multiple Access)

Dieses Verfahren wird in sog. Busnetzen angewendet. Bevor eine Station zu senden beginnt, „horcht" sie, ob nicht bereits eine Übertragung auf dem Bus stattfindet. Je geringer die Entfernung und damit die Laufzeit zwischen den einzelnen Stationen ist, um so geringer wird das Zeitintervall, in dem es noch zu Zusammenstößen kommen kann.

Das Verfahren läßt sich durch CSMA/CD (Carrier Sense Multiple Access with Collision Detection) verbessern: Während eine Station sendet, hört sie auf dem Übertragungskanal mit: Wenn die empfangenen Daten nicht mit den gesendeten übereinstimmen, nimmt sie einen Zusammenstoß an und bricht das Senden ab. Dadurch wird der Bus nach einer Kollision schneller wieder frei. — Das Aussenden wird nach einer durch Zufall streuenden Zeit wiederholt (Bild 6.5).

Standardisierung

Im Rahmen der bereits erwähnten IEEE Projektgruppe 802 wurden einheitliche Schnittstellen MAC (Medium Access Control) zu den „physikalischen" Zugriffstechniken definiert, so etwa 802.3 (CSMA/CD) oder 802.5 (Token Ring). Zusammen mit einer Logical Link Control (LLC, IEEE 802.2) sind diese Standards der Schicht 2 des OSI-Architekturmodells zuzuordnen. Die Standards wurden u. a. von der *International Standardization Organization* (ISO) übernommen (ISO 8802) [6.10].

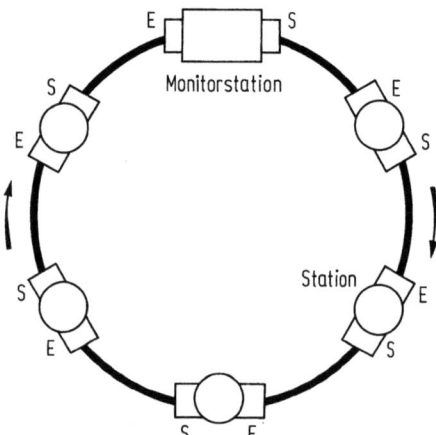

Bild 6.4. Token Passing im Ringnetz. S Sender, E Empfänger

6.3.2 Ethernet

Ethernet gehört zu den weitestverbreiteten LANs und wurde ursprünglich von den drei US-amerikanischen Firmen DEC, Intel und XEROX spezifiziert und entwickelt [6.11]. Aus dieser Spezifikation entstand der Standard IEEE 802.3. Ethernet ist ein Busnetz, auf das die Sender gleichsam wie auf den „Äther" (Ether) zugreifen, und zwar nach dem CSMA/CD-Verfahren. Bild 6.5 zeigt die Konfiguration. Das gemeinsame Übertragungsmedium besteht aus einem Koaxialkabel („gelbes Kabel"), auf das sich Stationen an markierten Stellen (zur Einhaltung eines Mindestabstandes) auch während des Betriebes aufstecken können. Die Übertragungsbitrate beträgt 10 Mbit/s, woraus sich – wie auch aus dem CSMA/CD-Verfahren – einige Folgerungen ergeben. So ist die Länge eines Bus-Segmentes ohne Verstärker auf 500 m begrenzt. Segmente können über Verstärker gekoppelt werden, die Maximallänge von Stationsanschluß zu Stationsanschluß beträgt 3000 m. Maximal lassen sich 1024 Stationen anschließen, ohne daß eine „Selbstblockade" durch CSMA/CD-Wiederholvorgänge zu befürchten ist (jede Station darf bis zu 16mal einen Sendeversuch wiederholen).

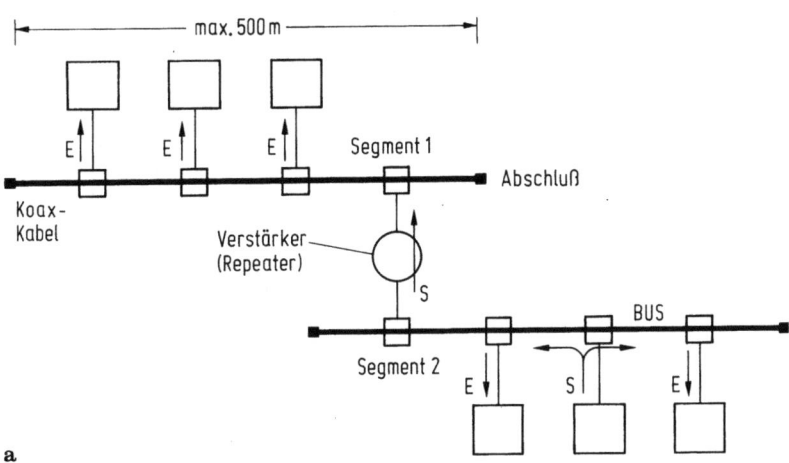

a

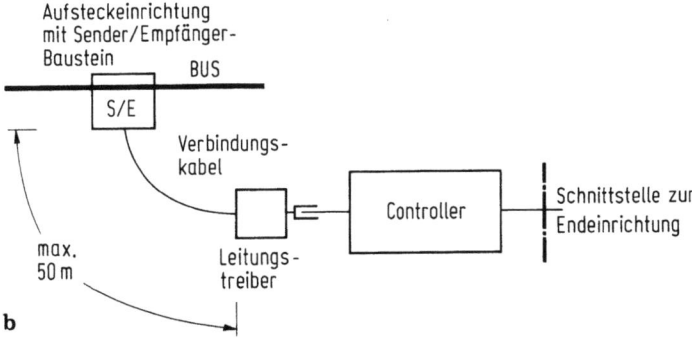

b

Bild 6.5 a, b. CSMA/CD im Ethernet.
a Konfigurationsbeispiel, **b** Schnittstellen, S Senden, E Empfangen

Die Aufsteckeinrichtung (Medium Attachment Unit MAU) für den Anschluß an das Kabel enthält auch Sender und Empfänger sowie die Einrichtung zum Erkennen von Kollisionen gesendeter Informationspakete. Über maximal 50 m lange verdrillte Leitungen werden die Stationen mit ihrem „Controller" für die OSI-Schicht-2-Funktionen verbunden.

Während eine sendende Station durch Vergleich der gesendeten mit der gleichzeitig empfangenen Information sofort eine Kollision − also die Ungültigkeit der Information − erkennt, haben nichtsendende Stationen diese einfache Erkennungsmöglichkeit nicht. Deshalb hat man eine Mindest-Informationslänge für gültige Information festgelegt. *Nur* empfangende Stationen können somit durch Messung der Informationslänge unmittelbar feststellen, ob es sich um gültige oder ungültige Information handelt [6.12]. Es ergibt sich folgendes Paketformat: Eine Präambel von 64 bit dient dem „Aufwecken" (der Synchronisierung) der Empfänger. Es folgen 48 bit für die Zieladresse und 48 bit für die Ursprungsadresse. 16 bit dienen der Bezeichnung des Pakettyps, 32 bit werden für den zyklischen Sicherungscode gebraucht. Die minimale Datenfeldlänge (Benutzerdaten) beträgt 368 bit. Abgesehen von der Präambel beträgt also die minimale Paketlänge 512 bit, die maximale Paketlänge ist auf 12 144 bit festgelegt. Will man weniger Benutzerdaten als 368 bit übertragen, so muß der bis zur Minimallänge fehlende Rest durch „Blindbits" aufgefüllt werden (Padding). In [6.13] wird der geringe „Wirkungsgrad" beklagt, falls nur wenig Information zu übertragen ist: Wenn man lediglich 10 Bytes übermittelt, braucht man fast das Zehnfache an „Overhead". Eingerechnet ist dabei eine 96 Bitzeiten (9,6 μs) dauernde Schutzzeit zwischen aufeinanderfolgenden Paketen. Übrigens haben sich unter dem gleichen Standard IEEE 802.3 Ethernet-Varianten entwickelt. So gibt es z. B. seit 1985 den Cheapernet-Standard für ein nicht so leistungsfähiges, aber preisgünstigeres LAN im Vergleich zu Ethernet. Es verwendet ein dünneres („schwarzes") Koaxkabel mit einer maximalen Segmentlänge von 185 m und dem maximalen Stationsabstand von 2055 m. Auch ein optisches CSMA/CD-Netz ist möglich, in dem der Bus durch einen Lichtwellenleiter-Stern mit zentralem sog. Sternkoppler ersetzt wurde. Vorteilhaft ist die dank Lichtwellenleiter höhere Reichweite von max. 5000 m. Auf dem entgegengesetzten Ende der Leistungsfähigkeit finden sich Anwendungen auf symmetrischen Kupferleitungen (Twisted Pair) im 100-m-Bereich (10 Base T).

6.3.3 Fiber Distributed Data Interface

Während Ethernet auf ein gemeinsames Übertragungsmedium mit 10 Mbit/s-Kapazität aufbaut, werden durch das *Fiber Distributed Data Interface* (FDDI) bedeutend höhere Anforderungen mit 100 Mbit/s unterstützt. Das geeignete Übertragungsmedium hierfür ist der Lichtwellenleiter (Fiber), der auch größere Entfernungsbereiche zu überdecken erlaubt. Die Standardisierungsarbeiten wurden vom „American National Standards Institute" (ANSI) 1982 aufgenommen und für eine Variante I 1988 nahezu abgeschlossen. Variante I behandelt ausschließlich den Transport von statistischem Datenverkehr (Bursty Traffic), während Variante II auch isochronen Verkehr auf der Basis des 125 μs-Abtastzyklus der Fernsprech-PCM einbezieht.

6.3 Local und Metropolitan Area Networks

Dem FDDI liegt ein Lichtwellenleiter-Doppelring zu Grunde, auf dem den Stationen die Sendeberechtigung durch ein Token-Verfahren zugeteilt wird. Der Doppelring sichert bei *einer* Kabelstörung die Weiterführung des Betriebes und im ungestörten Betrieb eine Verdoppelung der Kapazität. Bild 6.6 erläutert das Prinzip. Es gibt verschiedene Gerätekategorien: Stationen „A" sind so wichtig, daß sie Zugang zu beiden FDDI-Ringen haben. Stationen „B" sind nicht so wichtig, daß ein (teurer) Doppelanschluß gerechtfertigt ist. Sie werden über „Konzentratoren" angeschlossen, die ihrerseits wieder als wichtige Stationen einzuordnen sind. Bild 6.6a zeigt den Normalbetrieb, bei dem der Verkehr auf beide Ringe verteilt wird. Im Störungsfall des Bildes 6.6b läßt sich voller Betrieb über nur einen Ring aufrecht erhalten, im Fall Bild 6.6c fällt lediglich eine B-Station aus, ohne daß auf „Ein-Ring-Betrieb" übergegangen werden muß. Dieser Fall tritt auch ein, wenn nicht eine Leitungsunterbrechung, sondern ein Stationsausfall auftritt. Bei Stationsstörungen, welche das Weiterreichen der Informationen auf dem Ring verhindern, können sich die Stationen durch „Überbrückung" aus dem Ring schalten (optischer Bypath).

Auf diesen Ringen berechtigt der Besitz des „Token" eine Station zum Senden von Information. Die gesendeten Daten zirkulieren einmal im Ring und werden nach dem Umlauf von ihrem Sender wieder vom Ring genommen. Die sendende Station gibt im Anschluß an die Nutzinformation den Token weiter, so daß damit eine

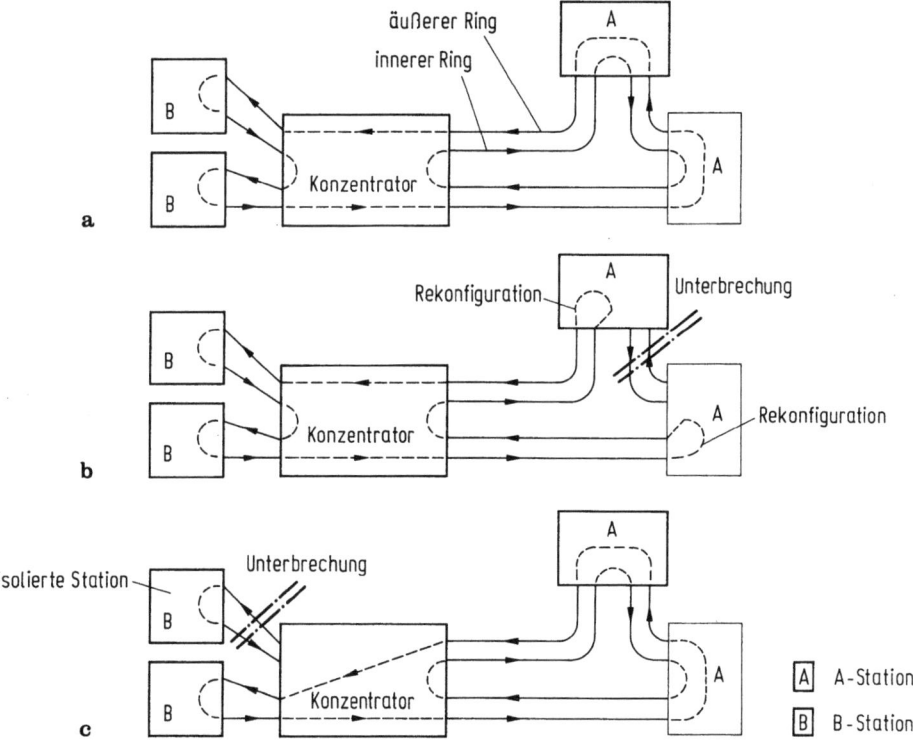

Bild 6.6a–c. FDDI Topologie und Rekonfiguration. **a** Normalbetrieb, **b** Unterbrechung der Leitung zu einer A-Station, **c** Unterbrechung der Leitung zu einer B-Station
A wichtige Station, B weniger wichtige Station

nächste Station mit dem Senden beginnen kann. Auf diese Weise zirkulieren ggf. die Informationen mehrerer Sender gleichzeitig auf dem Ring.

Natürlich darf eine Station nicht beliebig viel Information auf den Ring legen und damit das Senden anderer Stationen blockieren. Vielmehr ist die zu sendende Informationsmenge abhängig von der momentanen Belastung des Rings. Diese wird gemessen anhand der Zeit, die der Token nach seiner Aussendung bis zur Rückkehr zur Station braucht (Token Rotation Time TRT). Diese Zeit wird verglichen mit einer Target Token Rotation Time (TTRT), die bei Inbetriebnahme des Netzes für alle Stationen festgelegt wurde. Ist TRT größer als TTRT, so spricht das für hohe Belastung. Es dürfen dann ggf. nur dringliche Informationen bestimmter Menge gesendet werden (dies sind z. B. isochrone Informationen, die keinen Aufschub dulden). Ist TRT kleiner als TTRT, so darf die Differenzzeit zum Senden von Information verwendet werden.

Für FDDI werden drei Protokollschichten festgelegt (Bild 6.7), welche den OSI-Schichten 1 und 2 in etwa entsprechen. In der untersten Schicht „Physical Medium Dependent" (PMD) wird das Transportmedium beschrieben: Multimode-Lichtwellenleiter, Laser-Sendedioden, überbrückbare Distanz 2 km. Das „Physical Layer" (PHY) legt die Kanalcodierung fest: Je 4 Nutzbit werden 5 Transportbit zugeordnet (4 B/5 B-Code, vgl. Abschnitt 2.3.3). Die Transportbitrate auf dem Medium beträgt somit 125 Mbit/s. Das Station Management STM greift über alle drei Schichten und kontrolliert u. a. die Funktionsfähigkeit des Rings. Die Medium Access Control MAC unterscheidet sich bei FDDI Varianten I und II, wobei Variante I eine Untermenge der Variante II ist.

Ein FDDI-Rahmen nach Variante I besteht zunächst aus wenigstens 64 bit einer Präambel PA (vgl. Abschnitt 6.3.2). Ein Start Delimeter SD (8 bit, vergleichbar mit der Flag, Abschnitt 5.3.2) kennzeichnet exakt den Beginn der folgenden Rahmenstruktur. Diese besteht aus 8 bit zur Angabe des Rahmentyps (Frame Control FC), 16 oder 48 bit für die Empfängeradresse (Destination Address DA), 16 oder 48 bit für die Sendeadresse (Source Address SA), bis zu 8192 Oktetts Nutzinformation variabler Länge, 32 bit Sicherung (Frame Check Sequence FCS), 4 oder 8 bit für den Abschluß des Rahmens (End Delimiter ED). Als letztes schließt sich ein FS-Feld (Frame Status, 12 bit) an, welches dem Sender nach einem Umlauf bestätigt, daß der Rahmen gelesen oder kopiert wurde.

Im Gegensatz zu FDDI-Variante I geht Variante II zu fester Rahmenlänge über. Die Rahmenstruktur zeigt Bild 6.8, die Längen sind in „Symbolen" zu je 4 bit angegeben. Die gezeigten Rahmen werden von einer „Master Station" alle 125 μs zur Zirkulation im Ring ausgesendet. Die Master Station besorgt auch die Zuteilung von isochroner Übertragungskapazität für sendende und empfangende Stationen auf Anforderung, in diesem Fall also ein Übergang zur „zentralen Steuerung"! Asynchrone Übertragungskapazität für Pakete wird jedoch nach wie vor durch Token vergeben.

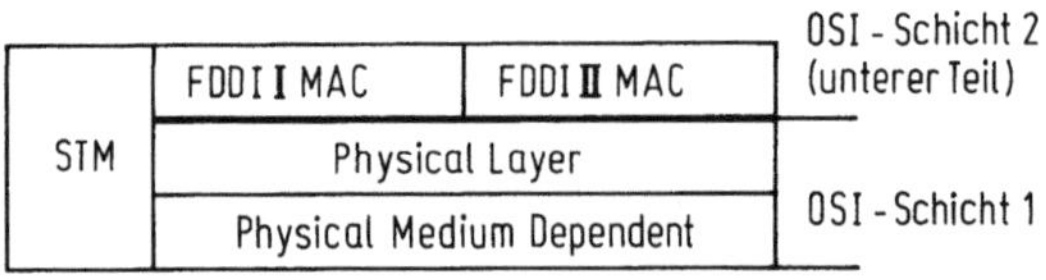

			OSI - Schicht 2 (unterer Teil)
	FDDI I MAC	FDDI II MAC	
STM	Physical Layer		OSI - Schicht 1
	Physical Medium Dependent		

Bild 6.7. FDDI Protokollschichten. MAC Medium Access Control, STM Station Management

6.3 Local und Metropolitan Area Networks

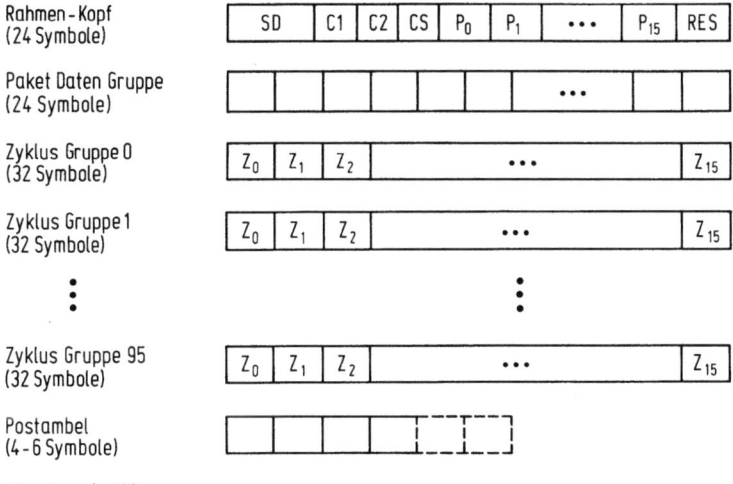

1 Symbol ≙ 4 bit

Bild 6.8. Rahmenstruktur der FDDI-Variante II.
SD Start Delimiter (Kennzeichnung Rahmenbeginn), weitere Feldbedeutungen im Text

Im Rahmenkopf sind die Felder SD bis CS (insgesamt 6 Symbole) zur Synchronisation und Einrichtung einer Master Station vorgesehen (eine Präambel zum „Aufwecken" kann entfallen, da es sich um einen lückenlos ausgefüllten 100-Mbit/s-Strom handelt!). Die Felder P_0 bis P_{15} geben an, welche der Zeitschlitze Z_0 bis Z_{15} mit welchem Anteil an isochroner Information belegt sind. Es folgen 24 Symbole, stets dem Pakettransport vorbehalten. Daran schließt sich — in Zeitschlitzen Z organisiert — die Hauptkapazität an, die sowohl isochron als auch asynchron genutzt werden kann. Ein Zeitschlitzfeld enthält 8 bit (2 Symbole), ein Zeitschlitz erstreckt sich über alle 96 Zyklus-Gruppen. Ein Fernsprechkanal belegt mit 64 kbit/s nur *ein* Zeitschlitzfeld, ein kompletter Zeitschlitz repräsentiert eine Bitrate von $96 \cdot 64$ kbit/s = 6,144 Mbit/s. Der FDDI-Rahmen wird abgeschlossen durch eine Postambel, die Taktschwankungen ausgleicht und das Einhalten der Rahmenfrequenz von 8000 Hz sicherstellt. Die Postambel kann zwischen 4 Symbolen (entsprechend 99,968 Mbit/s) und 6 Symbolen (entsprechend 100,032 Mbit/s) lang sein [6.14 bis 6.16].

6.3.4 Distributed Queue Dual Bus

Während FDDI ein Konzept ist, welches mit begrenzter Leistung *auch* zur Verkopplung von LANs verschiedener Standorte dienen mag, ist der Doppelbus mit verteilten Warteschlangen (abgekürzt DQDB) ein *primär* für Metropolitan Area Networks MAN vorgesehenes Netz zur Verknüpfung von Breitband-Benutzern über die Distanz des „öffentlichen Netzes" einer Großstadt hinweg (bis zu 50 km Durchmesser). Etwa 1981 wurden innerhalb des IEEE-Standardisierungsvorhabens 802 Arbeiten zur Standardisierung von MANs aufgenommen, die sich ab 1986 auf den sog. QPSX-Vorschlag der australischen Fernmeldeverwaltung und einer australischen Universität konzentrierten (QPSX: Queued Packet and Synchronous Exchange).

Unter dem Namen DQDB werden derzeit die Standardisierungsarbeiten bei IEEE 802.6 vorangetrieben und eine Abstimmung mit CCITT angestrebt [6.17]. Der Anspruch ist, mit dem Prinzip DQDB den gesamten Breitbandverkehr — isochron und asynchron — einer Großstadt abzudecken, indem DQDB-Subnetze gebildet werden, welche über „Bridges" miteinander zu verkoppeln sind. Dies mag nicht der optimale Ansatz gegenüber einem ATM-Breitbandnetz sein, wie es in Abschnitt 2.4.2 bereits eingeführt wurde. Hierauf wird später eingegangen. Immerhin ist DQDB ein interessantes und intelligentes Konzept, welches zumindest für eine Übergangszeit Bedeutung erlangen kann.

DQDB als MAN soll sowohl „verbindungslose" (connectionless) statistisch anfallende Daten als auch verbindungsorientierte isochrone Information transportieren. Deshalb werden wie bei FDDI II alle 125 μs „Informationsrahmen" von einem Master-Knoten ausgesendet, die aneinander anschließen. Die Kapazität des Informationsrahmens ergibt sich somit aus der jeweils verfügbaren Bitrate. Es werden Bitraten zwischen 45 und 150 Mbit/s genannt. Die von den Master-Knoten ausgesendeten „Datenrahmen" haben innerhalb einer vorgegebenen Bitrate ein festes Format. Die Anpassung der Datenrahmen fester Länge an die aktuelle Übertragungsbitrate übernimmt die Schicht 1, wobei natürlich die Anforderungen der Schicht 2 nicht die physikalischen Möglichkeiten der Schicht 1 übersteigen dürfen.

DQDB kann entweder als „offener Doppelbus" oder als „geschlossener Doppelbus" bzw. „unterbrochener Ring" konfiguriert werden. Bild 6.9 zeigt die betrieblich sichere Konfiguration des „geschlossenen Doppelbus". Von einem Rahmengenerator im Master-Knoten gehen zwei gegenläufige Busse A und B aus. Es ist sinnvoll, jeden Knoten mit der Fähigkeit auszustatten, die „Master"-Funktion zu übernehmen. Somit stellt der Master-Knoten lediglich eine „logische Unterbrechung" des Doppelringes dar. Bei einer physikalischen Unterbrechung des Doppelringes können die der Unterbrechung benachbarten Knoten die Masterfunktion wahrnehmen (Bild 6.10), wobei die Konfiguration in den offenen Doppelbus übergeht.

Die Datenrahmen enthalten eine — bitratenabhängig — feste Anzahl von Zeitschlitzen (Slots). Ein erster Schritt zur Lösung von Kompatibilitätsproblemen wurde getan, indem für den einzelnen Slot das Format der ATM-Zelle übernommen wurde (vgl. Abschnitt 2.4.2). Für Sprach- und Videoübertragung werden isochrone (PA: Pre-Arbitrated), für den Datenverkehr asynchrone (QA: Queue-arbitrated) Slots

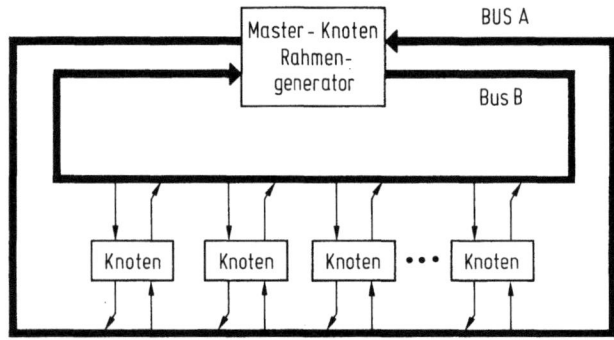

Bild 6.9. DQDB mit geschlossenem Doppelbus

6.3 Local und Metropolitan Area Networks

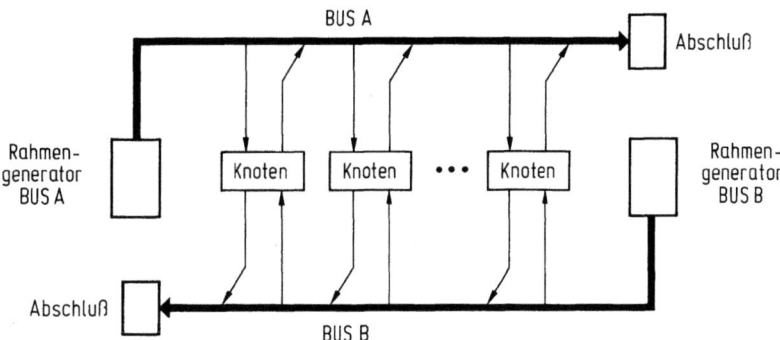

Bild 6.10. DQDB mit offenem Doppelbus

definiert und zugeteilt. Für den Zugang zu den Bussen von einem Knoten aus sorgen „Packet Switched Access Units" PSAU (paketvermittelnde Zugangseinheiten) für asynchronen und „Circuit Switched Access Units" CSAU (leitungsvermittelnde Zugangseinheiten) für isochronen Verkehr. Im Vordergrund der Standardisierungsarbeiten steht derzeit die DQDB-Anwendung für asynchronen Verkehr, die hier näher ausgeführt wird.

Das Blockbild eines DQDB-Knotens zeigt Bild 6.11. Die (allgemein formuliert) „Benutzer" sind über eine Zugangssteuerung (Access & Transfer Control) und Lese-(Read-) bzw. Schreib-(Write-)Leitungen mit den Bussen verbunden. Informationen auf den Bussen passieren die Knoten, wobei sie gelesen werden. In Leerstellen des Informationsstromes können die Knoten Informationen einblenden. Wenn es sich um Lichtwellenleiter-Busse handelt, sind elektrooptische Wandler (E/O bzw. O/E) für die Anpassung an die elektronischen Steuerschaltungen im Knoten notwendig.

Nach Draft 6 des IEEE-DQDB-Vorschlages sendet die Master Station alle 125 µs einen Datenrahmen auf jedem Bus aus, der aus einem Kopf (Frame Header) und den

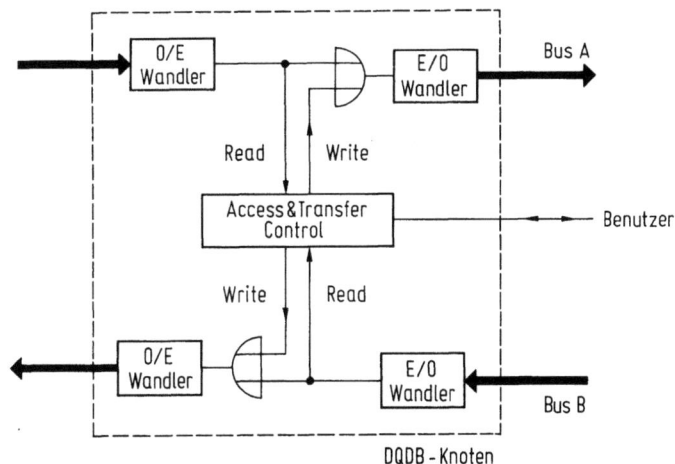

Bild 6.11. Blockbild eines DQDB-Knotens.
E/O elektrisch/optisch, O/E optisch/elektrisch

| Frame Header | Slot 1 | Slot 2 | ... | Slot N |

Bild 6.12. Struktur des DQDB-Rahmens

bereits erwähnten Slots besteht, wobei deren Zahl N abhängig von der Übertragungsgeschwindigkeit der Busse ist (Bild 6.12). Die Länge des Kopfes ist auf 2 Oktetts festgelegt, jeder Slot enthält 53 Oktetts. Im Slot selbst gibt es wiederum eine Art „Kopf", nämlich das Access Control Field (ACF) zu 8 bit, woran sich das „Segment" mit 52 Oktetts anschließt (Bild 6.13). Bild 6.14 beschreibt die Belegung der Bits im ACF. Es bedeuten:

— BUSY-bit „1": der Slot ist besetzt;
— BUSY-bit „0": der Slot ist frei und steht für *asynchronen* Verkehr zur Verfügung (es handelt sich also um einen QA-Slot!)
— SL-TYPE-bit „0": der betreffende Slot ist ein QA-Slot;
— SL-TYPE-bit „1": der Slot ist ein PA-Slot für isochronen Verkehr.

Die 4 bit des REQUEST-Feldes sind für die Realisierung und Verwaltung der verteilten Warteschlangen (DQ in DQDB!) notwendig —, hierauf wird noch eingegangen. Die Bits RSVD und PSR sind im hier erläuterten Zusammenhang nicht interessant.

Im an ACF anschließenden Segment (52 Oktetts, vgl. Bild 6.13) sind 2 Oktetts für eine Adreßangabe vorgesehen (LABEL). Ein weiteres Oktett SARC (Segmentation and Reassembley Control) enthält bei QA-Slots für die Depaketierung notwendige Information, schließlich sorgt ein Oktett HCS (Header Check Sum) für die Sicherung des Segment-Headers. Daran schließen sich 48 Oktetts für die Nutzinformation (Payload) an. Für die Funktion der verteilten Warteschlangen ist die Segmentstruktur nicht relevant.

Nun also zur Erläuterung des Warteschlangen-Algorithmus: In Bild 6.15 wird zunächst angenommen, daß es nur einen Transportbus A und einen Signalbus B sowie nur *eine* Warteschlangenpriorität gibt: Wir betrachten den Knoten 5, dem aus Sicht des Transportbus A die Knoten 6 und 7 nachgeordnet sowie die Knoten 3 und 4 vorgeordnet sind. Will nun einer der nachgeordneten Knoten auf Bus A senden, so signalisiert er das auf Bus B allen vorgeordneten Knoten (einschl. Knoten 5), indem er im REQUEST-Feld des ACF (Bilder 6.13, 6.14) ein „Anforderungsbit" setzt und dieses auf dem Signalbus B aussendet. Im betrachteten Knoten 5 (und allen anderen vorgeordneten Knoten) wird durch jede Anforderung ein Anforderungszähler REQ um eine Einheit hochgezählt („+"). Umgekehrt registriert Knoten 5 jeden *freien* vorbeikommenden QA-Slot auf Bus A dadurch, daß der Zählerstand von REQ um

| Access Control Field ACF (1 Oktett) | Segment (52 Oktetts) |

Bild 6.13. Struktur eines Slots

| BUSY (1) | SL-TYPE (1) | RSVD (1) | PSR (1) | REQUEST (4) |

Bild 6.14. Bit-Bedeutungen im Access Control Field.
SL Slot, RSVD reserved, PSR Empfangsbestätigung

6.3 Local und Metropolitan Area Networks

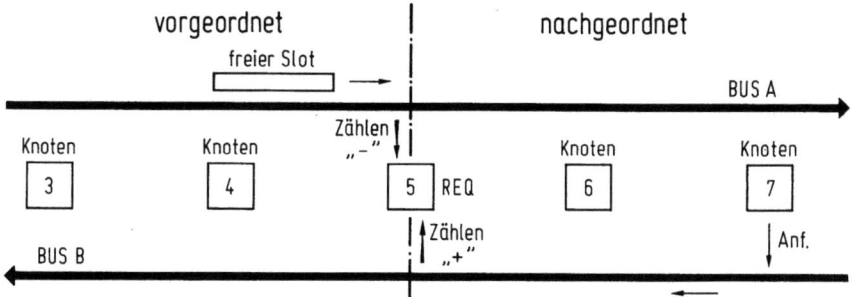

Bild 6.15. Funktion der verteilten Warteschlange (Beobachter).
REQ Anforderungszähler

„1" zurückgezählt („−") wird. Solange der Zählerstand von REQ noch größer als Null ist, haben somit noch nicht genügend viele freie Slots den Knoten 5 passiert, um die existierenden Anforderungswünsche aller nachgeordneten Knoten zu befriedigen. Der beobachtende Knoten 5 weiß also Bescheid, daß eine Warteschlange der nachgeordneten Knoten besteht.

Nun will Knoten 5 selbst auf Bus A senden (Bild 6.16). Er signalisiert die Anforderung auf Bus B und muß gleichzeitig − um seine zeitliche Priorität zu sichern − dafür sorgen, daß nachgeordnete Knoten sich jetzt nicht mehr in der Warteschlange „vordrängeln" können. Deshalb überträgt er den Inhalt des Zählers REQ auf den Zähler CD (Count Down), der nur noch durch freie Slots schrittweise *rückstellbar* ist. Der Inhalt von REQ wird gelöscht, kann aber von diesem Zeitpunkt an durch nachgeordnete Anforderungen wieder hochgezählt werden. Wenn der CD-Zählerstand „Null" ist, weiß Knoten 5, daß er den nächsten freien QA-Slot für seinen Informationstransport auf Bus A benutzen darf, da die Warteschlange der *zeitlich* vor ihm wartenden nachgeordneten Knoten abgearbeitet ist. Danach wird anstelle von CD wieder REQ an Bus A geschaltet, der „Beobachtungsstatuts" ist wiederhergestellt.

Es ist naheliegend, in einer „symmetrischen Anordnung" den Signalbus B auch als Transportbus B und sinngemäß den Transportbus A auch als Signalbus B zu benutzen. Hierfür müssen natürlich in jedem Knoten eigene Zähler REQ und CD eingerichtet werden. Auf diese Weise sind von Knoten 5 aus sowohl nachgeordnete als auch vorgeordnete Knoten erreichbar.

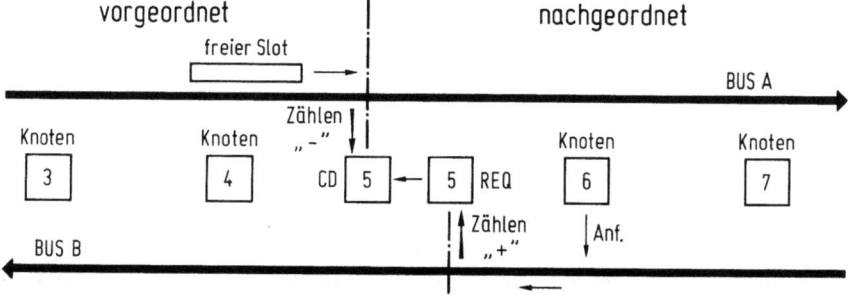

Bild 6.16. Funktion der verteilten Warteschlange (Sendewilliger).
REQ Anforderungszähler, CD Count Down Zähler

Darüber hinaus kann DQDB vier unterschiedliche Prioritätsstufen berücksichtigen: Anforderungen einer geringeren Prioritätsstufe werden erst dann abgefertigt, wenn alle Anforderungen höherer Prioritätsstufen abgearbeitet sind. Hierzu kann entsprechend Bild 6.14 die Priorität mit Hilfe *eines* von vier REQUEST-Bits angegeben werden. In jedem Knoten gibt es für jede Prioritätsstufe einen eigenen REQ-Zähler. Eine Anforderung der Prioritätsstufe k zählt die REQ-Zähler der Stufe k und die Zähler aller darunter liegenden Prioritätsstufen um jeweils „eins" höher. Ein freier QA-Slot zählt wie bisher *alle* REQ-Zähler um „eins" zurück. Damit steht in irgend einem REQ-Zähler die Summe aller Anforderungen höherer und gleicher Priorität *minus* der Summe aller Abfertigungen höherer und gleicher Priorität. Dies gilt für den „Beobachter" (vgl. Bild 6.15).

Für den „Sendewilligen" werden folgende Maßnahmen getroffen: Er signalisiert seine Anforderung allen vorgeordneten Knoten mit entsprechender Priorität und schreibt den zur betreffenden Prioritätsstufe gehörenden REQ-Zählerstand in den CD-Zähler um. Dieser CD-Zähler wird aber nun nicht allein durch freie Slots *zurück*gezählt wie zuvor beschrieben, sondern auch durch nachgeordnete Anforderungen höherer Priorität *vorwärts* gezählt. Damit können sich also priorisierte Anforderungen nach wie vor in die Warteschlange „drängeln"!

DQDB ist insgesamt ein elegantes Verfahren, um eine „gerechte" Warteschlange, welche die zeitliche Priorität der Anforderung berücksichtigt, durch dezentrale Mittel aufzubauen. Insofern ist DQDB z. B. einem reinen Tokenverfahren überlegen, aber natürlich auch aufwendiger. Allerdings ist es mit dem Zugang zu einem Bus allein nicht getan. Der Knoten hat aus der Zieladresse heraus zu erkennen, an welchen der beiden Busse er sich wenden soll, um sein Ziel als „nachgeordnet" überhaupt zu erreichen. Diese Zuordnungen müssen bei Störungen z. T. geändert werden, wenn ein anderer Knoten zum Master wird. Schließlich soll natürlich der Adressat eine für ihn bestimmte Nachricht identifizieren können. Dafür dient die im Label des Segmentes enthaltende Adresse (vgl. Bild 6.13).

6.4 ISDN — das Integrated Services Digital Network

In Abschnitt 6.1 hatten wir den Begriff des „integrierten Netzes" kennengelernt (IDN, Integrated Digital Network). Integration in diesem Sinne bedeutet optimale Anpassung der vermittlungs- und übertragungstechnischen Komponenten des Netzes, Minimierung des Schnittstellenaufwands. Die *Dienstintegration* geht einen bedeutenden Schritt weiter, sie nutzt dasselbe Netz für verschiedene Dienste. Insbesondere wird die Teilnehmeranschlußleitung für verschiedene Kommunikationsformen verwendet. Somit hat die Dienstintegration sowohl wirtschaftliche als auch nutzungsrelevante Aspekte, worüber an dieser Stelle aber noch nicht zu sprechen ist.

Technischer Ausgangspunkt für das „diensteintegrierende digitale Netzwerk" ist die Tatsache, daß das weltweite Fernsprechnetz Schritt für Schritt digitalisiert und damit zum IDN wird, und zwar aus wirtschaftlichen Gründen. Das ist allerdings ein längerdauernder Prozeß, der z. B. in der Bundesrepublik Deutschland bis zum Jahr 2020 dauern dürfte [6.18]. Immerhin hat der Fernsprechteilnehmer zunächst nicht allzuviel von dieser Digitalisierung, wenn sie vor der Teilnehmeranschlußleitung

6.4 ISDN — das Integrated Services Digital Network

aufhört, — es sei denn, der „Träger" gibt wirtschaftliche Vorteile des Digitalnetzes an seine Teilnehmer weiter. Der Teilnehmer behält also sein „analoges Telefon" und seine „analoge Anschlußleitung", profitiert vielleicht von besserer Übertragungsqualität und schnellerem Verbindungsaufbau.

Ein entscheidender Schritt zu verbesserten und neuen Nutzungsmöglichkeiten wird getan, wenn im IDN die Teilnehmeranschlußleitung und natürlich die dahinterstehende Station ebenfalls digitalisiert wird. Einer digitalen Leitung ist es gleichgültig, ob sie digitale Sprache oder digitale Daten überträgt. Deshalb können an dieselbe Anschlußleitung auch digitale Text-, Daten- und Bildterminals angeschlossen werden und die Einheitsbitrate des IDN von 64 kbit/s nutzen. Im Vergleich zur konventionellen Text- und Datenübertragung ist dies ein leistungsstarkes Angebot! Während z. B. die Faksimile-Übertragungszeit im analogen Fernsprechnetz — je nach Geräteklasse — im Minutenbereich liegt, läßt sich dasselbe Bild über 64 kbit/s in Sekunden übertragen.

Mit der Digitalisierung der Teilnehmeranschlußleitung geht das IDN in das ISDN über. Allerdings ist es nicht allein damit getan, im gesamten Netz die Übertragungsmöglichkeiten für 64 kbit/s zu schaffen. Vielmehr ist mit der Integration der Dienste auch eine Integration der zugehörigen „Netzintelligenzen" verbunden, angereichert mit neuen, erst im ISDN möglichen Leistungsmerkmalen. ISDN ist also ein in Hinblick auf Übertragungskapazität und Diensteangebot sehr anspruchsvolles Netzkonzept.

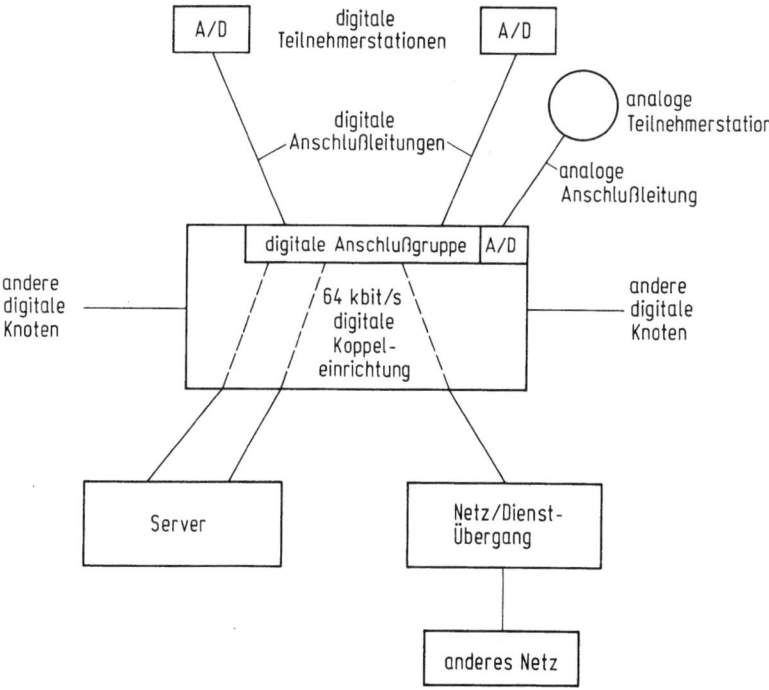

Bild 6.17. Überblick über ISDN. A/D Analog/Digital-Umsetzung

Bild 6.17 vermittelt einen Überblick über ISDN. Im Mittelpunkt steht der digitale *Netzknoten* (in Kapitel 4 sind derartige Netzknoten beschrieben), welcher mit anderen Netzknoten vermascht und letztlich in ein *weltweites* Netz eingegliedert ist. Alle verbindenden *Übertragungsstrecken* arbeiten digital in verschiedenen Hierarchiestufen (vgl. Abschnitt 2.3.2). Zwei wesentliche Aussagen zu den *Teilnehmeranschlußleitungen:* Nach wie vor gibt es an den digitalen Vermittlungen analoge Teilnehmerleitungen, — es wird sie sicher auch noch geraume Zeit geben, vielleicht sogar über das Jahr 2020 hinaus! Der Grund liegt zunächst an der „Macht des Faktischen", d. h. an der gewaltigen Verbreitung des analogen *Fernsprechers:* auf längere Zeit hinaus wird dieser wirtschaftlicher als der digitale sein für denjenigen, der an den neuen Leistungsmerkmalen nicht interessiert ist.

Die zweite Aussage: die digitale Teilnehmeranschlußleitung läßt sich zweiadrig im vorhandenen zweiadrigen Teilnehmeranschlußnetz realisieren. Das ist ein großer Vorteil in Hinblick auf Wirtschaftlichkeit und Einführbarkeit des ISDN. Allerdings ist die technische Lösung kompliziert und ohne großintegrierte Halbleiterschaltkreise praktisch nicht realisierbar. Dies wird noch zu erläutern sein.

Ein wesentlicher Gesichtspunkt wurde in Abschnitt 6.1 bereits angesprochen. ISDN für sich allein ist nur begrenzt attraktiv, solange der ISDN-Teilnehmer lediglich relativ wenige Kommunikationspartner an diesem Netz findet. Der ISDN-Teilnehmer wird natürlich mit allen seinen bisherigen Partnern kommunizieren wollen! Das erfordert z. T. recht aufwendige Übergänge zu bisherigen Netzen und Diensten. Auch dieses Thema bedarf noch einer gewissen Vertiefung.

Aber wie bereits erwähnt, ist mit der Dienstintegration sowie mit zusätzlichen Leistungsmerkmalen auch ein Anwachsen der Komplexität verbunden, welche man vom anspruchslosen Massenverkehr fernhalten möchte. Das ist allerdings nicht allein ein technisches, sondern auch ein politisches Problem, auf das im Zusammenhang mit dem „intelligenten Netz" noch eingegangen wird. Jedenfalls ist durch an die Vermittlung „angeflanschte", weitgehend eigenständige „Server" dafür zu sorgen, daß zusätzlicher Aufwand für speziell genutzte Leistungsmerkmale möglichst nicht dem Massenverkehr zur Last fällt.

Das Stichwort „Komplexität" leitet über zu einem Hauptmerkmal des ISDN: Gegenüber den in Abschnitt 1.2 erläuterten Signalisierungsmöglichkeiten des klassischen Fernsprechnetzes ist das verfügbare „Signalisierungsvokabular" des ISDN für den Austausch zwischen Teilnehmer und Netzknoten sowie zwischen Netzknoten untereinander unvergleichlich viel größer. Das liegt an der „Outband"-Signalisierung über leistungsfähige Datenkanäle, die im ISDN realisiert ist. Dieses Thema wurde in den Abschnitten 5.5 und 5.6 bereits im Vorgriff behandelt. Nicht besprochen wurden dabei allerdings die im Zusammenhang damit stehenden Terminal-Anschlußarchitekturen. Diese sind noch nachzutragen.

Warum ist *heute* erst ISDN in aller Munde? — Das Thema der Dienstintegration in einem von Teilnehmer zu Teilnehmer sich erstreckenden 64 kbit/s-Netz ist an sich nicht neu. Bereits Anfang der 70er Jahre fragte das CCITT die angeschlossenen Fernmeldeverwaltungen nach ihrer Meinung zum ISDN ab. Das Echo war durchaus zwiespältig, was die weitergehende Behandlung des Themas nicht hinderte, z. B. [6.19]. Aber erst Anfang der 80er Jahre verdichtete sich die ISDN-Diskussion (z. B. [6.20]), was die angesichts der möglichen technischen Vielfalt unbedingt notwendigen

Standardisierungsarbeiten im CCITT antrieb. Nach Erprobung in „ISDN-Präsentationsvermittlungen" wurde der ISDN-Dienst im Frühjahr 1989 in der Bundesrepublik Deutschland eröffnet, womit die Bundesrepublik zeitlich in der Spitzengruppe der ISDN-Länder rangiert [6.21].

Inzwischen ist ungeheuer viel Literatur über ISDN erschienen. Eine Zusammenstellung der wichtigsten Gesichtspunkte bietet die ISDN-Monographie [6.22].

6.4.1 Die „physikalische Schicht" des ISDN-Basisanschlusses

Unter dem Basisanschluß versteht man das Anschließen des Teilnehmers über eine *zweiadrige* Kupferleitung, also den „Feld-Wald-und-Wiesen-"Anschluß für die Einzelteilnehmer oder kleinen Nebenstellenanlagen, für die man keine besonderen Aufwendungen im vorhandenen Teilnehmeranschlußnetz machen will. Im Gegensatz dazu steht der Primärmultiplexanschluß für „Großabnehmer", über den 30 digitale Einzelkanäle und ein 64 kbit/s-Signalisierungskanal zur Verfügung stehen. Bei diesem lassen sich bei vieradrigem Anschluß ohne zwischengeschaltete Regeneratoren − je nach Aderndurchmesser − Reichweiten zwischen 1,5 und 3,3 km im vorhandenen Netz erzielen. Alles, was darüber hinausgeht, bedarf besonderer Maßnahmen wie Einsatz von Regeneratoren oder Lichtwellenleiteranschluß [6.23]. Der Primärmultiplexanschluß soll hier nicht weiter behandelt werden.

Teilnehmer am analogen Fernsprechnetz werden seit jeher über *zweiadrige* Kupferleitungen angeschlossen, über die *gleichzeitig* in *gleicher* Frequenzlage (Basisband) in beiden Richtungen kommuniziert wird. Man spricht von einem Gleichlage-Übertragungsverfahren. Das *Nahnebensprechen* von der Sende- auf die Empfangsrichtung am Ort des Senders wird durch eine Gabel mit einfacher Nachbildung (vgl. Abschnitt 1.2.1) nur soweit gedämpft, daß es den Menschen physiologisch nicht belästigt. Die frequenzabhängige Dämpfung der Kupferleitungen − in Bild 6.18 für zwei verschiedene Adernquerschnitte dargestellt − läßt bei der Grenzfrequenz des Fernsprechkanals von 3,8 kHz Leitungslängen bis zu etwa 20 km zu, wobei die

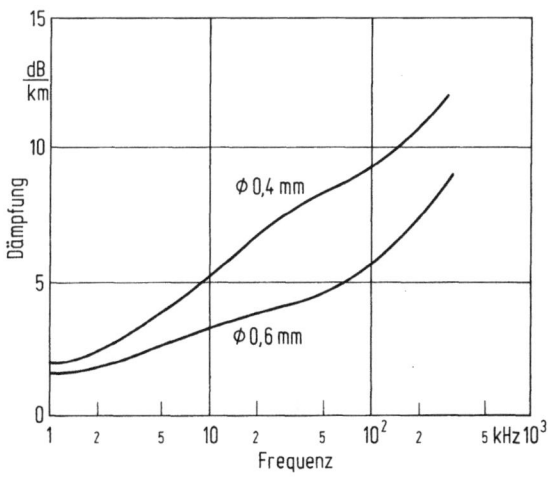

Bild 6.18. Dämpfungsverlauf typischer Adernpaare von Ortskabeln mit Polyäthylen-Isolierung

Adernquerschnitte gestückelt werden: 0,4-mm-Adern werden bis 4,2 km Anschluß-
länge verlegt, darüber wird 0,6 mm angestückelt usw. Dies muß auch vor dem
Hintergrund der Anschlußlängenverteilung betrachtet werden: Bild 6.19 gibt die
Summenhäufigkeiten der Anschlußlängen in der Bundesrepublk Deutschland an.
Wie man sieht, sind nur etwa 1 % der Teilnehmer an längeren Leitungen als 8 km
angeschlossen.

Was ändert sich für die Teilnehmer am ISDN? Strukturell soll es keine Veränderungen geben, wobei man sich damit begnügt, „nur" 99 % aller Teilnehmer ohne
Sondermaßnahmen zu erreichen. Übertragungsverfahren sollten also eine Reichweite
von etwa 8 km haben. Elektrisch aber treten erhebliche Schwierigkeiten auf. 64 kbit/s
erreichen wesentlich höhere Grenzfrequenzen − je nach Verfahren und Leitungscode − als die 3,8 kHz-Sprache! Aber es geht gar nicht mehr um 64 kbit/s: Auf einer
Tagung einer CCITT-ISDN-Expertengruppe im Januar 1981 in Florida wurde
beschlossen, auf einer zweiadrigen Anschlußleitung nicht nur *einen,* sondern *zwei*
64 kbit/s-Kanäle (B-Kanäle) vollduplex zu übertragen. Hinzu kommt ein Signalisierungskanal (der bereits erwähnte D-Kanal) mit einer Bitrate von 16 kbit/s. Für den
Benutzer nicht zugänglich sind weitere 16 kbit/s für Taktkennungen und Wartungszwecke erforderlich, so daß sich eine Gesamtbitrate von 160 kbit/s ergibt.

Damit entstehen Probleme für ein Gleichlage-Verfahren. Ganz abgesehen von
der Dämpfung muß eine Leitungsnachbildung über einen großen Frequenzbereich
sehr genau wirksam sein, um eine hohe Nachbildfehlerdämpfung zu erreichen.
Erschwerend kommen Reflexionen (Echos) an den Punkten hinzu, an denen sich der
Leitungsquerschnitt ändert oder die Nachbildfehler einen Rückfluß verursachen. Die
Situation wird im Prinzip anhand des vereinfachten Blockschaltbildes von Bild 6.20
erläutert.

Eine Schaltung mit den Anschlüssen A, B, C besorgt den Übergang zwischen
Vierdrahtteil (rechts) und Zweidrahtteil (links). Dies mag z. B. eine Gabel sein.

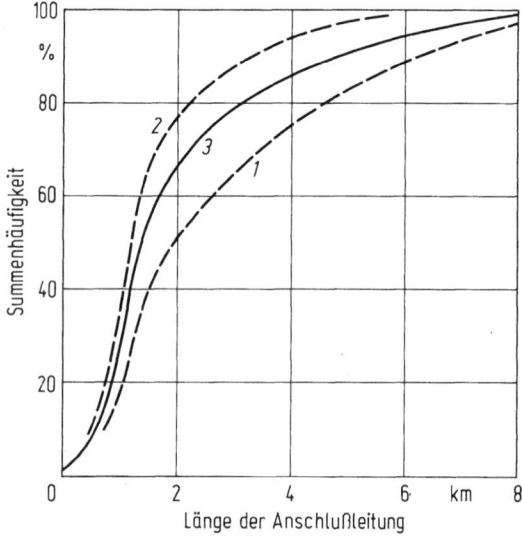

Bild 6.19. Häufigkeitsverteilung der Anschlußleitungslängen im Bereich der Deutschen Bundespost TELEKOM.
1 kleine Ortsnetze (< 800 Haupt-anschlüsse),
2 große Ortsnetze (> 10 000 Haupt-anschlüsse),
3 Mittel aller Ortsnetze

6.4 ISDN — das Integrated Services Digital Network

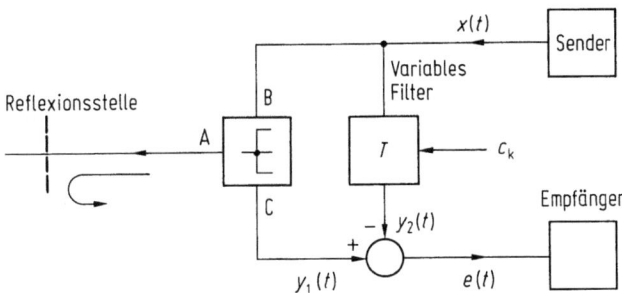

Bild 6.20. Prinzip des Kompensationsverfahrens.
T Transversalfilter

Wenn der Sender ein Signal $x(t)$ abgibt, wird dies zu einem mehr oder weniger großen Anteil über die Übergangsschaltung A, B, C auf den Empfangszweig rückgekoppelt. Ein weiterer Anteil wird nach gewisser Laufzeit an der Reflexionsstelle zurückgeschickt und gelangt ebenfalls auf den Empfangszweig. Das Signal $x(t)$ erzeugt somit ein Signal $y_1(t)$, welches vom Anschluß C aus dem Empfänger zugeführt wird.

Nun kann man eine Schaltung T entwerfen, die — ebenfalls von $x(t)$ gespeist — lokal ein Signal $y_2(t)$ erzeugt, welches man von $y_1(t)$ subtrahiert. Es entsteht ein „Fehlersignal" $e(t) = y_1(t) - y_2(t)$. Wenn es gelingt, die Schaltung T so auszulegen, daß $e(t)$ sehr klein wird oder verschwindet, so hat man damit eine *Echokompensation* durchgeführt. Im Prinzip handelt es sich dabei also um eine hochwertige Gabel, die mit ihrer Nachbildung nicht nur die statischen, sondern auch die dynamischen Eigenschaften der nachzubildenden Leitung berücksichtigt. Die Übergangsschaltung A, B, C kann (aber muß nicht) eine weniger gute Gabel sein, welche der Schaltung T ihre Aufgabe etwas erleichtert.

Die Schaltung T ist ein variables Filter, dessen Parameter so eingestellt werden müssen, daß $e(t)$ ein Minimum wird. Der gebräuchlichste Filtertyp, den man zum Aufbau des variablen Filters verwendet, ist ein Transversalfilter. Es besteht aus einer Kette von Laufzeitgliedern mit je einem Abgriff, wobei sich das Ausgangssignal aus der gewichteten Summe dieser Abgriffssignale ergibt (Bild 6.21). Die Grundlauf-

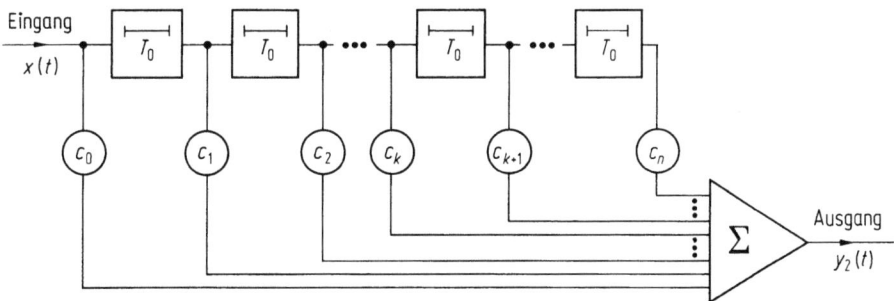

Bild 6.21. Prinzip des Transversalfilters.
T_o Laufzeitglied, c_k Gewichtsfaktor ($0 \leq k \leq n$)

zeit T_o jedes Gliedes bestimmt sich aus der Anwendung des Abtasttheorems auf das Eingangssignal $x(t)$: Sie ist gleich der halben Periodendauer der höchsten zu berücksichtigenden Teilschwingung dieses Signals.

Die Gewichtsfaktoren c_k müssen so gewählt werden, daß sie gleich den Abtastwerten von $y_1(t)$ im Abstand T_o sind. Mit einem hinreichend langen Transversalfilter lassen sich genügend viele Abtastwerte berücksichtigen und damit eine $y_1(t)$ beliebig genau gleichende Impulsantwort erzeugen. Zur Einstellung des Transversalfilters genügt es demnach, einen Impuls $x(t)$ zu senden, die am Ausgang C der eigenen Gabel empfangene Impulsantwort $y_1(t)$ abzutasten und die Gewichtsfaktoren entsprechend diesen Abtastwerten einzustellen.

Für den Fall, daß die Eigenschaften des Übertragungssystems zeitlich konstant sind, würde eine einmalige Einstellung bei der Inbetriebnahme genügen. Zur Berücksichtigung langsamer zeitlicher Schwankungen der Parameter des Übertragungssystems muß jedoch automatisch eine Neueinstellung der Gewichtsfaktoren erfolgen. Dies kann durch die Anwendung von Korrelationsverfahren während des laufenden Betriebs geschehen.

Das Transversalfilter eignet sich besonders für eine digitale Realisierung, da die Laufzeitglieder dann einfach durch Schieberegister ersetzt werden können. Damit läßt sich das Filter mit großintegrierten Schaltungen ausführen. Wegen dieser Eigenschaften ist das Zweidraht-Gleichlageverfahren mit Echokompensation die im öffentlichen ISDN-Netz bevorzugte Lösung geworden. Die Realisierung wird durch Wahl eines günstigen Leitungscodes erleichtert. Mit einem 4B/3T-Code (vgl. Tabelle 2.6), also mit der Nutzung ternärer Signalzustände auf der Leitung, läßt sich die Bitrate von 160 kbit/s auf eine Schrittgeschwindigkeit von 120 kBaud mit einer Schwerpunktfrequenz bei etwa 60 kHz reduzieren [6.24]. Will man dabei z. B. eine Leitungsdämpfung von 35 dB überbrücken (entsprechend einer Leitungslänge von 4,2 km bei 0,4 mm Aderndurchmesser), so müssen die Reflexionen des Sendesignals auf den „eigenen" Empfänger um etwa 55 dB gedämpft werden. Das reflektierte Signal $y_1(t)$ ist also in seinem zeitlichen Verlauf auf etwa 2 % genau nachzubilden. Es liegt auf der Hand, daß derartige Kompensationsanforderungen einen Aufwand bedingen, der ohne Größtintegration VLSI nicht realisierbar wäre. So werden im Digitalteil eines in 2 μm CMOS realisierten Echokompensators 65 000 Transistorfunktionen auf einer Fläche von 48 mm² benötigt [6.25]. Anzumerken ist, daß in USA für den Leitungscode ein quaternäres Leitungssignal verwendet wird. Mit 2B/1Q werden 2 bit des binären Signals durch *ein* quaternäres Signal ersetzt. Erkennbar ist daraus, daß der ISDN-Leitungscode als „nationale Angelegenheit" vom CCITT (bisher) nicht standardisiert wurde.

Die Echokompensation als Zweidraht-Gleichlageverfahren wird hohen Ansprüchen — 8 km Reichweite — gerecht, ist aber nicht ganz billig zu realisieren. Gibt es andere Verfahren, die ebenfalls den Duplexverkehr auf zwei Adern ermöglichen?

Solche Verfahren sind in der Tat seit langem bekannt. Es handelt sich um Getrenntlage-Verfahren, nämlich um die Frequenz- und die Zeit-Getrenntlage. Beim Frequenz-Getrenntlageverfahren wird jeder Übertragungsrichtung ein eigener Frequenzbereich eingeräumt. Generell haben Getrenntlage-Verfahren den Vorteil, daß das Überkoppeln von ausgesendeten Signalen hohen Pegels auf empfangene Signale niederen Pegels im Prinzip vermeidbar ist. Für die Duplex-Übertragung von

6.4 ISDN — das Integrated Services Digital Network

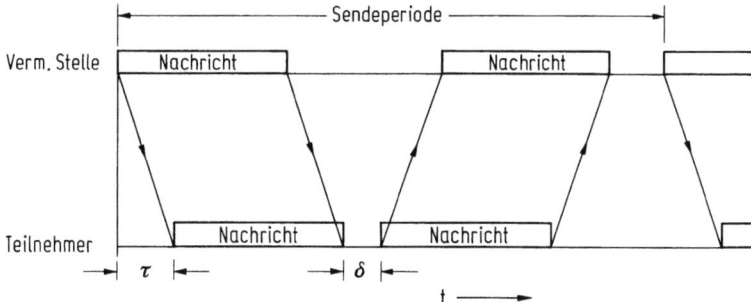

Bild 6.22. Zweidraht-Zeitgetrenntlage-Verfahren.
τ Laufzeit auf der Anschlußleitung (5 bis 7 μs/km), δ Schutzintervall

160 kbit/s sind jedoch sehr breite Frequenzbänder erforderlich. Dadurch ergeben sich größere Beeinflussungen durch Fremd- und Störspannungen. Dieses Verfahren wird deshalb im ISDN nicht angewendet.

Das Zeit-Getrenntlageverfahren (auch Ping-Pong-Verfahren genannt) ist im Vergleich zu den vorgenannten Verfahren eine technisch einfache Methode, welche deshalb in der Anfangszeit des ISDN zunächst eingesetzt wurde. Sie hat den Nachteil, einen sehr hohen Frequenzbereich zu beanspruchen. Deshalb ist sie wegen der hohen Dämpfung (vgl. Bild 6.18) nur für kurze Reichweiten geeignet, wie sie etwa in Nebenstellenanlagen vorkommen. Das Prinzip besteht in der *zeitlich* getrennten Übertragung der Kommunikationsrichtungen (Bild 6.22). Der zentrale Netzknoten (Vermittlungsstelle) synchronisiert und aktiviert den Nachrichtenaustausch. Die verfügbare Übertragungszeit wird in eine erste Phase für den Übertrag vom Vermittlungsknoten zum Teilnehmer und in eine zweite Phase für die Übertragung vom Teilnehmer zum Knoten aufgeteilt. Für diesen Zyklus stehen wenigstens die durch das Abtasttheorem zu fordernden 125 μs zur Verfügung. Wenn man zwei Abtastwerte zusammenfaßt, erhöht sich die verfügbare Zeit auf 250 μs, verbunden mit einer entsprechend vergrößerten Sendeverzögerung. Die Zusammenfassung von mehreren Abtastwerten zu einer gemeinsam übertragenen „Nachricht" vergrößert den Wirkungsgrad der Übertragung gegenüber den für jeden Übertragungsvorgang konstant in Rechnung zu stellenden Laufzeiten und Schutzzeiten. Die Schutzzeit δ ist notwendig, um störende Reflexionen abklingen zu lassen. Sie wird nach Empfang der von der Vermittlung gesendeten Nachricht auf der Teilnehmerseite eingefügt, bevor die Teilnehmerstation mit ihrer Sendung beginnt.

Die Sendeperiode wird gewöhnlich zu 250 μs gewählt. In eine Nachricht sind deshalb je 2 Oktetts der beiden B-Kanäle und 4 bit des D-Kanals sowie Synchronisierbits hineinzupacken. Für diesen Fall zeigt Bild 6.23, welche Bitrate für die Übertragung zu wählen wäre, wenn man die auf der Abszisse angegebenen Entfernungen mit ihren entsprechenden Laufzeiten überbrücken wollte. Wie man sieht, müßte man für eine Entfernung von 8 km bereits mit einer Bitrate von 550 kbit/s rechnen. Die damit verbundene hohe Dämpfung (vgl. Bild 6.18) sowie Funkstörung schließen die Anwendung des Zeit-Getrenntlageverfahrens für größere Entfernungen praktisch aus.

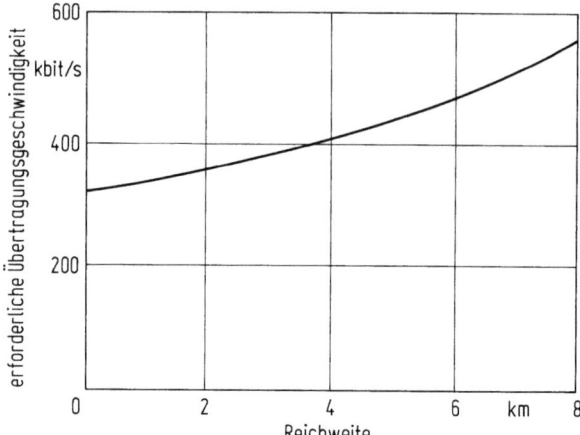

Bild 6.23. Erforderliche Übertragungsgeschwindigkeit beim Zeitgetrenntlageverfahren abhängig von der gewünschten Reichweite (Sendeperiode 250 µs)

6.4.2 Die Architektur des Basisanschlusses

Es wurde bereits mehrfach erwähnt, daß ISDN dem Basisanschluß auf einer zweiadrigen Anschlußleitung zwei 64-kbit/s-(B-)Kanäle zur freien Nutzung und einen 16-kbit/s-(D-)Kanal für die Signalisierung anbietet. Auf dem D-Kanal können in begrenztem Umfang auch paketierte Nutzdaten — z. B. Telemetrie-Information — übertragen werden. Der Teilnehmer muß mit seinen Endgeräten (Terminals) einen Zugang zur Anschlußleitung bekommen, aber wie? Dies zu beschreiben ist Sache der Referenzkonfiguration mit definierten Bezugspunkten und Schnittstellen, wie sie Bild 6.24 entsprechend CCITT-Empfehlungen I.410 und I.411 zeigt [6.26].

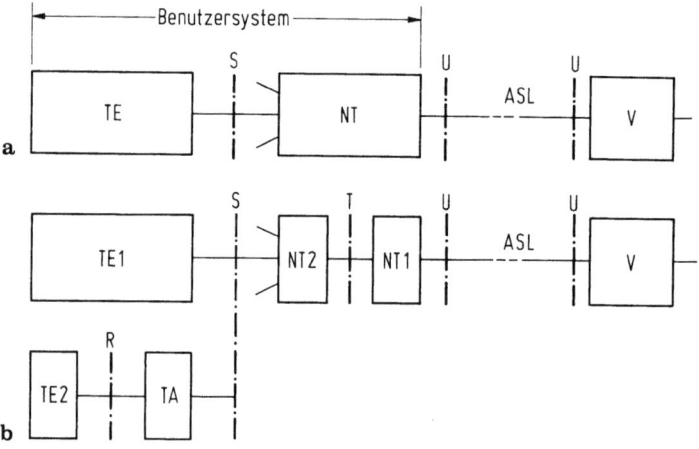

Bild 6.24 a, b. ISDN-Referenzkonfiguration des Benutzersystems.
TE Terminal Equipment, NT Network Termination, TA Terminal Adapter, ASL Anschlußleitung, V Vermittlung, R-S-T-U Schnittstellen (Bezugspunkte)

6.4 ISDN — das Integrated Services Digital Network

Die Bezugspunkte folgen von links nach rechts mit „R" beginnend dem Alphabet bis „U". Um mit „U" anzufangen: Dieser Bezugspunkt bezeichnet die im vorigen Abschnitt behandelte „physikalische" Sende- und Empfangsschnittstelle an der Anschlußleitung, sie ist bisher nicht Gegenstand einer internationalen Standardisierung. Eine Netzabschlußeinheit NT (Network Termination) stellt die Verbindung her zwischen einer ISDN-Endgeräteschnittstelle S und dem Bezugspunkt U. NT kann in NT1 und NT2 unterteilt werden durch den Bezugspunkt T, welcher real nicht implementiert zu werden braucht. NT1 übernimmt die Anpassung an das Übertragungsverfahren an Bezugspunkt U, NT2 die übertragungsneutrale Behandlung der Endgerätekommunikation. NT2 kann auf diese Weise bei verschiedenen Übertragungsverfahren gleich bleiben.

Je nach nationaler oder netzspezifischer Regelung endet die Zuständigkeit des Netzbetreibers an Schnittstellen S, T oder U. Um dennoch dem Benutzer einen weitgehend universellen (d. h. nicht *lokal* spezifischen) Zugang zu ISDN zu ermöglichen, sind wenigstens die Schnittstellen S und T international standardisiert.

Für den Benutzer ist die Geräteschnittstelle S — beim ISDN-Basisanschluß S_0 genannt — am wichtigsten. Wenn der Teilnehmer vorhandene Terminals (TE2) mit vorhandener Schnittstelle R am ISDN betreiben will, so benötigt er einen *Terminal Adapter* (TA) für die Anpassung an S_0. Dieser entfällt bei speziellen ISDN-Terminals (TE1). Generell bezeichnet TE das „Terminal Equipment".

Die Netzabschlußeinheit NT2 hat sehr unterschiedliche Ausprägungen. Ihre allgemeine Aufgabe ist die Konzentration des Verkehrs der angeschlossenen Terminals auf die beiden B-Kanäle und den D-Kanal zur Vermittlungsstelle. Dabei kann NT2 z. B. Internverkehr realisieren, praktisch also sogar eine Nebenstellenanlage sein, oder aber gänzlich verschwinden (sog. Null-NT2). Auf die zahlreichen Konfigurationsmöglichkeiten wird hier nicht eingegangen, vgl. [6.22]. Wir begnügen uns mit der Erläuterung einer Basisanschluß-Variante (Bild 6.25).

Bei dieser Variante können bis zu 8 Terminals gleicher oder unterschiedlicher Art an eine Netzabschlußeinheit NT angeschlossen werden. Der Anschluß erfolgt über einen passiven Bus, der in gewisser Weise ein kleines LAN darstellt, allerdings derzeit realisiert durch einfaches, ungeschirmtes, verdrilltes Installationskabel VL (Z-Draht) [6.27]. Die Kanalzuteilung auf dem Bus erfolgt durch die Vermittlungsstelle bzw. wird LAN-intern geregelt, so daß hier der Fall eines Null-NT2 vorliegt. Im Bild dargestellt ist ein „kurzer Bus", welcher Entfernungen bis zu 200 m abdeckt (es gibt auch eine längere Version für bis zu 500 m Entfernung). Der Bus wird an beiden Enden durch Abschlußwiderstände begrenzt, an den Bus können sich Endgeräte

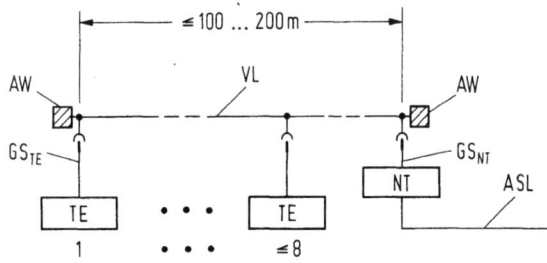

Bild 6.25. Variante der Basisanschluß-Konfiguration.
VL Verbindungsleitung („kurzer Bus"), AW Abschlußwiderstand, TE Terminal Equipment, NT Network Termination, ASL Anschlußleitung, GS_{TE} Geräteschnur für Endeinrichtungen (≤ 10 m), GS_{NT} Geräteschnur für Network Termination (≤ 3 m)

sowie auch NT anstecken (NT ist auch fest mit dem Bus zu verbinden). Die Geräteschnüre zur Verbindung von Endgeräten bzw. NT mit dem Bus dürfen bestimmte, im Bild angegebene Längen nicht überschreiten.

Der Bus ist vierdrähtig ausgelegt, es gibt also eine Übertragungsrichtung von NT zu den Terminals und eine entgegengesetzte Richtung. Der Bus wird in einem „starren Zeitmultiplex" (also isochron) betrieben, wobei NT auf der Übertragungsrichtung zu den Terminals Takt und Rahmen bestimmt, während die Terminals davon abgeleitet zeitgerecht auf dem anderen Bus zum NT senden. NT seinerseits wird durch den ISDN-Netztakt synchronisiert. Als Leitungscode wird auf dem Bus ein abgewandelter AMI-(Alternate mark Inversion) Code verwendet, bei dem jede „Null" einen Polaritätswechsel herbeiführt, während die „Eins" im Ruhezustand verbleibt.

In einem 48-bit-Rahmen von 250 μs Dauer (also 4000mal je Sekunde) werden nun — für alle 8 Terminals zugänglich — die beiden B-Kanäle, der D-Kanal sowie zusätzliche Synchronisier- und Steuerkanäle auf dem Bus zeitlich verschachtelt. Jedes Bit des Rahmens stellt einen Zeitschlitz von 5,21 μs Dauer dar, die Übertragungsbitrate beträgt 192 kbit/s. Ein Rahmen enthält u. a. je 16 bit jedes B-Kanals und 4 bit des D-Kanals, also 36 bit „Nutzinformation". Welches der Terminals nun welchen B-Kanal benutzen darf, legt die Vermittlungsstelle fest und teilt dies über NT den betreffenden Terminals mit (vgl. Abschnitt 7.4.3), so daß es für die B-Kanäle keine Konflikte beim Zugriff auf den Bus gibt. Etwas anders sieht es beim D-Kanal aus, wenn es für das Terminal darum geht, *zur* Vermittlungsstelle zu *signalisieren* und z. B. die Zuteilung eines B-Kanals zu beantragen. Dann wenden die Terminals eine Art CSMA/CD-Verfahren an (vgl. Abschnitt 6.3.1): Sie „lauschen" zunächst, ob der D-Kanal frei ist und kontrollieren dann, wenn sie ihn benutzen, ob die gesendete Information auch nicht verfälscht wird. „Frei" meldet sich der D-Kanal gemäß Abschnitt 5.5.1, wenn von den Terminals „Flags" — also sechsmal die „Eins" — gesendet werden. Dank des verwendeten modifizierten AMI-Leitungscodes bedeutet dies *wenigstens* sechsmal hintereinander „Ruhezustand", während die erste in einer Signalisierungsnachricht erscheinende „Null" sofort den D-Kanal für alle anderen Benutzer sperrt.

Nun muß noch dafür gesorgt werden, daß die Signalisierung gegenüber anderen Anwendungen des D-Kanals priorisiert wird. Das geschieht dadurch, daß zur Benutzung des D-Kanals für „Nicht-Signalisierung" eine größere Zahl aufeinanderfolgender „Einsen" abgewartet werden muß, ehe zugegriffen werden darf. Je mehr „Einsen" abzuwarten sind, desto geringer ist die Priorität. Übrigens stufen sich Terminals auch nach erfolgter Signalisierung vorübergehend in der Priorität herab, um anderen Terminals den Vortritt zu lassen!

6.4.3 Die Einführung des ISDN

Auf die allgemeine Problematik bei der Einführung neuer Netze für Zwecke der Individualkommunikation wurde in Abschnitt 6.1 bereits hingewiesen. Abgesehen von diesem generellen Handicap gibt es einige Argumente, welche die Einführung des ISDN begünstigen. Das stärkste Argument wäre natürlich eine Akzeptanz-

6.4 ISDN — das Integrated Services Digital Network

Lawine als Einführungslokomotive. Hierüber wird in Kapitel 7 noch zu sprechen sein, an dieser Stelle kommen technische Argumente zu Wort.

Ein ganz wesentlicher Vorteil bei der Einführung des ISDN besteht darin, daß die durch das Kabelnetz gegebene Infrastruktur beibehalten werden kann. Das ist insbesondere wichtig für das teuere Teilnehmeranschlußnetz, in dem nach wie vor zwei Kupferadern je Anschluß ausreichen, die noch dazu durch *zwei* vollwertige Anschlußkanäle universell genutzt werden können. — Ein zweiter wichtiger Gesichtspunkt besteht darin, daß ISDN sich den allgemeinen Trend zur Digitalisierung des Fernsprechnetzes zu Nutze macht, also gewissermaßen „mit dem Strom schwimmt". Das schließt natürlich nicht aus, daß ein ISDN-Teilnehmer im Einzugsbereich einer noch nicht digitalisierten Vermittlungsstelle liegen kann. Dann muß die Anschlußleitung (z. B. über Multiplexer) bis zur nächsten digitalen Vermittlungsstelle „verlängert" werden. In Hinblick auf die Einhaltung des Fernsprech-*Dämpfungsplans* ist dies (im Gegensatz zur „Analogtechnik") wegen der digitalen Modulation unproblematisch. Allerdings ergibt sich ein anderes Problem, wie wir gleich sehen werden. (Der Dämpfungsplan schreibt die maximal zulässige Dämpfung in einer Fernsprechverbindung von Station zu Station vor, wobei die Dämpfung auf den Teilnehmeranschlußleitungen die größten Beiträge liefert [6.28]). Ein letzter Vorteil sei erwähnt: Digitale Vermittlungen sind dank ihrer Rechner-Steuerung nicht mehr an einen dekadischen Netzaufbau gebunden, wie er für das einfache Direktwahlsystem zu fordern ist (vgl. Abschnitt 1.2).

Was also ist — bei so vielen Vorteilen — das Problem? Es sind im wesentlichen die Elektronikkosten der digitalen Station und Anschlußleitung sowie die Digitalisierung der etwa 3800 Ortsnetze in der Bundesrepublik, welcher Prozeß — wie bereits erwähnt — sich bis ins Jahr 2020 erstrecken dürfte. Nach einer Studie von Forst & Sullivan wird die Digitalisierung in Europa von 1988 bis 1992 150 Milliarden Dollar kosten [6.29]. Und dahinter steht das Kardinalproblem neuer Netze: Das ISDN ist für den einzelnen im wesentlichen interessant, wenn seine Kommunikationspartner ebenfalls ISDN-Teilnehmer sind. Also müssen sich frühzeitig möglichst viele Teilnehmer an ISDN anschließen können!

Verfolgen wir verschiedene Einführungswege: Digitale *Vermittlungen* sind wirtschaftlicher als analoge, digitale *Übertragungsstrecken* sind wirtschaftlicher als analoge insbesondere dann, wenn durch gleichzeitigen Einsatz digitaler Vermittlungen der Aufwand für die Analog/Digital-Umsetzung (und umgekehrt) zu reduzieren ist (*integriertes Digitalnetz* IDN). Das bedeutet, daß man bei fälligen Netzerweiterungen *digitale* Netzkomponenten — Vermittlungen oder Übertragungsstrecken — einführen wird. Dasselbe gilt, wenn veraltete Netzkomponenten durch neue ersetzt werden müssen. Auf diese Weise entstehen im allgemeinen „digitale Inseln" im analogen Fernsprechnetz (Bild 6.26).

Nun haben digitale Inseln gewisse Nachteile. Der geringste ist das Auftreten zusätzlicher Quantisierungsverzerrungen (Abschnitt 2.3.3) beim Übergang zur analogen Umgebung und umgekehrt. Da digitale Inseln „Vierdraht-Eigenschaften" haben, treten bei ihrem Einfügen in zweidrähtige Ortsnetze Probleme auf, die durch die nicht beliebig hohe Nachbildfehlerdämpfung verursacht werden [6.30]. Schließlich aber ist die Nutzung der von der Digitaltechnik im ISDN angebotenen neuen Leistungsmerkmale nicht möglich oder auf einen nur kleinen Teilnehmerkreis beschränkt.

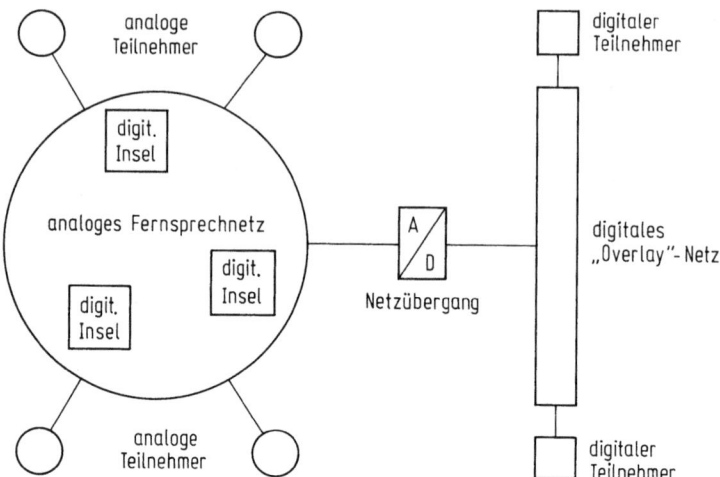

Bild 6.26. Grundsätzliche Einführungsmöglichkeiten von digitalen Netzkomponenten. A/D Analog/Digital-Umsetzung

Ein Weg, der diese Nachteile vermeidet, ist die rasche netzweite Einführung der Digitaltechnik, beginnend in der oberen, vierdrähtigen Ebenen der Netzhierarchie und systematisch anschließend in den darunterliegenden Ebenen. Auf diese Weise entsteht ein zusammenhängender digitaler Kern, der immer weiter wächst und keine „analogen Einschlüsse" hat. Wenn das Wachstum die Ortsvermittlungen erreicht, können dort digital angeschlossene Teilnehmer sofort netzweit digital kommunizieren.

Nicht immer wird ein solcher Weg gangbar sein. Dann besteht die Möglichkeit, ein ISDN-*Overlaynetz* einzurichten, das sich in seiner Struktur an einen zunächst kleinen, aber rasch wachsenden Teilnehmerkreis laufend anpassen kann (Bild 6.26). Dieses Netz muß von vornherein „flächendeckend" geplant werden, d. h. von jedem Standort aus sollte ein — wenn auch schmaler — Einstieg in das Overlaynetz möglich sein. Damit wird die „Einführungshürde" für die Nutzung des neuen Netzes erniedrigt, interessierte Digitalteilnehmer lassen sich unabhängig vom Ausbauzustand des digitalen Fernsprechnetzes IDN an das Overlaynetz anschließen und können „von jedem zu jedem" kommunizieren. Natürlich müssen Übergänge zu den bestehenden Netzen, insbesondere zum analogen Fernsprechnetz vorhanden sein. Der letztgenannte Übergang läßt sich elegant über die erwähnten digitalen Inseln herstellen, mit anderen Worten: die digitalen Inseln werden in das Overlaynetz einbezogen (bzw. umgekehrt).

Man sieht, daß sich eine sinnvolle „Symbiose" zwischen digitalen Inseln und Overlaynetz finden läßt, d. h. Einführung des ISDN und Digitalisierung des Fernsprechnetzes sind als Einheit zu betrachten. Die für das digitale Fernsprechnetz ohnehin notwendigen und zweckmäßigen Investitionen kommen unmittelbar dem ISDN zugute. Man wird mit der Digitalisierung der Ortsvermittlungen in den Geschäftszentren beginnen, ggf. auch einmal analoge Vermittlungen umsetzen müssen, um Raum für digitale Vermittlungen zu schaffen. Digitale Ortsvermittlungen

6.4 ISDN — das Integrated Services Digital Network

schalten vierdrähtig durch, sie verfügen über eine universelle Rechnersteuerung und können auch Aufgaben der Fernvermittlung übernehmen.

Nach der bereits in den 70er Jahren begonnenen Digitalisierung von Übertragungsstrecken im regionalen und später auch im überregionalen Fernnetz gibt es in der Bundesrepublik bereits ein durchgängiges digitales Übertragungsnetz in der Fernebene. Mit der 1989 einsetzenden ISDN-Serieneinführung wird ein sog. Backbone-Netz eingerichtet, das aus acht ISDN-fähigen Ortsvermittlungen (Abschnitt 1.2.6) besteht, die mit Durchgangsvermittlungen kombiniert werden. Die Durchgangsvermittlungen sind untereinander voll vermascht. Die Zeichengabe zwischen den Vermittlungsstellen erfolgt über das Signalisierungssystem Nr. 7 mit dem ISDN-Benutzerteil ISUP (Abschnitt 5.6.3). Die Ortsvermittlungsstellen sind zunächst auf eine Kapazität von maximal 1000 Teilnehmern begrenzt, woraus sich eine Anzahl von vorerst 8000 ISDN-Teilnehmern ergibt. Diese brauchen allerdings nicht alle am Orte der ISDN-Vermittlungsstellen ansässig zu sein, sondern können über Multiplexer oder Konzentratoren auch aus größerer Entfernung herangeführt werden [6.31].

Nun ist auf das bereits erwähnte Problem bei diesem „Fernanschluß" zurückzukommen. Der Fern-ISDN-Teilnehmer muß ja nach wie vor über das analoge, dekadisch orientierte Fernsprechnetz erreichbar sein. In Bild 6.27 ist im Bereich 8 bereits eine digitale Vermittlung eingerichtet, während der ISDN-Teilnehmer im Bereich 6 mit noch analoger Vermittlung angesiedelt ist. Die netzseitig einfachste Maßnahme wäre, dem ISDN-Teilnehmer eine totale Rufnummernänderung zuzumuten (Bild 6.27a). Das ist aus verschiedenen Gründen häufig unerwünscht oder nicht zweckmäßig. In Bild 6.27b ist eine Alternative dargestellt: Der Teilnehmer bleibt für den aus dem Analognetz ankommenden Verkehr an seiner alten Vermittlung 63 angeschlossen. Für die rechnergesteuerte Vermittlung 8 bedeutet es keine Schwierigkeit, den aus dem ISDN ankommenden Verkehr an den Teilnehmer 633 114 weiterzuleiten!

Das ist eine für den Teilnehmer angenehme, aber teure Lösung. Ein Kompromiß besteht darin, dem Teilnehmer doch eine Rufnummernänderung zuzumuten, aber lediglich innerhalb der für ihn zuständigen Vermittlung oder des für ihn zuständigen Ortsnetzes. Wobei man ihm zusagen kann, daß eine weitere Rufnummernänderung dank der „Intelligenz" rechnergesteuerter Vermittlungen in Zukunft nicht mehr nötig sein wird. Der Teilnehmer unterliegt im Beispiel Bild 6.27c einer Fremdanschaltung an der bereits bestehenden *digitalen* Gruppenvermittlung 8, an der natürlich auch Teilnehmer angeschlossen werden können. Er selbst erhält eine Rufnummer aus dem noch nicht beschalteten Rufnummernreservoire der Gruppenvermittlung 6 oder der Vermittlung 63. Im Bild ist die Beschaltung an der als noch unbeschaltet angenommenen Dekade 6 der Vollvermittlung 63 angenommen. Alle ISDN-Teilnehmer im Einzugsbereich der Vollvermittlungsstelle VVSt 63 bekommen Rufnummern mit 636 xxx. Sie werden über Multiplexer oder digitalen Konzentrator an die ISDN-Vermittlung 8 angeschlossen. Ankommender Verkehr aus dem analogen Netz erreicht zunächst die analoge VVSt 63 und wird dort in Dekade 6 auf ein digitales „Überführungsbündel" zur digitalen Vermittlung 8 geschaltet. In der Vermittlung 8 wird der Ruf über das digitale Konzentratorbündel zurück zum Teilnehmer 636 xxx vermittelt. Dieses doppelte „Hin- und her" ist dank der „dämpfungsfreien" digitalen Modulationsform unkritisch.

276   6 Digitale Kommunikationsnetze

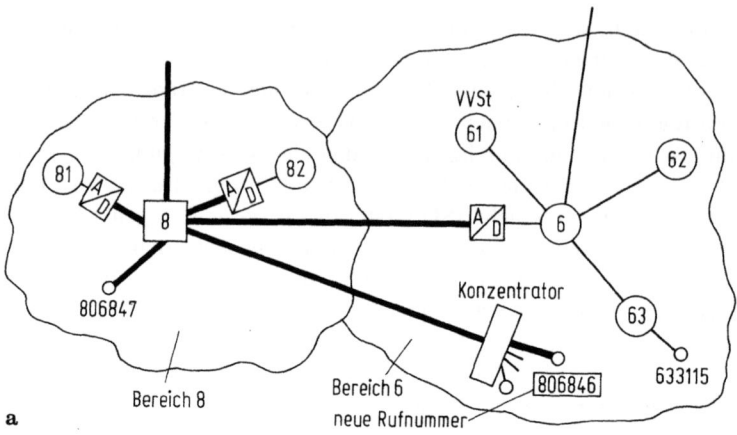

a

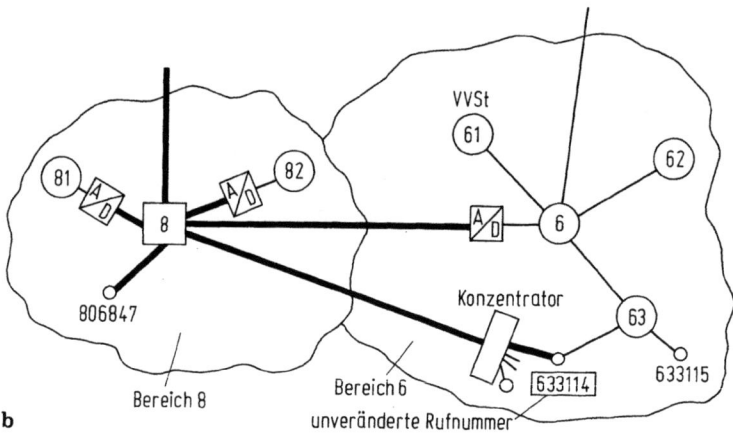

b

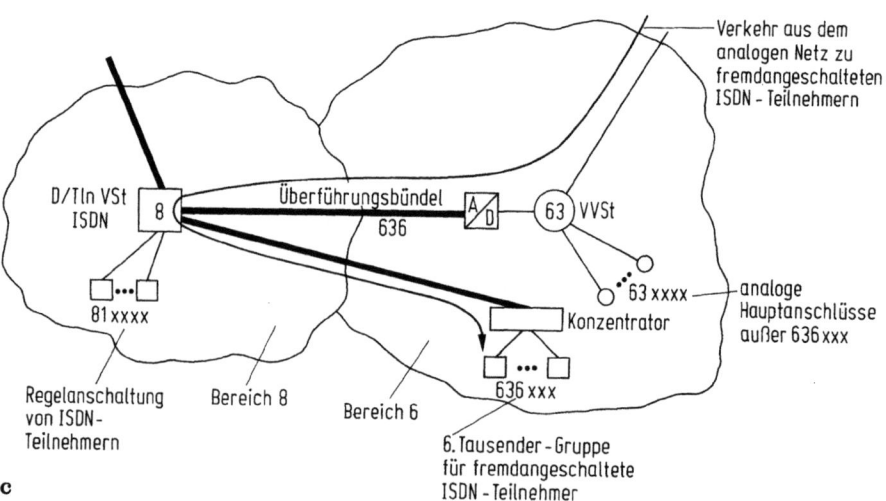

c

Die geschilderte Einführungssituation des ISDN mit 8000 Teilnehmern ist eine Momentaufnahme, die sich womöglich schon mit dem Erscheinungsdatum dieses Buches geändert haben wird. Wohin — in welche Strukturen — wird sich ISDN entwickeln? Steht erst einmal ISDN für sich allein, läßt sich folgerichtig schließen: Mit rechnergesteuerten Vermittlungen entfallen — wie erwähnt — strukturelle Zwänge durch die dekadische Numerierung. Querverbindungen und Leitweglenkung können auf jeder Netzebene eingerichtet werden. Also lassen sich Netzstrukturen allein nach wirtschaftlichen Gesichtspunkten an die jeweiligen Verkehrsbedürfnisse anpassen, wobei zusätzlich allerdings Sicherheitsanforderungen zu berücksichtigen sind, z. B. durch Mehrtrassenführung der Verbindungswege. Vielleicht wird es später also landesweit nur noch die beiden, sowohl technisch/betrieblich als auch numerierungsmäßig zu unterscheidenden Ebenen *Orts-* und *Fernkommunikation* geben. Innerhalb dieser Ebenen können nach Optimierungsgesichtspunkten vermaschte Netzstrukturen geschaffen werden. Diesen Weg scheint z. B. die britische Betreibergesellschaft British Telecom (BT) gehen zu wollen [6.32]. Auch in der Bundesrepublik spricht man von der Einsparung wenigstens einer Stufe in der Landesfernwahlhierarchie. Aber das hier diskutierte 64-kbit/s-ISDN ist nicht die Endstufe der Entwicklung. Wir stehen vor der Einführung von Breitbandkommunikation mit Auswirkungen auf die bestehenden Netze, die heute noch nicht genau absehbar sind.

6.5 Breitband-ISDN

Wesentliche Gesichtspunkte zum Breitband-ISDN (BISDN) wurden bereits in Abschnitt 2.4.2 behandelt mit der Begründung des asynchronen Transfermodus (ATM) als Netzprinzip. In den Abschnitten 3.3. und 4.4 war die Rede von zugehörigen Breitband-Vermittlungsprinzipien, so daß hier Fragen des Netzes und seiner Einführung im Vordergrund stehen können. Wir betrachten zunächst ein fiktives, aber nicht unplausibles Bild eines Großstadtnetzes, in dem die konventionelle Technik im Kupfer-Netz (Cu-Netz) und die neue Technik im Lichtwellenleiter-Netz (LWL-Netz) noch oder schon (je nach Standpunkt) koexistieren (Bild 6.28).

Unten im Bild wird an die in Abschnitt 1.2.5 bereits erläuterten Gesichtspunkte des konventionellen Netzes angeknüpft. Im Teilnehmeranschlußnetz findet sich die traditionelle und bewährte Doppel-Stern-Struktur über die Verzweigungsstellen „Hauptverteiler" (HVt, in der Vermittlungsstelle), „Kabelverzweiger" (KVZ, innerhalb eines Teilnehmer-Einzugsbereich von wenigen 100 m, häufig auf der Straße stehend) und „Endverzweiger" (EVZ, in unmittelbarer Teilnehmernähe). Die Verteiler und Verzweigstellen sind „passiv", d. h. sie brauchen keine Stromversorgung, die Leitungen werden an *Verteilern* gelötet oder geklemmt. In einigen (in der Bundesrepublik nicht häufigen) Fällen werden Vorfeldeinrichtungen zur *Konzentra-*

Bild 6.27 a–c. Möglichkeiten für die Anschaltung von ISDN-Teilnehmern in Bereichen ohne eigene ISDN-Vermittlungsstelle („Fremdanschaltung").
a mit geänderter Rufnummer, **b** mit unveränderter Rufnummer, **c** Kompromiß: Teiländerung der Rufnummer
○ analoge Vermittlung, □ digitale Vermittlung, — analoge Verbindungsleitung, — digitale Verbindungsleitung, VVSt Vollvermittlungsstelle, A/D Analog/Digitalumsetzung

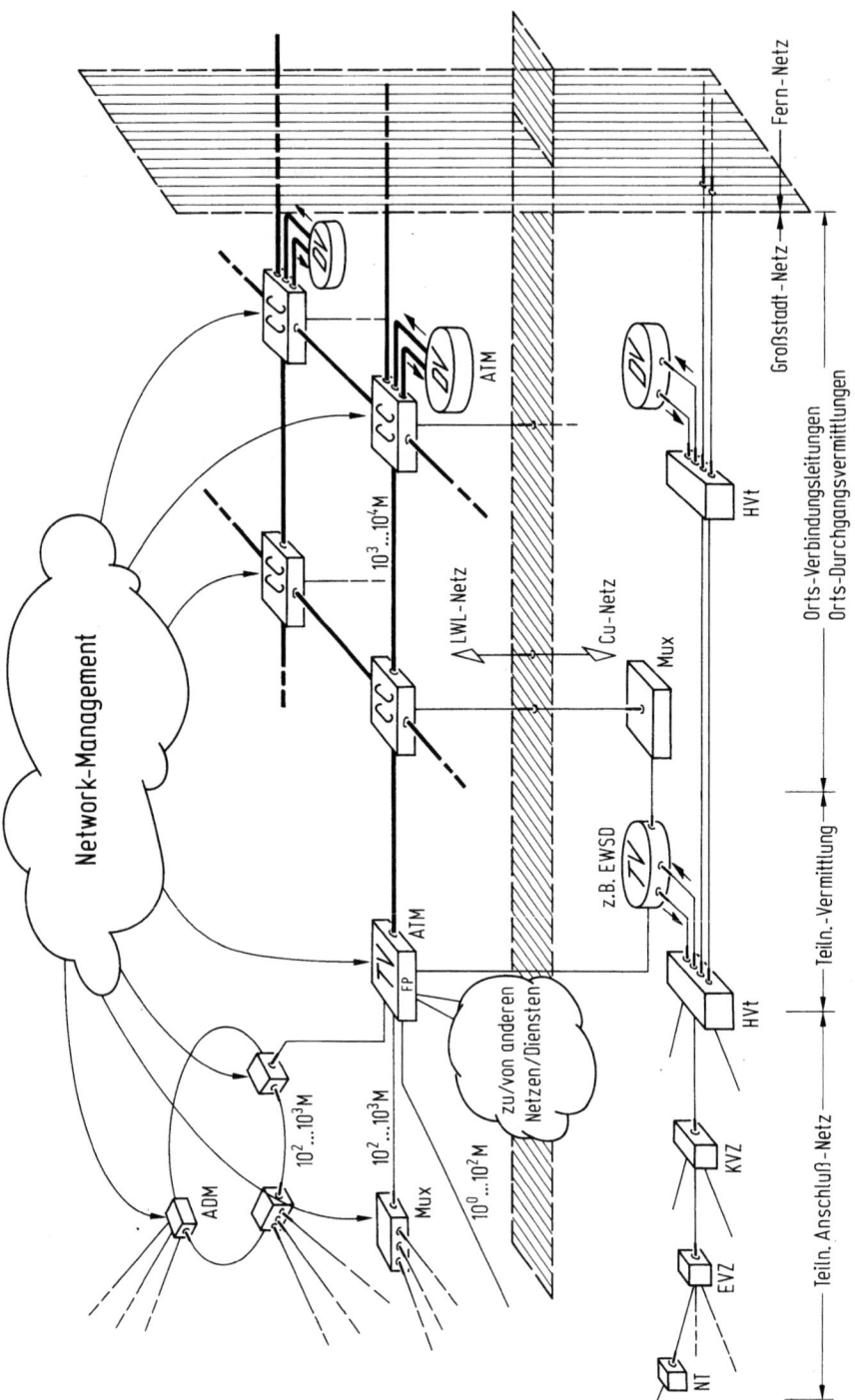

Bild 6.28. Großstadtnetz mit Kupfer- und Lichtwellenleiter-Anteilen.
NT Network Termination, ADM Add/Drop Multiplexer, MUX Multiplexer, HVt Hauptverteilung, KVZ Kabelverzweiger, EVZ Endverzweiger, DV Durchgangsvermittlungsstelle, TV Teilnehmervermittlungsstelle (auch mit DV kombiniert!), LWL Lichtwellenleiter, CC Cross Connect, FP Flexibility Point

6.5 Breitband-ISDN

tion des Verkehrs in Teilnehmernähe eingesetzt, z. B. im KVZ untergebracht. Sie sind hier vernachlässigt. Im Inneren des Netzes finden sich Teilnehmervermittlungen TV, an die Teilnehmer angeschlossen sind, und Durchgangsvermittlungen DV, die Durchgangsverkehr zu (von) anderen DV, TV und in das Fernnetz schalten. DV und TV können auch kombiniert werden. Die Vermittlungen arbeiten analog oder bereits digital.

Eine wichtige Rolle fällt den Hauptverteilern zu (vgl. Bild 1.13): Der Großteil des Verkehrs ist heute (noch) Fernsprechverkehr, der den Vermittlungen zur Bearbeitung zugeführt wird. Der abzuführende Verkehr verläuft wiederum über den Hauptverteiler zu den Teilnehmern oder zu den Hauptverteilern anderer Vermittlungen. Darüber hinaus gibt es Leitungen, die vom Ursprung zum Ziel über Hauptverteiler fest geschaltet werden, z. B. als „Hauptanschluß für Direktruf" HfD oder als Zugang zum Datex-Netz (vgl. Abschnitt 6.2). Am Hauptverteiler erfolgen also die „Rangierungen", welche die einzelnen Leitungen des Leitungsparks ihrer speziellen Bestimmung zuführen.

Oberhalb der gestrichelt eingezeichneten fiktiven Trennebene ist das Lichtwellenleiter (LWL)-Netz für alle Arten von Verkehr, also auch für Breitbandverkehr, dargestellt. Die Verkehrsströme werden in einem digitalen LWL-Netz geführt und müssen nun ebenfalls entsprechend ihrer Bestimmung rangiert werden. Dies geschieht nun nicht mehr durch Stecken oder Löten an Hauptverteilern, sondern durch elektronisches Schalten in sog. Cross Connects (CC, vgl. Abschnitt 2.2.2). Hierbei leistet die in Abschnitt 2.3.2 beschriebene synchrone digitale Hierarchie (SDH) nach dem SONET-Prinzip gute Dienste, indem nämlich die Bitströme containerweise freizügig umverteilt werden können, z. B als 140-Mbit/s-Zellenstrom zur ATM-Vermittlung, als 2-Mbit/s-Strom weitergeführt zum nächsten Cross Connect als Teile eines Privatnetzes, als 34-Mbit/s-Strom mit Fernsprechverkehr zum Übergang in das konventionelle Netz, als 140-Mbit/s-Strom für die Realisierung eines DQDB-MAN (vgl. Abschnitt 6.3.4) usw. Durch geeignete Vermaschung der Cross-Connect-Knoten kann ein hohes Maß an Netz-Sicherheit erreicht werden, indem bei Trassenstörungen die Bündel mittels Cross Connect auf andere Trassen umgeschaltet werden.

Soweit ist die Technikentwicklung absehbar. Entsprechende Produkte werden entwickelt oder bereits angeboten. Die Unsicherheiten beginnen mit dem Teilnehmeranschlußnetz. Auf der dem Teilnehmeranschlußnetz zugewandten Seite müssen entsprechend dem Hauptverteiler auch Einzelkanäle rangiert werden können. Dort ist also eine feinere „Granularität" für einen Cross Connect zu wählen, während er in Richtung zum Netzinneren im allgemeinen nur die SDH-Container handzuhaben hat. Entweder muß der Cross Connect um die Möglichkeit der Einzelkanalrangierung erweitert werden, oder die ATM-Vermittlung selbst übernimmt diese Aufgabe, wie im Bild mit FP (Flexibility Point) dargestellt.

Zu der Vielfalt der denkbaren Teilnehmeranschlußnetze wird anschließend Stellung genommen. Erwähnung verdient die über allem schwebende „Network-Management-Wolke", auf die ebenfalls noch eingegangen wird. Es sind ja die Rangierungen, die im konventionellen Netz von Hand am Hauptverteiler vorgenommen werden, nunmehr elektronisch von einem Management-Zentrum aus fernzusteuern!

Rechts setzt sich das Bild in die Fernebene fort. Dort werden sich — wie sinngemäß bereits für das 64-kbit/s-ISDN angedeutet — die starren Hierarchien des „klassischen Fernsprechnetzes" (Abschnitt 1.2.6) auflösen: Relativ wenige leistungsstarke Netzknoten werden weitgehend vermascht über leistungsstarke Bündel, in denen eine flexible Verkehrsführung (mittels Cross Connect) und Verkehrslenkung (durch die ATM-Vermittlungen) durchführbar ist. Auch hier hat das Network-Management einzugreifen, um z. B. im Störungsfall Verkehrsflüsse umzudirigieren.

6.5.1 Das Lichtwellenleiter-Teilnehmeranschlußnetz

In Bild 6.28 links oben wird die Zeichnung nicht der Vielfalt gerecht, welche heute erforscht und diskutiert wird. Eindeutig handelt es sich hier um den bei weitem kostenträchtigsten Teil eines künftigen Breitbandnetzes, das sich nicht — wie das in dieser Hinsicht glücklichere 64-kbit/s-ISDN — auf eine vorhandene Kabel-Infrastruktur abstützen kann. Dem Teilnehmeranschlußnetz kommt also eine Schlüsselbedeutung für die Entwicklung der Breitbandkommunikation zu. Das findet seinen Niederschlag in einer Flut von Veröffentlichungen, die zumeist nach 1 bis 2 Jahren mehr oder weniger überholt sind. Der Verfasser erlaubt sich deshalb, hier aus seiner Sicht einige Schwerpunkte zu vertreten, anstatt in endlosen Zitaten die wechselnden Konzepte zu referieren.

Zunächst die Frage nach dem Grund für diesen raschen Wechsel: einmal sind es die Fortschritte in der Beherrschung optischer oder optisch-elektronischer Technologien (OIC oder OEIC mit IC = Integrated Circuits). Andererseits sind es die wechselnd in den Vordergrund gestellten Nutzungskonzepte des breitbandigen Anschlußbedarfs: Privat, Büro, Rationalisierung des bestehenden Netzes. Hier soll in der gebotenen Kürze auf die Konsequenzen aus den *Anwendungen* eingegangen werden mit dem Hinweis, daß die Gesamtthematik eigene Monographien rechtfertigen würde!

Wodurch also sind die Anwendungen charakterisiert, die nach einer Lichtwellenleiter-Verbreitung bis zum Teilnehmer oder bis in die Nähe des Teilnehmers verlangen?

1. Digital Loop Carrier (DLC)

Allein wirtschaftlichen und betrieblichen Gesichtspunkten folgend ist das Bestreben, anstelle der Kupfer-Hauptkabel zwischen HVt und KVZ (vgl. Bild 1.13) Multiplex-Systeme auf Lichtwellenleitern einzusetzen. Dies ist weniger ein Problem in der Bundesrepublik Deutschland als z.B. in den USA mit häufig merklich längeren Anschlußentfernungen als hierzulande. Dort sind allerdings nur 7% aller Anschlüsse für DLC-Einsatz geeignet [6.33]. Bei 132 Millionen Anschlüssen dort betrifft das mehr als 9 Millionen Anschlüsse. In der Bundesrepublik dürften hierfür kaum eine Million Anschlüsse in Frage kommen. Ein interessanter Ansatz also, aber kein „Push" für den Einsatz des Lichtwellenleiters im Teilnehmeranschlußnetz.

2. Fiber-to-the-Home (FTTH)

Unter diesem Schlagwort versteht man den Breitbandanschluß für den Privatteilnehmer in seiner Wohnung. Das „Idealbild" dieses Privatanschlusses am Breitbandnetz

6.5 Breitband-ISDN

sind die vielfältigen Nutzungen für Fernsehen, Videotelefonieren, Anforderung von Bildungs- und Einkaufsinformationen usw. usw. Solche Anwendungen setzen extreme Wirtschaftlichkeit voraus, extreme Wirtschaftlichkeit setzt verbreitete Anwendung voraus — ein Circulus vitiosus.

Es hat sich gezeigt, daß der Privatteilnehmer am Person-zu-Person-Videotelefonieren nicht besonders interessiert ist, solange die Kosten ein bestimmtes Maß überschreiten. Der wichtigste Anwendungsbereich liegt dagegen in der Programmverteilung, wie die heute schon weit verbreiteten Kabel-Televisions-Netze (CATV) zeigen. Die Aufgabe besteht also darin, die Programmverteilung in ein Lichtwellenleiter-Anschlußkonzept einzubringen, welches der künftigen Videotelefonie den Weg nicht verbaut. Es versteht sich, daß ein solches Konzept wirtschaftlich mit der heutigen CATV-Technik auf Koaxialkabeln konkurrieren muß.

3. Fiber-to-the-Office

In Abschnitt 2.4.2 waren bereits einige Anwendungen genannt worden, die — meist „burst"-artige — Breitbandkommunikation im Büro verlangen. In den Abschnitten 6.3.3 und 6.3.4 wurden technische Lösungen für diese Anwendungen vorgestellt. Man muß wohl davon ausgehen, daß nur relativ große Organisationen — Behörden, Hochschulen, Industrie — sich heute einen Lichtwellenleiter-Anschluß leisten werden —, also ein „punktueller Einsatz", der sich zunächst auf Wirtschaftszentren konzentriert! Sicherheitsanforderungen sind hier besonders heikel, weil sich bei Störungen einer in wichtige Wirtschaftsprozesse einbezogenen Breitbandkommunikation u. U. großer materieller Schaden ergibt.

Die unterschiedlichen Motivationen für die Einführung von Breitbandkommunikation sollen sich nach Möglichkeit gegenseitig unterstützen. Vergleichen wir zunächst die Verkehrscharakteristiken der verschiedenen Einsatzfälle für Lichtwellenleiter:

a) Digital Loop Carrier
Gemultiplexter Schmalbandverkehr, meist „Stream"-Charakteristik.
b) Fiber-to-the-Home
Schwerpunkt (zunächst) Verteilkommunikation, 1-Erlang-Verkehr beim Programmempfang, d. h. Stunden-Belegungszeiten der Kanäle, „Stream"-Charakteristik.
c) Fiber-to-the-Office
Schwerpunkt (zunächst) Burst-Verkehr mit hohen Sicherheitsanforderungen.

Es liegt nahe, den 1-Erlang-Verteilverkehr nicht über die Teile des Netzes zu führen, die aus Wirtschaftlichkeitsgründen nach den Grundsätzen der Verkehrstheorie dimensioniert werden [6.34]. Das heißt also: Verteilverkehr wird nicht im Netzinneren sondern im Anschlußkabel auf *eigenen* Fasern oder aber mit Individualverkehr zusammen z. B. im Wellenlängenmultiplex auf einer *gemeinsamen* Faser geführt.

Doch welche der vielen möglichen Netzkonfigurationen, wie sie z. B. in [6.35] vorgestellt werden, sind auszuwählen? Die Hauptvertreter sind in Bild 6.28 oben links angegeben. Zum einen handelt es sich um den klassischen *Doppelstern*, wie er auch im Kupferanschlußnetz mit „Hauptkabel" und „Verzweigungskabel" üblich ist (vgl. Bild 1.13). Eine häufige Variante besteht darin, im Hauptkabel Multiplextechnik anzuwenden, eine andere setzt noch „Kupfer" in den Verzweigungskabeln ein. Hierunter fällt z. B. der Digital Loop Carrier.

Die Mehrzahl der einschlägigen Veröffentlichungen beschäftigt sich mit derartigen Stern- und Doppelsternkonfigurationen. Aber es gibt u. a. auch Vertreter von Ringkonfigurationen oder zumindest von einem nicht nur auf *eine* Trasse abgestützten Zugang zum Netz. Das wesentliche Argument ist Sicherheit, also Schutz vor Totalausfall der lebenswichtigen Kommunikation [6.36]. Natürlich ist ein derartiger Zweitrassenanschluß für sich allein genommen wesentlich teurer als der Eintrassenanschluß. Das Problem entschärft sich aber, wenn man das Zweitrassenkonzept zu einem Konzept der flächenhaften Versorgung ausbaut mit flexibler Zuteilung von Breitbandkapazität über sog. Free-Access Points FAP [6.37]. Darüber hinaus lassen sich die auf einem „logischen Ring" basierenden MANs in einem physikalischen Zweitrassenkonzept besser realisieren als in einem Stern. In Bild 6.28 links oben ist ein Beispiel für eine Ringkonfiguration im physikalischen Netz dargestellt.

Die im Ring und auf dem Hauptkabelabschnitt des Doppelsterns angegebenen Zahlen deuten Bitraten an. Wenn wir an die bisher denkbaren Kapazitäten der synchronen digitalen Hierarchie (SDH) denken, könnten hier also in Zukunft z. B. 13-Gbit/s-Ströme (doppelt gerichtet) transportiert werden, vervielfacht mit der Zahl n der im Kabel geführten Fasern. Das sind also z. B. n mal ca. 90 Container für 140-Mbit/s-Ströme, die über Add/Drop Multiplexer (ADM) sowohl im Ring als auch auf dem Hauptkabel (im Bild nicht dargestellt) vereinzelt und abgezweigt werden können, ganz zu schweigen von um Faktoren größere Zahlen von Containern kleinerer Bitrate. Dies wäre eine *elektronische* Vielfachausnützung. Natürlich ist eine entsprechende Vielfachausnützung in Zukunft auch im Wellenlängenmultiplex auf *optischem* Wege denkbar. Es sind also gewaltige Transportkapazitäten auf einem Kabel im Teilnehmerbereich zumindest keine Utopie!

Was wird diese Vielfachausnützung kosten? Die Erfahrung zeigt, daß die spezifischen Transportkosten um so geringer werden, je höher die Multiplexfaktoren getrieben werden. Im nur auf lokale Einzugsbereiche ausgerichteten Doppelstern können aber unter Umständen diese Kapazitäten gar nicht genutzt werden, weil nicht genügend viele Teilnehmer anschließbar sind. Mit dem „Ringkonzept" lassen sich dagegen fast beliebig viele Teilnehmer erreichen (ganz abgesehen vom Sicherheitsaspekt durch Zweitrassenführung). Das ist natürlich eine sehr oberflächliche Abschätzung, die allerdings für den „Ring" sprechen würde, ohne Berücksichtigung der technologischen Anforderungen an Teilnehmerschnittstellen.

Wenn man jedoch in weiterer Zukunft mit einer Verbreitung der Anschlüsse für Breitbandkommunikation etwa entsprechend der heutigen Fernsprechanschluß-Versorgung rechnet, reichen Übertragungskapazitäten von n mal 90 Containern u. U. nicht mehr aus, um allen Teilnehmern diese Container *individuell* zur Verfügung zu stellen. Dann muß an eine Konzentration des Verkehrs durch „Vorfeldtechnik", international derzeit „Remote Electronic" (RE) genannt, gedacht werden. Es ist nicht auszuschließen, daß RE später einmal in RO (Remote Optic) übergeht. Jedenfalls aber werden ohne zusätzliche Energieversorgung diese Remote-Funktionen nicht realisierbar sein.

Woher kommt die Energie? Entweder aus einer gepufferten Stromversorgung aus dem Netz oder aus einer (z. B. im LWL-Kabel) über Kupferleiter mitgeführten

6.5 Breitband-ISDN

Fernspeiseleitung, welche dann jedoch in den heute einsetzenden LWL-Verkabelungen des Breitband-Teilnehmernetzes bereits berücksichtigt werden sollte. Es zeigt sich übrigens, daß auch aus heutiger Sicht eine Energieversorgung im Vorfeld kaum vermeidbar erscheint.

Zur Begründung betrachten wir zwei Szenarien:

a) Fiber-to-the-Office

In Abschnitt 6.3.4 wurde das Konzept eines Metropolitan Area Networks MAN vorgestellt, welches zunächst den in großen Organisationen anfallenden Burst-Verkehr über eine Großstadt verteilen kann. Zeitlich dürfte die Realisierung dieses Konzeptes *vor* der Einführung eines ATM-Netzes liegen. Die über den „Doppelbus" verteilten Warteschlangen (DQDB) in Teilnehmernähe benötigen Energie! — Natürlich muß ein Konzept gefunden werden, in welchem sich die DQDB-Konfiguration in eine endgültige ATM-Konfiguration überführen läßt.

Während ein solches MAN häufig in der Zuständigkeit eines „öffentlichen Netzbetreibers" liegen dürfte, gibt es alternativ oder ergänzend die Möglichkeit, über einen Lichtwellenleiter-Anschluß (z. B. für 2 oder 34 Mbit/s) ein Privatnetz anzusteuern, welches überregional mittels Cross-Connect zusammengeschaltet ist. Darüber hinaus kann ein solcher Anschluß auch unter Umgehung des öffentlichen Betreibers realisiert werden (Bypassing).

b) Fiber-to-the-Home

Wie bereits gesagt, liegt der Schwerpunkt der Anwendungen zunächst bei der Programmverteilung. Die Betreiber öffentlicher Netze suchen jedoch nach Wegen, einen privaten Lichtwellenleiteranschluß für diese Programmverteilung und zugleich auch für Schmalband-Dialogverkehr (also z. B. für Fernsprechen als „Plain Old Telephone Service" POTS) attraktiv — d. h. wirtschaftlich — zu machen. Sie möchten damit eine Motivation finden, bereits frühzeitig mit dem Breiteneinsatz des zukunftsträchtigen Lichtwellenleiters zu beginnen [6.38]. Mit POTS verbunden sind eine Reihe energieverbrauchender Funktionen wie „Speisestrom", „Rufstrom" usw. (Abschnitt 1.2.2, siehe BORSCHT!). Die benötigte Energie läßt sich über den Lichtwellenleiter selbst nicht zuführen. — Auch hier sollte die Überleitbarkeit in das endgültige Breitbandnetz gewährleistet sein.

Beispiele zu diesen Szenarien:
Bild 6.29a zeigt einen „Free Access Point" (FAP), der zunächst nur die Möglichkeit bietet, an einer geschützten Stelle — etwa in einem Bürohaus oder in einer Art KVZ — einzelne Fasern des LWL-Kabels zu schneiden, um über Stichleitungen zu den Teilnehmern Informationen aus- und einzukoppeln. Die Mehrzahl der Fasern passiert den FAP jedoch ohne einen Eingriff, sie können in anderen FAPs geschnitten werden. Die FAPs werden über Trassen a und b erreicht. Der Kabelaufbau muß das Schneiden von Teilbündeln zulassen. Das Bild wird mit Bild 6.29b erweitert zu einer ringförmigen Teilnehmeranschlußtrasse, über die ein MAN eingerichtet werden kann. In diesem Fall sind in allen FAPs dieselben beiden Fasern zu schneiden, um den Doppelbus zu bilden. Die beiden Trassen des Rings enden auf Cross-Connects in teilnehmernahen Netzknoten. Von dort aus können über das LWL-Ortsnetz (vgl.

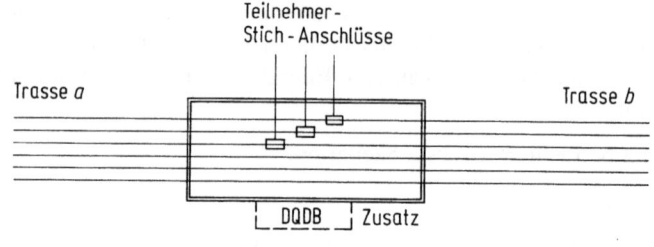

a

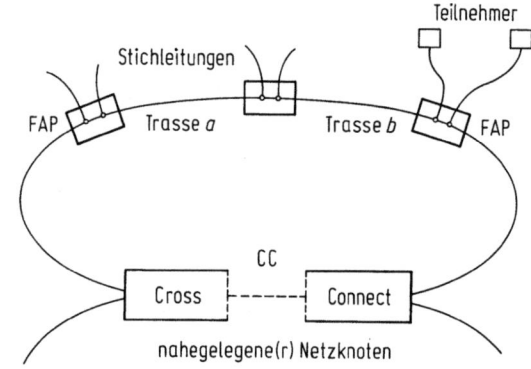

b

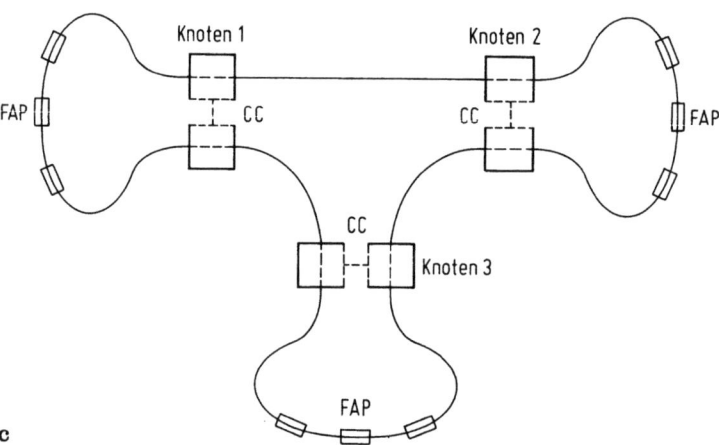

c

Bild 6.29 a–c. Bildung von Ringnetzen über Free Access Points (FAP) und Cross Connects (CC).
a Prinzip des FAP, **b** Einrichtung eines Teilnehmerringes, **c** Bildung eines Metropolitan Area Networks (MAN)

Bild 6.28) weitere Netzknoten mit ihren Teilnehmeranschlußringen in das MAN einbezogen werden (Bild 6.29 c). An den FAP-Orten sind DQDB-Schaltungszusätze zu installieren, die Energie verbrauchen.

6.5 Breitband-ISDN

Bild 6.30 zeigt zwei Motivationen, vom MAN auf das endgültige ATM-Netz überzugehen. In Bild 6.30a hat der MAN-Verkehr so stark zugenommen, daß mehrere MANs eingerichtet werden müssen. Üblicherweise wird vorgeschlagen, diese über Brücken (Bridges) und „Router" zu verknüpfen, in denen zur Paketlenkung Vermittlungsfunktionen zu übernehmen sind. Statt dessen läßt sich aber auch ein zentraler ATM-Netzknoten einsetzen, woraus sich eine übersichtlichere Netzstruktur ergibt. Der ATM-Knoten kann in dieser zentralen Position im Prinzip gewissermaßen „permanente virtuelle Verbindungen" für die MAN-Teilnehmer einrichten und die einzeln eintreffenden Zellen unmittelbar vermitteln. Durch Netzübergänge NÜ wird eine Anpassung MAN – ATM vorgenommen. Erweitert man das ATM-Netz auf mehrere Netzknoten, so sollten die permanenten virtuellen Verbindungen auf (wenigstens) einen sog. Connectionless Server geschaltet werden, der die eintreffenden Zellen mit ATM-gültiger Adressierung auf die zuständigen ATM-Knoten verteilt. Da dieser Server jedoch auch noch höhere Dienste für die LAN-Verknüpfung übernehmen kann, wird er in der Regel bereits zusammen mit dem ersten ATM-Knoten eingeplant.

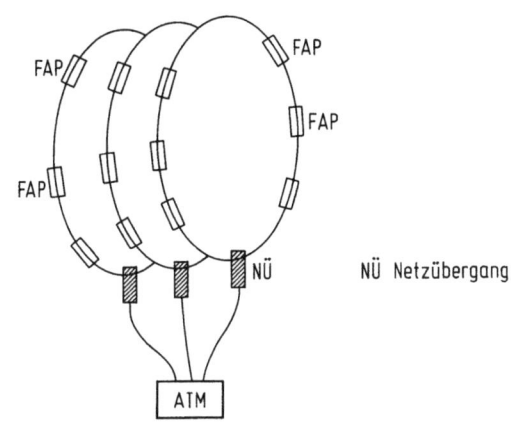

a

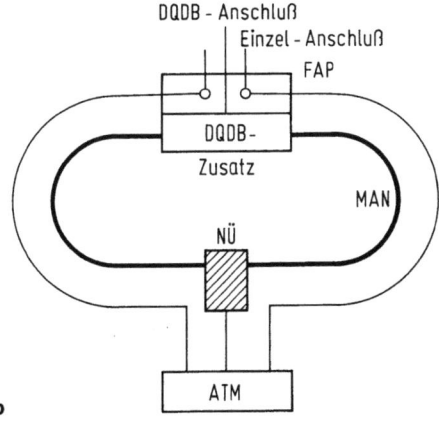

b

Bild 6.30a, b. Übergang zum ATM-Netz.
a Zusammenschalten mehrerer MANs,
b Umschwenken von MAN- auf Einzelanschluß
NÜ Netzübergang (Gateway),
FAP Free Access Point

Bild 30b zeigt darüber hinausgehend den Fall, daß einzelne MAN-Teilnehmer bereits so viel Verkehr erzeugen, daß sie „ihr" MAN überlasten. Dann werden sie im FAP auf „Einzelanschluß" umgeschaltet und entweder über eine Trasse oder über beide Trassen direkt mit dem (den) ATM-Knoten verbunden. Der „Einzelanschluß" kann natürlich auch im Zugang zu einem (z. B. Zeit-)Multiplexsystem auf gemeinsamer Faser bestehen, in dem jeder Teilnehmer z. B. einen „eigenen" Container erhält.

Eine solche Multiplexbildung findet in einem weiteren Beispiel statt, in dem Fiber-to-the-Home bzw. in Heimnähe verlegt wird mit dem Ziel, Programmverteilung und Telefonversorgung zu kombinieren. Der „FAP" des Bildes 6.29 wird zu einer Subscriber Interface Unit (SIU) mit optischen und elektronischen Komponenten erweitert, die über ein mitgeführtes Kupferkabel mit Energie versorgt werden (Bild 6.31) [6.39]. Jede SIU bedient acht Telefonteilnehmer mit POTS und stellt vier konventionelle Anschlußpunkte für das Kabelfernsehen zur Verfügung. In einer Pilotinstallation werden 23 Fernsehprogramme „analog" (als AM-Signale) sowie FM-Hörfunkprogramme auf *einer* Faser im Bereich von 47 bis 446 MHz übertragen. In jeder SIU wird ein Bruchteil der Lichtenergie „passiv" (also optisch ohne Verstärkung) ausgekoppelt, je nach Randbedingungen können zwischen etwa 5 bis 25 SIUs hintereinandergeschaltet werden. Zwei weitere Fasern dienen der Telefonversorgung, nach Gesprächsrichtungen getrennt. Im Netzknoten werden die (in diesem Fall 192) Fernsprechanschlüsse zu einem digitalen Zeitmultiplexsystem zusammengefaßt, welches eine Faser in Richtung zu den Teilnehmern (Down Stream) belegt. Wie bei der Programmverteilung werden *alle* Signale in jeder SIU passiv ausgekoppelt, jedoch nur die Zeitschlitze der zur betreffenden SIU gehörenden *acht* Fernsprechteilnehmer weiterbehandelt. In der entgegengesetzten Richtung (Up Stream) koppeln sich die Teilnehmersignale zur rechten Zeit in das auf der zweiten Faser zum Netzknoten führende Zeitmultiplexsystem ein; die Synchronisierung geschieht über das Down-

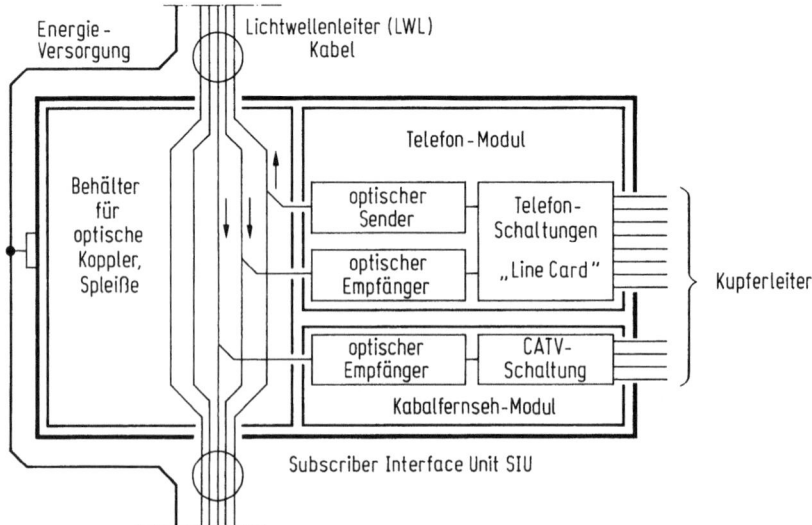

Bild 6.31. Kombination von Kabelfernsehen (CATV) und Telefonieren

6.5 Breitband-ISDN

Stream-Zeitmultiplex. Die BORSCHT-Funktionen (also auch die Code-Umsetzung zwischen analogen Teilnehmeranschlüssen und digitalem Multiplexsystem) übernehmen Teilnehmersätze (Line Cards) in der SIU.

Die in Bild 6.31 gezeigten weiteren Fasern passieren die SIU ohne Eingriff, sie hängen mit der spezifischen (redundanten) Leitungsführung im beschriebenen Pilotprojekt zusammen. Insgesamt handelt es sich um ein der Ring-Konfiguration verwandtes Bus-Konzept, wobei die Multiplexbildung über (z. B.) 192 Fernsprechkanäle natürlich unvergleichlich weniger problematisch ist als das entsprechende Multiplexen von Breitbandkanälen. Insofern ist das Konzept auch nicht unmittelbar in ein ATM-Breitbandnetz überführbar. Dem stellt z. B. [6.32] wiederum einen Doppelstern gegenüber, in dem über passive optische „Splitter" und Multiplexer lediglich Fernsprechsignale verteilt und eingesammelt werden. Dies geschieht in zwei Stufen (1:8 und 1:16), so daß etwa 120 Fernsprechteilnehmer digital in einem 20 Mbit/s-Zeitmultiplexsystem erreichbar sind (Telephony Over Passive Optical Networks TPON). Eine Erweiterung zu einem „BPON" (Broadband Passive Optical Network) für Verteildienste einschl. HDTV und B-ISDN soll das Wellenlängenmultiplex nutzen, liegt aber vergleichsweise wohl noch in weiterer Zukunft.

Die hier vorgetragenen Konzeptionen für den Lichtwellenleiter-Teilnehmeranschluß können nur einen kleinen Ausschnitt aus der Vielfalt möglicher Innovationen wiedergeben. Offenbar hat sich mit den heute erreichten elektronischen und optischen Technologien noch kein einheitlicher Weg durchsetzen können. Dort, wo heute bereits Lichtwellenleiterkabel im Teilnehmeranschlußnetz verlegt werden − sei es eines dringenden Bedarfs wegen oder in Pilotprojekten −, sollte man eigentlich diesen endgültigen Weg schon kennen und berücksichtigen, um die „Beerdigungskosten" (das Verlegen) der Kabel nicht mehrfach aufbringen zu müssen! Nach Ansicht des Verfassers wäre es hierzu sinnvoll,

erstens: eine zwei Trassen-Führung zumindest vorzubereiten, wie es z. B. im geschilderten Pilotprojekt [6.39] mit der Bus-Konfiguration bereits geschieht;

zweitens: für eine vom öffentlichen Netz unabhängige Energieversorgung entlang des Lichtwellenleiterkanals zu sorgen (auch das ist im genannten Pilotprojekt der Fall);

drittens: soviele Fasern wie möglich und (aus Kostengründen) vertretbar im Kabel zu führen, um die Möglichkeiten eines optischen oder elektrischen Multiplexens durch das „Faser-Multiplex" zu ergänzen bzw. den optischen Einzelfaser-Anschluß nicht auszuschließen;

viertens: Unterbringungsmöglichkeiten für FAPs, SIUs oder andere Relaisstationen in Teilnehmernähe einzurichten bzw. vorzuleisten.

6.5.2 ATM-Zellenstruktur und Schnittstellen

In Bild 2.36 wurden STM und ATM als alternative Multiplex-Prinzipien zur Mehrfachausnützung von Netzkomponenten gegenübergestellt. Sie sind insoweit „gleichwertig". Sofern STM oder ATM an Schnittstellen „sichtbar" werden (das ist z. B. bei Schnittstelle X.25 *nicht* der Fall), sind sie jedoch in schichtenorientierte Schnittstellenbeschreibungen einzubeziehen (vgl. Kapitel 5). Hier erfährt ATM gegenüber STM eine „Sonderbehandlung", indem unter Schicht (Layer) 2 zwei Schichten eingezogen werden (Bild 6.32). Während in der ATM-Schicht die ATM-Zellen mit ihrem Header erscheinen, stellt die darüberliegende Anpassungsschicht (ATM-Adaption Layer AAL) die Dienste für Schicht 2 bereit. Es werden dort z. B. die HDLC-Rahmen der Schicht 2 auf Zellen aufgeteilt und umgekehrt Zellen zu HDLC-Rahmen gefügt. Unterhalb der ATM-Schicht können in der vom Übertragungsmedium abhängigen Schicht z. B. die Container der SDH (Abschnitt 2.3.2) aufscheinen, man spricht dann von „ATM on top of STM". (Es gibt umgekehrt auch „STM on top of ATM"!). Um durch die Schichten nicht zu sehr verwirrt zu werden, muß man sich immer vor Augen halten, daß sie nicht das Geschehen auf einer Leitung, sondern an einer Schnittstelle beschreiben!

Das in CCITT-Empfehlung I.121 [6.40] angegebene Schichtenmodell enthält „Säulen" (Planes) für die Signalisierung innerhalb des ATM-Netzes in Schicht 3 (C-Plane), für Network-Management (M-Plane) und schließlich und hauptsächlich für die Benutzerinformation (U-Plane). Die Benutzer- und Management-Säulen können bis zur Schicht 7 hinaufreichen. Die Anpassungsschicht ist auf den jeweiligen Fernmeldedienst spezialisiert, sie wird von Benutzer zu Benutzer (End-to-End) oder innerhalb des Netzes in spezifischen Servern (z. B. für Connectionless-Vermittlung von ATM-Zellen) wirksam. Sie soll hier nicht näher erläutert werden.

Bild 6.33 zeigt die Struktur der in der *ATM-Schicht* übertragenen Zellen, die unabhängig vom jeweiligen Fernmeldedienst gilt und damit Grundlage eines späteren Universalnetzes ist. Dargestellt wird der Stand vom Juni 1989 [6.41]. In der Struktur gibt es geringfügige Unterschiede, je nachdem ob es sich um ATM-Zellen im Teilnehmeranschlußnetz oder im Netzinneren handelt. Die Zellen haben generell

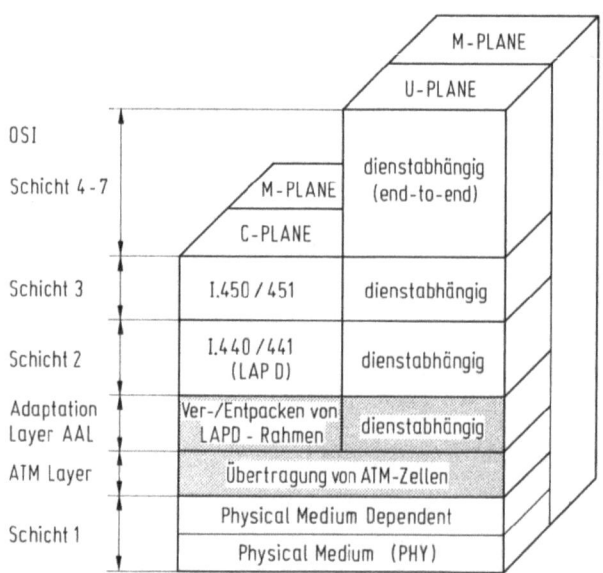

Bild 6.32. Schichtenstruktur des ATM-Anschlusses mit Angabe von CCITT-Empfehlungen. Planes (Säulen) für U User, M Network Management, C Control

6.5 Breitband-ISDN

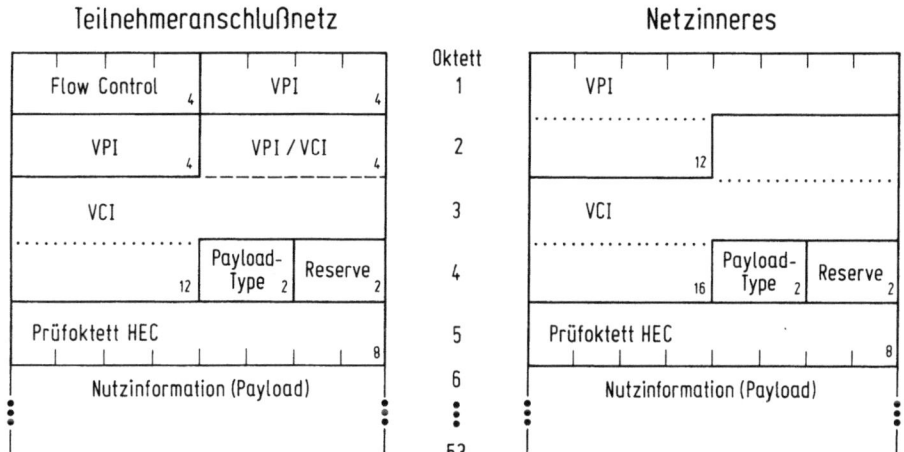

Bild 6.33. Struktur der in der ATM-Schicht übertragenen Zellen.
VPI Virtual Path Identifier, VCI Virtual Channel Identifier, HEC Header Error Control

einen Header von 5 Oktetts und eine Informationsfeldlänge (Payload) von 48 Oktetts. Die Zahl 48 hat keinen technischen Hintergrund, sondern ist ein Kompromiß aus den von verschiedenen Seiten eingebrachten Vorschlägen „32" bzw. „64" Oktetts! Das Informationsfeld wird ggf. mit weiterer Steuerungsinformation für die Anpassungsschicht AAL belegt, was wir hier aber nicht weiter vertiefen wollen.

Die ausgesendeten ATM-Zellen werden entsprechend ihren Headern auf „virtuellen Pfaden" (Virtual Path Identifier VPI) bzw. „virtuellen Verbindungen" (Virtual Channel Identifier VCI) durch das Netz geschleust. Der Unterschied besteht im wesentlichen darin, daß VCI in den ATM-Vermittlungen und VPI in den Cross-Connects ausgewertet werden (sofern es sich um getrennte Einrichtungen handelt). VPI ist also für semipermanente Verbindungen bzw. Bündel zuständig, wie sie z. B. für Privatnetze geschaltet werden, und entlastet damit die ATM-Vermittlung. VCI dagegen besorgt den Transport der Zellen für die aktuellen Kurzzeitverbindungen, welche über ATM-Vermittlungen verlaufen. Mit VCI sind *im Netz* theoretisch $2^{16} = 65\,536$ virtuelle Verbindungen, mit VPI $2^{12} = 4096$ virtuelle Pfade adressierbar, allerdings lassen sich Untergruppierungen bilden, durch die Adressierungsmöglichkeiten ungenutzt bleiben. Hierdurch kann man z. B. implizit Prioritäten kennzeichnen. Im Teilnehmeranschlußnetz, in dem die Kanal- bzw. Pfad-Kapazität teilnehmerbezogen geringer als im Netz angenommen wird, stehen für VPI und VCI nur 8 bzw. 12 bit mit ergänzend gemeinsam nutzbaren 4 bit zur Verfügung. Die dort zusätzlich angegebene „Flow Control" hat für das Netzinnere keine Bedeutung, ihre Funktionen sind im Detail noch nicht festgelegt.

Zwei Bit sind zur Kennzeichnung des „Payload Type" vorgesehen. Damit läßt sich z. B. Management-Information (M-Säule) von sonstiger Information unterscheiden. Eine 2-bit-Reserve läßt Raum für weitere Unterscheidungen. Hier gibt es (1989) noch keine verbindlichen Festlegungen. Wichtig ist es, Zellen nicht zu falschen Zielen zu leiten! Ein Prüfoktett HEC (Header Error Control) dient zur Erkennung bzw.

Korrektur von Header-Fehlern, ähnlich wie in Abschnitt 5.3.2 für die HDLC beschrieben.

Ähnlich wie für das 64-kbit/s-ISDN werden auch für das Breitband-ISDN Schnittstellen bzw. Referenzpunkte definiert (Bild 6.34, vgl. Bild 6.24). Der Referenzpunkt S_o wird aus dem 64-kbit/s-ISDN übernommen, denn es sollen Geräte für das schmalbandige ISDN nicht eine eigene Anschlußleitung erfordern. Zwischen S_o und der Breitbandschnittstelle S_B bedarf es dann einer Schmalband-Breitband-Anpassung TA. An S_B sind Breitband-Endgeräte anschließbar. Es folgt die bekannte Aufteilung in die Netzabschlüsse NT 2 und NT 1 mit dem Referenzpunkt T dazwischen, der sogenannten Benutzer-Netzschnittstelle UNI (User Network Interface). Bis zum Referenzpunkt T reicht auf der einen Seite die Teilnehmer-Verantwortung (SPN Subscriber Premises Network). Dies ist also unterschiedlich gegenüber dem 64-kbit/s-ISDN, wo diese Funktion der S_o-Schnittstelle zufällt. Wenn NT 2 nicht vorhanden ist, wird UNI zur Anschlußschnittstelle für die Endeinrichtungen.

In Richtung zur Vermittlungsstelle schließen NT 1 und die Teilnehmeranschlußleitung mit dem nicht standardisierten Referenzpunkt U an. Naheliegend aber nicht zwingend ist es, auf der Anschlußleitung die durch UNI vorgegebenen Protokolle einschließlich der ATM-Schicht zu übernehmen. Das entsprechende gilt für die Schnittstelle NNI (Network Node Interface), welche die Netzknoten von den Verbin-Verbindungsleitungen zwischen diesen trennt.

Auf diesen Verbindungsleitungen werden — wie üblich — nicht nur Breitbandsignale, sondern auch die Signale der bestehenden Netze, insbesondere des digitalen Fernsprechnetzes, übertragen. Es ist deshalb sinnvoll, das sehr flexible SDH-Prinzip (nach SONET, vgl. Abschnitt 2.3.2) zum Transport unterschiedlicher Signale aus verschiedenen Netzen auf der selben Leitung anzuwenden. Dementsprechend werden in NNI die ATM-Zellen in Container verpackt bzw. umgekehrt aus ankommen-

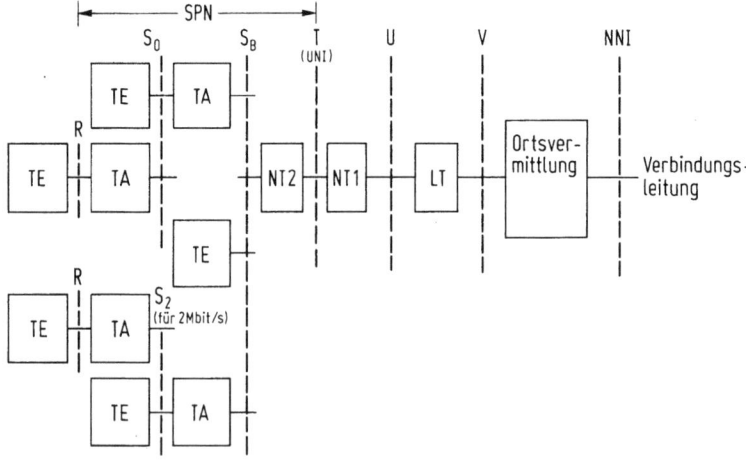

Bild 6.34. Schnittstellen und Referenzpunkte des Breitband-Teilnehmeranschlusses.
TE Terminal Equipment, TA Terminal Adapter, NT Network Termination, LT Line Termination, UNI User Network Interface, NNI Network Node Interface, SPN Subscriber Premises Network, R-S-T-U-V Referenzpunkte

6.5 Breitband-ISDN

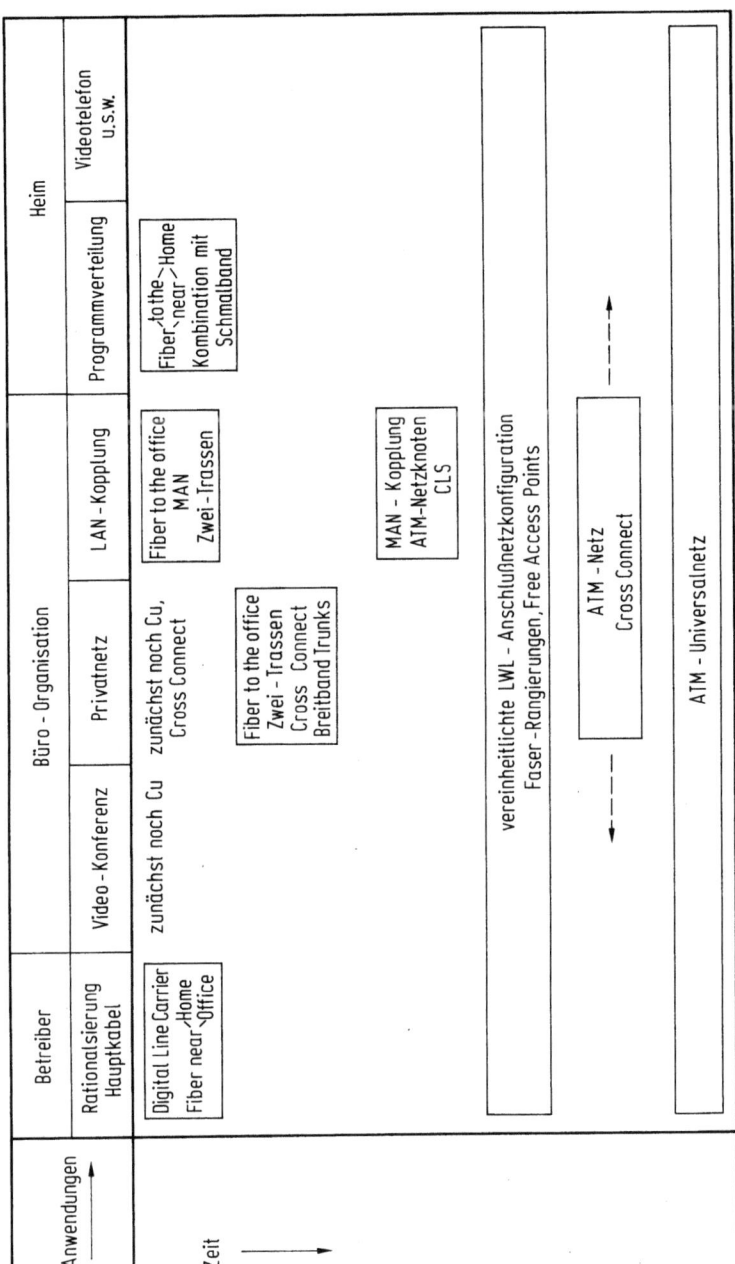

Bild 6.35. Schema der (möglichen) Breitband-Evolution. CLS Connectionless Server, Cu Kupfer

den Containern ausgepackt. Nicht so schlüssig läßt sich diese Argumentation auf UNI anwenden, weil hier die „Einführungsstrategie" eine Rolle spielt oder spielen sollte. So gibt es in der Tat derzeit (1989) zwei UNI-Versionen: Die eine basiert wie NNI auf SDH, die zweite bildet unmittelbar übertragbare Zellen-Ströme.

6.5.3 Evolution des ATM-Netzes

Mit der Frage der Einführung des Breitband-ISDN hat sich bereits Abschnitt 6.5.1 in Hinblick auf das Lichtwellenleiter-Anschlußnetz beschäftigt. Bild 6.35 faßt die verschiedenen Anwenderinteressen und Strömungen zusammen. Charakteristische Anwendungen stehen im Kopf der Grafik, der mutmaßliche zeitliche Ablauf ist qualitativ angegeben.

Gegenwärtig bereits ist die Hauptkabel-Rationalisierung mit Hilfe von Lichtwellenleitern (LWL) im Gange, ohne daß sich daraus ein entscheidender Beitrag zur Forcierung eines LWL-Anschlußnetzes ergibt. Von der Aufgabenstellung vorgegeben, endet der LWL in Höhe des KVZ, also in der *Nähe* (near) des Benutzers, sei es Büro oder privates Heim. Ein in naher Zukunft zu erwartender Schritt ist die Einrichtung von MANs für wenige Großbetriebe. Der Trend zur Verbesserung und Erweiterung des heutigen CATV-Angebotes führt in naher Zukunft zum LWL-Anschluß des Heim-Teilnehmers, allerdings primär für die Verteilkommunikation. Die gleichzeitige Versorgung mit Schmalbanddiensten (wie Fernsprechen) hat Bedeutung in Neubaugebieten oder dort, wo der Bedarf über die bereits vorhandenen Ressourcen hinausgeht (z. B. bei Bedarf nach Zweitanschlüssen). Dienste im 2-Mbit/s-Bereich (Videokonferenz, Privatnetz) werden zunächst noch vielfach über Kupfer abgewickelt. Erst mit der Erschließung des 34-Mbit/s-Bereichs für diese Anwendungen tritt auch hier der LWL-Anschluß in Erscheinung. Zu dieser Zeit oder auch später hat sich der MAN-Verkehr so weit verstärkt, daß mehrere MANs untereinander verbunden werden müssen. Diese Kopplung geschieht über ATM-Netzknoten. Damit steht Vermittlungskapazität bereit, die sehr verschiedenartige Dienste behandeln kann. Es ist deshalb naheliegend, über eine vereinheitlichte LWL-Anschlußkonfiguration diese Dienste für den ATM-Knoten vermittelbar zu machen. Hierdurch öffnet sich der Weg zum Breitband-ISDN bzw. zum ATM-Universalnetz.

Dieser Einführungsweg läßt u. a. außer acht, daß Breitband-ISDN sich in die vorhandenen Netze einordnen muß. Bild 6.36 ergänzt die Einführungsbetrachtung um diesen Aspekt. Oben im Bild (a) wird davon ausgegangen, daß ein ATM-Teilnehmernetzknoten einen vorhandenen, z. B. analogen Netzknoten (Ortsvermittlungsstelle OVSt) ersetzt. Alle vorhandenen Teilnehmer — die meisten mit analogen Fernsprechstationen — werden an den ATM-Knoten angeschlossen, in dem auch die Analog/Digital-Umsetzung erfolgt. Auch andere Schmalband-Anschlußleitungen und -Terminals können unverändert übernommen werden, wobei im Netzknoten die Umsetzung auf ATM erfolgt. Nun sind zwei Fälle zu unterscheiden: Entweder der Zielteilnehmer ist ebenfalls bereits an einen ATM-Teilnehmernetzknoten angeschlossen, oder aber er ist über eines der bestehenden Netze zu erreichen. Im ersten Fall wird der Schmalband-Verkehr über das entstehende ATM-Overlay-Netz geleitet, im zweiten Fall erfolgt aus dem Ursprungs-ATM-Knoten der Übergang in das jeweilige bestehende Netz. Das ATM-Overlay-Netz sollte möglichst frühzeitig flächendek-

6.5 Breitband-ISDN

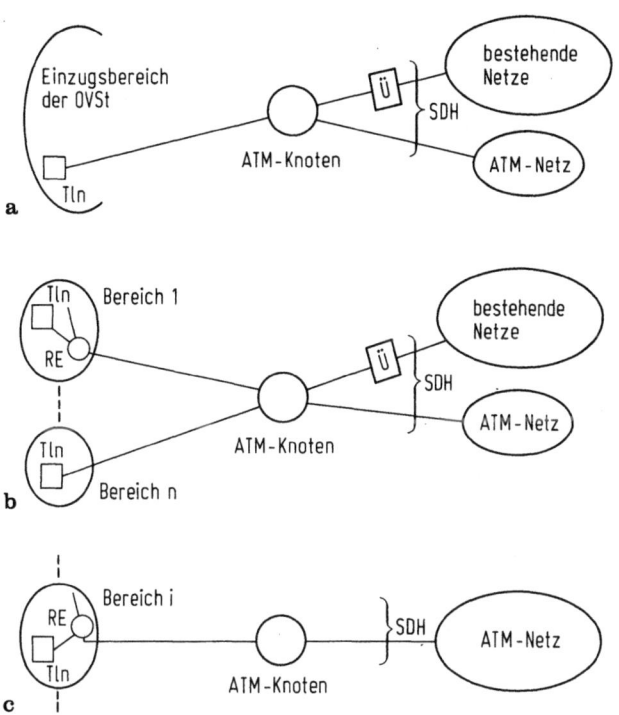

Bild 6.36 a–c. Einführungsprinzipien für ATM-Breitbandnetze.
a Punktuelle Einführung für alle Teilnehmer und alle Dienste, **b** Einführung nur für Interessenten, alle Dienste, **c** Einführung für Interessenten, zunächst nur Breitband
OVSt Ortsvermittlungsstelle, Tln Teilnehmer, Ü Netzübergang, RE Remote Electronics, SDH Synchrone Digitale Hierarchie

kende und durchgehende ATM-Versorgung ermöglichen, wenn auch der ATM-Verkehr zunächst quantitativ gering ist. — Aber woher „weiß" der Ursprungsnetzknoten, ob der Zielteilnehmer bereits an ATM angeschlossen ist? Durch Anfrage über das Signalisierungssystem Nr. 7! (vgl. Abschnitt 5.6) — Wegen der mit der ATM-Zellenbildung verbundenen Aufsammlung von 48 Sprachabtastwerten ($48 \times 0{,}125 = 6\,\text{ms}$) müssen mehrfache STM/ATM-Umsetzungen vermieden werden, um die Laufzeiten gering zu halten.

Diese Einführungsstrategie hätte den Vorteil, daß man nach Auswechslung eines veralteten analogen Netzknotens auch Breitbandteilnehmer anschließen und mit ATM auch die Dienste des 64-kbit/s-ISDN anbieten kann. Der Übergang zum endgültigen ATM-Universalnetz würde dadurch ohne „Umweg" über 64-kbit/s-STM forciert. Aber es gibt einen großen Nachteil: ATM ist noch nicht produktreif!

Andere ATM-Einführungsstrategien zielen speziell auf Breitbandteilnehmer als Benutzer ab (Bilder 6.36b und c). Der Einzugsbereich eines ATM-Netzknotens vergrößert sich dadurch erheblich, weil es zunächst relativ wenige Breitbandteilnehmer gibt. Deshalb müssen „Vorfeldeinrichtungen" RE (Remote Electronics) in den OVSt-Bereichen der Breitbandteilnehmer eingerichtet werden, die den Breitbandverkehr ggf. konzentrieren und zum ATM-Knoten leiten. Im Fall b) wird Schmalband- und Breitbandverkehr, im Fall c) nur der Breitbandverkehr des Breitbandteilnehmers über Lichtwellenleiter zu RE bzw. zum ATM-Knoten geführt. In Bild 6.36 b sind Übergänge Ü in die bestehenden Netze erforderlich, sie können auch bereits in RE erfolgen. Bild 6.36 c verzichtet dagegen bis auf weiteres auf derartige Übergänge, weil der Breitbandverkehr in Schmalbandnetzen keine Partner findet.

In allen drei Fällen wird der Breitbandverkehr auf den Übertragungsstrecken im Netzinnern gemeinsam mit dem Schmalbandverkehr geführt, ein Einsatzfall für SDH (Synchronous Digital Hierarchy)! Allgemein bevorzugt man heute die in Bild 6.36 b dargestellte Einführungsstrategie.

Wir wagen einen großen Schritt in die Zukunft, vielleicht in das Jahr 2040. Wohin mag die Evolution des ATM-Netzes geführt haben? Wir stellen eine optimistische Prognose: Breitbandkommunikation hat die Verbreitung des heutigen Fernsprechnetzes erreicht, d. h. es gibt so viele Breitbandteilnehmer wie heute Fernsprechteilnehmer. Aber die Breitbandteilnehmer werden nicht nur breitbandig kommunizieren, denn — das sei angenommen — Breitbandverbindungen sind teurer als Schmalbandverbindungen, z. B. um den Faktor zwei oder drei. Nach der Devise „Bitrate on Demand" wird der Teilnehmer entsprechend den jeweiligen Kommunikationsbedürfnissen die eine oder andere Bitrate wählen, um Kosten zu sparen. Es sei angenommen, daß sich die Belastung des Netzes, die heute noch überwiegend durch den Fernsprechverkehr verursacht wird, dann aufteilt auf nur 50 % Fernsprechverkehr, 20 % Videoverkehr geringerer Qualität (mit 2 Mbit/s), 5 % Videoverkehr hoher Qualität (mit 35 Mbit/s) und 25 % Datenkommunikation. Die Datenkommunikation (zusammengesetzt aus realen und virtuellen Verbindungen) möge zu 60 % aus „Schmalband" (64 kbit/s)-, 38 % Breitband (2 Mbit/s)- und 2 % Ultra-Breitbandkommunikation (35 Mbit/s) bestehen. Hinsichtlich der beanspruchten spezifischen Netzkapazität ergibt sich folgendes Bild (Tabelle 6.2):

Tabelle 6.2. Dienstspezifische Aufteilung der Netzkapazität in einem künftigen Breitbandnetz (Annahmen)

50 %	doppelt gerichtet	64 kbit/s-Fernsprechen	0,06 Mbit/s · Erl =	1,3 %
20 %	doppelt gerichtet	2 Mbit/s-Videokomm.	0,8 Mbit/s · Erl =	17,0 %
5 %	doppelt gerichtet	35 Mbit/s-Videokomm.	3,5 Mbit/s · Erl =	74,0 %
15 %	einfach gerichtet	64 kbit/s-Datenkomm.	0,01 Mbit/s · Erl =	0,2 %
9,5 %	einfach gerichtet	2 Mbit/s-Datenkomm.	0,2 Mbit/s · Erl =	4,2 %
0,5 %	einfach gerichtet	35 Mbit/s-Datenkomm.	0,18 Mbit/s · Erl =	3,8 %
			4,75 Mbit/s · Erl =	100 %

Diese Abschätzung soll nicht mehr als ein Anhaltspunkt sein, wobei ohne Berücksichtigung der „bursty"-Verkehrscharakteristik mit Spitzenbitraten gerechnet wurde. Sie zeigt die Dominanz des Breitbandverkehrs, gegenüber welcher der hohe Anteil des Fernsprechverkehrs praktisch verschwindet [6.34]. Sicherlich sind für eine derartige Situation auch noch schwierige Vergebührungsprobleme zu lösen.

Es sei eine ATM-Vermittlung für 5000 Erl dieses Mischverkehrs angenommen. Diese Vermittlung müßte einen Durchsatz von ca. 23 Gbit/s realisieren. Bei einer Zellenlänge von 53 Oktetts entspricht das einer Durchschalteleistung von mehr als 50 Millionen Zellen je Sekunde!

6.6 Satellitennetze

Wie sicher ist eine solche Vorausschau? Wir berufen uns auf den Satz von LENZ: It is better to be approximately right than precisely wrong!

6.6 Satellitennetze

Der Satellit als Netzbestandteil erlaubt flexibel die Einrichtung sehr unterschiedlicher Netzkonfigurationen. Mittels Satelliten ist gewissermaßen eine erdumspannende „Verdrahtung" erschlossen, auf die sich verschiedenartige Nutzungen aufsetzen lassen. Bild 6.37 zeigt Varianten der Betriebsweise von Satelliten.

In Bild 6.37a ist der Satellit vermittlungstechnisch passiv, er übernimmt lediglich die Funktion eines in Grenzen „allgegenwärtigen" Übertragungsmediums, auf das die Erdfunkstellen E zugreifen, um miteinander zu kommunizieren. Eine solche Erd-

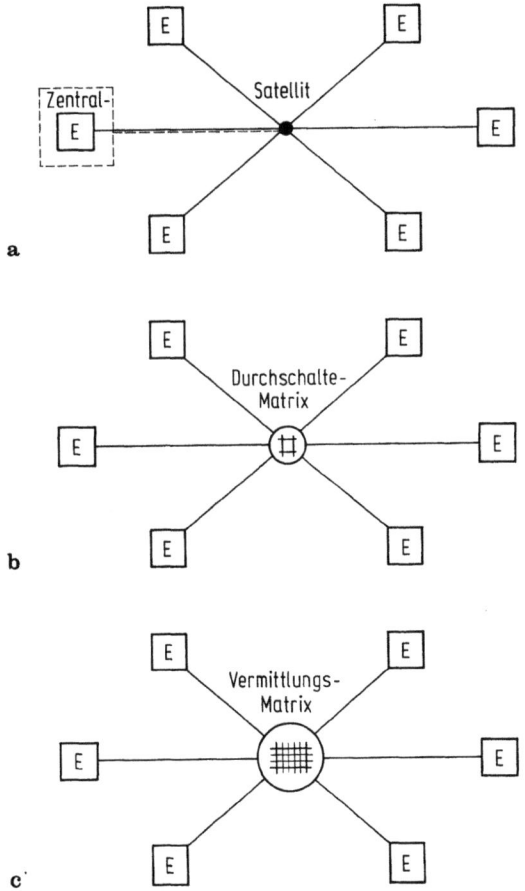

Bild 6.37a–c. Betriebsweisen von Satelliten. **a** Passiver Satellit, **b** Durchschalten von Bündeln (Cross Connect), **c** Vermitteln von Einzelkanälen
E Erdfunkstelle

funkstelle kann entweder selbst bereits „Teilnehmer" sein (z. B. eine große Firma, ein Schiff, ein Flugzeug) oder aber sie steht mit vermittelnden Netzknoten in Verbindung. Im ersten Fall handelt es sich um „Endverkehr" oder „Teilnehmerverkehr", im zweiten Fall um „Durchgangsverkehr". Im ersten Fall kann eine „Zentralstelle" bestimmte Vermittlungsfunktionen für die angeschlossenen „Teilnehmer" übernehmen, oder aber alle Erdfunkstellen sind gleichberechtigt, und die Vermittlung geschieht dezentral durch die Stationen (wie in einem LAN).

Auch bezüglich der Verkehrscharakteristiken deckt der Satellit ein breites Spektrum ab: Dialogverkehr, Rundsenden (Verteilen), ortsfester und mobiler Funk, festgeschaltete Verbindungen und Bündel, leitungs- und paketvermittelter Verkehr. Allerdings ist die Übertragungskapazität des Satelliten (wegen der relativ wenigen verfügbaren Frequenzbänder) wesentlich geringer als die etwa eines Lichtwellenleiters. Deshalb ist der Satellit für Breitbandkommunikation nur in Grenzen einzusetzen, während er jedoch zahlreiche Schmalbandverbindungen gleichzeitig bedienen kann.

In Bild 6.37b wird die Rundstrahl-Eigenschaft des Satelliten zugunsten von Richtstrahl-Antennen aufgegeben, welche umgrenzte „Spots" auf der Erdoberfläche ausleuchten (spot beams). Dadurch lassen sich Frequenzbänder mehrfach ausnutzen, da die gegenseitige Beeinflussung gleicher Bänder reduziert wird. Nunmehr schaltet eine „Matrix" im Satelliten ganze Bündelkapazitäten oder auch breitbandige Einzelkanäle von einer Erdfunkstelle zu einer anderen Erdfunkstelle durch, der Satellit übernimmt also die Funktion eines „Cross Connect" (Hauptverteilers) im Durchgangsverkehr. Die zielgerechte Zusammenfassung von Einzelkanälen zu Bündeln erfolgt in den Erdfunkstellen. Der Satellit führt darüber hinaus weitere Funktionen aus, z.B. die Überwachung und Korrektur von Übertragungsfehlern (On-board-processing).

In Bild 6.37c wird das One-board-processing auf die *Vermittlung von Einzelkanälen* erweitert. Die Kanäle werden entweder einzeln von Satelliten empfangen und wieder ausgesendet oder sind aus „ankommenden Bündeln" zu isolieren und dann entsprechend dem gewünschten Ziel auf „abgehende Bündel" zu verteilen. Hierzu muß die zu den einzelnen Verbindungen gehörende Signalisierungsinformation ausgewertet werden. Praktisch verlagern sich die Funktionen einer terrestrischen Durchgangsvermittlung (oder Endvermittlung, wenn die Erdfunkstellen Teilnehmer sind) auf den Satelliten. Eine solche Satellitenvermittlung ist derzeit (1989) noch nicht kommerziell existent, wird es aber in Zukunft geben.

Die Übertragungskapazität eines Satelliten von z. B. etwa 600 MHz, aufgeteilt auf z. B. 10 Transponder [6.42], wird mit Hilfe verschiedener Zugriffsverfahren einzelnen Bündeln oder einzelnen Verbindungen zugeteilt (Abschnitt 6.6.1). Auf Anwendungsbeispiele wird in Abschnitt 6.6.2 eingegangen.

6.6.1 Zugriffsverfahren

Transponderkapazität läßt sich langzeitig oder kurzfristig auf Anforderung mehreren Nutzern zuteilen. Zu unterscheiden ist im zweiten Fall, ob es sich um leitungsvermittelte Verbindungen handelt oder um den Paket-Übertragungsmodus, in dem die Nutzinformation selbst zusätzlich Angaben zum gewünschten Ziel-Partner enthält.

6.6 Satellitennetze

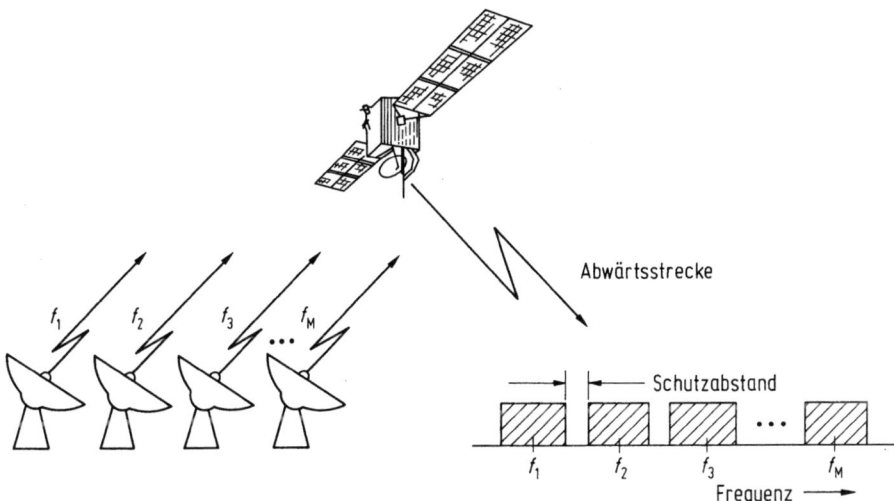

Bild 6.38. Zugriff auf den Satelliten im Frequenzmultiplex: Frequency Division Multiple Access (FDMA). f Frequenz

Das älteste, weil relativ einfachste Zugriffsverfahren ist das *Frequenzmultiplex* (Frequency division multipel access FDMA). Dabei wird das Frequenzband eines Transponders gleichmäßig oder ungleichmäßig unterteilt, die einzelnen Teilbänder werden den Erdfunkstellen 1 bis M zugewiesen (Bild 6.38). Ein Beispiel für ein entsprechendes „Frequenzraster" zeigt Bild 6.39 [6.43]. Angegeben sind die Mittenfrequenzen der einzelnen Teilbänder (aufwärts die höheren, abwärts die niedrigeren Frequenzen). Neben einem Fernsehkanal TV mit über 30 MHz Bandbreitebedarf gibt es zwei Bänder, die in diesem Fall als „Vielkanalträger" jeweils ein Trägerfrequenzsystem V 60 mit 60 analogen Fernsprechkanälen übertragen. Ein solches Trägerfrequenzsystem faßt im FDM (Frequency division multiplex) 60 Kanäle als SSBSC (Single side band suppressed carrier, vgl. z. B. [6.44]) zusammen, gehört also streng

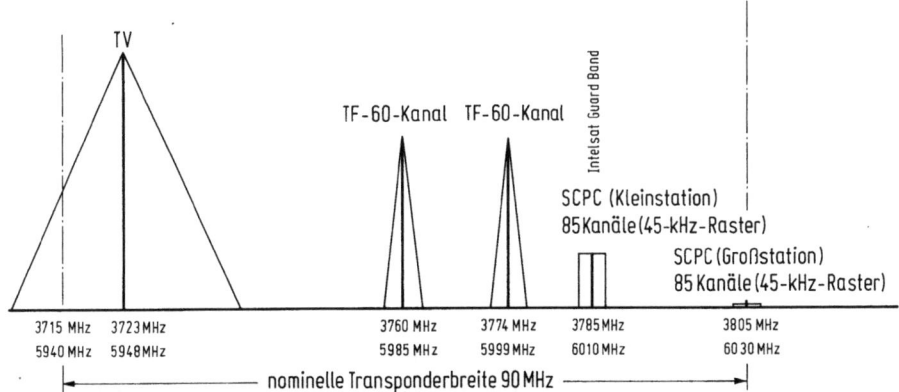

Bild 6.39. Beispiel eines FDMA Frequenzrasters.
TV Television, TF 60 Trägerfrequenzsystem V 60, SCPC Single Channel Per Carrier

genommen nicht in die hier zu erläuternde Kategorie der digitalen Netze. Die V 60-Systeme werden frequenzmoduliert auf den jeweiligen Hochfrequenzträger des Satellitensystems gebracht.

Nicht immer aber ergibt sich bei den einzelnen Bodenstationen ein Bedarf für die Übertragung eines ganzen Bündels von z. B. 60 Fernsprechkanälen. Dann werden SCPC-(Single channel per carrier-)Verfahren verwendet, bei denen jeweils ein einzelner Telefonkanal z. B. in einem 45 kHz-Raster auf einen eigenen Träger gelegt wird. Bei digitalen Sprachkanälen wird der Träger üblicherweise in (vierstufigem) QPSK moduliert (vgl. Abschnitt 2.3.3). Die Übertragungskapazität des Transponders wird dabei weniger gut ausgenutzt, jedoch ist der Aufwand in den Erdfunkstellen geringer, weil das Multiplexen/Demultiplexen für ein Vielkanalsystem entfällt.

Doppelt gerichtete Kommunikation zwischen zwei Erdfunkstellen kommt dadurch zustande, daß die je Bündel oder Kanal verwendeten Frequenzen untereinander verabredet werden. In Bild 6.40 haben sich z. B. Erdfunkstellen E_A und E_B darauf geeinigt, den doppelt gerichteten Satellitenkanal (Sprechkreis) „1" mit den ihm zugeordneten Frequenzen für eine Verbindung zu belegen. E_A sendet also (neben vielen anderen Frequenzen für andere Sprechkreise) auf Frequenz $f_{1\,(H)}$. $f_{1\,(H)}$ wird im Transponder des Satelliten auf die (niedrigere) Frequenz $f_1'{}_{(H)}$ umgesetzt und an alle Erdfunkstellen verteilt. Aber nur E_B wertet verabredungsgemäß $f_1'{}_{(H)}$ aus. E_B ihrerseits sendet auf einer anderen Frequenz $f_{1\,(R)}$ zum Satelliten, der wiederum $f_1'{}_{(R)}$ an alle Erdfunkstellen verteilt, worauf aber nur E_A reagiert. Für *einen* Sprechkreis „1" werden also in Aufwärtsrichtung $f_{1\,(H)}$ und $f_{1\,(R)}$ sowie in Abwärtsrichtung $f_1'{}_{(H)}$ und $f_1'{}_{(R)}$ belegt.

Beispielsweise gibt es im SPADE-System [S(ingle channel per carrier) P(ulse code modulated multiple) A(ccess) D(emand assignment) E(quipment)] der INTELSAT 800 verfügbare doppelt gerichtete Sprechkreise. Diese sind nun nicht bleibend (als „Standverbindungen") zwischen den Erdfunkstellen vergeben, sondern sie werden fallweise — also entsprechend den auftretenden Verbindungswünschen — zwischen den Erdstationen verabredet. Hierzu müssen sich die Erdfunkstellen untereinander verständigen. Dies geschieht über einen eigenen gemeinsamen Signalisierungskanal CSC (Common Signalling Channel), der im Zeitmultiplex (TDMA, wird anschließend erläutert) genutzt wird. Die Verabredungsprozeduren zwischen den Erdstationen („dezentrale Vermittlung") können — wie erwähnt — durch Vermitt-

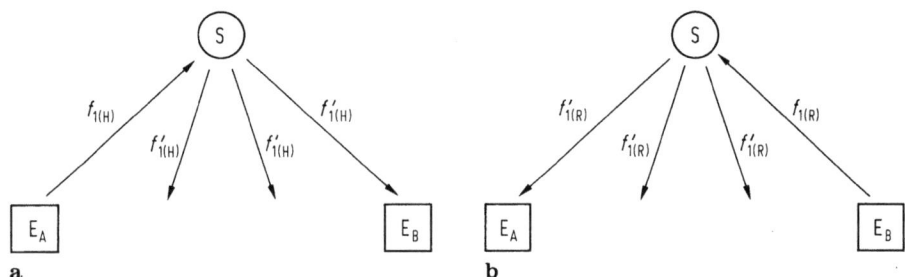

Bild 6.40 a, b. Satellitensprechkreis im SCPC-FDMA. **a** Gesprächsrichtung „Hin" (H), **b** Gesprächsrichtung „Rück" (R)
E Erdfunkstelle, S Satellit, f Aufwärtsfrequenz, f' Abwärtsfrequenz

6.6 Satellitennetze

lung im Satelliten („zentrale Vermittlung") ersetzt werden. Die Knappheit aller Ressourcen im Satelliten ließ eine derartig komplexe Lösung aber bisher nicht zu. Übrigens wird durch eine TASI-ähnliche Technik dafür gesorgt, daß nur diejenigen der 800 Sprachkanäle senden (und damit Leistung im Satelliten verbrauchen), auf denen tatsächlich gerade gesprochen wird (Digital speech interpolation DSI). Deshalb braucht der Transponder nur die Sendeleistung für etwa 320 Sprachkanäle gleichzeitig aufzubringen.

Die geringe Bandbreite (ca. 40 kHz bei QPSK) der SCPC-Kanäle erfordert ein sehr genaues Abstimmen der Empfänger auf die jeweilige Trägerfrequenz. Die Frequenzstabilität ist u. a. abhängig vom Oszillator im Satelliten, der nur eine Langzeitstabilität von 10^{-5} bis 10^{-6} hat. Deshalb sendet eine zentrale Erdfunkstelle ein für das ganze SCPC-System gültiges Pilotsignal aus, das im Satelliten umgesetzt und in den Empfängern der Erdstationen zur Frequenzregelung und Pegelregelung verwendet wird.

Wie im terrestrischen Netz gibt es auch für den Satelliten neben dem Frequenzmultiplex das *Zeitmultiplex* (Time division multiple access TDMA). In Bild 6.41 wird den Erdfunkstellen 1 bis M die ganze Kapazität des Übertragungskanals zyklisch aufeinanderfolgend in kurzen *Bursts* zugewiesen. Während eines Bursts sendet die betreffende Station nacheinander alle Informationen, die zu diesem Zeitpunkt für die anderen Stationen vorliegen. Dem Burst-Charakter angemessen überträgt ein TDMA-System *digitale* Nutzinformation, meist QPSK-moduliert. Die M beteiligten Erdfunkstellen müssen ihre Bursts so absenden, daß diese sich am Ausgang des Transponders ohne Überdeckung aneinanderreihen. Hierfür sind Schutzzeiten zwischen den Bursts einzuhalten. Da auch ein geostationärer Satellit an seinem Standort nicht völlig still steht, treten zusätzlich Laufzeitänderungen auf, die für den Sendezeitpunkt des jeweiligen Bursts zu berücksichtigen sind (Burstphasenregelung). Eine der Erdfunkstellen dient als Bezugspunkt für die Regelung (Referenzstation) [6.45].

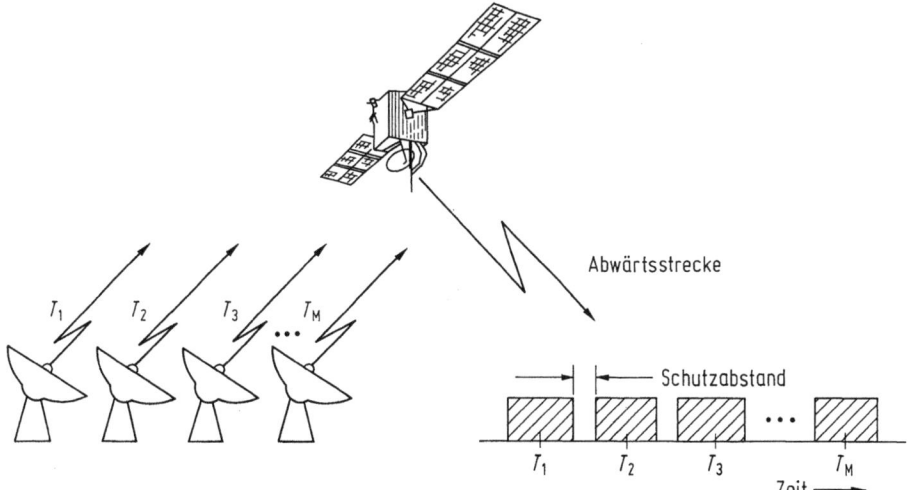

Bild 6.41. Zugriff auf den Satelliten im Zeitmultiplex: Time Division Multiple Access (TDMA). *T* Zeit

Dem Nutzungsschwerpunkt „Fernsprechen" folgend orientiert sich der Burst-Zyklus (Rahmen) häufig am 125 µs-Abtastzyklus der Pulscodemodulation PCM. Bei Zwischenspeicherung von jeweils sechs (oder mehr) Abtastwerten in der sendenden Erdfunkstelle wird der Rahmen auf 750 µs (oder mehr) verlängert, wodurch sich der „Wirkungsgrad" der Übertragung (Nutzinformation gegenüber Overhead) verbessern läßt. Bild 6.42 zeigt einen typischen TDMA-Rahmen. Ein Synchronisierungsburst (Sync Burst) kennzeichnet den Rahmenbeginn bzw. die Position innerhalb eines Überrahmens (sofern vorhanden), ausgesendet z. B. von der Referenzstation. Die Nutzbursts enthalten eine Präambel P, die Nutznachricht N und einen Abschluß A. Die Präambel besteht u. a. aus festgelegten Bitmustern CR und BTR, die der Trägerund der Taktrückgewinnung dienen. Die PSK-Demodulation verlangt ja die Kenntnis der Phasenlage „Null" im modulierten Träger! Da der Zeitpunkt dieser Aufsynchronisation variiert, muß der Beginn der Nutznachricht durch das Bitmuster BCW signalisiert werden. Es folgt mit SIC die Kennung der sendenden Erdstation. Daran schließen sich Dienst- und Signalisierungskanäle an. Im Feld N findet sich die eigentliche Nutznachricht, z. B. mehrere für verschiedene Erdfunkstellen bestimmte PCM-Kanäle. Die Nutznachricht wird an alle Erdstationen verteilt, aufgrund der verabredeten Sprechkreiszuordnungen greifen sich die empfangenden Erdfunkstellen „ihren" PCM-Kanal zeitlich richtig heraus. Ein Abschluß A wird zur Kennzeichnung des Burst-Endes benötigt, wenn die Nutznachrichtenlänge variiert. Unterschiedliche Nutznachrichtenlängen N ergeben sich bei dynamischer Anpassung an das jeweils anfallende Verkehrsvolumen (Demand Assignment DA). Die entsprechenden Verabredungen werden zwischen den Erdfunkstellen über die Dienst- und Signalisierungskanäle getroffen. Gegebenenfalls fassen Überrahmen eine Anzahl von Rahmen zusammen z. B. für die Gültigkeitsdauer einer bestimmten Verkehrsverteilung.

Das beschriebene TDMA-Prinzip sorgt dafür, daß innerhalb eines Rahmens jede Erdfunkstelle einmal die Sendeberechtigung erhält. Es gliedert sich damit in die Kategorie der leitungsvermittelnden Netze ein. Dagegen ist TRMA (Time Random Multiple Access) ein Verfahren mit wahlfreiem Zugriff [2.10], geeignet für paketvermittelnde Netze. Der bekannteste Vertreter ist ALOHA, den wir nebst seiner Variante *Slotted*-ALOHA bereits für den Zugriff auf LANs kennengelernt haben (vgl. Abschnitt 6.3.1). Das Verfahren ist einfach, robust und wirksam, solange man

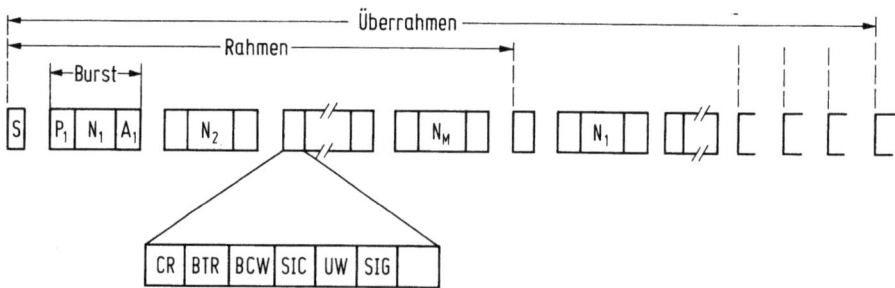

Bild 6.42. Beispiel eines TDMA-Rahmens.
S Sync. Burst, P Präambel, N Nutznachricht, A Abschluß, CR Trägerrückgewinnung, BTR Taktrückgewinnung, BCW Einleitung für Nutznachricht, SIC Stationskennung, UW Dienstkanal, SIG Signalisierung

6.6 Satellitennetze

sich im Bereich niedriger Verkehrswerte bewegt. Slotted-ALOHA erlaubt etwas höhere Verkehrswerte, setzt aber bereits wieder einen sorgsam zwischen den Erdfunkstellen abgeglichenen Takt voraus. CSMA-Techniken versagen wegen der langen Signallaufzeiten über den Satelliten.

Neben dem Frequenzmultiplex- und dem Zeitmultiplex-Zugriff mit ihren Spielarten gibt es noch eine dritte Zugriffsart: CDMA (Code Division Multiple Access) mit vielen Varianten wie Frequenzsprungverfahren (Frequency Hopping), Pulsadreßvielfachzugriff (PAMA), Spread Spectrum Multiple Access (SSMA) u. a. m. [6.47]. Das Verfahren beansprucht sehr viel Übertragungskapazität für den einzelnen Kanal und wurde deshalb im Zusammenhang mit dem solche Kapazität „verschwenderisch" bietenden Lichtwellenleiter bereits erwähnt (Abschnitt 3.5). Bild 6.43 deutet das Prinzip an: Jedem zu übertragenden Einzelkanal wird ein bestimmter „Code" C zugeordnet. Eine Erdfunkstelle sendet gleichzeitig neben anderen Codes den Code C_1 an alle anderen Erdstationen. Die Ziel-Erdstation identifiziert als einzige den Code C_1. Natürlich müssen die Codes untereinander verabredet sein.

Zur Erläuterung: Normalerweise ist der *Träger* eines Kanals durch eine bestimmte Frequenzlage oder Zeitlage definiert. Dieser Träger wird durch die Nutzinformation moduliert, behält hierbei aber Frequenzlage oder Zeitlage konstant bei. (Durch die Modulation werden natürlich das beanspruchte Frequenzband oder der beanspruchte Zeitabschnitt breiter!). Bei CDMA aber wird der Träger selbst codiert, er nimmt also keine konstante Frequenzlage oder Zeitlage ein, sondern wechselt diese nach einem für den zugehörigen Kanal verabredeten Muster (Code). Diese Muster kann man nun im Vielfach-Zugriff überlagern. Aus dem entstehenden Summenmuster lassen sich die Einzelmuster durch Autokorrelation wieder herausfiltern. Voraussetzung ist, daß sich zwischen den Einzelmustern nicht zu viele Überdeckungen ergeben. Die Muster müssen sich also mit relativ wenigen spezifischen

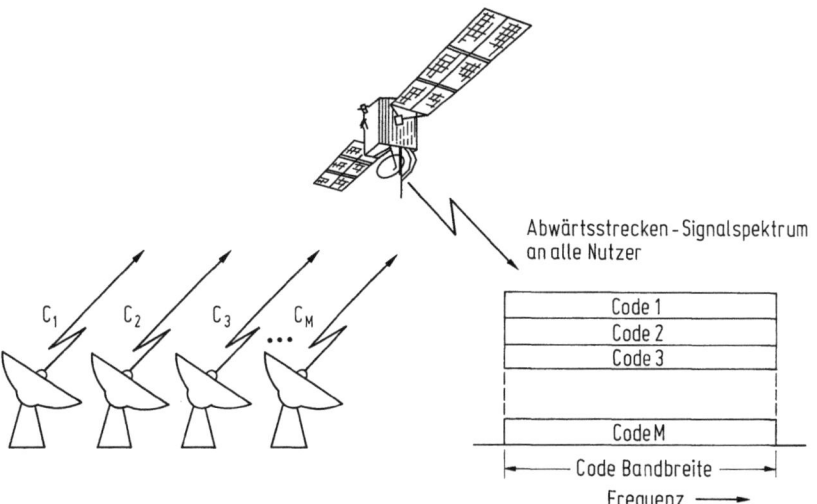

Bild 6.43. Zugriff auf den Satelliten im Codemultiplex: Code Division Multiple Access (CDMA).
C Code

Merkmalen über einen großen Frequenzbereich oder Zeitbereich erstrecken, damit die Wahrscheinlichkeit für eine Überdeckung gering wird. Daher rührt also der hohe Kapazitätsbedarf für CDMA.

Als Beispiel sei der „spread spectrum multiple access" (SSMA) näher betrachtet [6.45]. Die Mustererzeugung für den Träger erfolgt meist durch „pseudo-noise-Folgen" (pn-Folgen). Eine pn-Folge läßt sich durch in geeigneter Weise rückgekoppelte Schieberegister erzeugen, wie wir sie in ähnlicher Form bereits zur Generierung zyklischer Sicherungscodes in Abschnitt 5.3.2 kennengelernt haben. Ein derartiges Schieberegister der Stellenzahl n erzeugt Binärfolgen, die erst nach $2^n - 1$ Schritten wieder periodisch werden. Die Elemente (Null und Eins) einer solchen Binärfolge bezeichnet man als „chips" im Gegensatz zu den Nutzinformation tragenden „bits". Mit einem Schieberegister von n = 20 Stellen ergibt sich z. B. eine Periode nach etwa einer Million chips. Unterschiedliche Kanäle werden nun durch unterschiedlich rückgekoppelte z. B. 20stellige Schieberegister gekennzeichnet. Jeder Kanal verfügt also über ein eigenes, typisches Chip-Muster innerhalb eines Reservoires von etwa 10^6 möglichen Chip-Perioden. Man kann nun einem *Nutzbit* „eins" das Vorhandensein dieses Musters, einem *Nutzbit* „null" das Fehlen dieses Musters oder das Vorhandensein eines inversen Musters zuordnen. Der Empfänger muß sich auf „sein" Chipmuster aufsynchronisieren. Wegen der Überdeckungen durch Chipmuster anderer Kanäle müssen hierzu Schwellenwerte ausgewertet werden. Z. B. muß eine Nutzbit-„null" als solche noch zu erkennen sein, wenn Chip-Einsen anderer Kanäle in einige der Chip-Eins-Positionen des betrachteten Kanals fallen. Es ist einleuchtend, daß eine Diskriminierung um so wirksamer wird, je kleiner die Zahl der Kanäle im Vergleich zur Länge der Chip-Periode ist.

Praktisch ist die Bandbreite eines SSMA-Kanals tausend bis zehntausendmal größer als die des zu übertragenden Basisband-Kanals. In Satellitennetzen mit ihren begrenzten Ressourcen wird das Verfahren wegen seiner Störunempfindlichkeit deshalb im wesentlichen nur für militärische Zwecke angewendet.

6.6.2 Anwendungen von Satelliten

Satelliten wurden ursprünglich zur telekommunikativen Überbrückung größter (interkontinentaler) Entfernungen eingesetzt. 1964 gründeten elf Signatarstaaten die International Telecommunication Satellite Organisation (INTELSAT). Derzeit (1989) gibt es bereits 117 Mitgliedsländer. Aufgabe von INTELSAT ist es, für die Mitglieder Fernmeldeverbindungen für alle Dienste bereitzustellen, von Sprache über Daten bis Video, sowohl für weltweite interstaatliche Verbindungen als auch für die intrastaatliche Versorgung. Inzwischen (1986) gibt es über 200 Erdstationen in den Mitgliedstaaten, die über etwa 20 geostationäre Satelliten kommunizieren können. Die Satelliten sind gemeinsames Eigentum aller Signatarstaaten, während die Erdstationen den jeweiligen Ländern gehören. Über INTELSAT werden ortsfeste Verbindungen hergestellt. Das Gegenstück für den Mobilfunk ist INMARSAT (International Maritime Satellite Organisation), 1980 gegründet. Diese Organisation ist für die Kommunikation mit und zwischen Schiffen, Flugzeugen und voraussichtlich zunehmend auch *mobilen* Landstationen zuständig. 1987 gab es 53 Mitgliedsländer.

6.6 Satellitennetze

Mit wachsender Wirtschaftlichkeit der Satellitenkommunikation entstanden neben den globalen auch regionale und nationale Systeme. Ein Beispiel für die *regionale* Versorgung ist EUTELSAT (European Telecommunications Satellite Organisation). Die 26 in der CEPT (Conférence Europáene des Administrations des Postes et Télécommunications) zusammengeschlossenen europäischen Postverwaltungen haben diese Organisation 1977 ins Leben gerufen. EUTELSAT betreibt das Satellitensystem ECS (European Communication Satellite) und verfügt derzeit (1989) über vier Satelliten im Orbit. ECS soll einen großen Teil des innereuropäischen Fernmeldeverkehrs bei Entfernungen über 800 km übernehmen. Ferner stellt ECS Fernsehübertragungskanäle für Eurovisionssendungen bereit und verteilt Fernsehprogramme insbesondere an Kabelnetze. Spezielle Satellitentransponder sind für SMS-Dienste (Satellite Multiservice System) vorgesehen. SMS stellt digitale Verbindungen mit Bitraten zwischen 64 kbit/s und 2 Mbit/s zur Verfügung, anwendbar im öffentlichen Netz oder in Privatnetzen für Rechnerverbund, Audio- und Videokonferenzen, schnelle Bildübertragungen, Nachrichtenaustausch innerhalb von Großbetrieben, Nachrichtenagenturen usw. Hierbei werden kleine Erdfunkstellen mit 3,5 bis 4,5 m Antennendurchmesser eingesetzt, die eine wirtschaftliche Informationsübertragung vom Entstehungsort zu den Verarbeitungsorten ermöglichen (Zugriffsverfahren SCPC-FDMA) [6.48].

Nationalen Satelliteneinsatz gibt es für ausgedehnte Länder seit langem, z. B. UdSSR 1965, Kanada 1972, USA 1974. Im Juni 1989 wurde der erste Deutsche Fernmeldesatellit (DFS) „Kopernikus" ins Orbit geschossen. Er verfügt über insgesamt 11 Transponder mit je 90 bzw. 44 MHz Bandbreite und dient u. a. der flächendeckenden digitalen Kommunikation im ISDN (64 kbit/s bis 2,048 Mbit/s), der Bereitstellung digitaler Sprechkanäle zwischen der BRD-Erdstation Usingen und Westberlin sowie der Verteilung von (analogen) Fernsehprogrammen für Kabelfernsehsysteme und Heimantennen. Der Zugriff zu den digitalen Kanälen findet im TDMA statt [6.42].

Speziell dem Verteilen von Fernsehprogrammen für „Direktempfang" dienen leistungsstarke nationale TV-SAT Systeme. Der Empfang erfolgt über Heimantennen mit ca. 0,6 m bis (für höhere Ansprüche) 1,8 m Durchmesser. In der *World Administrative Radio Conference* (WARC) in Genf 1977 wurden Satellitenpositionen und Frequenzbänder für dieses Satellitenfernsehen vereinbart. Die Kontinente Europa und Afrika wurden zur Region 1 zusammengefaßt, nutzbar sind Frequenzbänder im Bereich von 11,7 bis 12,5 GHz. Dieser 800-MHz-Bereich wurde in 40 Kanäle zu je etwa 20 MHz eingeteilt, jeder Staat erhält fünf Kanäle innerhalb eines 400-MHz-Teilbereichs. Der Abstand der Satelliten, die gleiche Kanäle belegen, muß mindestens 6 Längengrade betragen, damit keine Empfangsstörungen bei den auf eine bestimmte Position ausgerichteten Antennen auftreten. Da jeder Staat natürlich seinen eigenen Satelliten braucht, müssen mehrere Satelliten auf derselben Position stehen. So teilt sich z. B. die BR Deutschland die Position $-19°$ mit sieben weiteren Staaten. Die Ausleuchtung der Regionen durch die Sendeantennen wird so ausgelegt, daß das eigene Land bevorzugt wird (Bild 6.44). Die BR Deutschland kann über die Kanäle 2, 6, 10, 14 und 18 verfügen. Die Sendeleistung der Satelliten beträgt 0,2 bis 0,5 kW, ist damit also wesentlich höher als die der Fernmeldesatelliten mit in der Regel 20 W.

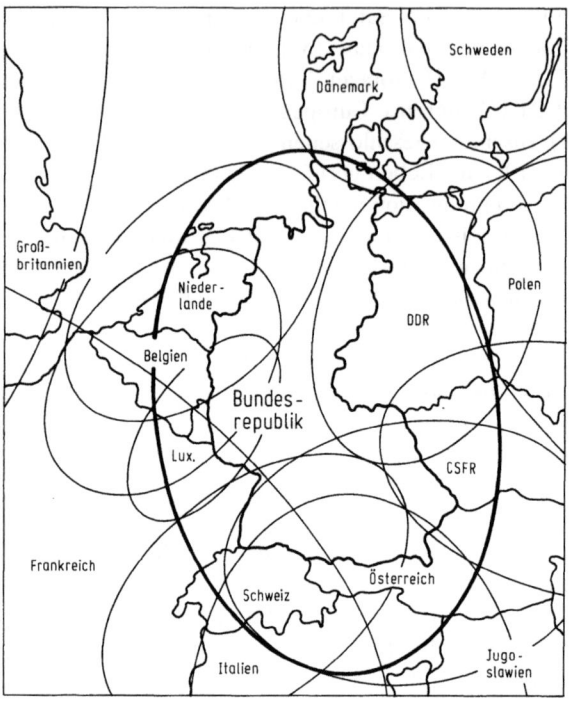

Empfangsbereiche von TV-Satelliten
◯ Versorgungsbereich der fünf deutschen Kanäle
◯ Versorgungsbereiche der Satelliten der Nachbarländer

Bild 6.44. Fernsehversorgung über Satelliten in der Bundesrepublik Deutschland

In der BR Deutschland sind somit fünf Programme gut zu empfangen. Der Empfang weiterer Programme aus Nachbarländern ist nur regional auf einfache Weise möglich. Im allgemeinen wird man zur Vermehrung des Programmangebots größere Antennen (1,8 m Durchmesser) oder mehrere auf verschiedene Satellitenpositionen ausgerichtete Antennen benötigen. Damit verbunden ist natürlich ein dementsprechendes Anwachsen des Aufwandes. Somit ist eine in der Presse geäußerte Euphorie, die den Empfang von 60 Fernsehprogrammen durch Satellitenfernsehen in Aussicht stellt, mit Vorsicht zu betrachten [6.49]. Nach einem Mißerfolg mit TV-SAT 1 im Jahre 1987 gelang im August 1989 die Inbetriebnahme von TV-SAT 2 für die BR Deutschland. Man wird abwarten müssen, wie sich der Satelliten-Direktempfang gegen die Konkurrenz des Kabelfernsehens (CATV) und der Lichtwellenleiter-Breitbandnetze („fiber to the home") durchsetzen wird. Mit Sicherheit hat der Satelliten-Direktempfang seine Bedeutung bei der Versorgung abgelegener Gebäude.

Mit TV-SAT 2 wird zugleich eine neue Fernsehnorm D 2-MAC eingeführt entsprechend einem Beschluß der Regierungen der BR Deutschland und Frankreichs aus dem Jahre 1985. D 2-MAC (Multiplexed analogue components) soll die Bildqualität verbessern durch analoge Übertragung von Luminanz, Chrominanz und Ton

6.6 Satellitennetze

(Daten) *nacheinander* in einem Zeitabschnitt von jeweils 64 µs. Demgegenüber überträgt das bekannte PAL-System die Komponenten im Frequenzmultiplex, wodurch Cross-Colour- und Cross-Luminanzstörungen durch Überschneidungen der Frequenzbereiche auftreten können. Auf D 2-MAC soll später ein abwärts-kompatibles HD-MAC für hochauflösendes Fernsehen mit 1250 statt wie bisher 624 Zeilen aufsetzen [6.50]. Allerdings ist D 2-MAC mit den bisherigen PAL-Fernsehern nur über ein Zusatzgerät (Decoder) zu empfangen.

Parallel zu diesem an einigen Beispielen erläuterten Weg von der interkontinentalen zur nationalen Nutzung des Satelliten verbreitet sich die Anwendung von den öffentlichen zu den privaten Netzen. „Privat" heißt einerseits: Anmietung von Transponderkapazität oder sogar Privateigentum des Satelliten. Andererseits kann es sich um organisationsinterne (z. B. firmeninterne) Netze unter Nutzung von Satellitenstrecken handeln, oder aber im Zeichen der Marktöffnung etablieren sich private Anbieter von allgemein zugänglichen Satellitendiensten. Einige Beispiele:

1975 wurde die Trägergesellschaft des Satellite Business System (SBS) gegründet u. a. unter Beteiligung von Comsat (Communication Satellite Corporation mit Sitz in Washington) und IBM. SBS bietet privaten Nutzern mit entsprechenden Erdstationen (5 bis 7 m Antennendurchmesser) Digitalkommunikation für Sprache (32 kbit/s mit DSI), Daten, Festbild und (zeitweise) sogar Bewegtbild (6,3 Mbit/s) an [6.46]. Inzwischen hat sich IBM durch Verkauf seiner drei Satelliten an Hughes Aircraft ganz aus dem Geschäft als Betreiber von Satellitennetzen bzw. Weitverkehrsnetzen gelöst [6.51].

Eine US-Einzelhandelskette mit ca. 3700 Geschäften beschließt, diese in einem privaten X.25-Netz zu verknüpfen. Nach Anfrage bei 17 Anbietern stellt sich eine Satellitennetzkonfiguration gegenüber terrestrischen Netzen als die wirtschaftlichste Lösung heraus. Von 9 Satellitenbetreibern wird einer ausgewählt. Das Netz nutzt 56-kbit/s-Verbindungen mit VSAT (Very small Aperture Terminal) Bodenstationen mit 1,8 m Durchmesser [6.52]. Diese Bitrate wird auch zur Verknüpfung von LANs über Satelliten genutzt [6.53]. Datennetzstrukturen mit VSATs beschreibt allgemein [6.54]. Insgesamt wird den „Business-Satelliten" ein hohes Wachstum vorausgesagt, insbesondere bei den VSAT-Systemen [6.55].

Problematischer ist die Situation, wenn private Anbieter auf den sehr wirtschaftlichen Transatlantikrouten mit INTELSAT/Comsat (also als Betreiber *öffentlicher* Satellitennetze) konkurrieren wollen, deren Monopolstellung noch sehr stark ist. Hier gibt es (1989) erst zwei private Anbieter, deren Geschäft − z. T. mit Auflagen − von INTELSAT genehmigt wurde [6.56].

Der Weg von den 30-m-Antennen in den 60er Jahren (C-Band mit 4/6 GHz) führt mit steigender Satellitenleistung zu den typischen Erdfunkstellen für öffentliche Netze mit 11 bis 14 m Antennendurchmesser und schließlich zu den erwähnten VSATs mit Antennendurchmessern im Meter-Bereich (C-Band oder Ku-Band mit 4/6 bzw. 11/14 GHz für ortsfeste Kommunikation) bis herab zum Satellitenterminal Standard C mit 190 mm Antennendurchmesser für mobile Kommunikation (L-Band mit 1,5/1,6 GHz für mobile Kommunikation mit besonders günstigen Ausbreitungsbedingungen). Damit erschließt sich dem Satelliten ein breites Anwendungsgebiet, insbesondere im mobilen Bereich. Mit Standard C-Terminals kann Datenverkehr mit 600 bit/s abgewickelt werden [2.12]. Abgesehen von militärischen Anwendungen läßt sich z. B. der Einsatz von LKW weiträumig steuern. Hierbei muß der Empfang während der Fahrt möglich sein, was eine entsprechende Antenne voraussetzt, z. B. durch gesteuerte Ausrichtung [6.57]. Die Deutsche Bundespost-TELEKOM erweitert ihren Stadtfunkrufdienst (City-Ruf, Abschnitt 6.7) zusammen mit Großbritannien um einen Satelliten-Funkrufdienst, mit dem Rufsignale in der gesamten Atlantikregion (einschl. weiter Bereiche von Nord- und Südamerika) zu empfangen sind. Ein vorgeschaltetes Zusatzgerät setzt die Satellitenfrequenz in die des terrestrischen Mobilfunks um (und umgekehrt). Als weiterer wichtiger Einsatzfall des mobilen Satellitenfunks sei der Flugfunk erwähnt. Ein 300 bit/s-Kanal ist für Flugsicherungs- und Navigationsanwendungen bestimmt, während den Passagieren ein 9,6 kbit/s-Kanal für digitalisierte Sprachkommunikation zur Verfügung steht [2.12].

Seit Sputnik wurden etwa 3500 Satelliten in Erdumlaufbahnen gebracht, davon etwa 2200 der UdSSR und etwa 1100 der USA (Stand 1989) [6.58]. Wie sieht die Zukunft aus? Wie werden Satellitennetze gegenüber der Konkurrenz des Lichtwellenleiters und des terrestrischen Mobilfunks bestehen? – Zeitweise sprach man von einer Satellitenkrise, im wesentlichen verursacht durch eine Serie von Unglücksfällen und Verlusten [6.59]. Mittlerweile aber gibt es andere Stimmen [6.55]. Eine Serie von Unterbrechungen wird dagegen in den ersten Monaten 1989 von seiten der LWL-Seekabeltechnik gemeldet [6.60]. Hier konnte INTELSAT mit Reservekapazität einspringen. Mit anderen Worten: Wichtig sind zwei unabhängige „Standbeine" für die internationale Telekommunikation!

Nachdem u. a. durch Verkleinerung der Antennen (und durch Wettbewerb) Satellitenkommunikation immer wirtschaftlicher geworden ist, stellt sich die Frage nach den möglichen Übertragungskapazitäten. Den festen Satellitendiensten sind b. a. w. Frequenzbänder zugewiesen bei 4/6 GHz (C-Band), 7/8 GHz (Xc-Band), 11/14 GHz (Ku-Band), 20/30 GHz – hier werden derzeit Übertragungsversuche unternommen, u. a. mit einem Transponder des DFS Kopernikus [6.42] – und 40/50 GHz (also mit Millimeter-Wellenlängen!). Die mit diesen Bändern verfügbare Bandbreite beträgt 9,1 GHz. Eine andere Einflußgröße ist die Zahl der im geostationären Orbit möglichen Satelliten. Wenn für benachbarte Satelliten keine räumliche Entkopplung der Ausleuchtzonen vorgenommen wird, müssen die Satelliten einen Bahnabstand von wenigstens 2,5° einhalten, und es lassen sich nur 144 Satelliten pro Frequenzband unterbringen. Durch intensive Frequenzwiederholung, erreichbar mit Entkopplung der Ausleuchtzonen durch „Spot-beams", „Mini-Spots" und Nutzung der möglichen Polarisationsvarianten sowie durch langfristige Planung der geostationären Positionen, erwartet man, daß um das Jahr 2000 in den genannten Frequenzbändern 3400 Satelliten arbeiten können. Damit ließe sich eine Übertragungskapazität von 50 bit pro Hertz und Grad Bahnumfang erreichen [6.43]. Die Welt-Satellitenkapazität könnte damit etwa $16 \cdot 10^{12}$ bit/s (16 Tbit/s) betragen entsprechend einer Milliarde Kanäle zu 16 kbit/s im ortsfesten Netz. Für ein Breitbandnetz mit (ca.) 160-Mbit/s-Kanälen schmilzt diese Zahl allerdings auf weltweit hunderttausend zusammen.

Das sind imponierende potentielle Zahlen, denen man jedoch auch potentielle Tbit/s-Zahlen des Lichtwellenleiters entgegenhalten muß. Und auf der Mobilfunkseite entstehen ebenfalls sehr leistungsfähige terrestrische Netze (Abschnitt 6.7). Wahrscheinlich wird der „Wettbewerb" zwischen terrestrischer und Satelliten-Kommunikation darauf hinauslaufen, jeder Sparte medientypische Aufgaben zuzuweisen mit einem Überlappungsbereich aus Redundanzgründen. Der Satellitenkommunikation bleibt unbestritten der Bereich der Meere und der Luft sowie der weltweiten Rufe und Verteilung. Der „Armbanduhren-Satellitenfunk" wird für die Jahrhundertwende prophezeit [2.14, 6.43]!

6.7 Terrestrischer Mobilfunk

Der terrestrische Mobilfunk hat mit dem Satellitenfunk das Übertragungsmedium „Äther" gemein, allerdings ist dieses wegen der erdgebundenen Ausbreitungssituation nicht mehr „allgegenwärtig". Gemeinsam ist auch die „Knappheit der Ressourcen", sowohl was den Mangel an verfügbaren Frequenzbändern als auch was — insbesondere bei personenbezogener Mobilkommunikation — Umfang, Gewicht und Leistung der (mobilen) Geräte betrifft. Wie gewohnt steigen die technischen Schwierigkeiten und der Aufwand mit der erwünschten Kapazität der Kommunikationskanäle.

6.7.1 Benachrichtigungssysteme

Schon die „Volksseele" hat mit ihrem alten Märchen von den „zwei Brüdern" in gewisser Weise Realitätssinn gezeigt. Jeder der Brüder führte ein blankes Messer mit sich, welches über Länder hinweg dem jeweils anderen Wohlbefinden des einen signalisierte. Rosten des Messers aber bedeutete Unglück und Tod. An diesen übersinnlichen Kanal stellt das Märchen mit etwa 1 bit/Tag keine hohen Anforderungen! In unserer modernen Zeit sind die Anforderungen höher, zumindest was die Übertragungszeit anbelangt. Aber häufig genügen relativ wenige Bits, um eine Nachricht überzubringen. Das sind also verhältnismäßig geringe Anforderungen an den Übertragungskanal, die in *Funkrufdiensten* ihren Niederschlag finden [6.61].

Der bisher bekannteste Funkrufdienst heißt *Eurosignal* („Europiepser"), von der Deutschen Bundespost (DBP) 1974 in der Bundesrepublik eingeführt und Ende 1988 mit 170 000 Nutzern. Der Sender bietet dem knapp zigarettenschachtelgroßen Empfänger bis zu vier unterschiedliche Signale an, welche dieser in unterschiedliche Tonfolgen und optische Anzeigen decodiert. Es gibt auch Empfängermodelle, die einen Anruf zusätzlich durch Vibration anzeigen und den Anruf speichern, um ihn in gewissen Zeitabständen zu wiederholen. Die Bedeutung der Signale muß zuvor von der empfangenden Person mit den potentiell sendenden Personen abgesprochen worden sein, z. B. „Bitte Rückruf Rufnummer *xyz*". Mit Hilfe des *Gruppenrufs* können auch mehrere Eurosignal-Teilnehmer gleichzeitig erreicht werden. Dabei ist mehreren Empfängern dieselbe Rufnummer zugeordnet. Die maximal vier unterschiedlichen Signale manifestieren sich in bis zu vier unterschiedlichen Rufnummern des Empfängers.

Für die flächendeckende Erreichbarkeit in der Bundesrepublik hat die DBP ein Netz mit 85 Sendern im 87-MHz-Band (UKW) eingerichtet. Die Fläche ist in drei Funkbereiche Nord, Mitte und Süd eingeteilt, so daß auch drei Eurosignal-Rufe gleichzeitig gesendet werden können, die zugehörigen Funkrufzentralen werden über Vorwahl 0509 bzw. 0279 bzw. 0709 erreicht. Die Vorwahlnummer ist Teil der

Funkrufnummer, der Rufende muß also den Standort des Gerufenen ungefähr wissen. Außer in der Bundesrepublik wird Eurosignal in Frankreich (*sechs* Funkrufbereiche) und in der Schweiz (*ein* Funkrufbereich) angeboten. Um in diesen Ländern erreichbar zu sein, muß am (internationalen) Empfänger die entsprechende Bereichsbezeichnung eingestellt werden.

Ansprüche und technische Möglichkeiten entwickeln sich weiter. Im Mai 1989 wurde von der DBP der „Cityruf" nach vorangegangenem Probebetrieb offiziell eingeführt. Der wichtigste Fortschritt: nach wie vor kann „Nur-Ton" (wie Eurosignal) empfangen werden, für höhere Ansprüche aber stehen Numerik-Empfänger mit bis zu 15 Stellen zur Verfügung. Angezeigt werden auf einem Flüssigkristall-Display zehn Stellen mit einem Überlaufzeichen. Der Empfänger speichert bis zu vier Rufe, die nacheinander per Knopfdruck auslesbar sind. Noch komfortabler sind Alphanumerik-Empfänger, die 80-Zeichen-Nachrichten im Cityruf empfangen und speichern können, ebenfalls nacheinander auszulesen. Hand in Hand damit geht die Miniaturisierung der Empfänger bis zur Telekommunikationsarmbanduhr (T-Watch). Die Antenne ist in Uhrgehäuse und Glas integriert, eine 3 V-Lithiumbatterie nimmt den größten Teil des Raums ein und macht eine Uhr-Dicke von ca. 12 mm erforderlich (also noch nicht im Damen-Format!) [6.62].

Dies alles wird (abgesehen von Fortschritten der Mikroelektronik) möglich durch Übergang auf höhere Sendefrequenzen (466 MHz) und ein dichteres Sendernetz, welches sich aus wirtschaftlichen Gründen auf Ballungsgebiete konzentriert. Der Empfang ist deshalb (zunächst) auf ca. 50 Rufzonen mit je maximal 25 km Radius beschränkt. Als erster Schritt werden alle Städte mit über 100 000 Einwohnern versorgt.

Mobilität ist nicht auf nationale Räume begrenzt. Wie entwickelt sich der Funkrufdienst im europäischen Bereich? Frankreich hat bereits Ende 1987 ein dem Cityruf entsprechendes System „Alphapage" in Betrieb genommen. Im November 1988 verständigten sich Frankreich, Großbritannien, Italien und die Bundesrepublik Deutschland auf ein entsprechendes gemeinsames System *Paneuropäischer Funkrufdienst* (PEP mit P = Paging) zur Einführung bis Anfang 1990. Auf Grund der damit gewonnenen Erfahrungen soll ab 1992 ein alleuropäisches Funkrufsystem ERMES (European Radio Message System) in Betrieb genommen werden. Die Preise für ERMES-Empfänger werden für „Nur-Ton" mit ca. 200,— DM, für „Numerik" mit ca. 400,— DM, mit ca. 600,— DM für „Alphanumerik" und mit ca. 1000,— DM für komfortable Datenempfänger geschätzt.

In allen vorgestellten Konzepten ergibt sich — neben der geringen Datenrate — eine Vereinfachung durch die einseitig gerichtete Kommunikation. Die mobile Station empfängt nur, braucht keine Sendeleistung aufzubringen. Das ändert sich, wenn man in einen *Dialog* eintreten will.

6.7.2 Mobile Dialogsysteme

Ein nichtsprachlicher Beitrag zur doppelt gerichteten Mobilkommunikation ist der *Datendialog,* in den USA als *Packet Radio* bekannt. Diese Systeme sind für Bursty Traffic ausgelegt, übrigens natürlich auch für ortsfeste Kommunikation geeignet. Sie haben Ähnlichkeit mit den in Abschnitt 6.3 erwähnten Local Area Networks, da die

6.7 Terrestrischer Mobilfunk

Terminals dezentral eigenständig auf das gemeinsame Übertragungsmedium zugreifen. Ein klassischer Vertreter ist das bereits erwähnte ALOHA-Prinzip der Universität Hawaii, welches auch im terrestrischen Mobilfunk einzusetzen ist. [6.63].

Eine einfache Möglichkeit, wechselseitige *Sprachkommunikation* zu betreiben, ist der Mobilfunk im *Citizen Band*. Der CB-Funk wurde 1975 durch die Freigabe des 27-MHz-Bandes für „jedermann" ermöglicht. Die Kommunikation unterliegt wichtigen Einschränkungen hinsichtlich Reichweite und Exklusivität, d. h. Mithören und Mitsprechen sind möglich.

Der nichtöffentliche bewegliche Landfunk (nöbL) bietet eine breite Palette von Anwendungen für mobile Teilnehmer auf dem Lande, die unabhängig vom öffentlichen Fernsprechnetz innerhalb einer geschlossenen Nutzergruppe kommunizieren wollen. Dazu gehören Taxis, Polizei, Transportunternehmen usw. Besonders weit entwickelt ist der Zugbahnfunk, bei dem die Loks der deutschen Bundesbahn vermittelt am Fernsprechsondernetz der Bahn angeschlossen sind.

Terrestrischen Sprach-Mobilfunk gibt es nicht nur auf dem Lande, sondern auch auf dem Wasser, z. B. in Form des Internationalen Rheinfunkdienstes, der in- und ausländische Binnenschiffe an das öffentliche Fernsprechnetz anbindet. Von allen Varianten des terrestrischen Mobilfunkdialogs ist jedoch der *öffentliche bewegliche Landfunk* (öbL) die wichtigste, durch eine Reihe von Generationen gekennzeichnet [6.64].

Nach dem zweiten Weltkrieg traten die ersten für zivile Zwecke genutzten Funkanlagen in Motorfahrzeugen auf, schwere Röhrengeräte, die den Kofferraum eines Wagens größtenteils ausfüllten. In den 50er Jahren wurde die Verbindung zum öffentlichen Fernsprechnetz hergestellt. Zunächst gab es „Einzelsysteme": Die Mobilstation konnte nur über eine einzige ortsfeste Sende- und Empfangsanlage (Basisstation) kommunizieren. Die Reichweite der Basisstation betrug zwischen 10 und 50 km, überdeckte also z. B. einen Stadtbereich. Nur ein einziger Funkkanal stand zur Verfügung, dessen Nutzung sich bis zu etwa 20 Mobilteilnehmer teilen mußten. *Gleichzeitig* konnte nicht mehr als *ein* Gespräch geführt werden. Die Verbindung zwischen dem Funkfernsprechteilnehmer und dem ortsfesten Fernsprechnetz wurde anfangs handvermittelt, später automatisch hergestellt. Jeder Wagen konnte selektiv angerufen werden. In mehreren Städten wurden derartige Einzelsysteme eingeführt.

Ein Nachteil dieser Systeme war die Beschränkung auf nur *einen* Stadtbereich. Die Einführung der ersten landesweiten Mobilfunknetze gab den Teilnehmern die Möglichkeit, ihre Verbindungen über beliebige Basisstationen aufzubauen. Auch standen mehrere Funkkanäle zur Verfügung, aus denen der Teilnehmer sich einen freien auswählen konnte. 1958 wurde ein solches System in der Bundesrepublik unter der Bezeichnung öbL-A in Betrieb genommen. Das Netz war handvermittelt. 1972 wurde das Netz durch öbL-B ersetzt, welches automatische Vermittlung in beiden Richtungen ermöglichte. Allerdings mußte ein Anrufer aus dem ortsfesten Netz wissen, wo sich sein mobiler Partner aufhielt. Er wählte die Ortskennzahl des mutmaßlichen Aufenthaltsortes, die Kennung für den Übergang in das Mobilnetz und die Rufnummer des Mobilteilnehmers. Verließ der Mobilteilnehmer den Versorgungsbereich der betreffenden Basisstation, so wurde die Verbindung getrennt.

Ein bereits in der Satellitentechnik erwähntes Ressourcen-Problem des Mobilfunks besteht in der Wiederverwendbarkeit von Frequenzen in einem Netz mit benachbarten Basis-Sende- und -Empfangsstationen. Bild 6.45 zeigt das Lösungsprinzip. Die den einzelnen Basisstationen zugeordneten Funkbereiche werden so gewählt, daß sie sich in einem (theoretisch) wabenförmigen *zellularen* System der Basisstationen erst nach einer Distanz D wiederholen. Damit läßt sich (theoretisch) eine gegenseitige Beeinflussung der Funkfrequenzen vermeiden. In der Praxis muß Zellenform- und -größe auf die örtlichen Gegebenheiten Rücksicht nehmen. Die Zahl der in einer Zelle verfügbaren Frequenzen und damit die Zahl der Kanäle ist durch die zugewiesenen Bänder begrenzt. Je größer der Fernmeldeverkehr — z. B. in einem Ballungsgebiet — ist, desto kleiner muß die einzelne Zelle werden, um mit der vorgegebenen Kanalzahl die Kommunikationswünsche in ihrem Funkbereich befriedigen zu können. Bild 6.46 zeigt am Beispiel des „Kleinzellennetzes" in München im sog. *C-Netz* die unterschiedlichen Zellengrößen im Stadtzentrum und der weiteren Umgebung.

Dieses C-Netz als Weiterentwicklung des B-Netzes wurde von der DBP im Frühjahr 1986 für den öffentlichen Verkehr freigegeben. Gegenüber dem B-Netz (mit maximal ca. 30000 Teilnehmern) soll das C-Netz zunächst 100000, später 400000 Mobilfunkteilnehmern zugänglich sein. Bild 6.46 macht deutlich, daß die Trennung einer Verbindung beim Wechseln einer der verkehrsreichen Kleinzellen indiskutabel ist. Dies ist deshalb auch eines der Leistungsmerkmale des C-Netzes: Verbindungen bleiben unabhängig vom Verlassen einer Zelle und Befahren einer neuen Zelle bestehen. Außerdem ist es einem Anrufer nicht zuzumuten, den Aufenthaltsort des gewünschten mobilen Partners auf die Kleinzelle genau zu wissen. Deshalb ist ein weiterer Vorteil des C-Netzes: unter einer einheitlichen Zugangskennzahl 0161 wird der mobile Teilnehmer unter seiner Rufnummer erreicht, gleichgültig in welchem Funkbereich er sich befindet. Es leuchtet ein, daß diese Leistungen komplexe technische Lösungen erfordern.

Das *analoge* C-Netz, welches im 450-MHz-Bereich arbeitet, wird voraussichtlich nach 1993 an die Grenze seiner Verkehrskapazität stoßen. Es soll dann durch das *digitale* D-Netz ergänzt und später ersetzt werden. Die Technik des D-Netzes ist europaeinheitlich von der CEPT-Gruppe GSM (Groupe Spéciale Mobile) spezifiziert. Das D-Netz wird im 900-MHz-Bereich betrieben und soll in der Bundesrepublik

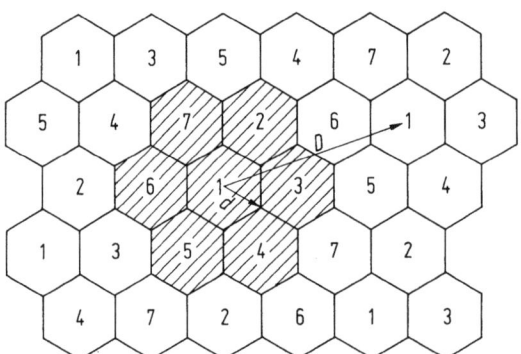

Bild 6.45. Zellulares Mobilfunknetz.
D Gleichkanalabstand,
d Zellenradius

6.7 Terrestrischer Mobilfunk

wenigstens 2 Millionen Mobilteilnehmer bedienen können. Die europaeinheitliche „Luftschnittstelle" kommt dem Benutzer zugute, der sein Mobilfunkgerät endlich auch außerhalb des bisher durch spezifische Technik gekennzeichneten Heimatbereichs betreiben kann, sei es im Auto, sei es mit tragbarem Gerät (Handheld). Der Hersteller auf der anderen Seite nutzt den größeren Markt. Für Westeuropa rechnet man im Jahre 2000 mit 16 Millionen Teilnehmern.

Von einer anderen Seite herkommend erwächst dem so geschilderten Mobilfunk Ergänzung oder sogar teilweise Konkurrenz: vom „schnurlosen Telefon"! Erste Nutzungsformen von schnurlosen Telefonen — etwa innerhalb eines Raumes mit Infrarot-Übertragung — haben sich inzwischen über enge häusliche oder Büro-Anwendungen hinaus zu professionellen und gegen Mißbrauch gesicherten Systemen entwickelt, die auch für den Mobilfunk nutzbar sind. Mißbräuchliche Nutzung heißt: Mithören durch andere ist möglich, oder auch andere können den eigenen Kanal zum kostenlosen Telefonieren nutzen. Derzeit wachsen unterschiedliche technische Lösungen heran, die etwa ab 1992 durch eine einheitliche europäische Lösung DECT (Digital European Telephone System) abgelöst werden sollen. Es werden „Mikrozellen" gebildet mit einer Reichweite von z. B. 200 m und 40 oder 80 Funkkanälen. Dem rufenden Teilnehmer wird jeweils ein freier dieser Kanäle zugeteilt. Dem DECT steht europaeinheitlich der Frequenzbereich um 1,6 GHz zur Verfügung. Die Anwendungen sind vielfältig, so etwa die „drahtlose Nebenstellenanlage" [6.65].

Eine der möglicherweise interessantesten Anwendungen geht mit „CT 2" von der Betreibergesellschaft British Telecom (BT) aus. CT 2 heißt „Cordless Telephone", zweite Generation. In diesem System (das noch nicht nach DECT-Richtlinien arbeitet) werden auf Bahnhöfen, in Geschäftsvierteln usw. kleine Funkzellen mit 200 m Radius eingerichtet. Der Benutzer begibt sich mit seinem „Taschentelefon" in

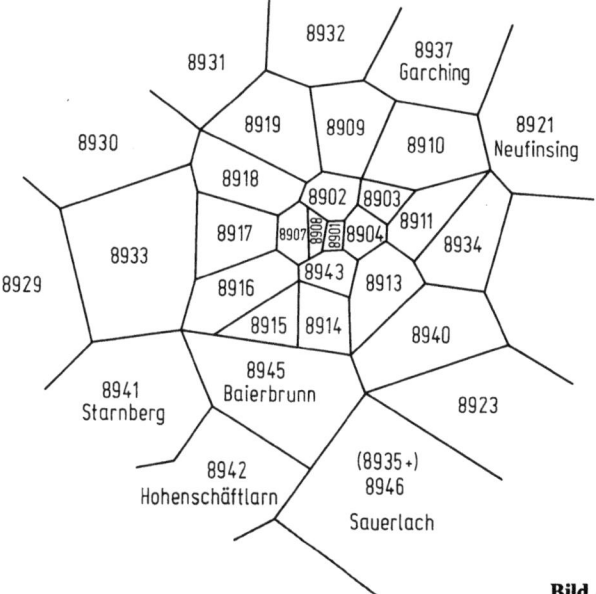

Bild 6.46. Kleinzellennetz München

Reichweite der zugehörigen Kleinstation, „Phonepoint" genannt, und ruft von dort seinen Partner an. Allerdings kann er nicht angerufen werden. Statt dessen besteht die Möglichkeit, sich über Cityruf zum Rückruf auffordern zu lassen. Je nach Dichte der Kleinzellen-Infrastruktur könnte dies also eine gewisse Konkurrenz zum „professionellen" Mobilfunk werden, zumal die Technik einfacher ist: Der Standort des Teilnehmers braucht für Anrufe nicht bekannt zu sein, und es müssen keine Vorkehrungen getroffen werden, um beim Wechsel der Funkzelle die Verbindung aufrechtzuerhalten [6.66].

Nachfolgend kommen wir auf den „öbL" zurück und werden die modernste Version, nämlich das D-Netz, in einigen technischen Details näher betrachten.

6.7.3 Übertragungsverfahren

Auch bei den Mobilfunknetzen geht der Weg von der analogen zur digitalen Technik. Die Gründe entsprechen denen, die auch zu den ortsfesten digitalen Netzen führen: wirtschaftliche, kompakte, Gewicht und Leistung sparende höchstintegrierte Schaltkreise lassen sich einsetzen, was inbesondere den (ggf. auch tragbaren) mobilen Endgeräten zu Gute kommt. Besonders wichtig sind die störunempfindlichen digitalen Übertragungsverfahren wie z. B. QPSK oder modifizierte FSK [6.67], welche die sog. Gleichkanalstörungen bei der Wiederverwendung gleicher Frequenzen in nahe beieinander liegenden Funkzellen reduzieren. Deshalb lassen sich die gleichen Frequenzen häufiger als bei analogen Netzen wiederholen, was einen wichtigen Beitrag zur möglichen Verkehrskapazität des Netzes liefert. Daß ein digitales Netz besser in das Bild eines universell — also auch z. B. für Datenverkehr — nutzbaren Kommunikationsnetzes paßt, braucht eigentlich nicht eigens erwähnt zu werden. Technisch bedeutungsvoll ist, daß sich die für den Mobilfunk nur begrenzt verfügbare Übertragungskapazität auch im Zeitmultiplex nutzen läßt — eine vorteilhafte Variante.

Ein im ortsfesten Netz mittlerweile nicht mehr relevanter Nachteil, nämlich der höhere Bandbreitebedarf des digitalen gegenüber dem analogen Fernsprechkanal, läßt sich auch im mobilen Netz entschärfen durch Anwendung bitsparender Codierverfahren (vgl. Abschnitt 2.3.3), die in der GSM-Spezifikation zu einer Bitrate von netto 13 kbit/s führen. Verwendet wird ein speziell für den Mobilfunk entwickeltes Verfahren nach dem Prinzip des sog. RPE-Codecs (Regular Pulse Excited), der durch eine Prognoseeinheit Long-Term-Predictor (LTP) ergänzt ist. Das Verfahren erzeugt 260 bit in jeweils 20 ms, woraus sich die Netto-Bitrate ergibt. Sie paßt in ein 16-kbit/s-Kanalraster hinein, welches in ganzzahliger Relation zu einer „ISDN-Umgebung" des Mobilfunknetzes steht, d. h. Mobilfunk-*Datenkanäle* können z. B. durch „Auffüllen" (Padding) auf einfache Weise im ISDN übertragen werden. Datenkanäle höherer Bitrate belegen im Mobilfunknetz mehrere Kanäle. Sprachkanäle müssen allerdings für den Übergang in das ortsfeste Digitalnetz auf 64-kbit/s-PCM umcodiert werden.

Mit einer zur äußeren Umgebung hin wirksamen 16-kbit/s-Kanalstruktur ist jedoch nicht zwangsläufig eine solche Bitrate für die mobilfunkinternen Übertragungsverfahren vorgegeben. Vielmehr wird *systemintern* noch viel für die Übertragungsqualität getan, indem man zusätzliche Bits u. a. für eine Vorwärts-Fehlerkorrektur vorsieht. Das führt zu einer Rate von 456 bit je 20 ms, also 22,8 kbit/s [6.68].

6.7 Terrestrischer Mobilfunk

Für den digitalen Mobilfunk sind zwei getrennte Frequenzbänder je Kommunikationsrichtung vorgesehen. Aus Sicht der Basisstation wird empfangen zwischen 890 bis 915 MHz und gesendet zwischen 935 und 960 MHz, es stehen also je Richtung 25 MHz zur Verfügung. Der Abstand zusammengehöriger Sende- und Empfangsfrequenzen beträgt 45 MHz und ist unkritisch hinsichtlich des Nahnebensprechens. Für die Aufteilung der Übertragungskapazität auf die erwähnten 22,8-kbit/s-Kanäle stehen im Prinzip die auch in der Satellitentechnik verwendeten Verfahren FDMA, TDMA und CDMA zur Verfügung (Abschnitt 6.6.1). FDMA in Form des Einzelkanalverfahrens SCPC stellt jedem Digitalkanal eine eigene Trägerfrequenz zur Verfügung. Das erfordert hohen Aufwand für viele Kanalfilter, die Ausnutzung des Frequenzbandes ist relativ schlecht. „Reines" TDMA arbeitet nur mit *einem* 25 MHz breiten Träger, der Filteraufwand ist gering. Allerdings macht die Mehrwegeausbreitung Schwierigkeiten, da bei der hohen Bitrate auf dem Träger schon geringe Wegeunterschiede zur Auslöschung von Bits führen können. CDMA ist recht aufwendig und zeichnet sich nicht durch Frequenzökonomie aus.

Unter den Bezeichnungen Breitband-TDMA und Schmalband-TDMA gab es zwei Vorschläge für den Zugriff zu den Mobilfunkkanälen. Breitband TDMA nutzte die gesamte Bandbreite für *einen* Träger (oben „reines" TDMA genannt), allerdings handelte es sich um TDMA mit Kennzeichen eines CDMA-Zugriffs. In dem in [6.69] beschriebenen Verfahren werden jeweils 12 bit des digitalen Sprachkanals (16 kbit/s) zu einer Gruppe zusammengefaßt. Es gibt also $2^{12} = 4096$ unterschiedliche derartige Gruppen. Jeder dieser Gruppen wird ein spezifisches Codewort mit 32 bit Länge zugeordnet, die ursprüngliche 12-bit-Information ist damit um den Faktor 2,7 „gespreizt" (bei entsprechender Vervielfachung der Übertragungsbitrate). Die Bitfolgen der Codeworte sind spezifisch je Basisstation festgelegt.

Die Codeworte modulieren den Träger nach einem speziellen QPSK-Verfahren, wobei zwei „Phasenkanäle" gebildet werden. Die 4096 möglichen Muster wirken beim Empfänger auf eine Korrelatorbank ein, wobei eine „Korrelationsspitze" diejenige auf der Empfangsseite gespeicherte Bitfolge angibt, die am besten mit der empfangenen Bitfolge übereinstimmt. Um den Aufwand an Korrelatoren zu verringern, beaufschlagt jeder der beiden Phasenkanäle lediglich 32 Korrelatoren, in denen die empfangenen Bits mit dem jeweils gespeicherten Muster verglichen und ausgewertet werden. Dabei wird eines der Übereinstimmungsmerkmale als „Vorzeichen" gedeutet, so daß es positive und negative Korrelationsspitzen gibt. Als Korrelationsergebnis meldet also jede der beiden Korrelatorbänke *eine* von 32 möglichen Spitzen „positiv" oder „negativ", das ist je Bank *eine* von 64 Möglichkeiten. Kombiniert man die Aussagen beider Bänke, so wird damit *eine* von $64 \times 64 = 4096$ Möglichkeiten angezeigt, womit sich auf der Empfangsseite die ursprüngliche 12-bit-Gruppe der Sendeseite bezeichnen läßt.

Dies Verfahren ist recht interessant, wurde aber von GSM nicht ausgewählt zugunsten des „Schmalband-TDMA". Schmalband-TDMA ist in gewisser Weise vergleichbar mit einem Satelliten, bei dem über jeden seiner Transponder ein eigenes, getrenntes TDMA-System betrieben wird. Das für Mobilfunk je Richtung verfügbare Band von 25 MHz-Breite wird auf 200 kHz breite Einzelkanäle aufgeteilt, von denen es 124 für jede Kommunikationseinrichtung gibt. Zusätzlich sind an den Rändern des Übertragungsbereichs zwei 100 kHz breite „Guard Bands" vorgesehen zur Abschirmung gegen andere Nutzungen. In jedem 200-kHz-Kanal gibt es 8 Zeitschlitze für den TDMA-Zugriff (Bild 6.47), jeder Zeitschlitz dauert 0,577 ms und enthält 148 nutzbare Bits. In der Zeit eingeschlossen ist ein Schutzintervall bis zum nächsten Zeitschlitz, das dem Äquivalent von 8,25 bit entspricht. Die je 200-kHz-Kanal übertragbare Bitrate beträgt also 270,83 kbit/s. Dies wird durch ein „Gaussian Filtered Minimum Shift Keying" (GMSK) genanntes Modulationsverfahren erreicht. In der aus 8 Zeitschlitzen gebildeten Rahmendauer von 4,616 ms werden je Kanal die zuvor erwähnten 148 Nutzbit übertragen, was einer Nutzbitrate von etwa 32 kbit/s entspricht. Die eingangs angegebene Sprach-Bitrate von 456 bit je 20 ms (entspr. 22,8 kbit/s) läßt sich also bequem in dieser Nutzbitrate unterbringen.

Um die Übertragungsverhältnisse für den einzelnen Nutzkanal zu verbessern, wendet man ein „Frequenzsprung-Verfahren" (Frequency Hopping) an: Nach jedem 4,616-ms-Rahmen wird die Trägerfrequenz der betreffenden Kanäle gewechselt − es gibt also 217 solcher Sprünge je Sekunde. Damit werden momentan ungünstige Empfangsbedingungen in einem bestimmten Frequenzbereich nur jeweils in Sekundenbruchteilen für den einzelnen Kanal wirksam. Nach jedem zwölften Rahmen für Nutzverkehr wird ein Kontrollrahmen eingeschoben, welcher einer zeitlichen Rahmenkorrektur, Qualitätsmessungen u. a. m. dient. Dieser Verlust an „Nutzkapazität" ist in den oben genannten Nutzbitraten nicht berücksichtigt.

Die in den 124 Frequenzbändern verfügbare Gesamt-Verkehrskapazität von $124 \times 8 = 992$ 16-kbit/s-Kanälen wird den einzelnen Basisstationen je nach Verkehrsbedarf in den zugehörigen Funkzellen zugeteilt. Je nach Einsatzort (Land oder Geschäftszentrum) lassen sich 10 bis 100 Erl (d. h. 10 bis 100 gleichzeitige Gespräche) erreichen. Bei einem Abstand von 3,5 km zwischen den Basisstationen beträgt die Spitzenverkehrslast 25 Erl/km^2, die Zellengröße reicht mit ihrem Radius von ca. 30 km herab bis zu 100 m.

Die angegebenen Verkehrswerte gelten für sog. Full-rate-Sprachkanäle, übertragbar mit 16 kbit/s. Wenn es mit entsprechenden technologischen Fortschritten gelingt, Sprache in 8-kbit/s-Kanäle (Half-rate-Channels) einzubringen, lassen sich die Kanalzahlen praktisch verdoppeln, verbunden mit einer entsprechenden Erhöhung

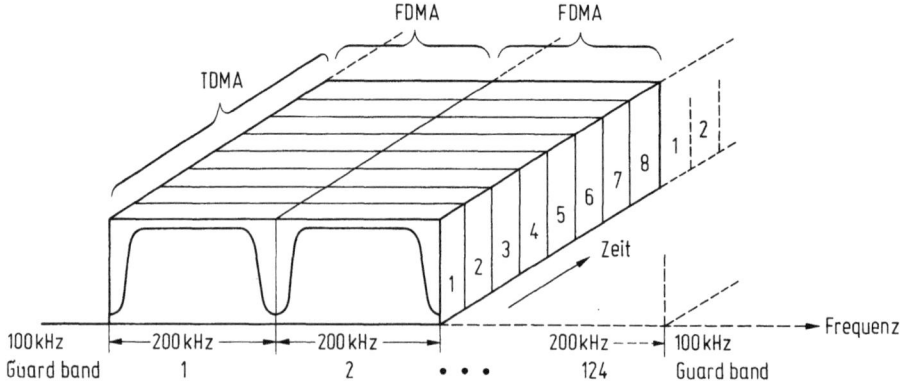

Bild 6.47. Time Division Multiple Access (TDMA) in 200 kHz breiten Bändern.
FDMA Frequency Division Multiple Access

6.7 Terrestrischer Mobilfunk

der Zellen-Verkehrswerte. Somit ist auf absehbare Zeit hinaus nicht zu befürchten, daß das D-Netz an die Grenze seiner Kapazität anstößt.

6.7.4 Steuerungsfunktionen

In der Historie des Mobilfunks (Abschnitt 6.7.2) werden die Schritte von eingeschränkter zu vollkommener Nutzung deutlich, verbunden mit entsprechendem Anstieg der Funktionskomplexität. Vor Einführung der Generation „A" funktionierte Mobilfunk nur im Bereich der „Heimat-Basisstation" des Mobilteilnehmers. Das Netz öbL-A ermöglichte dem mobilen Teilnehmer, aus den Bereichen verschiedener Basisstationen herauszutelefonieren, wobei seine (u. a.) für die Gebührenerfassung wichtige Identität mit der handvermittelnden Beamtin zu klären war. Der Teilnehmer konnte also „umherschweifen" (Roaming) und sich am jeweiligen Aufenthaltsort registrieren lassen (Booking). Allerdings mußte die Verbindung beim Übergang in den Bereich einer anderen Basisstation neu aufgebaut werden. Mit der nächsten Generation B wurden Roaming und Booking sowie der Verbindungsaufbau automatisiert, ankommende Erreichbarkeit war jedoch nur gegeben, wenn dem Anrufer der ungefähre Aufenthaltsort des mobilen Teilnehmers bekannt war. Erst mit öbL-C wurde Vollkommenheit erreicht: Beim Übergang in den Bereich einer anderen Basisstation blieb die Verbindung erhalten (Handoff oder Handover), übrigens durch Übergang auf eine andere Frequenz auch innerhalb des Bereichs einer Basisstation, wenn die Übertragungsbedingungen schlecht wurden. Weiterhin konnte der mobile Teilnehmer auch ohne Wissen um dessen Aufenthaltsort angerufen werden (Paging) [6.67]. Auf diese Grundbedingungen eines „normalen" Telefonierens, wie es uns vom ortsfesten Netz her geläufig ist, lassen sich dann im D-Netz zahlreiche weitere Leistungsmerkmale (Features) aufsetzen, auf die hier aber nicht eingegangen werden soll.

Wie lassen sich nun die genannten Grundbedingungen technisch realisieren? Hierzu zunächst ein einfaches Strukturbild (Bild 6.48): Die (im Idealfall) wabenförmig aneinander anschließenden Funkzellen oder *Funkzonen* (FuZ) enthalten jede eine Basisstation BS (auch *Funkkonzentrator* Fuko genannt), welche die für die eigene Zelle zuständigen Sende- und Empfangsfunktionen sowie Steuerungsfunktionen übernimmt. Die (maximal 150) Basisstationen eines größeren Bereichs (Funkverkehrsbereich FuVB) stützen sich jeweils auf ein „Mobile Switching Center" (MSC) ab, im deutschen Sprachgebrauch als *Überleiteinrichtung* (ÜLE) bezeichnet. Hier sind lediglich 7 BS je MSC gezeigt. Die MSCs besorgen Vermittlungsfunktionen innerhalb des Mobilfunknetzes und sind hierzu über Nutzkanalbündel und System Nr. 7-Signalisierungskanäle verbunden. Darüber hinaus stellen sie die Verbindungen von und zu den ortsfesten Netzen her. Im C-Netz der Bundesrepublik Deutschland (als Beispiel) gibt es 8 MSCs jeweils an den Orten der Zentralvermittlungsstellen. — Die dritte unentbehrliche Komponente des Mobilfunknetzes sind die Mobilstationen MS selbst [6.70].

Zur Erläuterung der Funktionen bleiben wir beim C-Netz, dem das D-Netz in seinen Grundleistungen weitgehend gleichen wird [6.71]. Das Mobilfunksystem ist — wie die meisten modernen Systeme — gekennzeichnet durch eine *Dezentralisierung* von Funktionen. Basisstationen und Mobilstationen übernehmen im Zusammenspiel zeitkritische Aufgaben und entlasten damit die Überleiteinrichtungen. Dabei werden im Netz drei Kategorien von Dateien geführt. In jeder Überleiteinrichtung ÜLE gibt es eine Heimatdatei und eine Fremd- (bzw. Aufenthalts-)Datei über die Mobilfunkteilnehmer. Die Teilnehmer sind jeweils einer bestimmten ÜLE mit ihrer Heimatdatei zugeordnet, vorzugsweise also der ÜLE, in deren Bereich sich der einzelne Teilnehmer meist aufhält. Die Heimatdatei enthält semipermanente Daten wie Gebühren und vor allem den augenblicklichen Aufenthaltsbereich (bis auf die Funkzone genau) des Funkteilnehmers. In der Heimat-ÜLE ankommende Verbindungen können deshalb in den Funkverkehrsbereich weitervermittelt werden, in dem sich der angerufene Funkteilnehmer gerade aufhält. Die Fremd- oder Aufenthaltsdatei in der ÜLE speichert die entsprechenden relevanten Daten von den Teilnehmern,

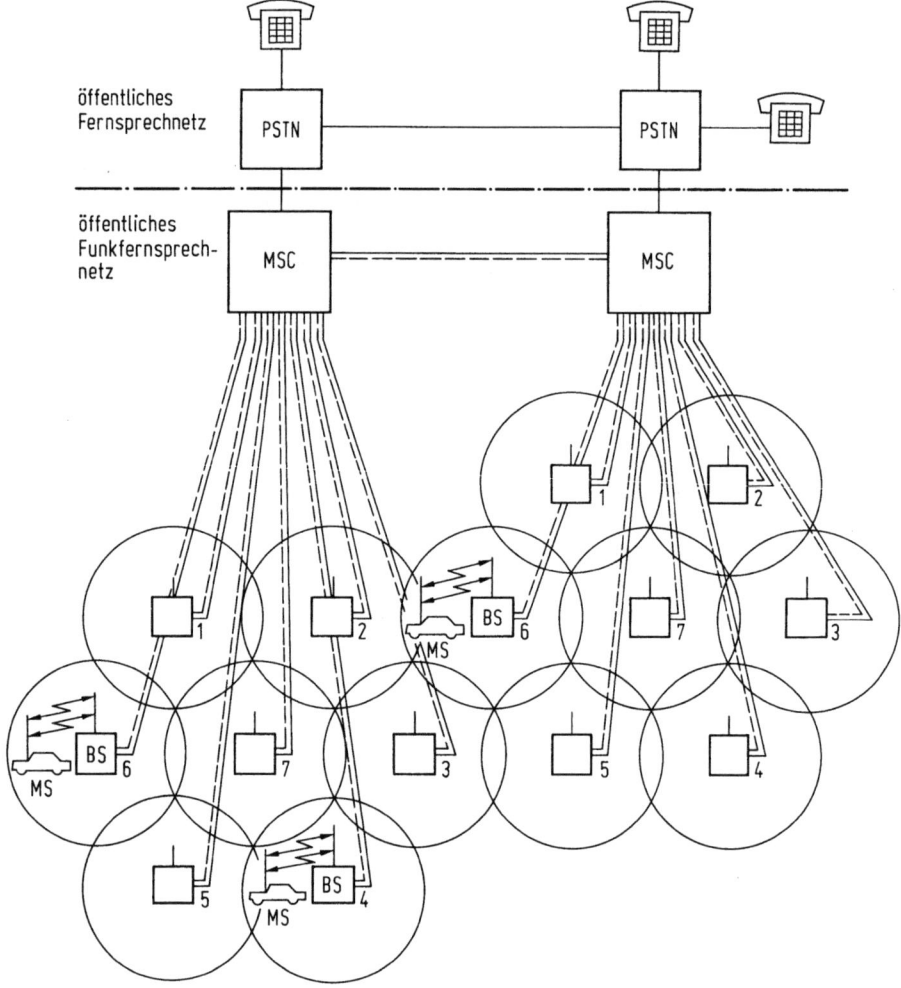

Bild 6.48. Struktur eines zellularen Mobilfunknetzes.
— Sprachübertragung, --- Signalisierung, PSTN Public Switching Telephone Network, MSC Mobile Switching Center, BS Base Station, MS Mobile Station

6.7 Terrestrischer Mobilfunk

die sich aus anderen Heimatbereichen gerade im Einzugsbereich der betrachteten ÜLE befinden, sie ersetzt also die Funktionen der Heimatdatei für die „Fremdgänger". Dementsprechend sind die Eintragungen in die Datei nur kurzlebig, sie müssen ständig auf letztem Stand gehalten werden.

Die Dateien der dritten Kategorie heißen „Aktivdateien" und werden dezentral in jeder Basisstation (Funkkonzentrator) geführt. Sie liefern ein Abbild des tatsächlichen Geschehens in jeder Funkzone, indem alle dort aktiv gemeldeten Funkteilnehmer und deren wichtigste technische Einzelmerkmale gespeichert werden. Naturgemäß ändert sich diese Datei häufig: Ein Eintrag wird dort vorgenommen, wenn ein Funkteilnehmer in der betreffenden Funkzone sein Gerät einschaltet (aktiviert) oder aus einer anderen Funkzone in diese Zone überwechselt. Der Eintrag wird gelöscht beim Verlassen der Zone, oder wenn mehrere, routinemäßig von der Basisstation ausgesendete „Meldeaufrufe" nicht beantwortet wurden. Mit den Angaben aus den Aktivdateien lassen sich die Heimat- und Fremddateien auf jeweils letztem Stand halten. Dazu ist ein umfangreicher Signalisierungsverkehr zwischen Basisstationen und Überleiteinrichtungen sowie zwischen den Überleiteinrichtungen untereinander notwendig, ausgeführt nach Prinzipien des Signalsierungssystems Nr. 7. Auf die Signalisierungsfestlegungen wird hier nicht eingegangen.

Näher zu betrachten ist der Signalisierungsaustausch zwischen mobiler Station und Basisstation, auf den letzten Endes die gesamte Netzfunktionalität zurückgeht. Dafür steht in jeder Kommunikationsrichtung ein netzeinheitlicher *Organisationskanal* zur Verfügung. Im C-Netz wird dieser Kanal in einer Art TDMA synchron betrieben: jede Basisstation innerhalb eines „Clusters" aus jeweils sieben Funkzonen (vgl. Bild 6.45) greift in eigenen Zeitschlitzen auf ihren Organisationskanal zu. Wenn der Teilnehmer sein Gerät einschaltet, empfängt jenes auf dem Organisationskanal die Zeitschlitze aller nahegelegenen Funkzonen. Aus dem Zeitschlitzraster lassen sich die relativen Signallaufzeiten und damit die relativen Entfernungen zu den sendenden Basisstationen entnehmen. Die Mobilstation bewertet die Entfernungen und schaltet sich auf den Zeitschlitz des Organisationskanals auf, der zur nächstgelegenen Basisstation gehört. (Die Bestimmung der Entfernung aus dem Empfangspegel ist wegen der wechselnden Übertragungsbedingungen zu ungenau). Da hier alle Mobilteilnehmer in der selben Funkzelle im Wettbewerb zugreifen können, wird ein Slotted-ALOHA-Verfahren zur Koordination verwendet (vgl. Abschnitt 6.3.1). Damit setzt nun ein TDMA-Signalisierungsdialog zwischen Mobilfunkstation (MS) und Basisstation (BS) ein (Einbuchung).

Im Rahmen dieses Dialogs erfährt die Basisstation die Identität des Teilnehmers (einschl. seiner „Heimat") und merkt sie sich in der Aktivdatei. Außerdem gibt sie diese Information an ihre Überleiteinrichtung (ÜLE bzw. MSC) weiter, damit von dort der Eintrag in der zuständigen Heimatdatei veranlaßt wird. Von dieser Heimatdatei werden Hinweise zurückgemeldet, ob das Mobilgerät bedient werden darf. Eine Sperre erfolgt z. B. bei nichtbezahlten Gebühren oder bei Nichtberechtigung der rufenden Person. Hierzu ist anzumerken, daß die Funkrufnummer eines Teilnehmers nicht an ein bestimmtes Mobilfunkgerät, sondern an eine persönliche Berechtigungskarte gebunden ist. So kann z. B. jeder Fahrer eines Mietwagens dessen Mobilstation mit seiner Karte auf eigene Rechnung betreiben. Um den Teilnehmer vor Mißbrauch zu schützen, ist auf jeder Karte ein zusätzlicher Sicherheitscode gespeichert, der mit dem in der Heimatdatei gespeicherten Code verglichen wird. Bei Nichtübereinstimmung wird der Verbindungswunsch nicht akzeptiert.

Mit dem Einbuchen verbunden ist andererseits die Mitteilung der Funkzoneneigenschaften an die Mobilstation. Dazu gehört auch eine Angabe über die Ausdehnung der Funkzone. Damit stellt sich die Sendeleistung der Mobilstation adaptiv auf die Größe der jeweiligen Funkzone ein. Auf diese Weise wird bei kleinen Funkzonen in verkehrsreichen Ballungsgebieten vermieden, daß Störungen bei geringeren Gleichkanalabständen (vgl. Bilder 6.45, 6.46) auftreten.

Nach Herstellung des Signalisierungsdialogs wird im abgehenden Verkehr die vollständige Wählinformation von der Mobilstation über die Basisstation an die übergeordnete (also nächstgelegene) ÜLE übermittelt. Diese prüft, ob es sich um eine Verbindung zu einem ortsfesten oder zu einem Mobil-Teilnehmer handelt. Im ersten Fall wird die Wählinformation an das ortsfeste Netz übergeben, im zweiten Fall muß der gewünschte Mobilteilnehmer erst gesucht werden. Aus der Rufnummer ist erkennbar, in welcher ÜLE sich die Heimatdatei des gewünschten Teilnehmers befindet. Dort wird der augenblickliche Aufenthaltsort des Funkteilnehmers abgefragt, dann wird die Verbindung über die ortsfeste, funknetzinterne Vermaschung der ÜLEs zur Ziel-ÜLE weitergeleitet. Die Ziel-ÜLE vermittelt die Verbindung zu der Funkzone, in der sich der gerufene Teilnehmer gerade aufhält. Die weiteren Aufbauprozeduren (also auch Mitteilung des zugeteilten Funkkanals) werden über den Organisationskanal zwischen Basis- und Mobilstation abgewickelt.

Nach wie vor sind Funkkanäle relativ knappe Ressourcen. Deshalb laufen die Verbindungsaufbauprozeduren bei starkem Verkehr zunächst nur „logisch" ab. Erst wenn beide Partner gesprächsbereit sind, erfolgt die Funkkanalzuteilung. Mit diesem „nutzkanalfreiem Verbindungsaufbau" (Off-air Call Set-up, OACSU) steigt die Kanalnutzung um etwa 30 % (viele Verbindungen sind erfolglos, weil der gewünschte Partner nicht erreichbar ist). Einen weiteren Beitrag zur besseren Kanalnutzung liefert eine bidirektionale Warteschlangenfunktion des Organisationskanals. Verbindungsanforderungen werden vorgemerkt, falls gerade kein freier Kanal zur Verfügung steht.

Eine wichtige Funktion zur Steigerung des „Verbindungskomforts" ist das bereits erwähnte Handoff, also der Kanalwechsel ohne Verbindungsunterbrechung beim Übergang in eine andere Funkzone bzw. bei schlechten Übertragungsbedingungen innerhalb der gerade befahrenen Funkzone. Zur Realisierung beobachtet jede Basisstation alle Funkkanäle ihrer Nachbarzonen. Bei Annäherung einer Mobilstation an die eigene Zone — erkennbar zunächst an der steigenden Empfangsfeldstärke und dann selektiv durch Entfernungsmessung — identifiziert die Basisstation den Ankömmling und beantragt bei ihrer zuständigen ÜLE die Umbuchung der betreffenden Mobilstation in ihren eigenen Bereich. Damit wird ein „Verschleppen" von Funkkanälen aus dem Zuständigkeitsbereich einer Basisstation in andere Funkzonen vermieden, was zu Gleichkanalstörungen in daran anschließende Funkzonen führen könnte. Außerdem würde die „Mitnahme" des Funkkanals zu einer Schmälerung der Verkehrskapazität der zuvor befahrenen Zelle führen.

Besonders in ausgedehnten Funkzonen kann es vorkommen, daß die Verbindungsqualität in Randbereichen nachläßt. Die Mobilstation meldet dies ihrer Basisstation, welche diese „Beschwerde" an ihre zuständige ÜLE weitermeldet. Die ÜLE fordert nun alle Nachbar-Basisstationen auf, den betreffenden Funkkanal selektiv zu messen und die Meßergebnisse zurückzumelden. Aus den Meßergebnissen kann die ÜLE entnehmen, ob es eine Funkzone mit besseren Übertragungsbedingungen gibt. In diesem Fall veranlaßt sie die Umbuchung.

Insgesamt sind die Steuerungsfunktionen eines Mobilfunknetzes um einiges komplexer als die eines entsprechenden ortsfesten Netzes mit vergleichbarem Kommunikationskomfort. Dringend notwendig, besonders in Mobilfunknetzen, ist die Möglichkeit des grenzüberschreitenden Kommunikationsverkehrs, die heute (1989) noch nicht gegeben ist wegen der unterschiedlichen Netzprinzipien in verschiedenen Ländern. Mit den Festlegungen der GSM wird es hoffentlich gelingen, in einer nächsten System-Generation wenigstens europaeinheitlich Mobilfunk zu betreiben, was in Nordamerika mit dem Advanced Mobile Phone System (AMPS) bereits gelungen ist [6.72]. Weltweit empfohlene Standards sind jedoch nicht in Sicht. — Mit der Internationalisierung des Mobilfunkverkehrs ist zweifellos eine weitere Komplizierung des Systems verbunden. Die Anforderungen an eine *Netzintelligenz* steigen weiter an — wie übrigens auch in den ortsfesten Netzen!

6.8 Intelligente Netze

Wir übernehmen den Begriff der „Intelligenz" für technische Gebilde, wie er sich unter Technikern eingebürgert hat, ohne darüber eine weltanschauliche Diskussion anzusträngen. Im Sinne des Bildes 2.37 wurden hier bei Vermittlungssystemen und Netzen bisher im wesentlichen die beiden untersten Intelligenzschichten besprochen: die Hardware und die Informationstransport-Grundfunktionen. Nunmehr wird auch die *Technik* höherer Schichten einbezogen.

Intelligenz ist für die Abwicklung von Vermittlungs-, Sicherheits- und Wartungsprozessen innerhalb eines Netzknotens notwendig, materialisiert in den Rechnern des Vermittlungssystems. Dort ist von „intelligenten Vermittlungen" zu sprechen. Was aber bedeuten „intelligente Netze" und wie materialisieren sie sich? Der Begriff ist zweifach zu interpretieren: Einmal sind es die intelligenten Leistungen, die nicht etwa eine Vermittlung für sich allein, sondern ein Netz als Ganzes erbringt. Das Zusammenspiel von Mobilstationen, Basisstationen und allen Überleiteinrichtungen — wie zuvor beschrieben — ist ein typisches Beispiel für die Intelligenz eines *Netzes,* hier des Mobilfunknetzes. Die zweite Interpretation spricht bestimmte technische Konfigurationen an, die in mehr oder weniger universeller Art geeignet sind, Netze mit mehr Intelligenz anzureichern. Eine solche Konfiguration könnte z. B. ganz allgemein durch eine netzzentrale große und schnelle Datenbank gebildet werden, in der netzknotenübergreifende Informationen gespeichert sind. Im Beispiel des Mobilfunknetzes etwa würde eine solche Datenbank alle „Heimatdateien" der Überleiteinrichtungen aufnehmen; für alle Anfragen, Ablagen und Suchvorgänge gäbe es dann nur *eine* Zuständigkeit.

Die folgenden Ausführungen gehen auf diese zweite Interpretation ein und behandeln als „intelligente Netze" bezeichnete *Konfigurationen,* die unsere Telekommunikationsnetze noch intelligenter machen. Die *technische* Evolution zum intelligenten Netz beginnt mit der Verselbständigung der zentralen Zeichenkanäle (ZZK).

In Bild 6.49 a wird die ZZK-Signalisierung parallel zu den Nutzkanälen von Vermittlung zu Vermittlung geführt (assoziierter Betrieb). Bild 49 b leitet alle ZZK über einen zentralen *Signal Transfer Point* (STP), in dem die Signalisierungsnachrichten (User Parts) entsprechend ihren Zielen vermittelt werden (quasi-assoziierter bzw. dissoziierter Betrieb, wenn keine feste Relation des ZZK zu einem Nutzkanalbündel mehr besteht). Bild 49 c zeigt eine in [6.73] beschriebene, praktisch ausgeführte Konfiguration: Jede der 10 Fernsprechregionen (Switching Regions) in den USA erhält ein untereinander verbundenes STP-Paar. Wenn ein STP ausfällt, übernimmt der Partner den Verkehr der Region. Jede Gruppe von 2250 Verbindungsleitungen innerhalb jeder Vermittlung der Region ist über vier Datenleitungen mit den zwei regionalen STP verbunden. Von diesen vier Leitungen sind jeweils zwei aktiv, zwei dienen als Redundanz. Außerdem führen von jedem STP zwei geographisch getrennte, festgeschaltete Verbindungen zu jedem STP der neun anderen STP-Paare. Ein reines Signalisierungsnetz, das im Datagramm-Betrieb arbeitet! In [6.74] aber geht man noch einen wesentlichen Schritt weiter: in den STPs werden zentrale Datenbasen mit netzübergreifenden Datenbeständen eingerichtet.

Wichtiger Anwendungsfall solcher Datenbestände ist der in den USA mit Vorwahl „800", in der Bundesrepublik mit „130" angesprochene Dienst (Green Number Service): Firmen oder Behörden mit zahlreichen Standorten (z. B. Verkaufsstellen) sind von jedem Platz aus unter derselben Rufnummer zu erreichen. Dabei wird der Rufende automatisch mit der *nächstgelegenen* (z. B.) Verkaufsstelle verbunden. In der zentralen Datei muß also die „wirkliche" Rufnummer der jeweils nächsten Verkaufsstelle dem jeweiligen Standort des Rufenden zugeordnet sein. Mit der

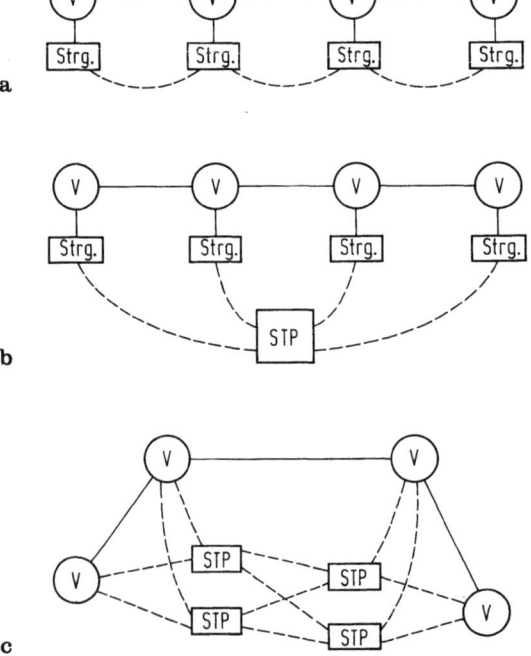

Bild 6.49 a–c. Schritte zu zentraler Netzintelligenz.
a Signalisierung auf zentralem Zeichenkanal (ZZK) im assoziierten Betrieb, **b** Signalisierung über zentralen Signal Transfer Point (STP), **c** Prinzip des Common Channel Interoffice Signaling (CCIS)-Systems
V Vermittlung, Strg. Steuerung, — Sprechverbindung, --- zentraler Zeichenkanal

6.8 Intelligente Netze

wirklichen Rufnummer wird das Ziel über regulären Verbindungsaufbau im Netz erreicht. Bild 6.50 erläutert diesen Vorgang an einem Beispiel aus den USA [6.75]: Die netzweit gültige „scheinbare" Rufnummer lautet 800-NXX-7800. In der Ortsvermittlung des Rufenden erkennt die Steuerung aus der Vorwahlnummer 800, daß es sich um eine umzuwertende Rufnummer handelt, und daß demzufolge die Rufnummer zum zentralen *Service Control Point* (SCP) zu senden ist. (Die Nummer 800 dient als „Trigger" für diese Funktion.) Die Rufnummer wird mit Hilfe der in Abschnitt 5.6.5 besprochenen „TCAPs" im Netz des ZZK-Systems Nr. 7 zum SCP übertragen und dort umgewertet. Das Ergebnis ist die wirkliche Rufnummer 305-NXX-8800, welche nun zurück zur Ursprungsortsvermittlung geschickt wird. Von dort erfolgt der Verbindungsaufbau mit der wirklichen Rufnummer zur Zielortsvermittlung und zum gewünschten Teilnehmer 305-NXX-8800.

Es gibt zahlreiche weitere Anwendungen, die sich auf zentrale Datenbestände abstützen; einige Beispiele werden in Kapitel 7 genannt. Jedoch gehen die Möglichkeiten intelligenter Netze weiter. Die Netzbetreiber möchten über ein Instrumentarium verfügen, mit dem sich heute Dienste rasch und probehalber einführen lassen. Man will vermeiden, dafür in jeder Vermittlungsstelle Eingriffe in die vorhandenen Anlagenprogrammsysteme vornehmen zu müssen. Deshalb soll ein Service Control Point (SCP) an zentraler Stelle mit den Merkmalen der neuen Dienste ausgerüstet werden und damit im Bedarfsfall durch eine Art „Fernsteuerung" die einzelnen Vermittlungsstellen in die Lage versetzen, die neuen Dienste zu realisieren. Dies

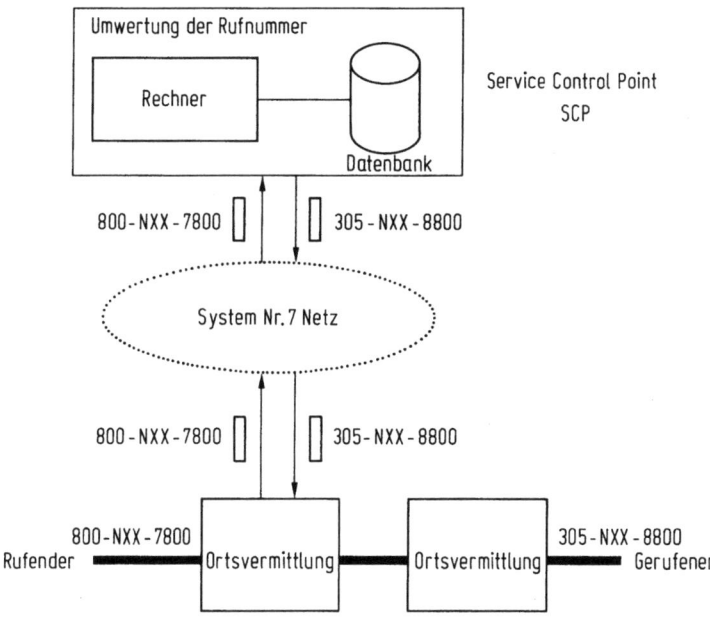

Bild 6.50. Funktion des intelligenten Netzes: Rufnummernumwertung (Green Number Service oder Dienst „130").
▢ im System 7 (mit TCAPs) übertragene Signalisierungsnachrichten, → Signalisierungswege, — Nutz-Verbindung

erfordert allerdings entsprechende Trigger- und Eingriffspunkte in den Vermittlungen. Ein nächster Schritt führt dann zur *Customer Programmability* (CUSP), d. h. die einzelnen Teilnehmer können „ihre" Dienste und Leistungsmerkmale auf den eigenen Bedarf „zuschneiden" (bzw. zuschneiden lassen).

Für die Intelligenz-Anforderungen dieser und ähnlicher Art wurden und werden von verschiedenen Herstellern und Institutionen geeignete technische Konfigurationen angeboten oder entwickelt. Am bekanntesten ist das Konzept von Bell Communications Research (BELLCORE, ein gemeinsames technisches Institut der US-Bell Operating Companies — BOCs —). Auf dieses *intelligente Netz* (IN), das sich in mehrere Entwicklungsstufen gliedert, beschränken sich die folgenden Ausführungen.

Bild 6.51 zeigt einen Überblick über die Struktur des IN in einer letzten Ausbaustufe (IN/2), die etwa ab 1995 wirksam werden soll. Die Teilnehmer — auch ISDN-Teilnehmer — sind wie üblich (evtl. über Vorfeldeinrichtungen) an eine Ortsvermittlung angeschlossen. Diese Ortsvermittlung kann (muß aber nicht) bereits „Mitglied" des IN sein, andernfalls trifft dies für eine übergeordnete Durchgangsver-

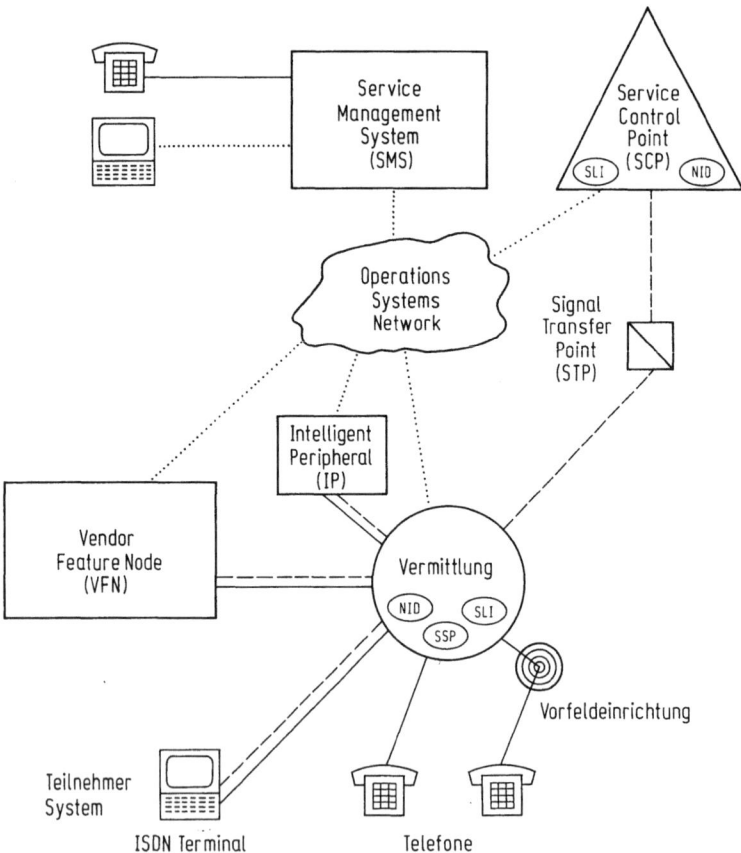

Bild 6.51. Architektur des intelligenten Netzes.
SLI Service Logic Interpreter, NID Network Information Database, SSP Service Switching Point. — Nutzinformation, --- Signalisierung, ... Verwaltung

6.8 Intelligente Netze

mittlung zu. Die Mitgliedschaft manifestiert sich (zumindest) im Vorhandensein eines *Service Switching Points* (SSP) im Vermittlungssystem. Der SSP enthält die Funktionalität, die seitens des Vermittlungssystems notwendig ist, um mit dem IN zusammenzuarbeiten. Diese besteht einerseits in Triggertabellen, die z. B. anhand der gewählten Rufnummer erkennen lassen, ob eine Verbindung der Unterstützung durch das IN bedarf. Ferner formuliert SSP die entsprechenden Anfragen an das IN. Auf der anderen Seite wird dem IN eine Eingangsschnittstelle angeboten, über die IN in das Vermittlungssystem eingreifen kann. Dieser Eingriff erfolgt mittels *Functional Components* (FC), die weiter unten erläutert werden. Die Eingliederung des SSP-Moduls in ein bereits bestehendes Vermittlungssystem ist natürlich nicht ganz problemfrei!

Zwei weitere wichtige IN-Module sind die *Network Information Database* (NID) und der *Service Logic Interpreter* (SLI). NID repräsentiert die bereits eingangs erwähnte Datenbank, die für unterschiedliche Anwendungen gemeinsame Informationen aufbewahrt, z. B. Teilnehmer-Adressen-Zuordnungen oder Angaben darüber, wo im Netz bestimmte Funktionen beheimatet sind. SLI dagegen enthält die Ablauflogik (mit zugehörigen Daten) für die verschiedenen IN-Dienste, niedergelegt in Folgen von Functional Components (FC), die an die betreffenden SSPs weitergegeben werden. SLI und NID werden in den bereits erwähnten zentralen Service Control Points (SCP) gehalten, sie können aber auch bei häufiger Inanspruchnahme in die Vermittlungen selbst verlagert werden und sparen damit Belastung bei System Nr. 7-Übertragung und SCP-Arbeit ein. Der Transport im System Nr. 7 verläuft — wie bereits in Bild 6.49 gezeigt — im allgemeinen über einen oder mehrere *Signal Transfer Points* (STP).

Ergänzt werden die Vermittlungseinrichtungen, die in das IN einbezogen sind, durch *Intelligent Peripherals* (IP) und *Vendor Feature Nodes* (VFN), die nur bedarfsweise an die Vermittlungen angeschlossen sind. Hinter den *Intelligent Peripherals* verbirgt sich alles, was die Kommunikationstechnik heute schon und in Zukunft an Besonderheiten zu bieten hat. Hierzu gehören Ansagen, Text-zu-Sprache-Wandlung, Spracherkennung, Protokollwandlungen, später vielleicht einmal „automatische Dolmetscher"! Die Intelligent Peripherals werden von der Vermittlung im wesentlichen wie Teilnehmer oder Verbindungssätze am Koppelnetz behandelt. Dasselbe gilt für *Vendor Feature Nodes*, die ebenfalls besondere Dienste und Leistungen durch *Private* anbieten. Beide Einrichtungen aber sind — wie Bild 6.51 zeigt — „Vollmitglieder" des IN mit den entsprechenden Schnittstellen.

Schließlich muß der Mensch dem IN „beibringen", welche Dienste es — allgemein oder individuell für bestimmte Teilnehmer — realisieren soll. Hierzu dient ein *Service Management System* (SMS), das mit universellen Datenverarbeitungssystemen realisiert wird. Dort also besteht einerseits eine komfortable Benutzerschnittstelle, über die der Bediener — Wartungspersonal des Netzbetreibers oder des Großkunden — seine Wünsche an das IN eingibt. Auf der anderen Seite arbeitet das SMS über X.25-Datenleitungen eines *Operations Systems Network* mit den einzelnen Komponenten des IN zusammen, um sie mit Daten und Sevice-Logik zu versorgen.

Das „Herzstück" des IN/2 sind die *Functional Components* (FC). Jede FC repräsentiert eine Aktion im IN oder in den von IN beeinflußten Einrichtungen. Die FCs können auf verschiedene Weise miteinander kombiniert werden und damit verschiedene — ggf. auf den einzelnen Teilnehmer zugeschnittene — Dienste realisieren. Anders herum gesagt: Die FCs müssen so geschickt formuliert sein, daß sich aus ihren Kombinationen alle nur erdenklichen Dienste „zusammenbauen" lassen. Es handelt sich hier natürlich nicht um den elementaren Befehlssatz eines Rechners (RISC = Reduced Instruction Set Computer), sondern im Gegenteil um außerordentlich umfassende *Makros* der „Vermittlungsintelligenz", also gewissermaßen um eine spezifische „Vermittlungssprache". Dabei beschränkt sich die Vermittlungsintelligenz nicht allein auf den Auf- und Abbau von Verbindungen, sondern bezieht den Umgang mit Datenbanken, die Überweisung der Prozeßkontrolle im verteilten IN-System und andere notwendige Funktionen mit ein. Der Ansatz ist auch für den Software-Entwickler bestechend: Alle erdenklichen, komplexen Vermittlungsfunktionen lassen sich mit wenigen, durch die FCs spezifizierten Software-Bausteine realisieren! (Daß jedoch die Vermittlungsfunktionen den geringsten Teil der Software eines modernen Vermittlungssystems ausmachen, sei am Rande vermerkt.)

Allerdings ist es eine schwierige Aufgabe, die FCs als „Supermakros" so zu definieren, daß sie tatsächlich alle künftigen Dienstmöglichkeiten in Kombination abdecken. So haben sich die FCs seit der ersten Vorstellung des IN/2 mehrfach gewandelt, auch heute (1989) ist die Entwicklung noch nicht abgeschlossen. Um dennoch einen Begriff von der durch die FCs aufgerufenen Funktionalität zu vermitteln, werden die (Verbindungen betreffenden) „Connection"-FCs (welche sich bisher als „stabil" erwiesen haben) aufgezählt: CREATE bedeutet Herstellen eines Weges zwischen zwei Punkten (ein „Bein" einer Verbindung), mit JOIN werden zwei derartige „Beine" zu einer vollständigen Verbindung zusammengekoppelt, oder es wird ein weiteres Bein zu einer Verbindung zugeschaltet. SPLIT heißt „Abtrennen eines Beines" von einer Verbindung, FREE bezeichnet das „Löschen eines Beines". Derartige Befehle werden der Vermittlung durch die „Service Logic" vom SCP bzw. SLI erteilt, wobei die benötigten Detailangaben als Parameter mitzugeben sind [6.76]. Der SSP in der Vermittlung nimmt die Befehle auf und gibt sie dem Vermittlungssystem „mundgerecht" weiter. Es leuchtet ein, daß das Vermittlungssystem an diese Befehlsstrukturen angepaßt werden muß! Umgekehrt soll das Vermittlungssystem auch in der Lage sein, im IN benötigte Informationen auf Anforderung über SSP auszugeben. Auch hierfür sind Anpassungen im Vermittlungssystem unvermeidlich.

Das Zusammenspiel der IN/2-Komponenten sei grob skizziert: Der Benutzer stößt einen IN/2-Dienst an durch Wahl eines bestimmten Zugangscodes. Der zuständige Service Switching Point SSP erkennt anhand seiner Trigger-Tabelle, daß die Hilfe des IN/2 bei der Behandlung des Rufes gebraucht wird. Er startet eine Anfrage an den Service Logic Interpreter (SLI), der entweder in der eigenen Vermittlung (bei häufiger Nutzung) oder im Service Control Point (SCP) angesiedelt ist. Im SLI wird das zugehörige Service Logic Program (SLP) gestartet, aus FCs zusammengesetzt. Die entsprechenden Befehle — etwa zum Aufbau einer Verbindung zu einem alternativen Ziel — werden wie zuvor beschrieben an den SSP des Vermittlungssystems übermittelt. Als „Transportbehälter" hierfür dienen die TCAPs des Signalisierungssystems Nr. 7, über Signal Transfer Points (STP) weitergegeben.

IN/2 war 1989 noch „Zukunft". Die Gegenwart (ab 1988) besteht in der Realisierung von IN/1 mit der Einführung von SCP und dem Service Management System (SMS). Der SCP stellt im wesentlichen eine zentralisierte Datenbank dar, die von den einzelnen Vermittlungsstellen abgefragt werden kann, etwa — wie eingangs beschrieben — für den „Green Number Service". Hierfür sind geringfügige Anpassungen in den Vermittlungssystemen notwendig: Einführung von Trigger-Tabellen und Steuerung der Zusammenarbeit mit dem SCP.

Eine weitere Zwischenstufe auf dem Weg zu IN/2 ist In/1+, etwa ab 1991 bis 1993 zu realisieren. Dort soll bereits die „Programmierung durch den Kunden" (CUSP), also die Einführung kundenspezifischer Dienste wirksam werden. Die Implementierung dieser Dienste im SCP („Scripting") wird erleichtert, die zugehörigen Trigger lassen sich in universelle Triggertabellen im SSP eintragen. Ein erster Satz von Functional Components (FCs) wird eingeführt. Damit verbunden sind größere Anpassungen im Vermittlungssystem.

Zu fragen ist natürlich, ob bis zum Ende des Jahrhunderts neue Vermittlungssystem-Generationen entstehen werden, die in ihrer Struktur a priori an IN/2 oder entsprechende Konzepte angepaßt sind. Dies würde sich auf einer Linie mit Anforderungen bewegen, die als *Open Network Architecture* (ONA) bzw. *Open Network Provision* (ONP) in Kapitel 7 kurz behandelt werden.

6.9 Telekommunikations-Management

Die oberste Schicht in Bild 2.37 ist der Verwaltung und dem Betrieb aller darunterliegenden Schichten vorbehalten. Erst in jüngerer Zeit wird die Vielzahl und die Heterogenität der in diesen Bereich fallenden Funktionen allgemein als zu automatisierendes *Gesamtsystem* gesehen, dessen Komponenten untereinander vernetzt werden. Wie überall in Netzen treten Schnittstellen auf, die in einem offenen (Multivendor-)System ebenso standardisiert werden müssen wie die Funktionsinhalte der Komponenten. Auch das CCITT hat sich mittlerweile unter der Bezeichnung *Telecommunications Management Network* (TMN) dieser Aufgabe angenommen und erste Empfehlungen ausgearbeitet, die sich weitgehend auf die entsprechenden Richtlinien der internationalen Standardisierungsorganisation (ISO) abstützen [6.77].

Natürlich werden TMN-Funktionen einzeln bereits seit langem manuell oder automatisch wahrgenommen, es gab aber noch nicht allgemein einen gesamtheitlichen Ansatz. So wurden und werden vielfach noch z. B. Störungsmeldungen aus Übertragungssystemen und Vermittlungssystemen getrennt erfaßt und behandelt, wobei unterschiedliches Personal für die Störungsbehebung zuständig war — eine angesichts der Verschiedenartigkeit der Techniken zunächst nicht unplausible Maßnahme.

In eine von Endgerät zu Endgerät reichende Verbindung sind viele Teilsysteme einbezogen, deren Funktionieren Voraussetzung für störungsfreie Telekommunikation ist. Mangelhaftes Arbeiten eines Teilsystems kann sich negativ auf die gesamte Verbindung auswirken, ohne daß sich aus der Art der Störung unbedingt auch auf den Ort der Störung schließen läßt. Der Benutzer pflegte derartige Mängel beim Netzbetreiber zu reklamieren, der sich dann um die Behebung der Mängel zu kümmern hatte. Mit der von den USA ausgehenden Liberalisierung des Endgerätemarktes und der Netzbetreiberschaft werden aber nun u. U. viele unterschiedliche Organisationen (Endgerätelieferanten, Ortsnetzbetreiber, Fernnetzbetreiber, weiterer Ortsnetzbetreiber, weiterer Endgerätelieferanten) an der Verbindung beteiligt, wobei die Erfahrung gezeigt hat, daß im Zuge der Störungsbeseitigung ein langwieriges „Finger Pointing" einsetzte: Jede Organisation versuchte, erst einmal einer anderen Organisation die Schuld an der Störung zuzuweisen [6.78].

Besonders verdrießlich traf dieses Vorgehen die Firmen und Behörden, die sich in den öffentlichen Netzen ein eigenes privates Geschäftsnetz auf Mietbasis eingerichtet hatten, vornehmlich für Datenverkehr. Der längerdauernde Ausfall solcher Netze konnte zu hohen geschäftlichen Einbußen führen. Deshalb wurden von den Lieferanten der Privatnetze oder von speziellen Herstellern Network-Management-Systeme beigestellt, die eine laufende Überwachung des Netzbetriebes und eine rasche Fehlerortung ermöglichen. Zu den bekanntesten dieser Systeme gehören *NetView* von IBM [6.79] und die *Unified Network Management Architecture* (UNMA) der

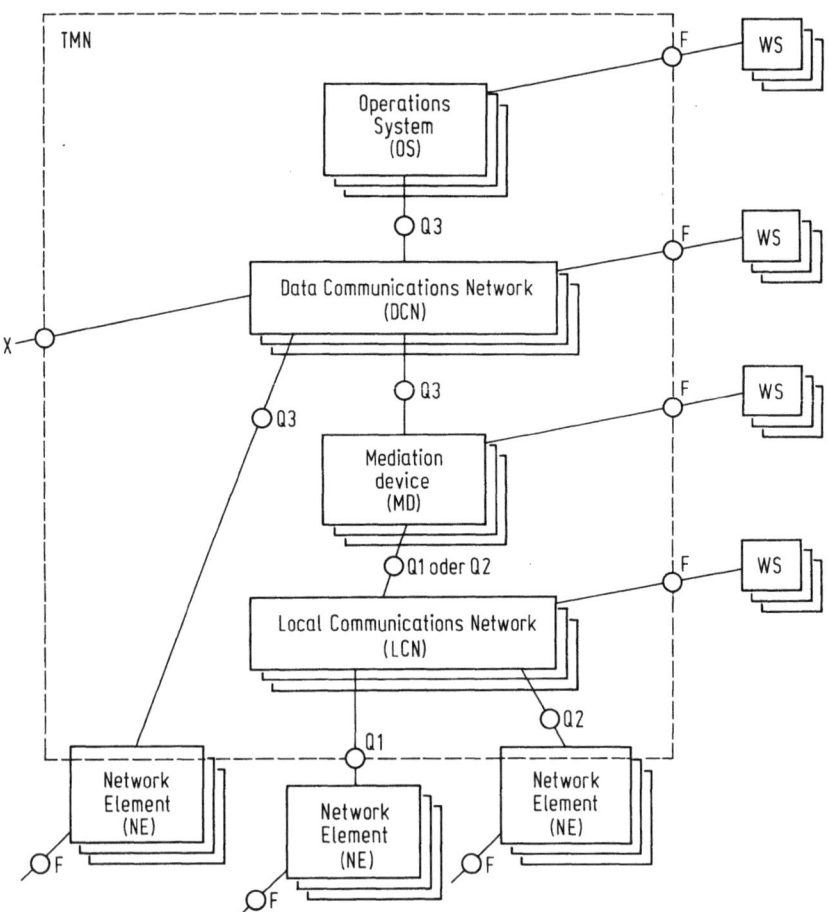

Bild 6.52. Architektur eines Telecommunications Management Network (TMN) nach CCITT. WS Workstation, Q-F-X Schnittstellen

6.9 Telekommunikations-Management

AT&T [6.80], beides noch entwicklungsfähige Systeme. Während NetView die ordnungsgemäße Abwicklung der Transaktionen bis in die Schicht 7 des OSI-Architekturmodells verfolgt, begnügt sich UNMA mit der Überwachung der unteren drei Schichten.

An dieser Stelle mag es genügen, das vom CCITT in Empfehlung M.30 [6.81] aufgegriffene Telecommunications Management Network (TMN) näher zu erläutern (Bild 6.52). Das System besteht aus einigen Funktionsblöcken, die über Referenzpunkte miteinander in Verbindung treten. Der als TMN abgegrenzte Bereich läßt sich in verschiedener Weise realisieren, z. B. als Softwaremodule in einem einzigen leistungsfähigen Rechner. Im Bild haben die Referenzpunkte jedoch auch die Bedeutung physikalischer Schnittstellen, wenn die Funktionen auf verschiedene Geräte verteilt werden, welche über Netze (Networks) miteinander in Verbindung treten (wie in Bild 6.52 gezeigt).

Grundsätzlich hat das TMN die Aufgabe, die in *Network Elements* (NE) des Telekommunikationsnetzes anfallenden OAM-Meldungen (OAM heißt Operations, Administration, Maintenance, also Betrieb, Verwaltung, Wartung) zum *Operations System* (OS) des Managementnetzes zu transportieren, in dem die Meldungen verknüpft und ausgewertet werden und damit zu OAM-Befehlen führen, welche wiederum an die Network Elements ausgegeben werden. Das Operations System verfügt hierzu über die notwendigen Programme und Datenbänke und unterstützt darüber hinaus *Workstations* (WS) als Bedienelemente für das Wartungspersonal. Die Network Elements haben unterschiedliche Mächtigkeit, so kann ein solches ein ganzes komplexes Vermittlungssystem umfassen oder auch nur einen relativ einfachen Multiplexer. Um dem Operations System einigermaßen gleichkonsistente Daten anbieten zu können, sind zur *Vorverarbeitung* der Meldungen von *einfachen* Network Elements sog. *Mediation Devices* (MD) vorgesehen. Zum Vorverarbeiten und „verdichten" der Information gehört z. B. das Sammeln und Aufbereiten der Meldungen einfacher Network Elements, die Feststellung von Grenzwertüberschreitungen usw., also insgesamt Funktionen, die ein *komplexes* Network Element (wie z. B. ein ganzes Vermittlungssystem) „aus eigener Kraft" ausführt. Einfache Network Elements sind über Local Communication Networks und Schnittstellen Q1 oder Q2 mit den Mediation Devices verbunden, komplexe Network Elements und Mediation Devices ihrerseits erreichen das Operations System über Data Communication Networks (DCN) und Schnittstellen Q3. Die Schnittstellen Q1 und Q2 werden in Empfehlung G.771 [6.82] und Q3 in Empfehlung Q.513 [6.83] behandelt. Außerdem gibt es noch Schnittstellen F zu den Workstations (WS) des Bedienungspersonals und X zu anderen Netzen (auch anderen TMNs), die aber noch nicht spezifiziert sind.

Welche „OAM-Fälle" soll das Operations System (OS) behandeln? Hier gibt es bisher fünf Kategorien, nämlich:

Performance Management. Hierbei werden Kenngrößen des Netzes wie Auslastung, Durchsatz, Antwortzeiten, Verfügbarkeit erfaßt und beurteilt, um daraus Maßnahmen zur Verbesserung der *Güte* des Netzes abzuleiten. Diese Maßnahmen können unmittelbar automatisch etwa durch Änderung der Netzkonfiguration ausgeführt werden, oder aber sie fordern den Eingriff des Menschen z. B. zur Hardware-Erweiterung des Netzes.

Fault (Maintenance) Management. Dies erfordert das Erkennen von Störungen, die Lokalisierung des verursachenden Fehlers — möglichst auf ein ersatzschaltbares Gerät genau, die Isolierung des Fehlers (z. B. durch Abschalten des betreffenden Gerätes), um das System automatisch wieder funktionsfähig zu machen, und schließlich die Diagnose des defekten Gerätes möglichst auf eine austauschbare Baugruppe genau.

Configuration Management. Dieses Management definiert und initialisiert Betriebsmittel des Systems, ändert Parameter, sammelt und sichert Zustandsdaten. Die zugehörigen Funktionen erzeugen und löschen die verwalteten „Objekte" in den zentralen Speichern.

Accounting Management. Dies schließt *alle* Funktionen zur Erfassung wesentlicher Nutzungen ein. Aus den erfaßten Daten werden die Gebühren bestimmt und in Rechnung gestellt.

Security Management. Sammlung und Verteilung von Informationen zur Handhabung von Sicherheitsmechanismen. Hier geht es also um die Sicherung der Informationen vor unbefugtem „Mitlesen" oder vor Zerstörungen. Hierzu gehören Verschlüsselungsfunktionen, Zugangskontrollen, Authentisierungsmechanismen (Beglaubigung von elektronischen Unterschriften usw.).

Die fünf Funktionsbereiche arbeiten eng zusammen. Beispielsweise werden die Erkenntnisse des Performance Management zur Ausführung (z. B. Zuschalten von Übertragungswegen) an das Configuration Management übergeben. Die Realisierbarkeit des TMN durch verschiedene Hersteller wird durch Schnittstellenbeschreibungen nach dem OSI-Architekturmodell (Abschnitt 5.1) und formale Funktionsbeschreibungen der Teilsysteme erreicht. Die „Network Elements" und ihre Komponenten werden zu „Managed Objects", deren Eigenschaften durch „Attribute" beschrieben werden. Eine *Management Information Base* (MIB) hält Daten über alle Network Elements und deren Attribute. „Agents" sind die handelnden Personen in den Management-Prozessen, welche auch auf die MIB zugreifen (vgl. Abschnitt 5.4).

Das hier nur knapp beschriebene Telecommunications Management Network gab es 1989 noch nicht, denn es sind ja die Standardisierungsarbeiten erst angelaufen. Die Dringlichkeit eines TMN ist allseits erkannt. Die Realisierung wird nicht einfach sein: Technisch handelt es sich um ein sehr komplexes Software-System, menschlich sind die Barrieren bisher getrennter Zuständigkeiten zu überwinden.

7 Nutzung der Telekommunikation

Was hilft Telekommunikation unserer Gesellschaft, was dem einzelnen? Wozu so viele und neuartige Technik? Das ist Stoff für weitere Bücher, und diese gibt es bereits (z. B. [7.1]). Es besteht kein Zweifel, daß Kommunikation untrennbar mit dem „Menschsein" verknüpft ist, und daß demnach Telekommunikation jenes verstärken sollte! Dennoch gibt es kritische Stimmen, die vor Eingriffen in die Persönlichkeitssphäre und vor „Vereinsamung" warnen. Man sollte diese Einwände nicht auf die leichte Schulter nehmen. Letzten Endes wird sich durchsetzen, was nützlich ist, was der Mensch akzeptiert und was den Regeln und Grundsätzen unserer Gesellschaft nicht widerspricht. Die Technik kann lediglich ihre Dienste anbieten.

Das Anliegen dieses Buches ist es, die Vielfalt der Telekommunikations*technik* an Beispielen verständlich zu machen. Nur zur Abrundung soll ein Ausblick auf Nutzungsmöglichkeiten gegeben werden. Hier gilt im besonderen: Vollständigkeit kann nicht das Anliegen sein.

7.1 Definitionen und Übersicht

Telekommunikationsnetze und deren Leistungen sind nicht Selbstzweck, sondern sie sollen den Benutzern *dienen*. Folglich spricht man von *Diensten,* die dem Benutzer vom Netzbetreiber bzw. Leistungserbringer angeboten werden. Wenn ein Mensch telefoniert, so nutzt er den „Fernsprechdienst" (oder „Telefondienst"). Ein Blick ins Telefonbuch zeigt: es gibt auch Telefon-Sonderdienste. Dazu gehört z. B. die Telefonauskunft oder der Telefonauftrag (früher Fernsprechauftragsdienst FAD), etwa für die rechtzeitige Erinnerung an die Wiederkehr des Hochzeitstages. Aber nicht nur Telefon, sondern auch Telex, Teletex, Telefax usw. sind Dienste. Genauer gesagt: Die Zahl der Dienste und Dienstmöglichkeiten ist unübersehbar, und sie nimmt fast exponentiell zu.

Das deutet Tabelle 7.1 an, in der die Entwicklung der Dienste in einen zeitlichen Rahmen gestellt werden (ohne Anspruch auf Vollständigkeit und ohne auf Details einzugehen).

Es gibt mannigfache Bemühungen, Ordnung in diese Vielfalt zu bringen. So werden in [7.2] Ergänzungsmerkmale allein für den Fernsprechdienst in Gruppen, Familien und Einzeldienste eingeteilt, die vom „schnellen Verbindungsaufbau" in mehreren Ausführungsformen bis zu einer Vielzahl von „Verwaltungsdiensten" und letztlich „Verschiedenem" reicht. In [7.3] werden unterschieden *Basisdienste* (Basic Services), *Mehrwertdienste* (Enhanced Services), *Value-added Services.* Basisdienste transportieren Sprach-, Text-, Daten- und Bildinformation ohne Veränderung dieser

Tabelle 7.1. Die Entwicklung der Kommunikationsdienste

1847	1877	1930	1970	1980	1990
Telegraf	Telefon	Telefon	Telefon	Telefon	Telefon
	Telegraf	Telegraf	Autotelefon	Autotelefon	Autotelefon
		Telex	Telegraf	Funkruf	Funkruf
		Faksimile	Telex	Telegraf	Mobiltelefon
			Faksimile	Telex	Telegraf
			Datel	Teletex	Telex
			BB-DÜ	Telefax	Teletex
			KTV	Bildschirmtext	Telefax
				Telemetrie	Farbfax
				Datel	Schnellfax
				Datex	Bildschirmtext
				BB-DÜ	Telemetrie
				KTV	Datel
				Videotext	Datex
					BB-DÜ
					Satelliten-DÜ
					ZK TV
					Videotext
					Bildkonferenz

Information. Mehrwertdienste sind alles darüber hinausgehende, also z. B. Speicherung oder Protokollwandlung der Information. Value-added Services sind Mehrwertdienste, die von einem z. B. privaten Träger angeboten werden. Der Begriff „Added Value" stammt ursprünglich aus den USA (dort allerdings in anderem Sinne gebraucht) und meint die Anreicherung der Basisdienste wie Telefon, Telex usw. um nützliche Leistungen.

Das CCITT unterscheidet nach letztem Stand (1988) in seiner Empfehlungsserie I.200 [7.4] *Bearer Services* (Serie I.220), *Teleservices* (Serie I.240) und *Supplementary Services* (Serie I.250). In den Bearer Services (Übermittlungsdiensten) werden den Benutzern eine bestimmte Netzkapazität (Bitrate) sowie die normalen Verbindungsaufbau- und -abbauprozeduren zur Verfügung gestellt. Die Nutzkommunikation bleibt den Benutzern gänzlich überlassen, d. h. jene müssen für die Kompatibilität der kommunizierenden Endgeräte oder Endsysteme sorgen.

Anders verhält es sich mit den Teleservices (Telediensten). Dort sind die Kommunikationsregeln bis zur obersten Protokollschicht durchstandardisiert, die Endgeräte oder -systeme sind also kompatibel. Jeder Teilnehmer eines Teledienstes kann mit jedem anderen Teilnehmer desselben Teledienstes kommunizieren. Einfache Beispiele hierfür sind Telefon, Telex, Telefax. Die Supplementary Sevices (Spezialdienste) schließlich fügen den Diensten bestimmte Leistungen hinzu wie z. B. Gebührenübernahme durch den Angerufenen, priorisierte Verbindungsherstellung, Identifizierung von belästigenden Anrufern.

Speziell mit Blick auf die Breitbandkommunikation unterscheidet Empfehlung I.121 (aus Sicht des Netzes!) *Interactive Services* (interaktive Dienste) und *Distribution Services* (Verteildienste) [7.5]. Interaktive Dienste sind als „Individualkommuni-

7.1 Definitionen und Übersicht

kation" zu verstehen, die nur einzelne Partner umfaßt. Hier gibt es *Conversational Services* (Dialogdienste) wie z. B. Fernsprechen, Telex, Telefax usw. Eine weitere Kategorie sind die *Messaging Services* (Benachrichtigungs- bzw. Speicherdienste). Dabei ist „indirekte Kommunikation" möglich, d. h. Nachrichten werden in einem „elektronischen Briefkasten" abgelegt, wobei der Empfänger diesen zu ihm genehmer Zeit ausliest. Das in Abschnitt 5.4 beschriebene Message Handling System (MHS) fällt in diese Klasse. Schließlich werden *Retrieval Services* (Abrufdienste) definiert, bei denen Daten- bzw. Informationsbanken abgefragt werden. Ein Beispiel dafür ist Bildschirmtext (Btx). In der Breitbandkommunikation ist hierunter z. B. der Abruf hochauflösender Bilder zu sehen.

Bei den Verteildiensten sind zunächst die *Distribution Services Without User Individual Presentation Control* (Verteildienste ohne benutzergesteuerte individuelle Nachrichtenpräsentation — oder einfacher: normale, von vielen gleichzeitig zu empfangende Hörfunk- und Fernsehprogramme) zu nennen. Eine Alternative dazu sind *Distribution Services With User Individual Presentation Control,* d. h. der Benutzer kann die von ihm gewünschten Informationen (z. B. ein individueller Filmwunsch) gezielt aus einem allgemeinen Angebot abrufen.

Einige Beispiele für das Dienstangebot, willkürlich herausgegriffen [7.6]:

Telex

oder „Fernschreiben" ist ein Teledienst, also von „jedem zu jedem" Telexteilnehmer kompatibel, die Teilnehmer sind einem öffentlichen Verzeichnis zu entnehmen. 1986 gab es im weltweiten Telexnetz 1,7 Millionen Teilnehmer in 207 Ländern der Erde, in der Bundesrepublik 167 000. 1933 wurde in Deutschland das erste Teilstück eines öffentlichen Fernschreibwählnetzes zwischen Berlin und Hamburg eröffnet, mit 18 Teilnehmern in Berlin und 13 in Hamburg.

Das standardisierte Telegrafenalphabet enthält 26 lateinische Buchstaben (nur Groß- oder Kleinschreibung) 21 Ziffern und Sonderzeichen und 4 Zusatzzeichen. Die Übertragungsgeschwindigkeit beträgt 400 Zeichen pro Minute und entspricht damit weniger als 50 bit/s.

Teletex

oder „Bürofernschreiben" ist ebenfalls ein Teledienst und wurde 1981 in der Bundesrepublik eingeführt. Der Grundgedanke ist, die „Fernschreibstelle" (Telex) zu dezentralisieren und fernschreibfähige Schreibmaschinen in jedes Büro zu stellen. Dementsprechend steht auch der gesamte Zeichenvorrat einer Norm-Schreibmaschinentastatur zur Verfügung. Er besteht aus 309 Zeichen, davon 234 alphabetische Zeichen, 10 Ziffern, 5 Währungszeichen, 18 Schrift- und Satzzeichen, 7 mathematische Zeichen u. a. m. Die Übertragungsgeschwindigkeit beträgt 2400 bit/s, so daß eine DIN-A4-Seite in ca. 10 Sekunden übertragbar ist. In der Bundesrepublik wird Teletex im leitungsvermittelten Datex-Netz abgewickelt (vgl. Tabelle 6.1). Ende 1987 gab es hier (erst) etwa 18 000 Anschlüsse [7.7].

Telefax

Dieser Teledienst erlaubt das „Fernkopieren": Die Vorlage wird fotoelektronisch in Rasterpunkte zerlegt, die in elektrische Signale umgewandelt und über den analogen Telefonanschluß — also im Fernsprechnetz — übertragen werden. Am Empfangsort wird dieser Vorgang umgekehrt. Telefax erlaubt also die Telekommunikation nicht nur maschinengeschriebener Texte (wie Telex und Teletex), sondern auch von

Handschriften und Zeichnungen. Als „Faksimile"-Übertragung wird die Technik seit langem eingesetzt, der Telefax-*Dienst* besteht in der Bundesrepublik jedoch erst seit 1979. Ende 1987 gab es bereits etwa 84000 Anschlüsse [7.7].

Es gibt Fernkopierer verschiedener Gruppen. Gruppe-2-Kopierer übertragen eine DIN-A4-Seite in ca. 3 Minuten, die Auflösung beträgt 3,85 Zeilen/mm. Geräte der Gruppe 3 benötigen je nach Typ für die Übertragung zwischen 20 und 60 Sekunden, hier ist auch eine Auflösung von 7,7 Zeilen/mm möglich. Mit dem ISDN werden Geräte der Gruppe 4 bei noch höherer Auflösung eingesetzt, die Übertragungszeit beträgt nur noch etwa 10 Sekunden. Durch Umsetzungen im Netz (OSI Schicht 6!) wird für Kompatibilität untereinander gesorgt.

Datenübermittlungsdienste
CCITT-Empfehlung X.1 [7.8] legt in *Benutzerklassen* Übertragungsmoden (Leitungs-, Paketvermittlung) und Übertragungsbitraten der Dienste fest, welche die DBP TELEKOM als „Datex-L" und „Datex-P" anbietet (s. Tabelle 6.1). Bei diesen Diensten wird mit den Schnittstellen X.21 bzw. X.25 für Kompatibilität bei Verbindungsaufbau und -abbau gesorgt, die höheren OSI-Schichten müssen allein zwischen den Kommunikationspartnern verabredet sein. Als Bitraten bietet die Telekom u. a. an: 1200 bit/s (nur Datex-P), 2400 bit/s, 4800 bit/s, 9600 bit/s, 48 000 bit/s (nur Datex-P), 64 000 bit/s (nur Datex-L) [7.9].

Die bisher aufgezählten Dienste fallen in die Kategorie der „Conversational Services", auch wenn darunter oft nur *gerichtete* Datenkonversation zu verstehen ist. Zu der Klasse der „Messaging Services" dagegen zählt der Teledienst:

Bildschirmtext (Btx)
Die Grundidee stammt noch aus den 70er Jahren (Großbritannien): Der in praktisch jedem Haushalt vorhandene Fernseher sollte als „Heimterminal des Normalverbrauchers" ausgenutzt werden, wobei das fast ebeso verbreitete Telefon als Anschluß an das Kommunikationsnetz — in diesem Fall also an das Fernsprechnetz — dient. Attraktive Informationsangebote sollten vornehmlich den privaten Benutzer in seinem Heim ansprechen, man erhoffte sich einen neuen „Massendienst". Im Mai 1983 hatte das Marktforschungsunternehmen Diebold für 1986 700 000 und für 1988 bis zu 2,2 Millionen Anschlüsse in der Bundesrepublik hochgerechnet. Tatsächlich wurde im Februar 1988 „erst" die Zahl von 100 000 Anschlüssen erreicht bei überwiegend geschäftlicher Nutzung [7.10]. Immerhin hat Btx damit Dienste wie Teletex und Datex in der Verbreitung weit hinter sich gelassen.

Es gibt viele Gründe für den gegenüber den Erwartungen enttäuschenden Anlauf des Btx-Dienstes. Einer davon liegt in dem Problem vieler neuer Dienste: Es fehlen im Einzelfall die Kommunikationspartner, weil sie noch nicht Teilnehmer sind. Hier hat die französische Post einen interessanten Weg eingeschlagen: Sie stellt den Telefonteilnehmern ein einfaches Terminal (Minitel) zur Verfügung, mit dem gleichzeitig die „Telefonbücher" ersetzt werden. Der Teilnehmer erfragt eine Telefonnummer also kostenlos über das Terminal. Damit wurde eine wichtige Vorleistung erbracht, welche längst zu millionenfacher Verbreitung dieses „Teletel"-Dienstes geführt hat (1989 ca. 3 Millionen). Das Dienstangebot geht freilich weit über das „elektronische Telefonbuch" hinaus. Besonders beliebt ist das Knüpfen von Bekanntschaften mit „Gleichgesinnten"! Übrigens sind die über das Telefonbuch hinausgehenden Nutzungen natürlich nicht kostenlos.

7.1 Definitionen und Übersicht

Anfangs war die Präsentationsqualität des Dienstes — damals spöttisch „LEGO-Bild" genannt — nicht besonders attraktiv.

1981 einigten sich die europäischen Postverwaltungen auf den komfortableren CEPT-Standard, der ab 1983 in der Bundesrepublik eingeführt wurde. Texte und Graphiken lassen sich in acht Standardfarben mit voller Intensität und acht Standardfarben mit reduzierter Intensität darstellen. Weitere 16 Farben sind aus insgesamt 4096 Farbabstufungen frei definierbar und in das Terminal fernladbar. Der Zeichenvorrat verfügt über 580 Schrift-, Sonder- und Grafikzeichen, davon 94 frei definierbar und fernladbar. In einem Rastermaß von 24 (bzw. 20) Zeilen beträgt die Auflösung je Zeichen 12 × 10 Bildpunkte [7.11]. Normalerweise enthält eine Zeile (nur) 40 Zeichen. Längst haben sich — über die ursprüngliche Absicht hinaus — spezielle Terminals (anstelle des Standard-Fernsehapparates) durchgesetzt, von der DBP TELEKOM als *Multitel* in verschiedenen Ausführungsformen bezeichnet. Aber auch Personal Computer lassen sich mit Modem und Btx-Decoder zur Umwandlung der einlaufenden und abgehenden Daten für Btx einrichten. Dort sind auch 80-Zeichen-Varianten möglich, bei denen im Btx-System 80-Zeichen-Masken übertragen werden [7.12].

Btx ist ein universelles Informations-, Auskunfts- und Mitteilungssystem. Zusätzlich ist attraktiv, daß über das Diensteangebot der TELEKOM hinaus Private vielfältige Dienste in sog. externen Rechnern zur Verfügung stellen können. Besonders beliebte Anwendungen sind Telebanking, Verbraucherberatung, Reiseauskünfte, Versandhandel. Weniger gefragt sind Lehr- und Spielprogramme, Ärger bereitet ein durch Werbung überladener „Briefkasten". Geschäftlich liegen Schwerpunkte bei der Steuerung des Außendienstes (Mitteilungsdienst für die Vertreter, auch über „Akustikkoppler" von normalen Telefonanschlüssen realisierbar), Bestellsysteme, Electronic Mail [7.13].

Mehrfache Sicherungen schützen von mißbräuchlicher Btx-Benutzung. Mit der Verbindung zur Btx-Zentrale wird vom Btx-Modem automatisch eine Anschlußkennung ausgesendet. (Optional kann Btx auch von fremden Anschlüssen aus erreicht werden, wichtig z. B. für Vertreter, die mit ihrer Firma in Verbindung treten wollen.)

Sodann muß der Benutzer ein persönliches vier- bis achtstelliges Kennwort aussenden, das er selbst bestimmen und auch verändern kann. Wird an einem Tage das persönliche Kennwort mehrfach falsch eingegeben, so sperrt das Btx-System automatisch den Zugang. Buchungen, Bestellungen, Kontostandabrufe werden durch Eingabe einer weiteren persönlichen Identifizierungsnummer (PIN) geschützt. Geldüberweisungen erfordern darüber hinaus die Vergabe von Transaktionsnummern (TAN), die der Kontoinhaber von seinem Geldinstitut als Liste erhält. Jede TAN kann nur einmal verwendet werden [7.14].

Einige Anmerkungen zur Technik: Kernstück der hierarchischen Btx-Systemarchitektur ist die Leitzentrale in Ulm. Dort sind die Informationen aller Anbieter, alle benötigten Teilnehmerdaten und alle Mitteilungen im Original gespeichert. An die Leitzentrale angeschlossen sind 51 regionale sog. Btx-Vermittlungsstellen in 49 Standorten. Eine Btx-Vermittlung besteht aus zwei Datenbankrechnern, zwei Verbundrechnern und bis zu sechs Teilnehmerrechnern (Bild 7.1).

Die Datenbankrechner halten die in der jeweiligen Region am häufigsten gefragten Informationsseiten zusätzlich zur Leitzentrale, so daß aus jener nur noch 2 % der

Seiten abgerufen werden müssen. Über die Verbundrechner und das paketvermittelnde Datexnetz werden die externen Rechner der privaten Anbieter erreicht. Die Teilnehmerrechner bilden schließlich die eigentliche Schnittstelle zum Nutzer. Sie bearbeiten alle anfallenden Verbindungen. Die in jeder Vermittlungsstelle vorhandenen Ersatzrechner sorgen für hohe Verfügbarkeit des Systems.

Als Zubringer zu den Btx-Vermittlungen dient das Fernsprechnetz. Dabei gilt bundesweit unabhängig von der Entfernung zur nächstgelegenen Btx-Vermittlung der Nahtarif bei einer Übertragungsgeschwindigkeit von 75 bit/s vom Teilnehmer zur Zentrale und von 1200 bit/s in umgekehrter Richtung. In Orten mit eigener Btx-Vermittlungsstelle ist der Zugang mit 1200 bit/s in beiden Richtungen, in einigen Orten mit 2400 bit/s in beiden Richtungen möglich.

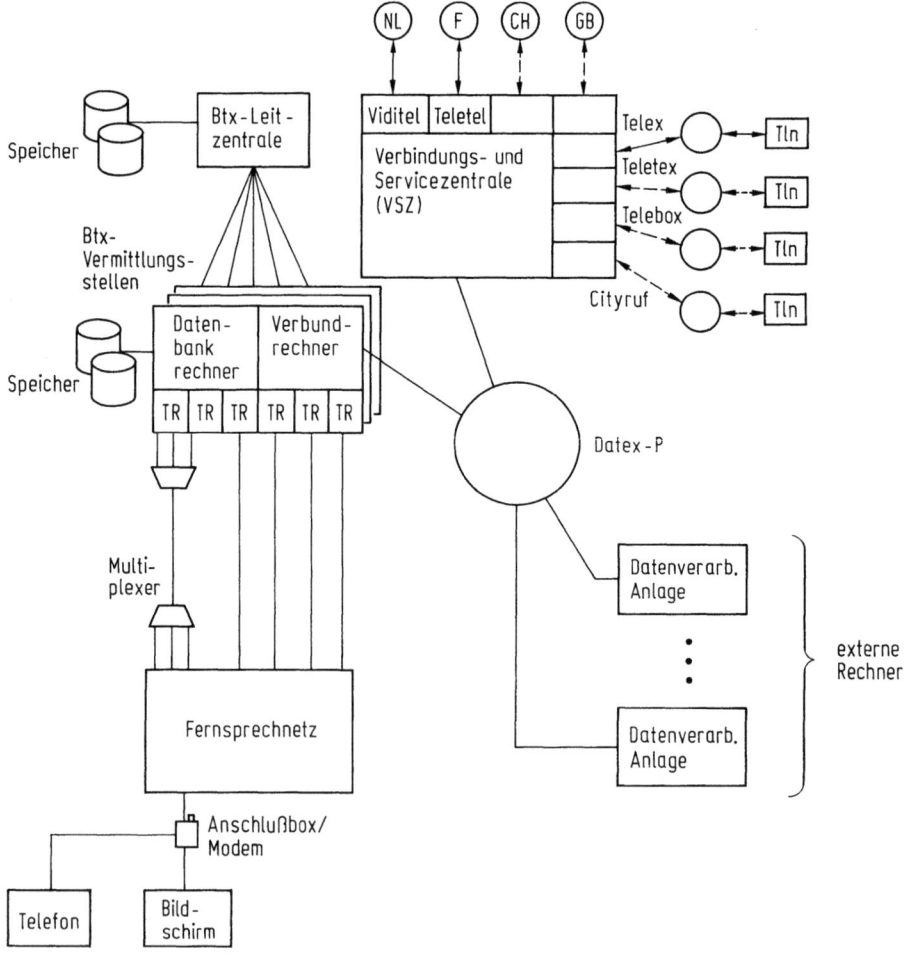

Bild 7.1. Das Bildschirmtext (Btx)-Netz.
NL-F-CH-GB Länderbezeichnungen, TR Teilnehmerrechner, Tln Teilnehmer, ○ Netze

Eine Service-Zentrale enthält Verwaltungsfunktionen, Bedienungsanleitungen und aktuelle Hinweise. Ferner sind Übergänge zu anderen, dem Btx vergleichbaren Systemen in anderen Ländern sowie zu anderen Netzen vorhanden oder geplant [7.12].

TEMEX
TEMEX ist ein aus „Telemetry Exchange" gebildetes Kunstwort und bezeichnet einen Dienst für die Übertragung von Fernwirkinformationen, den man wohl auch in die Kategorie der interaktiven Übermittlungsdienste einordnen kann. Fernwirken ist der Sammelbegriff für Fernanzeigen, Fernmessen, Fernschalten, Ferneinstellen. Grundgedanke ist die Mitausnützung der vorhandenen Fernsprechanschlußleitung für die Übertragung von z. B. Alarmmeldungen (Einbruch, technische Störungen), Meßwertfernablesung, Energiesteuerung in Gebäuden. Hierzu werden die TEMEX-Signale auf der Telefonleitung im 40-kHz-Bereich übertragen. Auf der Teilnehmerseite erfolgt die Ein- bzw. Auskoppelung der Signale durch den TEMEX-Netzanschluß (TNA), an den die privaten Fernwirkeinrichtungen angeschlossen werden. Auf der Vermittlungsseite greift eine TEMEX-Zentrale (TZ) vor den Vermittlungseinrichtungen auf die Leitung zu. Die TZ ist mit einer Fernwirkleitstelle (FWLST) über eines der öffentlichen Netze verbunden. Die FWLST ist für die Bearbeitung der TEMEX-Aufträge zuständig. — Ende 1988 wurde nach Versuchsbetrieb die TEMEX-Serientechnik eingeführt. Ab 1990 wird der Dienst flächendeckend angeboten [7.15].

ISDN-Dienste
Über ISDN gibt es bereits sehr viel Literatur, ständig erscheinen neue Veröffentlichungen. Hier soll nicht der Versuch unternommen werden, darüber zu referieren (auf [7.1] wurde bereits hingewiesen). Sehr verkürzt: Das ISDN-Netz erlaubt es, alle vorgenannten Dienste mit verbesserter Qualität anzubieten. Das liegt an der hohen Übertragungskapazität von wenigstens zwei unabhängigen Kommunikationskanälen, an dem leistungsfähigen Signalisierungskanal, der auch z. B. für Fernwirkinformationen genutzt werden kann. Die Übermittlung der verschiedenen Dienste in einem einheitlichen Netz erlaubt es, verschiedene Kommunikationsformen miteinander zu kombinieren („Mischkommunikation") und auch die verschiedenen Endgerätefunktionen in einem „multifunktionalen Terminal" zusammenzufassen.

7.2 Dienste im intelligenten Netz, offene Netzarchitekturen

In Abschnitt 6.8 wurde ein anspruchsvolles Beispiel für ein „intelligentes Netz" vorgestellt. Nunmehr werden einige Anwendungen derartiger Netze erläutert [6.75].

Green Number Services (GNS) (vgl. Bild 6.50)
Dieser Dienst wird auch nach seinem Zugangscode benannt, in den USA „800", in der Bundesrepublik (eingeführt 1983) „130". Mit der Vorwahl 01 30 erreicht man die technischen Einrichtungen dieses Dienstes. Die an den Dienst angeschlossenen Teilnehmer — im allgemeinen Wirtschaftsunternehmen mit vielen Filialen an unterschiedlichen Standorten — erhalten eine für die ganze Bundesrepublik einheitliche z. B. vier- oder fünfstellige Rufnummer (bis 1991 ist die Vergabe von etwa 20 000

Rufnummern geplant) [7.16]. Die Wahl dieser Rufnummer schließt an die Vorwahl an. Die technischen Einrichtungen (also z. B. der Service Control Point in Bild 6.51) werten diese Rufnummer in die tatsächliche Rufnummer des angewählten Teilnehmers um und veranlassen den Verbindungsaufbau zu dem damit vorgegebenen Ziel. Dieses Ziel kann z. B. die zentrale Auftragsannahme eines Versandhauses sein, oder aber es wird die dem Rufenden jeweils nächstgelegene Filiale angewählt. Für den Rufenden ist die Verbindung gebührenfrei (USA), oder sie erfolgt zum Ortstarif (Bundesrepublik) unabhängig von der Entfernung. Die angefallenen (Fern-)Gebühren übernimmt der Angerufene. Der Dienst hat sich sehr bewährt, er führt in jeder Hinsicht zur „Belebung des Geschäftes".

Das technisch für diesen Dienst notwendige „Wissen" um Rufnummern und zugehörige Anschlußlagen überdeckt nationale oder sogar internationale Bereiche. Es muß aus Gründen der Operabilität (z. B. bei kurzfristigen Änderungen der Adressenzuordnungen, um Belastungsschwankungen auszugleichen) und letztlich auch des Aufwandes zumindest bereichsweise zentralisiert werden.

Alternate Billing Service (ABS)

Bei Inanspruchnahme dieses Dienstes werden die Gebühren nicht vom rufenden Teilnehmer, sondern vom Angerufenen oder einem Dritten übernommen. Probleme bei diesem Dienst sind, daß erstens der Rufende ihn von jedem beliebigen Punkt des Dienst-Geltungsbereichs aus aufrufen kann und daß zweitens der mit den Gebühren zu Belastende mit der Gebührenübernahme einverstanden sein muß. Sofern der Dienst vom Beamten (innen) wahrgenommen wird, ist flexible Kommunikation mit Rufendem und Angerufenem möglich, um die Berechtigungen abzuklären. Für die weniger flexiblen Automaten sind strenge Regeln erforderlich. So muß sich die Gebührenfreiheit erheischende Person zunächst zweifelsfrei vorstellen, etwa durch über Wahlorgane eingegebene Identitätskennzeichen (vgl. Abschnitt 7.1, Btx) oder durch eine in das Terminal einsteckbare Identitätskarte („Chipkarte", Calling Card). Sodann ist in einer zentralen Datei zu erfragen, ob und unter welchen Bedingungen der Angerufene oder ein Dritter zur Gebührenübernahme bereit ist. Ggf. ist eine „Anfrage" beim Übernehmer zu veranlassen, dies natürlich automatisch über Signalisierungsvorgänge. Schließlich — und das ist vergleichsweise das geringste Problem — müssen die „irgendwo" im Netz anfallenden Gebühren dem Übernehmer angelastet werden.

Dieser Dienst ist ein Beispiel für hohe Komplexität, die zentrale Steuerungsorgane und ein leistungsfähiges Signalisierungssystem (System Nr. 7, Abschnitt 5.6) erfordern.

Private Virtual Network (PVN)

Große Firmen oder Behörden mit Dienststellen an verschiedenen Standorten verknüpfen ihre Standorte häufig über fest gemietete Leitungen bzw. Kanäle. Die verschiedenen Standorte können von den Firmen- oder Behördenangehörigen über interne Standortkennzahlen angewählt werden. Die Organisationen verfügen damit über ein *Privatnetz* mit eigenen Vermittlungen, die über im öffentlichen Netz gemietete Kanäle verbunden sind. Derartige Privatnetze sind im Vergleich zu dem öffentlichen Netz relativ klein. Das bedeutet aber auch, daß sich statistische Verkehrs-

7.2 Dienste im intelligenten Netz, offene Netzarchitekturen

schwankungen stärker als im öffentlichen Netz auswirken (vgl. Abschnitt 2.2.2), also die Verkehrswege entsprechend relativ stark dimensioniert werden müssen (vgl. Bild 2.8). Ein *virtuelles* Privatnetz verhält sich nun dem privaten Benutzer gegenüber unverändert, stellt jedoch die einzelnen Verbindungen erst bei aktuellem Bedarf im öffentlichen Netz her. Dadurch lassen sich Mietgebühren sparen — ein attraktives Angebot eines Netzbetreibers (der ggf. mit anderen Netzbetreibern neuerdings konkurrieren muß!) an den Benutzer. Technisch ist — ähnlich wie im Dienst 130 — aus der vom Teilnehmer gewählten Standortkennzahl spezifisch für jede Organisation die tatsächliche Rufnummer im öffentlichen Netz zu bestimmen. Aus Gründen der Operabilität ist eine Zentralisierung dieser Umwertungen zweckmäßig. Ferner muß ein leistungsfähiges und schnelles Signalisierungskonzept realisiert sein.

Area-wide Centrex (AWC)

Dies ist eine gegenüber dem PVN noch weiterführende Technik. Unter „Centrex" versteht man die Übernahme von Nebenstellenanlagenfunktionen durch das öffentliche Netz. Alle Nebenstellen sind über individuelle Kanäle (die natürlich auf der Anschlußleitung/den Anschlußleitungen multiplext werden können) mit der öffentlichen Ortsvermittlungsstelle (die z. B. in Räumen des betreffenden Bürohochhauses untergebracht sein kann) verbunden. Für den Nebenstellenbenutzer ergibt sich kein Unterschied gegenüber einer eigenständigen Nebenstellenanlage: Er wählt die individuell vergebenen verkürzten Nebenstellen-Rufnummern seiner Organisation und kann auch die im allgemeinen weitergehenden Leistungsmerkmale der Nebenstellentechnik in Anspruch nehmen (z. B. Verbindungsherstellung nach Freiwerden eines zuvor besetzten Teilnehmers).

„Area Wide" heißt nun, daß diese Funktionen nicht nur für den Einzugsbereich einer Ortsvermittlung realisiert werden, sondern übergreifend für einen ganzen Bereich, in dem sich z. B. die Geschäftsstellen einer Organisation befinden. Für diesen Bereich läßt sich organisationsweise ein einheitliches Numerierungsschema verwenden. Beispielsweise kann eine Verbindung innerhalb dieses Schemas von einer Geschäftsstelle zu einer anderen Geschäftsstelle „umgelegt" werden, die Leistungsmerkmale der Centrex-Anlage sind an allen Standorten gleich. Die Einrichtungen des „intelligenten Netzes" werden ähnlich wie bei PVN, jedoch noch wesentlich intensiver genutzt, da sie praktisch bei *jeder* Verbindung assistieren müssen (bei PVN gilt dies nur für die den Standort verlassenden Verbindungen).

Diese Dienstbeispiele verdeutlichen gut eine der wesentlichen Funktionen des intelligenten Netzes (IN): Das IN hat einen weit über die einzelne Verbindungsstelle hinausgehenden Überblick über das Netz, es erkennt die über den örtlichen Bereich hinausgehenden „weitspannenden" Wünsche der Teilnehmer und veranlaßt deren Ausführung in den beteiligten Vermittlungen. Das IN ist gewissermaßen der „Chef", der seinen „Mitarbeitern" Aufträge erteilt, ohne selbst bei deren Ausführung tätig zu werden.

Die Dienste des IN wie z. B. GNS, ABS usw. müssen entsprechend den Wünschen der Teilnehmer zunächst *eingerichtet* werden, ehe sie dann in Anspruch genommen werden können. Dies geschieht über das Service Management System SMS (Bild 6.51), das ein „Operator" mit seinem Terminal bedient. Dabei ist daran gedacht, dies nicht nur durch Personal des Netzbetreibers durchführen zu lassen, sondern den Teilnehmer selbst mit der Eingabe seiner häufig rasch wechselnden Wünsche zu betrauen (Customer Programmability). Dies gilt z. B. für die Rufnummern bei AWC, welche die Mitarbeiter bei Versetzung an andere Standorte „mitnehmen" können.

Während die Motivation für technische IN-Konzepte in dem großen Erfolg des zuerst in den USA eingeführten „Green Number Service" zu sehen ist, der entsprechende Erfolge auch für weitere netzüberspannende Dienste erwarten läßt, sind ähnlich umfassende Konzepte mit ebenfalls gravierenden Auswirkungen ordnungspolitisch begründet, nämlich mit dem legislativ und exekutiv zu fördernden Telekommunikationswettbewerb. Angestrebt werden „offene Netzarchitekturen" (USA: Open Network Architecture ONA) bzw. die Einrichtung eines „offenen Netzes" (EG: Open Network Provision ONP), welche es privaten Anbietern von Mehrwertdiensten (Enhanced Service Providers ESP) ermöglicht, ihr Angebot auf den Diensten der öffentlichen (Public) Netzbetreiber aufzusetzen. Die insgesamt sehr komplexe und diffuse Materie sei an einem einfachen Beispiel erläutert [7.17]. Einer der ärgerlichsten Telekommunikationsmißerfolge ist es, wenn man den gewünschten Partner nicht erreicht, sei es wegen dessen Abwesenheit oder weil er „besetzt" ist. Ein *privat* angebotener Mehrwertdienst könnte es nun sein, in diesen Fällen eine — wie auch immer geartete — Botschaft aufzunehmen und möglichst rasch dem Empfänger zuzustellen. Hierfür muß der *öffentliche* Netzbetreiber Voraussetzungen erfüllen: Er muß *erkennen*, daß für einen bestimmten rufenden Teilnehmer unbeantwortete oder wegen „Besetztsein" erfolglose Anrufe zu einem ganz bestimmten Privatanbieter *weitergeleitet* werden sollen, und er muß dieses bewerkstelligen.

Nun hat der öffentliche Netzbetreiber in seinen Vermittlungen derartige „Erkennungsfunktionen" bisher entweder gar nicht vorgesehen, oder er hat sie genutzt, um selbst einen entsprechenden Dienst (z. B. Telefon-Auftragsdienst) anzubieten. Dieser ist ein deutlich über den Basisdienst von Verbindungsaufbau und -abbau hinausgehender Mehrwert, der sich neuerdings dem Wettbewerb zu stellen hat. Das bisher in die technischen Vermittlungsfunktionen des öffentlichen Betreibers *integrierte* „Erkennungs- und Weiterleitungspaket" muß also aus dieser Integration herausgelöst werden und „offen" — also mit definierten logisch/technischen Schnittstellen — etwaigen Wettbewerbern zur Verfügung gestellt werden (Unbundling).

Das „Erkennungs- und Weiterleitungspaket" ist in ONA-Sprache ein *Basic Service Element* (BSE) und heißt dort *Call Forwarding Busy line / Don't Answer* (CFDA). Es gibt zahlreiche weitere derartige BSEs, zum Beispiel *Automatic Number Identification* [7.18]. Derartige BSEs können auch kombiniert werden — wie etwa die zuvor genannte Identifizierung des Rufenden mit dessen Anzeige beim Angerufenen, mit der Anzeige bei einem Dienst zur Verfolgung böswilliger Anrufe, mit der Auswertung zur Übernahme der Gesprächsgebühren durch den Angerufenen usw. Es ist leicht einzusehen, daß die Definition von BSEs technisch ähnlich konsequenzenreich ist wie die Definition von „Functional Components" im Rahmen des IN/2 (Abschnitt 6.8). Sie bedeutet eine Software-Strukturierung nach neuen Gesichtspunkten, massive Eingriffe in vorhandene Softwaresysteme, erheblichen Entwicklungs- und Änderungsaufwand. IN und ONA sollten also von den Herstellern als technische Umstrukturierungsanforderungen zusammen verfolgt werden, wobei als

7.2 Dienste im intelligenten Netz, offene Netzarchitekturen

Erschwernis bei beiden Konzepten noch keine Konvergenz der Spezifikationen erkennbar ist (Stand 1989).

Um das US-Konzept ONA zu vervollständigen: Neben den BSE dient das *Basic Serving Arrangement* (BSA) der Verbindung des privaten Anbieters (ESP) mit dem öffentlichen Netz und darüber hinaus dessen Verbindung zwischen den verschiedenen öffentlichen Netzteilen. Damit zusammenhängend sind die über den Netzanschluß vom ESP ansprechbaren öffentlichen Netzfunktionen zu definieren. Entsprechend werden mit den *Complementary Network Services* (CNS) die vom Teilnehmer aufrufbaren ESP bzw. deren Dienste festgelegt. — Fortschritte in den ONA-Definitionen werden in den USA durch massive Interessenkonflikte erschwert. Teilnehmer, ESPs und die derzeit noch auf die regulierten Basisdienste begrenzten BOCs verfolgen ihre eigenen Vorteile. Ein funktionierendes ONA-Konzept ist Voraussetzung für die Freigabe des Angebots der lukrativen Mehrwertdienste auch für die BOCs, andererseits wollen sie ihren dann konkurrierenden ESPs mit ONA nicht zu viele Vorteile einräumen. Die Vielzahl und Varianz möglicher BSE-Definitionen erschwert die Einigung auf ein Ziel, welches nach Meinung einiger nicht vor 1995 erreicht werden dürfte [7.19].

In Europa bemüht sich die Europäische Kommission um ein harmonisiertes und dem fairen Wettbewerb geöffnetes Netz (Open Network Provision ONP) für die anbrechende Zeit des Gemeinsamen Marktes. Die „Gruppe hoher Beamter Telekommunikation" (SOGT) übertrug die Ausarbeitung von Vorschlägen zur Festlegung und Entwicklung der Grundsätze für ONP seiner Untergruppe für Analysen und Prognosen (GAP), die zunächst die Grundlagen für eine aus neun Stufen bestehende Vorgehensweise erarbeitet hat. Mit „Schritt drei" wird SOGT aufgefordert, bei vorgegebenem Terminplan „Untersuchungsberichte" über vordringliche Bereiche der ONP-Definitionen anzufertigen. Diese Aufgabe obliegt GAP [7.20]. Die drei Hauptbereiche für die Entwicklung von harmonisierten ONP-Bedingungen sind:

Definition technischer Schnittstellen und Dienstmerkmale

Soweit möglich, sollen bestehende Schnittstellen benutzt werden. Für die Fälle, in denen neue Normen notwendig sind, soll das *Europäische Institut für Telekommunikationsnormen* (ETSI) entsprechende Standards unter Berücksichtigung der internationalen Normen entwickeln.

Definition von Nutzungsbedingungen

Die Bedingungen zur Nutzung von ONP-Angeboten der öffentlichen Netzbetreiber werden in Parametern festgehalten wie Bereitstellungszeit, Vertragsdauer, Dienstqualität, Nutzung durch Dritte, Wiederverkauf der Kapazität.

Definition von Gebührengrundsätzen

Hier werden Leitlinien aufgezeigt: Gebühren für ONP-Angebote sollen kostenorientiert sein und für alle Benutzer in nichtdiskriminierender Weise gelten.

Im Sinne der zuvor im Zusammenhang mit ONA diskutierten technischen Problematik ist insbesondere der erste Hauptbereich relevant. Erste GAP-Vorschläge betreffen ONP für öffentliche Datennetze (Oktober 1989) [7.21].

7.3 Nutzungsszenarien

7.3.1 Heim

Wie mag der private Mensch, der Freizeitmensch des „Volkes der Dichter und Denker" mit dem kommenden Informationszeitalter umgehen? Denn dieser Mensch wird (voraussichtlich) immer mehr Freizeit haben. Er muß heute (leider?) noch an 200 von 365 Tagen arbeiten, im Jahre 2010 sollte dies umgekehrt sein [7.22]. Wird er sich also die Hälfte seines Lebens vor dem Riesenbildschirm (mit 2 m Diagonale) mit HDTV-Information unterschiedlicher semantischer Qualität überfluten lassen, oder zieht es ihn — von den obligaten Urlauben in fernen Ländern einmal abgesehen — zu kreativer Tätigkeit? Wird er anfangen zu schreinern und zu drechseln, zu malen, Gedichte zu schreiben?

Dies mag so oder so sein, auch im „Denkerland" sind die Menschen sehr verschieden. Schöngeistige Ideale lassen sich nicht erzwingen. Aber viele Menschen werden der ständigen Informationsberieselung überdrüssig werden und dem evolutionären Erbe der Natur nachgeben: Neugier (Wissensdurst) befriedigen, Neues schaffen, sich (wie auch immer) profilieren!

Die *Informationstechnik* ist eine Dienerin. Sie stellt wertfrei ihre technischen Möglichkeiten zur Verfügung —, sie hat nicht die Aufgabe, in dieser oder jener Form Erziehung zu diesen oder jenen Zielen zu bewirken. Diesen Auftrag haben (und mißbrauchen auch) andere Institutionen. Informationstechnik ist nicht gut oder schlecht, ihr Gebrauch oder Mißbrauch macht Gutes oder Schlechtes aus ihr. Man darf sie dem Menschen nicht vorenthalten wollen, weil dieser nicht nur das eine, sondern auch das andere mit ihr schafft.

Mit anderen Worten: Informationstechnik soll der Vielfalt menschlicher Interessen gerecht werden, welche nur durch die sittlichen und gesetzlichen Normen unserer Gesellschaft begrenzt werden. Demzufolge muß sie Strukturen („Architekturen") bieten, die universell nutzbar und dem individuellen Bedarf anzupassen sind.

Es gibt eine alltägliche Parallele: Der „Strom aus der Steckdose" ist aus den Bedürfnissen unserer Zivilisation nicht mehr hinwegzudenken, er kann aber auch zum verbrecherischen Anbohren eines Panzerschrankes oder zum Ausüben eines Strom-Attentats auf ein „Opfer in der Badewanne" mißbraucht werden. Die Parallele geht weiter: Über die in der Wohnung verteilten Steckdosen können „Terminals" unterschiedlichster Art angeschlossen werden: Stehlampen, Staubsauger, Bügeleisen. Je höher die Absicherung der Steckdosen ist, desto vielfältiger und anspruchsvoller sind die Nutzungsmöglichkeiten. Kein Mensch wird diesen Strom aus der Steckdose in Frage stellen!

Somit sollte es auch — über das Heim verteilt — die „Information aus einer einheitlichen Steckdose" geben. Das angeschlossene Terminal erkennt, welche der angebotenen Informationskategorien es an den „Benutzer" Mensch oder Maschine weitergeben muß. Umgekehrt wird das Terminal vom Menschen genutzt, um Information an die „Steckdose" abzugeben (hier versagt die Parallele zur Strom-Steckdose!). Die „Höhe der Absicherung" bei der Energieversorgung ist vergleichbar mit der „Bandbreite des Kommunikationsweges" bei der Informationsversorgung. Je

7.3 Nutzungsszenarien

größer diese Bandbreite wird, desto vielfältiger sind die Möglichkeiten für anschließbare Terminals.

Wie es ein „In-house"-Energieverteilungsnetz gibt, sollte es also auch ein „In-house"-Informationsverteilnetz geben, ein „Heim-LAN" etwa. In seiner leistungsstärksten Form wird dies ein breitbandiges Lichtwellenleiternetz sein (möglicherweise mit Plastik-Fasern). Der Benutzer kann, was er mag, dort anschließen.

Aber der Benutzer bewegt sich nicht in der Isolation einer Kommunikationsinsel. Er benötigt den Anschluß an die externe Kommunikationswelt. Wieder ist die Parallele zu der Absicherung im elektrischen Stromnetz sinnfällig: Je breitbandiger dieser Anschluß ist, desto vielfältiger sind die Nutzungsmöglichkeiten auch externer Informationsquellen und -senken.

Ein breitbandiger Telekommunikationsanschluß und ein breitbandiges Telekommunikationsnetz im Heim eröffnen also die Flexibilität, das Angebot des Informationszeitalters auf die eine oder andere Weise zu nutzen. Wie diese Nutzung aussieht, ist individuelle Entscheidung, die auch jederzeit nach oben oder unten zu korrigieren ist. Im Vergleich zur Energieverteilung: Der Benutzer kann wieder zur „Kerzenbeleuchtung" übergehen.

Dies sind vielfach überlegte und vorgeschlagene Gedanken. Als Beispiel ein Blick auf ein solches „Heimnetz" und seine Terminals (modifizierte Darstellung) [7.23]: Eine Telefon-Hauptstation und Nebenstationen können untereinander oder mit der Außenwelt kommunizieren (Bild 7.2). Das Türtelefon läßt sich von beliebiger Stelle abfragen. Es gibt Terminals für schnurlose Telefone. Ein Fernwirkzentrum sorgt für Fernsteuerung und Sicherheit (vgl. Abschnitt 7.1, TEMEX), Sensoren und Wirkpunkte (Aktoren) können gesondert verdrahtet oder ebenfalls an das Heimnetz angeschlossen werden (Aufwandsfrage). Hier sind neben den Kommunikationsmöglichkeiten von und zu der Außenwelt auch die internen Funktionen zu steuern: Licht, Heizung, Jalousie usw. Ein zentraler Anrufbeantworter registriert die für verschiedene Stationen hinterlassenen Nachrichten einschließlich von Türtelefon-Botschaften. Eine Gebührenmeldeeinrichtung unterscheidet die von den einzelnen Stationen verursachten Belastungen. Natürlich besteht die Möglichkeit — z.B. über Btx —, den Datenverkehr mit Behörden, Einkaufszentren, Banken, Reisebüros usw. usw. aufzunehmen. Im Breitband-Haushalt werden nicht Bildfernsprecher und Fernseher fehlen, ebenfalls an das Heimnetz angeschlossen.

Dies ist nicht nur Vision, sondern teilweise schon heute Realität. Der gegenüber heutigen *individuellen* Lösungen wichtige Fortschritt besteht in der Vorabinstallation eines leistungsfähigen, *universell* nutzbaren Kommunikationsnetzwerkes. (Die Alternative eines *drahtlosen* Netzes dürfte die erstrebenswerte Flexibilität und Sicherheit zumindest für die Breitbandkommunikation nicht erreichen.) Das Kommunikationsnetz ist „passiv", die angeschlossenen Terminals bestimmen die Nutzung. Standards sind notwendig.

Ende des 19. Jahrhunderts kam die elektrische Versorgung der Haushalte auf. Bis in die 50er Jahre des 20. Jahrhunderts hinein hielten sich die nachträglich in bestehende Bausubstanz hinein verlegten „Überputz"-Rohre des „neuen" elektrischen Stromversorgungsnetzes (der zweite Weltkrieg mit seinen Folgen mag diesen Prozeß verkürzt haben). Heute ist extensive und unsichtbare Verlegung des elektrischen Versorgungsnetzes eine Selbstverständlichkeit. — Vielleicht wird ein technischer

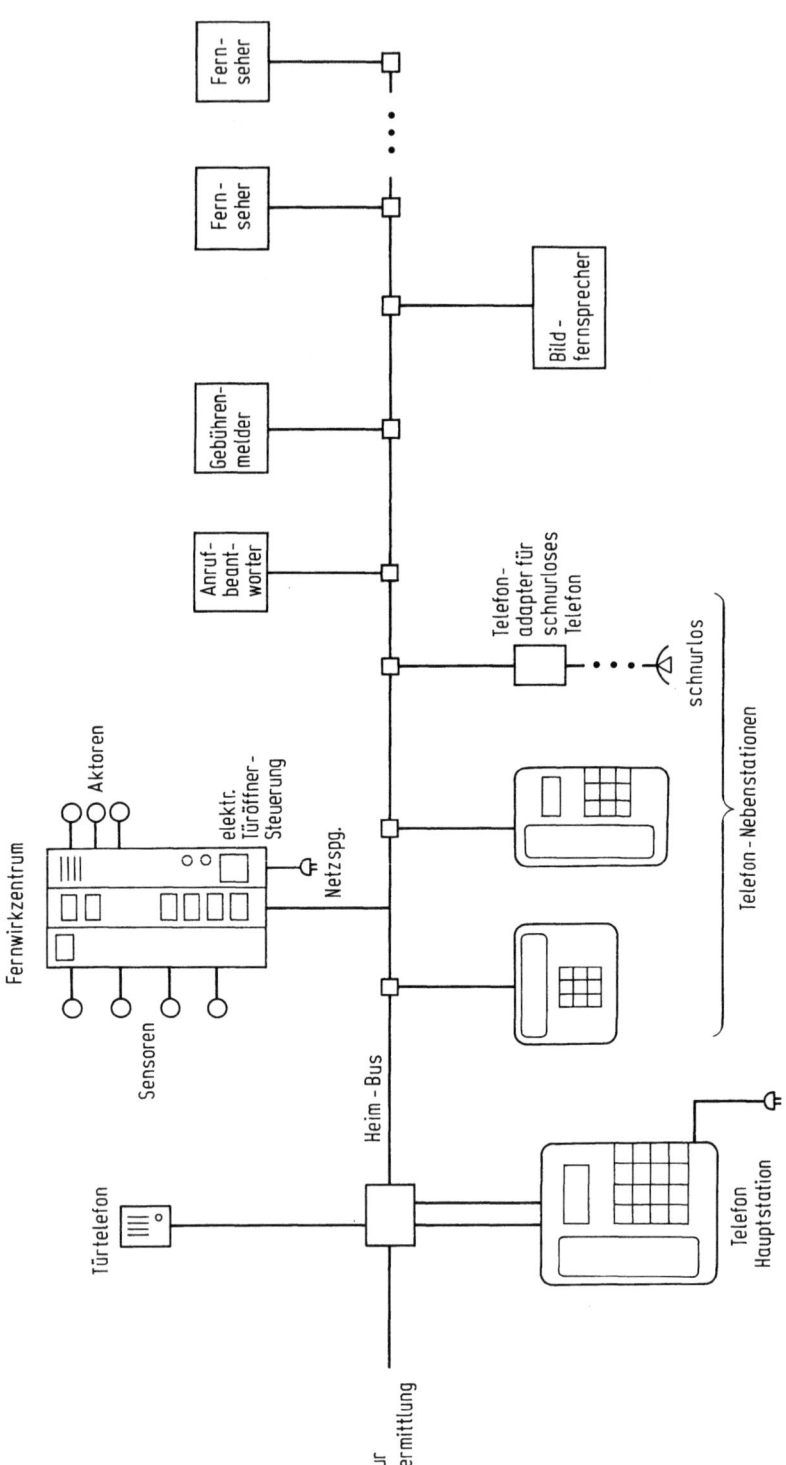

Bild 7.2. Beispiel eines Heimnetzes, ☐ Steckdose

Historiker Ende des 21. Jahrhunderts ähnliche Betrachtungen zur Entwicklung des „Heim-Kommunikationsnetzes" anstellen?

7.3.2 Büro

Das, wohin wir steuern, heißt unter verschiedenen Aspekten Informationsgesellschaft, Freizeitgesellschaft, Dienstleistungsgesellschaft. Allen gemeinsam ist im Ergebnis: Produktion wird durch Rationalisierung immer billiger, „Verwaltung" der Produktion und auch der Menschen immer teurer, echte Dienstleistung als Freizeitfolge immer vielfältiger. Mit dem Stichwort „Büro" ist der Verwaltungsbereich angesprochen, der sich vielfach in die „Dienstleistungen" einreiht.

In den Bereich der Verwaltung fällt viel Routine: Die abzuwickelnden „Büroprozesse" folgen einheitlichen Regeln, so etwa die Bearbeitung von Steuererklärungen oder von Dienstreisevorgängen vom Antrag bis zur Abrechnung. Die universelle Wirksamkeit solcher Regeln wird massiv unterstützt durch *Formulare*, welche die Vielfalt der Erscheinungsformen des täglichen Lebens in Rubriken zwängen. Und doch kommt es nicht selten vor, daß reale Umstände die Grenzen eines solcherart definierten Standard-Lebens überschreiten. Dann wird die kreative Entscheidung des Sachbearbeiters oder der Vorgesetzten gefordert. Es gibt also Routine und Kreativität im Büro in unterschiedlichen Mischungsverhältnissen. Dabei ist mittlerweile mehr als die Hälfte der in der Bundesrepublik Beschäftigten im Büro tätig, Tendenz steigend. Aber: während die Produktivität im Fertigungsbereich in den letzten 20 Jahren um 50 % stieg, wurden für den Bürobereich im gleichen Zeitraum lediglich etwa 5 % Steigerung verzeichnet [7.24].

Bei einer Firma geht eine Bestellung ein. Die Bestellung wird auf ein hausinternes Formular übernommen, der Besteller erhält eine Auftragsbestätigung mit Angabe der Konditionen. Beim Lager muß der Bestand abgefragt werden, dem Besteller wird die Lieferfrist angegeben. Das Lager erhält den Versandauftrag, der Lagerentnahmeschein registriert den Abgang, der Sendschein geht an den Empfänger, der Frachtbrief begleitet das Bestellgut. Schließlich wird die Rechnung versandt und der Zahlungseingang überwacht. Viele Formulare sind nötig. Immer wieder müssen Informationen von einem Formular auf das nächste übertragen und ergänzt werden. Dabei treten Fehler auf (menschliche Unzulänglichkeit), Formulare werden fehlgeleitet, versacken irgendwo. Ganz schlimm wird es, wenn Sendungen aus Produkten verschiedener Lieferfristen zusammengestellt werden müssen. Wann ist die Sendung vollständig?

Nehmen wir einen Mittelbetrieb an. Täglich gehen 100 Bestellungen ein. Jeder Bestellvorgang führt auf die oben geschilderte Weise zu 8 oder 9 ausgefüllten, z. T. mehrseitigen Formularen (mit entsprechenden Kopien) bei diesen oder jenen Sachbearbeitern. Jeder Bestellvorgang erfordert demnach wenigstens 10 Seiten Papier. 50 Seiten mögen 1 cm Papierstapel bedeuten. Jeder Vorgang verbraucht also 0,2 cm Papier, jeder Arbeitstag läßt die Akten um 20 cm anschwellen.

Die unterschiedlichen Formulare eines Bestellvorgangs enthalten zum größten Teil identische Informationen: Etwa 80 % des Inhalts des Versandauftrags werden aus der Auftragsbestätigung, 60 % des Inhalts des Sendscheins aus dem Versandauftrag und wiederum 80 % der Rechnung aus der Auftragsbestätigung und dem

Sendschein übernommen. Erfordert diese Übernahme von Information manuelle Schreib- oder Eingabearbeit, so nennt man dies einen „Medienbruch". Bis zu 50% der gesamten Bearbeitungszeit eines derartigen Bestellvorgangs werden heute zur Überwindung solcher Medienbrüche aufgewandt.

Vielleicht ist aber bereits das eine oder andere DV-Verfahren eingeführt, die Verwaltung der Lagerbestände etwa. Dann fallen der eine oder andere Zwischenschritt weg, nicht aber die Medienbrüche zur Eingabe der Daten und zur weiteren manuellen Bearbeitung der vom Rechner abgelieferten Ergebnisse. Vielleicht gibt es ein weiteres eigenständiges DV-Verfahren für die Rechnungserstellung und Zahlungsüberwachung. Für die Medienbrüche gilt hier das gleiche, es sei denn, beide DV-Verfahren arbeiten ohne (menschlichen) Mittler zusammen.

Das ist der Idealfall: DV-Verfahren sind mit kompatiblen Übergabeschnittstellen versehen und können nahtlos aneinandergereiht werden. Häufig sind die Verfahren allerdings universell ausgelegt, um die mit hohem Aufwand entwickelte Verfahrenssoftware breiter nutzen zu können. Zwischen den allgemeinen Verfahren müssen also auf den speziellen Anwendungsfall zugeschnittene Teile in den Büroprozeß eingefügt werden. Hier wird wieder der Mensch gefordert, er bringt (kreativ) die prozeßspezifischen Aspekte in die Verfahren ein und muß (routinemäßig) bereits vorhandene Information übernehmen.

Kann man den Menschen von diesen Routinearbeiten entlasten? – Das ist die Aufgabe von „Bürosystemen". Sie sollen prozeßspezifische Routineaufgaben automatisieren und ggf. den „Kitt" zwischen vorhandenen DV-Verfahren liefern, während der Mensch sich auf die spezifische und kreative Steuerung der *individuellen* Bürovorgänge konzentrieren kann. (Zur Erläuterung: Der „Büroprozeß" beschreibt die grundsätzliche Verfahrensweise, während der „Bürovorgang" im Rahmen dieser Verfahrensweise den Einzelfall behandelt.) Das ist keine leichte Aufgabe für Bürosysteme. Denn sie müssen auf einfache Weise für ihre spezifischen Aufgaben *eingerichtet* werden können, ohne daß Spezifikation und Entwicklung großer Softwaresysteme notwendig sind. Das ist nur möglich durch auf hoher Ebene definierte „Bürosprachen", welche typische Bürotätigkeiten einzeln bezeichnen, mit Parametern versehen und diese Tätigkeiten dann im gewünschten Ablauf aneinanderreihen. (Vergleichbares geschieht mit den auf hoher Ebene definierten „Functional Components" des IN, vgl. Abschnitt 6.8.)

Es ist hier nicht die Aufgabe, auf Bürosprachen einzugehen. Vielmehr interessiert der Aspekt der Telekommunikation im Büro. Das Bürosystem muß die „elektronischen Dokumente" des exemplarisch geschilderten Bestellvorgangs zwischen den Terminals verschiedener Sachbearbeiter hin- und hertransportieren, muß auf einen zentralen elektronischen Archiv-„Server" zugreifen. Das geschieht z.B. über ein LAN (Abschnitt 6.3). Aber wie sehen die Dokumente aus? Wie soll ihre Gestalt beschrieben werden? Welche Transportbedingungen gibt es? Hier sind aus Kompatibilitätsgründen Standards notwendig. So hat man in OSI-Schicht 7 eine *Office Document Architecture* (ODA, vgl. Bild 5.6) festgelegt [7.25]. Die Dokumentarchitektur beschreibt den logischen Aufbau eines Dokuments (Titel, Kapitel, Abschnitte, Tabellen usw.) und die Layout-Struktur (Seiten, Spalten, Blöcke usw.). Das *Office Document Interchange Format* (ODIF) setzt dann dieses Dokument in einen Bitstrom

7.3 Nutzungsszenarien   345

um, aus dem am Empfangsort wieder das ursprüngliche Dokument rekonstruiert werden kann. Hierzu sind Adressaten, Absender, Aufträge usw. zu ergänzen.

Angenommen, im zuvor erläuterten Büroprozeß „Bestellvorgang" ist es gelungen, durch ein Bürosystem die internen Medienbrüche und Routinearbeiten für den Menschen auszumerzen, so bleibt doch immer noch der Kontakt mit der Umwelt als „notwendiges Übel". Externe Kunden geben Bestellungen auf, Lieferanten werden einbezogen, Rechnungen werden an Kunden versandt. Wieder ist der Mensch als „intelligente Schnittstelle" zum menschlichen „Außen-Partner" eingeschaltet, es gibt keine Verständigungsprobleme auch bei freier Formulierung des jeweiligen Anliegens. Aber es bleibt viel Routinearbeit für diesen Menschen: Ausfüllen von Formularen, Eingaben in DV- bzw. Büro-Systeme. Wie kann man die Routinen beseitigen?

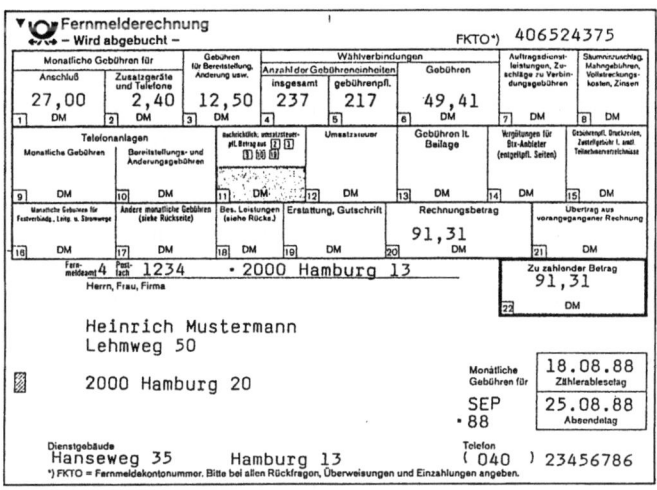

a

```
        UNA:+.?'UNB+UNOA:1+Postrechner+
        Mustermannrechner+880825:1125+
        DA1'UNH+FA40001+INVOIC:1+
        FR+1'BGM+FR+406524375+
        880825'RFF+FR+406524375/8807'NAD+
        SE+++FA4++Hamburg13++2000'CTA+
        SE++04023456786:IT'NAD+BY+++
        MUSTERMANN,HEINRICH+LEHM-
        WEG50+HAMBURG20++2000'DTM+AB
        +880818'UNS+D'LIN+1++1:PO+++
        1+27'LIN+2++2:PO+++1+2.4'LIN+3:PO
        +++1+12.5'LIN+4++4:PO+++237'LIN+5
        ++5:PO+++217'LIN+6++6:PO+++1+
        49.41'UNS+S'TMA+91.31'UNT+17+
    b   FA40001'UNZ+1+DA1'
```

Bild 7.3 a, b. Beispiel für „Elektronischen Datenaustausch" (EDI). **a** konventionelle Fernmelderechnung, **b** übertragener Datensatz

Also sollte DV- oder Büro-System mit DV- oder Büro-System verschiedenster Kommunikationspartner „maschinell" zusammenarbeiten können! Ein Rechner des Partners A wirkt unmittelbar auf den Rechner des Partners B ein. Wir befinden uns ganz oben in OSI-Schicht 7: Irgendein Rechner B muß das Anliegen des Rechners A verstehen und weiterverarbeiten. Das setzt gleiches syntaktisches und semantisches Verständnis der übermittelten Bits voraus, also entsprechende Standards.

Dieses für alle möglichen „Weltinhalte" zu realisieren ist eine riesige Aufgabe. Deshalb hat man den „elektronischen Informationsaustausch" (EDI) zunächst im wesentlichen auf den Handel beschränkt. Die hier entsprechenden Normen werden unter dem Kürzel EDIFACT (Electronic Data Interchange for Administration, Commerce and Transport) zusammengefaßt. Sie legen eine international einheitliche „Grammatik" und ein einheitliches „Vokabular" (Datenelemente, Datensegmente) fest für einheitlich strukturierte Geschäftsvorfälle. Was dort zwischen den Partnermaschinen ausgetauscht wird, ist natürlich für den Menschen ziemlich unverständlich. Bild 7.3a zeigt als Beispiel die für den Menschen bestimmte Fernmelderechnung, die er einmal im Monat erhält, und Bild 7.3b das „Kauderwelsch", welches statt dessen dem Rechner als „Zeichenstrom" zur weiteren Verarbeitung übermittelt wird [7.26].

Über die — wie zuvor beschrieben — unmittelbar in Bürovorgänge integrierte Telekommunikation hinaus spielt im Büro natürlich die „spontane" Sprach-, Text-, Bild- und Datenkommunikation eine große Rolle, wie sie längst zum festen Bestandteil unseres Arbeitsalltages geworden ist. Beispiele für das einschlägige Angebot an Telekommunikationsdiensten wurden in Abschnitt 7.1 genannt. Stellvertretend für viele kompetente Aussagen zur Bedeutung der Informationstechnik (und damit auch ihres wesentlichen Teilgebietes der Kommunikationstechnik) sei aus dem „Zukunftskonzept Informationstechnik" der zuständigen Bundesminister zitiert: „Die Informationstechnik führt wie kaum eine andere technische Entwicklung zu tiefgreifenden strukturellen Veränderungen in allen Lebensbereichen. Sie ist für die internationale Wettbewerbsfähigkeit unserer Wirtschaft von entscheidender Bedeutung. Sie gibt Impulse für Innovationen in Wirtschaftssektoren, auf denen die Exportstärke der Bundesrepublik Deutschland beruht, wie etwa der Elektrotechnik, dem Maschinen- und Anlagenbau oder der Automobilindustrie. Darüber hinaus erhält die Anwendung der Informationstechnik eine wachsende Bedeutung im Dienstleistungssektor und zur Lösung öffentlicher Aufgaben, wie z. B. im Umweltschutz, in der Telekommunikationsinfrastruktur und im Verkehr" [7.27].

7.3.3 Kommunikationssicherheit

Wenn zwei Menschen Geheimes zu besprechen haben, prüfen sie ihre Umgebung nach „Wanzen" ab oder suchen eine übersichtliche Einsamkeit oder wählen eine exotische Fremdsprache. Wenn sie sich noch nicht persönlich kennen, nehmen sie gegenseitig Einsicht in ihre Ausweispapiere. Falls der eine von Grippe befallen sein sollte, kann sich der andere anstecken. Menschliche Direktkommunikation ist also unter Umständen schwierig und gefährlich.

Der Telekommunikation ergeht es nicht besser. Betrachten wir die Telekommunikation zwischen Computern. Der Datenaustausch kann „belauscht" oder sogar verfälscht werden, es können sich falsche Partner in die Kommunikation einschleichen, der eine Computer kann vom anderen mit Viren infiziert werden. Was ist dagegen zu tun?

Unbefugtes Mithören kann *praktisch* durch geeignete Verschlüsselungsverfahren verhindert werden. Ein geheimer *Schlüssel* wird nach einer bekannten, von diesem oder jenem Mathematiker erfundenen Vorschrift auf den Klartext angewandt. Häufig sind dafür umfangreiche Rechenoperationen notwendig. Auf der Empfangsseite ist der Schlüssel ebenfalls bekannt, so daß die Verschlüsselungsprozedur rückgängig gemacht werden kann und anschließend der Klartext wieder vorliegt.

Je wirksamer — d. h. je schwieriger zu „knacken" — die Verschlüsselung ist, desto zeitaufwendiger werden im allgemeinen die Ver- und Entschlüsselungsprozeduren, so daß u. U. kaum die ISDN-Bitrate von 64 kbit/s erreicht wird [7.28]. Die Übertragungsgeschwindigkeit wird zu einer Begrenzung der Anwendbarkeit dieser Verfahren. Ein zweites Problem besteht in der Verteilung des Schlüssels (Key Management), der ja dem Empfänger bekannt sein muß. Hierfür muß ein vertrauenswürdiger Weg gefunden werden. Auch sollte man den Schlüssel öfters wechseln, um „undichte Stellen" oder gar das (zeitaufwendige) Entschlüsseln durch Lausch-Angreifer zu vermeiden. Wenn man mit vielen Partnern geheim korrespondieren will, vervielfachen sich die Probleme, denn für jede Kommunikationsbeziehung wird ein eigener Schlüssel gebraucht. Wenn n Partner beteiligt sind, müssen $n^2/2$ Schlüssel verteilt werden.

Es ist auch für den Nichtmathematiker plausibel, daß die Kenntnis eines für die *Chiffrierung* verwendeten Schlüssels die *Dechiffrierung* möglich macht. Wenn die Schlüssel zur Chiffrierung und zur Dechiffrierung übereinstimmen oder in einfacher Beziehung zueinander stehen, spricht man von einem „symmetrischen" Verschlüsselungsverfahren.

Seit 1976 gibt es jedoch auch „asymmetrische" Verfahren [7.29]. Bei diesen kann der Dechiffrierschlüssel *praktisch* nicht aus dem Chiffrierschlüssel abgeleitet werden. Die Konsequenz sind *Public-key*-Systeme, bei denen Chiffrierschlüssel *bekannt*gemacht werden können, während die Dechiffrierung nur dem Empfänger mit seinem *geheimen* Dechiffrierschlüssel gelingt. Das bedeutet natürlich eine erhebliche Vereinfachung des Problems der Schlüsselverteilung. Nachteilig ist der hohe, zeitraubende Rechenaufwand für Ver- und Entschlüsselung.

Ein Teilnehmer A will die zu verschlüsselnde Nachricht M an Teilnehmer B senden. B hat A hierzu seinen „Public Key" E_B mitgeteilt. A sendet demzufolge die verschlüsselte Nachricht $N = E_B (M)$. Mit Kenntnis von E_B ist N jedoch nicht zu entschlüsseln, vielmehr kann dies nur B mit seinem geheimen (privaten) Schlüssel D_B durchführen. Es gilt für jede Nutznachricht M:

$$M = D_B (E_B [M]) = E_B (D_B [M]).$$

Das bekannteste asymmetrische Verschlüsselungsverfahren ist der RSA-Algorithmus (nach seinen Erfindern Rivest, Shamir, Adleman) [7.30]. Er basiert auf dem ungelösten mathematischen Problem, große Zahlen in Primfaktoren zu zerlegen. Multipliziert man zwei ausreichend lange Primzahlen miteinander, so ist es praktisch nicht möglich, aus dem Produkt die Faktoren zu berechnen. Wird aus einem der Faktoren und dem Produkt der öffentliche Chiffrierschlüssel auf bestimmte Weise abgeleitet, so kann aus der verschlüsselten Nachricht nur mit dem geheimen Dechiffrierschlüssel, der aus dem anderen Faktor abgeleitet wird, wieder der Klartext gewonnen werden [7.31].

Die Chiffrierung erfolgt, indem man den Klartext in Blöcke von z. B. 512 bit unterteilt. Der Schlüssel hat (etwa) gleichen Umfang. Mit Hilfe des Schlüssels wird der Klartext bestimmten Operationen wie Permutationen und Substitutionen unterworfen. Mit dem Dechiffrierschlüssel können diese Operationen blockweise wieder rückgängig gemacht werden.

Mittels geeigneter Verschlüsselungsverfahren, von denen hier lediglich ein Public-key-Verfahren etwas näher erläutert wurde, läßt sich also Telekommunikation zwischen Computern und anderen Maschinen gegen Lauschangriffe mehr oder weniger gut schützen. Wie aber sieht es mit den „Ausweispapieren" aus —, sie können gefälscht sein! Wie weist die Maschine (und der dahinter am Terminal sitzende Mensch) die Berechtigung nach, in einen Dialog eintreten zu dürfen? Das Prinzip wurde im Zusammenhang mit Bildschirmtext (Abschnitt 7.1) bereits besprochen: Der Zugang zum Host erfolgt über ein mehrstufiges Kennungssystem —, bei Btx zweistufig. Als erstes sendet der Teilnehmer eine hier 12stellige Anschluß- oder Nutzerkennung (automatisch, falls er sich am eigenen Anschluß befindet), als zweites ein persönliches Paßwort. Für den hochsensiblen Zugriff auf Bankkonten in externen Rechnern sind weitere Kennungen eingebaut, so eine persönliche Identifikationsnummer (PIN).

Warum gelingt es den Hackern dennoch, sich unbefugt Zugang zu Rechnern zu verschaffen? Die Bequemlichkeit und Nachlässigkeit der legalen Benutzer ist eine häufige Ursache. Die Nutzerkennung läßt sich manchmal unschwer erraten, z. B. mag sie mit der Kurzbezeichnung der Organisation beginnen, welche den Host betreibt. Das Paßwort wird häufig leicht erinnerbar gewählt, z. B. mit dem Vornamen der Frau oder Freundin. Das Programm HANS (Hacker Network Service) bedient den Hacker freundlich mit einem Katalog von bis zu 2000 Mädchennamen. Ein wesentlicher Faktor bei den Hackererfolgen ist natürlich auch die Hartnäckigkeit, mit der jene ihrem „Sport" frönen, und die bereitwillige Hilfe, die der PC durch stumpfsinniges und schnelles Kombinieren leistet [7.32].

Je sensibler die Daten sind, desto kompliziertere Maßnahmen werden ergriffen, um Unbefugten den Zugang zu verweigern oder die Korrektheit einer Nachrichtenübermittlung nachprüfbar zu machen. Ein Beispiel ist die „elektronische Unterschrift", praktisch eine Umkehrung der asymmetrischen Verschlüsselung: Der Benutzer sendet seine Nachricht — z. B. eine Banküberweisung — mit seinem geheimen Schlüssel, während der kontoführende Computer mit dem öffentlichen Schlüssel die Nachricht rekonstruiert. Die schwierigen Verschlüsselungsprozeduren können ggf. einer *Chipkarte* übertragen werden [7.33].

Chipkarten sind eine wesentliche Verbesserung der bekannten Magnetstreifenkarten, welche relativ einfach auszulesen und zu verändern sind. Demgegenüber sind Manipulationen an Chipkarten so gut wie ausgeschlossen. Sie enthalten sichere Speicher (z. B. EPROMs, Erasable Programmable Read-Only Memories), die logisch und physikalisch vor unberechtigtem Auslesen geschützt sind, sowie einen Prozessor. Meist sind sie mit Kontakten versehen, über welche die Elektronik beim Einstecken in ein Gerät mit Energie versorgt wird. Über seine Chipkarte kann sich der Besitzer elektronisch ausweisen, z. B. mit der persönlichen Identifikationsnummer (PIN). Zu benutzen sind die Karten u. a. für Zugangskontrollen, Telefonieren von öffentlichen Automaten ohne Bargeld, Geldautomaten, Bezahlung in POS- (Point-of-sale-)Geschäften, aber auch für die Speicherung wichtiger persönlicher Daten wie z. B. der Blutgruppe.

Haben die bisher diskutierten Schutzmechanismen im wesentlichen die Aufgabe, Daten vor unberechtigtem Lesen und Verändern zu bewahren, so richten die eingangs erwähnten Viren ihre Angriffe hauptsächlich gegen die Funktionalität der Computer, also gegen Programme. Am 3. November 1988 wurden in den USA etwa 6000 Computer über das Paketvermittlungsnetz ARPANET von einem Virus angesteckt, der die Speicherkapazität der Computer erschöpfte und sie dadurch lahmlegte. Nicht alle Viren sind so tückisch, andere zaubern vielleicht am letzten Arbeitstag einen Weihnachtsbaum auf den Bildschirm und wünschen „Happy Christmas".

Viren haben mit Telekommunikation insofern zu tun, als diese für ihre Verbreitung sorgt. Sofern die Viren in formal stimmigen Nachrichten getarnt von Computer zu Computer weitergegeben werden, helfen auch die besten Zugangskontrollen nicht. Gegen Viren ist bisher in der Tat kein wirksames Medikament gefunden worden. Man könnte daran denken, die Programme durch elektronische Unterschriften zu „versiegeln", so daß sie bei Anlagerung eines Virus unwirksam werden und wenigstens kein Unheil anrichten. Außerdem ließe sich damit ein ungetreuer Programmierer identifizieren, der etwa von vornherein ein Virus in sein Programm einbaut. Aber derartige Maßnahmen müssen von Grund auf und möglichst bereits für die Betriebssysteme realisiert werden. Angesichts der Massen bestehender Software läßt sich das nicht generell durchführen [7.34].

7.4 Herausforderung Software

Mit den vorangegangenen Ausführungen finden wir den Weg zum Kardinalproblem und zur schwierigsten Aufgabenstellung der künftigen Telekommunikationstechnik. Es geht nicht um die physikalisch an Grenzen stoßenden Hardware-Anforderungen der Breitbandkommunikation. Es geht um Software.

7.4.1 Ein Rückblick

Value-added Networks, intelligente Netze, Network-Management, Bürokommunikation, Heimkommunikation, bedienungsfreundliche Schnittstellen sind Stichworte, hinter denen sich ein weiteres drastisches Ansteigen der Systemkomplexität und damit auch des Softwareumfangs verbirgt. Die Situation in der Kommunikationstechnik ist vergleichbar mit der in der Raumfahrt. Während um 1960 wenige Millionen Objektcode-Instruktionen (OI, Objektcode = Maschinencode) für die Durchführung der Mercury-Raumflüge ausreichten, verlangte das Space-Shuttle-Programm Anfang der 80er Jahre bereits nahe an die 50 Millionen OIs. In Parallele dazu begann die rechnergesteuerte Vermittlungstechnik in den 60er Jahren mit etwa 100 000 OIs, lag 1980 bereits bei einigen Millionen und wird nach Realisierung der oben genannten Leistungsmerkmale in den 90er Jahren schätzungsweise die Werte des Space Shuttle erreichen oder übertreffen. In der Zeit der Assemblerprogrammierung (1960 bis 1970) leistete ein Programmierer etwa 2500 OIs pro Jahr. Für die Erstellung eines Anlagenprogrammsystems (APS) im Jahre 1995 müßten *bei gleicher Programmiertechnik* also etwa 20 000 Mannjahre aufgebracht werden. Rechnet man das Programmierjahr zu 200 000,— DM (einschl. Arbeitsplatz, Sozialleistungen usw.), so kostet ein solches APS also 4 Milliarden DM (nach [7.35]).

Diese Abschätzung geht davon aus, daß die spezifische Programmiererleistung unabhängig von der Größe des Programmsystems konstant bleibt. Nun steigt aber mit der Größe im allgemeinen auch die Komplexität eines solchen Systems an. Wachsende Komplexität bedeutet sich verringernde Überschaubarkeit, damit wachsende menschliche Fehlerquellen, damit durch Fehlersuche sinkende Programmiereffektivität. Im Prinzip ist es denkbar, daß diese Effektivität bis auf Null absinkt, d. h. daß ein gewisser Komplexitätsgrad technischer Systeme durch den Menschen nicht überschritten werden kann. Mit anderen Worten: Selbst mit größtem Einsatz und Kostenaufwand lassen sich technische Probleme von einer bestimmten Komplexitätsstufe ab nicht mehr bewältigen. Wir wissen aus der Erfahrung, daß dieses bisher nicht eingetreten ist. Wir wissen, daß die Softwaretechnik sich seit ihrem Bestehen an immer schwierigere Probleme heranwagt und dabei die Null-Effektivitätsgrenze mehr oder weniger (eher weniger) erfolgreich vor sich herschiebt. Das gelingt durch stetige Fortschritte in Softwaretechnologie und Softwaremethodik. Durch Herantasten an immer schwierigere Probleme lernt die Softwaretechnik, weniger schwierigere Probleme einigermaßen zu beherrschen. Aber der unvollkommene Umgang mit ständig wachsender Komplexität verdirbt den Ruf: Software gilt als teuer und unzuverlässig, und sie ist es auch. In [7.36] wird ein Vergleich zu hypothetischen Architekturen in einem hypothetischen Lande Moc gezogen: Die Architekten fertigten Baupläne für immer kompliziertere Gebäude an, bei denen man allerdings nicht sicher sein kann, daß die Bauten nicht einstürzen!

Im Grunde genommen sind es zwei Ansätze, mit denen es der Softwaretechnik immer wieder gelingt, sich in den Bereich jeweils höherer Komplexität vorzuarbeiten: höhere *Sprachen* und bessere *Strukturen*. Bereits in den 60er Jahren vollzog sich partiell ein Übergang von den maschinenorientierten Assemblersprachen zu den problemorientierten Sprachen wie ALGOL (Algorithmic Language) und COBOL (Common Business-oriented Language), welche die Programmierleistung zwar verbesserten, andererseits aber in Performance (Programmdurchlaufzeit) und Speicherbedarf den Assemblersprachen unterlegen waren und sind. Deshalb konnten auch die Assemblersprachen bis weit in die 70er Jahre hinein einen guten Platz behaupten. Erst als mit immer schnelleren Maschinen und drastisch sinkenden Speicherpreisen die Vorteile der Assemblersprachen geringer wurden, andererseits der Nachteil ihrer schwierigeren Überschaubarkeit mit wachsender Systemkomplexität immer stärker ins Gewicht fiel, setzten sich die problemorientierten Sprachen endgültig durch. Dies um so mehr, als in der zweiten Hälfte der 70er Jahre mit der Sprache CHILL (CCITT High-level Language) eine insbesondere für die parallel ablaufenden Vorgänge (Prozesse) der Vermittlungstechnik geeignete Sprache entstand [7.37].

Der Trend setzt sich fort. Der Grad der Abstraktion von der technischen Realisierung wird immer höher. Neben die prozeduralen (imperativen), aus streng definierten Befehlen (LET, MOVE, GOTO ...) und Kontrollanweisungen (IF,

7.4 Herausforderung Software

WHILE ...) bestehenden Sprachen treten non-prozedurale Sprachen wie das funktionsorientierte LISP (List Processing) oder das auf prädikaten-logischer Basis beruhende PROLOG (Programming in Logic). Diese beiden Sprachen werden insbesondere in Aufgabenstellungen der Artificial Intelligence (AI) angewendet. Ein weiteres kommt hinzu: die „Programmierumgebung" bietet dem Programmierer in seinen Routineaufgaben rechnergestützte Hilfen, die besonders wirksam sind, wenn sie „integriert" alle Phasen der Softwareproduktion überdecken. Man erwartet aus diesen Fortschritten für die 90er Jahre auf 30 000 bis 60 000 OIs pro Jahr ansteigende Programmierereffektivitäten. (Dies darf nicht verwechselt werden mit den für den Programmierer sichtbaren „Lines of Code" LOC, deren Zahl je nach Mächtigkeit der Programmiersprache wesentlich niedriger liegen wird.) Die eingangs erwähnten 20 000 Mannjahre für ein kommunikationstechnisches Anlagenprogrammsystem (APS) schmelzen dann auf etwa 1000 Mannjahre mit Kosten von ca. 200 Millionen DM zusammen. Ist das beruhigend?

Keineswegs. Denn erstens ist das immer noch sehr viel Geld für ein unter dem Preisdruck weltweiter Konkurrenz stehendes Produkt. Zweitens handelt es sich um einen hypothetischen Wert, der *nur* die Effektivität der *Verständigungsmöglichkeiten* des Programmierers gegenüber dem zu programmierenden Computer berücksichtigt. Wäre denn unser Softwareproblem gelöst, wenn der Computer die natürliche Sprache des Programmierers verstehen würde? Natürlich nicht! Viel wichtiger und kritischer ist die gedankliche und fehlerfreie Durchdringung des zu lösenden Problems.

Infolgedessen stellt sich die Frage: Wie läßt sich die Komplexität der gestellten Aufgaben durch die Programmierer beherrschen? Damit wird das nach wie vor unzulänglich gelöste Problem der Software-*Strukturierung* angesprochen.

Anfang der 70er Jahre versuchte man, mit Hilfe der damals „strukturierte Programmierung" genannten Prinzipien die Software besser „in den Griff" zu bekommen. Ausgelöst wurde dieser Fortschritt durch Dijkstras berühmten Aufsatz: GOTO Statements Considered Harmful [7.38]. Ziel war es, die vielfachen Verflechtungen der Teile eines großen Programms und die damit verbundenen Fehlerquellen zu reduzieren. Dies wurde erreicht u. a. durch ein bereits in der Entwurfsphase einsetzendes „Top-down"-Verfahren der Auflösung des Systems in Teilblöcke, die schrittweise weiter verfeinert werden („Stepwise Refinement"). Für die Darstellung des Steuerflusses wurden Nassi-Shneidermann-Diagramme eingesetzt, welche die Strukturierungsprinzipien unterstützen [7.39]. Die damals formulierten Grundsätze sind im Prinzip heute noch gültig. Dennoch reichen sie offenbar allein nicht aus, um die Softwareproblematik zu beherrschen.

Aus der Erkenntnis heraus, daß wesentliche Fehlerquellen bereits in der Software-Entwurfsphase liegen (nach [7.35] sind es 64 %!), wandte man sich verstärkt diesem Teil der Softwareentwicklung zu, und zwar in *Methodik* und *Sprache*. Dabei stellte sich ein Zwiespalt heraus: Einerseits sollten bereits in der frühen Entwurfsphase die Arbeitsergebnisse formal auf Richtigkeit prüfbar sein, andererseits ist insbesondere mit Rücksicht auf den Auftraggeber und Problemkenner eine leicht zugängliche, möglichst natürliche Sprache vorzuziehen. Während sich die Wissenschaft den formalen Entwurfssprachen — z. B. mit Hilfe von Petri-Netzen — zuwandte [7.40], kamen aus der Praxis mehr pragmatische Ansätze (z. B. [7.41]). Auch im CCITT wurde das Entwurfsproblem aufgegriffen, was zur Definition der

Entwurfs*sprache* SDL (Functional Specification and Description Language [7.42]) führte.

Methodisch setzte mit den 80er Jahren ein interessanter Wandel zur *Konzeptorientierung* und *Objektorientierung* ein [7.43], der sich sowohl in der Entwurfsphase als auch im Verfahren der „objektorientierten Programmierung" [7.44] vorteilhaft auswirkt. Vom „philosophischen" Standpunkt aus gesehen stecken „psychologische Tricks" hinter diesen Verfahren, auf die weiter unten eingegangen wird. In der Auswirkung sind — insbesondere bei durchgängiger Anwendung über alle Phasen des Softwareproduktionsprozesses — besser strukturierte Programme mit überschaubaren Teilprogrammen und genau definierten Interaktionen zwischen diesen zu erwarten. Darüber hinaus ergeben sich verbesserte Möglichkeiten der *Wiederverwendbarkeit* von Softwaremodulen. Über „Programmbibliotheken" läßt sich damit bereits gegenwärtig die Programmierleistung in speziellen Fällen verzehnfachen, in den 90er Jahren erwartet man im Zusammenhang mit Verfahren der Artificial Intelligence — mit der Bildung von „Softwarezellen" — eine weitere Vervierfachung. Einen gleichen Effekt erreichen die Bestrebungen der Telekommunikation, über „intelligente Netze" und eine Open Network Architekture (ONA) kombinierbare und zu kettende Programmbausteine (Functional Components) sowie definierte Programmschnittstellen zu schaffen. Ist dies ein Weg — vielleicht der einzige — die Komplexität eines künftigen intelligenten, universellen Breitband-ISDN zu beherrschen — *wirtschaftlich* zu beherrschen?

7.4.2 Die „psychologischen Tricks"

Zweifellos ist es dem Menschen selbst noch immer gelungen, hochkomplexe Informationssysteme zu meistern. In diesen Systemen konnte der Computer bisher allenfalls Teilaufgaben übernehmen. Gemeint sind die verzweigten Büroabläufe in Wirtschaft und Verwaltung, die in vielen Fällen Hunderte oder Tausende von Menschen mit weit gefächerten Problemen beschäftigen (vgl. Abschnitt 7.3.2). Zum Teil sind es kreative Komponenten der Büroarbeit, zum Teil Schnittstellenprobleme, zum Teil die vielfältigen Ausprägungen der organisatorischen Lösung, welche eine übergreifende und vollständige Automatisierung von Büroarbeiten verhindern. Hier kann der Mensch seine spezifische Überlegenheit gegenüber dem Computer eindrucksvoll ausspielen!

Wie aber hat es der Mensch erreicht, derartige — in zahlreichen parallelen Prozessen ablauffähige — komplexe Informationssysteme zu schaffen? Durch hierarchische Strukturen und Aufgabenteilung bzw. Aufgabendelegation! Dem einzelnen ist es nicht mehr möglich, das gesamte System im Detail zu beherrschen. Deshalb werden Teilfunktionen gebildet, die Spezialkenntnisse bis in die Einzelheiten und entsprechend qualifizierte Ausbildung erfordern. Diese Problemlösungsstrategie liegt dem Menschen „im Blut", sie reicht von den Anfängen des Sippendaseins über die ersten Hochkulturen bis in unsere Hochzivilisation.

Was steckt dahinter? Der einzelne kümmert sich nur um seinen eigenen Aufgabenbereich. Er weiß nicht, wie der Kollege seine Aufgaben löst, aber er verbittet sich auch die Einmischung des Kollegen in seine Arbeit („Geheimnisprinzip" oder „Ab-Kapselung"). Das bleibt nur dem Vorgesetzten möglich, er muß (oder sollte) auch die Arbeiten seiner Untergebenen bis zu einem gewissen Grad beherrschen. (Er

7.4 Herausforderung Software

„vererbt" eigene Kenntnisse seinen Mitarbeitern, die allerdings in spezifischen Details bessere Fähigkeiten gewonnen haben.) Aufträge und Arbeitsergebnisse aller im Informationssystem Tätigen werden nach bestimmten Regeln durch Austausch von „Botschaften" kommuniziert.

Das Prinzip, sich nur um seine eigenen, abgegrenzten Aufgaben zu kümmern und über formalisierte Botschaften mit anderen „Mitarbeitern" des Informationssystems zu kommunizieren, läßt sich mit dem in der Informatik gebräuchlichen Begriff der „Objektorientierung" fassen. Objekte sind z. B. Formulare, Akten. Die Objektorientierung in diesem Sinn ist den Fähigkeiten des Menschen und damit auch denen des Programmierers angemessen, ihre Verfahren reichen in der Programmerstellung vom Entwurf über die Strukturierung bis zur Implementierung.

Es bleibt im Informationssystem das komplexe Problem, aus der Gesamtaufgabe Teilaufgaben herauszuschälen, Arbeitsstationen zuzuweisen und Kommunikationsregeln festzulegen. Diese „Strukturierung" des Systems ist entweder aus Traditionen gewachsen oder sie wird durch einen „Organisator" vorgenommen, der sich in der Bürowelt und den zu lösenden Aufgaben auskennt (Problemkenner). Der Organisator weiß aus Erfahrung, welche Komplexität von Büroarbeit den einzelnen Arbeitsstationen zuzumuten ist, um die Aufgaben für den einzelnen überschaubar zu halten. Der Organisator kennt die menschlichen Tätigkeiten und Fähigkeiten und richtet seinen Strukturvorschlag danach ein. Der verantwortliche Unternehmer oder Behördenchef, der die Entscheidung über die zu wählende Struktur zu fällen hat, kann den Vorschlag des Organisators verstehen und bewerten, weil er als Mensch ein natürliches Verständnis für menschliche Tätigkeiten hat.

Im allgemeinen liegt dem Menschen eine gegenständliche Begriffswelt näher als eine abstrakte. Der Mensch schätzt es und versucht es immer wieder, neues auf bekanntes zurückzuführen, um mit bewährten Verhaltensmustern auf neue Situationen reagieren zu können. Er bildet sich *Modelle* der neuen Realitäten, mit denen er aus alter Erfahrung gut umgehen kann. Dabei kommt es der Durchschaubarkeit zugute, wenn sich Begriffswelt und Beziehungen der *Anwendung* umkehrbar eindeutig auf diejenigen des *Modells* und diese wiederum auf diejenigen der technischen *Lösung* abbilden lassen. Man sollte also nicht versuchen, die abstrakte Lösung auf die konkrete Anwendung zu *projizieren,* sondern sollte umgekehrt die technische Lösung über das Modell an dem Anwendungskonzept orientieren (Konzeptorientierung).

Welches sind nun Modelle, mit denen sich komplexe Informationssysteme „begreifbar" machen lassen? Hier zeigen sich Ansätze, die Problematik durch „Vermenschlichung" auf bekannte Lösungsmuster zurückzuführen. Erinnert sei an die „Agents" des Message Handling Systems (Abschnitt 5.4). In [7.44] wird Kindern der Ablauf von Informationsverarbeitungsvorgängen mit Hilfe von „kleinen versteckten Männchen" erklärt. In [7.45] sind „Experten" mit besonderen Aufgaben, Fähigkeiten und Verpflichtungen tätig.

Letzten Endes muß es möglich sein, die Aufgabenstellungen komplexer *technischer* Informationsverarbeitungssysteme auf komplexe *menschliche* Informationsverarbeitungssysteme abzubilden, nämlich auf die Komponenten der administrativen Funktionen in den Büros von Wirtschaft und Verwaltung. Somit können „virtuelle Sachbearbeiter" an ihrem Schreibtisch sitzen und „Formulare" bearbeiten. Sie sind über Ein- und Ausgangskorb mit ihren Kollegen verbunden, können auf ein Handarchiv zugreifen und ggf. prozedurale Aufgaben mit einem eigenen Personal-Computer abarbeiten. Grundlage des Botschaftenaustauschs ist das Formular [7.46].

Wie läßt sich das in Abschnitt 7.4.1 erläuterte Dilemma lösen, auf der einen Seite exakte, prüfbare, auf der anderen Seite auch dem Anwender verständliche Softwareentwürfe herzustellen? Ist dies tatsächlich ein „entweder — oder"? Auch hier sind die bewährten Mittel der Büropraxis heranzuziehen: das *Formular* dient der gemäßigtformalen Informationsdarstellung, die *Aktenordnung* des Archivars dem Datenbankzugriff. Bleibt noch die Beschreibung der Arbeitsabläufe des virtuellen Sachbearbeiters. Hier können z. B. bewährte Methoden und grafische Sprachen der Steuerflußdarstellung mit Vorteil eingesetzt werden. Vergleichbar ist dies mit Methoden der „programmierten Unterweisung", mit denen einem „Neuling" die zu leistenden Arbeitsabläufe klargemacht werden.

Worin bestehen die eingangs erwähnten „psychologischen Tricks"? Erstens muß durch geeignete Modelle erreicht werden, neue Erscheinungsbilder auf bekannte Erfahrungen zurückzuführen. Zweitens soll sich der (im weitesten Sinne) programmierende Mensch *emotional* mit seiner Aufgabe identifizieren. Er soll nicht als distanzierte Anordnungsinstanz über dem zu programmierenden Geschehen stehen, sondern sich selbst „hautnah" betroffen als „handelnde Person" in dieses Geschehen eingegliedert sehen. Dann ist für unbewußt andauerndes kreatives und waches Interesse an der Problemlösung gesorgt. Und dieses ist — wie oben angedeutet — am sinnfälligsten durch ein „personifiziertes Modell" zu erreichen.

Diese Betrachtungen gelten insbesondere für die kreativen Phasen des Softwareerstellungsprozesses, in denen der Mensch auch in Zukunft unentbehrlich bleibt. Sie gelten also für den Entwurf. Dort geht es primär nicht um die Softwarestruktur des künftigen Systems, sondern um die Problemstruktur. Dort brauchen wir nicht den Softwarearchitekten, sondern den Problemlösungsarchitekten. Dieser muß durch geeignete Methoden und Werkzeuge „spielerisch" an Disziplin und Gründlichkeit gewöhnt werden, damit am Ende der Entwurfsphase vollständige und eindeutige Dokumente stehen!

7.4.3 Ein Entwurfsbeispiel

Nach *Booch* [7.47] lassen sich der funktionsorientierte, der datenorientierte und der objektorientierte Entwurfsansatz unterscheiden. Im funktionsorientierten Ansatz werden die auszuführenden Funktionen in schrittweiser Verfeinerung stufenweise auf Module aufgeteilt und detailliert. Beim datenorientierten Entwurf geht man von den zu behandelnden Datenstrukturen aus und legt die zur Problemlösung notwendigen Veränderungen fest. Der objektorientierte Ansatz bildet die Objekte der realen Welt in abstrakter Form nach. Objekte haben bestimmte Zustände, die durch Attribute gekennzeichnet sind. Sie können Handlungen ausführen, mit anderen Objekten kommunizieren und auf diese Weise in anderen Objekten Handlungen anstoßen.

Wir versuchen, in einem personifizierten Organisationsmodell Komponenten aller drei Verfahren zu kombinieren. Bild 7.4 zeigt das Ausgangsmodell des betrachteten Beispiels: Aufgabe ist es, einen Systemzusatz zu entwerfen, welcher ein bestehendes digitales Vermittlungssystem „ISDN-fähig" macht. Wir interpretieren den Systemzusatz als „Beamtin", die von einem Teilnehmer Kommunikationswün-

7.4 Herausforderung Software 355

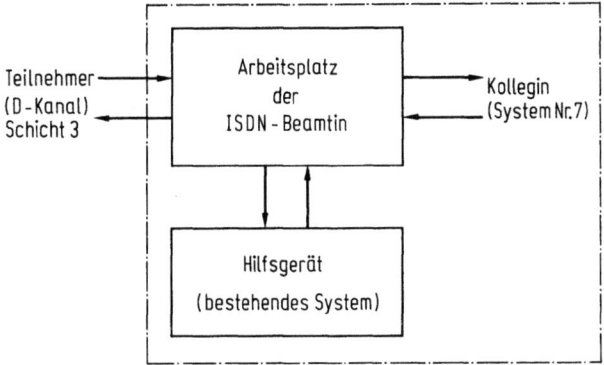

Bild 7.4. Ausgangsmodell für einen ISDN-Systemzusatz

sche aufnimmt, welche sie beantwortet und ausführt. Dabei muß die Beamtin sich ggf. der Mithilfe einer an anderem Ort befindlichen Kollegin versichern. Am eigenen Arbeitsplatz hat sie ein „Hilfsgerät" zur Verfügung (nämlich das bereits bestehende System), dem sie bestimmte Befehle erteilen und von dem sie bestimmte Auskünfte erhalten kann. Das Hilfsgerät ist z. B. in der Lage, Verbindungen aufgrund übergebener Informationen herzustellen. In der ersten Phase des Entwurfs, der „Stoffsammlung" (oder „Partitioningstufe 0"), interessieren jedoch diese Details noch nicht. Die ISDN-Beamtin allein ist die „alles beherrschende Instanz", die im Kontakt mit den Teilnehmern Verbindungen herstellt und auslöst. (Die folgenden Ausführungen basieren auf den D-Kanal-Protokollen in Schicht 3. Da es sich um eine Prinzipbetrachtung anhand einer älteren *Richtlinie* handelt [7.48], können Abweichungen gegenüber dem in Abschnitt 5.5.2 behandelten Stand auftreten. Mit dieser Richtlinie ist allerdings ein erheblicher Teil der Entwurfsarbeit bereits vorgeleistet. Aus didaktischen Gründen wird dieser Schritt hier nochmals vollzogen.)

a) Stoffsammlung oder Partitioningstufe 0

Die „Stoffsammlung" hat einen Überblick über die Funktionen der ISDN-Beamtin zum Ziel, wozu die mit dem Teilnehmer auszutauschenden, den Verbindungsauf- und -abbau veranlassenden Informationen dienen. Die Stoffsammlung wird hier lediglich exemplarisch angedeutet, wobei typische Arbeiten und Maßnahmen des Entwurfsteams erläutert werden. Vorauszuschicken ist, daß diese Arbeiten auch bereits in der *ersten* Entwurfsphase *massiv rechnergestützt* ablaufen müssen. Diese Forderung ergibt sich aus der beachtlichen Fülle und Komplexität des Materials, wie noch gezeigt wird.

Ein Verbindungsaufbau beginnt damit, daß sich ein Teilnehmer A bei der Beamtin meldet und ihr seine Verbindungswünsche mitteilt. Wichtig ist, daß diese Meldung sofort einen Namen bekommt. Das *Entwurfsteam (ET)* beschließt, die Nachricht SETUP zu nennen. Nun kann sich der Teilnehmer allerdings auf verschiedene Art und Weise an die Beamtin wenden. Vielleicht teilt er ihr gleich mit, auf welchem der beiden im ISDN verfügbaren B-Kanäle er zu kommunizieren wünscht (vgl. Abschnitt 6.4.2). Vielleicht gibt er der Beamtin bereits die komplette Adresse (Rufnummer und gewisse Zusätze) des gewünschten Teilnehmers B an *(Blockwahl).* Vielleicht aber tut er auch gar nichts dergleichen, sondern wartet erst einmal ab, was die Beamtin ihm zu sagen hat. In diesem Fall muß für den Fernsprechdienst der gewohnte „Wählton" über einen B-Kanal gesendet werden, damit der Teilnehmer nicht auf eine Display-Anzeige angewiesen ist. — Es gibt also verschiedene SETUP-Versionen. Diese Erkenntnisse des ET werden umgehend in den unterstützenden Rechner eingebracht. Der Bildschirm bietet eine Maske an, in die einerseits der gewählte Nachrichtenname SETUP, andererseits mittels informaler Kommentare Funktionen und Versionen der Nachricht eingetragen werden.

Nun muß die Beamtin tätig werden. Bei Blockwahl kann sie unmittelbar eine Verbindung zum gewünschten B-Teilnehmer herstellen, sie braucht keine weitere Information vom rufenden A-Teilnehmer. Dies muß dem A-Teilnehmer mitgeteilt werden. Das ET tauft diese Nachricht CALL SENT. Gekoppelt wird mit jener Nachricht die Angabe, welchen der beiden B-Kanäle des rufenden A-Teilnehmers die Beamtin für die Verbindung zugeteilt hat. — Falls die Wählinformation noch nicht vollständig ist, reagiert die Beamtin anders: sie sendet als Antwort auf SETUP ein quittierendes SETUP ACK, um damit dem A-Teilnehmer zu sagen, daß weitere Wählinformation benötigt wird. Wie bei CALL SENT wird auch hier dem A-Teilnehmer der von der Beamtin zugeteilte B-Kanal übermittelt. — Abermals übergibt das ET Nachrichtennamen und Kommentare dem Rechner zur Verwaltung.

Im letztgenannten Fall ist die Reihe jetzt wieder am A-Teilnehmer: Er sendet Wählinformation über den D-Kanal mit Hilfe der vom ET hierzu neu zu definierenden Nachricht INFO. Die Beamtin schaltet den ggf. gesendeten Wählton ab und sammelt die INFO-Nachrichten geduldig auf. Vielleicht läßt sich der Teilnehmer aber zuviel Zeit, oder aber er setzt die Wahl gar nicht fort. Um die Beamtin mit säumigen Wählern nicht zu stark zu belasten, wird mit SETUP ACK bzw. mit jedem INFO eine Zeitgrenze gesetzt. Diese darf bis zum Eintreffen der nächsten noch fehlenden Wählinformation nicht überschritten werden, wenn der Verbindungswunsch weiter bearbeitet werden soll. Das ET vermerkt diesen Umstand in den Kommentaren zu SETUP ACK und INFO, wobei diese spezifische Zeitgrenze eine Kurzbezeichnung erhält: T 302.

Wenn die Beamtin über genügende Wählinformation verfügt, kann sie die Verbindung herstellen. Was aber — so wird im ET diskutiert — wenn der A-Teilnehmer noch weitere INFO sendet? — Also muß der A-Teilnehmer verständigt werden, daß die Wahl vollständig ist. Dies läßt sich aber ggf. bereits mit einer Information über den Erfolg des Verbindungsaufbaues verbinden. Somit gibt es verschiedene Reaktionsmöglichkeiten für die Beamtin: Erstens kann sie mit dem bereits eingeführten CALL SENT die Vollständigkeit der Wahl signalisieren, gleichzeitig ist Zeitgrenze T 302 unwirksam zu schalten (der „Timer" ist zu löschen). Wenn sich jedoch bereits etwas über die Herstellbarkeit der Verbindung zum B-Teilnehmer sagen läßt, kann die zugehörige Nachricht zusätzlich die Aufgabe von CALL SENT übernehmen.

Bevor man sich im ET nun um die Aufgaben der Beamtin für den Aufbau der Verbindung zum B-Teilnehmer kümmert, wird noch der Fall betrachtet, daß T 302 abläuft, ohne daß genügend Wählinformation vorliegt. Dann muß der A-Teilnehmer zur Auslösung seiner bestehenden Halbverbindung zur Beamtin aufgefordert werden. Hierfür definiert das ET eine neue Nachricht: DISC.

7.4 Herausforderung Software

Wenn eine Verbindung vom Anschluß des rufenden A-Teilnehmers zum Anschluß des gerufenen B-Teilnehmers herstellbar ist, soll der B-Teilnehmer von dem Ruf verständigt werden. Hierzu kann die Beamtin die bereits definierte Nachricht SETUP verwenden. In der Nachricht ist anzugeben, welches Endgerät des B-Teilnehmers gewünscht wird. Gleichzeitig bestimmt die Beamtin, welcher der beiden B-Kanäle des B-Teilnehmers für die Verbindung zu belegen ist.

Nun ist es Sache des B-Teilnehmers, auf SETUP zu reagieren. Im einfachsten Fall ist das gewünschte Endgerät frei und nimmt den Ruf an. Hierfür muß vom ET eine neue Nachricht CONN definiert werden. Vielleicht ist bei freiem Endgerät noch ungewiß, ob es den Ruf annehmen wird. Dann ist mit einer Nachricht ALERT zu antworten. Dasselbe geschieht, wenn das Endgerät zwar besetzt ist, ihm jedoch mit „Anklopfen" der Verbindungswunsch kundgetan werden kann. Endgeräte, die den Anruf nicht annehmen wollen oder können, z. B. auch nach ALERT, antworten mit REL. Ein noch schärferer Grad der Zurückweisung, der zur sofortigen Auslösung der Verbindung führt, läßt sich mit der bereits definierten Nachricht DISC erreichen. Das ist z. B. der Fall, wenn der B-Teilnehmer nicht mit dem ihm angetragenen Wunsch nach Gebührenübernahme einverstanden ist.

Das Beispiel des Nachrichtenaustauschs, welches sich noch über viele Seiten fortsetzen ließe, wird hier abgebrochen. Es besteht kein Zweifel, daß es sich beim Durchdenken unterschiedlichster Verbindungsfälle um mühsame Teamarbeit handelt, die erst in vielfachen korrigierenden Durchläufen zu einem (vorläufigen) Ende führt. Die zahlreichen im Laufe der Arbeit notwendigen Änderungen und Ergänzun-

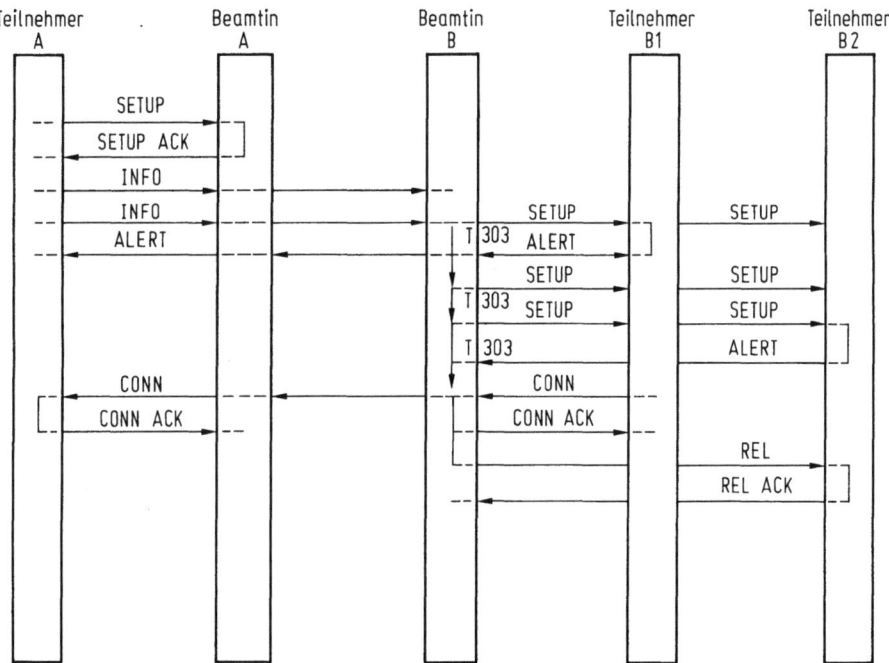

Bild 7.5. Beispiel eines Ablauf-Diagramms (Sequence Chart)

gen müssen ohne Mühe für das Entwurfsteam (ET) vom Rechner in die bereits vorhandenen Unterlagen eingebracht werden, so daß diese in sich stets konsistent bleiben.

Die Arbeit läßt sich unmittelbar unterstützen durch eine Tabelle oder einen Baum der „Fallunterscheidungen", um nicht alternative Ablaufwege zu vergessen. Für jede Ablaufvariante wird ein übersichtliches Diagramm (Sequence Chart) erstellt, wie in Bild 7.5 am Beispiel des einfachen „Geradeaus"-Verbindungsaufbaus gezeigt. Eine „psychologische Unterstützung" im Sinne des zuvor erwähnten „Tricks" der Identifizierung läßt sich erreichen, wenn sich das ET in drei Parteien aufteilt, nämlich „A-Teilnehmer", „B-Teilnehmer" und „ISDN-Beamtin". Der Nachrichtenaustausch wird nun zwischen diesen Parteien im wahren Sinne des Wortes „durchgespielt".

Am Ende der Stoffsammlungsphase liegt eine nach bestem Wissen vollständige Liste der auszutauschenden Nachrichten vor, wie auszugsweise in Tabelle 7.2 gezeigt.

Tabelle 7.2. Überblick über die auszutauschenden Nachrichten (Ausschnitt)

Nachrichten-kategorie	Abkürzung	Nachrichtenname
Nachrichten für Verbindungs-aufbau/abbau	SETUP ALERT CONN CALL SENT SETUP ACK CONN ACK DISC REL REL ACK DET	Setup Alerting Connect Call Sent Setup Acknowledge Connect Acknowledge Disconnect Release Release Acknowledge Detach
Nachrichten für allgemeine Anwendungen	INFO	Information
Nachrichten für verbindungs-abhängige Dienstmerkmale	FAC FAC ACK RAC REJ	Facility Facility Acknowledge Facility Reject
Nachrichten für Endgeräte-portabilität	SUSP SUSP ACK SUSP REJ RES RES ACK RES REJ	Suspend Suspend Acknowledge Suspend Reject Resume Resume Acknowledge Resume Reject
Nachrichten für Zustandsanzeige	STAT	Status
Nachrichten für User-to-User Info.	USER INFO CON CON	User Information Congestion Control

7.4 Herausforderung Software

Tabelle 7.3. Beispiel einer Nachrichten-Kurzbeschreibung

SETUP

Von der Endeinrichtung (vom Teilnehmer):
Diese Nachricht hat die Bedeutung: Aufbau einer Verbindung mit B-Kanalbenutzung einleiten. Dabei kann optional von der Endeinrichtung bereits ein B-Kanal angegeben werden. Bei Blockwahl enthält die Nachricht alle für den Verbindungsaufbau nötigen Informationen. In anderen Fällen enthält sie nur einen Teil dieser Informationen, z. B. keine oder nicht die ganze Adreßinformation.

Von der Beamtin:
Diese Nachricht hat die Bedeutung: Für die genannte Endeinrichtung oder Gruppe von Endeinrichtungen liegt ein ankommender Ruf vor. Mit dieser Nachricht werden alle Informationen mitgegeben, die das Netz für Endgeräteauswahl, Kompatibilitäts- und ggf. auch Berechtigungsprüfung liefern kann (z. B. Endgeräteauswahlziffer).

Für jede Nachricht gibt es eine kurze Funktionsbeschreibung, Beispiel Tabelle 7.3. Nun genügt es aber nicht allein, die Nachrichten und ihre Funktionen global zu erfassen. Vielmehr muß man auch überlegen, welche Detail-Informationen die Beamtin oder der Teilnehmer brauchen, um ihre Arbeit ausführen zu können. Dies sind die sog. *Nachrichtenelemente,* wie sie als Beispiel in Tabelle 7.4 angegeben sind. Die mit Punkten gekennzeichneten Nachrichtenelemente sind immer, die übrigen vom jeweiligen Nachrichteninhalt abhängig vorhanden. Jede Nachricht muß eine Angabe darüber enthalten, auf welche Verbindung bzw. Transaktion sie sich bezieht, da ja von *einem* ISDN-Teilnehmer aus mehrere voneinander unabhängige Vorgänge *gleichzeitig* verfolgt werden können (CR). Sodann gibt es erläuternde Mitteilungen von der Beamtin zum Teilnehmer und auch umgekehrt, die einen Sachverhalt

Tabelle 7.4. Beispiel für Nachrichten-Elemente und ihre Abkürzungen

Nr.		Abkürzung	Element-Name
1		CAD	Connected Address
2	•	CR	Call Reference
3		CAU	Cause
4		CHI	Channel Identification
5		CIF	Charging Information
6		DAD	Destination Address
7		DSP	Display
8		DTE	Date
9		FSE	Facility Select
10	•	MT	Message Type
11		NSF	Network specific Facility
12		OAD	Originating Address
13	•	PD	Protocol discriminator
14		SIN	Service Indicator
15		CAI	Call Identity
16		DTA	Data
17		SOF	Status of Facilities

erklären (CAU). Ein Beispiel hierfür: „Rufnummer hat sich geändert". Es existieren einige zehn derartige „Causes", wobei für die Entwurfsarbeit interessant ist, *woher* das Wissen für eine derartige Aussage kommt. Ferner müssen fallweise Adressen von beteiligten Teilnehmern mitgeteilt werden (CAD, DAD, OAD). Ein weites Feld zusätzlicher Funktionen wird durch NSF eröffnet. Eine von mehreren zehn möglichen Funktionen ist z. B. die „Anrufumleitung", bei der als *Parameter* die Adresse des Umlenkziels anzugeben ist. Diese Auswahl von Nachrichtenelementen möge für das hier zu diskutierende Beispiel genügen.

Tabelle 7.5. Elemente der Nachricht SETUP

Nachrichtenelement	Richtung	Typ
Protocol Discriminator	beide	M
Call Reference	beide	M
Message Type	beide	M
Bearer Service Identification	beide	M
Channel Identification	u → n	O
	n → u	M
CCITT-Standardized Facilities	beide	O
Network-Specific Facilities	beide	O
Terminal Capabilities	u → n	O
Display	n → u	O
Keypad	u → n	O
Signal	n → u	O
Origination Address	beide	O
Destination Address	beide	O
Redirecting Address	n → u	O
Transit Network Selection	u → n	O
Compatibility	beide	O
User-User Information	beide	O
Service Indicator	beide	M

u → n Nachricht vom Teilnehmer zur Beamtin; n → u Nachricht von der Beamtin zum Teilnehmer; Typ M obligates Element; Typ O optionales Element.

7.4 Herausforderung Software

Jede einzelne Nachricht muß nun mit ihren obligaten (M) und optionalen (0) Nachrichtenelementen spezifiziert werden, wie Tabelle 7.5 als Beispiel für die SETUP-Nachricht zeigt. Damit ist bereits ein erster Schritt auch zu einem datenorientierten Entwurf getan, während die Nachrichteninhalte die zu realisierenden Funktionen angeben. Es zeigt sich jedoch, daß im Rahmen der Stoffsammlung auch eine *informale* Beschreibung der Funktionszusammenhänge zweckmäßig ist, wie sie sich aus den Diskussionen im Entwurfsteam ergeben. Diese Beschreibung ergänzt „nach bestem Wissen" die Ablaufdiagramme nach Bild 7.5, ein Formulierungsbeispiel für einen Ausschnitt des Verbindungsaufbaus wird mit nachfolgendem Text gegeben.

Abschnitt *xxx*: Verbindungsaufbau

Mit der Nachricht SETUP wird vom Endgerät der ISDN-Beamtin die Aufforderung zum Verbindungsaufbau zu einem B-Teilnehmer mitgeteilt. Die SETUP kann eine Angabe für die B-Kanal-Auswahl enthalten (siehe *xxy*). Sind in der SETUP Wählziffern enthalten, dann wird beim Dienst Fernsprechen und a/b-Diensten der Wählton wieder abgeschaltet. Nachfolgende Wählziffern werden nach SETUP ACK ggf. in einer oder mehreren INFO-Nachrichten an die ISDN-Beamtin übertragen. Das rufende Endgerät erhält von der ISDN-Beamtin einen B-Kanal in der SETUP ACK-Nachricht zugeteilt. Sind in der SETUP-Nachricht bereits alle erforderlichen Wählzeichen enthalten, dann wird in der CALL SENT-Nachricht der B-Kanal zugeteilt.

Die Bedingungen zum Senden von CALL SENT sind in Abschnitt *xxz* beschrieben. INFO-Nachrichten, die nach CALL SENT bzw. ALERT/CONN empfangen werden, werden von der ISDN-Beamtin ignoriert. (In entsprechender Weise wird der Text weitergeführt.)

b) Partitioningstufe 1

In diesem Arbeitsschritt kommt es darauf an, die Vielzahl der mit dem Nachrichtenaustausch verbundenen Funktionen zweckmäßig zu unterteilen. Hierzu muß das Entwurfsteam (ET) einen plausiblen Ansatz machen, wie z. B. in Bild 7.6 gezeigt. Im allgemeinen mag eine einzige Beamtin nicht ausreichen, alle ISDN-Teilnehmer zu bedienen. Dann werden es meist verschiedene Beamtinnen sein, die für die Abfertigung des rufenden (A-) und des gerufenen (B-)Teilnehmers tätig werden, womit sich eine Aufgabenteilung in diese Funktionen anbietet. Ferner werden alle mit den Teilnehmern kommunizierenden Beamtinnen den Wunsch haben, das „Hilfsgerät" in

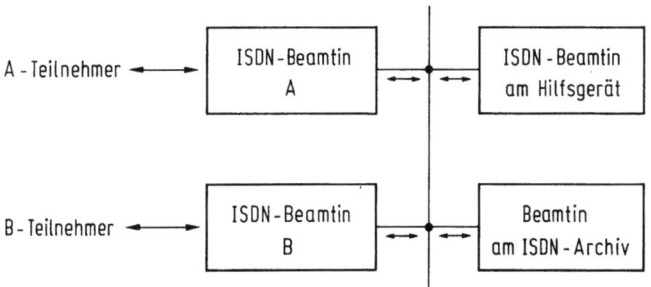

Bild 7.6. Arbeitsteilung in Partitioningstufe 1

Anspruch zu nehmen. Um den Zugriff zentral zu regeln, wird deshalb eine eigene Beamtin für die Bedienung des Hilfsgerätes eingesetzt. Schließlich wird es sicher notwendig werden, auf verbindungseigene und ggf. auch auf teilnehmereigene Information sowohl von der A-Beamtin als auch von der B-Beamtin aus zuzugreifen. Deshalb ist die Einrichtung eines Archivs zweckmäßig, welches zwecks Regelung des Zugriffs von einer dafür zuständigen Beamtin betreut wird.

Nun geht das ET alle in der Stoffsammlung definierten Nachrichten durch. Dabei wird entschieden, ob A-Beamtin bzw. B-Beamtin die zugehörigen Funktionen allein bearbeiten kann oder sollte, oder ob die Mithilfe von Hilfsgerät-Beamtin oder Archivarin notwendig bzw. erwünscht ist. Am Beispiel der Nachricht SETUP (Tabelle 7.5) wird das Vorgehen auszugsweise erläutert. Die Nachricht enthält u. a.:

a) Protocol Discriminator

Dieser Diskriminator kennzeichnet Bedeutung und Verwendung der Nachricht in zwei großen Gruppen. Die erste Gruppe umfaßt alle Nachrichten, die im Zusammenhang mit der Benutzung eines B-Kanals stehen. Es sind dies die Nachrichten der Tabelle 7.2. Die zweite Gruppe enthält Nachrichten ohne B-Kanalbenutzung, nämlich Nachrichten für verbindungsunabhängige Dienstmerkmale, Nachrichten für Dienstmerkmalabfragen und Nachrichten für Editierfunktionen. Diese zweite Gruppe solle im vorliegenden Beispiel nicht näher betrachtet werden, so daß hier in vereinfachender Annahme auf die Auswertung und Steuerung des Discriminators verzichtet wird.

b) Call Reference (Ruf-Referenz)

Sie gibt die Zuordnung der Signalisierungsnachricht zur jeweiligen Verbindung bzw. „Transaktion" an. Wird die Transaktion vom Teilnehmer begonnen, handelt es sich also um den A-Teilnehmer, so bestimmt er die Nummer der Transaktion und damit die zugehörige Call Reference, andernfalls liegt die Nummernvergabe bei der B-Beamtin.

A- und B-Beamtin müssen deshalb Ruf-Referenzen auswerten bzw. vergeben können. Es gehört z. B. dazu, bei einer neueingetroffenen Nachricht zu überprüfen, wie der Stand der betreffenden Transaktion aufgrund früher eingetroffener Nachrichten ist. Hierzu ist eine entsprechende „Akte" (Ruf-Akte) je Transaktion notwendig. Um A- und B-Beamtin einen „intelligenten" Aufgabenbereich zuweisen zu können, müssen sie also zumindest über ein Handarchiv verfügen, da sie sonst bei einfachsten Arbeitsvorgängen auf die Mithilfe der Archivarin angewiesen wären.

Zur systematischen Erfassung und Abarbeitung der Funktionen werden nun Listen angelegt, etwa wie in Bild 7.7 gezeigt. Dabei ist es wiederum sinnvoll, das Entwurfsteam (ET) auf zusätzlich 3 Parteien entsprechend den vier Beamtinnenkategorien aufzuteilen. Jede Partei ist für die Führung der sie betreffenden Listen zuständig.

In einer ersten gemeinsamen Liste wird die lückenlose Erfassung aller Nachrichten sowie der zugehörigen Nachrichtenelemente dadurch dokumentiert, daß man sie im Zuge der Abarbeitung mit laufenden Nummern versieht. Diese Nummern sind als Bezugshinweise in den weiteren Listen notwendig (Bild 7.7a: Vergabe von Identifi-

7.4 Herausforderung Software

kationsnummern). In der Liste nach Bild 7.7b werden die durch eine empfangene Nachricht auszulösenden *Tätigkeiten* der Reihe nach vermerkt, im Zusammenhang mit „Ruf-Referenz" z. B. „Ruf-Akte anlegen", „Ruf-Akte heraussuchen", „Ruf-Referenz vergeben". Begleitend hierzu ist der Inhalt des Handarchivs bzw. des Archivs aufzulisten (Bild 7.7 c), wobei die einzelnen Positionen in „Sub-Formularen" detailliert werden müsen (im Beispiel also „Inhalt der Ruf-Akte", hier nicht gezeigt). Es wird somit Zug um Zug für die verschiedenen Arbeitsplätze eine „Aktenordnung" angelegt, welche aus einer „Formular-Hierarchie" besteht. Wichtig ist, daß Positionen und Formulare im Laufe der Entwurfsarbeit flexibel erweitert und geändert werden können.

Nun mag es sich im Lauf der Entwurfsarbeit herausstellen, daß es zweckmäßig ist, gewissen Informationen über die Kommunikationseigenschaften der Teilnehmer im zentralen Archiv aufzuheben. Es sind dies im allgemeinen Informationen, die von mehreren Beamtinnen abfragbar sein müssen, wie z. B. „Anschlußlage des Teilnehmers mit der Rufnummer XXXX" oder „Teilnehmeranschluß YYYY gesperrt". Als Folge dieser Erkenntnis wird es notwendig, eine Abfrage des Archivs nach wichtigen Teilnehmereigenschaften bereits mit der Anlage der „Ruf-Akte" durchzuführen, damit diese Informationen für die Dauer der Transaktion rasch zugreifbar im Handarchiv der A- oder B-Beamtin liegen. Deshalb muß also bereits mit dem Anlegen der Ruf-Akte die Unterstützung des Archivs angefordert werden (Bild 7.7b), was mit Hilfe einer neu zu definierenden *internen* Nachricht CUSINF (Call for User Information) geschieht (Bild 7.7d). Im weiteren Verlauf der Arbeiten des ET — zweckmäßigerweise wieder als „Spiel zwischen den Parteien" organisiert — werden viele derartige interne Nachrichten zu definieren sein, für die sich im einzelnen das

a

Nachricht	Nachr.-Element	Richtung	lfd. Nr.
SETUP	Call reference (Ruf - Referenz)	u → n	1

b

lfd. Nr.	Beamtin	Tätigkeit	Unterstützung
1	A	1. Ruf-Akte anlegen	Archiv

c

Beamtin	lfd. Nr.	(Hand) archiv - Inhalt
A	1	1. Ruf - Akte

d

lfd. Nr.	Nachricht	von	an
1	1. CUSINF	A	Archiv

Bild 7.7a–d. Listen für die Arbeitsteilung.
a Vergabe von Identifikationsnummern,
b Auflistung von Tätigkeiten,
c Inhaltsverzeichnis Handarchiv,
d Auflistung interner Nachrichten

Vorgehen in Partitioningstufe 0 wiederholt, u. a. mit einer Übersicht über die internen Nachrichten entsprechend Tabelle 7.2 für *jede* Beamtin.

Aber noch steht der Entwurfsvorgang der Partitioningstufe 1 ganz am Anfang! Von den in Tabelle 7.2 aufgeführten 23 *äußeren* Nachrichten wird hier immer noch die allererste SETUP betrachtet, und dabei ist im einzelnen mit „Call Reference" erst das zweite von 18 Nachrichtenelementen dieses SETUP in Diskussion. Nun sind aber auch die Nachrichtenelemente selbst zum Teil noch durch *Parameter* genauer zu spezifizieren! Beispielsweise existieren für das Nachrichtenelement „Network-specific Facilities" der SETUP-Nachricht (Tabelle 7.5) 26 Parameter. Einer dieser Parameter lautet „Sperre". Jedoch gibt es wiederum 5 verschiedene Arten von Sperren, nämlich

— Sperre gegen alle ankommenden Verbindungen (z. B. „Ruhe vor dem Telefon"),
— Sperre gegen alle abgehenden Verbindungen (Ausnahme Notruf),
— Sperre gegen alle abgehenden Auslandsverbindungen,
— Sperre gegen alle abgehenden Interkontinentalverbindungen.

Alle diese Sperren (die als teilnehmerspezifische Eigenschaften im Archiv vermerkt sein müssen) führen zu unterschiedlichen Funktionen der beteiligten Beamtinnen!

Anzumerken ist: Mit 23 Nachrichten, 18 Elementen je Nachricht, 26 Parametern je Element und 5 Bedeutungen je Parameter wird ein vierdimensionaler Raum für theoretisch etwa 51000 „Nachrichten-Atome" beschrieben, die alle unterschiedliche Funktionen auslösen könnten! Glücklicherweise sind nicht alle Positionen dieses Raums besetzt. Dennoch bleiben noch genügend viel Einzelpositionen zu betrachten und zu bedenken, um ein System „ISDN-fähig" zu machen! (Man kann auch sagen: da hat sich das Entwurfsteam etwas recht Kompliziertes ausgedacht!)

Zurück zur SETUP-Nachricht. Natürlich muß hier darauf verzichtet werden, alle Elemente der Nachricht systematisch zu untersuchen. Ein Hinweis auf das Element „Destination Address" (etwas vereinfacht übersetzt mit „Rufnummer des Angerufenen") möge als Beispiel genügen, weil hier nämlich im allgemeinen die „ISDN-Beamtin am Hilfsgerät" eingeschaltet werden muß, um eine Verbindung über das *bestehende System* zu schalten (vgl. Bild 7.4). Insgesamt sollen die ISDN-Beamtinnen in zweckmäßiger Arbeitsteilung sich so verhalten, daß das „Hilfsgerät" (als bestehendes System) keine *neuen* Funktionen zu übernehmen hat. Wenn es also z. B. darauf ankommt, einen „automatischen Rückruf bei Freiwerden eines besetzten B-Teilnehmers" zu realisieren, so müssen alle hierfür nötigen Speicher-, Verarbeitungs- und Signalisierungsfunktionen im ISDN-Bereich (z. B. unter Beteiligung der Kollegin vom Signalisierungssystem Nr. 7, Bild 7.4) realisiert werden, was im Prinzip immer möglich sein sollte.

Am Ende der Entwurfsarbeiten zur Partitioningstufe 1 verfügt das ET somit über eine vollständige Liste der Aufgaben der einzelnen Beamtinnen, über die Aktenordnungen der verschiedenen Archive und über eine Auflistung der internen Nachrichten. Es ist selbstverständlich, daß wiederholte Entwurfszyklen zur Optimierung der Aufgabenverteilung eingeschlossen sind.

c) Partitioningstufe 2

Es kann sich herausstellen, daß das Aufgabenvolumen der einen oder anderen Beamtin zu umfangreich und komplex geworden ist, so daß eine weitere Aufgabentei-

7.4 Herausforderung Software

lung zweckmäßig erscheint. Dann wiederholt sich der zuvor erläuterte Partitioningvorgang: In einem kreativen Ansatz des ET werden „Unter-Beamtinnen" mit Unteraufgabenbereichen betraut, anhand der in Partitioningstufen 0 und 1 erarbeiteten Nachrichten müssen die Funktionen im einzelnen bestimmt werden, es sind neue Archive einzurichten und neue interne Nachrichten zu definieren.

Gegebenenfalls sind weitere Partitioningschritte anzuschließen. Am Ende der Partitioning-Entwurfsphase verfügt man über eine konzeptorientierte und im weiteren Sinne objektorientiert strukturierte, vollständige Aufgabensammlung, über entsprechend angelegte Archive, welche das „Geheimnisprinzip" wahren, und über eine Sammlung zugehöriger Nachrichten (Botschaften). Aus den Aktenordnungen der Archive und den Parametern der Nachrichten lassen sich die Datenstrukturen ableiten. Es handelt sich bis hierher also um einen objektorientierten *und* datenorientierten Entwurf!

Von der Sorgfalt und Gründlichkeit, mit der diese Partitioningarbeiten durchgeführt werden, hängt in hohem Maße die Zuverlässigkeit des späteren Softwaresystems ab. Es besteht kein Zweifel, daß es sich um eine außerordentlich langwierige und ermüdende Arbeit handelt, die hohe Anforderungen an das Entwurfsteam und dessen Konzentrationsfähigkeit stellt. Um so wichtiger ist es, durch „Tricks" die menschliche Aufmerksamkeit wachzuhalten und durch *massive Rechnerunterstützung* und *hervorragende Bedienoberfläche* für eine Entlastung des Menschen von ermüdenden Routinen zu sorgen. Auch kann der Rechner Hilfen für die Einhaltung systematischer Folgeschritte geben und damit Risiken des „Übersehens" von Fakten durch den Menschen mindern. Immerhin: Vielleicht lassen sich hier mit Vorteil Expertensysteme einsetzen? Für diesen Teil der Entwurfsphase gibt es noch nicht viele wirksame Unterstützungsprogramme! Denn dieser Teil wurde bisher mehr „stiefmütterlich" behandelt, indem man der Kreativität des entwerfenden Menschen freien Lauf ließ und versäumte, ihn methodisch in die Systematik zu bugsieren.

d) Spezifikation der Funktionsabläufe

Aufgabensammlungen, Aktenordnungen und Nachrichtenrepertoire sind das Ausgangsmaterial, aus dem nun für *jede einzelne* Beamtin die ihr zugedachten Arbeitsabläufe definiert werden müssen. Hiermit wird „bekanntes Gelände" betreten, in dem vorhandene Sprachen und Werkzeuge einsetzbar sind. Das Ausgangsmaterial ist objektorientiert in überschaubare „Portionen" aufgeteilt und abgegrenzt, so daß nun die Einzelarbeit am Detail beginnen kann, wobei allerdings von Zeit zu Zeit der Zusammenhang des ganzen Systems in „Spiel" oder Simulation überprüft werden muß. Es sei dahingestellt, ob in dieser Phase das Bild der menschlichen Arbeitsplätze mit ihren Archiven und Aktenordnungen noch aufrechtzuerhalten ist. Dafür spricht eine gewisse Einheitlichkeit in den Prozeduren zum Archivzugang und Nachrichtenaustausch.

Als Sprache für den Entwurf von Funktionsabläufen hat sich in der Kommunikationstechnik die *Functional Specification and Description Language* (SDL) eingeführt [7.42]. Sie verfügt (u. a.) über grafische (und damit anschauliche) Elemente der Ablaufbeschreibung. Bild 7.8 demonstriert an einem sehr einfachen Beispiel die Bedeutung der Elemente. Das Beispiel gehört noch in den Bereich des sog. POTS (Plain Old Telephone Service), also zu den Funktionen des „einfachen Telefonie-

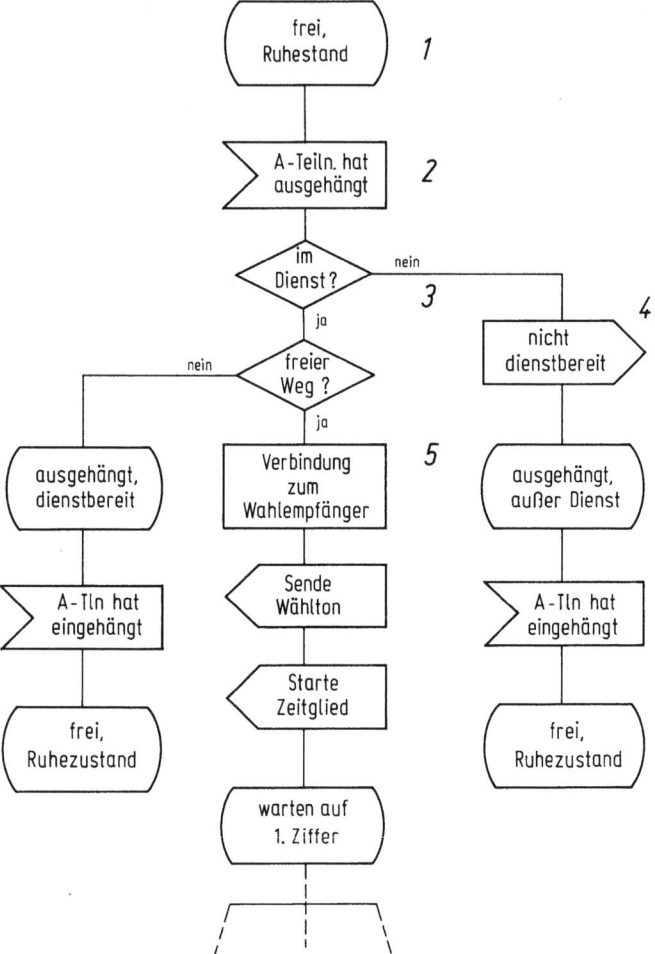

Bild 7.8. Beschreibung von Funktionsabläufen mit der Functional Specification and Description Language (SDL).

rens", und macht damit recht anschaulich klar, welcher Zuwachs an Komplexität aus dem ISDN-Prinzip und der Einführung komfortabler Dienste entsteht. Im Bild dargestellt wird (wie im ISDN-Beispiel zuvor) die allererste Phase des Verbindungsaufbaus, nämlich die Vorgänge nach dem Aushängen des Telefonhörers bis etwa zum Aussenden des Wähltons. Der Ablauf zeigt in der Mitte den Normalfall, links den Fall, daß kein freier Wahlempfänger mehr erreichbar ist (der Teilnehmer wird dann bis zum Einhängen „abgefangen", d. h. er erhält z. B. das Besetztzeichen) und rechts den Fall, daß der Teilnehmer „nicht dienstbereit", also z. B. „gesperrt" ist mit einer im Prinzip gleichen Reaktion wie im linken Zweig.

Die verwendeten Symbole haben folgende Bedeutung: ① kennzeichnet einen Zustand (State), ② eine von außen kommende Eingabeinformation (External Input), ③ eine Entscheidung (Decision), ④ einen nach außen gerichteten Ausgabebefehl,

7.4 Herausforderung Software

⑤ einen (an anderer Stelle ausführlich zu beschreibenden) Funktionsablauf (Task).

Mit Ablaufdiagrammen dieser Art wird der „Funktionsorientierung" des Entwurfs im Detail Genüge getan!

7.4.4 Wohin soll der Weg gehen?

Im vorhergehenden Abschnitt wurde zu zeigen versucht, welche Bedeutung der Entwurfsphase bei komplexen Systemen zukommt. Bei derartigen Systemen hat es offenbar wenig Sinn, die Problematik mit formalen Methoden und Sprachen anzugehen, weil für den normal begabten Menschen die Überschaubarkeit verlorengeht, welche Voraussetzung für die Orientierung im „Funktionendschungel" ist. Letzten Endes aber benötigt die ausführende Maschine *formale* Anweisungen. Es klafft also eine Lücke zwischen — wie hier gezeigt — informalem Entwurf und formaler Programmierung. Wenn es jedoch gelingt, durch Einführung „gemäßigt formaler" Listen und Formulare einen höheren Grad von Exaktheit und Eindeutigkeit im Entwurfsergebnis zu erzielen, läßt sich diese Lücke im Prinzip durch interpretierende Programme schließen. Es ist also denkbar und anzustreben, das Schwergewicht der Softwarearbeiten in die Entwurfsphase zu verlegen und die restlichen Phasen des Entwicklungsprozesses weitgehend automatisch ablaufen zu lassen. Der Qualität der Softwareprodukte sollte dieses zugute kommen; vielleicht auch wird dies später einmal der einzig mögliche Weg zur Realisierung hochkomplexer Systeme sein!

Das hier diskutierte Beispiel der ISDN-Beamtin mag eindrucksvoll sein, es ist aber nicht mehr aktuell, weil inzwischen die digitalen Vermittlungssysteme bereits für ISDN eingerichtet sind. Den Vermittlungssystem-Programmierern stehen aber noch große Aufgaben ins Haus, wenn einmal „Functional Components" FC (Abschnitt 6.8) und „Basic Service Elements" BSE (Abschnitt 7.2) definiert sein werden. Wie kann man diese in bestehende Softwaresysteme eingliedern? Gibt es vielleicht BSE-Beamtinnen, die sich (entsprechend Bild 7.4) von Hilfsgeräten unterstützen lassen?

Man sollte sich beizeiten darüber Gedanken machen.

8 Schlußbemerkung

Ein Vorwort wird selten gelesen oder rasch vergessen. Deshalb sei am Ende dieses Überblicks nochmals hervorgehoben: Dies kann keine vollständige Beschreibung der Telekommunikationstechnik sein. Das Gebiet hat sich so aufgefächert, daß selbst eine „seichte" Beschreibung der vollen Breite kaum noch möglich erscheint. Wichtige Teilgebiete wurden ausgespart, um das Lesen, aber auch das Schreiben dieses Buches nicht uferlos werden zu lassen. Der Autor hat sich bemüht, die ausgewählten Themen in mäßiger Tiefe zu behandeln, so daß einerseits das Interessante, andererseits auch das Mühselige der Technik ein wenig deutlich wird. Der technische Spezialist wird hier nicht das finden, was er für seine Arbeit braucht, wohl aber derjenige, der sich in ein neues Gebiet einarbeiten oder dieses in einen größeren Zusammenhang stellen will. Eines aber dürfte wohl auch mit diesem Buch klar werden: Die Telekommunikation steht heute nicht am Ende ihrer technischen Entwicklung, sondern — was den Umfang der zu meisternden Aufgaben anbelangt — eher am Beginn eines durch Vielfalt, Komplexität und Perfektion gekennzeichneten Weges. Perfektion in einer der Menschheit dienenden Rolle!

9 Literaturverzeichnis

1.1 Blumtritt O (1988) Nachrichtentechnik. Beiträge zur Technikgeschichte. Deutsches Museum, München
1.2 Aschoff V (1987) Geschichte der Nachrichtentechnik, Bd. 2. Springer, Berlin
1.3 Klein W (1979) Aus der Entwicklung der elektromagnetischen Telegrafenapparate. Arch. Dtsch. Postgeschichte, H. 2, S. 147 ff
1.4 Heiden H (1937) Rund um den Fernsprecher. Siemens & Halske, Berlin
1.5 Smith AB, Aldendorf F (1910) Automatische Fernsprechsysteme. S. Heimann & Sohn, Berlin
1.6 Etzel F (1969) Die fernsprechtechnische Automation in Deutschland — Beginn, Weg und Zukunft. Ing. Dtsch. Bundespost, H. 2, S. 44–51
1.7 Internationale Fernmeldestatistik 1989. Siemens, München 1989
1.8 Bergmann K (1986) Lehrbuch der Fernmeldetechnik. 5. Aufl., Schiele u. Schön, Berlin
1.9 Schmitt G (1965) Einführung in die Vermittlungstechnik. Oldenburg, München, Wien
2.1 Schubert W (1986) Verkehrstheorie elektronischer Kommunikationssysteme. Hüthig, Heidelberg
2.2 Tabellenbuch Fernsprechverkehrstheorie Teil 1. München: Siemens (1970)
2.3 Bergmann K (1970) Lehrbuch der Fernmeldetechnik. Schiele & Schön, Berlin
2.4 Gier J, Kügler E, Seiffert WD (1978) Nachrichtenübertragung mit Lichtwellenleitern. telcom rep. 1 34–39
2.5 Mahlke G, Gössing P (1986) Lichtwellenleiterkabel. Siemens, München
2.5a Glasfaserkabel mit besseren Übertragungseigenschaften. elektrotechn. 70 (1988) H. 7, S. 10
2.5b Data Comm., Jan. 1988, 15–16
2.6 Strauss P Lightwave future gets even brighter. Data Comm. Febr. 1987, 53–56
2.7 v Kienlin A, Köhler K (1971) Grundsätzliches zur Richtfunktechnik. Siemens-Z. 45, Beiheft „Nachrichten-Übertragungstechnik", 133-134
2.8 Steinkamp JA (1988) Neue Impulse für den Richtfunk. telcom rep. 11, H. 3, S. 82–84
2.9 Martin J (1978) Communication Satellite Systems. Prentice-Hall, Englewood Cliffs
2.10 Spaniol O (1983) Satellitenkommunikation, Inform. Spektr., H. 6, S. 124–141
2.11 Heinrich G (1987) Fernmeldesatelliten-Report 1986. Fernmeldeprax. 17, 676–688
2.12 Schlegel K (1988) Weltweite Satellitenkommunikation in Bewegung. ZPF 3, 18–26 dewes. 3, 18–26
2.13 Häusler EW, Durwen EJ, Diessner F (1988) Der Deutsche Fernmeldesatellit DFS-Kopernikus. Fernmeldeprax. 9–10, 369–396
2.14 Bekey J, Mayer H 1980–2000: Raising our sights for advanced space systems. Astronaut. a. Aeronaut. July/Aug. 1976
2.15 Fraser JM, Bullock DB, Long NG (1962) Over-all characteristics of a TASI system. Bell Syst. Tech. J. 41, 1439–1454
2.16 Will D, Köstler G (1985) Projekt „Berlin 4" — Entscheidende Schritte bei optischer Nachrichtenübertragung. Nachr. techn. Z. 38, H. 1, S. 34–39
2.16a Payne DB, Stern JR Technical options for single mode local loops — TDM or WDM? Proc. ECOC'86, 465–468
2.17 Kersten RTh, Rocks M (1982) Wavelength division multiplexing in optical communication systems. J. Opt. Commun. 3, 93–100
2.18 CCITT: Blue Book Vol. III.4, Recomm. G.732, G.733. Genf: Int. Telecomm. Union 1989

2.19 wie 2.18, Recomm. G.702–703, G.707–709
2.20 Brodhage H, Noack W (1979) Planungsgrundlagen für den Einsatz von Richtfunksystemen. telcom rep. 2 Beiheft „Digital-Übertragungstechnik", 123–127
2.21 Dorros J Evolution for the information age — the challenge to network planning. Network 86, Conf. Rec., 1.1.1–1.1.4
2.22 Kühne F, Müller H (1980) Digitalsignal-Multiplexgeräte für Bitraten von 64 kbit/s bis 565 Mbit/s. telcom rep. 3, H. 4, S. 344–352
2.23 Campbell L, Engineer C (1988) Standards for an evolving network. Telephone Eng. & Managem., July, 50–58
2.24 Steinbuch K, Rupprecht W (1984) Nachrichtentechnik 3. Auflage, Bd. II, S. 88–164
2.25 Hölzler E, Holzwarth H (1976) Pulstechnik, Bd. II. Springer, Berlin
2.26 Fellbaum K (1984) Sprachverarbeitung und Sprachübertragung. Springer, Berlin
2.27 Jayant NS, Noll P (1984) Digital coding of waveforms. Prentice-Hall, Englewood Cliffs
2.28 Möhrmann KH (1987) Codierung von Videosignalen für die digitale Übertragung. telcom rep. 10, H. 6, S. 340–345
2.29 Musmann HG, Pirsch P, Grallert HJ (1985) Advances in Picture Coding. Proc. IEEE 73, 523–548
2.30 Ost J, Wendt H (1979) Bewegtbildkommunikation und digitale Bildcodierung. fernmeldeprax. 56, H. 16, S. 605–626
2.31 Stauffer MK, Eidson S (1988) Image compression with VLSI. Telephony, Jan., 26–30
2.32 Witte E (1987) Neuordnung der Telekommunikation — Bericht der Regierungskommission Fernmeldewesen. Decker's, Heidelberg
2.33 Gerke PR (1982) Neue Kommunikationsnetze. Springer, Berlin, 118 ff
3.1 Clos C (1953) A study of non-blocking switching networks. B.S.T.J. 32, 406–424
3.2 Lotze A, Röder A, Thierer G (1976) NIK-Charts for the design of link systems operating in the point-to-point selection mode or point-to-group selection mode. Univers. Stuttgart: Inst. Nachr.-Vermittl. u. Datenverarb.
3.3 Lotze A, Röder A, Thierer G (1976) PPL — A reliable method for the calculation of point-to-point loss. Proc. 8th Intern. Telecomm. Conf. Melbourne
3.4 Lee CY (Nov. 1955) Analysis of switching networks. B.S.T.J. 34 No. 6, 1287–1315
3.5 Krupp RS Analysis of toll switching networks. B.S.T.J. 55, No. 7 (Sept. 1976), 843–856
3.6 Paull MC Reswitching of connection networks; B.S.T.J. 41, No. 41 (May 1962), 833–855
3.7 Gerke PR (1972) Rechnergesteuerte Vermittlungssysteme. Springer, Berlin
3.8 Hofstetter H, Rohrbach W (1971) Das Verkehrsverhalten der Umkehrgruppierung für Fernsprech-Ortsvermittlungen des Systems IV. Inform. Fernspr.-Vermittl.techn. 7, 15–21
3.9 Lotze A, Rothmaier K, Scheller R (1979) PCM-charts for the design of economic PCM switching arrays operating in the point-to-point selection mode. Univers. Stuttgart: Inst. Nachr.-Vermittl. u. Datenverarb.
3.10 Gerke PR (1982) Neue Kommunikationsnetze. Springer, Berlin
3.11 Agrawal DP, Janakiram VK (1986) Evaluating the performance of multicomputer configurations, IEE-computer, Vol. 19, 5, 23–37
3.12 Wittie LD (1981) Communication structures for large networks of microcomputers. IEEE Trans. on Computers, Vol. C-30, 4, 264–273
3.13 Schindler M (1987) Technology forecast 1987: Parallel processing. Electronic Design 35, 1, 90–100
3.14 Preparata FP, Vuillemin J (1981) The cube connected cycles, a versatile network for parallel computation. Comm. ACM 24, 5, 300–309
3.15 Horn M, Lobjinski M, Raabe U Netzarchitekturen für Computernetze: ein Weg zum Vergleich unterschiedlicher Strukturen. Interner Bericht Siemens ZTI vom 1. 12. 1986
3.16 Hillis WD (1985) The connection machine. The MIT Press, Cambridge, Mass.
3.17 Karol MJ, Hluchyi GH, Morgan SP Input vs. output queuing on a space division packet switch. Globecom 86 Conf. Rec. (Dec. 86) 19.4.1–19.4.6
3.18 Gerke PR, Huber JF Fast packet switching — a principle for future system generations? Proceedings ISS 1987, Phoenix, B 5.2.1–B 5.2.7
3.19 Yeh YS, Hluchyi MG, Acampora AS The knockout switch: a simple, modular architecture for high-performance packet switching. Proceedings ISS 1987, Phoenix, B 10.2.1–B 10.2.8

9 Literaturverzeichnis

3.20 Beneš VE (1965) Mathematical theory of connecting networks and telephone traffic. Academic Press, New York
3.21 Regensburg G (1987) Hochleistungsrechner-Architekturprinzipien. McGraw-Hill, Hamburg
3.22 Rodney Goke L, Lipovski GJ (1973) Banyan networks for partitioning multiprocessor systems. Proc. 1st Symposium on Computer Architecture, 21–28
3.23 Huang A, Knauer SC Wideband digital switching network. US Patent 4.542.497 (17.9.85)
3.24 Fraser JM, Bullock DB, Long NG (1962) Over-all-characteristics of a TASI system. B.S.T.J. 41, 1439–1454
Leopold GR (1970) TASI B: A system for restoration and expansion of overseas circuits. Bell Lab. Rec. 48, 10, p. 299–306
3.25 Gruber JG (1981) Delay related issues in integrated voice and data networks. IEEE Transactions on Communications, 29, 786–800
3.26 Kulzer JJ, Montgomery WA Statistical switching architectures for future services. ISS 1984, Florence, 43 A.1, pp. 1–6
3.27 Turner JS, Wyatt LF A packet network architecture for integrated services. Globecom. 83 (Dec. 1983), 45–50
3.28 Wiest G (1989) Kommunikationstechnik und Mikroelektronik – Zusammenhänge und Entwicklungstrends. 30. Post- und Fernmeldetechnische Fachtagung des VDPI, Hannover
3.29 Prucnal PR, Perrier PA A new direction in photonic switching. Computer Communication for the 90's. North-Holland, ICCC 1988, S. 149–154
3.30 Rao S Switching techniques in 1990s. Proc. GSLB-Seminar on broadband switching. Albufeira (Jan. 1987), 3–14
3.31 Mulder H, Groen HB Network implications of optical switching. Proc. GSLB-Seminar on broadband switching. Albufeira (Jan. 1987), 152–164
3.32 MacDonald RI (1987) Optoelectronic switching. IEEE Communications Magazine, Vol. 25, No. 5, 33–36
3.33 Hinton HS (1987) Photonic switching using directional couplers. IEEE Communications Magazine, Vol. 25, No. 5, 16–26
3.34 Heuer P Survey of optical switching. Proc. GSLB-Seminar on broadband switching. Albufeira (Jan. 1987), 143–151
3.35 Walker E, Duerdoth WT Trunking and traffic principles of a PCM telephone exchange. Proc. IEEE 11 (1964) 1976
3.36 Yasui T, Goto H (1987) Overview of optical switching technologies in Japan. IEEE Communications Magazine, Vol. 25, No. 5, 10–15
3.37 Salehi JA (1989) Emerging optical code-division multiple access communications systems. IEEE Network 3, 2, 31–39
3.38 O'Farrel T, Beale M Code-division multiple access (CDMA) Techniques in optical fibre LANs. Second IEE National Conference on Telecommunications, 2.–5.4.89, The University of York, UK. S. 111–115
3.39 British Telecom Research Achieves First Complete Optical Switching. British Telecommunications Engineering, Vol. 8 (April 1989), 60
3.40 Heywood P Solitons hold promise of billions of bits over fiber. Data Communications International (June 1989), 46, 48
4.1 Gerke PR (1972) Rechnergesteuerte Vermittlungssysteme. Springer, Berlin
4.2 Carney D et al (1985) The 5ESS switching system: architectural overview. AT&T Technical J., Vol. 64, No. 6, 1339–1356
4.3 Borum JC et al (1985) The 5ESS switching system: hardware design. AT&T Technical J., Vol. 64, No. 6, 1417–1437
4.4 5ESS Switch: System description. Druckschrift ohne Datum
4.5 Billhardt RA et al A survey of the remote switching capabilities of the 5ESS Switch. ICC '86, Vol. 2, S. 35.3.1 bis 35.3.6
4.6 Delatore JP et al (1985) The 5ESS switching system: operational software. AT&T Technical J., Vol. 64, No. 6, 1357–1384
4.7 Wu-Hon Francis Leung The distributed software concept of remoted processes, their application and implementation. AT&T Technical. J., Vol. 65 (1986) Issue 3, S. 2–11

4.8 System 12 digital exchange. A technical description. ITT, N 1240/4–E 4/85, 1985 (Druckschrift)
4.9 System 12 digital exchange. Characeristics and operational aspects. Alcatel FACE, Milan/Italy Oct. 1987 (Druckschrift)
4.10 EWSD Digitales Elektronisches Wählsystem, Systembeschreibung. A 30308-X2589-X-5-18 (Druckschrift)
4.11 EWSD, Teilsystem-Beschreibung: Anschlußgruppen LTG. A 30808-X2720-X-4-18 (Druckschrift)
4.12 EWSD, Teilsystem-Beschreibung: Digitale Teilnehmerleitungseinheit DLU. A 30808-X-2722-X-4-18 (Druckschrift)
4.13 Skaperda N The EWSD today, plans for tomorrow. Globecom (Nov. 1988), 1211–1220
4.14 Neufang KH (1981) Das Digitalkoppelnetz im System EWSD. telcom rep. 4, Beiheft „Digitalvermittlungssystem EWSD", 19–27
4.15 Maher AT Mit CP 113-Modularität Vermittlungsleistung flexibel erweitern. telcom rep. 12 (1989), H. 1–2, S. 10–13
4.16 Lutz KA (1988) Considerations on ATM switching techniques. Intern. J. of Digital and Analog Cabled Systems, Vol. 1, 237–243
4.17 EWSP Paketvermittlungssystem, Systembeschreibung. A 22308-K3-A200-1-29 (Druckschrift)
5.1 Zimmermann H (1981) The ISO reference model for open systems interconnection. Inf.-Fachber. 40, Springer, Berlin, 39–57
5.2 CCITT: Blue book, Vol. VIII.2, Rec. X.21. Genf: Int. Telecomm. Union 1989
5.3 CCITT: Blue book, Vol. VIII.2, Rec. X.1. Genf: Int. Telecomm. Union 1989
5.4 CCITT: Blue book, Vol. VII.3, Rec. T.50. Genf: Int. Telecomm. Union 1989
5.5 CCITT: Blue book, Vol. VIII.2, Rec. X.25. Genf: Int. Telecomm. Union 1989
5.6 Swoboda J (1973) Codierung zur Fehlerkorrektur und Fehlererkennung. Oldenburg, München, Wien
5.7 Jonas Ch (1988) TELEBOX und X.400 – Eine Einführung in die X.400-Standards. Fernmeldepraxis 65, H. 13–14, S. 505–520
5.8 CCITT: Blue book, Vol. VII.6, Rec. F.400–F.422 bzw. Vol. VIII.7, Rec. X.400–X.420. Genf: Int. Telecomm. Union 1989
5.9 CCITT: Blue book, Vol. III.8. Genf: Int. Telecomm. Union 1989
5.10 CCITT: Blue book, Vol. III.8 bzw. VI.10. Genf: Int. Telecomm. Union 1989
5.11 CCITT: Blue book, Vol. VI.11 (III.8). Genf: Int. Telecomm. Union 1989
5.12 CCITT: Blue book, Vol. VI.7, Rec. Q.700. Genf: Int. Telecomm. Union 1989
5.13 CCITT: Blue book, Vol. VI.7, Genf: Int. Telecomm. Union 1989
5.14 CCITT: Blue book, Rec. Q.721–Q.725, Vol. VI.8. Genf: Int. Telecomm. Union 1989
5.15 CCITT: Blue book, Rec. Q.763, Vol. VI.8. Genf: Int. Telecomm. Union 1989
5.16 CCITT: Blue book, Rec. Q.711–Q.716, Vol. VI.7. Genf: Int. Telecomm. Union 1989
5.17 CCITT: Blue book, Rec. Q.771–Q.775, Vol. VI.9. Genf: Int. Telecomm. Union 1989
6.1 Datenübertragung über Fernmeldewege der Deutschen Bundespost. FTZ L 16-4 Best. Nr. 59 (03/85) (Druckschrift)
6.2 Das IDN der Deutschen Bundespost. „Kurz erklärt". telcom rep. 5 (1982) H. 1
6.3 Gabler H, Staudinger W (1972) Das deutsche Datennetz mit dem elektronischen Datenvermittlungssystem (EDS). Fernmelde-Ing. 26, Nr. 6, S. 2–39
6.4 Gabler H Das öffentliche Fernschreib- und Datennetz der Deutschen Bundespost. Revue FITCE 2 (1975), 5–10
6.5 Hillebrand F (1979) Der Datex-Dienst mit Paketvermittlung (Datex-P). Inf. Fachber. 22, Springer, Berlin, 1–34
6.6 CCITT: Blue book, Vol. VIII.3, Genf: Int. Telecomm. Union 1989
6.7 CCITT: Blue book, Vol. VIII.2, Genf: Int. Telecomm. Union 1989
6.8 Fromm J (1982) Local area networks (LAN) – Lokale Netze. ntz Bd. 35, H. 10, S. 634–637
6.9 Proc. Conf. local computer networks, London, May 1980. Ferner: Ellenrieder, J.: Lokale Netzwerke: Wie Computer kommunizieren. Fernmeldepraxis 63 (1986) 14, S. 557–568
6.10 Bauerfeld W (1987) WAN sucht LAN. DFN-Mitteilungen 4, H. 7, S. 4–8

9 Literaturverzeichnis

6.11 The Ethernet: A Local area network. Data link layer and physical layer specifications. DEC, Intel, XEROX. Version 2.0, Nov. 1982

6.12 Lauenstein J, Moustakas St (1986) Neue Netzkonfigurationen auf Ethernet-Basis, auch für das Bürosystem 5800. telcom rep. 9, H. 3, S. 202–208

6.13 Gregory P A typology of local area networks. Data Communications, August 1986, S. 141–156

6.14 Schicker P (1988) Datenübertragung und Rechnernetze. Teubner, Stuttgart: 3. Aufl.

6.15 Tanenbaum AS (1988) Computer networks. Prentice Hall

6.16 Sauer K, Tangemann M Architektur und Breitbandmanagement des HSLANs FDDI-II. In: P. J. Kühn (Hrsg.): Kommunikation in verteilten Systemen. ITG/GI-Fachtagung, Stuttgart: Springer, Februar 1989

6.17 Mollenauer JF (1988) Standards for metropolitan area networks. IEEE Communications Magazine, Vol. 26, No. 4

6.18 Interview Präsident des FTZ. fernmelde-praxis 17/87, S. 670

6.19 Gerke P Some aspects of integrated services digital networks. Proc. of the first Iranian Congress of Electrical Eng. Shiraz, 12.–16. 5. 1974, S. 1361–1371

6.20 Gerke P, Bocker P DTN, an all-digital telephony network for voice, data, text and fax communication. ICC '79, Conference Record, 29.5.1.–29.5.6, Boston, Ma, 1979

6.21 Frensch KJ (1989) ISDN − Start in eine neue Kommunikationsära. telcom rep. 12, H. 1–2, S. 5–9

6.22 Bocker P (Hrsg.) (1987) ISDN. Das diensteintegrierende digitale Nachrichtennetz. 2. Aufl., Springer, Berlin

6.23 Hueber P, v Winnicki K (1988) PMXA erschließt offene Kommunikation. telcom rep. 11, H. 5, S. 164–167

6.24 Schollmeier G (1985) Die Teilnehmeranschlußtechnik im ISDN. telcom rep. 8, Sonderheft Diensteintegrierendes Digitalnetz ISDN, S. 21–26

6.25 Wiest G Kommunikationstechnik und Mikroelektronik − Zusammenhänge und Entwicklungstrends. VDPI-Tagung Hannover 10. 3. 89

6.26 CCITT, Empfehlungen I.410/411, Blue book, Vol. III.8. Genf: Int. Telecomm. Union 1989

6.27 Rosenbrock KH ISDN − eine folgerichtige Weiterentwicklung des digitalen Fernsprechnetzes. Jahrbuch der Dtsch. Bundespost 1984, Heidecker, Bad Windsheim

6.28 Lamers H (1981) Erläuterungen zur Ergänzung des Dämpfungsplans 55 der Deutschen Bundespost, Ausgabe 1980, Teile 1 + 2. telcom rep. 4, S. 392–398, S. 449–454. Okt./Dez. 1981
sowie
Collier ME, Williams G, Schreiner SM (1978) Dämpfungsplanung für digitale Fernsprechnetze. Elektr. Nachrichtenwesen 53, 4, S. 309–321

6.29 Hohe Investitionen in digitales Fernmeldenetz, Blick durch die Wirtschaft, 23. 5. 1989, S. 8

6.30 Schweizer L (1979) Planung von Niederfrequenzübertragung im Digital-Fernsprechnetz und im gemischten Analog-Digital-Netz. telcom rep. 2, S. 254–269

6.31 Habenicht D (1989) Vom Fernsprechnetz zum ISDN − Projektmanagement bei der DBP. Taschenbuch der fernmelde-praxis, Schiele & Schön, Berlin, S. 119–138

6.32 Ward K The BT telecommunications network. Supplement to British telecommunications Engineering, Vol. 8, Part 1, April 1989

6.33 Negrin AE Loop Carrier Systems of the 1990's. Telephony (March 13, 1989), 29–32

6.34 Gerke P, Huber JF Fast packet switching − a principle for future system generations? ISS 1987, Proc. Phoenix USA, 373–378

6.35 Clapp GH Broadband ISDN and metropolitan area networks. Globecom '87, Tokyo, Conf. Rec. Vol. 3, 51.7.1 bis 51.7.6

6.36 Cohen W, Lippis III NJ Building a private wide-area, fiber backbone network. Data Communications (April 1988), 175–1983
oder
Baley A "ISDN" now: Northwestern bank converts tail circuits to T1 lines. Data communications (Febr. 1988), 58–62

6.37 Takashima S (1988) Introduction of fiber optic subscriber networks. Japan Telecomm. Review 30, No. 4, p. 4–10
6.38 Ubis S IN Coming to a Residence Near You. Telephony's Transmission Special (Oct. 1988), 33–39
6.39 Large D The Star-bus Network: Fiber Optics to the Home. Communications Engineering Design (Jan. 1989) 64–73
sowie
Large D (1989) Fiber-optic CATV distribution in the Federal Republic of Germany. 16th International T.V. Symposium, Montreux, 122–137
6.40 CCITT: Blue book, Vol. II.7, Genf: Int. Telecomm. Union 1989
6.41 CCITT: COM XVIII, Report R 18, Genf, July 1989
6.42 Häusler B, Durwen EJ, Diessner F (1988) Der Deutsche Fernmeldesatellit DFS-Kopernikus. fernmelde-praxis 9, H. 10, S. 369–396
6.43 Dodel H, Baumgart M (1986) Satellitensysteme für Kommunikation, Fernsehen und Rundfunk. Hüthig, Heidelberg
6.44 Gerke PR (1982) Neue Kommunikationsnetze, Springer, Berlin, 24–26
6.45 Herter E, Rupp H (1979) Nachrichtenübertragung über Satelliten. Springer, Berlin
6.46 Barnla JD, Zitzmann FR The SBS digital communications satellite system. Proc. Electron a Aerospace Syst. Conf., Washington, Sept. 1977
6.47 Utlaut WF Spread-spectrum principles and possible application to utilization and allocation. Telecommunication J. 45 (1978) 1, pp. 20–32
6.48 Heinrich G Fernmeldesatelliten-Report 1987. fernmelde-praxis 65 (Okt. 1988) 19, S. 749–762
6.49 Licht H Kritische Betrachtung zum geplanten Satellitenrundfunk in der Bundesrepublik Deutschland. telcom rep. 4 (1981) 58–65
6.50 Müller-Römer F Künftige Fernsehsysteme. Fernseh- und Kino-Technik 43 (1989) 6, S. 286–294
6.51 Travis P IBM sells satellites. Telephony (July 17, 1989) pp. 9, 10, 14
6.52 Bzdok W A packet-satellite example. Data Communications (Nov. 1987) 250, 251
6.53 Rose D Wide area network: Sewing a patchwork of pieces together. Data Communications (May 1988) 219–231
6.54 Horn G Realisierung von Datennetzen mit VSATs. fernmelde-praxis 65 (1988) 24, S. 967–978
6.55 „Business Satelliten": Hohes Wachstum. Genschow TID B (1988) 23, 24, S. 1
6.56 Mason C Pan Am Sat sues comsat. Telephony (July 31, 1989) pp. 14, 17
sowie
Intelsat set to OK second private satellite operator. Data Communications Internationaly (July 1989) 19
6.57 Lawson M Can new satellite service, waiting in wings, revitalize the industry? Data Communications (August 1987) 74–80
sowie
Castiel D Satellite links for the masses: The final frontier? Data Communications (Nov. 1988) 179–196
6.58 Yamashita T, Ishizaka K, Uchiyama T Space technology. Fujitsu Sci. Tech. J. 25 (1989) 1, pp. 1–25
6.59 Williamson J What's behind the crisis in satellite communications? Telephony (May 25, 1987) 38, 40
6.60 Preston R Cable breaks down. Communications Week International (24. July 1989) p. 4
6.61 Silberhorn A Die Rolle der Deutschen Bundespost in der europäischen Entwicklung des Mobilfunks. Europäischer Mobilfunk. FIBA Kongresse und Publikationen, München (1989) 193–201
6.62 Funkrufempfänger in der Armbanduhr. Neue Zürcher Zeitung 1988 (207) S. 48
6.63 Abramson N The ALOHA system — another alternative for computer communication. AFIPS Conf. Proc. Vol. 37, 1970
6.64 Klingler R Die Entwicklung des öffentlichen Landmobilfunks. FIBA Kongresse und Publikationen „Europäischer Mobilfunk", München (1989) 9–27

9 Literaturverzeichnis

sowie
Becker KF Das ABCD im Mobilfunk. Siemens-Magazin COM 3/89, S. 38–39
sowie
Silberhorn A, Kedaj J Auf dem Weg zum europäischen Netz. net special 1, R.v. Deckers Verlag et al., S. 10–14
6.65 Bauer P (1989) Das schnurlose Telefon bis 1992. FIBA Kongresse und Publikationen „Europäischer Mobilfunk", S. 153–160
6.66 Müller-Römer F Mobilfunk im Wettbewerb. FIBA Kongresse und Publikationen 1989, „Europäischer Mobilfunk", S. 205–221
sowie
Stewart RA A strategic view of CT2. Mobile Communications Guide 1989, IBC Technical Services, pp. 63–69
6.67 Lee WCY (1989) Mobile cellular telecommunications systems. McGraw-Hill, New York
6.68 D 900 Digital mobile communication system. System description. München: Siemens AG, 1988
sowie
Silberhorn A Mobilfunkdienste, Handbuch der Telekommunikation, Fachverlag f. Wirtschaft u. Außenhandel, Abschnitt 5120
6.69 Böhm C D 900 — Wegbereiter der volldigitalen öffentlichen Mobilkommunikation. fernmelde-praxis 63 (1986) H. 3, S. 85–108
6.70 Metzner W, Wolf E Bedarfs- und Systementwicklung auf dem Gebiet des öffentlichen Funkfernsprechens. telcom rep. 8 (1985), H. 2, S. 74–79
sowie
Kammerlander K (1985) Eigenschaften des zellularen Mobilfunksystems C 450/900. Telcom rep. 8, H. 2, S. 85–90
6.71 Netz C Öffentlicher Funkfernsprechdienst, Systembeschreibung. Siemens AG, Bereich Übertragungssysteme A42020-S128-A1
6.72 Lindqvist H (1988) The future of roaming and cellular networking. Telephony 26. Sept., S. 76–85
6.73 Ebner GC, Tomko LA CCIS: Signalling the future of stored program control. Telephony (May 1979)
6.74 Frerking RF Enhanced signalling for new customer services and network features. National Telecomm. Conf., Birmingham/Alab., Dec. 1978, p. 31.2.1–31.2.3
6.75 Ambrosch WD, Maher A, Sasscer B (1989) The intelligent network. Berlin: Springer
6.76 Service switching point 2 — SSP/2 description, Bellcore SR-TSY-000782
6.77 Timmermann U (1989) Protokollvereinbarungen für rechnergestütztes Netzmanagement. telcom rep. 12, H. 3, S. 80–86
6.78 Network management, hardware & software. International Resource Development Inc., New Canaan (Connecticut), Feb. 1988
6.79 Jones M, Foster D The IBM NetView approach to network management. Network Management — Proc. of the intern. Conf. 1988 Blenheim Online, p. 99–109
6.80 Miller J AT&T's unified network management architecture, Network Management-Proc. of the intern. Conf. London 1988, Blenheim Online, p. 85–98
6.81 CCITT: Blue book, Vol. IV.1. Genf: Int. Telecomm. Union 1989
6.82 CCITT: Blue book, Vol. III.4. Genf: Int. Telecomm. Union 1989
6.83 CCITT: Blue book, Vol. VI.5. Genf: Int. Telecomm. Union 1989
7.1 Martin HE (1988) Kommunikation mit ISDN. Markt & Technik, Haar/München
7.2 CEPT Working Group "Services and Facilities": Handbook on services and facilities offered to the subscribers in modern telephone systems, 3rd ed. 1980, Sect. II, Part 2
7.3 Schön H, Neumann KH (1985) Mehrwertdienste (Value-added services) in der ordnungspolitischen Diskussion. Jahrbuch der Deutschen Bundespost 1985, G. Heidecker, Bad Windsheim, 478–527
7.4 CCITT: Blue book, Vol. III.7. Genf: Int. Telecomm. Union 1989
7.5 Reim G Absichten und Vorgehensweise zur Definition und Beschreibung von Breitbanddiensten. Taschenbuch der fernmelde-praxis 1989, Schiele & Schön, Berlin, S. 102–118
7.6 Post-Werbeschrift FTZ L 16-4 (Best.Nr. 95 K) Okt. 1987

7.7 Moritz P Bildschirmtext 1988. ZPF 6/88, S. 14–22
7.8 CCITT: Blue book, Vol. VIII.2. Genf: Int. Telecomm. Union 1989
7.9 Post-Informationsschrift über Daten- und Textkommunikation Best.Nr. 03/88 59
7.10 Frankf. Allg. Ztg. 3. 2. 88
7.11 Ulbrich U (1984) Gelingt der Durchbruch? Micro Computer Welt 2, S. 56–60
7.12 Moritz P PC-Anwendungen in Btx-Kommunikationssystemen. fernmelde-praxis 1/89, S. 27–39
7.13 Moritz P Das Btx-Marketing der DBP. ZPF 2/87, S. 32–39
7.14 Post-Informationsschrift FTZ L 16-4 Best.Nr. 200 (03/85)
7.15 fernmelde-praxis 8/86, S. 303–305; 8/89, S. 324–325
7.16 Keunecke W, Krusch W Symposium Service 130. ZPF 1/87, S. 20–25
7.17 Warr M Putting ONA to work. Telephony, Jan. 18, 1988, S. 30–33
7.18 Borsook P Specter of incompatibility raised about ONA offerings. Data Communications, Nov. 1987, S. 49–52
7.19 Travis P Cooperation needed for ONA progress. Telephony/May 1, 1989, p. 11–12 sowie
     Booker E Interface '88: A smoldering ONA controversy. Telephony/April 25, 1988, p. 38–40
7.20 Kommission der europäischen Gemeinschaften KOM (88) 825 vom 9. 1. 89
7.21 Carelli C Open network provision: concept in Europe. Supplement to Br. Telecommun. Eng., Vol. 8, July 1989. S. 4–8
7.22 Opaschowski H, Schwarz C, Sturm F (1987) Leben nach dem Jahr 2000 – was sich ändert, wenn wir es nicht ändern. Marketing 2000 – Perspektiven zwischen Theorie und Praxis. Gabler, Wiesbaden
7.23 Yamamoto K "Howdy home telephone SX". New home telephone system using the home bus system standard. JTR Jan. 1989, p. 25–31
7.24 Germeroth D Bürosystem verhindert Medienbrüche. Siemens-Magazin COM 1/86, S. 44–45
7.25 Information processing – text and office systems. Office Document Architecture (ODA) and Interchange Format. ISO 8613
7.26 Handwerg H EDIFACT: Universalsprache für Datenübermittlung. ZPF 12/88, S. 46–51 sowie
     Thomas HE Geschäftsverkehr – heute/morgen. DIN Mitt. 67 (1988) Nr. 7. S. 405–413
7.27 Der Bundesminister für Forschung und Technologie, der Bundesminister für Wirtschaft: Zukunftskonzept Informationstechnik. Bonn (1989), 3
7.28 Fumy W Kommunikationssicherheit in lokalen Netzen – Einsatz kryptographischer Verfahren. Datenschutz und Datensicherung 9/88, S. 440–447
7.29 Diffie W, Hellmann M New directions in cryptography. IEEE Trans. on Info. Theory 22 (1976), 644–654
7.30 Rivest RL, Shamir A, Adleman L A method for obtaining digital signatures and public-key cryptosystems. Comm. ACM 21 (1978) 120–126
7.31 Hoppenrath D Nicht zu knacken. PC plus Nr. 7, 14. 6. 89, S. 56–58
7.32 Bauerfeld W DFN Mitteilungen, H. 6 (1989) 6–10
7.33 Kruse D Chipkarten – klein im Format, groß in der Leistung. telcom rep. 11 (1988), H. 6, S. 226–228
7.34 Herda S Von Viren und Würmern. Der GMD-Spiegel 2/3 (1989) 22–29
7.35 Boehm B Improving software productivity. Computer, Sept. 87, pp. 43–57
7.36 Baber RL Softwarereflexionen. Berlin: Springer 1986
7.37 CCITT: Recommendation Z.200, Blue book, Vol. X.6. Genf: Int. Telecomm. Union 1989
7.38 Dijkstra EW GOTO statements considered harmful. CACM 11 (1968) 3, pp. 147–148
7.39 Nassi I, Shneidermann B Flow chart techniques for structured programming. SIGPLAN notices 8 (1973) 8, pp. 12–26
7.40 Olle TW, Sol HG Verrijn-Stuart AA Information systems design methodologies: A comparative Review. Amsterdam, New York Oxford: North-Holland 1982. A Feature Analysis. Amsterdam, New York, Oxford: North-Holland 1983

7.41 Gane Ch, Sarson I Structured systems analysis, tools & techniques. Englewood Cliffs, N.J.: Prentice Hall, 1979
7.42 CCITT: Recommendation Z.100–110, Blue book, Vol. X.1–5. Genf: Int. Telecomm. Union 1989
7.43 Lutze R (1986) Softwaretechnologie. NTG Fachberichte 97: 51–59
7.44 Papert S Mindstorms-children, computers and powerful ideas. New York 1980
7.45 Lenat DB Beings: Knowledge as interacting experts. IJCAI-4, Tbilissi 1975
7.46 Gerke P Nachrichtenverarbeitung im menschlichen Gehirn. Elektronik 20, 7.10.83, S. 109–114
7.47 Booch G (1987) Software engineering with ADA. 2nd ed. Benjamin/Cummings, Menlo Park, CA
7.48 Deutsche Bundespost, FTZ Referat 41: Kennzeichenaustausch zwischen DIVO (ISDN)-Vermittlungsstellen und ISDN-Teilnehmereinrichtungen, 1R6 Ausgabe 7/86

Sachverzeichnis

abgesetzt siehe remote
Abnehmer 31, 83, 104 f.
Abtasttheorem 66, 108, 268
Activity Factor 134
Add-drop-Multiplexer (ADM) 57, 282
ADPCM (adaptive Differenz-PCM) 69 f., 72, 244
A/D-(Analog/Digital-)Wandler 60, 66 ff., 161
Agent 224 ff., 328, 353
A-Gesetz 67
Akzeptanzwinkel 44
Alcatel NV 157
ALOHA 251, 300 f., 309, 317
Alphabet
— No. 2 (Telegraphenalphabet) 245
— No. 5 (IA 5) 212
Alternate Billing Service (ABS) 336
Angebot (A) siehe Verkehrsangebot
Anrufordner (AO) 12
Anrufsucher (AS) 12 f.
Ansagen 5
Anschlußeinheit (AE) 25
Anschlußleitung siehe Teilnehmeranschlußleitung
AO siehe Anrufordner
Area-wide Centrex (AWC) 337
AS siehe Anrufsucher
ASK (Amplitude Shift Keying) 64 f.
ATM (Asynchronous Transfer Mode) 75, 77 ff., 82, 85, 111, 117, 119, 134 f., 141, 190 f., 195, 199, 202 f., 242, 244, 249, 258, 277, 283 ff.
AT & T (American Telephone and Telegraph Company) 74, 129, 143 f.

Backbone 275
Bandbreite 27, 47
Banyan-Netz 126 ff., 129
Baseline-Netz 126
Basic Service Element (BSE) 338 f., 367
Basisanschluß (Basic Access) 265 ff., 270 ff.
Basisband 62, 265
Basisstation 309 f., 314 ff.
Baud 61

Baumnetz 26 f.
Bearer Service 330
Beginnzeichen 14, 145
Belastung 31 f., 249
Belegen 12, 32
Belegungsdauer, Belegungszeit 32 f.
Bell, A. G. 1
BELLCORE 58, 322
Beneš 125 f.
Benutzer 24, 26, 86, 205, 224, 235, 239, 259, 329, 341
Benutzerklasse 211, 214, 249, 332
Berechtigung 22
Beschaltungseinheit (BE) 25
Besetzt, Besetztton 4, 33
Beta-Element 124 ff., 139
Betriebssystem 154, 164 ff.
Bewegungsschätzung 72
BHCA (Busy Hour Call Attempts) 38, 186
BICMOS (Bipolar silicon + CMOS) 135
Bildfernsprechen 73, 76
Bildschirmtext (Btx) 331 ff., 348
BISDN (Broadband Integrated Services Digital Network) 78, 277 ff.
Bitrate on Demand 77
B-Kanal 54, 161, 266, 270 ff.
Blockierung 89 ff.
blockweise Codierung 63
BOC (Bell Operating Company) 74, 322, 339
Booking (Einbuchung) 315, 317
BORSCHT 6 f., 148, 157, 161, 283, 287
BPON (Broadband Passive Optical Network) 287
Brechzahl 44
Breitband-EWSD 190 ff.
Breitbandkommunikation, Breitbandnetz 23, 50, 55, 75 f., 190, 251, 277 ff.
Broadcasting 134
Bündel 31, 97 f., 191
Büroprozeß 207, 343 ff.
Bürosystem 226, 344 f.
Bürovorgang 344
Burstiness 134, 198
Bursty Traffic 77 f., 195, 254
Bus 117 f., 252 f., 257

Butterfly-Permutation 125
Bypassing 74, 283
Bypath
— optisch 255

CATV (Cabel Television) 281, 286, 292, 304
CBO (Continuous Bit Stream Oriented) 195, 249
CCITT VI, 21, 42, 264 f., 325
CCITT-Empfehlungen
 F. 400 siehe X. 400
 G. 702 58
 G. 707 bis 709 58
 G. 711 66
 G. 721/722 69
 G. 751 72
 I. 121 76, 288
 I. 200 Serie 330
 I. 410/411 270
 I. 430/431 229
 M. 30 327
 T. 50 212
 X. 1 211, 332
 X. 3 247
 X. 21 209 ff., 221, 245
 X. 22 211
 X. 25 209 f., 214 ff., 229, 247 f.
 X. 26 211
 X. 27 211
 X. 28 224, 247
 X. 29 224
 X. 75 247 f.
 X. 400 209 f., 224 ff., 331
CDMA (Code Division Multiple Access) 137, 301 f., 313
Centrex 337
CEPT (Conférence Européenne des Administrations des Postes et Télécommunications) 303, 310, 333
CHILL (CCITT High-level Language) 350
Chip 302
Circuit Switching 134
City-Ruf 306, 308
Clos, C. 89 ff., 107, 132, 185
CMOS (Complementary Metal Oxide Semiconductor) 135, 268
C-Netz 310, 315 ff.
Codemultiplex 137
Combined Switching Mode 104, 147, 185
Common Channel Signalling siehe Zentraler Zeichenkanal
Compelled Betrieb 219
Comsat 305
Conditional Replenishment 72
connectionless 37, 41, 198, 239, 258, 285
Connection Machine 116

Connection-oriented 239, 241
Container 58 f., 286, 290
Cross Connect 30 f., 57, 75, 279 f., 283, 296
CSMA/CD 252 f., 272, 301
CT 2 (Cordless Telephone, 2. Generation) 311 f.
Cube-Connected Cycles (CCC) 115 f.
Customer Programmability (CUSP) 322, 325, 338

DA (Demand Assignment) 300
Dämpfung 44, 46 f.
Datagramm 37, 117, 134, 239, 250
Datenendeinrichtung (DEE) siehe Endeinrichtung
Datenflußsteuerung 217 ff., 222 f., 248 f.
Datenübertragungseinrichtung (DÜE) siehe Übertragungseinrichtung
Datenverarbeitungsanlage siehe DVA
Datex 246 ff., 334
DBP Telekom 75
DCT (Diskrete Cosinus-Transformation) 72
DECT (Digitales europäisches Telefonsystem) 311
Dekadenwahl 9
dezentrale Vermittlung 40, 112 ff., 250 f.
DFS Kopernikus 303, 306
Dibit 61
Dienst 23, 26 f., 39, 73, 75, 235, 329 ff.
Dienst 130 240, siehe auch Green Number Service
Dienstgüte 35, siehe auch Güte
Dienstintegration 34, 242, 262, 264
Digitalisierung 23
Direktruf
— HfD (Hauptanschluß für Direktruf) 245, 279
Direktwahlsystem 7 ff., 11, 84, 125, 157 f.
Dispersion 44 ff.
Divestiture 74
D-Kanal 150, 161, 229 ff., 237, 239, 266, 270 ff., 355 ff.
DLC (Digital Loop Carrier) 280 ff.
D-Netz 310, 312 ff.
DPCM (Differenz-PCM) 69, 72
DQDB (Dsitributed Queue Dual Bus) 257 ff., 279, 283 ff.
DSI (Digital speech interpolation) 299, 305
Duplex
— halb
— voll
51, 83, 104, 185, 215, 245, 266, 268
Durchsatz 219, 223 f., 249
DVA (Datenverarbeitungsanlage) 204

Echo-Kompensation 161, 267 f.

Sachverzeichnis

Economy of scale 244
ECS (European Communication Satellite) 303
EDI (Electronic Data Interchange)
— FACT (for Administration, Commerce and Transport) 346
Einmodenfaser siehe Single Mode Fiber
elektronische Unterschrift 348
Empty Slot Indicator 200
Endeinrichtung (EE) 24, 204, 207, 209 ff., 222, 226, 230, 247 ff., 270 ff., 330
End-
  -gerät   ⎱ siehe Endeinrichtung
  -system   ⎰
Endvermittlungsstelle (EVSt) 18 ff.
Endverzweiger (EVZ) 16, 277
Entity 227 f.
Envelope 212, 221
Envelope (MHS) 226
Erdfunkstelle 295 ff.
Erlang (Erl) 32, 36
ERMES (European Radio Message System) 308
Erreichbarkeit
— vollkommen 89
erzwungene Wahl 11, 13
ESP (Enhanced Service Provider) 338 f.
Ethernet 253 f.
ETSI (European Telecommunications Standards Institute) 339
Eurosignal 307
Eutelsat 303
EWSD siehe System EWSD

Fast Circuit Switching 134
Fast Packet Switching (FPS) 39, 134, 199
FBAS- (Farbe-Bild-Austast-Synchron-) Signal 71
FCS (Frame Check Sequence) 216
FDDI (Fiber Distributed Data Interface) 254 ff.
FDMA (Frequency Division Multiple Access) 137, 297 f., 303, 313
Feldlänge 51
Fenster (window) 223 f., 248
Fernsprechapparat 4
Fiber to the Office 281 ff.
Finger Pointing 326
Flag 38, 215
Flußsteuerung siehe Datenflußsteuerung
Fourier 61
Frame Check Sequence siehe FCS
Free Access Point (FAP) 283 f., 286
Freiwahl 10, 13
Frequency Hopping 314

Frequenzmultiplex 52 ff., 137
FSK (Frequency Shift Keying) 64, 312
FTTH (Fiber to the Home) 280 ff., 286
Full-rate Channel 314
Functional Components (FC) 323 ff., 338, 352, 367
Funkfeld 49
Funkkonzentrator (FuKo) siehe Basisstation
Funkrufdienst 307
Funktionsschichten 79 ff.
Funkverkehrsbereich (FuVB) 315
Funkzone (FuZ) 315 ff.

Gabel 5 f., 51
Gauß, C. F. 1
Gebührenerfassung 18, 151, 154, 186, 190
Gerke, F. C. 1
Gleichlage-Übertragung 265
Gradientenprofil 45 ff.
Granularität 279
Gray, E. 1
Green Number Service (GNS) 240, 320 f., 325, 335 f., 338
Grundsystem (Primärsystem), digital 55, 105, 265
Gruppenvermittlungsstelle (GVSt) 15
Gruppenwähler (GW) 9 f., 13 ff., 18 ff., 157
GSM (Groupe Spéciale Mobile) 310, 312, 319
Güte des Netzes 327
GVSt siehe Gruppenvermittlungsstelle
GW siehe Gruppenwähler

Half-rate Channel 314
Halske, J. G. 1
Haltespeicher 103, 108 ff., 117, 133, 174, 185
Handapparat 4 f., 7
Handheld 311
Handoff (Handover) 315, 318
Hauptkabel 16, 281, 292
Hauptverkehrsstunde 31 f., 36, 38
Hauptvermittlungsstelle (HVSt) 18
Hauptverteiler (HVt) 16, 22, 79, 277 ff.
HDLC (High-level Data Link Control) 215 ff.
HDTV (High Definition Television) 340
Header 28 f., 37 f., 78 f., 82, 190 f., 196
Heterodyn-Empfang 53 f., 141
HfD siehe Direktruf
Hierarchie der Digitalsysteme 55 ff.
holographischer Schalter 138
Homodyn-Empfang 54
H-Tree 144
Hypercube 114 ff.

IA 5 siehe Alphabet No. 5
IDN (Integrated Digital Network) 242, 262 f., 273 f.
siehe auch Integration von Übertragungs- und Vermittlungstechnik
IDN (Integriertes Text- und Datennetz) 245 ff.
IN (Intelligent Network) 75, 81, 240, 319 ff., 335 ff., 352
Indirektwahlsystem 7 f., 18, 22, 84, 156
Individualkommunikation 26
INMARSAT 50, 302
Instanz 207
Integration von Diensten siehe ISDN
Integration von Übertragungs- und Vermittlungstechnik 77, 100, 141, 242, 262 f., 273 f.
Intelligentes Netz siehe IN
Intelligent Peripheral (IP) 323
Intelligenzschichten siehe Funktionsschichten
Intelsat 298, 302, 305 f.
interaktiver Dienst 330
Interface siehe Schnittstelle
Irrelevanz 72
ISDN (Integrated Services Digital Network) 3, 75, 77, 148, 157, 161 f., 228 ff., 237 ff., 242 f., 262 ff., 335
ISO (Internationale Organisation für Standardisierung) 215, 252, 325
isochron 251, 254, 256, 258, 272
ITT (International Telephone & Telegraph Co) 157

Kabelaufteilung 16, 79
Kabelfernsehen siehe CATV
Kabelverzweiger (KVZ) 16, 277 ff., 283, 292
Kanalcode 60
Kennzahl (Ortskennzahl) 18
Kennzahlenweg 18, 21
Key Management 347
Kleinzellennetz 310
Knockout Switch 122 f., 131
Knotenvermittlungsstelle (KVSt) 18 ff.
Koaxialkabel (Koax) 42, 52
kohärenter Empfang 54
Kombinationsvielfach 101 ff., 117 f., 133, 147, 158, 173, 178, 182 ff., 189
Kompatibilität 204, 209
Komplexität VI, 232, 264, 349 ff.
Kompressor-Kennlinie 67
Kontinuitätsprüfung 237
Konzentrator 17
Koppelelement 83, 87, 140
Koppelnetz 82 ff., 173 ff., 192 ff., 199
– aktiv 137, 140

Koppelpunkt 29, 87 ff., 100, 112, 126
Koppelstufe 89 ff., 106 f., 118, 125 ff.
Koppelvielfach 88 ff., 98, 101, 106, 117 f., 124, 133
Koppler 84, 88
Krupp, R. S. 93
Küpfmüller 61
Kurzweg 174
KVZ siehe Kabelverzweiger

Label 236 t.
LAN siehe Local Area Network
Landesfernwahl 18 ff., 243
LAP (Link Access Procedure) 215, 229
– LAPD 229
Laser-Diode (LD) 46
Last look 178, 182
LATA (Local Access and Transport Area) 74
Lee, C. Y. 91, 93
Leistungsmerkmal 7, 22
Leitungscode 60 ff.
Leitungsvermittlung 35 f., 38, 52, 77 f., 83 f., 86 ff., 100 ff., 111, 128, 133, 202, 246, 249
Leitungswähler (LW) 10 f., 157
Leitweglenkung 21, 201, 249
Letztweg siehe Kennzahlweg
Lichtwellenleiter (LWL) 43 ff., 254 ff., 259, 265, 279 ff., 292
Light Emitting Diode (LED) 46
Lines of Code (LOC) 351
Lithiumniobat 139
Load Sharing 187
Local Area Network (LAN) 40, 76, 86, 117, 192, 250 ff.
logischer Kanal 223
Loop-back siehe Combined Switching Mode
LPC-Vocoder (linearer Prädiktionsvocoder) 70
LW siehe Leitungswähler
LWL siehe Lichtwellenleiter

MAC (Medium Access Control) 252, 256
MAC (Multiplexed Analogue Components) 304 f.
MAN siehe Metropolitan Area Network
Massenkommunikation 26 f.
Mehrfachrahmen 110
Mehrfrequenzverfahren (MFV) 5, 157
Mehrwertdienst 80
Melden siehe Beginnzeichen
Meldewort 55
Message Handling System (MHS) siehe CCITT Empf. X. 400
Metropolitan Area Network (MAN) 250 ff., 257 f., 279, 282 ff., 292

Sachverzeichnis

MFV siehe Mehrfrequenzverfahren
Mikrozellennetz 311
Minitel 332
Mischkommunikation 335
Mischung 9, 125
Mobile Switching Center (MSC) siehe Überleiteinrichtung
Mobilfunk 26, 71, 307 ff.
Modem 27, 245
Modulation 47
Monopol 73 ff.
Morse, F. B. 1
multifunktionales Terminal 335
Multi-rate Circuit-Switching 134
Multitel 333
µ-Gesetz 68

Nachrichtenbehandlung 80
NAD (Normalized Average Distance) 112 ff.
Nahnebensprechen 265, 313
NetView 326
Netzintelligenz 23, 205 siehe auch IN
Netzknoten 25, 28 ff.
Netz-Management 23, 41, 81, 154, 279 f., 325 ff.
Netztopologie 26
NNI (Network Node Interface) 59, 290
nöbL (nicht öffentlicher beweglicher Landfunk) 309
NRZ (Non Return to Zero) 62
NT (Network Termination) 271, 290
Numerierungsplan siehe Numerierungsschema
Numerierungsschema 18, 21
Nyquist 61

OAM (Operations Administration Maintenance) 327
Objektcode-Instruktionen (OI) 349 ff.
ODIF (Office Document Interchange Format) 344 f.
ODA (Office Document Architecture) 344
öBL (öffentlicher beweglicher Landfunk) 309
OEIC, OIC 280
Offenes System, offenes Netz 209, 244
Omega-Netz 126, 129, 131
ONA (Open Network Architecture) 75, 81, 325, 338 f., 352
On-board-processing 296
ONP (Open Network Provision) 75, 325, 338 ff.
Open Network Architecture siehe ONA
Open Network Provision siehe ONP
Optische Verstärkung 54

Ortsnetz 14 ff.
OSI (Open Systems Interconnection)
— Architektur
— Referenzmodell
206 ff., 240, 252, 328, 346
Overlaynetz 274, 292

packet switching siehe Paketvermittlung
Padding 110, 254, 312
Paging 308, 315
Paket 36 ff., 86, 97, 112, 127, 133, 199, 221
Paket-Filter 122
Paketvermittlung 35 ff., 52, 77 f., 83, 85 f., 97, 111 ff., 128, 134, 150, 198 ff., 246 ff.
PAL-Standard 71, 305
parallele Durchschaltung 104
parametrisches Codierverfahren 70
Partitioning 335 ff.
Paull, M. C. 94
Payload 57 ff.
PCM (Pulscodemodulation) 66 ff., 100, 108, 254, 300
PCM Grundsystem siehe Grundsystem
PCR (Preventive Cyclic Retransmission) 236
Perfect Shuffle 125 f., 129
Permutationsnetzwerk 125 f.
persönliche Identifizierungsnummer (PIN) 333, 348 f.
Ping-Pong-Übertragung 269
Pixel (Pl) 71, 80
plesiochron 56
Point of Presence 74
Polarisation 54
Policing 196, 198
Port 83, 87, 112 ff.
POTS (Plain Old Telephone Service) 3, 145, 157, 283, 286 f., 365 f.
Prädiktion 69 f., 72
Primärmultiplex siehe Grundsystem
Priorität
— Ruf- 249 f.
— Datenübertragungs- 250
Private Virtual Network (PVN) 336
Privatnetz 74, 244, 279, 283
Protokoll 208 f., 224, 228
Protokollschichten 207 ff., 254, 256, 288 f., 330, 346
Prozedur 154, 165
Prozeß 154, 165
Prüfen 10 ff., 14
Prüfinformation 38, 220
Prüfpolynom 219
Prüfzeichen siehe Prüfinformation
PSK (Phase Shift Keying) 64 f., 298 ff., 312 f.
Public-key-System 347 f.

Pufferspeicher 119 ff., 133, 141

QAM (Quadrature Amplitude Modulation) 65
QPSK 65, 298 ff., 312 f.
Quantisierung 66
Quantisierungsgeräusch, Quantisierungsverzerrung 67, 273
Quellencode 60, 66, 70 ff.
Querverbindung, Querweg 21

Raabe, H. 66
Rahmen 55, 101 ff., 256 ff., 272
Rahmenkennungswort 55
Raumlagenvielfach 107, 184
Raummultiplex 100, 106, 139
Raumstufe 107, 145, 147, 183 ff.
Rayleigh-Streuung 46
Rearranging 94 ff., 107
Redundanz 72
Referenzkonfiguration 270, 290
Regenerator 51, 60, 265
Register 7 f., 19 ff.
Registersystem siehe Indirektwahlsystem
Reis, P. 1
Relaisstelle 49
remote 148, 151 f., 163, 192, 196, 198, 282
RHC (Regional Holding Company) 74
Richtfunk 49
Richtungswähler (RW) 20
Ring 113 f., 252, 254 ff., 282
Roaming 315
Routing-Feld 193
Rufpriorität 249 f.
Rufton 4
Rufwechselstrom 6 f.

Satellitenfunk 50, 295 ff.
Satellit, geostationär 49, 137, 295 ff.
SB-ADPCM (Sub-Band-ADPCM) 69 f.
SBS (Satellite Business System) 305
Schichten siehe Funktionsschichten, Intelligenzschichten, Protokollschichten, Softwareschichten
Schichtenverbindung 208, 221
Schlüssel (key) 347 f.
Schlußzeichen 14
Schnittstelle 24, 59, 80, 206, 210 ff., 242, 262, 271, 287 ff., 327 f., 339, 352
schwache Führung 44
SCPC (Single channel per carrier) 298 f., 303, 313
Scrambler 59 f., 66
SDH siehe Synchrone Digitale Hierarchie
SDL (Functional Specification and Description Language) 352, 365 ff.

Segment
– 13 S.-Kennlinie 67
– 15 S.-Kennlinie 68
Selbstwähl-Dienst 3
Selbstwähl-Vermittlung 2
Self Routing 83 f., 85 f., 97, 112, 115, 117 f., 124, 128 f., 132
Separated Switching Mode 104
Serielle Durchschaltung 104
Serien-Modem 65, 245
Server 80, 192, 196, 198, 264, 285
Service Control Point (SCP) 321 ff., 336
Service Management System (SMS) 323, 337
Service Switching Point (SSP) 323
Session 29, 36, 77
Shannon 66
Shared-medium 137
Sheaf 115
Siemens 177, 199
Siemens, W. 1
Sigma-Element 192
Signalisierung 4 ff., 13 f., 21, 28 f., 55, 143, 145, 150, 154, 190 f., 198, 204 ff., 221 f., 233 ff., 264, 293
– Inband 229
– kanalgebunden 205, 228 ff., 233, 237
– Outband 229, 264
Signalisierungskanal
– assoziiert
– quasi-assoziiert } 233
Signalisierungsknoten siehe Signalisierungspunkt
Signalisierungsnetz 239
Signalisierungspunkt 205, 233, 236, 239 f.
Signalisierungssystem Nr. 7 150, 162 f., 190, 192, 233 ff., 293, 317, 321 ff.
Signalling Point (SP) siehe Signalisierungspunkt
Signal Transfer Point (STP) 320 ff.
simplex 51, 83, 185
Single Mode Fiber 44 f., 47
SLC (Subscriber loop carrier) 148, siehe auch DLC
Software 79, 143, 153 ff., 164 ff., 349 ff.
Software-Entwurf 354 ff.
Software-Sprachen 350 f.
Software-Strukturierung 351 ff.
SONET 58, 64, 135, 151, 279, 290
Sorter, Sortierer 129 ff.
Space Stage, Space Switch 107
Spatium 5
SPC (stored program controlled) 22, 156 f.
Spleiß 46
Splitter 54, 138, 287
Spotbeam (-Antenne) 50, 296
SSMA (Spread Spectrum Multiple Ac-

Sachverzeichnis

cess) 301 f.
Starlite-Netz 129 ff.
Start-Stop-Betrieb 224, 245, 247 f.
Stephan, H. v. 1
Sternkoppler 137, 141, 254
STM (Synchronous Transfer Mode) 77 f., 85, 100, 108, 111 f., 117 f., 135, 137, 140 f., 287 f.
STM (Synchronous Transport Module) 59
Strowger, A. B. 2
Strowger-Wähler 2
Stufenprofil 42, 44, 46 ff.
Stuffing (Stopfen) 56 f.
Supplementary Service 330
SWIFT (Society for Worldwide Interbank Financial Telecommunication) 243
symmetrisches Kabel 42
Synchronbetrieb (Datenendeinrichtung) 211
Synchrone Digitale Hierarchie (SDH) 58 f., 279, 282, 290
System EDS 246
System EWSD 177 ff.
System EWSD-B 190 ff.
System EWSP 198 ff.
System 5 ESS 143 ff.
System Nr. 7 siehe Signalisierungssystem Nr. 7
System 12 157 ff.

TASI 29, 35, 52, 134, 244, 299
Tastwahl 5, 7 f.
TCAP (Transaction Capabilities Application Part) 240 f., 321, 324
TDMA (Time Division Multiple Access) 137, 251, 298 ff., 313 f., 317
TE (Terminal Equipment) siehe Endeinrichtung
Teilbandcodierung 70
Teilnehmer 4, 24, 85 ff., 97
Teilnehmeranschlußleitung 4, 6, 14 ff., 25, 228, 243, 246, 262 ff., 270
    siehe auch Teilnehmeranschlußnetz
Teilnehmeranschlußnetz
    (siehe auch Teilnehmeranschlußleitung) 15 ff., 25, 205, 243, 265, 273, 279 ff., 292
Teilnehmerliniennetz siehe Teilnehmeranschlußnetz
Teilnehmernetz siehe Teilnehmeranschlußnetz
Teilnehmersatz (TS) 7, 12, 15 f.
Teilnehmerschleife 13
Teilnehmerspeisung 6, 14
Teilnehmerwahlstufe 7, 13
Teledienst 204, 330 ff.
Telefax 27, 331 f.

Telematic Services 210, 225
Teleservice 330
    siehe auch Teledienst
Teletex 204, 226, 331
Telex 3, 29, 204, 226, 245, 331
TEMEX 335, 341
Time Slot siehe Zeitschlitz
Time Stage, Time Switch siehe Zeitstufe
TMN (Telecommunications Management Network) 81, 325 ff.
Token 200, 252, 255 f., 262
Torus-Gitter 114 ff.
Totalreflexion 43 f.
TPON (Telephony over Passive Optical Network) 287
Trägerfrequenz 52
Transaktion 82
Transformationscodierung 70
Transmission Overhead 58 f.
Transponder 49
Transversalfilter 267 f.
Trigger 321, 323 ff.
TRMA (Time Random Multiple Access) 300
Trunk 147, 178
TS siehe Teilnehmersatz
TV-SAT 303 f.
T-Watch 308

Überleiteinrichtung (ÜLE) 315 ff.
Übertragungseinrichtung (ÜE) 210 ff., 222
ULSI (Ultra Large Scale Integration) 135
Umwerter 20 f., 151
UNI (User Network Interface) 59, 290, 292
Universalnetz 190, 244
UNIX 154
UNMA (Unified Network Management Architecture) 326 f.

Value-Added-Services (VAS) 39, 198, 329 f.
VAS siehe Value-Added-Services
VBR (Variable Bitrate Oriented) 195
VCI (Virtual Channel Identifier) 191, 196, 289
Vektorquantisierung 70
Vendor Feature Node (VFN) 323
verbindungslos siehe connectionless
Verbindungssatz (VS) 7
Verkehrsangebot 33
Verkehrstheorie 3, 31 ff.
Verkehrswert 32, 91
Verlust 32, 34 f., 90 f.
Vermittlungsmodul 83 ff., 117 f.
Vermittlungsstelle (VSt) 4 ff., 15 ff., 18 ff., 30
Verschlüsselung 347 f.

Verteildienst 330
Verteiler 30, 75
  siehe auch Hauptverteiler, Cross Connect
Verwürfelung siehe Scrambler
Verzweigungskabel 16, 281
Videokonferenz 192
Vierdrähtig 51, 104
Virtual Circuit Switching 134
virtuelle Maschine 153 f., 164 ff.
virtueller Sachbearbeiter 353
virtuelles Privatnetz 75
  siehe auch Private Virtual Network (PVN)
virtuelle Verbindung 37, 77, 117, 134,
  222 ff., 229, 239, 246 f., 249 ff., 285
Virus 349
VLSI (Very Large Scale Integration) 135,
  268
Vorfeldeinrichtung 16, 148, 246, 277, 282 f.
VPI (Virtual Path Identifier) 289
VS siehe Verbindungssatz
VSAT (Very small aperture terminal) 305
VSt siehe Vermittlungsstelle

Wähler 8, 84, 138
Wählinformation 4
Wählsternschalter 17
Wählton 7, 13
Wahlempfänger 7
Wahlstufe 7 f., 157
Warten, Wartezeit 32 f., 35 f., 77, 79, 85
Warteschlange 119 ff., 250
Weber, W. E. 1
Wegegedächtnis 99
Wegesuche 88, 93, 96 ff., 128, 158 f., 173 ff.,
  186, 189 f.
— bedingt 98
— im Speicher 98 f.

— Punkt-Bündel,
  Punkt-Punkt 98 f
— stufenweise 11, 98, 128
— weitspannend 11, 98, 133
Weitverkehrsnetz 52
Wellenform- (direkte) Codierung 66
Wellenlängenmultiplex 53 f., 141, 282
Wellenleiter-Schalter 139 f.
Wortspeicher 101 ff., 117, 140 f., 173

Zählimpulsgeber (ZIG) 20
Zeichengabe siehe Signalisierung
Zeit-Getrenntlage-Übertragung 268 f.
zeitkritisch 35
Zeitlagenvielfach 101, 107, 117
Zeitmultiplex 29, 52, 100 ff., 111 ff., 127,
  133, 135, 137, 211, 251
— statistisch 112, 141, 250 f.
Zeitschlitz 77, 100 ff., 145 ff., 159, 173 f.,
  251, 258, 272
Zeitstufe 107 ff., 147 f., 158, 183 ff.
Zeittransparenz 28, 39, 77, 79, 251
Zelle (cell) 78, 82, 85 f., 111 ff., 127 ff., 133
Zellenvermittlung 111 ff., 128
Zellulares Netz 310 f.
Zellverlust 122 f., 196
Zentraler Zeichenkanal (ZZK) 233 ff.,
  319 ff.
— assoziierter, dissoziierter, quasi-assoziierter Betrieb 320
Zentralvermittlungsstelle (ZVSt) 18, 246
Zubringer 31, 83, 104 f.
Zugriff auf das Medium 40, 251 f., 296 ff.
zweidrähtig 51
Zwischenleitung 89 ff., 98 f., 106 f., 125
Zwischenwahlzeit 5, 12
zyklischer Code 216, 219 f.